“十二五”普通高等教育本科国家级规划教材
住房城乡建设部土建类学科专业“十三五”规划教材
高校建筑环境与能源应用工程学科专业指导委员会规划推荐教材

供热工程

（第二版）

李德英　主编
许文发　主审

中国建筑工业出版社

图书在版编目（CIP）数据

供热工程/李德英主编．—2版．—北京：中国建筑工业出版社，2018.7
（2023.1重印）
“十二五”普通高等教育本科国家级规划教材　住房城乡建设部土建类学科专业“十三五”规划教材　高校建筑环境与能源应用工程学科专业指导委员会规划推荐教材
ISBN 978-7-112-22089-2

Ⅰ.①供…　Ⅱ.①李…　Ⅲ.①供热工程-高等学校-教材　Ⅳ.①TU833

中国版本图书馆CIP数据核字（2018）第076643号

责任编辑：齐庆梅　姚荣华
责任校对：王雪竹

为了更好地支持相应课程的教学，我们向采用本书作为教材的教师提供课件，有需要者可与出版社联系。
建工书院：http：//edu.cabplink.com
邮箱：jckj@cabp.com.cn　电话：（010）58337285

“十二五”普通高等教育本科国家级规划教材
住房城乡建设部土建类学科专业“十三五”规划教材
高校建筑环境与能源应用工程学科专业指导委员会规划推荐教材
供热工程（第二版）
李德英　主编
许文发　主审
*
中国建筑工业出版社出版、发行（北京海淀三里河路9号）
各地新华书店、建筑书店经销
北京红光制版公司制版
北京建筑工业印刷厂印刷
*
开本：787×1092毫米　1/16　印张：23¼　字数：579千字
2018年7月第二版　2023年1月第十七次印刷
定价：46.00元（赠教师课件）
ISBN 978-7-112-22089-2
（31637）

第二版前言

本书是为高等学校“建筑环境与能源应用工程”专业“供热工程”课程撰写的教材。根据该课程的基本要求和专业培养计划的课程体系，在2004版的基础上进行了全面系统改版，同时根据行业技术发展，收集了最新的应用技术资料，力求内容充实，覆盖面广，并根据国家有关的工程设计、施工验收、运行和维护管理等环节，汇集行业规范及有关的技术规程，重点阐述供热系统室外管网水力和热力工况关键技术，简明易懂，实用性强。本书内容包括供热系统的设计热负荷、集中供热系统及其水力计算、供热系统水力工况分析计算和调节控制、供暖系统运行管理量化调节技术、供热系统各种热源形式和特点（如热电联供技术、热泵技术和区域能源供能应用等）及其主要设备、供热管网的敷设与应力计算等工程实用技术。

本书还可供从事供热工程设计、施工、运行管理等方面的技术人员参考使用。

本书由李德英主编，许文发主审。第1章、第8章由李德英编写，第9章由介鹏飞、陈红兵、李德英编写，第2章和第10章由那威编写，第3章、第4章由闫全英编写，第5章、第6章由任守红、徐向荣编写，第7章第7.1、7.2、7.3节由邵宗义编写，第7.4、7.5、7.6节由陈红兵编写。

本书诚请许文发教授认真审阅，并得到多方面指正，谨致谢意。

对为本书的顺利编写提供帮助和资料整理的王野博士表示真诚感谢。

由于作者水平有限，书中如有错误和不妥之处，敬请读者予以批评指正。

第一版前言

本书是为高等院校“建筑环境与设备工程”专业“供热工程”课程撰写的教材。根据该课程的基本要求和新专业培养计划的课程体系，收集了最新的技术资料，力求内容充实，覆盖面广，并根据国家有关的设计与施工验收规则，汇集有关的技术资料，编排合理，简明易懂，实用性强。本书内容包括供热系统的设计热负荷、集中供热系统及其水力计算、供热系统水力工况分析计算和调节控制、热水供暖系统运行调节实行量化管理（热量调节法）的节能技术、供热系统各种热源形式及特点（如热电/冷联供技术、热泵技术的应用等）及主要设备、供热管网的敷设与应力计算等工程新技术。

本书可供供热工程的设计、施工、运行管理及大专院校、科研院所技术人员参考使用。

本书由李德英主编。绪论、第七章、第六章第五节、第八章由北京建筑工程学院李德英编写，第一章和第九章由北京建筑工程学院赵秀敏编写，第二章、第三章由北京建筑工程学院闫全英编写，第四章、第五章由内蒙古工业大学徐向荣编写，第六章由北京建筑工程学院邵宗义编写。

本书诚请许文发教授细致审阅，并得到多方面指正，谨致谢意。

感谢北京建筑工程学院研究生高雪飞、范赟、邓琴琴、任艳莉对书稿写作的大力帮助。

对为本书的顺利编写提供帮助和资料的各位同仁表示真诚感谢。

由于作者水平有限，书中错误和不妥之处，敬请读者予以批评指正。

2004年3月

目　　录

第1章　绪　论

1.1　供热工程发展概况

随着我国经济的快速发展及人民生活水平的不断提高，人们对环境质量的要求也越来越高。在不断注重和追求安全、稳定、高效的新形势下，建筑供暖和集中供热的发展越来越受到人们的普遍关注。就发展趋势而言，我国城市集中供热行业市场规模还在不断扩大。其中，城市民用建筑集中供热面积增长较快，具有节约能源、改善环境、提高供暖质量、增加电力供应等综合高效的热电联供，以及区域能源高效利用技术将得到大力发展。然而，能源的消耗量还在不断增加，能源供需不平衡的问题也日趋严重。所以，我国已经把能源革命、提高能源效率与环境保护节能减排的举措列入发展国民经济的战略重点。就供热行业来说，供热工程的设计、施工和运行管理工作，经过数十年广大暖通技术工作者的共同努力，在学习国外先进技术的同时，结合我国国情，逐步完成了相关的规划、设计、生产、施工、管理、检测和评价等规范文件，积累了丰富的经验。在新技术的应用、先进设备的研究与开发等方面，取得了显著成果。

近些年来，在国家大力提倡节能环保，积极应对气候变化的大背景下，集中供热作为一种节约能源、减少大气环境污染的供热方式已经逐步成为我国城镇的主要供热方式，我国各地方城市集中供热产业也得到了快速发展。目前，我国集中供热已形成了以热电联产为主，集中锅炉房供热为辅，其他多种方式为补充的供热局面。据相关资料统计，我国供热产业热源总热量中，热电联产占 62.9%，集中锅炉占 35.75%，其他占 1.35%。在未来若干年，可再生能源的利用率逐步提高。到 2030 年，我国可再生能源利用率望达到 15%，温室气体大气排放总量提前达到峰值。这一目标得到政府承诺，已成为全民共识。

根据 2016 年《巴黎协定》，在 2020 年后全球应对气候变化行动目标就是：使全球温室气体排放总量尽快达到峰值，以实现将全球气温控制在比工业革命前高 2℃以内，并努力控制在 1.5℃以内的目标。

在我国，供暖通风有着悠久的历史。西安半坡遗址有长方形灶炕，屋顶有孔洞用以排烟，还有双连灶形的火炕。可见在新石器时代仰韶时期就有了火炕供暖，夏、商、周时代就有了火炉供暖。据考证，我国汉代就有了用烟气作介质的供暖设备。北京故宫中还完整地保留着火地供暖系统，即所谓“辐射供暖”。目前北方农村还普遍应用着古老的供暖方式：火炉、火墙和火炕。尽管我们古老文明也创造了供暖通风的应用技术，但是现代意义上的供暖通风技术的起源是在西方。1673 年英国工程师发明了热水在管内流动用以加热房间的技术；1777 年法国人把热水供暖用于房间；1784 年在英国的工厂和公共建筑中应用蒸汽供暖。

而我国集中供热领域也经历了三个发展阶段，具体特点如下：

第一阶段为：1880～1930年。供热系统主要使用蒸汽作为热媒，没有换热器，主要的热用户是城市中的公寓以及服务行业的建筑，计量仪表主要使用的是蒸汽流量计，末端散热装置通常是使用蒸汽或热水的散热器。

第二阶段为：1930～1980年。供热系统一次管网热媒已经变为100℃以上的承压热水，使用管壳式换热器换热，热用户主要是公共建筑与居住建筑，绝大多数建筑为非节能建筑且能耗高。据有关资料介绍，单位面积供暖能耗大约为200～300kWh/（m^2·a）在有些热源或换热站里安装有流量计，有的散热器上还安装有热分配表，末端散热装置是使用直供或间供热水的散热器。

第三阶段为：1980年至今。供热系统热媒仍是承压热水，一次管网设计水温通常在100℃以上，换热器类型以板式换热器为主，热用户仍然是公共建筑与居住建筑，单位面积供暖能耗为100～200kWh/(m^2·a)。热表是主要的热计量装置，有的供热系统采用无线远传的方式采集数据，有的系统建立了数据监管平台，逐步实现智能控制量化管理供热技术。末端形式是60℃左右的散热器或者40℃左右的地板辐射供暖，供热系统使用直供热水或间供热水为热用户供热。

现代供热技术在我国是近些年发展起来的。在新中国成立前只有在大城市的高档建筑物中才有供暖或空调系统的应用，设备都是舶来品。新中国成立后，供热技术才得到迅速发展，50年代建设了热电厂，有了城市集中供热系统。此间建立了供暖、通风设备的制造厂，生产所需的供暖通风产品，如暖风机、空气加热器、除尘器、过滤器、通风机、水泵、散热器和锅炉等设备。

到了20世纪60～70年代，我国经济建设走“独立自主，自力更生”的发展道路，从而促进了供热技术的发展，形成了时代的特点，使得热水供暖技术得到快速的发展，并且逐步替代了蒸汽供暖系统，使得城镇集中供热产业迅速发展起来。在民用建筑中，所用的供暖设备的制造业也有了相应的发展，先后开发了我国自己设计的系列产品，如各种型号散热器和热水锅炉产品等。1975年我国颁布了《工业企业供暖通风和空气调节设计规范》TJ 19—75，从而为供暖通风与空调工程设计奠定了基础。

供热技术在20世纪80～90年代是发展最快的时期。此间正是我国经济转轨时期，为供暖通风行业提供了广阔的市场。国民经济的迅速发展，供热节能工作日益受到重视，以及改革开放政策的落实，使我国的供热事业无论在供热规模和供热技术方面，都有很大的发展。中国供暖通风的市场潜力很大，预示着行业的发展前景远大。同时，要求主管部门制定相应配套的法规文件，以规范行业市场。1987年国家计划委员会对《工业企业采暖通风和空气调节设计规范》TJ 19—75组织修订后改为《采暖通风与空气调节设计规范》GBJ 19—87，并批准为国家标准，自1988年8月1日起执行。1989年中华人民共和国建设部颁布了《城市供热管网工程施工及验收规范》CJJ 28—89，1990年颁布了《城市热力网设计规范》CJJ 34—90。

21世纪供暖通风行业的发展，是一个稳步的走向可持续发展的道路。

2001年国家计划委员会批准对供暖《采暖通风与空气调节设计规范》GBJ 19—87作了补充修订（2001年版）。

2002年中华人民共和国建设部批准《城市热力网设计规范》CJJ 34—2002为行业标准，自2003年1月1日起实施。

2003年中华人民共和国建设部颁布了国家标准《采暖通风与空气调节设计规范》GB 50019—2003，自2004年4月1日起实施。

2009年3月，中华人民共和国住房和城乡建设部颁布了《供热计量技术规程》JGJ 173—2009为行业标准，自2009年7月1日起实施。

2010年，中华人民共和国住房和城乡建设部颁布了《城镇供热管网设计规范》CJJ 34—2010，自2011年1月1日起实施。

2012年，中华人民共和国住房和城乡建设部颁布了《民用建筑供暖通风与空气调节设计规范》GB 50736—2012，自2012年10月1日起实施。

2013年，中华人民共和国住房和城乡建设部颁布了《供热系统节能改造技术规范》GB/T 50893—2013，2014年3月1日实施。2014年颁布《城镇供热系统运行维护技术规程》CJJ 88—2014为行业标准，2014年10月1日起实施。

2014年，中华人民共和国住房和城乡建设部颁布了《供热计量系统运行技术规程》CJJ/T 223—2014为行业标准，2015年3月1日起实施。

2015年，中华人民共和国住房和城乡建设部颁布了《工业建筑供暖通风与空气调节设计规范》GB 50019—2015，自2016年2月1日起实施。

这些规范的实施，无疑对供热事业的发展提供了法律依据和技术支持保障。

供热事业的可持续性发展意味着资源持续利用、生态环境得到保护和社会均衡发展。其中能源是一项主要的资源，石油、燃气、煤炭等石化燃料都是不可再生的能源，需要经过几千万年甚至几亿年才能生成。供热工程是能源的消耗大户，同时也直接或间接地影响着生态环境。据2013年统计，我国北方城镇供暖能耗已占建筑总能耗的24%，一些严寒地区供暖能耗占了当地总建筑能耗将近一半。我国消耗的能源结构中，绝大部分是不可再生的化石燃料，主要是煤炭（约占总能耗的75%）。因此供暖通风的发展也意味着不可再生能源的消耗增长，同时也污染了环境。燃料燃烧都会排放CO_2，产生温室效应，导致地球变暖，将会改变地球的生态环境。而煤炭等化石燃料燃烧还会产生烟尘、SO_2、NO_x等有害气体，对大气环境造成严重污染，使雾霾天气时有出现。因此，供暖通风在消耗不可再生能源的同时也对环境造成污染，这也是当前全球环境最重要的问题之一。

1.2 供热工程的主要任务及研究内容

供热工程是以热水或蒸汽作为热媒的用热系统（如供暖、通风、空调、热水供应和生产工艺）。供暖系统是以人工技术把热源的热量通过热媒输送管道送到热用户的散热设备，为建筑物供给所要求的热量，以保持一定的室内温度，创造适宜的生活条件或工作环境的系统。集中供热系统是由热源、热力管网、热用户三部分组成。热源是供热系统热媒的来源，目前最广泛应用的是：热电厂和区域锅炉房。在此热源内，使燃料燃烧产生的热能，将热水或蒸汽通过热力管网送到热用户。

此外，供热系统也可以利用核能、太阳能、风能、地热、电能、工业余热作为热源。热力管网是由热源向热用户输送和分配供热介质的管线系统。热用户是集中供热系统利用热能的用户，如室内供暖、通风、空调、热水供应以及生产工艺用热系统等。以区域锅炉房（热水锅炉或蒸汽锅炉）为热源的供热系统，称为区域锅炉房集中供热系统。以热电厂为热源的供热系统，称为热电联产集中供热系统。

供热工程研究的主要内容有：供热系统的设计热负荷和散热设备的选择；集中供热系统及其管网水力计算；供热系统水力工况分析和调节控制；热水供暖系统运行调节实行量化管理的节能技术；供热系统各种热源形式（如热电联供技术，热泵技术的应用等）及主要设备的选择；供热管网的敷设与计算等。

随着城市能源供应结构的调整和供热体制改革及建筑节能等节能减排的要求，在集中供热为主的前提下，出现了多种多样的供暖方式。如以燃气为能源的供暖方式，包括燃气三联供、燃气蒸汽联合循环、大型燃气锅炉房集中供热、小型模块化单栋建筑或单元式燃气供热、分户燃气炉供热等；以燃油为能源的供暖方式，包括大中型燃油锅炉房集中供热、商业建筑中的直燃机等；以电为能源的供热方式，主要有直接电热方式（包括谷电蓄热、电暖气、电热膜和电缆供暖等）、空气源热泵、水源热泵、地源热泵和分布式能源系统；太阳能光热利用以及工业余热利用等供暖方式。多种供暖方式的出现，为人们进行优化、选择最适宜的供暖方式选择提供了可能。

综合上述的各种背景情况，供热方案有多种选择，所以需要进行技术经济可行性分析、方案优选，如考虑当地能源结构、工程投资和运行费用、系统综合能效、运行管理调控策略、热舒适度、排放指标和环境评价等等。现在我国还在基本建设快速发展的时期，许多项目迫于环境保护的压力急需在各种供热方式中做出选择。因此，如何准确全面的评价供热方式的优劣，如何针对一个实际工程选取最高能效的供热方式，成为供热方案决策的一个关键问题。

1.3 供热系统的供暖方式

供暖方式到底选择哪一种更好，需要进行经济技术比较和运行能效、环境效益等方面的分析。任何一种供暖方式都不可能是十全十美，都各有优缺点。可见，供暖方式如何选择至关重要。

按照供暖的规模与供热建筑物的种类把众多的供暖方式分为四大类，即：城市集中热网供热、居住小区集中供热、分户供热、公共建筑供热。

(1) 城市集中热力网供热热源主要有：燃煤热电联产、燃气三联供、大型燃气锅炉房、大型燃煤锅炉房、大型燃油锅炉房、燃气一蒸汽联合循环等。

(2) 居住小区集中供热有：燃气锅炉房、燃煤锅炉房、燃油锅炉房、燃气三联供、楼栋式（或单元式）燃气供暖、集中水源热泵、带蓄热装置的电锅炉、地热热水、地源热泵等。

(3) 分户供热有：分户燃气炉供暖、电暖气（电热膜）供暖、分户水源热泵供暖、分户空气源热泵（多联机）等。

(4) 公共建筑供热有：燃油或燃气直燃机、空气源热泵、水源热泵、电锅炉、小型燃气-蒸汽联合循环机组、燃气三联供等。

调整能源结构，减少燃煤造成的污染，同时缓解电力和天然气峰谷差的矛盾，是北方地区大中型城市环境治理面临的一个重大问题。建筑能耗约占当地能源消耗的四分之一以上，重新研究建筑供暖策略是北方地区能源结构的调整重点，对目前飞速发展的住宅建设具有重要的指导意义。在分析供暖现状的基础上，探讨可能的各种供暖方式，从一次能源利用效率、运行成本、初投资、适用性等方面对不同供暖方式进行评价是非常重要的。

1.4 多种供暖方式及分析评价

随着我国供热事业的不断发展，各种客观制约条件的变化，生产技术能力的提高，供暖方式日趋多样化，人们面临的选择也越来越多，如热电联产供暖方式，区域锅炉房集中供热方式，燃气三联供集中供热方式，家用小型燃气热水炉供暖方式，电热供暖方式，热泵供暖方式和地热供暖方式等。面对如此众多，各具特点的供暖方式，人们该如何评价其优劣性，对一个实际的工程问题该如何选择适宜的供暖方式，需要对每种供暖方式进行全寿命期分析研究，然后进行全面评价比选。

(1) 热电联产供暖方式

热电联产是利用燃料的高品位热能发电后，将其低品位热能供热的综合利用能源的技术。目前我国大型火力电厂的平均发电效率为33%，而热电厂供热时发电效率可达20%，剩下的80%热量中的70%以上可用于供热。因此，将热电联产方式产出的电力按照普通电厂的发电效率扣除其燃料消耗，则热电厂供热的效率可以大大提高（约为中小型锅炉房供热效率的2倍）。同时热电厂可采用先进的脱硫装置和消烟除尘设备，同样产热量造成的空气污染远小于中小型锅炉房。因此在条件允许时，应优先发展热电联产的供暖方式。

热电联产的问题是：1）长距离输送，管网初投资高，输送水泵电耗较高，维护、管理费用也高；2）由于末端无计量装置和调节手段，导致无端的热量浪费。实践证明，供热实施总量控制量化管理、末端增加调节手段，并采用按热量计量收费，可节省热量20%～30%。

(2) 区域锅炉房集中供热供暖方式

区域锅炉房可以是燃煤、燃气、燃油或电锅炉方式，但都需要通过区域管网经过热水循环向建筑物内供热。区域燃煤锅炉房的设置是以煤为主要燃料，所以存在煤和煤渣的运输与污染，燃煤锅炉的管理等一系列问题。但如果以电或天然气为燃料，它们的输送都比热量容易，输送成本也低，电热或天然气锅炉很容易实现自动调控管理。所以，使用这些化石燃料首先应考虑能源清洁利用、系统能效提升，便于输送、便于调节的特点，同时可以减缓环境污染、减少运行费用。

(3) 家用小型燃气热水炉供暖方式

单元式燃气供热系统在欧洲、美国已有几十年历史。我国之所以没有广泛应用，是由于燃煤为主的历史形成了集中供热的传统观念，以往居住面积狭小也限制了这种方式的使用。此外，我国长期依赖住房分配制，集中供热设备投资由政府承担，而家庭燃气热水锅炉却要个人出资。目前随着住房改革和燃料结构的改变，这些问题都不复存在。因此在新建住宅区如不具备集中供热的条件，家用燃气热水锅炉应为首选方案，但是安全问题必须重点考虑。

在小区燃气锅炉房集中供热工程中，锅炉房、室外管网和建筑物内主管网的投资与家庭燃气热水锅炉的投资相当，而使用家庭燃气热水锅炉时还可省去热水器投资。这种供暖方式用户可以根据需要自觉调节供热量，与集中燃气锅炉相比，平均节省30%～40%的燃气，从而降低运行成本。

(4) 直接用电供暖方式

这种供暖方式是采用各种电暖气、电热膜、热电缆等给室内供暖。尽管末端装置热利用率认为可达近100%，并且调节灵活，但使用高品位电能直接转换为热能，是很大的能源浪费。目前我国大型火力发电厂的平均热电转换效率为33%，再加上输送损失，电热供暖的效率仅为30%，远低于燃煤或燃气供暖的70%～90%。我国还是以火电为主，采用电热方式，实际上要比锅炉房直接供热增加2倍以上的总污染物排放量。仅从环境保护的角度看，直接电热供暖的方式也不可取。

(5) 电蓄热供暖方式

为了解决电力负荷的峰谷差，减缓大型火电调峰问题，利用夜间低谷电力供热，可以调节电力系统运行负荷综合平衡。目前电蓄热方式有：1）常压热水箱：占地面积大，蓄热损失也较大；2）高压蓄热水箱：可使蓄热水箱容积减少，但所占空间仍大，高压容器还有安全问题，且供热调节不灵活，供热效率低；3）采用电热膜或电缆方式：利用建筑物本身热惰性蓄热。由于供暖最大负荷发生在晚间而电力负荷低谷发生在后半夜，因此这种蓄热方式效果差，热损失也大；4）相变蓄热电暖气：采用硅铝合金作为相变材料，体积与通常的铸铁暖气相同并可在数小时内蓄存一天的热量，便于调节，是末端电蓄热供暖的最佳解决方案。

(6) 空气源热泵供暖方式

我国大部分地区的气候条件适宜使用空气源热泵，应用越来越广泛，目前已是全球空气源热泵应用最广泛的地区之一。现在已形成空气—空气家用分体式、整体式和“户式中央空调”三大类别热泵空调系列。随着科技的进步，空气源热泵机组的性能得到不断改进，其效率逐渐提高，用空气源热泵作为空调系统的冷热源逐渐被国内业主和设计部门所接受，尤其在华中、华东和华南地区逐渐成为中小型项目的设计主流，目前应用范围从长江流域逐渐向黄河流域延伸，应用前景广泛。

这种供暖方式的问题是：1）热泵性能随室外温度降低而降低，当室外温度较低时，需要辅助供暖设备，此时也比直接电供暖效率高，如北京地区采用空气源热泵供暖较为普遍。目前国内已生产低温（−20℃）空气源热泵产品，使用效果良好；2）房间末端设备采用风机盘管或地板供暖，初投资较高。

(7) 地源热泵供暖系统

直到20世纪90年代末，我国才开始地源热泵空调系统的应用，热泵生产厂家也逐渐增多。由于地源热泵在国内还是一项新技术，而且也缺乏地源热泵机组的相关生产标准，所以还需要对地源热泵系统的性能进行研究，为地源热泵机组的生产和选型提供理论基础。在工程应用上，地源热泵逐渐得到越来越多的重视，国家和地方城市都相应出台了相关政策，鼓励使用地源热泵空调系统，并逐渐形成了一批国家和地方的示范项目。地源热泵研究和应用虽然有了初步的成果，但与国外相比在热泵机组的优化设计和工程应用上还存在较大差距，还需要业内专业人士深入研究。

(8) 水源热泵供暖方式

水源热泵是冬季将地下水从深井取出，经换热器降温后，再回灌到地下，换热器得到的热量经热泵提升温度后成为供暖热源。夏季则将地下水从深井中取出经换热器升温后再回灌到地下，换热器另一侧则为空调冷却水。这种方式在西欧各国广泛使用，我国在20世纪70年代就有工程应用，属可再生环保供暖方式。由于地下水温常年稳定，采用这种方式整个冬季气候条件都可实现高能效（*COP*>3.5）运行，比空气源热泵热效率高得多，夏季还可使空调效率提高，可降低30%～40%的制冷电耗。这种方式全部为电驱动，小区无污染、能源效率高，是解决北方地区城市建筑供暖空调的最佳方案之一。但这种供暖方式存在井水回灌的问题。

综上所述，在有条件的情况下应大力发展热电联产集中供热方式；不同的燃料对应于不同的最佳供热方式，如燃煤对应的最佳方式为热电联产和集中供热；对于城区燃煤锅炉供暖的用户，可以推广带有辅助热源的空气源热泵方式和蓄热式电暖气方式，电力部门还应对蓄热式电暖气设备给予补贴；严格控制各种电热锅炉集中供热方式，对电暖气、电热膜、热电缆等方式也应尽量控制使用。大力发展热泵技术，实现高效率供热或发展相变蓄热电暖气解决峰谷差问题，是扩大用电负荷的合理途径。因此，全面考虑供暖和空调的要求，热泵系统更经济。

1.5 供热体制改革与发展

我国的经济体制正在向市场经济体制过渡，居民住房已经从实物分配变为商品货币化分配，由此极大地刺激了我国房地产业的发展，使之在我国经济发展中占有重要地位。而与此相应的供热制度却一直沿用过去计划经济下的福利体制，大多数供热企业面临困境，与房地产业的兴旺发展形成了鲜明的对比。长期以来国家对供暖采取的暗补政策和退费政策已经与我国进一步深化经济体制改革的要求不相适应。

供热体制的改革，首先要求改变过去供热按面积收费的方法，应改为按热计量收费。而我国现行按建筑面积计算热费的供热收费体制存在很多弊端。由于用户用热多少和付费无关，用户不关心供热能耗问题，用户没有节能积极性，不利于建筑用能的可持续发展。其次，用户由于没有供热的调节手段，无法根据自己的需要来调节室内温度。第三，由于目前的种种原因，供热公司收取热费成为一个难题，使供热公司正常运行难以进行，不利于供热公司的技术创新和技术进步。第四，这种收费体制不利于激励供热公司进一步提高经济效益，容易产生垄断性掩盖竞争性、政策性亏损掩盖经营性亏损的倾向。这些问题各级主管部门应高度重视。

然而，实行按热收费后又会带来新的问题，如按供热面积收费体制下供热调节问题。从理论上讲，根据室外温度控制热源的供热量；对于二次网，只要热力站设计及初调节合理，可保证二次网的供热量。系统在运行过程中，热源的供热总量变化仅仅和室外温度有关，各热用户热量分配难以控制。

在实行热量计量按热收费后，各用户都安装热量计量装置，每组散热器上安装温控阀，用户将根据自己的需求调节温控阀来控制室内温度。当众多用户调节流量后，整个热网的流量和供热量也将随之变化，热源和热网要进行动态的调节，适应变化。此外，采用热量法计量热用户热量时，需考虑建筑物的外墙、屋面、地面等因素对热量计费的影响、户间传热、热量分摊以及热计量修正问题等。在保证用户供热质量的前提下，供热公司如何对供热系统调控才能降低运行费用、提高经济效益。这些都是实行热量计量按热收费后需要研究和解决的问题。

综上所述，我国的供热工程建设和发展取得了显著的成效，并在经济建设中发挥重要作用，一些产品在国际市场上也占有一席之地，形成一定的影响力。但是与发达国家相比，在建筑节能和供热系统的能源利用、建筑节能材料、供热设备的品种和产品质量、供热系统运行管理和自动控制，以及供热体制和节能环保意识等方面，仍存在很大差距。所以，今后在供热及能源利用、能效提升技术等方面，还需要不断改进和提高。

思 考 题

1. 我国集中供热领域经历了哪些阶段？
2. 供热工程研究的主要内容有哪些？
3. 实现供热系统高能效供热需考虑哪些因素？
4. 目前我国供暖方式主要分为哪几类？以及常用的供暖方式有哪些？
5. 传统的供热体制弊端有哪些？

参 考 文 献

[1] 江亿．华北地区大中型城市供暖方式分析[J]．暖通空调，2000，(04)：30－32＋45.

[2] 龙惟定，武涌．建筑节能技术[M]．北京：中国建筑工业出版社，2009.

[3] 曹军．西藏住宅区域供暖系统方案优化选择[D]．西华大学，2006.

[4] 石兆玉．从可持续发展的观点评价采暖供热方式的优劣[J]．区域供热，2003，(03)：31-35.

[5] 冯国会．城市住宅建筑供暖方式的分析[J]．节能，2002，(11)：16－18＋2.

[6] 李勇，许娟．热量计量收费后的热网运行调节[J]．硅谷，2008，(17)：106.

[7] 宋海江，杨宝强．供热管网按热量计量后的热网运行探讨[J]．区域供热，2008，(05)：77-80.

[8] 李孟阳．集中供热方式的综合效益分析[J]．内蒙古煤炭经济，2013，(07)：1-2.

[9] Svend Frederiksen，Sven Werner. District heating and cooling. Student litteratur，Lund，Sweden，2013.

[10] Henrik Lund，Sven Werner，Robin Wiltshire，Svend Svendsen，Jan Eric Thorsen，Frede Hvelplund，Brian Vad Mathiesen. 4th Generation District Heating (4GDH).

[11] Integrating smart thermal grids into future sustainable energy systems. Energy，2014，68：103-111.

第2章 集中供热系统的热负荷

热负荷的确定对集中供热规划、初步设计、施工图绘制等各阶段的设计和运行阶段的可行性、可靠性、经济性均具有显著影响。精确的热负荷有助于提高供热系统的安全性和稳定性，能够减少运行成本，对实现供热系统及其供热范围内建筑的资源合理利用、能源节约、环境保护、工作条件保证、生活质量提高，都有着十分重要的作用。

2.1 集中供热系统热负荷的特征

集中供热系统是按照用户生产或生活用热能的需要和要求，利用集中热源，通过供热管网等设施向热能用户供应热能的供热方式。具有生产或生活用热能的需要和要求的用户称为热用户。应首先了解热用户情况，掌握各热用户对热能的需求，以便确定各热用户的计算热负荷。

集中供热系统的热负荷按照热用户的类型可分为民用热负荷和工业热负荷，一般包括采暖、通风、空气调节、生活用热水供应和生产工艺等热负荷。其中，居民住宅和公共建筑的采暖、空调、通风和生活用热水供应热负荷属于民用热负荷。生产工艺热负荷和工业建筑的采暖、通风、空调热负荷和热水供应热负荷属于工业热负荷。上述用热系统热负荷的大小及其性质是供热规划和设计的最重要的依据。

集中供热系统的热负荷按照时间分布特征还可分为季节性热负荷和常年性热负荷。其中，供暖、通风、空气调节系统的热负荷属于季节性热负荷，其特点是与室外温度、湿度、风向、风速和太阳辐射热等气候条件密切相关。对上述参数的大小起决定性作用的是室外温度，因而季节性热负荷在全年有很大的变化；生活用热（主要指热水供应用热）和生产工艺系统用热属于常年性热负荷，其特点是与气候条件关系较小，但用热状况在全日中变化较大。其中，生产工艺系统的用热量直接取决于生产状况，热水供应系统的用热量与人们的生活水平、生活习惯以及居民组成有关。

2.2 集中供热系统热负荷的确定

集中供热系统热负荷是确定集中供热方案、集中供热规划、集中供热系统形式、计算供热管道直径等的基本依据。

集中供热系统热负荷宜根据供热范围内经核实的建筑物、生产工艺的设计热负荷确定。对集中供热系统进行规划或初步设计时，往往尚未进行各类建筑物的具体设计工作，不可能提供较准确的建筑物热负荷的资料，也缺少各工业建筑采暖、通风、空调、生活及生产工艺热负荷的设计资料，因此通常采用概算方法确定各类热用户的设计热负荷。对现有生产工艺和工业建筑等热用户，宜根据各类建筑物和生产工艺的实际需热数据，并考虑今后可能的变化，按不同行业项目估算指标中典型生产规模对热负荷进行估算，也可按同类型、同地区建筑物、企业的设计资料或实际耗热定额进行概算。

2.2.1　供暖设计热负荷

供暖热负荷是集中供热系统最主要的热负荷，供暖设计热负荷约占全部设计热负荷的80%～90%（不包括生产工艺用热）。供暖设计热负荷的概算可采用体积热指标法或面积热指标法。

（1）体积热指标法

体积热指标法是以建筑物内体积为$1m^3$的建筑空间的供暖热指标估算建筑物供暖设计热负荷的方法。建筑物的供暖设计热负荷可用式（2-1）概算：

$$Q'_n = q_V V_W (t_n - t'_w) \times 10^{-3} \tag{2-1}$$

式中　Q'_n——建筑物的供暖设计热负荷，kW；

V_W——建筑物的外围体积，m^3；

t_n——供暖室内计算温度，℃；

t'_w——供暖室外计算温度，℃；

q_V——建筑物的供暖体积热指标，W/m^3；表示在室内外温差1℃时，建筑物内体积为$1m^3$的建筑空间的供暖设计热负荷。

建筑物的供暖体积热指标q_V的大小，主要与建筑物的外围护结构的构造、性能和外形有关。建筑物围护结构传热系数越大，采光率越大，外部建筑体积越小，或建筑物的长宽比越大，单位体积的需热量，即q_V值越大。因此，建筑物的围护结构及其外形方面合理采用措施降低q_V值是降低建筑物的供暖设计热负荷，降低集中供热系统的供热设计热负荷，实现建筑节能的主要途径。

各类建筑物的供暖体积热指标q_V，可通过对多栋同类型建筑物的供暖耗热量进行理论计算或对大量实测数据进行统计归纳整理得出，可见有关设计手册或当地设计单位历年积累的资料数据。

（2）面积热指标法

面积热指标法是以建筑物内$1m^2$建筑面积的供暖热指标估算建筑物供暖设计热负荷的方法。建筑物的供暖设计热负荷，也可按式（2-2）进行概算：

$$Q'_n = q_f \cdot F \times 10^{-3} \tag{2-2}$$

式中　Q'_n——建筑物的供暖设计热负荷，kW；

F——建筑物的建筑面积，m^2；

q_f——建筑物供暖面积热指标，W/m^2；表示建筑物内每$1m^2$建筑面积的供暖设计热负荷。

建筑物供暖面积热指标q_f的大小，主要取决于围护结构（墙、门、窗、屋面等）的传热性能，与建筑物平面尺寸和层高有关，因而不是直接取决于建筑平面面积。用供暖体积热指标表征建筑物供暖热负荷的大小，物理概念清楚，但采用面积热指标法，比体积热指标更易于概算，所以近年来在城市集中供热系统的规划设计中，国内外多采用供暖面积热指标法进行概算。

在总结我国众多设计单位和科研院所进行建筑物供暖热负荷的理论计算和实测数据工

作的基础上，我国《城镇供热管网设计规范》CJJ 34—2010 给出的供暖面积热指标推荐值，见附录 2-1。

附录 2-1 中，采取节能措施的建筑物是指按照《严寒和寒冷地区居住建筑节能设计标准》JGJ 26—2010、《公共建筑节能设计标准 》GB 50189—2005 规定设计的建筑物及其采暖系统。根据我国建筑节能发展规划，从 1986 年起逐步实施节能 30%、50%和 65%的建筑节能设计标准，北京等部分省市已从 2013 年起实施节能 75%的建筑节能设计标准。所谓节能 30%、50%、65%、75%，在严寒和寒冷地区，是指新建住宅建筑在 1980～1981 年住宅通用设计（代表性住宅建筑）供暖节能［折算成每平方米建筑面积每年用于供暖消耗的标准煤数量，kg 标准煤/（m^2·年）］的基础上分别节能 30%、50%、65%、75%。具体来说，是要节约相应比例的供暖用煤。附表 2-1 给出的供暖面积热指标推荐值与住宅建筑实现 30%节能的供暖需热量相近。若按照 50%、65%、75%的建筑节能设计标准设计、施工的住宅建筑，理论上的供暖面积热指标还应在附表 2-1 给出的供暖面积热指标推荐值的基础上进一步降低。

（3）城市规划指标法

城市规划指标法是通过确定该区的居住人数，然后根据街区规划的人均建筑面积，街区住宅与公共建筑的建筑比例指标，来估算该街区的综合供暖热指标的方法。

对一个城市新区供热规划设计，各类型的建筑面积尚未具体落实时，可用城市规划指标来估算整个新区的供暖设计热负荷。附表 2-1 给出的《城镇供热管网设计规范》推荐的居住区综合供暖面积热指标值为 60～67W/m^2（采取节能措施后为 45～55W/m^2），此数据是根据北京大量居住街区的规划资料，按居住区公共建筑占居住区总建筑面积的 14%和公共建筑的平均供暖热指标为住宅的 1.3 倍条件来估算的。因各个地区和街区建设具体情况不同，综合热指标会有明显差别。利用城市规划指标确定热负荷的方法，目前在我国应用不多，需要进一步整理和总结这方面的资料。

2.2.2　通风设计热负荷

为保证建筑室内空气具有一定的清洁度及温、湿度的要求，防止大量热、蒸汽或有害物质向人员活动区散发，防止有害物质对环境的污染，应对生产厂房、公共建筑及居住建筑进行通风。在供暖季节中，加热从室外进入的新鲜空气所耗的热量，称为通风热负荷。通风热负荷是季节性热负荷，但由于通风系统使用设备和各班次工作情况不同，一般公共建筑和工业厂房的通风热负荷，在一昼夜波动也较大。

建筑物通风设计热负荷概算的方法通常有两种：通风体积热指标法和百分数法。

（1）通风体积热指标法

通风设计热负荷可用式（2-3）进行概算。

$$Q'_{\mathrm{t}} = q_{\mathrm{t}} V_{\mathrm{W}} (t_{\mathrm{n}} - t'_{\mathrm{w \cdot t}}) \times 10^{-3} \tag{2-3}$$

式中　Q'_{t}——建筑物的通风设计热负荷，kW；

V_{W}——建筑物的外围体积，m^3；

t_{n}——供暖室内计算温度，℃；

$t'_{\mathrm{w \cdot t}}$——通风室外计算温度，℃；

q_{t}——建筑物的通风体积热指标，W/m^3；表示在室内外温差 1℃时，每 1m^3 建筑物外围体积的通风热负荷。

通风体积热指标 q_t，取决于建筑物的性质和外围体积。工业厂房的供暖体积热指标 q_V 和通风体积热指标 q_t，可参考有关的设计手册。对于一般的民用建筑，室外空气无组织地从门窗等缝隙进入，预热这些空气到室温所需的冷风渗透和侵入耗热量，已计入供暖设计热负荷中，不必另行计算。

（2）百分数法

对有通风空调的民用建筑（如旅馆、体育馆）等，通风设计热负荷可按该建筑物的供暖设计热负荷的百分数进行概算，即

$$Q'_t = K_t \cdot Q'_n \tag{2-4}$$

式中 K_t——计算建筑物的通风热负荷的系数，一般取0.3～0.5。

2.2.3 空调设计热负荷

（1）空调冬季热负荷

空调冬季热负荷主要包括围护结构的耗热量和加热新风耗热量，可按下式概算：

$$Q'_a = q_a F \times 10^{-3} \tag{2-5}$$

式中 Q'_a——空调冬季设计热负荷，kW；

F——空调建筑物的建筑面积，m^2；

q_a——建筑物空调面积热指标，W/m^2；表示每 $1m^2$ 建筑面积的空调冬季设计热负荷。可按附录2-2选取。

（2）空调夏季设计冷负荷

$$Q'_c = \frac{q_c F \times 10^{-3}}{COP} \tag{2-6}$$

式中 Q'_c——空调夏季设计冷负荷，kW；

F——空调建筑物的建筑面积，m^2；

COP——吸收式制冷机的性能系数，应根据制冷机的性能、热媒参数、冷却水温度、冷水温度等确定，一般双效溴化锂制冷机组 COP 可达1.0～1.2，单效溴化锂吸收式制冷机组 COP 可达0.7～0.8；

q_c——建筑物空调面积冷指标，W/m^2；它表示每 $1m^2$ 建筑面积的空调设计冷负荷。可按附表2-2选取。

2.2.4 生活用热的设计热负荷

（1）热水供应热负荷

热水供应热负荷为制备日常生活中用于洗脸、洗澡、洗衣服以及洗刷器皿等日常生活用热水所消耗的热量。热水供应的热负荷取决于热水用量。住宅建筑的热水用量，取决于住宅内卫生设备的完善程度和人们的生活习惯。公共建筑（如浴池、食堂、医院等）和工厂的热水用量，还与生产性质和工作制度有关。

热水供应系统的工作特点是热水用量具有昼夜的周期性。每天的热水用量变化不大，但小时用水量变化较大。图2-1为一个居住区的典型日的小时热水用热变化示意图。所以，通常首先根据用热水的单位数（如人数、每人次数、床位数等）和相应的热水用量标

准，确定全天的热水用量和耗热量，然后再进一步计算热水供应系统的设计小时热负荷。

供暖期的热水供应平均小时热负荷可按式(2-7)计算：

$$Q'_{r\cdot p}=\frac{cm\rho\upsilon(t_r-t_l)}{T}=0.001163\frac{m\upsilon(t_r-t_l)}{T} \tag{2-7}$$

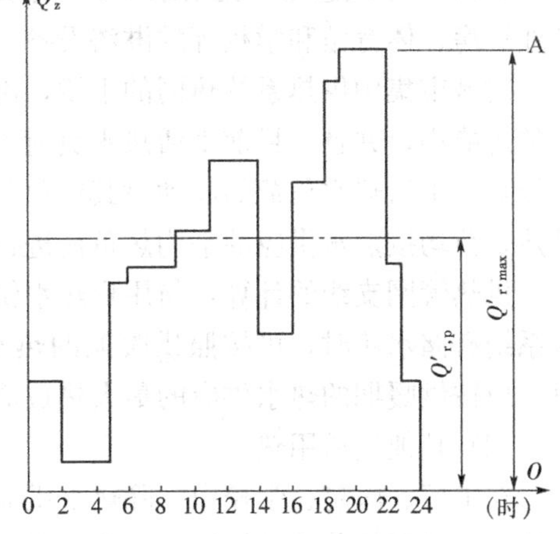

图 2-1 某居住区热水供应热负荷全日变化示意图

式中 $Q'_{r\cdot p}$——供暖期的热水供应平均小时热负荷，kW；

m——用热水单位数（住宅为人数，公共建筑为每日人次数，床位数等）；

υ——每个用热水单位每天的热水用量，L/d；可按《建筑给水排水设计规范》GB 50015—2003，2009年版的标准选取，见附录2-3；

t_r——生活热水温度，℃；按热水用量标准中规定的温度取用，一般为60℃；

t_l——冷水计算温度，取当地最低月平均水温，℃；如无水温资料时，可按《建筑给水排水设计规范》GB 50015—2003，2009年版中表5.1.4冷水计算温度的推荐数值计算；

T——每天供水小时数，h/d；对住宅、旅馆、医院等，一般取24h/d；

c——水的热容量，$c=4.1868$kJ/(kg·℃)；

ρ——水的密度，按 $\rho=1000$kg/m^{3}计算。

对计算城市居住区热水供应的平均热负荷时，可按下式进行概算：

$$Q'_{r\cdot p}=q_r\cdot F\times10^{-3} \tag{2-8}$$

式中 $Q'_{r\cdot p}$——居住区供暖期的热水供应平均热负荷，kW；

F——居住区的总建筑面积，m^2；

q_r——居住区热水供应的热指标，W/m^2；应根据建筑物类型，采用实际统计资料，当无实际统计资料时，可按附表2-3的推荐值选取。

建筑物或居住区的热水供应最大热负荷取决于该建筑物或居住区的每天使用热水的规律，热水供应最大热负荷与平均热水热负荷的比值称为小时变化系数 k_r。如图2-1中，纵坐标表示最大值 $Q'_{r\cdot max}$，一天（$n=24$h）内的总热水用热量，等于曲线所包围的面积。将每天总用热量除以每天供水小时数 T，即为平均热负荷 $Q'_{r\cdot p}$。

$$k_r=Q'_{r\cdot max}/Q'_{r\cdot p} \tag{2-9}$$

式中 k_r——小时变化系数；

$Q'_{r\cdot max}$——热水供应最大热负荷（用热量），kW或GJ；

$Q'_{r\cdot p}$——平均热水热负荷（用热量），kW或GJ。

建筑物或居住区的用水单位数越多，全天中的最大小时用水量（用热量）越接近于全天的平均小时用水量（用热量），小时变化系数 k_r越接近于1。对全日使用热水的单位，如住宅、医院、旅馆等，小时变化系数 k_r 可按《建筑给水排水设计规范》GB 50015—2003，2009 年版选用，见附录 2-5、附录 2-6、附录 2-7。对短时间使用热水的热用户，如工业厂房、体育馆和学校等的淋浴设备，k_r 值可取大些，可按 $k_r=5\sim12$ 取用。

对城市集中供热系统热网的干线，由于连接的用水单位数目很多，最大热负荷同时出现的可能小，并且，目前生活热水负荷占总负荷的比例较小，同时生活热水高峰出现时间也较短，生活热水负荷的波动对其他负荷影响也较小，无论用户有无储水箱，热水供应设计热负荷均按热水供应的平均热负荷进行计算。

供热管网支线的计算，与用户热水供应系统和热网的连接形式有关。当用户的热水供应系统有储水箱时，可按照供暖期的热水供应平均热负荷来进行计算，但用户无储水箱时，应按供暖期的热水供应的最大热负荷进行计算。

（2）其他生活用热

在工厂、医院、学校中，除热水供应以外，还可能有开水供应、蒸饭、清洗、消毒等用热，上述用热负荷的概算可参照本书 2.2.1～2.2.3 节介绍的指标法进行计算。例如计算开水供应用热时，加热温度可取 105℃，用水标准可取 2～3L/（天・人），蒸饭锅的蒸汽耗热量，当蒸煮量为 100kg 时，约需耗蒸汽量 100～250kg（蒸煮量越大，单位耗汽量越小）。一般开水和蒸锅要求的加热蒸汽表压为 0.15～0.25MPa 。清洗、消毒用热要依据清洗衣物和消毒的时间及数量，实际计算用热负荷。

2.2.5　生产工艺热负荷

生产工艺热负荷是为了满足生产过程中用于加热、烘干、蒸煮、清洗、熔化等过程的用热，或作为动力用于驱动机械设备（汽锤、汽泵等）。

集中供热系统中，生产工艺热负荷的用热参数，按照工艺要求、热媒温度的不同，大致可分为三种：供热温度在 130 ～150℃以下称为低温供热，一般靠 0.4～0.6MPa（abs）蒸汽供热；供热温度在 130～150℃以上到 250℃以下时，称为中温供热；这种供热的热源往往是中、小型蒸汽锅炉或热电厂供热汽轮机的 0.8～1.3MPa（abs）级或 4.0MPa 级的抽汽；当供热温度高于 250～300℃时，成为高温供热，这种供热的热源通常为大型锅炉房或热电厂的新汽经过减压减温后的蒸汽。

生产工艺热负荷和生活用热的热负荷均属于全年性热负荷。生产工艺设计热负荷的大小以及需要的热媒的种类和参数，主要取决于生产工艺过程的性质、用热设备的型号以及工厂的工作制度等因素。因生产工艺的用热设备繁多、工艺过程对热媒要求参数不一、工艺制度各有不同，生产工艺热负荷很难用固定的公式来表述。在确定集中供热系统的生产工艺热负荷时，对新增加的热负荷，应以生产工艺系统提供的设计数据为准，并参考类似企业确定其热负荷。已有工厂的生产工艺热负荷，由工厂提供。为避免用户多报热负荷量，规划或设计部门应对所报的热负荷进行核算。通常可采用产品单位能耗指标方法，或按全年实际耗煤量来核算，最后确定较符合实际情况的热负荷。工业成品单位耗热量的扩大概算指标，可参考有关设计资料进行确定。

向工业企业供热的集中供热系统，在有较多生产工艺用热设备或热用户的场合下，各个工厂或车间的最大生产工艺热负荷不可能同时出现。因此，在计算集中供热系统热网的最大生产工艺热负荷时，应考虑各设备或各用户的同时使用系数，应以核实的各工厂（或车间）的最大生产工艺热负荷之和乘以同时使用系数 K_{sh}。同时使用系数的概念，可用式（2-10）表示：

$$K_{sh} = Q'_{w \cdot max} / \sum Q'_{sh \cdot max} \tag{2-10}$$

式中　K_{sh}——生产工艺热负荷的同时使用系数，一般可取 0.6～0.9；

$Q'_{w \cdot max}$——工厂区（工厂）的生产工艺最大热负荷，kW 或 GJ/h；

$Q'_{sh \cdot max}$——经核实的各工厂（各车间）的生产工艺最大热负荷，kW 或 GJ/h。

对于热电厂供热系统，还应对生产工艺热负荷在全年中的变化情况有更多的调查统计数据。除供暖期的最大热负荷外，还应有供暖期的最小热负荷、平均热负荷、非供暖期的平均热负荷、非供暖期的最小热负荷等资料，以及典型周期（日或一段时间）蒸汽热负荷曲线和年延续时间曲线等资料，同时还要考虑各种负荷的同时工作系数。这些数据对选择供热汽轮机组形式，分析热电厂的经济性和运行管理都是很必要的。

2.3　集中供热系统年耗热量计算

集中供热系统的年耗热量是热用户各类年耗热量的总和。热用户各类的年耗热量可分别按下述方法计算：

2.3.1　供暖年耗热量 $Q_{n \cdot a}$

$$Q_{n \cdot a} = 24 Q'_n \left(\frac{t_n - t_{p \cdot j}}{t_n - t'_w} \right) N$$

$$= 0.0864 Q'_n \left(\frac{t_n - t_{p \cdot j}}{t_n - t'_w} \right) N \tag{2-11}$$

式中　$Q_{n \cdot a}$——供暖年耗热量，kWh/a 或 GJ/a；

Q'_n——供暖设计热负荷，kW；

N——供暖期天数，d；

t'_w——供暖室外计算温度，℃；

t_n——供暖室内计算温度，℃，一般取 18℃；

$t_{p \cdot j}$——供暖期室外平均温度，℃。

2.3.2　采暖期通风耗热量 $Q_{t \cdot a}$

$$Q_{t \cdot a} = Z Q'_t \left(\frac{t_n - t_{p \cdot j}}{t_n - t'_{w \cdot t}} \right) N$$

$$= 0.0036 Z \cdot Q'_t \left(\frac{t_n - t_{p \cdot j}}{t_n - t'_{w \cdot t}} \right) N \tag{2-12}$$

式中　$Q_{t \cdot a}$——采暖期通风耗热量，kWh/a 或 GJ/a；

Q'_t——通风设计热负荷，kW；

$t'_{w \cdot t}$——冬季通风室外计算温度，℃；

Z——供暖期内通风装置每日运行小时数，h/d。

其他符号同式（2-10）。

2.3.3 空调年耗热量 $Q_{c\cdot a}$

（1）空调冬季采暖耗热量 $Q_{a\cdot a}$

$$Q_{a\cdot a}=0.0036T_a\times Q'_a\left(\frac{t_i-t_{p\cdot j}}{t_i-t'_{w\cdot a}}\right)N \tag{2-13}$$

式中 $Q_{a\cdot a}$——空调冬季采暖耗热量，GJ/a；

Q'_a——空调冬季设计热负荷，kW；

T_a——采暖期内空调装置每日平均运行小时数，d；

N——供暖期天数，d；

$t'_{w\cdot a}$——冬季空调室外计算温度，℃；

t_i——室内计算温度，℃。

（2）制冷期空调制冷耗热量

$$Q_{c\cdot a}=0.0036Q'_cT_{c\cdot max} \tag{2-14}$$

式中 $Q_{c\cdot a}$——制冷期空调制冷耗热量，GJ/a；

Q'_c——空调夏季设计热负荷，kW；

$T_{c\cdot max}$——空调最大利用小时数，d；取决于制冷季于室外气温、建筑物的使用性质、室内得热情况、建筑物内人员的生活习惯等。

2.3.4 热水供应全年耗热量 $Q_{r\cdot a}$

热水供应热负荷式全年性热负荷。考虑到冬季与夏季冷水温度不同，热水供应年耗热量按式（2-15）计算：

$$Q_{r\cdot a}=24\left[Q'_{r\cdot p}N+Q'_{r\cdot p}\left(\frac{t_r-t_{l\cdot x}}{t_r-t_l}\right)(350-N)\right]$$
$$=0.0864Q'_{r\cdot p}\left[N+(350-N)\left(\frac{t_r-t_{l\cdot x}}{t_r-t_l}\right)\right] \tag{2-15}$$

式中 $Q_{r\cdot a}$——热水供应全年耗热量，kWh/a 或 GJ/a；

$Q'_{r\cdot p}$——供暖期的热水供应平均热负荷，kW；

t_r——生活热水温度，℃；

N——全年供暖期的天数（扣取 15 天检修期），d；

t_l——冷水计算温度（供暖期平均水温），℃；

$t_{l\cdot x}$——夏季冷水温度（非供暖期平均水温），℃。

2.3.5 生产工艺年耗热量

生产工艺年耗热量可用式（2-16）计算：

$$Q_{s\cdot a}=\sum_{i=1}^{12}Q_iT_i \tag{2-16}$$

式中 $Q_{s\cdot a}$——生产工艺年耗热量，GJ/a；

Q_i——12 个月中第 i 个月的日平均耗热量，GJ/d；

T_i——12 个月中第 i 个月的天数。

2.4 集中供热系统热负荷图

热负荷图用来表示整个热源或热用户系统热负荷随室外温度或时间变化的情况。热负荷图直观反映热负荷变化的规律，对指导集中供热系统设计、技术经济分析和运行管理具有重要作用。

在供热工程中，常用的热负荷图有热负荷时间图、热负荷随室外温度变化图和热负荷延续时间图。

2.4.1 热负荷时间图

热负荷时间图中热负荷大小按照其出现的先后排列，图中的时间限制可长可短，可以是一天、一个月、一年，相应称为全日热负荷图、月热负荷图、年热负荷图。

(1) 全日热负荷图

全日热负荷图用来表示整个热源或用户的热负荷在一昼夜中每小时的变化情况。全日热负荷图以小时为横坐标，以小时热负荷为纵坐标，从零时开始至第二天零时结束，逐时绘制。图 2-1 是一个典型的热水供应全日热负荷图。

全年性热负荷，受室外温度影响不大，但在全天中小时的变化较大。因此，对生产工艺热负荷，必须绘制全日热负荷图为设计集中供热系统提供基础数据。一般来说，工厂的热负荷不可能每天一致，冬夏期间总会有差别。因此需要分别绘制冬季和夏季典型工作日的全日热负荷图，来确定生产工艺的最大、最小和平均热负荷。

季节性的供暖、通风等热负荷，其大小主要取决于室外温度。在一昼夜中，由于室外温度的不断变化，建筑物的散热损失也随之发生变化，但由于建筑物的热稳定性，供热系统的供热量一般不考虑由于室外温度在一昼夜内的变化所引起的建筑散热损失的变化。住宅建筑和公共建筑采暖热负荷的全日热负荷图为一条水平直线，如图 2-2 (*a*) 所示。工业厂房供暖、通风热负荷，会受工作制度的影响而有些规律性的变化。例如工业企业生产车间的采暖热负荷，上班时间室内温度较高，而下班后室内温度较低，因此其全日热负荷图为阶梯形，如图 2-2 (*b*) 所示。通常用热负荷随室外温度变化图来反映热负荷变化的规律。

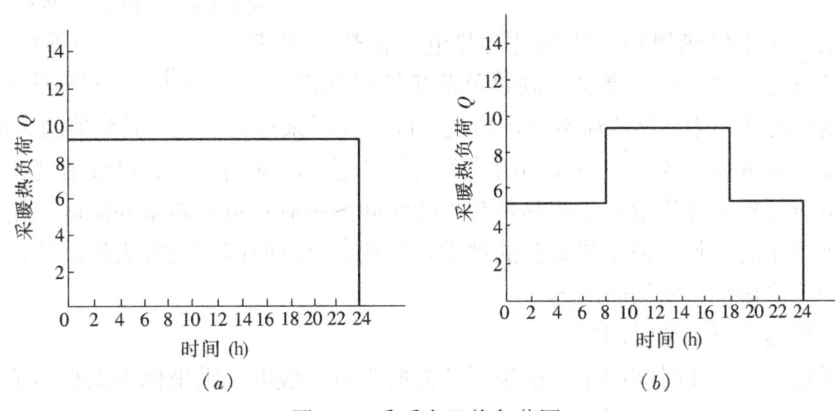

图 2-2 采暖全日热负荷图

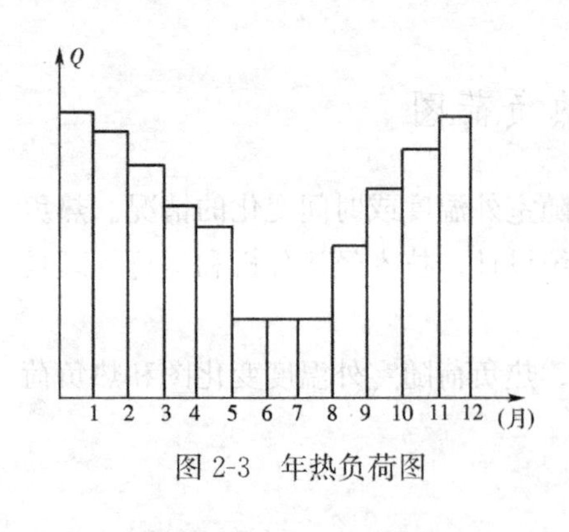

图 2-3　年热负荷图

(2) 年热负荷图

年热负荷图是以一年中的月份为横坐标，以每月的热负荷为纵坐标绘制的负荷时间图。图 2-3 是一个典型的全年热负荷示意图，季节性的采暖、通风热负荷，可根据该月份的室外平均温度确定，热水供应热负荷按平均小时热负荷确定，生产工艺热负荷可根据日平均热负荷来确定。年热负荷图是规划供热系统全年运行的原始资料，也是制定设备维修计划和安排职工休假的基本参考资料。

2.4.2　热负荷随室外温度变化图

季节性的供暖、通风热负荷的大小主要取决于当地的室外温度，热负荷随室外温度变化图能很好地反映季节性热负荷的变化规律。图 2-4 为一个居住区的热负荷随室外温度的变化图。横坐标为室外温度，纵坐标为热负荷。图中的曲线 1 代表供暖热负荷随室外温度的变化曲线。开始供暖的室外温度定为+5℃。根据式 (2-1)，建筑物的供暖热负荷应与室内外温差成正比，因此，$Q_n = f(t_w)$ 为线性关系。图中的曲线 2 代表冬季通风热负荷随室外温度变化的曲线。同理，对于冬季通风热负荷，在室外温度 5℃ $> t_w \geq t'_{w.t}$ 期间内，$Q_t = f(t_w)$ 也是线性关系，当室外温度低于冬季通风室外计算温度 $t'_{w.t}$ 时，通风热负荷为最大值，并且不随室外温度改变。

图 2-4 中的曲线 3 是热水供应随室外温度变化曲线图。热水供应热负荷受室外温度变化影响较小，可认为为一定值，但在夏季期间，热水供应的热负荷比冬季低。

将曲线 1～3 表示的热负荷在纵坐标的表示值相加，得到图中的曲线 4。曲线 4 即为居住区总热负荷随室外温度变化的曲线图。

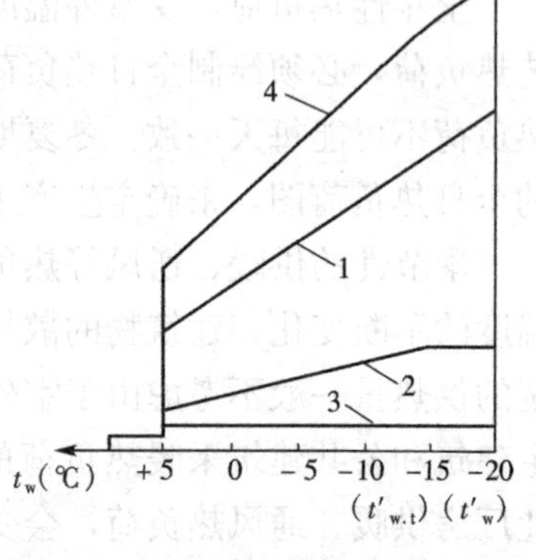

图 2-4　热负荷随室外温度变化图

曲线 1—供暖热负荷随室外温度变化曲线；曲线 2—冬季通风热负荷随室外温度变化曲线；曲线 3—热水供应热负荷随室外温度变化曲线；曲线 4—总热负荷随室外温度变化曲线

2.4.3　热负荷延续时间图

进行城市集中供热规划，特别是对热电厂供热方案进行技术经济分析时，通常需要绘制热负荷延续时间图。在热负荷延续时间图中，热负荷不是按出现时间的先后来排列，而按其数值的大小来排列。热负荷延续时间可表示各个不同大小的热负荷与其延续时间的乘积，可较清楚显示出不同大小的热负荷的累计耗热量，绘制热负荷延续时间图需有热负荷随室外温度变化曲线和室外气温变化规律的资料。根据热负荷的种类，热负荷延续时间图可分为供暖热负荷延续时间图、生产工艺热负荷延续时间图。

(1) 供暖热负荷延续时间图

在供暖热负荷延续时间图中，横坐标负方向为室外温度，纵坐标为供暖热负荷；横坐标的正方向表示小时数 (见图 2-5)，如横坐标 n' 代表供暖期室外温度 $t_w \leq t'_w$ (t'_w 为供暖室外计算温度）出现的总小时数；n_1代表室外温度 $t_w \leqslant t_{w.1}$ 出现的总小时数；n_2代表室外温度 $t_w \leqslant t_{w.2}$ 出现的总小时数；n_{zh}代表整个供暖期的供暖总小时数。

供暖热负荷延续时间图的绘制方法如下：在横坐标负方向首先绘制供暖热负荷随时外温度变化曲线图（以直线 Q'_n-Q'_k 表示）。然后，通过 t'_w 时的热负荷 Q'_n 所在点沿横坐标正方向引一条水平线，与相应出现的总小时数 n' 的横坐标上引的垂直直线相交点即为 a' 点。同理，通过 $t_{w.1}$ 时的热负荷 Q'_1 沿横坐标正方向引一水平线，与相应出现的总小时数 n_1 的横坐标上引的垂直直线相交点即为 a_1 点。以此类推，在图 2-5 中正方向，连接 Q'_n、a'、a_1、a_2、…、a_k 等点形成的曲线，得出供暖热负荷延续时间图。图中曲线 Q'_n、a'、a_1、a_2、…、a_k 与横坐标轴、纵坐标所包围的面积就是供暖期间的供暖年耗热量。

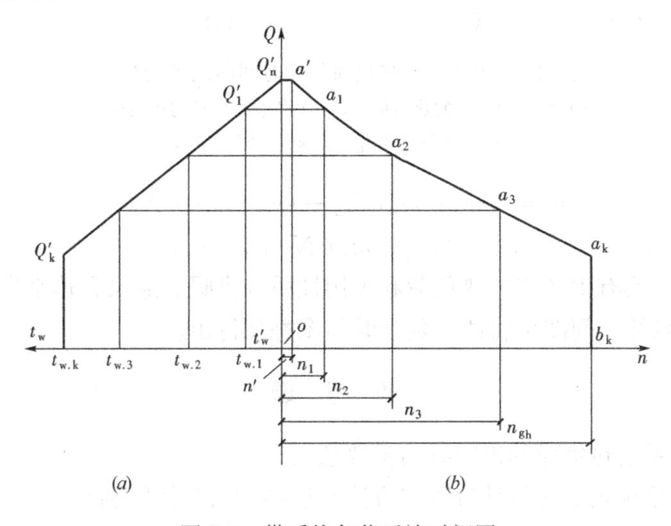

图 2-5　供暖热负荷延续时间图

（a）供暖热负荷随室外温度变化曲线图；（b）供暖热负荷延续时间图

当一个供热系统或居住区具有供暖、通风和热水供应等多种热负荷时，也可根据整个热负荷随室外温度变化的曲线图，按上述同样的绘制方法，绘制相应的热负荷延续时间图。

（2）生产工艺热负荷延续时间图

生产工艺全年热负荷延续时间图的绘制比供暖热负荷延续时间图要麻烦些，而且与实际的差距也较大。绘制生产工艺年热负荷延续时间图至少必须要有冬季和夏季典型日的生产工艺热负荷时间图作为依据。

图 2-6（a）、（b）分别表示冬季和夏季典型日的生产工艺热负荷图。纵坐标为热负荷，横坐标为一昼夜的小时时刻。以图 2-6 为例，生产工艺热负荷为 Q_a时，冬季和夏季的典型日中工作小时数分别为（m_1+m_2）小时、（m_3+m_4）小时。假定夏季工作总天数为 N_d，冬季工作总天数为 N_x，则在横坐标可确定表示延续小时数为（m_1+m_2）N_d+（m_3+m_4）N_x处为 n_a点，$n_a=$（m_1+m_2）N_d+（m_3+m_4）N_x，在 n_a点引垂直线高度为 Q_a（表示生产工艺热负荷为 Q_a）的点即为 a 点。同此方法类推，则可绘制按生产工艺热负荷大小排列的延续时间曲线图。

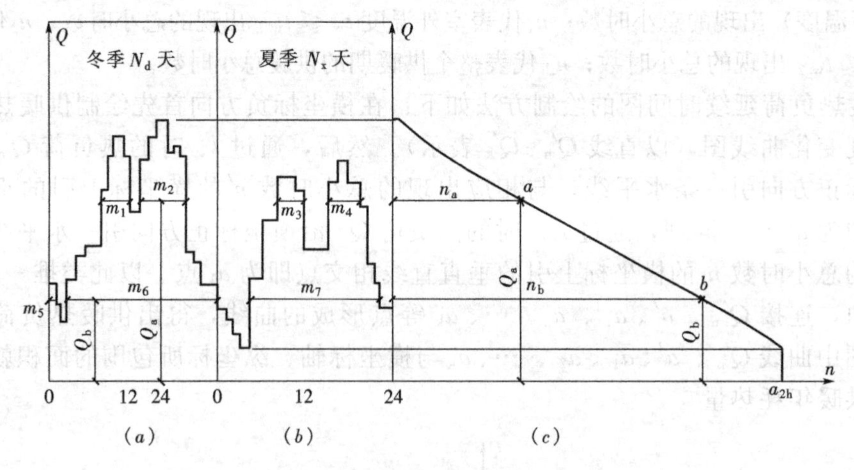

图 2-6　生产工艺热负荷延续时间曲线图的绘制

(a) 冬季典型日的热负荷图；(b) 冬季典型日的热负荷图；

(c) 生产工艺热负荷延续时间曲线图

$$n_a = (m_1 + m_2)\ N_d + (m_3 + m_4)\ N_x\ h$$

$$n_b = (m_5 + m_6)\ N_d + m_7 N_x\ h$$

如热电厂同时具有生产工艺热负荷和民用性质（供暖、通风和热水供应）热负荷，热电厂的总热负荷延续时间图可将两个延续时间图叠加得出。

思考题

1. 集中供热系统热负荷的确定有何重要意义？
2. 集中供热系统热负荷设计有哪些方法？这些方法有何区别？
3. 空调热负荷设计有哪些方法？这些方法有何区别？
4. 工业与民用热负荷有何区别？民用热负荷都包括哪些？
5. 集中供热系统热负荷图有何作用？常用的热负荷图有哪些？

参考文献

[1]　李德英．供热工程[M]．北京：中国建筑工业出版社，2004.

[2]　刘婷婷．冬冷夏热地区应用地表水源热泵系统供暖的优化方法[D]．湖南大学，2005.

[3]　黄以明．集中供热管网优化设计[D]．西安理工大学，2007.

[4]　刘颖超．基于循环经济理念的电厂余热利用空调系统研究[D]．华北电力大学(北京)，2008.

[5]　赵荣义．简明空调设计手册[M]．北京：中国建筑工业出版社，1998.

[6]　陆耀庆．实用供暖空调设计手册(第二版)[M]．北京：中国建筑工业出版社，2008.

第3章　热水供热系统的水力计算

3.1　概　　述

热水供热系统依靠室外供热管网将热水送到各幢建筑，供热管网又可分为枝状管网和环状管网，目前我国大多数城市采用枝状管网，国内少数城市正在发展环状管网，国外多见环状管网。枝状管网节约投资，但水力平衡较难，运行费用较环状管网高；环状管网投资较高，但系统较易水力平衡，运行安全可靠，费用较低。另外还可分为单热源热网和多热源热网。

设计供热管网时，为使系统各管段热媒流量符合设计要求，满足用户的热负荷需要，保证系统安全可靠地运行，并节约运行能耗，必须对热网各管段的直径和压力损失进行细致的计算和选择，这就需要对热网进行水力计算。

水力计算应包括下列内容：

(1) 确定管道的直径。根据供热管网各管段的计算流量和估算比摩阻来选定各管段的直径。

(2) 计算管段的压力损失。根据各管段的实际比摩阻和各管段的长度及其局部阻力构件的当量长度，计算各管段的阻力损失和供热管网的总阻力损失。

(3) 确定供热管道的流量。对于已经建成的供热管网，在管道直径、管道允许压力降已知的条件下，计算管道的通过能力。

水力计算的作用体现在以下几个方面：

(1) 根据水力计算结果，绘制热网水压图，确定热水供热系统的最佳运行工况，分析供热系统正常运行的压力工况，确保热用户有足够的资用压头且系统不超压、不汽化、不倒空。

(2) 根据热网水压图选择用户系统与供热管网的合理连接方式、选定用户入口装置。

(3) 根据水力计算结果选定热水供热系统的循环水泵。

(4) 根据水压图确定定压方式，选定补给水泵。

(5) 确定系统加压方式，确定节能措施。

(6) 根据水力计算结果，计算供热管网的建设投资、金属耗量和施工安装工程量。

本章着重介绍集中供热系统热水网路的水力计算方法，水压图的绘制方法，水泵的选择，系统的定压方式；同时也将涉及大型管网的加压方式，采暖节能措施的水压图等。

3.2　热水网路水力计算的基本公式

当流体沿管道流动时，由于流体分子间及其与管壁的摩擦作用，会损失能量，这部分损失的能量称为沿程损失。当流体流过管道的一些附件如阀门、弯头、三通、补偿器等，由于流动方向或速度的改变产生局部旋涡和撞击，也要损失能量，这部分损失的能量称为局部损失。热水供热系统中管段的能量损失是这两部分能量损失之和，可用下式表示：

$$\Delta P = \Delta P_y + \Delta P_j \tag{3-1}$$

式中　ΔP——计算管段的总阻力损失，Pa；

ΔP_y——计算管段的沿程阻力损失，Pa；

ΔP_j——计算管段的局部阻力损失，Pa。

3.2.1　沿程损失

在热网水力计算中，常用比摩阻来计算沿程损失。比摩阻即每米管长的沿程损失，用 R 表示。

$$R = \frac{\Delta P_y}{l} = \frac{\lambda}{d}\frac{\rho v^2}{2} \tag{3-2}$$

式中　R——管段的比摩阻，Pa/m；

l——管段长度，m；

λ——管段的摩擦阻力系数；

d——管子内径，m；

ρ——热媒的密度，kg/m³；

v——热媒在管内的流速，m/s。

热水网路的水流量通常以 t/h 为单位，符号为 G_t，根据热媒流量 G_t 和流速 v 的关系：

$$v = \frac{G_t}{\rho \cdot \frac{\pi d^2}{4} \cdot 3.6} \tag{3-3}$$

公式（3-2）可以写作下式：

$$R = 6.25 \times 10^{-2}\ \frac{\lambda}{\rho}\frac{G_t^2}{d^5} \quad (\text{Pa/m}) \tag{3-4}$$

上式表示了热水管网中管段比摩阻 R、管径 d、水流量 G_t 以及摩擦阻力系数 λ 之间的相互关系。供热系统热网中管内水流速往往大于 0.5 m/s，它的流动状况大多处于阻力平方区。对于管径大于等于 40mm 的管道，摩擦阻力系数可由下式计算：

$$\lambda = 0.11\left(\frac{K}{d}\right)^{0.25} \tag{3-5}$$

式中　K——管壁的当量绝对粗糙度，m，对热水网路，取 0.5mm。

把式（3-5）代入式（3-4），可得到比摩阻 R、管径 d 和水流量 G_t 三者之间的相互关系的公式。

$$R = 6.88 \times 10^{-3} K^{0.25}\ \frac{G_t^2}{\rho\, d^{5.25}} \quad (\text{Pa/m}) \tag{3-6}$$

$$d = 0.387\ \frac{K^{0.0476} G_t^{0.381}}{(\rho R)^{0.19}} \quad (\text{m}) \tag{3-7}$$

$$G_t = 12.06\ \frac{(\rho R)^{0.5} d^{2.625}}{K^{0.125}} \quad (\text{t/h}) \tag{3-8}$$

以上公式是热水网路水力计算的基本公式，为简化繁琐的计算，设计者可以利用根据以上公式编制成的水力计算表进行计算。水力计算表见附录 3-1。表中是水温为 100℃、密度为 958kg/m³、当量绝对粗糙度为 0.5mm 条件下的比摩阻 R、管径 d 和水流量 G_t（或流速 v）的数值，只要知道其中任意两个参数，即可利用水力计算表求出第三个。

在实际计算中，热网内热水的温度（或密度）和管段的当量绝对粗糙度可能与表中的数值不符，此时应对表中所查到的数据进行修正。

当绝对粗糙度不同时，比摩阻的修正公式如下：

$$R_{sh} = \left(\frac{K_{sh}}{K_{bi}}\right)^{0.25} \cdot R_{bi} \tag{3-9}$$

式中 R_{sh}——相应于 K_{sh} 的实际比摩阻，Pa/m；

R_{bi}——水力计算表中查出的比摩阻，Pa/m；

K_{sh}——管段的实际当量绝对粗糙度，mm；

K_{bi}——水力计算表中规定的当量绝对粗糙度，mm，$K_{bi}=0.5$mm。

当热网中热媒的实际密度与水力计算表中规定的密度不同，但质量流量相同时，也应对表中查出的数据进行修正，公式如下：

$$v_{sh} = \left(\frac{\rho_{bi}}{\rho_{sh}}\right) \cdot v_{bi} \tag{3-10}$$

$$R_{sh} = \left(\frac{\rho_{bi}}{\rho_{sh}}\right) \cdot R_{bi} \tag{3-11}$$

式中 ρ_{bi}，R_{bi}，v_{bi}——水力计算表中规定的热媒密度（kg/m³），表中查出的比摩阻（Pa/m），热媒流速（m/s），$\rho_{bi}=958.38$ kg/m³；

ρ_{sh}，R_{sh}，v_{sh}——热媒的实际密度（kg/m³），相应于实际密度下的实际比摩阻（Pa/m），实际热媒流速（m/s）。

在水力计算中，如要保持表中的质量流量和比摩阻不变，而热媒密度不同时，对管径进行如下修正：

$$d_{sh} = \left(\frac{\rho_{bi}}{\rho_{sh}}\right)^{0.19} \cdot d_{bi} \tag{3-12}$$

式中 d_{bi}——根据水力计算表的密度条件下查出的管径值，mm；

d_{sh}——实际密度下的管径值，mm。

在热水网路的水力计算中，由于水在不同温度下，密度差别较小，所以在实际工程设计计算中，往往不必作修正计算。

在知道管段的比摩阻之后，可用下式计算管段的沿程损失。

$$\Delta P_y = R_{sh} l \tag{3-13}$$

【例 3-1】 热网中某一管段 AB，水温为 70℃，热媒设计流量为 42t/h，管径为 150mm，试计算该管段的比摩阻和流速。

［**解**］查水力计算表附录 3-1，水温为 100℃（即密度为 958.38kg/m³）时，当流量为 42t/h，管径为 150mm 的比摩阻

$$R_{bi} = 40.8\text{Pa/m}, \qquad v_{bi} = 0.69\text{m/s}$$

流过管段热水的实际密度为 977.8kg/m³。根据式（3-10）和式（3-11）进行修正。

$$R_{sh} = \left(\frac{\rho_{bi}}{\rho_{sh}}\right) \cdot R_{bi} = \frac{958.38}{977.8} \cdot 40.8 = 39.9\text{Pa/m}$$

$$v_{sh}=\left(\frac{\rho_{bi}}{\rho_{sh}}\right)\cdot v_{bi}=\frac{958.38}{977.8}\cdot 0.69=0.68\text{m/s}$$

从以上的计算结果可以看出，由于密度随水温变化较小，不同密度下的比摩阻和流速值相差很小，所以对于热水供热系统可不进行修正，而直接利用水力计算表查得的数值。

3.2.2　局部损失

在流体力学中，曾学过计算局部阻力的公式：

$$\Delta P_j=\Sigma\zeta\frac{\rho v^2}{2} \tag{3-14}$$

式中　ΔP_j——管段的局部阻力损失，Pa；

$\Sigma\zeta$——管段的总局部阻力系数。

在热水网路的水力计算中，为计算方便，通常采用当量长度法来计算局部阻力。当量长度法是将管段的局部损失折合成相当长度的直管段。即当量长度 l_d的计算公式为：

$$l_d=\Sigma\zeta\frac{d}{\lambda} \tag{3-15}$$

热水管网中一些常见管件和附件的局部阻力当量长度值见附录 3-2。表中所列数据为当量绝对粗糙度 $K=0.5$mm 时的数值，若实际管网的当量绝对粗糙度与表中规定的不同，则应对表中查出的当量长度进行修正，修正公式为：

$$l_{sh\cdot d}=\left(\frac{K_{bi}}{K_{sh}}\right)^{0.25}\cdot l_{bi\cdot d} \tag{3-16}$$

式中　$l_{sh\cdot d}$——相应于实际当量绝对粗糙度下的局部阻力当量长度，m；

$l_{bi\cdot d}$——表中查出的局部阻力当量长度，m。

在进行估算时，局部阻力的当量长度还可按管道实际长度的百分数来计算。

$$l_d=\alpha_j l \tag{3-17}$$

式中　α_j——局部阻力当量长度百分数，也可认为是局部阻力与沿程阻力的比值，%，其值可按附录 3-3 取用。

采用当量长度法时，管段的局部阻力损失可由下式计算：

$$\Delta P_j=Rl_d \tag{3-18}$$

3.2.3　总阻力损失

热水网路中管段的总压降等于

$$\Delta P=\Delta P_y+\Delta P_j=R(l+l_d)=Rl_{zh} \tag{3-19}$$

式中　l_{zh}——管段的折算长度，m。

3.3　水力计算的方法和步骤

3.3.1　热水供热管网水力计算步骤

在进行热网水力计算前，应有下列已知资料：热网的平面布置图，热用户的热负荷，热源的位置，热媒的计算温度等。

水力计算的基本步骤如下：

1. 确定热用户的设计流量

采暖、通风、空调热用户及闭式热水供热系统生活热水热用户的设计流量，按下式进行计算：

$$G' = \frac{Q'}{c(t'_1 - t'_2)} \times 3.6 \quad (t/h) \tag{3-20}$$

开式热水供热系统生活热水热用户的设计流量按下式计算：

$$G' = \frac{Q'}{c(t'_1 - t_l)} \times 3.6 \tag{3-21}$$

式中 G'——热用户的设计流量，t/h；

Q'——热用户的设计热负荷，W；

c——水的质量比热，J/（kg·℃），取4187J/(kg·℃)；

t'_1——各种热用户相应的热网供水温度，℃；

t'_2——各种热用户相应的热网回水温度，℃；

t_l——冷水计算温度，℃。

当热网中有夏季制冷热负荷时，应计算采暖期和供冷期热网流量并取较大值作为热力网设计流量。

利用公式（3-20）计算采暖期各种热用户热网设计流量时，应遵循下列规定：

当热网采用集中质调节时，采暖、通风、空调热负荷的热网供热介质温度取相应的冬季室外计算温度下的热网供回水温度，例如，计算采暖热用户的设计流量时供热介质温度取供暖室外计算温度时的热网供回水温度，计算通风热用户的设计流量时供热介质温度取通风室外计算温度时的热网供回水温度。生活热水热负荷的热网供热介质温度取采暖期开始时的热网供水温度。

当热网采用集中量调节时，采暖、通风、空调热负荷的热网供热介质温度取相应的冬季室外计算温度下的热网供回水温度。生活热水热负荷的热网供热介质温度取采暖室外计算温度时的热网供水温度。

当热网采用集中质一量调节时，应采用各种热负荷在不同室外温度下的热网流量曲线叠加得出的最大流量值作为设计流量。

2. 确定热力网各管段的流量

热网各管段的流量为该管段所负担的各个用户的计算流量之和，也就是沿介质流向该管段之后的所有热用户的计算流量之和。

3. 确定热水网路的主干线和沿程比摩阻

热水网路中平均比摩阻最小的一条管线，称为主干线。在一般情况下，热水网路各热用户要求预留的作用压头是基本相等的，所以可认为从热源到最远用户的管线就是主干线。热水网路水力计算从主干线开始计算，从热源出口到主干线末端用户逐段进行。

主干线平均比摩阻对确定整个管网的管径起着决定性作用。如选用比摩阻越大，需要的管径越小，因而降低了管网的基建投资和热损失，但网路循环水泵的基建投资及运行电耗随之增大。所以，一般取经济比摩阻来作为水力计算主干线的平均比摩阻。经济比摩阻是保证在规定的计算年限内总费用为最小时的比摩阻。根据《城镇供热管网设计规范》和

《实用供热空调设计手册》，热水网路主干线的设计平均比摩阻，可取30～70Pa/m。

4. 确定主干线各管段的管径和实际比摩阻

根据管段的计算流量和初步选用的平均比摩阻，利用水力计算表，确定主干线各管段的管径和相应的实际比摩阻。

5. 确定各管段局部阻力当量长度

根据选定的管段管径和管段中局部阻力的形式，查附录3-2，逐一确定各个局部阻力的当量长度，求出计算管段上所有局部阻力当量长度的总和。

6. 计算主干线各管段的压力损失及主干线的总压降

根据查出的实际比摩阻、管长和局部阻力当量长度之和，利用公式（3-19）计算主干线各计算管段的压力损失，并求出整个主干线的总压降。

7. 支干线、支线水力计算及允许比摩阻的确定

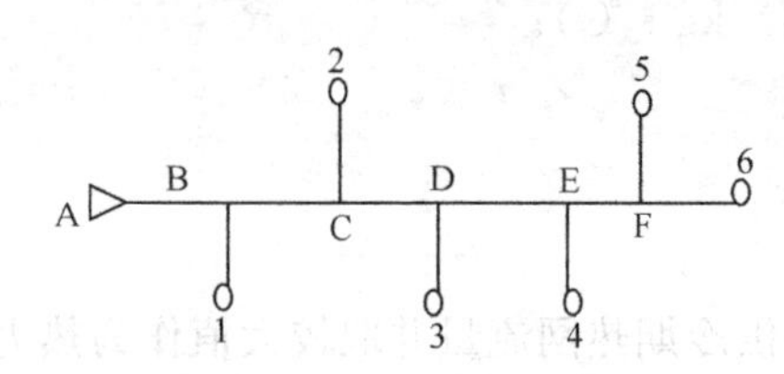

图3-1　某热水管网平面图

在主干线水力计算之后，便可进行支干线、支线的水力计算。支线的允许比摩阻的确定应按照管段的资用压力来确定。资用压力是根据支线与主干线上相应的并联环路压力相等的原理来确定的。

如图3-1中所示某一热水管网，主干线为从热源到最远用户环路，则以支线B1为例说明支线资用压力的确定方法。

支线B1（包括供水支线和回水支线）与主干线B6（包括供水干线和回水干线）并联，则支线B1的资用压力ΔP_{ZB1}为：

$$\Delta P_{ZB1} = 2 \times (\Delta P_{BC} + \Delta P_{CD} + \Delta P_{DE} + \Delta P_{EF} + \Delta P_{F6}) + \Delta P_{y6} - \Delta P_{y1}$$

其中ΔP_{y6}为用户6的内部阻力，ΔP_{y1}为用户1的内部阻力。

按上述方法计算支线的资用压力后，按下式计算该支线的允许比摩阻：

$$R_{pj} = \frac{\Delta P_z}{(1+\alpha_j)\sum l} \tag{3-22}$$

式中　R_{pj}——支线管段的允许比摩阻，Pa/m；

ΔP_z——支线的资用压力，Pa；

$\sum l$——供、回水支线的总长度，m。

8. 支干线、支线管段的实际比摩阻和管径的确定

根据支干线、支线管段流量和允许比摩阻查水力计算表，确定实际比摩阻和管径。热力网支干线、支线应按允许压力降确定管径，但供热介质流速不应大于3.5m/s。支干线比摩阻不应大于300Pa/m，连接一个热力站的支线比摩阻可大于300Pa/m。

9. 确定支干线、支线管段的局部阻力当量长度

根据选定的管径和局部阻力形式，查附录3-2，确定局部阻力当量长度。求支线管段上所有局部阻力当量长度之和。

10. 计算支干线、支线管段的实际压降

根据公式（3-19），计算支干线、支线管段的实际压力降。

11. 环路压力降平衡

主干线和各支干线、支线环路之间压力应进行平衡，控制不平衡率在15%之内，即：

$$X = \left| \frac{\Delta P_z - \Delta P_{sh}}{\Delta P_z} \times 100\% \right| \leqslant 15\% \tag{3-23}$$

式中 X——主干线和支线并联环路的压力不平衡率，%；

ΔP_z——支线的资用压力，Pa；

ΔP_{sh}——通过水力计算得出的支线的实际压力，Pa。

若不平衡率过大，应在用户引入口或热力站处安装调压板、调压阀门、平衡阀或流量调节器等来消除剩余压头，以便使供热管网各环路之间的阻力损失平衡，避免产生距热源近处的用户过热而远处用户过冷的水平失调现象。

用于热水网路的调压板，一般用不锈钢或铝合金制成。不锈钢制的调压板的厚度，一般为2～3mm。调压板通常安装在供水管上，也可装在回水管上。这取决于热水网路的水压图状况。

流体流过调压孔板，其水流线收缩，然后压力有所回升。其压力恢复程度与孔径 d 与管子内径 D_n 的比例有关。调压板孔径按下式计算：

$$d = \sqrt{GD_n^2/f} \quad \text{mm} \tag{3-24}$$

$$f = 23.21 \times 10^{-4} D_n^2 \sqrt{\rho H} + 0.812G \tag{3-25}$$

式中 d——调压板的孔径，mm，为防止堵塞，孔径应不小于3mm；

D_n——管道内径，mm；

G——管段的计算流量，kg/h；

H——调压板需消耗的剩余压头，若只在供水管或回水管上安装调压板，剩余压头应为供回水管压力损失之和，Pa；

ρ——热水的密度，kg/m³；

f——公式中定义的一个中间参数。

【例3-2】 某支线管段的流量为8000kg/h，管段的内径为70mm，水力计算的结果显示该支线的总剩余压头为40000Pa，管段内热媒温度为95℃（密度为958kg/m³），求所需调压板的孔径。

［解］

$$f = 23.21 \times 10^{-4} D_n^2 \sqrt{\rho H} + 0.812G$$

$$= 23.21 \times 10^{-4} \times 70^2 \sqrt{958 \times 40000} + 0.812 \times 8000 = 76898$$

$$d = \sqrt{GD_n^2/f} = \sqrt{8000 \times 70^2/76898} = 22.6\text{mm}$$

调压板的孔径较小时，易于堵塞，而且调压板不能随意调节。近年来，国内一些厂家和科研单位生产的调节阀、平衡阀等装置，运行效果较好，并能对流量进行控制。有关调压装置方面的内容，有兴趣者可参阅有关书籍。

3.3.2 街区热水供热管网水力计算方法

街区供热管网是指用户热水供热管网，热水来自城镇供热管网系统的热力站、小型锅炉房、热泵机房、直燃机房等，主要热负荷类型为采暖、通风、空调和生活热水。这里介绍街区供热管网和前述大型供热管网水力计算中不同之处，相同之处不再赘述。

（1）建筑物设计热负荷应根据建筑物散热量和得热量逐项计算确定，不宜采用面积热指标法估算。

(2) 主干线经济比摩阻可采用60～100Pa/m。

(3) 用于供暖、通风、空调系统的管网，支线管径应按允许压力降确定，比摩阻不宜大于400Pa/m。

3.4 热网水力计算例题

【例3-3】 某热水供热管网连接有4个供暖热用户，其网路平面布置图如图3-2，A点为热源，管长及管上的附件如图所示，补偿器为锻压弯头的方形补偿器，阀门为闸阀。已知热网的设计供水温度$\tau'_1=95℃$，设计回水温度$\tau'_2=70℃$。用户F、G、H、E的供暖设计热负荷分别为：0.7MW、0.5MW、1.0MW、0.8MW。热用户F和G的预留压头为$3mH_2O$柱，热用户H和E的预留压头为$4mH_2O$柱。对该热水供热系统进行水力计算。

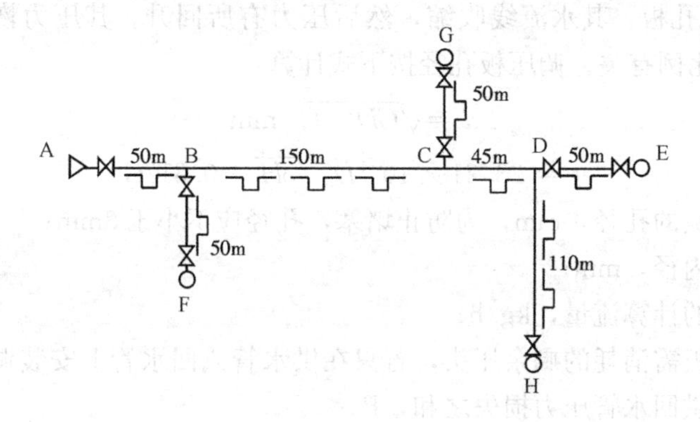

图3-2 热水供热系统网路平面图

[解] 1. 确定各用户的设计流量

根据流量计算公式(3-20)，各热用户的设计流量分别计算如下：

F用户：

$$G'_n=\frac{Q'_n}{c(\tau'_1-\tau'_2)}\times 3.6=\frac{0.7\times 10^6\times 3.6}{4187(95-70)}=24t/h$$

G用户：

$$G'_n=\frac{Q'_n}{c(\tau'_1-\tau'_2)}\times 3.6=\frac{0.5\times 10^6\times 3.6}{4187(95-70)}=17t/h$$

H用户：

$$G'_n=\frac{Q'_n}{c(\tau'_1-\tau'_2)}\times 3.6=\frac{1.0\times 10^6\times 3.6}{4187(95-70)}=34t/h$$

E用户：

$$G'_n=\frac{Q'_n}{c(\tau'_1-\tau'_2)}\times 3.6=\frac{0.8\times 10^6\times 3.6}{4187(95-70)}=28t/h$$

2. 各管段的计算流量

热网中管段的计算流量为管段所负担的全部热用户流量之和，以AB管段为例，AB管段的流量应为F、G、H、E四个热用户流量之和，即：

$$G'_{AB}=24+17+34+28=103t/h$$

同理，其他管段的流量计算方法与此相同，计算结果见表 3-1。以下管段的水力计算为主干线供水管的计算，回水管与供水管的计算步骤和结果相同。

3. 热水网路主干线的计算

从热源到最远用户 H 的管线为主干线。主干线如图中显示的 ABCDH 线段。取主干线的平均比摩阻在 30～70Pa/m 范围内。根据各管段的流量和平均比摩阻，查水力计算表，确定管径和实际比摩阻。我们以离热源最近的管段 AB 供水管为例来说明水力计算的过程，其余管段的计算方法与此类似，计算结果见表 3-1、表 3-2。

AB 管段的供水管：计算流量为 103t/h，平均比摩阻在 30～70Pa/m 内，查水力计算表，得出管径和实际比摩阻如下：

$$d=200\text{mm};\ R=45\text{Pa/m};\ v=0.88\text{m/s}$$

管段 AB 上的所有局部阻力的当量长度可由表 3-2 查出，结果如下：

1 个闸阀　1×3.36=3.36m；　　　1 个方形补偿器　1×23.4=23.4m

局部阻力当量长度之和　$l_d=3.36+23.4=26.76m$

管段 AB 的折算长度　$l_{zh}=50+26.76=76.76m$

管段 AB 的压力损失　$\Delta P=Rl_{zh}=45\times76.76=3454Pa$

用同样的方法，可确定主干线上其余管段 BC、CD、DE 的管径和压力损失，计算结果见表 3-1、表 3-2。

4. 支线的计算

以 F 用户支线为例说明支线水力计算过程。

管段 BF（供水管）的资用压力为：

$$\Delta P_{BF}=\frac{[2\times(\Delta P_{BC}+\Delta P_{CD}+\Delta P_{DE})+40000-30000]}{2}$$
$$=(6035+5917+10095)+5000=27047Pa$$

管段 BF 的估算比摩阻为：

$$R'=\frac{\Delta P_{BF}}{l_{BF}(1+\alpha_j)}=\frac{27047}{50(1+0.6)}=338Pa/m$$

根据管段 BF 的流量 24t/h 和估算比摩阻，查水力计算表，得

$$d=80\text{mm};\quad R=326.6\text{Pa/m};\quad v=1.32\text{m/s}$$

管段 BF 的局部阻力当量长度查附录 3-2，得

三通分流：1×3.82=3.82m；方形补偿器 1×7.9=7.9m；闸阀 2×1.28=2.56m，总的当量长度 $l_d=14.28m$。

管段 BF 的折算长度为 $l_{zh}=50+14.28=64.28m$

管段 BF 的实际压力损失为：

$$\Delta P_{BE}=Rl_{zh}=326.6\times64.28=20994Pa$$

支线 BF 和主干线并联环路 BCDH 之间的不平衡率为：

$$X=\frac{27047-20994}{27047}=22.4\%>15\%$$

没有达到水力平衡，需加调压装置。调压板即可装在供水管也可装在回水管，但不应同时装在供回水管。利用调压板需消耗的剩余压头应同时包括供水管和回水管的剩余

压头。

支线 BF 的剩余压头为

$H=2\times(27047-20994)=12106\text{Pa}$

$f=23.21\times10^{-4}D_n^2\sqrt{\rho H}+0.812G=23.21\times10^{-4}\cdot80^2\sqrt{958\cdot12106}+0.812\cdot24000=70075$

$d=\sqrt{GD_n^2/f}=\sqrt{24000\cdot80^2/70075}=47\text{mm}$

即调压板的孔径为 47mm。用同样的方法对支线 CG、DE 进行水力计算，计算结果见表 3-1、表 3-2。

水力计算表 **表 3-1**

管段编号	计算流量 (t/h)	管段长度 (m)	局部阻力当量长度之和 (m)	折算长度 (m)	直径 (mm)	流速 (m/s)	比摩阻 (Pa/m)	管段的压力损失 (Pa)	支线不平衡率 (%)
主干线									
AB	103	50	26.76	76.76	200	0.88	45	3454	
BC	79	150	78.6	228.6	200	0.45	26.4	6035	
CD	62	45	21.56	66.56	150	1.02	88.9	5917	
DH	34	110	33.8	143.8	125	0.8	70.2	10095	
支线									
BF	24	50	14.28	64.28	80	1.32	326.6	20994	22.4
CG	17	50	14.28	64.28	80	0.94	164.8	10593	49.6
DE	28	50	16.73	66.73	100	1.03	154.9	10336	2.4

局部阻力当量长度计算表 **表 3-2**

管段编号 \ 阻力形式	闸阀	方形补偿器	异径接头	直流三通	分流三通
AB	1 个，3.36m	1 个，23.4m	/	/	/
BC	/	3 个，70.2m		1 个，8.4m	
CD	/	1 个，15.4m	1 个，0.56m	1 个，5.6m	/
DH	1 个，2.2m	2 个，25m		/	1 个，6.6m
BF	2 个，2.56m	1 个，7.9m	/	/	1 个，3.82m
CG	2 个，2.56m	1 个，7.9m	/		1 个，3.82m
DE	2 个，3.3m	1 个，9.8m	1 个，0.33m	1 个，3.3m	/

3.5 热水网路的水压图

对于热水供热系统的设计和运行人员来说，了解掌握系统在运行过程中各点的压力状况是十分重要的。通过绘制系统水压图，可以确定管道中任一点的压力值，分析各管段的阻力损失，确定各管段的平均比摩阻。此外，它还能帮助我们分析系统中是否汽化；用户系统中的压力是否会超过散热器等附属设备的承压能力，用户系统中是否有倒空现象；网路系统任何一点的供、回水管压力差是否满足用户系统所需的作用压头；系统正常运行或循环水泵停运时，系统各点的压力变化等。因此，必须掌握水压图的原理，并能够利用它来分析系统的压力状况。

3.5.1 水压图的理论基础和基本概念

流体在管道中流动，将引起能量损耗即表现为流体的压力损失。这样，在管段的不同断面，流体的压力值不同。流体力学中的伯努利能量方程式对管段的水压分布规律进行了科学描述。伯努利能量方程是绘制水压图的理论基础。

取热水管网的某一管段，如图 3-3 所示。根据伯努利能量方程，可列出断面 1 和 2 之间的能量方程式：

$$P_1+\rho g Z_1+\frac{\rho {v_1}^2}{2}=P_2+\rho g Z_2+\frac{\rho {v_2}^2}{2}+\Delta P_{1-2}\quad (\text{Pa}) \tag{3-26}$$

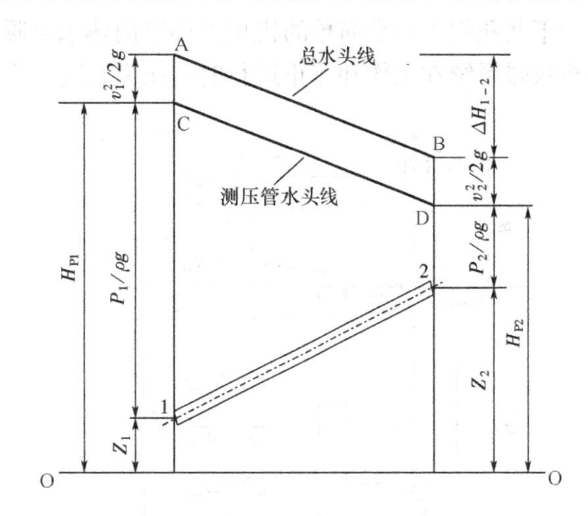

图 3-3 总水头线和测压管水头线

如果用水头高度的形式来表示伯努利方程式，那么为

$$\frac{P_1}{\rho g}+Z_1+\frac{v_1^2}{2g}=\frac{P_2}{\rho g}+Z_2+\frac{v_2^2}{2g}+\Delta H_{1-2}\quad (\text{mH}_2\text{O}) \tag{3-27}$$

式中 P_1、P_2——断面 1、2 的静压力，Pa；

Z_1、Z_2——断面 1、2 的管中心线离某一基准面 O-O 的位置高度，m；

v_1、v_2——断面 1、2 的水流平均速度，m/s；

ρ——水的密度，kg/m^3；

g——重力加速度；

ΔP_{1-2}——水流经管段 1-2 的压力损失，Pa；

ΔH_{1-2}——水流经管段 1-2 的水头损失，mH_2O。

把伯努利方程式（3-27）等式左边和右边的各项水头损失画于图 3-3 中。公式及图中的 $\frac{P}{\rho g}$ 称为压力能水头，Z 称为位置水头，$\frac{v^2}{2g}$ 称为动能水头。管段中某点的位置水头和压力能水头之和称为测压管水头（H_P），各点测压管水头的连线称为测压管水头线，又叫水压曲线，如图中的 CD。位置水头、压力能水头和动能水头之和称为总水头，管段各点总水头的连线称为总水头线，如图中的 AB。断面 1、2 的总水头高度的差值，代表水流过管段 1、2 的压头损失 ΔH_{1-2}。

3.5.2 热水供暖系统的水压图

水压图是用来研究热水供热系统水压分布的重要工具。一般水压图包括以下内容：横坐标表示供热系统的管段单程长度，以 m 为单位。纵坐标包括两部分，下半部分表示供热系统的纵向标高，以 m 为单位，包括管网、散热器、循环水泵、地形及建筑物的标高。对于室外热水供热系统，当纵坐标无法将供热系统组成表示清楚时，可在水压图的下部标出供热系统示意图。纵坐标的上半部分表示供热系统的测压管水头线。测压管水头线又包括动水压线和静水压线。动水压线表示供热系统在运行状态下的压力分布；静水压线表示供热系统在停止运行时的压力分布。描述供水管的水压线称为供水压线；描述回水管的水压线称为回水压线。

下面我们以一个简单的机械循环室内热水供暖系统为例，说明绘制水压图的方法，并分析供暖系统在工作和停止运行时的压力状况。

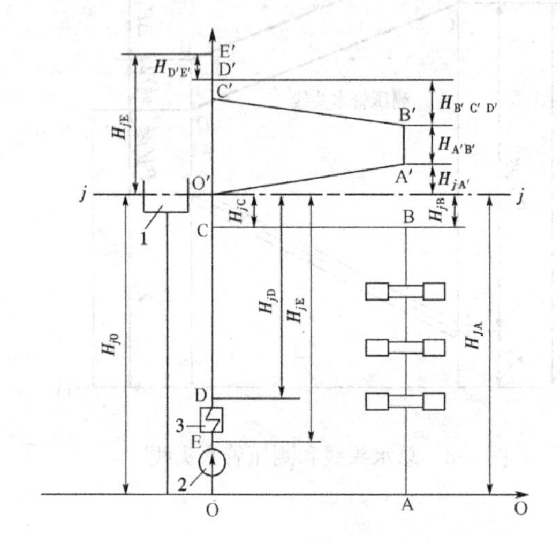

图 3-4　室内热水供暖系统的水压图

1—膨胀水箱；2—循环水泵；3—锅炉

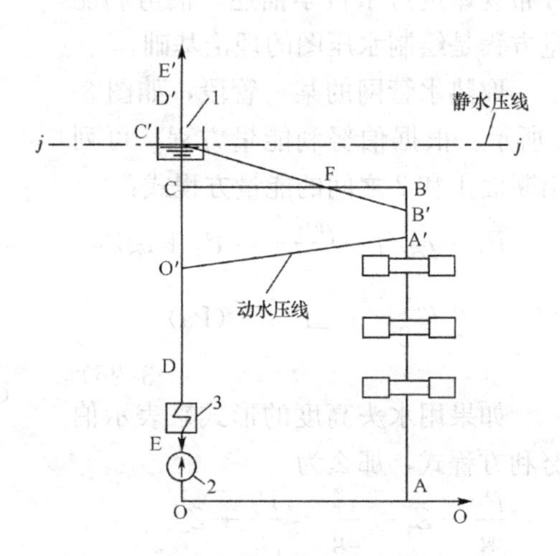

图 3-5　膨胀水箱连接在热水供暖系统供水干管上的水压图

1—膨胀水箱；2—循环水泵；3—锅炉

如图 3-4 的机械循环热水供暖系统，膨胀水箱 1 连接在循环水泵 2 的入口 O 点处。设其基准面为 O-O，并以纵坐标代表供暖系统的高度和测压管水头的高度，横坐标代表供暖系统水平干线的管路计算长度。

设膨胀水箱的水位高度为 j-j。如系统中不考虑漏水或加热时水膨胀的影响，认为系统已处于稳定状态，不再发生变化，在循环水泵运行时，膨胀水箱的水位是不变的。

在画水压图时，首先画系统的静水压线。因为水不流动，系统中各点压力相等，且都等于定压点（循环水泵入口 O 点）的压力，即膨胀水箱的高度，那么系统静水压线为一条平行于基准面，高度等于膨胀水箱高度的水平线，如图 3-4 中的 j-j 线。

系统动水压线是系统工作时的水压曲线。当系统工作时，由于循环水泵驱动水在系统中循环流动，A 点的测压管水头必然高于 O 点的测压管水头，其差值等于管段 OA 的压力损失。O 点的压力无论在系统工作时还是停止运行时是不变的，等于膨胀水箱的高度，那么动水压线的起点与静水压线在此处重合，即图中的 O′点，这样 A 点的测压管水头就可确定了，如图中的 A′点。同理就可确定 B、C、D、E 各点的测压管水头高度，即 B′、C′、D′、E′各点在纵坐标上的位置。如顺次连接各点的测压管水头的顶端，就可得到系统的动水压线 O′A′B′C′D′E′。其中，B′C′D′代表供水干管的动水压曲线，O′A′代表回水干管的动水压曲线。

利用水压图，我们可以很方便地分析供热系统各点的压力分布情况。

1. 了解系统中各管段的压力损失。

图中 H'_{jA}代表动水压曲线图上 O、A 两点的测压管水头的高度差，即水从 A 点流到 O 点的压力损失；同理，H'_{BA}代表水流经立管 BA 的压力损失；H'_{DCB}代表水流经供水管的压力损失；H'_{ED}代表从循环水泵出口侧到锅炉出水管段的压力损失；H'_{jE}代表循环水泵的扬程。当系统不工作时，系统中各管段的压力损失为零。

2. 了解系统中各点压力大小。

利用水压曲线可以清晰地看出系统中各点的压力。如当系统工作时，A 点的压力就等于 A 点测压管水头 A′点到 A 点的位置高度之差，以 H'_{AA}表示。同理，点 B、C、D、E、O 的压力分别为 H'_{BB}、H'_{CC}、H'_{DD}、H'_{EE}、H'_{OO}（mH_2O）。

但系统停止运行时，系统中 A、B、C、D、E、O 各点的压力分别为 H_{jA}、H_{jB}、H_{jC}、H_{jD}、H_{jE}、H_{jO}（mH_2O）。

通过上述分析可见，当膨胀水箱的安装高度超过用户系统的充水高度，而膨胀水箱的膨胀管又连接在靠近循环水泵进口侧时，就可以保证整个系统，无论在运行或停运时，各点的压力都超过大气压力。这样，系统中不会出现负压，以致引起热水汽化或吸入空气等，从而保证系统可靠地运行。

由此可见，在机械循环热水供暖系统中，膨胀水箱不仅起着容纳系统水膨胀体积之用，还起着对系统定压的作用。热水供暖系统水压曲线的位置，取决于定压装置对系统施加压力的大小和定压点的位置。采用膨胀水箱定压的系统各点压力，取决于膨胀水箱安装高度和膨胀管与系统的连接位置。

如将膨胀水箱连接在热水供暖系统的供水干管上，则系统的水压图（见图 3-5）将与图 3-4 所示系统的水压线不同。此时，整个系统各点的压力都降低了。如果供暖系统的水平供水干管过长，阻力损失较大，则有可能在干管上出现负压，如图 3-5 中的 FB 段。如果系统中出现负压，就会吸入空气或发生水的汽化，影响系统的正常运行。由于这个原因，从安全运行角度出发，在机械循环热水供热系统中，最好把膨胀水箱的膨胀管连接在循环水泵的吸入口。

对于自然循环热水供暖系统，由于系统的循环作用压头小，水平供水干管的压力损失只占一部分，膨胀水箱水位与水平供水干线的标高差，往往足以克服水平供水干管的压力损失，不会出现负压现象，所以可将膨胀水箱连接在供水干管上。

3.5.3 热水网路的水压图

热水网路上连接着许多热用户。它们对供水温度和压力要求可能各有不同，且所处的地势高低不一。在设计阶段必须对整个网路的压力状况有个整体的考虑。因此，通过绘制热水网路的水压图，用以全面地反映热网和各热用户的压力状况，并确定保证使它实现的技术措施。在运行中，通过网路的实际水压图，可以全面地了解整个系统在调节过程中或出现故障时的压力状况，从而揭露关键性的矛盾和采取必要的技术措施，保证安全运行。

此外，各个用户的连接方式以及整个供热系统的自控调节装置，都要根据网路的压力分布或其波动情况来选定，即需要以水压图作为这些工作的决策依据。

水压图是在水力计算的基础上绘制的，在热水热力网设计时，应绘制各种主要运行方案的主干线水压图，对于地形复杂的地区，还应绘制必要的支干线水压图。对于多热源的热水热力网，应按热源投产顺序绘制每个热源满负荷运行时的主干线水压图及事故工况水压图。

综上所述，水压图是热水网路设计和运行的重要工具，应掌握绘制水压图的基本要求、步骤和方法，以及会利用水压图分析系统压力状况，这是暖通专业技术人员的基本功。

3.5.3.1　热水供热系统正常运行对水压的基本要求

1. 动水压曲线

动水压曲线是指系统在运行时，网路中各点的压力分布情况，它是一条曲线，高度等于系统各对应点运行时的测压管水头。选取动水压曲线必须满足下列技术要求：

(1) 保证设备不压坏

在与热水网路直接连接的用户系统内，压力不应超过该用户系统用热设备及其管道构件的承压能力。管道和阀门的承压能力一般都在 1.6MPa（1MPa 等于 $10mH_2O$）以上，通常压坏的可能性较小。供热系统的薄弱环节主要是散热器等散热设备。对于普通铸铁散热器，其承压能力为 0.4MPa。板式钢制散热器承压能力在 0.4MPa～0.5MPa 之间。钢串片散热器承压能力在 1.0MPa～1.2MPa 左右。因此，作用在用户系统最底层散热器上的表压力，无论是热网运行或停止运行时都不能超过散热器的承压能力。

(2) 保证系统不倒空

与热水网路直接连接的用户系统，无论在运行或停止运行时，用户系统回水管出口处的压力，必须高于用户系统的充水高度，否则系统内可能出现负压。当管道中出现负压时，管道中流体溶有的各种气体逸出，形成空气隔层，造成水、气分离。对于运行中的管网，水不能完全充满管道，顶部存有空气。在上述情况下，供热系统难以排除空气，必然影响供热效果。此外，由于空气从水中逸出，造成电化学反应，会加快管道的腐蚀。

为防止管道出现倒空现象，在管网设计时，必须检查其水压图的合理性。由于系统的顶部水压最小，如果在此处可以保证有 2～5m 的富裕量，即可保证整个供热系统不会倒空，出现负压。

(3) 保证热水不汽化

要求管网不汽化，即要保证管网各处的水压均要大于相应水温下的饱和压力，尤其是对于高温水（水温大于 100℃）系统。如果管网中出现汽化，形成水、蒸汽混流，容易造成水击现象，应该尽量避免。供热系统中随着供水温度的不同，为保证不汽化所要求的水压条件也不同。不同水温下的汽化压力如表 3-3 所示。

最容易发生汽化的位置在系统的顶部，只要保证此处的压力满足汽化压力的要求并留有 3～$5mH_2O$ 的富裕度，即可保证系统的正常运行。

不同水温下的汽化压力　　**表 3-3**

水温（℃）	100	110	120	130	140	150
汽化压力（mH_2O）	0	4.2	9.7	16.9	26.0	37.4

(4) 保证热用户有足够的资用压头

在热水网路的热力站或用户引入口处，供、回水管的资用压差，应满足热力站或用户所需的作用压头。如果外网提供的资用压头不足，难以克服用户室内供暖系统的阻力，系统就不能正常运行。由于外网与用户系统可以采用不同的连接方式，要求的资用压头也不同。当外网与用户采用直接连接的方式，要求的资用压头为 2～5mH_2O；当采用喷射器连接时，由于喷射器的动力要求，需要的资用压头较高，一般取 8～12mH_2O；当采用间接连接时，要求的资用压头为 3～8mH_2O。

(5) 热水网路回水管内任何一点的压力，应符合下列规定：不应超过直接连接用户系统的允许压力；任一点的压力比大气压力至少高出 5mH_2O，以免吸入空气。

2. 静水压曲线

静水压曲线是指系统停止运行时，网路中各点的压力分布情况，它是一条水平直线，高度等于定压点的压力。选取静水压曲线的高度必须满足下列的技术要求：

(1) 与热水网路直接连接的供暖用户系统内，静态压力不应超过系统中任何一点的允许压力。

(2) 不应使热水网路任何一点的水汽化，应保持 3～5m 的富裕压力。

(3) 与热力网直接连接的用户系统内，不会出现倒空。

选定的静水压曲线位置靠系统所采用的定压方式来保证。目前在国内的热水供热系统中，最常用的定压方式是采用高位水箱或补给水泵定压。同时，定压点的位置通常设在网路循环水泵的入口处。

例如，某供暖系统供回水温度为 100/70℃，最高建筑物为 6 层，散热器承压能力为 40mH_2O，设锅炉房的地面标高为 0m，最高建筑物地面标高为 4m，最低建筑物地面标高为 2m，求静水压位置。

保证最高点用户系统不倒空所需的压头不低于：4＋6×2.7＋3＝23.2m；

保证最低点用户系统散热器不超压所需压头不高于最大允许压力：40＋2＝42m。所以静水压线在 23.2～42m 之间合适，因此取静水压线高度为 24m。

3.5.3.2 绘制热网水压图的步骤和方法

1. 选取基准面和坐标

一般以网路循环水泵的中心线的高度为基准面，沿基准面取为横坐标 x 轴，按一定的比例尺作出距离的刻度。纵坐标 y 取与基准面的垂直线，按一定的比例尺作出标高的刻度。

2. 选定静水压曲线的位置

静水压线最高位置应等于最低用户地面标高加上散热器工作压力；静水压线最低位置应等于最高用户室内系统最高的标高加上供水温度下的饱和压力、再加上 30～50kPa 的富裕压力。

3. 选定主干线回水管的动水压曲线位置

在绘制静水压曲线之后，接着绘制主干线回水管的动水压曲线。在网路循环水泵运转时，网路回水管各点的测压管水头的连线，称为回水管动水压曲线。在已知热水网路水力计算结果后，可按各管段的实际压力损失，绘制回水管动水压线。回水管动水压的位置应满足下列要求：

(1) 按照前述的网路热媒压力必须满足的要求中第 2 条和第 5 条的规定，回水管动水压曲线应保证所有直接连接的用户系统不倒空和网路上任何一点的压力不应低于 $5mH_2O$ 的要求。这是控制回水管动水压曲线最低位置的要求。

（2）要满足前述压力要求的第 1 条的规定。这是控制回水管动水压曲线最高位置的要求。如对采用普通铸铁散热器的供暖用户系统，当与热水网路直接连接时，回水管的压力不能超过散热器的承压能力，即 $40mH_2O$。实际上，底层散热器处所承受的压力比用户系统供暖回水管出口处的压力还要高一些，它应等于底层散热器供水支管的压力。但由于这两者的差值与用户系统的热媒压力的绝对值相比较，其值很小，为分析方便，可认为用户系统底层散热器所承受的压力就是热网回水管在用户引入口的出口处的压力。

4. 选定主干线供水管的动水压曲线位置

在网路循环水泵运转时，网路供水管内各点的测压管水头连接线，称为供水管动水压曲线。供水管动水压曲线沿着水流方向逐渐下降，它在每米管长上降低的高度反映了供水管的比摩阻值。

供水管动水压曲线的位置，应满足下列要求：

（1）网路供水干管以及与网路直接连接的用户系统的供水管中，任何一点都不应出现汽化。

（2）在网路上任何一处用户引入口或热力站的供、回水管之间的资用压头，应能满足用户引入口或热力站所要求的循环压力。

这两个要求实质上就是限制着供水管动水压线的最低位置。由于定压点位置一般设在网路循环水泵的吸入端，前面确定的回水管动水压线全部高出静水压线，所以在供水管上不会出现汽化现象。

网路供、回水管之间的资用压差，在网路末端最小。因此，只要选定网路末端用户引入口或热力站处所要求的资用压头，就可确定网路供水主干线末端的动水压线的水位高度。根据水力计算结果给定的供水主干线的平均比摩阻，即可绘出供水主干线的动水压线。

静水压线、回水管动水压线和供水管动水压线组成了主干线的水压图。

5. 支干线、支线的动水压曲线

主干线的水压线绘制完成以后，可绘制分支线的动水压线。分支线动水压线根据各分支线在分支点处的供、回水管的测压管水头高度和水力计算结果给出的支线比摩阻或压力损失，按上述同样的方法和要求绘制。如果在支干线或支线处为消除剩余压头，装有调压装置，那么在绘制支线水压图时，要把调压装置所消耗的压头在水压图上表示出来。

3.5.3.3　水压图绘制实例

下面以一个有 4 个供暖热用户的热水供热系统为例，来阐明绘制水压图的方法。绘制水压图的原始资料包括热网的平面图、地形标高图，热网各管段的压力损失，热媒参数等。

【例 3-4】 如图 3-6 所示某供热管网。已知热网的设计供、回水温度为 110/70℃，供回水干管的压力降为 $12mH_2O$。每个用户的资用压头为 $5mH_2O$，热源的压力损失为 $10mH_2O$。1、2 用户要求低温水供热。试绘制热网水压图。

1. 首先确定基准面。取循环水泵的中心线的高度为基准面。横坐标为 Ox，按照网路上的各点和各用户从热源出口起沿管路计算的距离，在 Ox 轴上相应点标出网路相对于基准面的标高和房屋高度。纵坐标为 Oy，按一定比例作出标高的刻度。

2. 选定静水压曲线的高度并绘制静水压曲线。根据静水压曲线高度必须满足的原则，即不超压、不汽化、不倒空来确定静水压曲线的高度。供水温度为110℃，其汽化压力为4.2mH_2O，用户1的充水高度为18m，2用户的充水高度为35m，1、2用户采用低温水供热，不用考虑汽化问题。3用户的充水高度为12m，4用户的充水高度为15m，3、4用户采用高温水供热，考虑汽化压力。综合考虑，要使所有用户都不倒空，不汽化，静水压曲线高度应在38m的地方(35+3m)。

那么看此静水压高度是否能满足不超压的要求。当静水压线高度选择在38m，1用户底层散热器承受的压力为35m(38－3m)，2用户底层散热器承受的压力为33m(38－5m)，3用户底层散热器承受的压力为43m(38+5m)，4用户底层散热器承受的压力为41m(38+3m)。由此可以看出，3、4用户底层散热器承受的压力均大于允许值40m水柱，不满足不超压的要求，应采用间接连接的方式。为了节约基建投资，可对2用户进行分区连接方式，其余用户采用直接连接。那么静水压高度为15+4.2+3=22.2m，取整数为23m。在此静压力下，1、3、4用户底层散热器的承压分别为20m、28m、26m水柱。

故而，静水压曲线选择在23m的地方是合适的。在坐标图上画出静水压曲线的位置，如图中的 $j-j$ 线。

3. 动水压曲线。首先画主干线回水管的动水压曲线，从定压点即静水压线和纵坐标的交点 A 开始画，一直到主干线末端用户4。整个回水管主干线的压力损失为12m。定压点即回水干管末端的压力为23m水柱，那么回水干管始端 B 点也就是末端用户的出口压力为23+12=35m，把此两点 AB 连成直线，绘制在水压图上即为主干线回水管的动水压线 AB。

由已知条件知末端用户4的资用压差为5mH_2O，则末端用户入口处 C 点压力即供水管主干线末端点的压力应为35+5=40mH_2O。供水主干线的总压力损失与回水管相等也为12mH_2O，那么在热源出口处即供水管始端D点动水压曲线的水位高度，应为40+12=52mH_2O。把该两点 C、D 连接起来，即为主干线供水管的动水压线 CD。

由已知条件，热源内部的压力损失为10mH_2O，热源出口压力为52+10=62m水柱，那么热源入口 E 点的压力为62m水柱，两点 D、E 连接起来，为热源的水压线。这样主干线的动水压曲线就画完成了，如图中 $ABCDE$ 所示。

4. 支线的水压曲线。绘制完主干线的水压线后，接着画各支线的动水压线。支线水压线也包括回水管水压线和供水管水压线。首先根据平面图和地形图定出支线水压线起点和终点在 Ox 轴上的坐标。对于支线供水管水压线，起点在供水主干线上，支线末端水压线的标高应为起点的标高减去支线的压力损失。对于支线回水管水压线，支线末端在回水主干线上，起点的标高应为末端压力加上支线的压力损失。

我们以用户3支线 HI 为例来说明支线水压线的画法。首先画回水管的水压线：用户3的回水管起点为 I 点，终点为 H 点。终点 H 点在主干线上，所以根据平面图上的 H 点的水平位置（横坐标），竖直往上画，与主干线回水干管动水压线相交即为起点 H。根据平面图上的I点横坐标，竖直往上画，I 点的压力为 H 点的压力加上回水管 HI 的压力损失4m（由水力计算结果知），所以从 H 点31m再加上4m的高度，可得出回水管起点 I 的水压位置35m，连接H、I即为回水支线的水压线，同理画出供水管的水压线 $H'I'$。

对于实际管网水压图的绘制，应根据管网水力计算中求出的各管段的压力损失分段绘

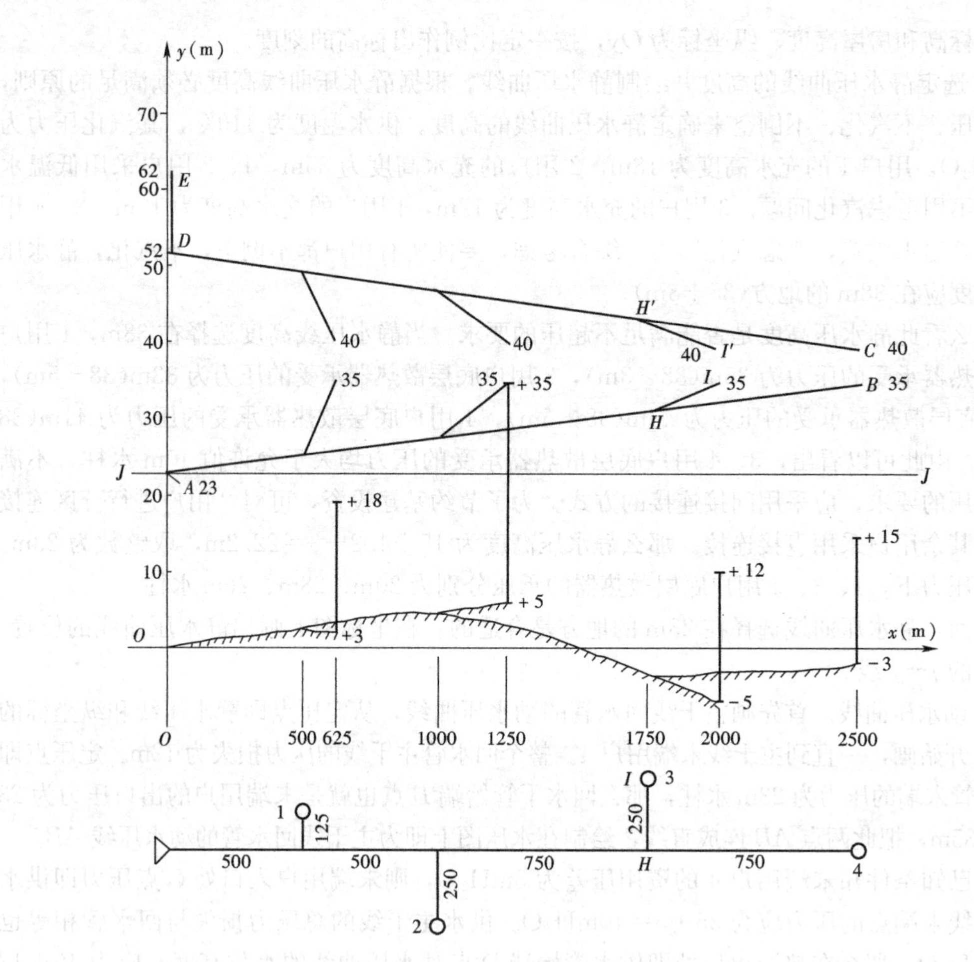

图 3-6　例 3-4 热网水压图

制水压图。水压图中水压线的斜率是比压降即单位长度的压力损失，在绘制主干线水压线时，主干线上各管段的比压降是不同的，所以绘制出的水压线不是直线，而是折线。现举例说明。

【例 3-5】以前述［例 3-3］管网为例，绘制热网水压图。已知热网中 4 个热用户的建筑高度均为 18m，建筑地面近似与锅炉房中循环水泵中心线等高。

1. 确定基准面和坐标

取循环水泵的中心线的高度为基准面。横坐标为 Ox，按照网路上的各点和各用户从热源出口起沿管路计算的距离，在 Ox 轴上相应点标出网路相对于基准面的标高和房屋高度。纵坐标为 Oy，按一定比例作出标高的刻度。

2. 确定静水压曲线高度

热水系统为低温水系统，不用考虑汽化问题，则静水压线高度取各用户最高充水高度加 3～5m 的富裕量，即 18＋(3～5)＝21～23m。取静水压线高度为 21m，此时在停止运行时，各热用户底层散热器承受的压力均为 21m，没有出现超压问题。在坐标为 21m 的地方画一条平行于横坐标的线即为静水压曲线，如图 3-7 中的 J-J。

3. 绘制主干线回水管动水压曲线

从定压点循环水泵入口处开始画。主干线包括 4 个管段，AB、BC、CD 和 DH，根据［例 3-3］水力计算表可知，各管段的压力损失分别为 0.3454m、0.6035m、0.5917m 和 1.0095m。定压点 A 点压力为 21m，则 B 点的压力为 21＋0.3454＝21.3454m，C 点压力为 21.3454＋0.6035＝21.9482m，D 点的压力为 21.9482＋0.5917＝22.5406m，H 点的压力为 22.5406＋1.0095＝23.5501m。把各点压力标到坐标图上，然后把各点连接，即为主干线回水管动水压线。

4. 绘制主干线供水管动水压曲线

从回水干管末端用户处开始绘制，用户预留压头为 5m，则末端用户供水管处 H'压力为 23.5501＋5＝28.5501m，主干线供水管上其余各点 D'、C'、B'和 A'对应的压力根据各管段的压力损失计算分别为：28.5501＋1.0095＝29.5596m、29.5596＋0.5917＝30.1513m、30.1513＋0.6035＝30.7548m、30.7548＋0.3454＝31.1002m。把各点压力标到坐标图上，然后把各点连接，即为主干线供水管动水压线。

热源内部压力损失取 10mH_2O，则热源入口 O 点压力为 31.1＋10＝41.1m，主干线的动水压曲线就画完成了，如图 3-7 所示的 $ABCDHH'D'C'B'A'O$ 线。

5. 支线的水压曲线

绘制完主干线的水压线后，接着画各支线的动水压线。支线水压线也包括回水管水压线和供水管水压线。画法与例 3-4 中支线的画法一样。支线 BF 和 CG 供水管装有调压板，调压量分别为 1.21m 和 2.08m，在绘制支线 CG 供水管水压线时应注意画出调压板的节流损失，如图 3-7 中的 $B'B''$和 $C'C''$。

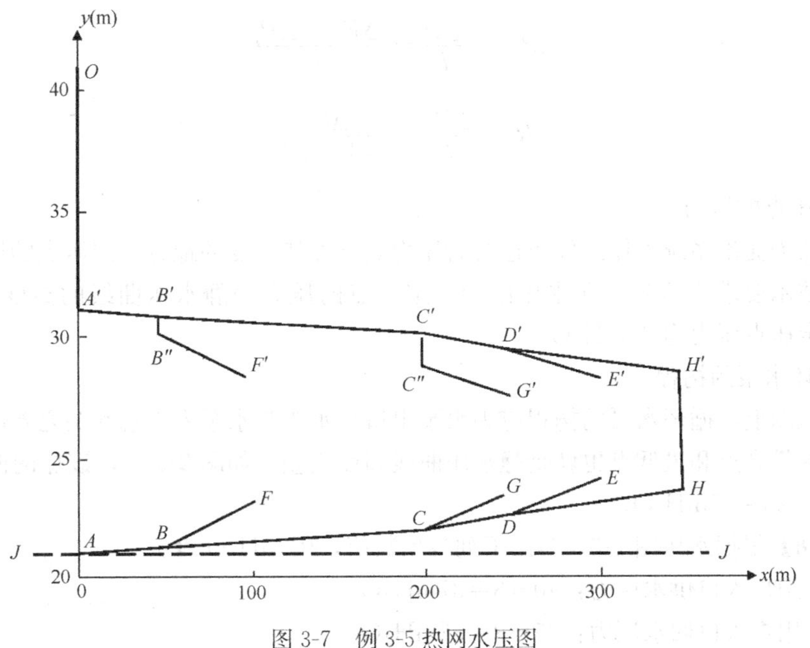

图 3-7　例 3-5 热网水压图

3.5.4　水压图的使用

利用热水网路的水压图，我们可以很方便地了解供热系统各点的压力分布。

1. 管道上任一点压力的确定

管道上任一点的压力应等于水压图上的纵坐标与该点位置高度之差。

2. 散热器处压力的确定

在系统运行状态下，散热器处的压力能水头介于该处供水压线和回水压线之间。为使用户内部各种设备处于较低的工作压力环境下，一般将调压节流装置安装在供水管线的入口处。回水管线压力比较接近散热器处压力，因此，常用回水压线数值代替散热器处的水头值。

3. 热用户资用压头的确定

对于室外热水供热系统，热用户资用压头是指热网提供给该用户室内系统可能消耗的最大压力。其值等于相应用户的供水总水头与回水总水头的差值。例如图 3-6 中用户 4 的资用压头为 40－35＝5mH_2O。

4. 管网的压力损失

在水压图上，某管段的压力损失为该管段水压线起点终点水头高度的差值。如图 3-6 的例题中，主干线上供水管的压力损失为 52－40＝12mH_2O；回水管的压力损失为 35－23＝12mH_2O。

5. 管段比压降和比摩阻的确定

管段比压降是指管段上单位长度的压力损失。比摩阻为管段上单位长度的沿程压力损失。在水压图上，供水压线或回水压线的斜率即表示该管线的比压降。比压降按下式计算：

$$\Delta P_{by} = \frac{\Delta P}{l} = \frac{\Delta P_y + \Delta P_j}{l}$$

$$R = \frac{\Delta P_y}{l} = \frac{\Delta P}{l(1+\alpha_j)}$$

6. 定压点的压力

定压点为无论系统工作或停止运行时压力始终保持不变的地方。定压点的压力根据系统中压力技术要求来确定。在水压图中，定压点的压力为静水压曲线的高度。如图 2-6 中，系统定压点压力为 23mH_2O。

7. 循环水泵的扬程

在水压图上，循环水泵的扬程应为水泵出口总水头与水泵入口总水头之差值，即热网动水压线的最高点和最低点也就是静水压曲线高度之差。如图 2-6 中，该热网循环水泵的扬程为 62－23＝39mH_2O。

【例 3-6】根据水压图 3-6，写出下列各项数值，用 mH_2O 表示。

（1）1 用户入口供水压力：40－3＝37mH_2O

（2）1 用户入口回水压力：35－3＝32mH_2O

（3）1 用户底层散热器压力：35－3＝32mH_2O

（4）1 用户顶层散热器压力：35－18＝17mH_2O

（5）4 用户底层散热器压力：35＋3＝38mH_2O

（6）循环水泵入口压力：23mH_2O

(7) 循环水泵出口压力：62mH_2O

(8) 循环水泵的扬程：62－23＝39mH_2O

(9) 3用户的资用压头：40－35＝5mH_2O

(10) 系统定压点压力：23m

(11) 主干线供水管的压力损失、比压降和比摩阻：

压力损失：12mH_2O

比压降：12×10000/2500＝48Pa/m

比摩阻：48/(1＋0.6)＝30Pa/m

(12) 主干线回水管的压力损失、比压降和比摩阻：

压力损失：12mH_2O

比压降：12×10000/2500＝48Pa/m

比摩阻：48/(1＋0.6)＝30Pa/m

3.5.5 外网与用户系统的连接方式

为了热网的正常运行，必须同时保证上述五方面的水压要求，当热用户众多，管网复杂时，要同时满足所有要求，并非容易。为此，往往需要从多种渠道加以解决。合理选择外网与用户系统的连接方式，是其中的一个重要渠道。

1. 各种形式的直接连接

当外网提供给用户的资用压头在2～12mH_2O之内时，可根据具体情况，分别选择简单直接连接、喷射器连接等方式；当用户资用压头不足2～5mH_2O时，可采用混水泵连接方式，如图3-8 (*f*)、(*a*)、(*b*) 所示。

2. 当热用户为高层建筑时，通常建筑高度都在40m以上，若采用简单直接连接方式，为保证不汽化、不倒空，水压图的静水压线和回水压线必须高于42mH_2O以上，此时底层散热器将会压坏；若保证底层散热器不被压坏，水压图的静水压线和动回水压线将不能高于40mH_2O，此时系统顶部将发生汽化和倒空现象。碰到这种情况，一般有几种解决办法：一种是把水压图的静水压线和动回水压线提高，保证系统不汽化、不倒空。然后采用承压能力较高的散热器如钢串片散热器，保证在水压较高时不被压坏。另一种解决方法是高层建筑采用分层间接连接方式，即建筑高度在40m以下的各层采用简单直接连接，40m以上的各层与外网采用间接连接，如图3-8 (*c*) 所示。

3. 加压泵连接

有时供热系统水压图的静水压线适中，只是个别热用户处回水动压线过高，用户底层散热器有可能破裂。这时需要对局部热用户采取特殊技术措施，比较简单有效的方式是在用户入口装设回水加压泵。其作用是局部降低该用户处回水压线，使其满足散热器的承压能力，如图3-8 (*e*) 所示。

4. 回水管上安装“阀前”压力调节阀的直接连接

图3-8中 (*d*)，在回水管上安装一个“阀前”压力调节阀，在供水管上安装止回阀。当回水管的压力超过弹簧的平衡力时，阀才能打开。弹簧的平衡力要大于用户静压3～5mH_2O，保证用户不倒空。当网路循环泵停止运行时，弹簧平衡力超过用户静压，阀门关闭，它和供水管上的止回阀一起将用户和管网截断。

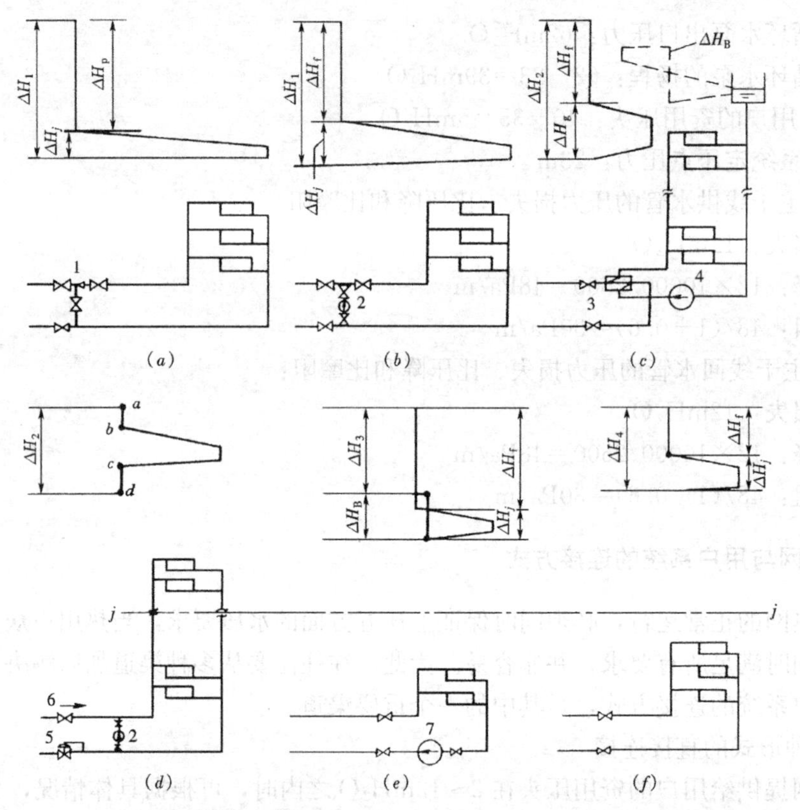

图 3-8　热水网路与供暖用户系统的连接方式和相应水压图

1—水喷射器；2—混合水泵；3—水-水换热器；4—用户循环水泵；
5—压力调节阀；6—止回阀；7—回水加压泵；
ΔH_1，ΔH_2，…—用户 1，2 等的自用压力；ΔH_f—阀门节流损失；ΔH_j—用户压力损失；
ΔH_B—水泵扬程；ΔH_1，ΔH_2…ΔH_g—水-水换热器的压力损失；ΔH_p—水喷射器本身消耗的压力损失

3.6　水泵的选择

3.6.1　热网循环水泵的选择

网路循环水泵是驱动热水在热水供热系统中循环流动的机械设备。它直接影响热水供热系统的水力工况。循环水泵的选择对于完成集中供热的任务是十分重要的。在完成热水供热系统管路的水力计算后，便可确定网路循环水泵的流量和扬程。

1. 网路循环水泵流量的确定

对具有多种热用户的闭式热水供热系统，原则上应首先绘制供热综合调节曲线，将各种热负荷的网路总水流量曲线相叠加，得出相应某一室外温度下的网路最大设计流量值，作为选择的依据。对目前常见的只有单一供暖热负荷，或采用集中质调节的具有多种热用户的并联闭式热水供热系统，网路的总最大设计流量，作为计算网路循环水泵的流量的依据。循环水泵的流量按下式计算：

$$G=(1.1\sim1.2)G' \tag{3-28}$$

式中　G——循环水泵的流量，t/h；

G'——热网最大设计流量，t/h。

2. 网路循环水泵扬程的确定

循环水泵的压头应不小于设计流量条件下热源、热网和最不利用户环路即主干线上的压力损失之和。扬程按下式计算：

$$H = (1.1 \sim 1.2)(H_r + H_{wg} + H_{wh} + H_y) \tag{3-29}$$

式中 H——循环水泵的扬程，mH_2O；

H_r——网路循环水通过热源内部的压力损失，mH_2O；

H_{wg}——网路主干线供水管的压力损失，mH_2O；

H_{wh}——网路主干线回水管的压力损失，mH_2O；

H_y——主干线末端用户系统的压力损失，mH_2O。

上述公式中的网路主干线供、回水管的压力损失数值可从水力计算结果中得出，或从水压图中读取。

用户系统的压力损失与用户的连接方式及用户入口设备有关。

对于设置混合水泵的热力站，网路供、回水管的预留资用压差，应等于热力站后二级网路及其用户系统的设计压力损失值。

热源损失包括热源加热设备（热水锅炉或换热器）和管路系统等的压力损失，一般可取 10～15mH_2O。

在热水网路水压图上，可清楚地表示出循环水泵的扬程和上述各部分压力损失值。应着重指出，循环水泵是在闭合环路中工作的，它所需要的扬程仅取决于闭合环路中的总压力损失，而与建筑的高度和地形无关，与定压线高度无关。

3. 循环水泵的选择原则

在选择循环水泵时，应符合下列规定：

（1）循环水泵的总流量不应小于管网总设计流量，当热水锅炉出口至循环水泵的吸入口装有旁通管时，应计入流经旁通管的流量。

（2）循环水泵的流量一扬程特性曲线，在水泵工作点附近应比较平缓，以便在网路水力工况发生变化时，循环水泵的扬程变化较小。一般单级水泵特性曲线比较平缓，宜选用单级水泵作为循环水泵用。

（3）循环水泵的承压、耐温能力应与热网的设计参数相适应。循环水泵多安装在热网回水管上。循环水泵允许的工作温度，一般不能低于 80℃。如安装在热网供水管上，则必须采用耐高温的热水循环水泵。

（4）循环水泵的工作点应在水泵高效工作范围内。

（5）循环水泵台数的确定，与热水供热系统采用的供热调节方式有关。循环水泵的台数不得少于两台，其中一台备用。当四台或四台以上水泵并联运行时，可不设置备用水泵。采用集中质调节时，宜选用相同型号的水泵并联工作。

（6）多热源联网运行或采用中央质一量调节的单热源供热系统，热源的循环水泵应采用变频调速泵。

（7）当热水供热系统采用分阶段改变流量的质调节时，各阶段的流量和扬程不同。为节约电能，宜选用流量和扬程不等的泵组。

（8）对具有热水供应热负荷的热水供热系统，在非供暖期间网路流量远小于供暖期流量，可考虑增设专为供应热水负荷用的循环水泵。

(9) 当多台水泵并联运行时，应绘制水泵和热网水力特性曲线，确定其工作点，进行水泵选择。

3.6.2　补给水泵的选择

在采用补给水泵加压定压的热水供热系统中，补给水泵的作用是补充系统的漏水损失和保持系统的补水点的压力在给定范围内波动。在这种情况下，补水点也是定压点。在采用蒸气加压罐定压或氮气加压罐定压的热水供热系统中，补水泵的作用同样是补充系统的漏水损失，但它不再保持补水点的压力一定。补水点的压力由受压容器中的压力来控制。在这种情况下，系统的补水点和定压点可以不在同一位置。

在热水供热系统中，如采用补给水泵对系统进行定压时，补给水泵的流量和扬程按以下原则进行确定：

1. 补给水泵的流量

补给水泵的流量，主要取决于整个系统的渗漏水量。系统的渗漏水量与供热系统的规模、施工安装质量和运行管理水平有关，难以有准确的定量数据。按照《热网规范》中的规定：闭式热水网路的补水量，不宜大于总循环水量的 1%。但在选择补给水泵时，整个补水装置和补给水泵的流量，应根据供热系统的正常补水量和事故补水量来确定，一般取正常补水量的 4 倍计算，即总循环水量的 4%。对开式热水供热系统，应根据热水供应最大设计流量和系统正常补水量之和确定，即流量不宜小于生活热水最大设计流量和供热系统泄漏量之和。

2. 补给水泵的扬程

补给水泵的扬程按下式计算：

$$H_b = H_j + \Delta H_b - Z_b \tag{3-30}$$

式中　H_b——补水泵的扬程，mH_2O；

H_j——补水点的压力，即系统静水压曲线的高度，mH_2O；

ΔH_b——补水系统管路的压力损失，mH_2O；

Z_b——补水箱水位与补水泵之间的高度差，m。

系统的补水点一般选在循环水泵入口处，补水点的压力由水压图分析确定。

3. 热水热网补水装置的选择应符合下列规定

(1) 闭式热水供热系统的补给水泵的台数，不应少于两台，可不设备用泵。

(2) 开式热力网补水泵不宜少于三台，其中一台备用。

(3) 事故补水时，软化除氧水量不足时，可补充工业水。

若系统采用其他定压方式进行定压，补给水泵只作为补水之用，那么补给水泵流量的确定与上述相同，但扬程的确定与上述有所不同。公式 (3-30) 中的 H_j 不再是静水压曲线的高度，而是补水点在水压图上相应的压力值。

3.7　供热系统的定压方式

绘制热水网路的水压图，确定水压曲线的位置是正确进行热网设计，分析用户压力状况和连接方式以及合理组织热网运行的重要手段。欲使热网按水压图给定的压力状况运行，要靠所采用的定压方式，定压点的位置来控制好定压点所要求的压力。维持定压点压力恒定不变是供热系统正常运行的基本前提。但是在实际工作中，不少供热系统的定压设备存在着安装不当或运行操作不当的问题，结果定压运行实际上变成了变压运行。因此，了解供热系统的定压方式就十分必要。

供热系统的定压方式主要有膨胀水箱定压，补给水泵定压，补给水泵变频调速定压，气体定压罐定压和蒸汽定压等多种方式。下面对以上几种定压方式做简单的介绍。

3.7.1 膨胀水箱定压

利用膨胀水箱来维持定压点压力恒定的定压方式称为膨胀水箱定压。由于热水的密度变化较小，一定高度的膨胀水箱表示一定数值的静水压，当忽略系统的漏水因素，不论供热系统在运行状态还是静止状态，由于膨胀水箱高度不变，则供热系统与膨胀水箱的连接点处的水压维持不变，于是连接点即成为恒压点，且恒压点压力即为膨胀水箱的高度。

膨胀水箱除起定压作用外，还起着容纳系统水的膨胀量和为系统补水作用。由于供热系统水的热胀冷缩作用，当热水升温时，系统中的水容积增加，当无处容纳水的这部分膨胀量时，供热系统内的水压增高，将影响正常运行。由膨胀水箱容纳系统的水膨胀量，可减小系统因水的膨胀而造成的水压波动，提高了系统运行的安全、可靠性。当系统由于某种原因漏水或系统降温时，膨胀水箱水位下降，为系统补水。

膨胀水箱一般用钢板制成，通常是圆形或矩形。为同时满足定压、容纳水的膨胀量和补水这三项功能，膨胀水箱上一般装有膨胀管、溢流管、信号管、循环管和排污管。膨胀管用来起定压作用，系统与膨胀管连接点即为定压点。溢流管的作用是将膨胀水箱内过多的膨胀水量及时排出，以保证膨胀水箱维持固定的最高水位。膨胀管和溢流管上都不允许装任何阀门。信号管表示膨胀水箱的最低水位，当信号管无水流出，说明膨胀水箱的水位已低于允许最低水位，必须及时补水。循环管是用来保证膨胀水箱内的水能不断循环以防止冻结。排污管为清洗排污和泄水之用。

膨胀水箱容积的计算公式如下：

$$V_p = \alpha \Delta t V_s = 0.0006 \times 75 \times V_s = 0.045 V_s \tag{3-31}$$

式中 V_p——膨胀水箱的有效容积，L；

Δt——系统中水的最大温升，一般由20℃升高到95℃；

α——水的体积膨胀系数，取0.0006L/(m³·℃)；

V_s——系统的水容量，L。

系统水容量包括锅炉、管网和散热器等总水容量。

膨胀水箱的高度亦即恒压点所要求的水柱高度，它等于静水压线的高度。在通常情况下，膨胀水箱高度应满足如下条件：

$$Z_j + \frac{P_q}{\rho g} + (2 \sim 5) < H_p < P_s \tag{3-32}$$

式中 Z_j——系统中最高建筑物的顶层距基准面的高度，m；

H_p——膨胀水箱的假设高度，m；

P_q——水的汽化压力，Pa；

P_s——散热器的工作压力，即最大能承受的压力，m。

膨胀水箱的膨胀管与供热系统的连接位置的确定即系统恒压点的确定，是供热系统设计的一个重要技术关键。通常选择循环水泵的入口为恒压点，即膨胀水箱膨胀管接至循环水泵的入口处。在实际工程中，有时最高建筑物远离锅炉房，为了施工、安装方便，经常把膨胀水箱的膨胀管就近接到管网的回水管上。

膨胀水箱定压的优点是压力稳定，不怕停电。缺点是水箱高度受限，当最高建筑物层数较高且远离热源，或为高温水供热时，膨胀水箱的架设高度难以满足设计要求。膨胀水箱定压比较适合于建筑层数较低的小区低温热水供热系统。

3.7.2　补给水泵定压

用供热系统的补水泵保持定压点压力固定不变的方法称为补水泵定压。当系统恒压点压力要求较高，锅炉房无法高架膨胀水箱或最高建筑物远离热源，不便采用膨胀水箱定压时，常采用补水泵定压。补给水泵定压方式是目前国内集中供热系统最常用的一种定压方式。补给水泵定压方式主要有三种形式：

1. 补给水泵连续补水定压方式

补给水泵连续补水定压方式的示意图和水压图如图 3-9 所示。

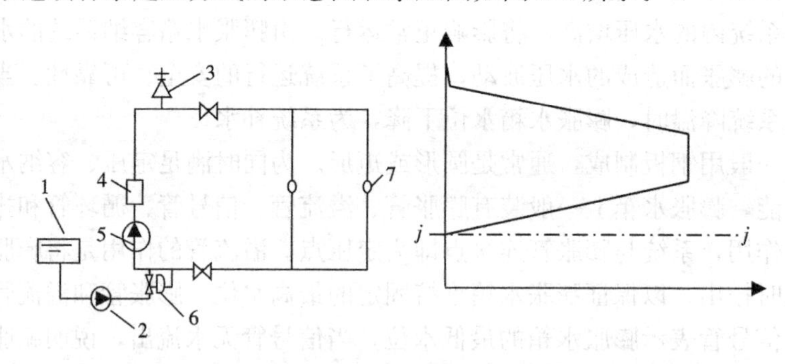

图 3-9　补给水泵连续补水定压方式示意图和水压图

1—补给水箱；2—补给水泵；3—安全阀；4—热源；5—网路循环水泵；6—压力调节器；7—热用户

定压点设在网路循环水泵的吸入端。利用压力调节阀保持定压点恒定的压力。当恒压点压力低于系统静水压线要求的压力时，补水调节阀会自动开启，通过运行着的补水泵将补水从补水箱中补入供热系统，随着系统中水量增加，循环水泵入口的压力即可逐渐回升到要求的压力。当循环水泵入口压力高于设定值时，补水调节阀自动关小，必要时可自动开启泄水调节阀，将系统多余水量泄入补水箱，使循环水泵入口压力迅速回复。采用这种补水泵定压，最大的特点是补水泵始终连续不断的运行，即使供热系统停止运行时也如此。

2. 补给水泵间歇补水定压方式

补给水泵间歇补水定压方式的示意图和水压图如图 3-10 所示。补给水泵的启动和停止运行是由电接点式压力表的表盘上的触点开关控制的。压力表指针到达相当于 H_A 的压力时，补给水泵停止运行。当网路循环水泵的吸入口压力下降到 H_A 的压力时，补给水泵就重新启动补水。这样，网路循环水泵吸入口处压力保持在 H_A 和 H'_A 之间的范围内。由于补水是间歇进行的，恒压点压力将围绕静水压线。

间歇补水泵定压的优点是补水泵间歇运行，减少电耗。缺点是压力有一定的波动。此外，由于压力波动，电触点压力表指针摆动大，将造成补水泵的频繁启动，直接影响补水泵的使用寿命。

间歇补水定压方式宜使用在系统规模不大、供水温度不高、系统漏水量较小的供热系统中。对于系统规模较大、供水温度较高的供热系统，应采用连续补水定压方式。

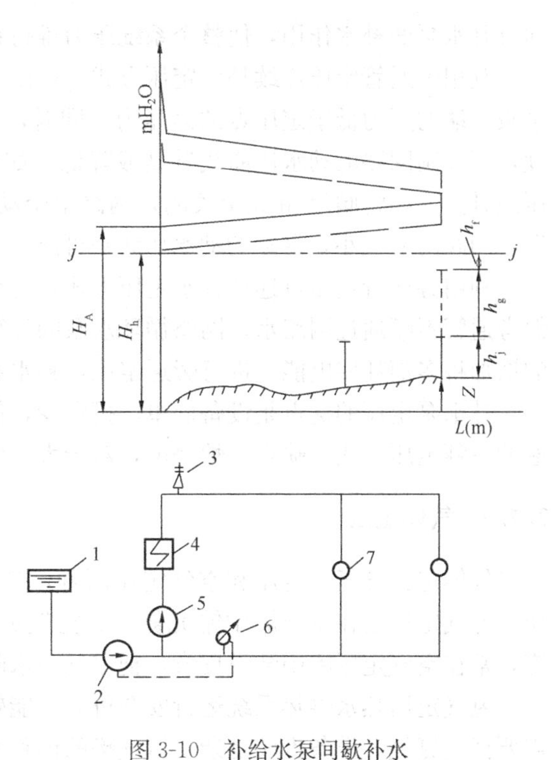

图 3-10 补给水泵间歇补水定压方式示意图和水压图

1—补给水箱；2—补给水泵；3—安全阀；4—热源；5—网路循环水泵；6—电接点压力表；7—热用户

3. 补给水泵补水定压点设在旁通管处的定压方式

上述两种补水定压方式，其定压点都设在网路循环水泵的吸入端。在网路运行时，动水压曲线都比静水压曲线高。对于大型的热水供热系统，为了适当地降低网路的运行压力和便于调节网路的压力工况，可采用定压点设在旁通管的连续补水定压方式。

定压点设在旁通管处的补水定压方式的示意图和水压图如图 3-11 所示。在热源的供、回水干管之间连接一根旁通管，利用补给水泵使旁通管某点 J 点保持符合静水压线要求的压力。在网路循环水泵运行时，当定压点的压力低于控制值时，压力调节阀的阀孔开大，补水量增加。当定压点的压力高于控制值时，压力调节阀关小，补水量减小。如由于某种原因，即使压力调节阀完全关闭，压力仍不断升高，则泄水调节阀开启，泄出热网中热水，一直到定压点的压力恢复到正常为止。当网路循环水泵停止运行时，整个网路压力先达到运行时的平均值然后下降，

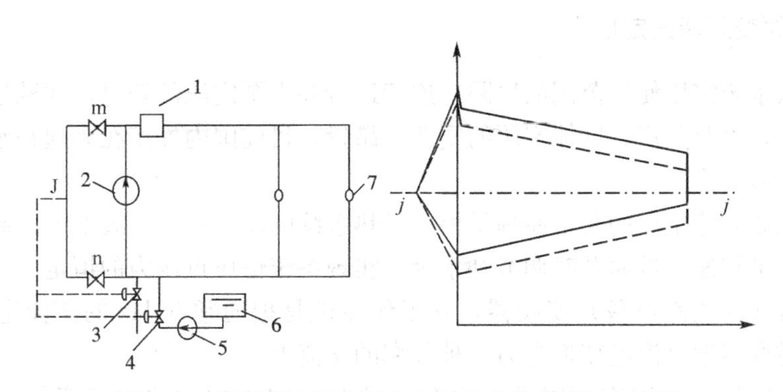

图 3-11 旁通管定压点补水定压方式示意图和水压图

1—热源；2—循环水泵；3—泄水调节阀；4—压力调节阀；5—补水泵；6—补水箱；7—热用户

通过补水泵的补水作用，使整个系统压力维持在定压点的静压力。

利用旁通管定压连续补水定压方式，可以适当地降低运行时的动水压线，网路循环水泵吸入端的压力低于定压点的静压力。同时，靠调节旁通管上的两个阀门 m 和 n 的开启度，可控制网路的动水压曲线升高或降低，如将旁通管上阀门 m 关小，整个网路的动水压线升高。如将阀门 m 完全关闭，网路整个动水压曲线位置都高于静水压线。如将旁通管上的阀门 n 关小，网路的动水压线则可降低。

利用旁通管定压点连续补水定压方式，对调节系统的运行压力，具有较大的灵活性。但旁通管不断通过网路水，网路循环水泵的计算流量，要包括这部分流量。循环水泵流量的增加将多消耗些电能。进行旁通定压，补水泵可以连续运行，也可间歇运行。

补水泵定压的优点是设备简单，投资少，便于操作，是目前国内集中供热系统中最普遍的一种定压方式。缺点是怕停电，对于大型供热系统应设双路电源。

3.7.3　气体定压

气体定压分氮气定压和空气定压两种，其特点都是利用低位定压罐保持供热系统恒压。氮气定压是在定压罐中罐充氮气。空气定压则是罐充空气，为防止空气溶水腐蚀管道，常在空气定压罐中装设皮囊，把空气与水隔离。

氮气定压热水供热系统运行安全可靠，能较好地防止系统出现汽化和水击现象。但它需要消耗氮气，设备也较复杂，氮气罐的体积有较大。多用于高温水系统。空气定压与氮气定压相类似，一般用在小型供热系统上。

3.7.4　蒸汽定压

蒸汽定压的热水供热系统，在国外比采用氮气定压还要早一些。如果在热水供热系统的热源中，有蒸汽锅炉生产的蒸汽时，可以采用蒸汽定压。蒸汽定压比较简单，目前在工程实践上，有下面几种形式：

(1) 蒸汽锅筒定压方式；
(2) 外置膨胀罐的蒸汽定压方式；
(3) 采用淋水式加热器的蒸汽定压方式。

3.7.5　补水泵变频调速定压

鉴于膨胀水箱定压使用范围的局限，连续运行补水泵定压的费电，间歇运行补水泵定压压力的波动，以及蒸汽、气体定压的复杂、昂贵，目前国内外正在兴起补水泵变频调速定压，很有发展前途。

补水泵变频调速定压的基本原理是根据供热系统的压力变化，改变电源频率，平滑无级地调整补水泵转速，进而及时调节补水量，实现系统恒压点压力的恒定。

该定压方式的关键设备是变频器，其工作原理是把通常 50Hz 的交流电先变为直流电，再经过逆变器把直流电变换为另一种频率的交流电。

有关气体定压、蒸汽定压以及补水泵变频调速定压方式的详细资料，可参考有关文献。

3.8 供热系统的输送能耗

通过本章前面的分析计算，为了把热水热媒输送到每个热用户，必须要有循环水泵，水泵是耗能的。评价供热系统优劣的重要标准之一是看它输送单位热量的能耗。要节约输送能耗，有很多措施。

3.8.1 加大供回水温差

如果选择合适的热媒参数，使得供回水温差加大，若输送的热量相同，则可以使输送热媒的流量降低，从而节约输送能耗。例如，选用110/70℃，130/70℃，150/70℃等热媒参数。当然选用高温水热媒，系统的其他方面要求会提高，将增加初始建设费用，所以要进行技术经济分析比较来确定，是否要选用高温水。

3.8.2 降低系统的阻力

如果供热系统选用阻力较小的设备和较粗一些的管道，可以降低系统的总阻力，可以节约输送能耗。但是，这样做同样也会加大初始建设费用，所以要在建设费与运行费之间进行综合技术经济比较。

3.8.3 改变系统的形式

近年来供热技术有了新的发展，多热源并网，环状管网应用，变频器的推广，变流量技术等，都使得人们对传统系统形式提出了质疑。

1. 附加阻力法

传统方法是采用附件阻力法，来达到系统的水力平衡。该方法就是在用户入口处加上调压装置（孔板、调节阀、平衡阀或压力调节阀等），来消耗掉热网为用户提供的剩余压头，以此达到各用户的平衡。如图3-12和图3-13所示。传统方法的本质是增加了系统的阻力，是以消耗循环水泵能耗为代价的。图中阴影部分才是用户所需要的能量，其余的被平衡装置消耗掉了。本章前面的分析计算，就是这种情况。如不这样，系统将水平失调，近热远冷。

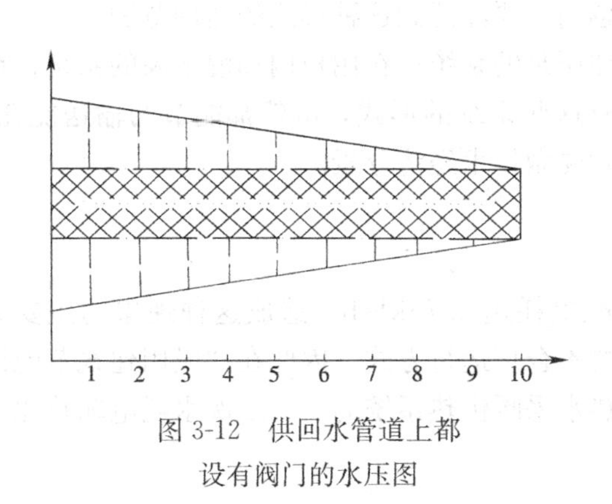

图3-12 供回水管道上都设有阀门的水压图

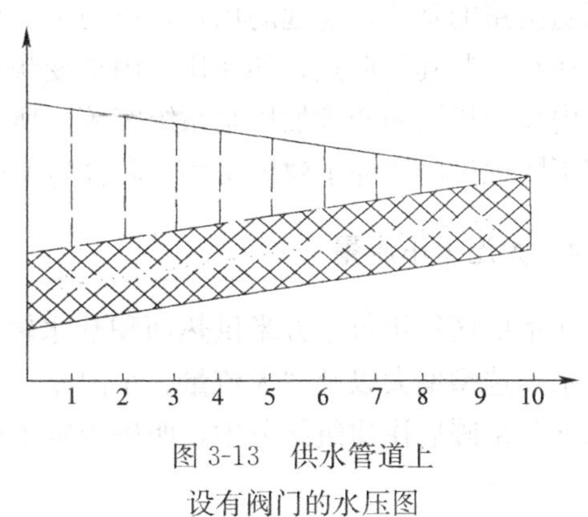

图3-13 供水管道上设有阀门的水压图

2. 附加压头法

这种方法不是选择热源的循环水泵，使它满足最不利用户的资用压头，而是当用户的资用压头不足时，通过分布设置的变频系统来满足每一个用户对资用压头的需要。也可以称为分布式变频供热系统。

图 3-14 是沿途供回水变频加压泵与主循环泵相结合的形式，主循环水泵扬程不用很高，每个用户的变频供回水泵保证了它们的资用压头。

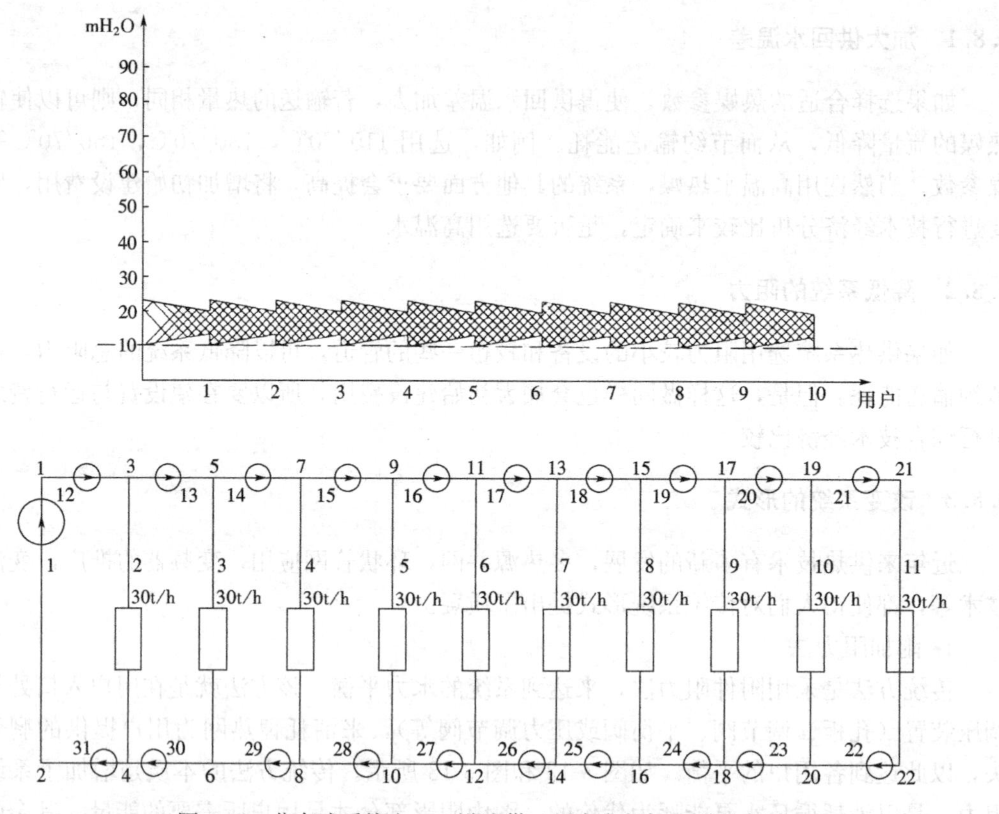

图 3-14　分布式系统之一：沿途供、回水变频加压泵示意图

图 3-15 是沿途只在供水管上加上了变频加压泵与主循环泵相结合的形式。当然这种形式随网路的延伸，越远的用户，压力工况越高，要注意到这种形式的适用范围。

还有一些其他形式，如在用户内加变频加压泵的系统；在用户内加混水泵的系统；在用户内加均压罐和变频加压泵系统等等。所有这些系统的形式，虽然都能节约输送能耗，但都不同程度的增加了建设费用，具体应用时要做技术经济分析。

3.8.4　大温差小流量

北京地区每年每平方米供热面积热水输配电耗达 2.75kWh。造成这种现象的主要原因是水泵选型偏大以及“大流量、小温差”的不合理运行方式。因此在“民用建筑节能设计标准”采暖居住建筑部分中，明确规定了热水采暖供热系统的一、二次水耗电输热比。

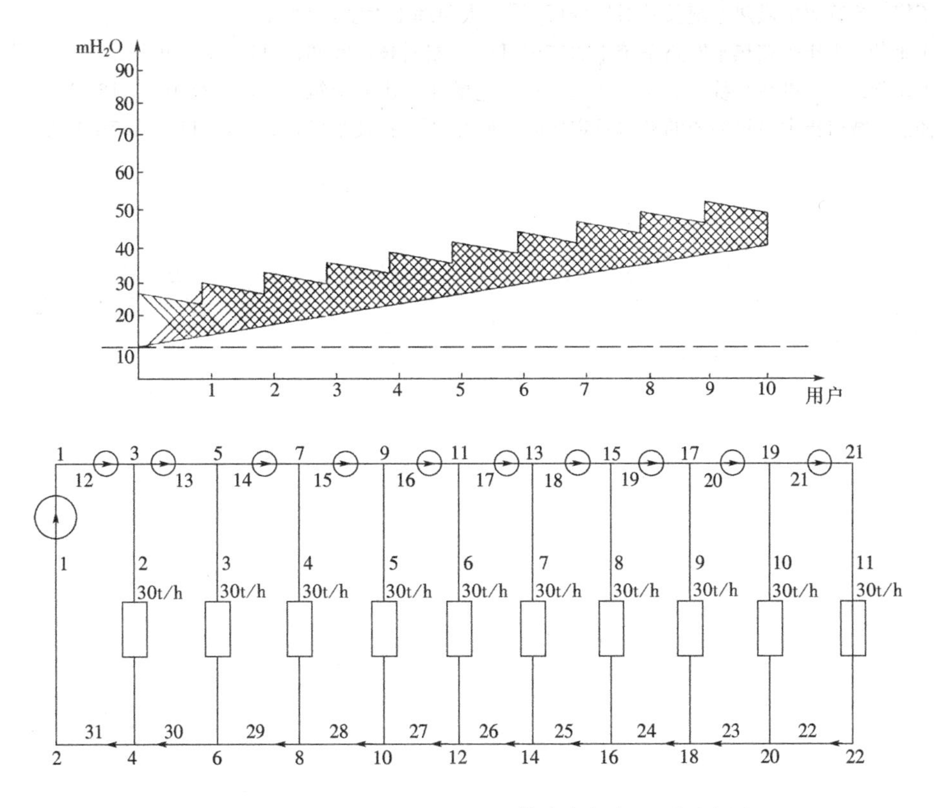

图 3-15 分布式系统之二：沿途供水变频加压泵示意图

思 考 题

1. 供热管网常见形式有哪些？不同形式之间的区别？
2. 为什么要进行水力计算？水力计算包括哪些内容？
3. 管网比摩阻的定义？比摩阻与管径、流量、摩擦阻力系数之间的关系？
4. 热水供热系统水力计算的基本步骤？
5. 绘制水压图的基本步骤？水压图有何作用？
6. 水压图中动水压线和静水压线的基本要求？
7. 如何确定循环水泵的选型参数？循环水泵选择原则？
8. 供热系统常见方式定压？不同定压方式有何区别？
9. 如何降低供热系统的输送能耗？

参 考 文 献

[1] 朱晏琳. 二级网调峰集中供热系统技术经济性研究[D]. 天津大学，2007.
[2] 袁哲宁. 热力站耗热指标测算及节能潜力分析[D]. 天津大学，2004.
[3] 王冠. 多热源供热系统的热负荷分配及运行分析[D]. 大连理工大学，2015.
[4] 赵娜. 供热管网运行调节方法优化研究[D]. 华北电力大学，2011.

[5] 井汇．基于图形化的供热管网水力计算方法的探讨[D]．山东大学，2006.
[6] 王妍．单管集中供热系统及其对比分析[D]．太原理工大学，2008.
[7] 王惠芳．水压图在热水网路系统中的应用[J]．甘肃科技，2006，(11)：58-59.
[8] 尹富强．集中供热系统中定压方式的比较及选择[J]．山西建筑，2011，37(09)：129-130.
[9] 商静．城市集中供热系统的补水及定压问题研究[J]．科技视界，2013，(11)：167+182.

第4章　热水供热系统的水力工况分析

4.1　概　　述

在网路水力计算的基础上绘制水压图，可以了解热水网路的压力状况，确定管网与用户的连接方式，选择网路和用户的自控措施，分析供热系统的水力工况。供热系统中流量、压力的分布状况称为系统的水力工况。供热系统供热质量的好坏，与系统的水力工况有着密切联系。供热系统普遍存在的冷热不均现象，主要就是系统水力工况失调所致。掌握水力工况变化规律，对热水供热系统的设计和运行管理都有指导作用。

在热水供热系统运行过程中，往往会由于设计、施工、改建、扩建和调节等原因，使网路中流量分配与热用户所需流量不相符合，因而造成各热用户的供热量不符合要求，使热用户或供暖房间出现冷热不均的热力失调现象。

一个集中供热系统，特别是一个大的集中供热系统，要实现稳定运行和均衡供热的基本条件是保证管网的水力工况平衡。目前我们一些系统中存在的工作压力不能满足正常工作需要，热力站不能获得需要的压差，用户普遍不热；或者前端用户压差高，流量超过设计值，而末端压差不足，流量低于设计值，因而造成近端用户过热，远端用户不热，就是因为系统存在水力工况不平衡的问题。

造成系统水力工况不平衡原因是多方面的，主要有：

受热源设备的限制，供给的压力不足，或者因为系统的循环水量超过原设计值，使循环水泵的供给压力下降；管网设计不合理，或者管网堵塞造成系统的压力损失过大，超出了热源设备所能提供的压力；热网失水严重，超过了补水装置的补水能力，系统因为不能及时补水而不能维持需要的压力；系统（管网和热力站）缺少合理分配水量的手段，为解决末端用户不热的问题而加大循环水量，因而增加了管网的压力损失，造成系统压力不足。为了解决造成上述系统水力工况失调的原因，需要进行详细的水力分析。

本章将阐述热水供热系统管网的阻力特性，热网水力工况的计算方法，分析热水供热系统水力工况变化的规律和对系统水力失调的影响，并研究改善系统水力失调，提高系统水力稳定性的措施。

掌握这些规律和分析问题的方法，对热水供热系统设计和运行管理都很有指导作用。例如，在设计中应考虑哪些原则使系统的水力失调程度较小，易于进行系统的初调节；在运行中如何掌握系统水力工况变化时，热水网路上各热用户的流量及其压力、压差的变化规律；用户引入口自动调节装置的工作参数和波动范围的确定等问题，都必须分析系统的水力工况。

4.2　热水网路的阻力特性

热水供热管网的水力特性取决于热媒在供热管网内的流动规律，它是对热水供热系统的水力工况进行计算与分析的理论基础。

4.2.1　基本公式

在室外热水网路中，水的流动状态大多处于阻力平方区。流体的压力降与流量的关系可用如下公式表示：

$$\Delta P = R(l + l_d) = SV^2 \tag{4-1}$$

或

$$\Delta H = S_H V^2 \tag{4-2}$$

式中　ΔP——网路计算管段的压力降，Pa；

ΔH——网路计算管段的水头损失，mH_2O；

V——网路计算管段的水流量，m^3/h；

S——网路计算管段的阻力数，$Pa/(m^3/h)^2$，它代表管段通过 $1m^3/h$ 水流量时的压降；

S_H——网路计算管段的阻力数，$mH_2O/(m^3/h)^2$，它代表管段通过 $1m^3/h$ 水流量时的水头损失。

根据公式（4-1）和式（4-2），可得管段的阻力特性系数 S 为：

$$S = \frac{\Delta P}{V^2} = \frac{R(l + l_d)}{V^2} \tag{4-3}$$

把公式（3-6）代入式（4-3）得：

$$S = 6.88 \times 10^{-9} \frac{K^{0.25}}{d^{5.25}}(l + l_d)\rho \tag{4-4}$$

把上式用 mH_2O 来表示则管段的阻力特性系数为：

$$S_H = 7.02 \times 10^{-10} \frac{K^{0.25}}{d^{5.25}}(l + l_d) \tag{4-5}$$

式中　d——管段内径，m；

l——管段长度，m；

l_d——局部阻力当量长度，m；

K——管道的当量绝对粗糙度，m。

由以上的公式可见，在已知水温参数下（密度一定），网路各管段的阻力数只和管段的管径、长度、管道内壁当量绝对粗糙度以及管段局部阻力当量长度的大小有关，即网路各管段的阻力数仅取决于管段本身，它不随流量变化。对于一定的管网，即管径、管长、局部构件和管道内壁当量绝对粗糙度一定，那么其阻力特性系数固定不变。

4.2.2　管网阻力数的计算

热水供热系统是由许多管段串联和并联组成。首先讨论串联管路和并联管路阻力数的计算及其水力特性。

1. 串联管段阻力数的计算

如图 4-1 所示某一串联管路，对于管段 1、2、3，存在下列关系：

$\Delta P_1 = S_1 V_1^2$；$\Delta P_2 = S_2 V_2^2$；$\Delta P_3 = S_3 V_3^2$

$V = V_1 = V_2 = V_3$；$\Delta P = SV^2$；$\Delta P = \Delta P_1 + \Delta P_2 + \Delta P_3$，于是

$$SV^2 = S_1 V^2 + S_2 V^2 + S_3 V^2$$

$$S = S_1 + S_2 + S_3 \tag{4-6}$$

式中 ΔP、ΔP_1、ΔP_2、ΔP_3——串联管段的总阻力损失和管段 1、2、3 的压力损失，Pa；

S_{ch}、S_1、S_2、S_3——串联管段的总阻力数和管段 1、2、3 的阻力特性系数，$Pa/(m^3/h)^2$；

V、V_1、V_2、V_3——串联管段的总流量和管段 1、2、3 的流量，m^3/h。

以上公式说明在串联管路中，总阻力数等于各串联管段的阻力数之和。

2. 并联管段阻力数的计算

对于并联管段，如图 4-2 所示，各并联管段存在如下关系：

$$\Delta P_1 = S_1 V_1^2 \qquad V_1 = \sqrt{\frac{\Delta P_1}{S_1}}$$

$$\Delta P_2 = S_2 V_2^2 \qquad V_2 = \sqrt{\frac{\Delta P_2}{S_2}}$$

$$\Delta P_3 = S_3 V_3^2 \qquad V_3 = \sqrt{\frac{\Delta P_3}{S_3}}$$

$$\Delta P = \Delta P_1 = \Delta P_2 = \Delta P_3$$

$$\Delta P = SV^2 \qquad V = \sqrt{\frac{\Delta P}{S}}$$

式中 ΔP、ΔP_1、ΔP_2、ΔP_3——并联管段的总阻力损失和管段 1、2、3 的压力损失，Pa；

S_b、S_1、S_2、S_3——并联管段的总阻力数和管段 1、2、3 的阻力特性系数，$Pa/(m^3/h)^2$；

V、V_1、V_2、V_3——并联管段的总流量和管段 1、2、3 的流量，m^3/h。

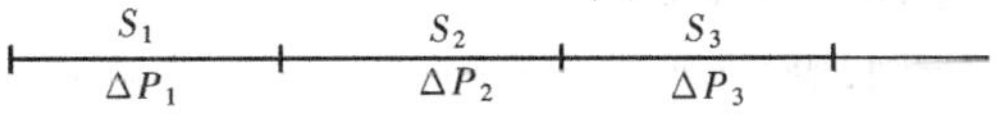

S_1 S_2 S_3
ΔP_1 ΔP_2 ΔP_3

图 4-1 串联管段

S_1 V_1
S_2 V_2
S_3 V_3

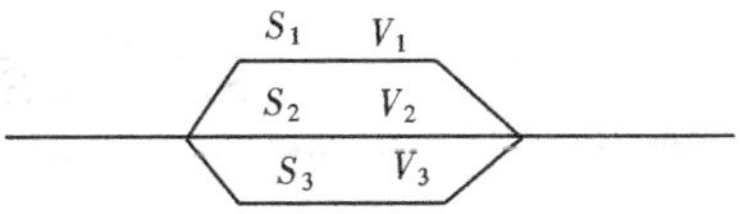

图 4-2 并联管段

在并联管路中，其热媒的总流量为各并联管段热媒流量之和，即

$V = V_1 + V_2 + V_3$，于是：

$$\frac{\sqrt{\Delta P}}{\sqrt{S}} = \frac{\sqrt{\Delta P}}{\sqrt{S_1}} + \frac{\sqrt{\Delta P}}{\sqrt{S_2}} + \frac{\sqrt{\Delta P}}{\sqrt{S_3}}$$

$$\frac{1}{\sqrt{S}} = \frac{1}{\sqrt{S_1}} + \frac{1}{\sqrt{S_2}} + \frac{1}{\sqrt{S_3}} \tag{4-7}$$

以上公式显示，并联管网的总阻力数平方根倒数等于各并联管段的阻力数平方根倒数之和。阻力数平方根倒数又称通导数 a。那么

$$a_b = a_1 + a_2 + a_3 \tag{4-8}$$

在并联管路中，各并联管段的热媒流量存在如下关系：

$$V : V_1 : V_2 : V_3 = \frac{1}{\sqrt{S}} : \frac{1}{\sqrt{S_1}} : \frac{1}{\sqrt{S_2}} : \frac{1}{\sqrt{S_3}} \tag{4-9}$$

在并联管段中，各分支管段中的流量是按阻力数的平方根倒数进行分配的。根据上述推导分析可得：

（1）在并联管段中，各分支管段的阻力状况不变时，网路总流量在各分支管段中分配的比例不变。

（2）各分支管段的流量是按总流量的变化比例而变化。

（3）当网路各并联管段中任一管段的阻力状况发生变化时，总阻力数必然随之变化，网路总流量在各分支管段中的分配比例也都发生变化。

（4）当网路总阻力数变化时，网路的总流量和总阻力也要变化，即循环水泵的流量和扬程随之变化。

计算热水管网的总阻力数时，从最后用户系统开始，依次、逐段地按照以上串联、并联管段的计算方法进行计算，得出总阻力数。

【例 4-1】 如图 4-3 热水管网，Ⅰ、Ⅱ、Ⅲ代表干管管段，1、2、3 代表各用户及连接用户的管段，各管段的阻力数分别为 $S_{\text{I}}=1$，$S_{\text{II}}=2$，$S_{\text{III}}=3$，$S_1=20$，$S_2=10$，$S_3=5$。求该管网的总阻力数。

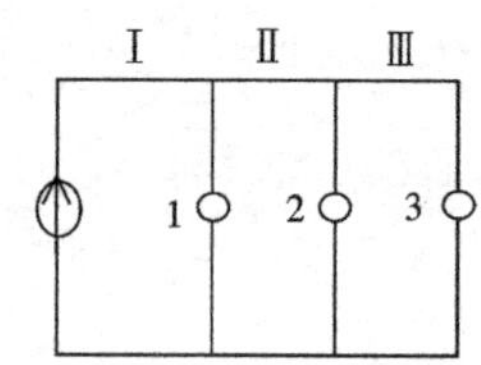

图 4-3　热水管网示意图

［解］如图中热水管网由 3 个用户组成，由管段Ⅰ、Ⅱ、Ⅲ及用户串联及并联组成。根据串并联管阻力数的计算公式，计算如下：

$$\frac{1}{\sqrt{S_{2-3}}} = \frac{1}{\sqrt{S_{\text{III}-3}}} + \frac{1}{\sqrt{S_2}} = \frac{1}{\sqrt{8}} + \frac{1}{\sqrt{10}}$$

$$S_{2-3} = 2.23$$

$$S_{\text{II}-3} = S_{\text{II}} + S_{2-3} = 2.23 + 2 = 4.23$$

$$\frac{1}{\sqrt{S_{1-3}}} = \frac{1}{\sqrt{S_{\text{II}-3}}} + \frac{1}{\sqrt{S_1}} = \frac{1}{\sqrt{4.23}} + \frac{1}{\sqrt{20}}$$

$$S_{1-3} = 1.98$$

$$S = S_{\text{I}} + S_{1-3} = 1 + 1.98 = 2.98$$

4.2.3　管网阻力特性曲线

若以流量 V 为横坐标（m^3/h），压降 ΔP（Pa）或 H（mH_2O）为纵坐标，可将管段的阻力特性用一条抛物曲线描绘出来，该曲线称为管网阻力特性曲线，如图 4-4 所示。根据 $\Delta P = SV^2$ 的关系，阻力特性系数 S 值不同，其阻力特性曲线也不同。

利用阻力特性曲线，采用作图法，可求出串、并联管段的阻力特性曲线。图 4-5 为串联管段阻力特性曲线的作图法。阻力系数分别为 S_1、S_2 的两个管段串联，作若干条与纵

坐标轴平行的垂线，并将各条垂线与 S_1、S_2 特性曲线的交点标出。在同一条垂线上，找出纵坐标值等于 S_1、S_2 纵坐标值之和的点，将这些点相连，所得曲线即为管段 S_1、S_2 串联后的总阻力特性曲线 S。

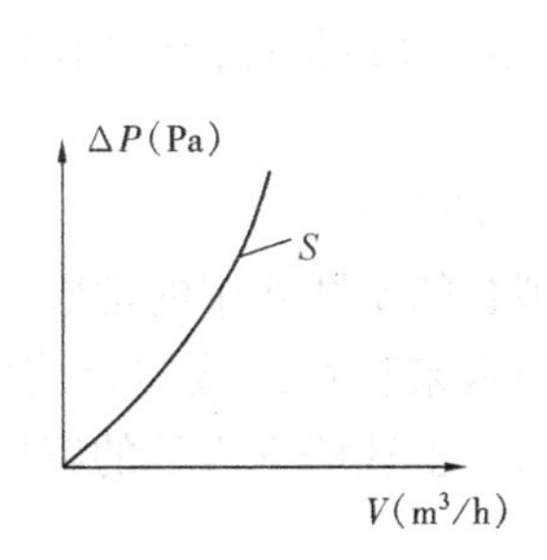

图 4-4 管网阻力特性曲线

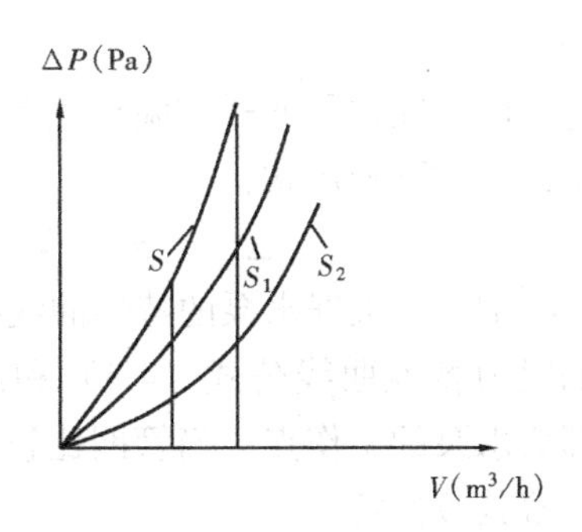

图 4-5 串联管段阻力特性曲线

图 4-6 为并联管段阻力特性曲线的作图法。根据同一并联管段压降相等的原理，在纵坐标轴上作若干与横坐标平行的水平线。在同一水平线上，找出横坐标值等于各并联管段 S_1、S_2流量之和的点，将这些点相连，即为并联管段阻力特性曲线 S。

在作整个热网阻力特性曲线时，可先根据前述并联管段和串联管段各阻力数的计算方法，求出整个网路的总阻力数，利用阻力特性公式 $\Delta P=SV^2$，画出热网的阻力特性曲线。

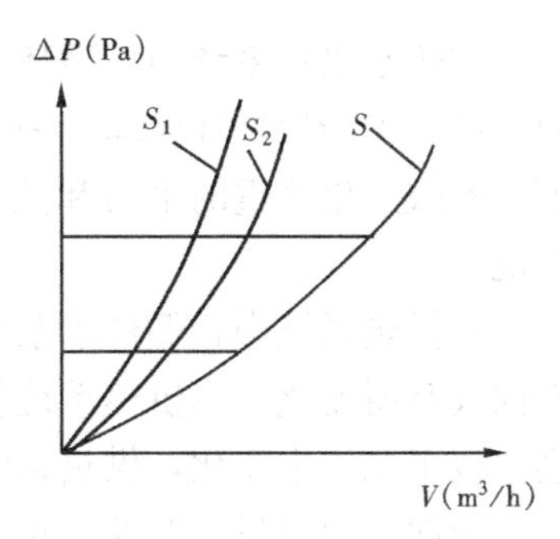

图 4-6 并联管阻力特性曲线

4.2.4 工作点的确定

水泵的工作特性曲线是水泵流量和扬程之间的关系曲线，常由厂家通过性能实验给出。对于离心式水泵，工作特性曲线有三种：一种为平坦形曲线，最佳扬程（效率最高）与最高扬程（流量为 0）相差 12%左右；另一种为陡降形曲线，最佳扬程和最高扬程相差 40%左右；第三种为驼峰形曲线，当流量减小时，扬程上升达最大值，流量继续下降，扬程开始下降，当流量为 0 时，扬程达最小值。

通常情况下，水泵流量越大其功率越大。流量在某一区段内效率最高。一般推荐效率最高的区段作为水泵的工作区段。水泵最佳工作区段，并不是水泵的实际工作点。水泵的实际工作点，除与水泵本身的性能曲线有关外，还与水泵连接的管网阻力特性有关。

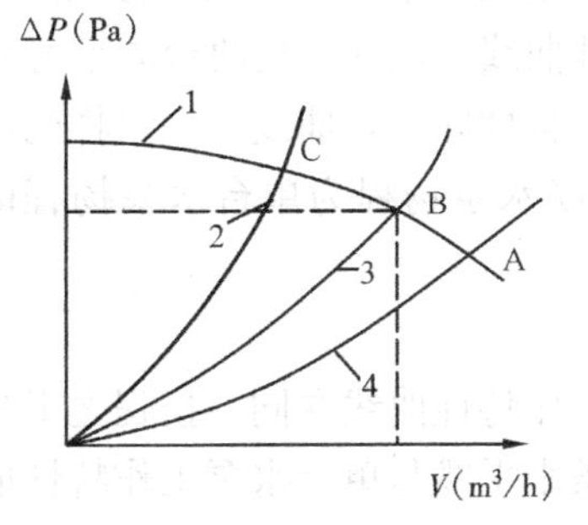

图 4-7 水泵工作点的确定

水泵工作点的确定有两种方法，即图解法和计算法。

1. 图解法

实际工作中常采用这种方法。根据 $\Delta P=SV^2$，可绘制出热水网路的阻力特性曲线，它表示出热水网路循环水流量及其系统总压降之间的相互关系，如图 4-7 中的曲线 3。根据水泵样本，绘制出水泵的特性曲线，如图 4-7 中的曲线 1。这两条曲线的交点即为水泵的实际工作点 B，由此可确定网路的总流量和总压降。同一水泵，当管网阻力特性不同时，水泵运行工作点也不同，这将在下一节中进行分析和讨论。

2. 计算法

水泵的特性曲线往往是通过实验作出的，如果把水泵特性曲线用函数式 $\Delta P = f(V)$ 表示出来，可以写作下列形式：

$$\Delta P = a + bV + cV^2 + dV^3 + \cdots \tag{4-10}$$

式中　a、b、c、d——根据水泵的特性曲线数据拟合的函数式中的常数。

把管网的阻力特性曲线公式（4-1）和以上的水泵特性曲线拟合成的函数式（4-10）联合求解，即为水泵的工作点。当管网比较复杂时，上述联立方程的解析解比较难求，通常由计算机求解其数值解。

4.2.5　水泵运行工况分析

在热水供热系统中，循环水泵是用来驱动一定量的循环热水，使其在热源、热网及用户系统中不断地循环流动。为了使运行的水泵能在高效区工作，而又使循环水量符合需要值，不致产生严重的水力和热力失调现象，必须分析循环水泵在不同系统中运行的工作状况。

在供热系统中，循环水泵可以多泵并联运行，也可多泵串联运行，联合水泵的工作特性曲线有所变化。当供热系统管网的阻力特性发生变化，如调节阀门、接入新用户等，也会导致工况发生变化，供热系统的工作点将发生变化，系统的总流量和总压降也将发生变化，引起用户流量分配的变化。分析水泵运行工况及管网阻力的变化对系统的正常运行十分重要。

当多台水泵串联或并联运行时，首先作出水泵串、并联的综合特性曲线，再与管网阻力特性曲线相交，即可得出水泵的工作点。无论串联还是并联运行，水泵的流量和扬程均将增加。并联运行主要是增加流量，串联运行主要是提高扬程，对于平坦型水泵特性曲线，水泵并联时，流量增加有限。对于陡降型水泵特性曲线，水泵并联时，流量增加明显。

当水泵多台运行时，综合特性曲线的求法如下：

1. 多台水泵串联运行

当多台水泵串联运行时，综合特性曲线应是每台水泵工作特性曲线在同一流量之下各点扬程之和的连线。作若干条与纵坐标平行的直线，将各条垂线与单台水泵工作特性曲线相交的点的纵坐标值相加，将这些点连接起来就是综合特性曲线。图 4-8 是两台同型号水泵串联后的综合特性曲线的画法，曲线 1 为单台水泵的工作特性曲线，曲线 2 为这样的两台水泵串联之后的综合工作特性曲线。在同一流量下，串联水泵扬程为单台水泵扬程的 2 倍。

2. 多台水泵并联运行

当多台水泵并联运行时，综合特性曲线应是每台水泵工作特性曲线在同一扬程之下各点流量之和的连线。作若干条与横坐标平行的直线，将各条水平线与单台水泵工作特性曲线相交的点的横坐标值相加，将这些点连接起来就是综合特性曲线。图 4-9 是两台同型号水泵并联后的综合特性曲线的画法，曲线1为单台水泵的工作特性曲线，曲线2为这样的两台水泵并联之后的综合工作特性曲线。在同一扬程下，并联水泵的流量为单台水泵流量的2倍。

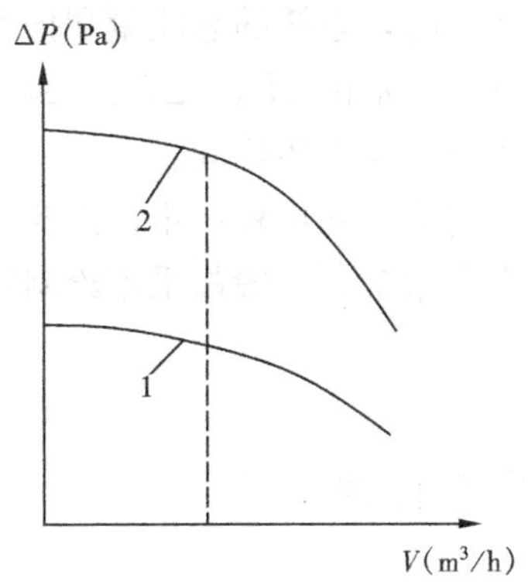

图4-8　串联水泵的综合特性曲线

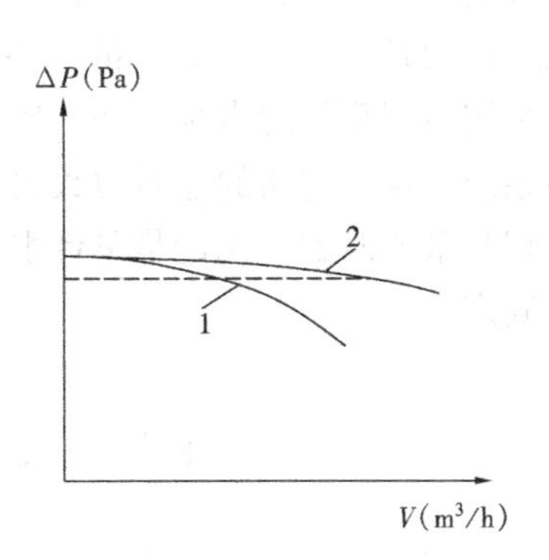

图4-9　并联水泵的综合特性曲线

下面就循环水泵在热水供热系统中的工作状况，通过图解法来分析讨论。

在热水供热系统中，循环水泵选定后，其工作状况就决定于系统的阻力情况。循环水泵型号一定，其性能已定。在运行过程中，水泵的工作点只能在水泵工作特性曲线上变化。水泵的工作点，是水泵工作特性曲线和管网阻力特性曲线的交点，如图4-7所示。

如果网路的阻力减小，则网路的特性曲线变的比较平坦，由曲线2变为曲线4的状态，它与循环水泵的工作特性曲线1的交点即工作点变为C点，工作点右移。此时网路的总流量增加，总阻力减小。

反之，如果网路的阻力增大，如关小用户阀门，则网路的阻力特性曲线变陡，由曲线2变为曲线3的状态，随之，循环水泵的工作点左移，变为B。此时系统循环流量减小，总阻力增大。

在热水供热系统中，一般是几台水泵并联运行，下面就介绍水泵并联时系统个工况。

循环水泵的台数一般不少于两台，其中一台备用。多台水泵并联运行时，可通过作图法来分析其工作特性。

如图4-10所示，曲线1为单台水泵的特性曲线。根据前述的并联水泵综合特性曲线的画法，可得到两台同型号水泵及三台同型号水泵的综合特性曲线2及3。热水网路的阻力特性曲线为图中的曲线4。

如果系统采用单台循环水泵运行，那么工作点为A点。此时系统的总流量和扬程为G_A和ΔP_A。

如果系统采用两台循环水泵并联运行，那么网路的工作点为B点。此时系统的总流量和扬程为G_B和ΔP_B。另一方面，两台水泵并联工作时，每台水泵的工作点为D点，此时两台水泵的扬程都等于ΔP_B，而每台水泵的流量G_D为总流量G_B的一半。

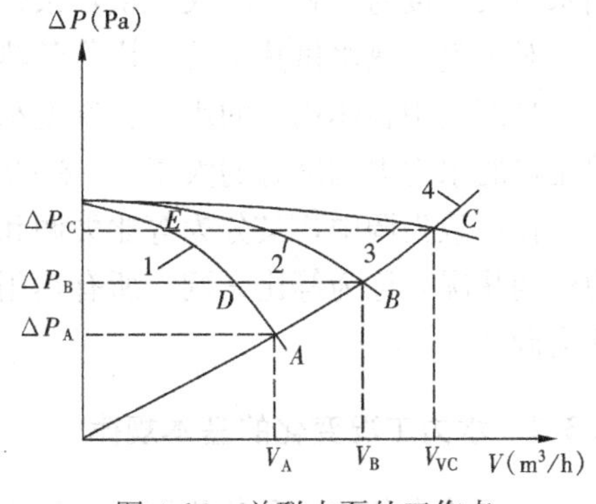

图4-10　并联水泵的工作点

如果系统采用三台循环水泵并联运行，那么此时系统的工作点为 C 点。此时系统的总流量和扬程为 G_C 和 ΔP_C。另一方面，三台水泵并联工作时，每台水泵的工作点为 E 点，此时三台水泵的扬程都等于 ΔP_C，而每台水泵的流量 G_E 为总流量 G_C 的三分之一。

当系统分别采用一台、两台或三台循环水泵运行时，系统的总流量和扬程分别为 G_A、G_B、G_C 和 ΔP_A、ΔP_B、ΔP_C。它们的关系为 $G_A < G_B < G_C$ 和 $\Delta P_A < \Delta P_B < \Delta P_C$。

当系统采用不同型号的水泵并联工作时，分析方法与上述相同。

当网路系统一定，网路的总阻力数也一定，所需流量和扬程一定，由此来选择循环水泵流量和扬程与系统匹配。无论是单台水泵还是多台水泵，一般都采用绘制特性曲线找交点的办法来确定。

4.3　水力工况的计算

4.3.1　基本概念

在热水供热系统中，当供热管网的任一管段或与之相连接的任一用户系统，由于其阀门开度的改变，阻力数发生变化时，热水供热系统的总阻力数将随之发生改变。因而引起热水供热系统的总流量和总压力降发生变化，各用户系统的流量也将重新分配，用户系统的实际流量与计算流量不一致，产生失调。

对于热水供热系统，由于水力工况变化所引起的用户系统流量的改变，先进行定量的计算，然后再利用热水供热系统的水压图进行定性的分析。

热水供热系统中各热用户的实际流量与要求的流量之间的不一致性，称为该热用户的水力失调。水力失调是影响系统供热效果的重要原因。可以用热用户实际流量和规定流量（设计流量）的比值来衡量供热系统水力失调的程度，即

$$x = \frac{V_s}{V_g} \tag{4-11}$$

式中　x——水力失调度；

V_s——热用户的实际流量，m^3/h；

V_g——热用户的规定流量，m^3/h。

当水力失调度等于 1 时，即设计流量等于实际流量，供热系统处于稳定的水力工况。当水力失调度与 1 相差越大，供热系统水力失调越严重。

对于整个热水供热系统来说，各热用户的水力失调状况是多种多样的。

当网路中各热用户的水力失调度都大于 1 或都小于 1 时，称为一致失调。当网路中各热用户的水力失调度有的大于 1，有的小于 1 时，称为不一致失调。

在一致失调中，又分为等比失调和不等比失调。所有热用户的水力失调度都相等的水力失调状况，称为等比失调。所有热用户的水力失调度不相等的水力失调状况，称为不等比失调。

4.3.2　水力工况变化的基本规律

当网路中各管段和各热用户的阻力数已知时，可以用求出各热用户占总流量的比例方

法来分析网路水力工况变化的规律。

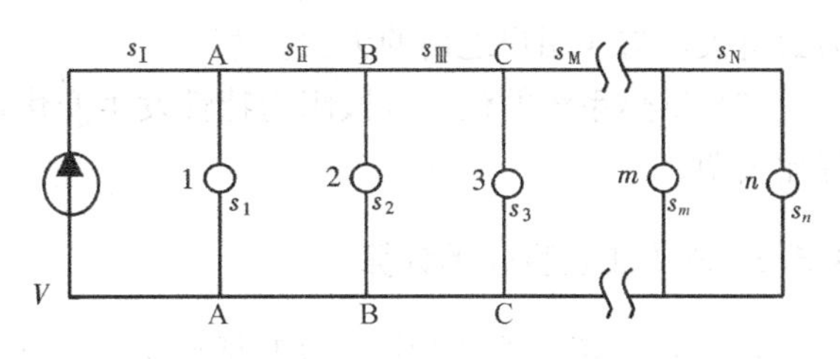

图 4-11 热水网路示意图

若有 n 个用户的热水供热系统，如图 4-11 所示。干线（包括供水干线和回水干线）各管段的阻力数以 s_{I}，s_{II}，s_{III} …s_N 表示，支线与用户的阻力数以 s_1，s_2，s_3…s_n 表示。网路的总流量为 V。用户的流量用 V_1，V_2，V_3…V_n 表示。

利用总阻力数的概念，用户 1 处的作用压差 ΔP_{AA}，可用下式确定

$$\Delta P_{\mathrm{AA}}=S_1V_1^2=S_{1-n}V^2 \tag{4-12}$$

式中 S_{1-n}——热用户 1 分支点的网路总阻力数（用户 1 到用户 n 的总阻力数，包括用户 1）。

由式（4-12），可得出用户 1 占热网总流量的比例，即相对流量比 $\overline{V}_1$：

$$\overline{V}_1=\frac{V_1}{V}=\sqrt{\frac{S_{1-n}}{S_1}} \tag{4-13}$$

同理，对于用户 2 处的作用压差 ΔP_{BB}，可用下式确定

$$\Delta P_{\mathrm{BB}}=S_2V_2^2=S_{2-n}(V-V_1)^2 \tag{4-14}$$

式中 S_{2-n}——热用户 2 分支点的网路总阻力数（用户 2 到用户 n 的总阻力数，包括用户 2）。

从另一分析来看，用户 1 分支点处的作用压差 ΔP_{AA} 也可写成

$$\Delta P_{\mathrm{AA}}=S_{1-n}V^2=(S_{\mathrm{II}}+S_{2-n})(V-V_1)^2=S_{\mathrm{II}-n}(V-V_1)^2 \tag{4-15}$$

式中 $S_{\mathrm{II}-n}$——热用户 1 之后的网路总阻力数（用户 1 之后到用户 n 的总阻力数，不包括用户 2 及其分支线）。

公式（4-14）与式（4-15）相除，可得

$$\frac{S_2V_2^2}{S_{1-n}V^2}=\frac{S_{2-n}}{S_{\mathrm{II}-n}}$$

$$\overline{V}_2=\frac{V_2}{V}=\sqrt{\frac{S_{1-n}\cdot S_{2-n}}{S_2\cdot S_{\mathrm{II}-n}}} \tag{4-16}$$

对于其他用户，依此类推，可以得出第 m 个用户的相对流量比为

$$V_m=\frac{V_m}{V}=\sqrt{\frac{S_{1-n}\cdot S_{2-n}\cdot S_{3-n}\cdots S_{m-n}}{S_m\cdot S_{\mathrm{II}-n}\cdot S_{\mathrm{III}-n}\cdots S_{M-n}}} \tag{4-17}$$

由公式（4-17）可以得出结论：

(1) 各用户的相对流量比仅取决于网路各管段和用户的阻力数，而与网路流量无关。

(2) 第 d 个用户与第 m 个用户（$m>d$）之间的流量比，仅取决于用户 d 和用户 d 之后（按水的流动方向）各管段和用户的阻力数，而与用户 d 以前各管段和用户的阻力数无关。

如假定 $d=4$，$m=7$，则 4 用户与 7 用户之流量比为

$$\frac{V_{\mathrm{m}}}{V_{\mathrm{d}}}=\frac{V_7}{V_4}=\sqrt{\frac{S_{5-n}\cdot S_{6-n}\cdot S_{7-n}\cdot S_4}{S_{\mathrm{V}-n}\cdot S_{\mathrm{VI}-n}\cdot S_{\mathrm{VII}-n}\cdot S_7}} \tag{4-18}$$

从公式（4-18）可以看出，4 用户与 7 用户的流量比只与 4 用户以后管段和用户的阻

力数有关，与 4 用户之前的无关。

（3）供热系统的任一区段阻力特性发生变化，则位于该管段之后的各管段流量成一致等比失调。

4.3.3　水力工况变化的计算

要定量地算出网路正常水力工况改变后的流量再分配，其计算步骤如下：

（1）根据正常水力工况下的流量和压降，求网路各管段和用户系统的阻力数。

（2）根据热水网路中管段的连接方式，利用求串联管段和并联管段总阻力数的计算公式，逐步地求出正常水力工况改变后整个系统的总阻力数。

（3）得出整个系统的总阻力数后，可以利用前述的图解法，画出网路的特性曲线，与网路循环水泵的工作特性曲线相交，求出新的工作点。或利用计算法求解确定新的工作点下的流量和扬程。当水泵工作特性曲线比较平缓时，也可近似认为扬程不变，利用下式求出水力工况变化后的网路总流量：

$$V'=\sqrt{\frac{\Delta P}{S'_{Zh}}} \tag{4-19}$$

式中　V'——网路水力工况变化后的总流量，m^3/h；

ΔP——网路循环水泵的扬程，假定水力工况变化前后的扬程不变，Pa；

S'_{Zh}——网路水力工况改变后的总阻力数，$Pa/(m^3/h)^2$。

（4）按照水力工况变化规律的公式（4-17）分配流量，求出网路各管段及各用户在正常工况改变后的流量。

【例 4-2】 网路在正常工况时的水压图和各热用户、管段的流量如图 4-12 所示。如关闭热用户 3，试求其他各热用户的流量及水力失调度，并画出工况变化后的水压图。

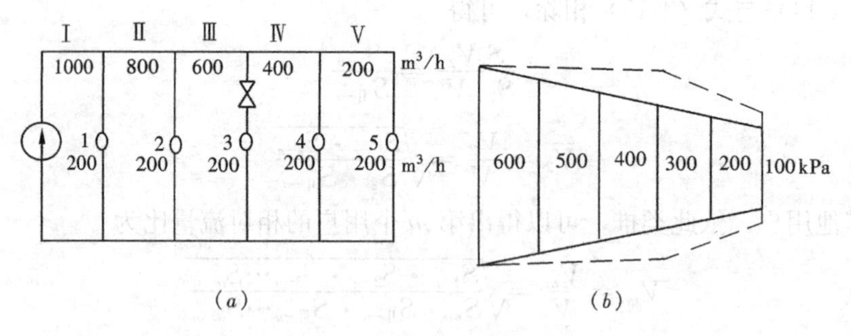

图 4-12　例 4-4 附图

（a）热网示意图及流量；（b）热网水压图

［解］1. 根据正常工况下的流量和压降，求网路干管（包括供、回水管）和各热用户的阻力数 S。

求阻力数用公式 $S=\dfrac{\Delta P}{V^2}$。

对于用户 1：

其流量为 $200m^3/h$，压力损失为 500kPa，由公式 $S=\dfrac{\Delta P}{V^2}$ 计算其阻力数。

$$S_1=\frac{\Delta P_1}{V_1^2}=\frac{500\times 10^3}{200^2}=12.5\text{Pa}/(\text{m}^3/\text{h})^2$$

同理可求其他用户及管段的阻力数。

$$S_2=\frac{\Delta P_2}{V_2^2}=\frac{400\times 10^3}{200^2}=10\text{Pa}/(\text{m}^3/\text{h})^2$$

$$S_3=\frac{\Delta P_3}{V_3^2}=\frac{300\times 10^3}{200^2}=7.5\text{Pa}/(\text{m}^3/\text{h})^2$$

$$S_4=\frac{\Delta P_4}{V_4^2}=\frac{200\times 10^3}{200^2}=5\text{Pa}/(\text{m}^3/\text{h})^2$$

$$S_5=\frac{\Delta P_5}{V_5^2}=\frac{100\times 10^3}{200^2}=2.5\text{Pa}/(\text{m}^3/\text{h})^2$$

$$S_{\text{I}}=\frac{\Delta P_{\text{I}}}{V_{\text{I}}^2}=\frac{100\times 10^3}{1000^2}=0.1\text{Pa}/(\text{m}^3/\text{h})^2$$

$$S_{\text{II}}=\frac{\Delta P_{\text{II}}}{V_{\text{II}}^2}=\frac{100\times 10^3}{800^2}=0.156\text{Pa}/(\text{m}^3/\text{h})^2$$

$$S_{\text{III}}=\frac{\Delta P_{\text{III}}}{V_{\text{III}}^2}=\frac{100\times 10^3}{600^2}=0.28\text{Pa}/(\text{m}^3/\text{h})^2$$

$$S_{\text{IV}}=\frac{\Delta P_{\text{IV}}}{V_{\text{IV}}^2}=\frac{100\times 10^3}{400^2}=0.625\text{Pa}/(\text{m}^3/\text{h})^2$$

$$S_{\text{V}}=\frac{\Delta P_{\text{V}}}{V_{\text{V}}^2}=\frac{100\times 10^3}{200^2}=2.5\text{Pa}/(\text{m}^3/\text{h})^2$$

2. 计算水力工况改变后（关闭用户 3）网路的总阻力数 S。

（1）求热用户 3 之后的网路总阻力数

$$S_{\text{IV}-5}=\frac{300\times 10^3}{400^2}=1.875$$

（2）求热用户 2 之后的总阻力数

$$S_{\text{III}-5}=S_{\text{IV}-5}+S_{\text{III}}=1.875+0.28=2.155$$

（3）求热用户 2 分支点的网路总阻力数

$$\frac{1}{\sqrt{S_{2-5}}}=\frac{1}{\sqrt{S_{\text{III}-5}}}+\frac{1}{\sqrt{S_2}}=\frac{1}{\sqrt{2.155}}+\frac{1}{\sqrt{10}}=0.997$$

$$S_{2-5}=1.005$$

（4）求热用户 1 之后的网路总阻力数

$$S_{\text{II}-5}=S_{2-5}+S_{\text{II}}=1.005+0.156=1.161$$

（5）求热用户 1 分支点的网路总阻力数

$$\frac{1}{\sqrt{S_{1-5}}}=\frac{1}{\sqrt{S_{\text{II}-5}}}+\frac{1}{\sqrt{S_1}}=\frac{1}{\sqrt{1.161}}+\frac{1}{\sqrt{12.5}}=1.211$$

$$S_{1-5}=0.628$$

（6）求热网的总阻力数

$$S=S_{1-5}+S_{\text{I}}=0.628+0.1=0.728$$

3. 求网路在工况变动后的总流量。假定网路循环水泵的扬程不变。则

$$V=\sqrt{\frac{\Delta P}{S}}=\sqrt{\frac{600\times 10^3}{0.728}}=907.8\text{m}^3/\text{h}$$

4. 根据流量比公式，求各热用户的流量

（1）求热用户1的流量

$$V_1 = V \times \frac{\frac{1}{\sqrt{S_1}}}{\frac{1}{\sqrt{S_{1-5}}}} = 907.8 \times \frac{0.283}{1.262} = 203.6\text{m}^3/\text{h}$$

（2）求热用户2的流量

$$V_2 = V_{\text{II}} \times \frac{\frac{1}{\sqrt{S_2}}}{\frac{1}{\sqrt{S_{2-5}}}} = (907.8 - 203.6) \times \frac{0.316}{0.998} = 222.9\text{m}^3/\text{h}$$

（3）求热用户4、5的流量

热用户3之后的网路各管段阻力数不变。因此，在水力工况变化后各管段的流量均按同一比例变化。干管Ⅳ、Ⅴ以及用户4、5的水力失调度均相等，以干管Ⅳ来计算。

$$x_{\text{IV}} = \frac{(907.8 - 203.6 - 222.9)}{400} = \frac{481.3}{400} = 1.203$$

用户4、5的水力失调度与管段IV的相等，也为1.203，那么用户4、5的流量可按下面公式计算：

$$V_4 = 200 \times 1.203 = 240.6\text{m}^3/\text{h}$$

$$V_5 = 200 \times 1.203 = 240.6\text{m}^3/\text{h}$$

5. 确定工况变动后各用户的作用压差

当网路水力工况变化后，热用户1的作用压差应等于热源出口和作用压差减去干线I的压力损失，即

$$\Delta P_1 = \Delta P - \Delta P_{\text{I}} = \Delta P - S_{\text{I}} V_{\text{I}}^2 = 600 \times 10^3 - 0.1 \times 907.8^2 = 51.76 \times 10^4\text{Pa}$$

同理，可计算其他用户两端的作用压差，结果如下：

$$\Delta P_2 = \Delta P_1 - \Delta P_{\text{II}} = \Delta P_1 - S_{\text{II}} V_{\text{II}}^2 = 51.76 \times 10^4 - 0.156 \times 704.2^2 = 44.02 \times 10^4\text{Pa}$$

$$\Delta P_3 = \Delta P_2 - \Delta P_{\text{III}} = \Delta P_2 - S_{\text{III}} V_{\text{III}}^2 = 44.02 \times 10^4 - 0.28 \times 481.3^2 = 37.53 \times 10^4\text{Pa}$$

$$\Delta P_4 = \Delta P_3 - \Delta P_{\text{IV}} = \Delta P_3 - S_{\text{IV}} V_{\text{IV}}^2 = 37.53 \times 10^4 - 0.625 \times 240.6^2 = 33.91 \times 10^4\text{Pa}$$

$$\Delta P_5 = \Delta P_4 - \Delta P_{\text{V}} = \Delta P_4 - S_{\text{V}} V_{\text{V}}^2 = 33.91 \times 10^4 - 2.5 \times 240.6^2 = 19.43 \times 10^4\text{Pa}$$

按照压差的计算结果，绘制水力工况变化后的水压图，如图4-12（*b*）中虚线所示。

计算例题说明，只要热网各管段及各热用户的阻力数为已知值，则可以通过计算方法，确定网路的水力工况，各管段和各热用户的流量以及相应的作用压头，但计算极为繁琐。近年来，网路计算理论的不断完善和电子计算机技术的高速发展，使得这类计算问题容易得到解决。因此，利用计算机分析热水网路水力工况，并以此来指导网路进行初调节，甚至配合微机监控系统，对热水网路实现遥控等技术，在国内也得到了应用。

4.4 水力工况分析

分析变动的水力工况，一般有三种方法：解方程的计算法，图解法和定性分析法。在供热系统比较复杂的情况下，计算法和图解法都有一定的难度，经常采用定性分析法来分

析水力工况变化对系统的影响情况。以下是几种常见的水力工况分析。

1. 恒压点压力变动

水泵型号、管网阻力系数均未发生任何变化。根据基本规律之一可知系统流量未有变化，即无水力失调现象，因此水压图形状不变，只是随恒压点压力变化而沿纵坐标轴上下平移。如图 4-13 所示，图中虚线代表原水压图，实线代表变动后的水压图。此时流量无变化，但系统压力却变化很大，可能造成水压不能满足系统运行的基本要求。

2. 循环水泵出口阀门关小

如图 4-14 所示某一热水供热系统，当关小循环水泵出口处阀门时，网路的总阻力数增大，总流量将减小（为便于分析，假定网路循环水泵的扬程不变）。由于热用户 1 至 5 的网路干管和用户分支管的阻力数没有改变，因而各热用户的流量分配比例也不变，即都按同一比例减小。网路产生一致的等比失调。工况变化后网路的水压图如图 4-15 所示。图中虚线为正常工况下的水压图，实线代表循环水泵出口阀门关小后的水压图。由于各管段的流量均减小，因而实线的水压曲线比原来的水压曲线变得平缓一些。各热用户的流量是按同一比例减小的，因而，各热用户的作用压差也是按相同的比例减小。

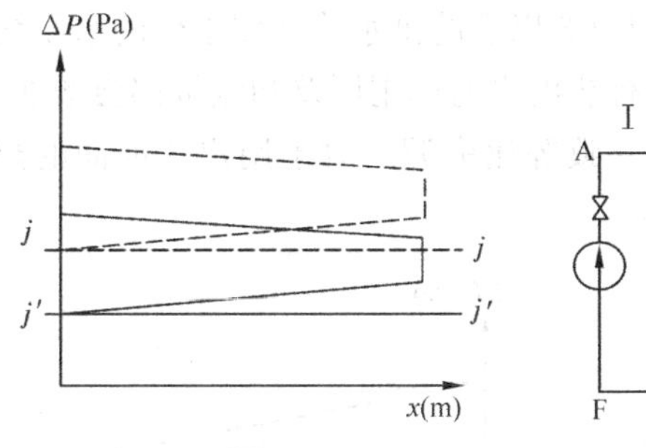

图 4-13 恒压点压力变动

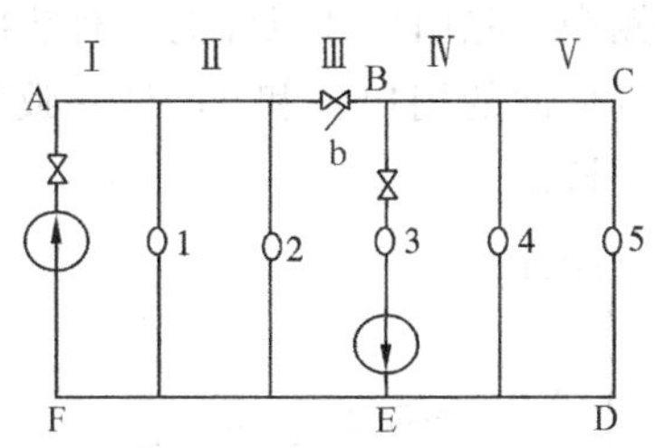

图 4-14 热网示意图

3. 供热系统某一用户阀门开大

如图 4-14 所示某一热水供热系统，当某一用户如用户 3 阀门开大时，水压图的变化如图 4-16 所示，图中虚线代表正常工况下的水压线，实线代表工况变化后的水压线。当 3 用户阀门开大，则系统总阻力数减小，系统总流量增加。Ⅰ管段动水压线变陡，1 用户资用压头减小，流量也减小。Ⅱ干管流量增大，水压线变陡，2 用户资用压头减小，流量减

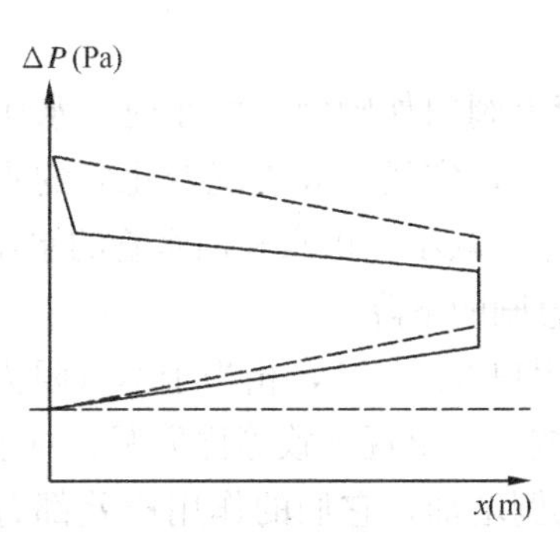

图 4-15 水泵出口阀门关小

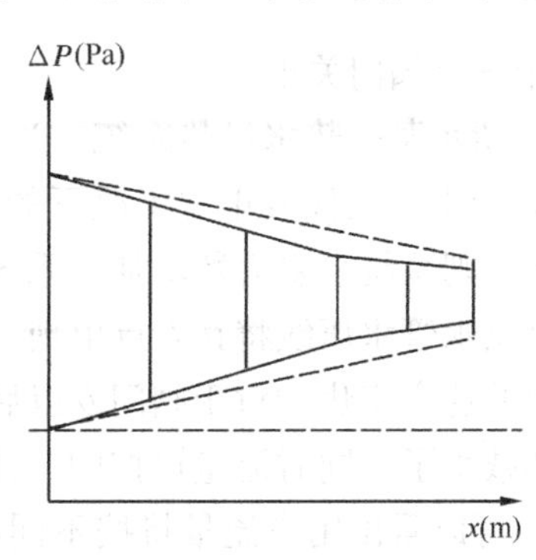

图 4-16 用户阀门开大

小。Ⅲ干管的流量增加最多，水压线斜率最陡，3 用户流量增加。在 3 用户之后，4、5 用户的流量将成比例地减小，Ⅳ、Ⅴ干管水压线变得平缓一些。根据分析，3 用户阀门开大后，只有 3 用户流量增大，系统其他用户流量都将减小。3 用户以后的各用户流量成一致等比失调。3 用户以前各用户流量成一致不等比失调，离 3 用户越近的用户，水力失调度越大。

如果 3 用户阀门关小，水力工况的变动有类似情况，不同的是 3 用户的流量减小，其他用户流量增加。其他用户的阀门的开大和关小，其变动水力工况也可通过类似的定性分析作出。

4. 供热系统某一用户阀门关闭

如图 4-14 所示某一热水供热系统，当某一用户如用户 3 阀门关闭时，水压图的变化如图 4-17 所示，图中虚线代表正常工况下的水压线，实线代表工况变化后的水压线。当 3 用户阀门关闭，则系统总阻力数增加，系统总流量减小。从热源到用户 3 之间的供水和回水管的水压线将变得平缓一些，如假定网路水泵的扬程不变，在用户 3 处供回水管之间的压差将会增加，用户 3 处的作用压差增加相当于用户 4 和 5 的总作用压差增加，因而使用户 4、5 的流量按同一比例增加，并使用户 3 以后的供水管和回水管的水压线变得陡一些。

在整个网路中，除用户 3 以外的所有热用户的作用压差和流量都会增加，出现一致失调。对于用户 3 后面的用户 4 和 5，是一致等比失调。对于用户 3 前面的热用户 1 和 2，是一致不等比失调。

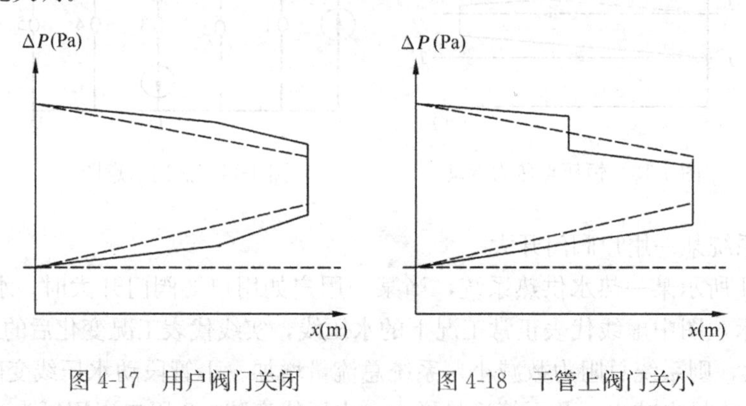

图 4-17　用户阀门关闭　　　图 4-18　干管上阀门关小

5. 供水干管上阀门关小

如图 4-14 所示某一热水供热系统，当干管上阀门如阀门 b 关小时，水压图的变化如图 4-18 所示，图中虚线代表正常工况下的水压线，实线代表工况变化后的水压线。当干管上阀门节流，则系统总阻力数增加，系统总流量减小。供水和回水管的水压线将变得平缓一些，并且供水管水压线将在 b 点出现一个急剧的下降。

水力工况的这个变化，对于阀门 b 以后的用户 3、4、5，相当于本身阻力数未变而总的作用压力却减小了，同时流量也按同一比例减小，出现一致等比失调。对于阀门 b 以前的用户 1、2，可以看出用户流量将按不同的比例增加，它们的作用压差都有增加但比例不同，这些用户将出现一致不等比失调。

对于全部用户来说，流量有增有减，整个网路的水力工况就发生了不一致失调。

6. 热水网路未进行初调节

由于网路近端热用户的作用压差很大，在选择用户分支管路的管径时，又受到管道内热媒流速和管径规格的限制，其剩余作用压头在用户分支管路上难以全部消除。如网路未进行初调节，前端热用户的实际阻力数远小于设计规定值，网路总阻力数比设计的总阻力数小，网路的总流量增加。位于网路前端的热用户，其实际流量比规定流量大得多。网路干管前部的水压曲线，将变得较陡。而位于网路后部的热用户，其作用压头和流量将小于设计值。网路干管后部的水压曲线将变得平缓一些。由此可见，热水网路投入运行时，必须很好地进行初调节。其水压图的变化与图 4-16 类似。

7. 干管泄漏

干管发生泄漏时，相当于系统增加了并联环路，即系统总阻力数减少，系统总流量增加，各用户流量均减小。同时，泄漏点的上游段水力坡度变陡，其下游段水力坡度变平缓。图 4-19 给出了供热系统回水干管泄漏的情形。虚线表示泄漏前水压图，实线表示泄漏后水压图。当泄漏点为回水干管上的某点时，该点上游干管中流量增加，其下游干管流量减小。不论供水干管，还是回水干管，压力均有明显降低。

8. 用户增设加压泵

在热水网路运行时，由于种种原因，有些热用户或热力站的作用压头会出现低于设计值，用户或热力站的流量不足的情况。在此情况下，用户或热力站往往要求增设加压泵，可设在供水管或回水管上。

下面定性地分析某一热水供热系统，见图 4-14，在用户增设加压泵后，如用户 3 回水管上装设一加压泵 2，整个网路水力工况变化的状况，如图 4-20 所示。图中虚线代表未增设加压泵之前的水压曲线，用户 3 未增设加压泵 2 时的作用压头为 ΔP_{BE}，低于设计要求。

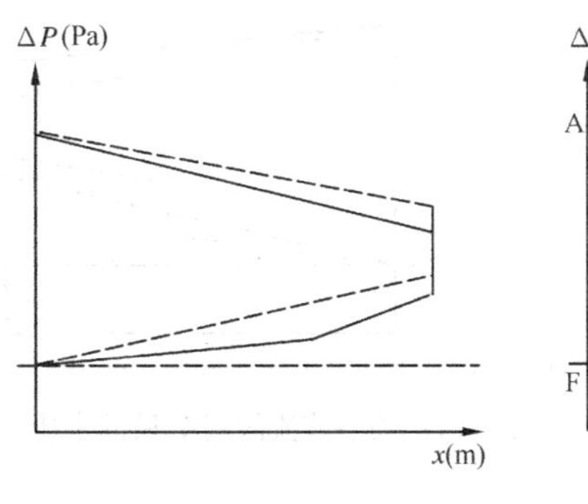

图 4-19　干管泄漏

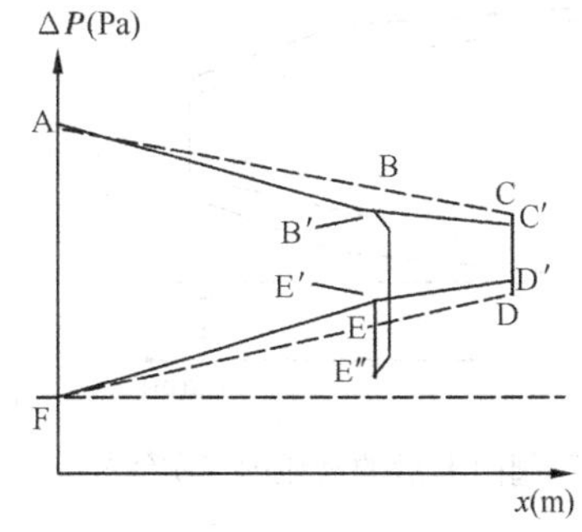

图 4-20　用户增设加压泵

增设加压泵后，可以视为在热用户 3 及其支线上（管段 BE）增加了一个阻力数为负值的管段，其负值的大小与水泵工作的扬程和流量有关。由于在热用户 3 上的阻力数减小，在所有其他管段和热用户未采用调节措施，阻力数不变的情况下，整个网路的总阻力数必然相应减小，则热网总流量增加。热用户 3 前的干线 AB 和 EF 的流量增大，动水压曲线变陡，用户 1 和 2 的资用压头减少，呈非等比失调。热用户 3 后面的热用户 4 和 5 的作用压头减少，呈等比失调。整个网路干线的水压曲线如图 4-20 的虚线 AB′C′D′E′F 所示。热用户 3 由于回水加压泵的作用，其压力损失 $\Delta P_{B'E'}$增加，流量增大。

由此可见，在用户处装设加压泵，能够起到增加该用户流量的作用，但同时会加大热

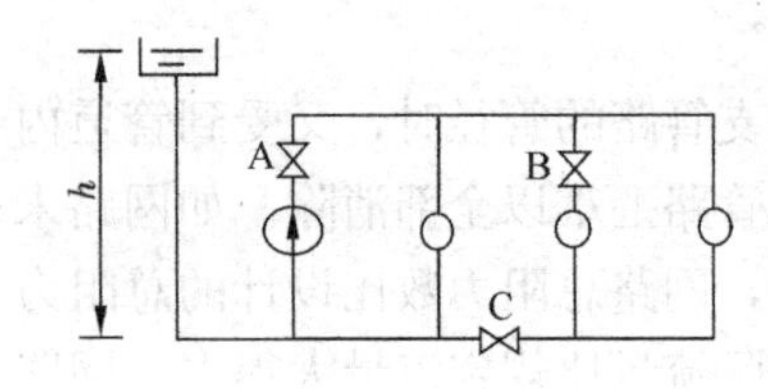

图 4-21　例 4-3 热水供热系统示意图

网总循环水量和前端干线的压力损失，而且其他用户的资用压头和循环水量将相应减小，甚至使原来流量符合要求的用户反而流量不足。因此，在网路运行实践中，不应只从本位出发，任意在用户处增设加压泵，必须有整体观念，仔细分析整个网路水力工况的影响后才能采用。

【例 4-3】如图 4-21 所示热水供热系统，试画出（1）正常工况下；（2）关小节流阀门 A；（3）关闭阀门 B；（4）关小节流阀门 C 时的水压图。

［解］

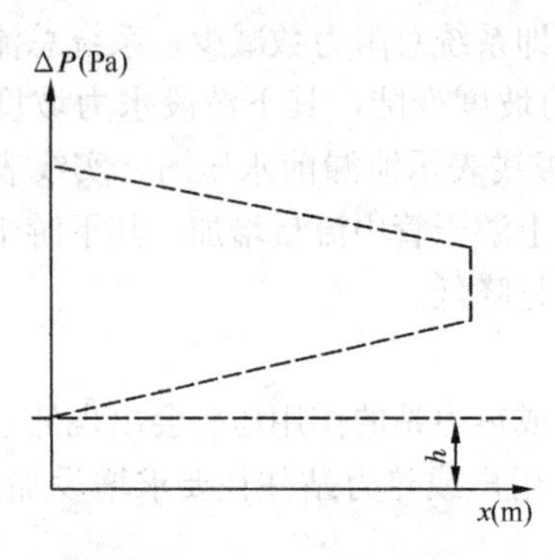

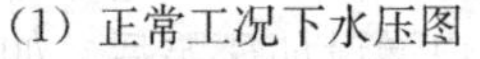

（1）正常工况下水压图

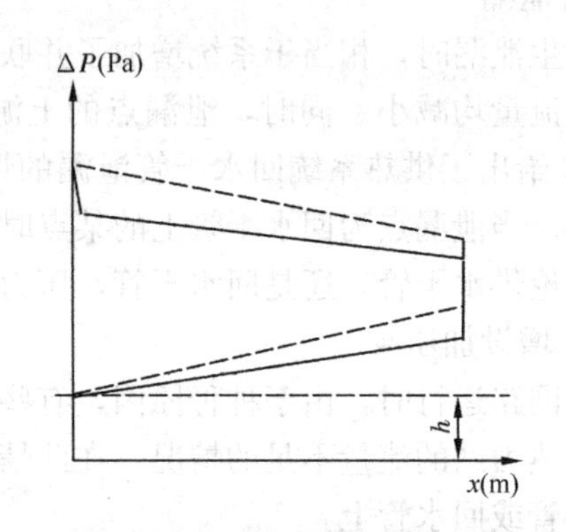

（2）关小节流阀门 A 后的水压图（实线）

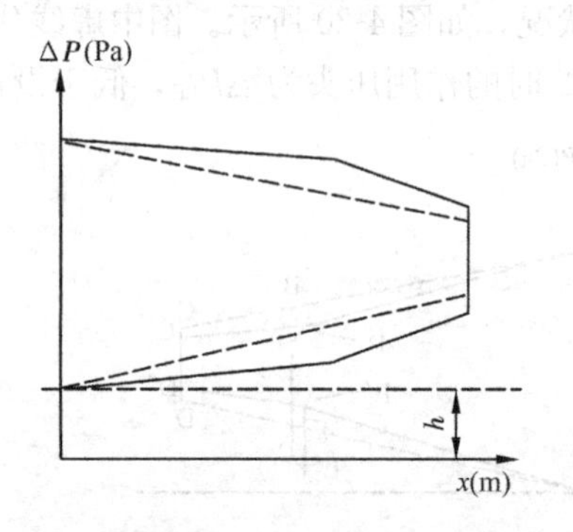

（3）关闭阀门 B 后的水压图（实线）

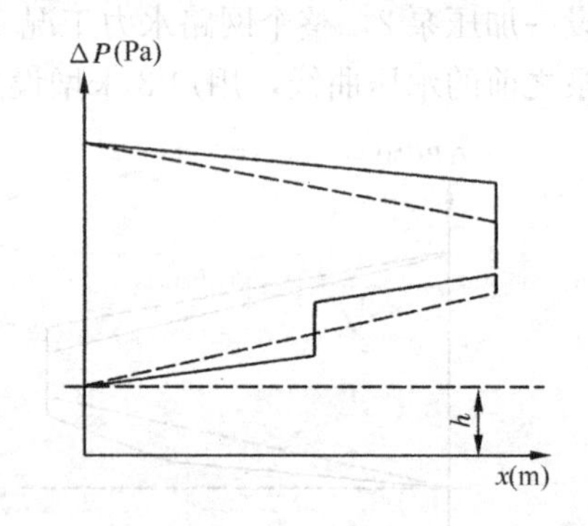

（4）关小节流阀门 C 后的水压图（实线）

4.5　热水网路的水力稳定性

为了探讨影响热水网路水力失调程度的因素并研究改善网路水力失调状况的方法，在本节中着重讨论热水网路水力稳定性问题。所谓水力稳定性就是指网路中各个热用户在其他热用户流量改变时保持本身流量不变的能力。

通常用热用户的规定流量和工况变动后可能达到的最大流量的比值来衡量网路的水力稳定性，即

$$y=\frac{V_{g}}{V_{max}}=\frac{1}{x_{max}} \tag{4-20}$$

式中 y——热用户的水力稳定性系数；

V_g——热用户的规定流量，m^3/h；

V_{max}——热用户可能达到的最大流量，m^3/h；

x_{max}——工况变动后热用户可能出现的最大水力失调度，由下式计算。

$$x_{max} = \frac{V_{max}}{V_g} \tag{4-21}$$

热用户的规定流量按下式算出：

$$V_g = \sqrt{\frac{\Delta P_y}{S_y}} \tag{4-22}$$

式中 V_g——热用户的规定流量，m^3/h；

ΔP_y——热用户在正常工况下的作用压差，Pa；

S_y——热用户系统及用户支管的总阻力数，$Pa/(m^3/h)^2$。

一个热用户可能达到的最大流量出现在其他用户全部关断时。这时，网路干管中的流量很小，阻力损失接近于0。因而热源出口的作用压差可认为是全部作用在这个用户上。由此可得

$$V_{max} = \sqrt{\frac{\Delta P_r}{S_y}} \tag{4-23}$$

式中 ΔP_r——热源出口的作用压差，Pa。

ΔP_r可以近似地认为等于网路正常工况下的网路干管的压力损失 ΔP_w和这个用户在正常工况下的压力损失 ΔP_y之和，亦即

$$\Delta P_r = \Delta P_w + \Delta P_y \tag{4-24}$$

因此，这个用户可能达到的最大流量计算式为

$$V_{max} = \sqrt{\frac{\Delta P_w + \Delta P_y}{S_y}} \tag{4-25}$$

那么，用户的水力稳定性为

$$y = \frac{V_g}{V_{max}} = \sqrt{\frac{\Delta P_y}{\Delta P_w + \Delta P_y}} = \sqrt{\frac{1}{1 + \frac{\Delta P_w}{\Delta P_y}}} \tag{4-26}$$

从公式（4-26）可以看出，水力稳定性的极限值是1和0。

在 $\Delta P_w=0$ 时，理论上，网路干管直径为无限大，$y=1$。此时，这个热用户的水力失调度 $x_{max}=1$，即无论工况如何变化都不会使它水力失调，因而它的水力稳定性最好。在这种情况下的这个结论，对于这网路上的每个用户都成立，所以也可以说，在这种情况下任何热用户流量的变化，都不会引起其他热用户流量的变化。

当 $\Delta P_y=0$ 或 $\Delta P_w=\infty$时，理论上，用户系统管径无限大或网路干管管径无限小)，$y=0$。此时，热用户的最大水力失调度 $x_{max}=\infty$，水力稳定性最差。任何其他用户流量的改变，其改变的流量将全部转移到这个用户上。

实际上，热水网路的管径不可能为无限小或无限大。热水网路的水力稳定性系数总在0～1之间。因此，当水力工况变化时，任何热用户流量改变时，它的一部分流量将转移到其他热用户中去。如以例4-4为例，热用户3关闭后，其流量从$200m^3/h$减到0，其中

一部分流量 107.8m³/h 转移到其他热用户去，而整个网路的流量减少了 1000－907.8＝92.2m³/h。

提高热水网路水力稳定性的主要方法是相对地减小网路干管的压降，或相对地增大用户系统的压降。主要常见措施如下：

（1）为了减少网路干管的压降，就需要适当增大网路干管的管径，即在进行网路水力计算时，选用较小的比摩阻值。适当地增大靠近热源的网路干管的直径，对提高网路的水力稳定性来说，其效果更为显著。

（2）为了增大用户系统的压降，可以采用水喷射器、调压板、安装高阻力小管径阀门等措施。

（3）在运行时应合理地进行网路的初调节和运行调节，应尽可能将网路干管上的所有阀门开大，而把剩余的作用压头消耗在用户系统上。

（4）对于供热质量要求高的系统，可在各用户引入口处安装必要的自动调节装置，如流量调节器等，以保证各热用户的流量恒定，不受其他热用户的影响。安装流量调节器以保证流量恒定的方法，实质上就是改变用户系统总阻力数，以适应变化工况下用户作用压差的变化，从而保证流量恒定。

提高热水网路水力稳定性，使得供热系统正常运行，可以节约无效的热能和电能消耗，便于系统初调节和运行调节。因此，在热水供热系统设计中，必须在关心节省造价的同时，对提高系统的水力稳定性问题给予充分重视。

4.6　热水供热系统热力工况分析

供热系统中温度、供热量和散热量的分布状况称为供热系统的热力工况，它与热水供热系统的水力工况、换热设备传热特性及建筑物的传热状况有关。

4.6.1　换热设备的传热特性

1. 传热量的计算

热水供热系统的换热设备主要包括换热器和散热器，它们都属于表面式换热器。对于这类表面式换热器，传热量为：

$$Q = KF\Delta t_{p} = KF\frac{\Delta t_{max} - \Delta t_{min}}{\ln\dfrac{\Delta t_{max}}{\Delta t_{min}}} \tag{4-27}$$

式中　Q——换热器的传热量，W；

K——换热器的传热系数，W/(m²·℃)；

F——换热器的传热面积，m²；

Δt_{p}——换热器传热温差，℃；

Δt_{max}——换热器进、出口端冷热流体的最大温差，℃；

Δt_{min}——换热器进、出口端冷热流体的最小温差，℃。

2. 换热器的效能

换热器效能是指在单位热容下，冷热流体间最大温差为 1℃时换热器的传热量，也是加热流体的温降或被加热流体的温升与冷、热流体间最大温差的比值，它反映了换热器换热能力的大小，是个小于1的数值。

引入效能的概念后，换热器的传热量也可写做：

$$Q=\varepsilon_x W_x \Delta t_{zd}=\varepsilon_d W_d \Delta t_{zd} \tag{4-28}$$

式中 ε_x，W_x——换热器小流量侧的效能，热容；

ε_d，W_d——换热器大流量侧的效能；

Δt_{zd}——冷、热流体间最大温差，℃，为热流体进口温度与冷流体进口温度的差值。

根据传热学的知识，以逆流换热器为例，效能可写为：

$$\varepsilon=\frac{1-\exp NTU\left(\frac{W_x}{W_d}-1\right)}{1-\frac{W_x}{W_d}\exp NTU\left(\frac{W_x}{W_d}-1\right)} \tag{4-29}$$

顺流流动方式下的效能计算式可参考传热学。

文献《热化与热力网》给出了效能 ε 的简化计算公式，它是一种近似方法：

$$\varepsilon=\frac{1}{a\frac{W_x}{W_d}+b+\frac{1}{NTU}} \tag{4-30}$$

对于供暖系统中的散热器，Δt_p 通常按算术平均温差计算，此时 $a=b=0.5$。若散热器前连接有混水装置，则散热器的效能 ε_n 按下式计算：

$$\varepsilon_n=\frac{1}{\frac{0.5+u}{1+u}+\frac{1}{NTU_n}} \tag{4-31}$$

式中 NTU_n——散热器传热单元数；

u——混水装置的混合比。若混水装置前外网供水流量为 G_0，系统回水量为 G_h，则 $u=G_h/G_0$。

当热网与室内供暖系统为无混合装置的直接连接时，$u=0$，则有

$$\varepsilon_n=\frac{1}{0.5+\frac{1}{NTU_n}} \tag{4-32}$$

若求出任意工况下的传热单元数 NTU_n 和效能 ε_n，则散热器任意工况下的散热量可写为：

$$Q_n=\varepsilon_n W_s(t_g-t_n) \tag{4-33}$$

散热器置于空气中，假定空气温度恒定，当供水温度相同时，$\Delta t_{zd}=\text{const}$，则相对热负荷比为：

$$\overline{Q}_n=\frac{\varepsilon_n}{\varepsilon_n}\overline{W}_s=\overline{\varepsilon}_n\overline{G} \tag{4-34}$$

式中 $\overline{G}$——任意工况下热媒流量与设计流量的比值，称为相对流量比。

3. 散热器的散热量与流量的关系

美国ASHRAE手册系统篇给出了反映散热器散热量与流量的关系曲线，如图4-22和4-23所示。图中曲线1，2，3，4分别表示设计供、回水温差为10，20，30，40℃的情形。

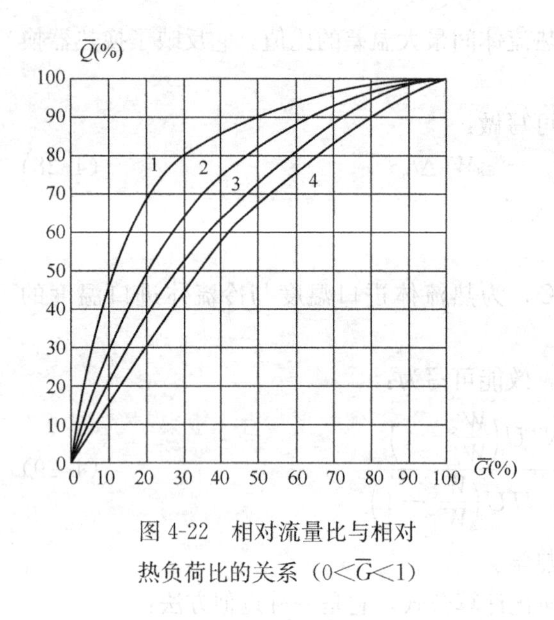

图 4-22　相对流量比与相对热负荷比的关系（$0<\overline{G}<1$）

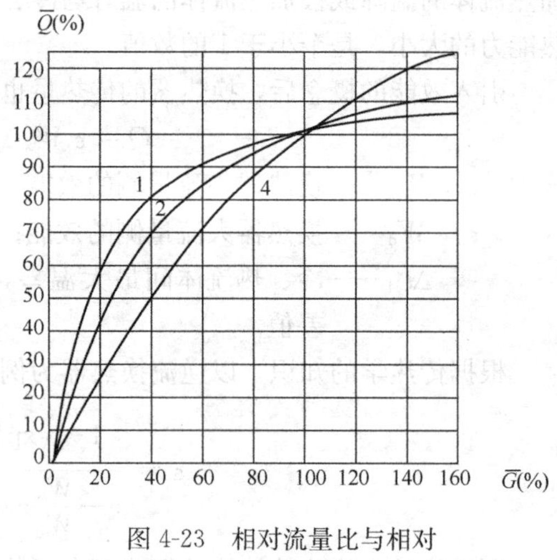

图 4-23　相对流量比与相对热负荷比的关系（$0<\overline{G}<1.6$）

图 4-22 曲线 1 显示，当系统实际运行流量下降为设计流量的 70%时，散热器散热量比设计散热量减小了 5%；系统实际运行流量下降为设计流量的 50%时，散热量减小 10%；系统实际运行流量下降为设计流量的 20%时，散热量减小了 30%；系统实际运行流量下降为设计流量的 10%时，散热量减小 50%。当流量有大幅度减小时，散热量才会有明显下降。比较曲线 1，2，3，4 会发现：流量减小相同的数值，不同的设计供、回水温差对散热器的影响也不同。当流量减小 50%时，曲线 1，2，3，4 情况下的散热量分别下降 10%，18%，25%，33%；当流量减小 20%时散热量分别下降 69%，50%，40%和 32%。设计供、回水温差愈小，设计流量愈大时，流量的变化对散热器的影响愈小。

图 4-23 显示，当流量大于设计流量时，散热器的散热量也相应增加，但不同的设计供、回水温差，散热量增加的幅度也不同，其变化规律与流量小于设计流量时的现象相似。设计流量愈大，其散热量随流量增大而增加的幅度愈小；设计流量愈小，其散热量随流量增大而增加的幅度愈大。如实际运行流量增加至设计流量的 160%时，曲线 1 工况下的散热量增加到设计值的 105%；曲线 2 工况下的散热量增加到设计值的 110%；曲线 4 工况下的散热量则增加为设计值的 125%。同一文献还给出曲线 1 在流量增加到设计值的 300%时，散热量也只增加 110%。

以上的分析显示：当供暖系统的供水温度一定，散热器的散热量将随流量的增加而增加，这是因为散热器回水温度升高使散热器内热媒的平均温度 t_{pj} 增加了。但是散热器内热媒平均温度 t_{pj} 的升高是有限度的，它不能大于供水温度 t_g。当流量 G 无穷大时，散热器的回水温度近似等于供水温度，随着流量的增加，散热量亦趋于由 t_g 决定的某一最大极限值。

4.6.2　热力失调

当热用户各房间的室温与平均室温不同时，称为供暖系统的热力失调。热力失调包括水平失调和垂直失调。热用户热媒的流量、压力损失影响用户室内的温度和散热量等，热力工况受到水力工况的影响。

当热用户内出现水力失调时，由于流量分配的不均匀性引起用户水平方向各房间的室温的不均匀性称为供暖系统热力工况的水平失调。在同一建筑物内，不同楼层房间室温的不均匀性称为供暖系统热力工况的垂直失调。

1. 热力工况的垂直失调

现以某地区某建筑物供暖系统为例，说明系统流量对热力工况垂直失调的影响。该地区室外供暖设计温度 $t'_w=-18$℃，用户单位供热建筑面积的设计流量为 4.2kg/(m^2·h)，建筑物楼层为 5 层。表 4-1 给出了近端、中端和远端的几个 5 层建筑物在不同水力失调度下室温的变化情况。

供暖系统热力工况的垂直失调 **表 4-1**

室外气温	单位面积平均流量 g[kg/(m^2·h)]	水力失调度	供水温度	回水温度	用户区段	用户水力失调度	平均室温（℃）				
							五层	四层	三层	二层	一层
−18	4.2	1	60	45	近端	1	18	18	18	18	18
					中端	1	18	18	18	18	18
					远端	1	18	18	18	18	18
−4.1	3.7	0.89	47	36.6	近端	0.89	18	18	18	18	18
					中端	0.89	18	18	18	18	18
					远端	0.89	18	18	18	18	18
−4.1	4.7	1.12	46.5	38.3	近端	2.3	17.6	18.1	18.8	19.4	20.1
					中端	0.8	17.4	17.3	17.2	17	16.9
					远端	0.26	15.9	14	12.3	10.7	9.1

表 4-1 中显示，在采暖室外设计温度−18℃下，设计供、回水温度为 60/45℃时，水力工况不存在失调，热力工况也不存在垂直失调，建筑物各层室温均达设计室温 18℃。当室外气温 $t_w=-4.1$℃（当地供暖期平均气温），各用户单位供热面积流量一致，均为 3.7kg/(m^2·h)，一致水力失调度为 $x=0.89$，供、回水温度为 47.0/36.6℃时，各楼层的室温也可都达到 18℃，无热力工况垂直失调。在同一室外气温（$t_w=-4.1$℃）下，若各用户流量不一致，存在不一致水力失调时，各楼层的室温将各不相同，出现明显的热力工况垂直失调。在系统的近端用户，流量愈大，上层室温愈低，下层室温愈高；而系统远端用户，流量愈小，上层室温愈高，下层室温愈低。近端用户水力失调度 $x=2.3$ 时，五层至一层室温分别为 17.6℃，18.1℃，18.8℃，19.4℃和 20.1℃，最高层最底层的室温偏差为 2.5℃。远端用户水力失调度 $x=0.26$ 时，五层至一层室温分别为 15.9℃，14.0℃，12.3℃，10.7℃和 9.1℃，最高层与最底层的室温偏差为 6.8℃。这说明：流量愈大，上下层室温偏差愈小；流量愈小，上下层偏差愈大。

室内单管系统热力工况垂直失调的上述现象，也是由散热器的热力特性决定的。流量愈大，散热器表面平均温度的差异愈小，所以室温偏差也愈小；流量愈小，散热器表面平均温度的差异愈大，因此室温偏差也愈大。这样，为保证不发生严重的垂直热力失调，通常不希望流量过小。

2. 热力工况的水平失调

供热管网上各热用户实际达到的平均室温 t_{np} 与设计室内计算温度 t'_n 的偏差，反映了供热系统热力工况的失调程度。定义热用户的实际平均室温与设计室内温度的比值为用户的热力失调度，用符号 x_r 表示，则热力失调度的公式可写为

$$x_r = \frac{t_{np}}{t'_n} \tag{4-35}$$

$x_r=1$，表示供热系统上热用户的实际平均室温为设计室内温度，无热力失调现象。当 $x_r>1$，表示热用户实际平均室温超过设计室内温度，出现房间过热的热力失调现象；当 $x_r<1$，表示热用户实际平均室温低于设计室内温度，出现房间过冷的热力失调现象。若供热管网上各热用户的热力失调度不同，则供热系统存在冷热不均现象。

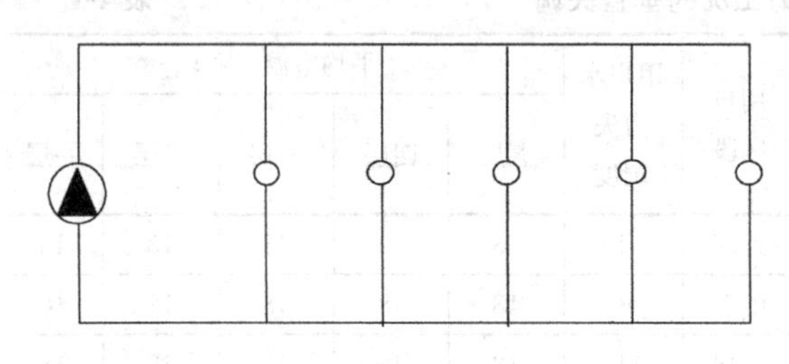

图 4-24　供热系统示意图

以北京某供热系统为例来说明，如图 4-24所示。采暖室外设计温度 $t'_w=-9℃$，散热器选用铸铁四柱 813 型，平均每 $1m^2$ 供暖建筑面积安装 0.5 片散热器，面积热指标为 $52.3W/m^2$，单位供暖建筑面积室内外温差为 1℃时的耗热量 q_v 为 $1.94W/(m^2 \cdot ℃)$。在设计工况下，各热用户的单位供暖建筑面积水流量等于设计水流量，即

$$g = g' = 2.25kg/(m^2 \cdot h)$$

此时各用户的室温为设计室温，即 $t_n = t'_n = 18℃$ 。此工况下系统设计供、回水温度 $t_g = 75℃$ ，$t_h = 55℃$ ，设计供、回水温差 $\Delta t = 20℃$ 。

表 4-2 列出了图 4-24 所示系统的水力、热力工况发生失调时的数据。热用户 4，5 的水流量分别为 $3.2kg(m^2 \cdot h)$，$5.4kg(m^2 \cdot h)$时，其平均室温分别为 19.9℃和 20.2℃。当热用户 1，2，3 的水流量分别为 $0.35kg(m^2 \cdot h)$，$0.7kg(m^2 \cdot h)$和 $1.6kg(m^2 \cdot h)$时，其平均室温分别为 4.4℃，11.3℃和 17.5℃。

供热系统水平失调时的热力工况　　**表 4-2**

用户	运行流量 g [kg/(m²·h)]	水力失调度 $x=g/g'$	单位供暖面积散热器散热量 [W/(m²·℃)]	效能	回水温度	平均室温
1	0.35	0.16	0.78	0.88	12.9	4.4
2	0.7	0.31	0.88	0.75	27.2	11.3
3	1.6	0.71	0.94	0.48	47.5	17.5
4	3.2	1.42	0.96	0.273	59.9	19.9
5	5.4	2.40	0.98	0.165	66	20.2

室内温度的高低主要受系统流量的影响。当水流量等于设计流量时，平均室温即为设计室温；水流量大于设计水流量时，此时水力失调度大于 1，室温将高于设计室温，流量愈大室温愈高，但随着流量的增加，室温的增加比较缓慢；水流量小于设计水流量时，此时水力失调度小于 1，平均室温低于设计室温，流量愈少，平均室温愈低。当水力失调度

$x \gg 1$时，室温的变化缓慢；当水力失调度$x \ll 1$时，室温的变化较明显。

供热系统在相同的水力失调工况下，室外温度愈低，热力工况失调度愈大，即对室温的影响愈严重。当室外温度达到采暖室外计算温度时，影响达到最大。随着室外温度的逐渐提高，热力工况的失调也逐渐减小，即对室温的影响逐渐减弱。当室外温度达到室内计算温度时，热力失调消除，对室温不再有影响。

由于种种原因，供热系统水力失调是难以避免的。根据多年的测试，我国供热系统水力工况水平失调的情况大致为：近端热用户水流量是设计流量的2～3倍，即水力失调度$x=2\sim3$；远端热用户水流量是设计流量的0.2～0.5倍，即水力失调度$x=0.2\sim0.5$。中端热用户水流量大体接近设计流量。在这种情况下，近端热用户平均室温在20℃左右甚至更高。远端热用户平均室温常常在10℃左右甚至更低。供热系统各热用户室温的不均匀性即热力工况的水平失调主要是由系统的热用户流量分配不均衡即水力工况的水平失调引起的。当近端热用户室温达20℃以上，甚至热得开窗户时，其热用户流量一般要超过设计流量的2～3倍以上；当末端热用户室温连10℃都不到时，其流量一般不超过设计流量的0.5倍。

4.6.3 提高热力工况稳定性的措施

一个运行良好的供热系统应该保证热力工况稳定，既不发生各热用户间或立管间的水平失调，也不出现同一立管间的垂直失调，使各供暖房间室温均匀一致。但是由于设计、施工、安装和运行等多方面的原因，目前我国供热系统普遍存在冷热不均现象。如何消除供热系统的热力工况水平失调和垂直失调，一直是人们十分关注的问题。

为了克服热力工况失调现象，提高供热效果，国内多采用"大流量、小温差"的运行方式，即依靠加大热水泵、增加水泵并联台数或增设加压泵等方式提高系统循环流量，这种方法在一定程度上缓解了热力工况的失调，但它也存在很大的局限性。大流量运行方式，并没有从根本上消除系统的水力失调问题。在这种情况下，系统的运行存在着一些缺点。

1. 增大了系统的水泵

供热系统运行流量愈大，热用户平均室温愈趋于均匀，热力工况的水平失调愈能得到消除。若热源的装机容量不变，全靠增大系统循环流量来改善热力工况，则循环流量愈大，末端用户平均室温提高愈多；与此同时，系统供水温度下降愈多，回水温度提高愈多。

无限制的增加循环流量，从理论上讲完全可以消除系统的热力工况失调。但是，循环流量的增加，必然要相应的配置大功率循环水泵或增加水泵并联台数。由于流量与水泵轴功率成三次方关系，流量的增加，将带来电能的更大消耗。从提高供热系统运行水平出发，依靠增加循环流量，改善供热效果的方法是不可取的。

2. 增大了热源的容量

在循环流量增加受限的情况下，往往不足以消除用户冷热不均的现象。这时，提高系统供水温度，也可达到提高末端用户平均室温进而改善供热效果的目的。但应该指出，提高系统供水温度与提高系统循环水量的作用有明显的不同。在锅炉燃烧正常情况下，适当提高系统循环水量，系统总供热量不会有明显变化，亦即系统各用户总平均室温已定，主要作用是缩小了各用户的室温偏差，在各用户间起到了均匀、调节室温的功能。提高系统供水温度，主要作用是普遍提高各用户的室温，亦即提高系统的总平均室温，因而相应提高了系统总供热量。

3. 增大了能耗

大流量的运行方式，将引起能耗的增加，可从以下几方面说明：

（1）抑制锅炉的热容量。若供热系统运行流量和供水温度相同，水力工况失调时的系统回水温度将高于正常水力工况时系统的回水温度。系统的总供热量低于设计供热量。这是由散热器的散热特性和系统水流量分配不均引起的。末端用户由于流量不足影响了散热器的散热能力。从热源处看误认为是系统回水温度升高，锅炉热容量不足。但在大多数的情况下，锅炉热容量是够的，主要是热源提供的供热量无法有效的散出去，致使回水温度提高。在系统存在冷热不均现象时，首先应进行初调节即流量均匀调节，然后再考察锅炉热容量的大小。

（2）提高了耗电费用。锅炉热容量的额外增加，由鼓风机、引风机、除渣机和炉排电机等辅助设备所消耗的电能增加，则供热系统的实际耗电费用还会进一步增加。

（3）增加了供热量的浪费。在供热系统热力工况失调的情况下，近端用户室温超过设计室温，是一项热量浪费；末端用户室温未达到设计室温，由辅助热源供热（如烧火炉），也是一项热量的浪费。当采用提高系统供水温度的措施时，系统各用户总平均室温高出设计室温的那部分供热量也属浪费之列。

4. 增加了设备投资

大流量运行造成系统需要更大的水泵，更大的锅炉，有时还要增加系统管径，配置增压泵等。所有这些技术措施，增加了设备的投资，因而并不经济。

5. 降低了系统的可调节性

通过以上分析，可看出大流量运行并不是一种有效的运行方式，应该逐渐被取缔。供热系统热力失调的根本原因是水力失调即流量分配不均。所以进行系统的流量调节即初调节来消除系统热力失调才是最有效、最经济的方法。

4.7 热水管网水力平衡调节技术

在热水供热系统中，由于某些原因会导致用户发生水力失调，用户的实际流量与规定流量不一致。供热系统能耗浪费的主要原因是水力失调。目前广泛使用的供热系统节能技术，如变流量、气候补偿、室温调控等的实施也离不开水力平衡技术。水力平衡有利于提高管网输送效率，降低系统能耗，满足供暖用户室温要求。解决水力平衡问题是节能和提高供热质量的基础。为了实现热水供热系统的水力平衡，比较有效的方法是在供热系统中使用平衡阀。

1. 平衡阀的类型

平衡阀有静态平衡阀和动态平衡阀两类。动态平衡阀包括自力式压差控制阀、自力式流量控制阀和带电动自控功能的动态平衡阀。

静态平衡阀也称手动平衡阀，具有良好的调节、截止功能，还具有开度显示和开度锁定功能。当系统中压差发生变化时，不能随系统的变化而改变阻力数，若需调整，则要重新进行手动调节。

动态平衡阀运行前一次性调节，可使系统流量自动恒定在要求的设定值，能自动消除水系统中因各种因素引起的水力失调现象，保持用户所需流量，克服冷热不均，能有效克服“大流量、小温差”的不良运行方式，提高系统能效，实现经济运行。

自力式压差控制阀是自动恒定压差的水力工况平衡用阀。应用于集中供热系统中，有利于被控系统各用户和末端装置的自主调节，多用于分户热计量变流量运行供暖系统。

自力式流量控制阀是自动恒定流量的水力工况平衡用阀。可按需求设定流量，并使通过阀门的流量恒定不变。应用于供热系统中，使管网的流量调节一次完成，把调网变成简单的流量分配。

动态平衡阀仅起到水力平衡的作用，而常用的电动三通或二通阀节流，可适应负荷变化。为实现水力平衡和负荷调节合二为一，应选用带电动自动控制功能的动态平衡阀。该阀门的阀芯由电动可调部分和水力自动调节部分组成，前者依据负荷变化调节，后者按不同压差调节阀芯的开度，适用于系统负荷变化较大的变流量系统。

2. 平衡阀的工作原理和选型

(1) 静态平衡阀

静态平衡阀是一种调节阀，它的工作原理是通过改变阀芯与阀座的间隙（开度），来改变流经阀门的流动阻力，以达到调节流量的目的（如图 4-25 所示）。

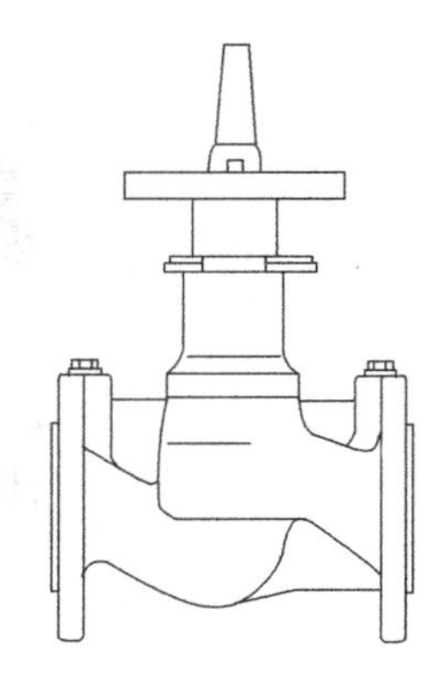

图 4-25 静态平衡阀

静态平衡阀与普通阀门的不同之处在于有开度指示、开度锁定装置、压差和流量测量装置，具有调节线性和限定开度等功能，通过操作平衡阀对系统进行调试，能够实现设计要求的水力平衡，当水泵处于设计流量或者变流量运行时，各个用户能够按照设计要求，按比例地得到分配流量。平衡阀阀体上有两个测压接头。在管网平衡调试时，测压接头可与专用智能仪表连接，仪表能显示出流经阀门的压降值和对应开度的流量值。

静态平衡阀应根据阀门流通能力及两端压差，选择确定平衡阀的直径和开度。选择平衡阀有一个重要参数，即平衡阀的阀门系数 K_V，它的定义是当平衡阀全开，阀前后压差为 $1kgf/cm^2$时，流经平衡阀的流量值。平衡阀全开时的阀门系数相当于普通阀门的流体能力。如果平衡阀开度不变，则阀门系数不变。平衡阀的阀门系数 K_v 可按下式计算：

$$K_v = a\frac{Q}{\sqrt{\Delta P}} \tag{4-36}$$

式中 a——系数，由厂家提供；

ΔP——阀前后压差；

Q——平衡阀的设计流量。

根据上式计算得出的阀门系数，查找厂家提供的平衡阀阀门系数数值，选择符合要求的平衡阀。按照管径选择同等公称管径规格的平衡阀的做法是错误的。对于旧建筑改造，由于资料不全并为方便施工安装，可按管径尺寸配用同样口径的平衡阀，由平衡阀取代原有截止阀或闸阀，但需要作压降校核计算，以避免原有管径过于富裕使流经平衡阀时产生的压降过小，引起调试时造成仪表较大的误差。校核步骤可按下述方法执行。

根据平衡阀管辖的供热面积估算出设计流量，求出流速 v，计算平衡阀局部压力损失 $\Delta P=\xi\frac{\rho v^2}{2}$。如果 ΔP 小于 2～3kPa，可改选用小口径型号平衡阀，重新计算局部压力损失，直到 ΔP 大于等于 2～3kPa 为止。

(2) 自力式压差控制阀

自力式压差控制阀目的是保证两个控制点之间的压差为恒定值，所需的恒定值可通过调节阀门驱动器的弹簧部分来设定，如图 4-26 所示。当外网供回水压差变化或被调节系统的流量发生变化时，通过调节阀门开度，可维持被调节用户入口处供回水压差恒定。下面举例说明自力式压差控制阀的调节原理。

某热水供热管网如图 4-27 所示，正常工况时用户处热水管网供水管的压力 $P_{w1}=40m$，回水管的压力 $P_{w2}=30m$，供回水压差为 10m，用户内部预留 5m。可调节用户供水支管安装的静态平衡阀压降为 1m，用户回水支管安装的压差控制阀压降为 4m。则有

$$P_g=40-1=39m，P_h=30+4=34m，39-34=5m$$

$$\Delta P_y=5m，符合要求。$$

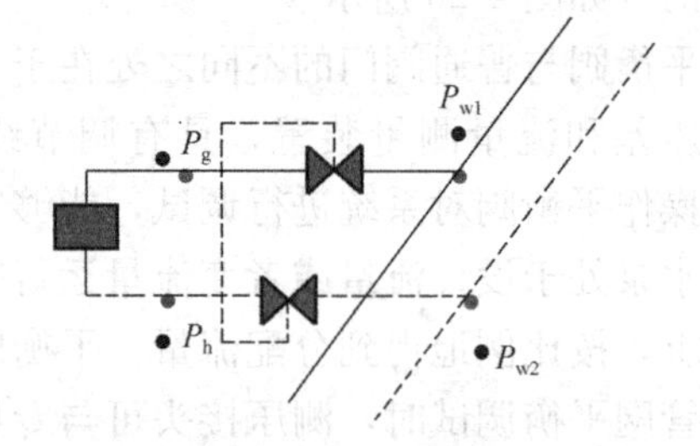

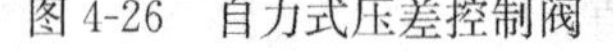

图 4-26　自力式压差控制阀　　　图 4-27　压差控制阀的调节示意图

第一种情况：当外网供回水压力发生变化，压差减小为 8m，此时用户预留压头不能满足要求，如下所示：

$$P_{w1}=39m，P_{w2}=31m，\Delta p_w=8m$$

$$P_g=39-1=38m，P_h=31+4=35m，$$

$$\Delta P_y=3m，不符合要求$$

若不进行调节，则不能满足用户要求。此时，自力式压差控制阀会自动调节阀门开度，开度增大，压差控制阀压降减小为 2m，用户预留压头可达到 5m，满足用户要求，如下所示：

$$P_g=39-1=38m，P_h=31+2=33m，$$

$$\Delta P_y=5m，符合要求$$

第二种情况：用户流量减小，静态平衡阀和自力式压差控制阀的压力降均减小，压力变化情况如下所示：

$$P_g=40-0.5=39.5m$$

$$P_h = 30 + 2 = 32\text{m}$$

$$\Delta P_y = 7.5\text{m}$$

不能满足用户预留压头的要求。此时自力式压差控制阀可减小阀门开度，压力降增大为4.5m，则可满足用户要求，如下所示：

$$P_h = 30 + 4.5 = 34.5\text{m}$$

$$\Delta P_y = 39.5 - 34.5 = 5\text{m}$$

自力式压差控制阀的选择是根据现有的可能出现的最小资用压力值和所需保持的压差值的差值以及设计流量计算 K_v 值后，来确定压差控制阀的口径。

(3) 自力式流量控制阀

自力式流量控制阀又称定流量阀，如图4-28（*a*）所示。自力式流量控制阀的作用是在阀的进出口压差变化的情况下，维持通过阀门的流量恒定，从而维持与之串联的被控对象（如一个环路、一个用户、一台设备等）的流量恒定。管网中应用自力式流量平衡阀，可直接根据设计来设定流量，阀门可在水压作用下，自动消除管线的剩余压头及压力波动所引起的流量偏差。

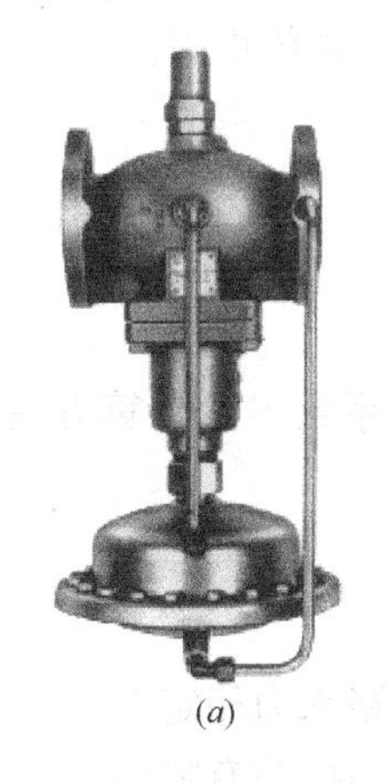
(*a*)

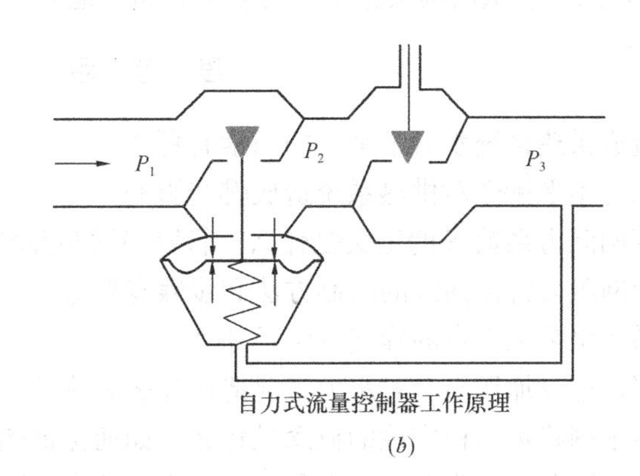

(*b*)

图4-28 自力式流量控制阀

（*a*）结构图；（*b*）工作原理示意图

自力式流量控制阀是由一个手动调节阀组和一个自动平衡阀组组成。手动调节阀组的作用是设定流量，自动平衡阀组的作用是维持流量恒定。假设系统流体的工作压力为 P_1，手动调节阀的前后压力分别为 P_2、P_3，如图4-28（*b*）所示。当手动调节阀调到某一位置时，即人为确定了“设定流量”

K_v 即手动调节阀的流量系数，流量 $G=K_v(P_2-P_3)^{1/2}$，K_v 设定后，只要（P_2-P_3）不变，则流量 G 不变。当系统流量增大时，（$P_2—P_3$）的实际值超过了允许的给定值，此时通过感压膜和弹簧作用使自动调节阀组自动关小，直至流量重新维持到设定流量，反之亦然。

3. 平衡阀的设置

对于室外供热管网应进行严格的水力平衡计算。当室外管网通过阀门截流来进行阻力平衡时，各并联环路之间的压力损失差值，不应大于15%。当室外管网水力平衡计算达不到上述要求时，应在热力站和建筑物入口处设置静态水力平衡阀。

定流量水系统的各热力入口可设置静态水力平衡阀或自力式流量控制阀。针对定流量水系统，设计人员应首先通过管路和系统设计来实现各环路的水力平衡，即设计平衡；当由于管径、流速等原因无法做到设计平衡时，才应考虑采用静态平衡阀通过初调节来实现水力平衡；由于自力式流量控制阀水流阻力比较大，只有当设计认为系统可能出现由于运行管理原因导致水力有较大波动时，才宜采用阀权度要求较高、阻力较大的自力式流量控制阀。

变流量水系统的各热力入口，应根据水力平衡要求和系统总体控制设置情况，设置压差控制阀，但不应设置自力式定流量阀。

4. 平衡阀的安装

平衡阀即可安装在供水管，也可安装在回水管，但供水温度较高，建议安装在回水管路上。安装在水泵总管上的平衡阀，宜安装在水泵出口段下游，不宜安装于水泵吸入段，以防压力过低，发生水泵汽蚀现象。平衡阀要尽可能安装在直管段上，没有特殊说明的情况下，阀门前直管段长度不应小于5倍管径，阀门后直管段长度不应小于2倍管径。热力站出口总管上不应串联设置自力式流量控制阀。静态平衡阀的开度不应随意变动，系统增设或取消环路时应重新调试整定。安装平衡阀的地方不必再安装截止阀。

思考题

1. 造成供热系统水力不平衡的因素有哪些？
2. 水力不平衡会对供热系统造成哪些影响？
3. 管网阻力系数 S 的定义是什么？管段串联和并联阻力系数 S 的计算方法是什么？
4. 管网阻力特性曲线的绘制方法和步骤有哪些？
5. 循环水泵工作点的确定方法是什么？
6. 用户增设加压泵会对水力工况造成什么影响？
7. 热水网路水力稳定性的概念是什么？如何保证热水网路水力稳定？
8. 热水网路热力失调的概念是什么？提高热力工况稳定的措施有哪些？
9. 平衡阀都有哪些类型？平衡阀的工作原理是什么？平衡阀安装注意事项有哪些？

参考文献

[1] 石兆玉. 供热系统运行调节与控制[M]. 北京：清华大学出版社，1998.
[2] 高海旺. 论述热水供热系统的水力工况[J]. 山西建筑，2010，36(30)：201-202.
[3] 崔宏波. 热水供暖系统水力工况分析及调节设施[J]. 山西建筑，2010，36(03)：192-193.
[4] 朱晏琳. 二级网调峰集中供热系统技术经济性研究[D]. 天津大学，2007.
[5] 李成江. 集中供热系统自动调节设备性能研究[J]. 消费导刊，2008，(05)：187-188.
[6] 安宏文. 大型热网循环泵改造及热网特性分析[D]. 华北电力大学(北京)，2003.
[7] 赵华. 供水温度分栋调节室内供热系统参数研究[A]. 全国暖通空调制冷2008年学术年会论文集[C]，2008：1.
[8] 徐小军. 暖通水力平衡与平衡阀[A]. 上海市制冷学会2009年学术年会论文集[C]，2009：3.
[9] 田雨辰. 计量供热相关问题的研究[D]. 天津大学，2007.

第5章 蒸汽供热系统

5.1 蒸汽供热系统概述

蒸汽供热系统以蒸汽作热媒，通过管道将它输送到热用户。蒸汽放热后变为凝结水，由气态变为液态，放出汽化潜热，温度并不降低。

蒸汽供热通用性较高，除了可以满足工业生产工艺用热的参数要求外，还可以用于民用供暖、空气调节和热水供应。例如常用的工业蒸汽锅炉的表压可达 1.275MPa（13kgf/cm^2），相应的饱和蒸汽温度约为 195℃。蒸汽的饱和温度随压力增高而增高，可满足供热形式多样化的要求。

5.1.1 蒸汽供热系统分类

根据蒸汽的表压力大小，可将蒸汽供热系统分为三类：高压蒸汽供热系统、低压蒸汽供热系统和真空蒸汽供热系统。供汽的表压力高于 70kPa 时，称为高压蒸汽供热；供汽的表压力等于或低于 70kPa 时，称为低压蒸汽供热；当供汽的表压力低于大气压力时，称为真空蒸汽供热。

由于表压为 70kPa 时的蒸汽密度约相等于 20℃时的空气密度。而蒸汽随着饱和压力升高密度增加，低于 70kPa 压力的蒸汽比空气轻，而高于 70kPa 压力的蒸汽比空气重，所以将 70kPa 作为区别高、低压蒸汽供热系统的分界值。

蒸汽供热系统在机械、造纸、纺织印染、食品制造等行业作为热媒应用很普遍，根据各自的工艺流程及热媒温度、压力等参数要求，各自的系统设计也有所不同。本章主要介绍蒸汽供暖系统设计。

5.1.2 蒸汽供暖系统分类

1. 根据蒸汽的表压力可将蒸汽供暖系统分为三类

分别为高压蒸汽供暖系统、低压蒸汽供暖系统和真空蒸汽供暖系统。供汽的表压力低于大气压力时，称为真空蒸汽供暖系统；供汽的表压力高于或低于 70kPa 时，称为高压蒸汽供暖系统或低压蒸汽供暖系统；

真空蒸汽供暖在我国很少使用，主要原因是系统复杂，需要使用真空泵装置；但真空蒸汽供暖系统，具有可随室外气温调节供汽压力的优点。在室外温度较高时，蒸汽压力可降低到 10kPa，其饱和温度仅为 45℃左右，卫生条件好。

对于高、低压蒸汽供暖系统适用的建筑类型见表 5-1 供暖系统热媒的选择。

2. 根据凝结水回水动力不同，可分为机械回水和重力回水两类

机械回水就是系统回水管路中设置凝结水泵，高压蒸汽供暖系统和大多数低压蒸汽供暖系统都采用机械回水方式。而重力回水就是系统中没有凝结水泵、凝结水靠自重流回锅

炉，所以凝结水管必须高于锅炉。该系统运行时不消耗电能，宜在流动阻力较小的小型低压蒸汽供暖系统中采用。

供暖系统热媒 **表 5-1**

建筑种类		适宜采用	允许采用
民用及公用建筑	居住建筑、医院、幼儿园、托儿所等	不超过 95℃的热水	低压蒸汽 不超过 110℃的热水
	办公楼、学校、展览馆等	不超过 95℃的热水 低压蒸汽	不超过 110℃的热水
	车站、食堂、商业建筑等	不超过 110℃的热水 低压蒸汽	高压蒸汽
	一般俱乐部、影剧院等	不超过 110℃的热水 低压蒸汽	不超过 130℃的热水
工业建筑	不散发粉尘或散发非燃烧性和非爆炸性粉尘的生产车间	低压蒸汽或高压蒸汽 不超过 110℃的热水、热风	不超过 130℃的热水
	散发非燃烧和非爆炸性有机无毒升华粉尘的生产车间	低压蒸汽 不超过 110℃的热水、热风	不超过 130℃的热水
	散发非燃烧性和非爆炸性的易升华有毒粉尘、气体及蒸汽的生产车间	与卫生部门协商确定	
	散发燃烧性或爆炸性有毒气体、蒸汽及粉尘的生产车间	根据各部及主管部门的专门指示确定	
	任何体积的辅助建筑	不超过 110℃的热水 低压蒸汽	高压蒸汽
	设在单独建筑内的门诊所、药房、托儿所及保健站等	不超过 95℃的热水	低压蒸汽 不超过 110℃的热水

注：1. 低压蒸汽系指压力≤70kPa 的蒸汽。
2. 采用蒸汽为热媒时，必须经技术论证认为合理，并在经济上经分析认为经济时才允许。

5.1.3 蒸汽供暖系统的特点

在新中国成立后开始曾有用于工业和民用供暖三十多年的历史，但是由于其与热水供暖系统相比有几个弱点，所以从 20 世纪 80 年代后期开始，工业方面主要用于工艺用汽的厂区内车间及办公室供暖，民用建筑已经很少使用蒸汽供暖系统，原有供暖系统也大多改为热水供暖系统。与热水供暖系统相比，蒸汽供暖系统有如下特点：

1. 系统投资比热水系统少

蒸汽在散热设备中放出汽化潜热，相态发生变化；而热水在散热设备中温度降低放出显热相态不发生变化。由于 1kg 蒸汽放出的汽化潜热量比 1kg 热水降温放出的显热量大得多。因此，对相等的热负荷，蒸汽供热时所需的蒸汽质量流量要比热水流量少得多。相应管径要小 2 号左右、散热设备面积要少 1/3 左右，但是系统增加了疏水阀和凝结水箱和凝结水泵，系统投资总体减少。

蒸汽供热所采用热媒是饱和蒸汽，这是因为过热蒸汽的过热量与汽化潜热相比是很小的，靠蒸汽过热的方法并不能提高太多散热器表面温度，而在锅炉内产生过热蒸汽又需要增加专门装置，所以选用过热蒸汽作热媒是不经济的。

在实际运行中，从散热器流出的凝结水的温度略低于饱和温度，低于饱和温度的数值称为过冷却度。因为过冷却度很小，所以由凝结水过冷却放出的热量与汽化潜热相比也很小，故一般忽略不计。

2. 系统因高差形成的静压力小

在相同的温度下，热水的密度比蒸汽大六百多倍。因而在高层建筑供暖时，不会像热水供暖那样产生很大的静水压力而引起垂直失调。

3. 系统难以量化调节

与热水相比，由于蒸汽分子小而间隙大，系统难以量化调节，只能全开全闭进行间断调节而导致房间温度不稳定。

4. 容易引起管道渗漏

由于采用间断调节，蒸汽温度相对室内热水供暖系统较高，供汽管道涨缩量相对较大而容易引起供汽和冷凝水管道渗漏。

5. 不利于居民健康

由于蒸汽的密度比水小近千倍，热惰性小而导致房间忽冷忽热，供汽时室内和散热设备表面温度较高，容易导致房间干燥、人员开窗感冒。系统运行时水击严重、噪声较大，影响人员休息。

5.2 低压蒸汽供暖系统

低压蒸汽供暖系统供汽表压力约为5～20kPa，相应温度为100～110℃，考虑沿程阻力和局部阻力损失，所以系统热源供应热用户范围不能太大，管线长度一般控制在200米以内。系统管线长度指分汽缸至最远一组散热设备的距离。

5.2.1 低压蒸汽供暖系统形式

根据干管布置形式，低压蒸汽供暖系统可有上供式、中供式、下供式三种；而按立管的布置特点分为单管式和双管式。常用的五种形式见表5-2。

低压蒸汽供暖系统常用形式 **表5-2**

序号	形式名称	图式	适用范围	特点
1	双管上供下回式	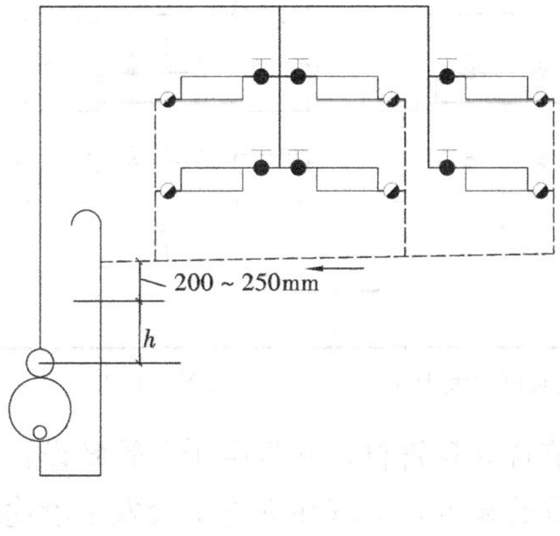 200～250mm h	室温需调节的多层建筑	常用的双管做法易产生上冷下热

续表

序号	形式名称	图式	适用范围	特点
2	双管下供下回式	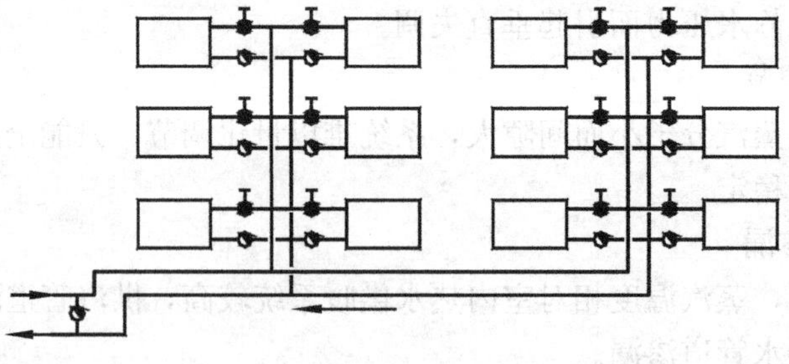	室温需调节的多层建筑	可缓和上冷下热现象；供汽立管需加大；需设地沟；室内顶层无供汽干管；美观
3	双管中供式	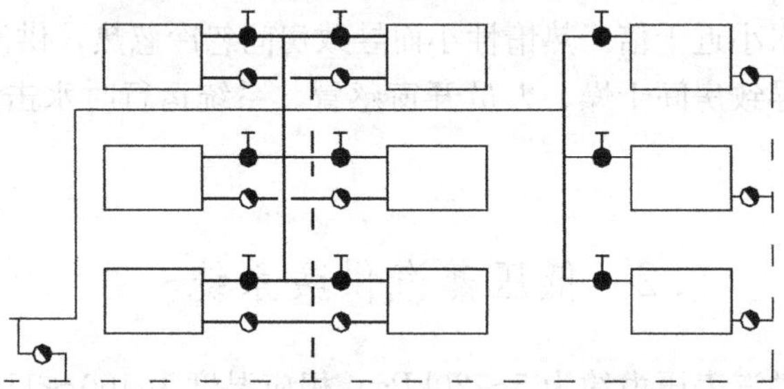	顶层无法敷设供汽干管的多层建筑	接层方便；与上供下回式对比有利于解决上热下冷
4	单管下供下回式	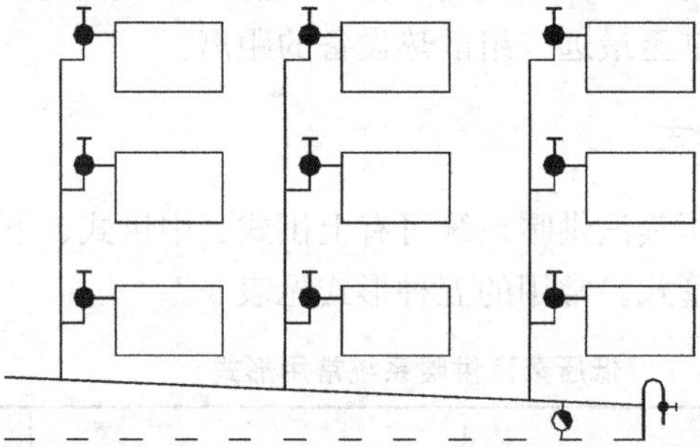	三层以下建筑	室内顶层无供汽干管，美观；供汽立管需加大；安装简便，造价低；需设地沟
5	单管上供下回式	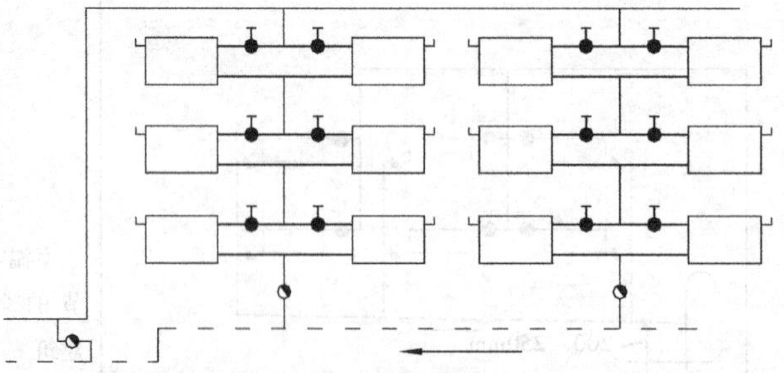	多层建筑	常用的单管做法安装简便，造价低

注：蒸汽水平干管汽、水逆向流动时坡度应大于0.005，其他应大于0.003。

下分式系统比上分式系统节省立管管材，并且由于干管敷设在室内地沟内，所以无效热损耗小，但在使用上却有严重的缺点，蒸汽在立管中会发生沿途凝结水下落和上升的蒸汽相撞即水击现象。特别是系统刚开始运行的阶段，管壁温度较低，水击现象更为剧烈，不仅容易损坏管道，并且会产生很大的噪声。为了减少水击，常加大立管管径以降低蒸汽流速，这样又增加了所用管材，因此，采用上分式系统较多。

5.2.2 低压蒸汽供暖系统流程

1. 重力回水系统

图 5-1 是上分式重力回水低压蒸汽供暖流程图。

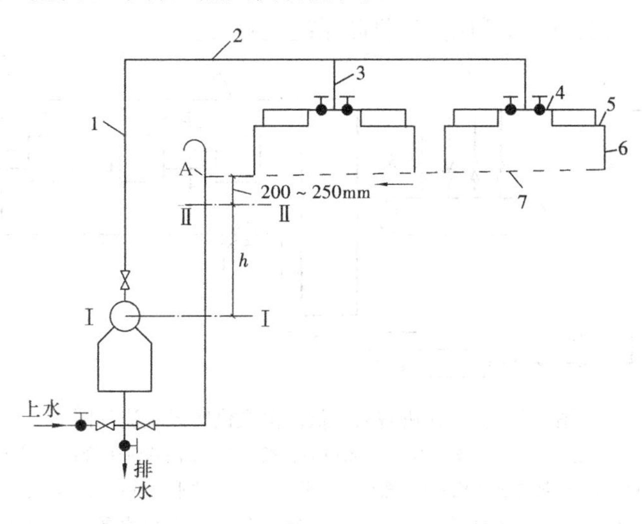

图 5-1 上分式重力回水低压蒸汽供暖流程图

1—蒸汽总立管；2—室内蒸汽干管；3—蒸汽立管；4—蒸汽支管；5—凝水支管；6—凝水立管；7—凝水干管

系统由锅炉、蒸汽管道、散热器和凝结水管构成一个循环回路。在系统运行前，锅炉充水至Ⅰ-Ⅰ平面。锅炉加热后产生的蒸汽，在自身重力作用下，克服流动阻力。蒸汽经蒸汽总立管 1、室内蒸汽干管 2、蒸汽立管 3 和散热器支管 4 进入散热器内。散热器流出的凝结水经凝结水支管 5、凝结水立管 6、凝结水干管 7、凝结水总立管直接流回锅炉，重新加热为蒸汽。

在该系统中，因凝结水总立管与锅炉连通，锅炉工作时，在蒸汽压力作用下，凝结水总立管中的水位将升高 h 值，达到Ⅱ-Ⅱ水面。当凝结水干管内为大气压力时，h 值即为锅炉压力所折算的水柱高度。为了使系统内的空气能从图中的 A 点处顺利排出，A 点前的凝水干管就不能充满水。在干管的横断面，上部分应充满空气，下部分充满凝水，凝水靠重力流动。这种非满管流动的凝水管，称为干式凝水管。显然，它必须敷设在Ⅱ-Ⅱ水面以上，再考虑到锅炉压力的波动，A 点处应再高出Ⅱ-Ⅱ水面约 200～250mm，底层散热器当然应在Ⅱ-Ⅱ水面以上才不致被凝水堵塞，排不出空气，从而保证其正常工作。图中水面Ⅱ-Ⅱ以下的总凝水立管全部充满凝水，凝水满管流动，称为湿式凝水管。

2. 机械回水系统

当系统作用半径较长时，就应采用较大的蒸汽压力才能将蒸汽输送到最远散热器。此时，若仍用重力回水，凝结水管理的水面Ⅱ一Ⅱ的高度就可能会达到甚至超过底层散热器的高度。这样，底层散热器就会充满凝结水，蒸汽就无法进入，从而影响散热。这时必须改用机械回水系统。

在机械回水系统中，锅炉可以不安装在底层散热器以下，只需将凝结水箱安装在低于底层散热器和凝结水管的位置即可。而系统中的空气可以通过凝结水箱顶部的空气管排入大气。

为防止系统停止运转时锅炉中的水被倒吸流入凝结水箱，应在泵的出水口管道上安装止回阀。为了避免凝结水在水泵吸入口汽化，以确保水泵正常工作，凝结水泵的最大吸水高度和最小正水头高度必须受凝结水温度的限制。

图5-2是上分式机械回水低压蒸汽供暖系统流程图。

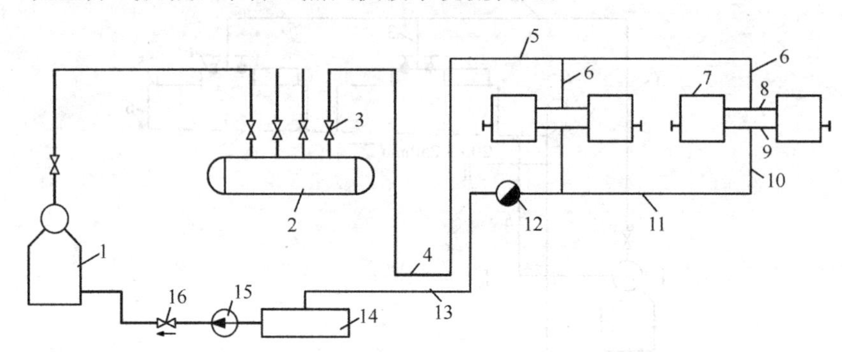

图5-2 上分式机械回水低压蒸汽供暖系统流程图

1—锅炉；2—分汽缸；3—减压阀；4—室外蒸汽管；5—室内蒸汽干管；6—蒸汽立管；7—散热器；8—散热器支管；9—凝结水支管；10—凝结水立管；11—凝结水干管；12—疏水器；13—室外凝结水管；14—凝结水箱；15—凝结水泵；16—止回阀

工艺用高压蒸汽与供暖用低压蒸汽可以来源于同一锅炉1，其产生的高压蒸汽经过分汽缸2直接或经过减压阀3减压后分配到各个热用户。其中分配到低压蒸汽供暖系统的高压蒸汽经过减压阀降为低压蒸汽，靠蒸汽自身压力克服管道流动阻力。

低压供暖蒸汽经过室外蒸汽管4、室内蒸汽干管5、蒸汽立管6和散热器支管8进入散热器（或辐射板）7内。蒸汽在散热器内放出汽化潜热后凝结为凝结水，凝结水从散热器（或辐射板）流出经过凝结水支管9、凝结水立管10、凝结水干管11和疏水器12后进入室外凝结水管13回到锅炉的凝结水箱（回水池）14中，再经凝结水泵15和止回阀16注入锅炉1，重新被加热为高压蒸汽。

5.2.3 低压蒸汽供暖系统设计

在蒸汽供暖管路中，排除沿途凝结水减少产生“水击”是设计必须重视的问题。在蒸汽供暖系统中，沿管壁凝结的沿途凝结水可能被高速的蒸汽流裹带，形成随蒸汽流动的高速水滴；落在管底的沿途凝水可能被高速蒸汽重新掀起，形成“水塞”，并随蒸汽一起高速流动，在遭到阀门、拐弯或向上的管段等使流动方向改变时，水滴或水塞在高速下与管件或管子撞击，就产生“水击”，出现噪声、震动或局部高压，严重时能破坏管件接口的严密性和管路支架。

为保证散热器正常工作，必须解决供汽、疏水和排出空气三方面问题。

1. 供汽问题

要使散热器正常工作，进入散热器的蒸汽压力必须符合设计要求，当散热器经干式凝水管与大气相通时，散热器内的蒸汽压力与大气压力接近而稍高一点。设计时，散热器入口阀门前的蒸汽剩余压力通常留有1500～2000Pa，以克服阻力使蒸汽进入散热器。

2. 排空问题

由于低压蒸汽比空气轻，所以散热器内上部是蒸汽、中下部才是空气，而底部是凝结水（见图5-3*a*），因此散热器的排气阀应设置在散热器高度的1/3处。

当供汽压力符合设计要求时，散热器内进入的蒸汽量应恰能被散热器表面冷凝下来，形成一层凝水膜，凝水顺利流出，不积留空气在散热器内，空气排除干净，散热器工作正常（见图5-3*b*）。当供汽压力降低，进入散热器中的蒸汽量减少，不能充满整个散热器，散热器内的空气不能排净，或由于蒸汽冷凝，造成微负压而从干式凝水管吸入空气。

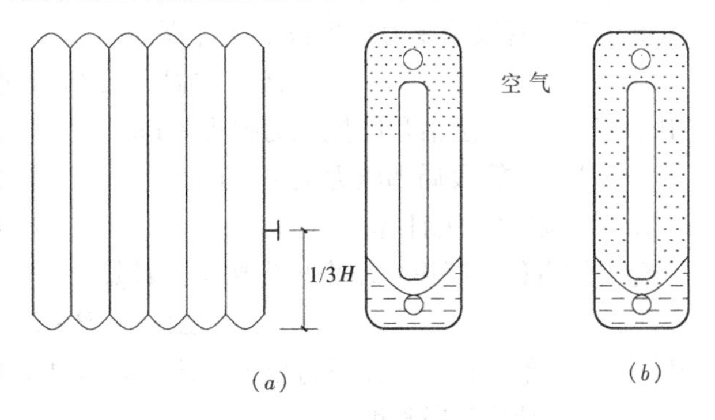

图5-3　散热器内蒸汽凝结示意图

水平敷设的蒸汽干管每隔30～40m宜设抬管泄水装置。

回水为重力干式回水方式时，回水干管敷设高度应高出锅炉供汽压力折算静水压力再加200～250mm安全高度，如系统作用半径较大时，则需采取机械回水。

如不排除空气，沿散热器壁流动的凝水在通过散热器下部的空气区时，将因蒸汽饱和分压力降低，散热器壁的散热发生过冷却，散热器表面的平均温度降低，散热器的散热量减少。

3. 疏水问题

当供汽压力过高时，进入散热器的蒸汽量超过了散热表面的凝结能力，便会有未凝结的蒸汽进入凝结水管；同时，散热器的表面温度随蒸汽压力升高而高于设计值，散热器的散热量增加。

在实际运行中，供汽压力总有波动，为了避免供汽压力过高蒸汽未经凝结窜入凝水管，可在每个散热器出口或每根凝水立管下端安装疏水器。疏水器的作用是自动阻止蒸汽的通过，而能迅速地排出用热设备及管道中的凝水，简称为阻汽排水，同时能排除系统中积留的空气和其他不凝性气体。

供汽设计水平敷设的供汽管要保证汽水同向流动也称为“低头走”。为了减轻水击现象，蒸汽干管汽水同向流动时，坡度宜采用0.003，不得小于0.002。进入散热器支管的坡度为0.01～0.02。

5.3　低压蒸汽供暖系统水力计算

蒸汽供暖系统对于蒸汽管和凝水管要分别计算。散热器前蒸汽管水力计算与蒸汽压力有关，因为蒸汽密度是随压力变化的。散热器后的凝结水管水力计算与管内是否充满水有关。

5.3.1　低压蒸汽管道水力计算

低压蒸汽依靠自身压力沿管道流动，最后进入散热器凝结放热。蒸汽在管内流动时，同样有摩擦压力损失 ΔP_y 和局部阻力损失 ΔP_j。

低压蒸汽管段的压力损失按下式计算

$$\Delta P = \Delta P_y + \Delta P_j \quad (Pa/m) \tag{5-1}$$

式中　ΔP_y——管道沿程摩擦压力损失，Pa；

ΔP_j——管段局部压力损失，Pa。

1. 沿程阻力损失计算

管段的沿程（摩擦）压力损失按下式计算

$$\Delta P_y = R \cdot L \tag{5-2}$$

式中　R——单位长度摩擦阻力损失（比摩阻），Pa/m；

L——计算管段长度，m。

比摩阻 R 用流体力学达西·维斯巴赫公式进行计算：

$$R = \frac{\lambda}{d} \times \frac{\rho v^2}{2} \tag{5-3}$$

式中　λ——管段的摩擦阻力系数；

d——管子的内径，m；

v——热媒在管道内的流速，m/s；

ρ——热媒的密度，kg/m³。

在计算低压蒸汽管路时，因为蒸汽的密度 ρ 变化很小可以忽略，认为每个管段内的流量和整个系统的密度 ρ 是不变的，其摩擦系数 λ 值可按阿里特苏里综合公式计算：

$$\lambda = 0.11\left(\frac{k}{d} + \frac{68}{Re}\right)^{0.25} \tag{5-4}$$

式中　K——管壁的当量绝对粗糙度，室内低压蒸汽供暖系统管壁的当量绝对粗糙度 K =0.2mm；

d——管子内径，m；

Re——雷诺数，判别流体流动状态的准则数。

根据以上公式，附录 5-1 给出低压蒸汽管径计算表，制表时蒸汽压力 P=5～20Pa，密度值均为 0.6kg/m³ 计算。

2. 局部阻力损失计算

局部压力损失的确定方法与热水供暖管路相同，按下式计算

$$\Delta P_j = \sum \xi \frac{\rho v^2}{2} \tag{5-5}$$

式中　$\sum \xi$——管段中总的局部阻力系数，见热水及蒸汽供暖系统局部阻力系数 ξ 值；

$\frac{\rho v^2}{2}$——低压蒸汽水力计算得动压力，Pa，见附录 5-2。

3. 水力计算方法

在进行低压蒸汽管道水力计算时，同样先从最不利的管路开始，即从分汽缸到最远散热器的管路开始计算。进行最不利的管路的水力计算时，通常采用“控制比压降法”或

“平均比摩阻法”进行计算。

(1) 控制比压降法：是将最不利管路压力损失控制在约100Pa/m来设计。

(2) 平均比摩阻法：是已知锅炉（或分汽缸减压阀）出口或室内入口处蒸汽压力条件下进行计算，根据平均比摩阻选取管径。平均比摩阻按下式计算：

$$R_{pj}=\frac{a(P_g-2000)}{\sum L}\quad (Pa/m) \tag{5-6}$$

式中 a——沿程压力损失占总压力损失的百分数，取$a=60\%$；

P_g——锅炉（分汽缸减压阀）出口或室内用户入口的蒸汽压力，Pa；

$\sum L$——最不利管路管段的总长度，m。

计算完最不利环路后，再进行其他并联环路的水力计算。

(3) 选取管径

可按“平均比摩阻”法来选择管径，但管内流速不得超过规定的最大允许流速。根据《民用建筑供暖通风与空气调节设计规范》GB 50736—2012 5.9.13条文规定，低压蒸汽供暖系统：

当蒸汽、水同向流动时，热媒最大流速为30m/s；

当蒸汽、水逆向流动时，热媒最大流速为20m/s。

并联支路各节点压力损失的不平衡率控制在25%以内。计算低压蒸汽供暖系统的管径时，除按上述方法考虑压力平衡外，蒸汽干管末端管径，还应考虑凝结水和空气的影响，要比计算结果适当放大。蒸汽干管始端管径在50mm以上时，末端管径不小于32mm；蒸汽干管始端管径在50mm以下时，末端管径不小于25mm。

5.3.2 低压蒸汽供暖凝结水管计算

低压蒸汽供暖系统的凝结水管分干式和湿式两类：干式即非满管流动，管道的部分截面充水、部分截面可以从系统中排除空气，但是会产生二次蒸汽，故管径较大，且腐蚀严重。湿式凝水管为满管流动，当系统不产生二次蒸汽时使用，但要安装专设的排除空气管。

低压蒸汽供暖系统干式凝结水管和湿式凝结水管的管径选择表见附录5-3，根据凝结水管承担的供热量来确定，但是要求凝水干管的坡度不小于0.005，且凝水干管始端管径一般不小于25mm；个别始端负荷不大时，可不小于20mm。散热器凝水支管一般用15mm；湿式凝水管的空气管管径一般采用15mm。

5.3.3 低压蒸汽供暖水力计算例题

【例5-1】某车间采用重力回水低压蒸汽供暖系统，见图5-4，试计算系统的一个支路。每个散热器的热负荷均为400W，每根立管及每个散热器的蒸汽支管装有截止阀，每个散热器凝水支管上装一个恒温式疏水器，总蒸汽立管保温。

图5-4上小圆圈内的数字表示管段号，圆圈旁的数字：上行表示热负荷（W），下行表示管段长度（m），罗马数字表示立管编号。

要求确定各管段的管径和锅炉蒸汽压力。

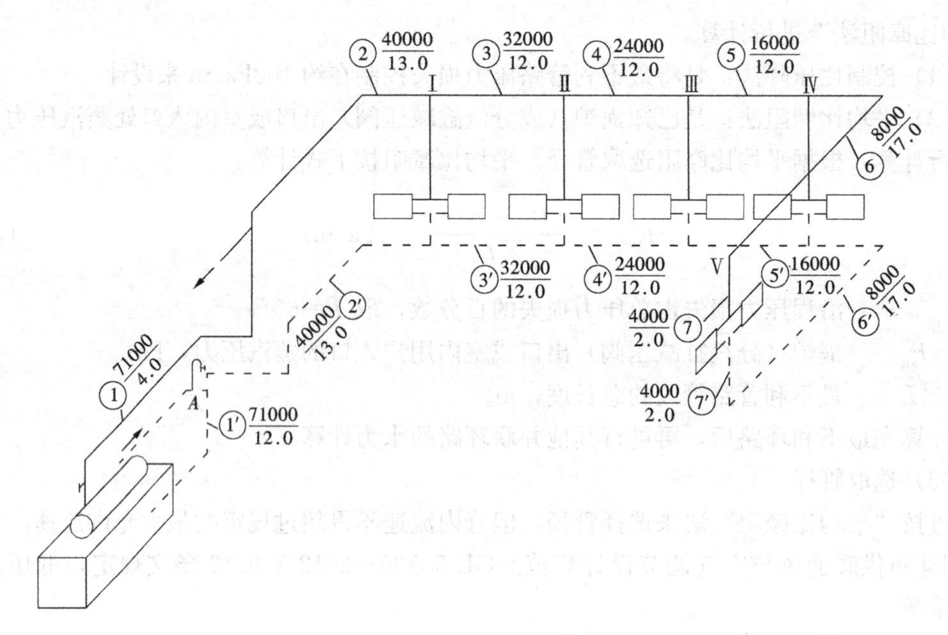

图 5-4　例 5-1 的管路计算系统图

[解]

1. 确定锅炉压力

根据最不利支路长度$\sum L=L_1+L_2+L_3+L_4+L_5+L_6+L_7=80\text{m}$

按控制每米总压力损失（比压降）为 100Pa/m 设计，并考虑散热器前所需的蒸汽剩余压力为 2000Pa，则锅炉的运行表压力应为：

$$P_b=80\times100+2000=10\text{kPa}$$

保证锅炉正常运行时，凝水总立管在比锅炉蒸发面高出约 1.0m 下面的管段必然全部充满凝水。考虑锅炉工作压力波动的因素，增加 200～250mm 的安全高度，所以重力回水的干式凝水干管（即图中排气管 A 点前的凝水管路）的布置位置，至少要比锅炉蒸发面高出 $h=1.0+0.25=1.25\text{m}$。否则，系统中的空气无法从排气管排出。

2. 最不利管路的水力计算

采用控制比压降法进行最不利管路的水力计算。

计算平均比摩阻，低压蒸汽供暖系统沿程压力损失约占总压力损失的 60%，$R_{pj}=100\times0.6=60\text{Pa/m}$

根据平均比摩阻和管段热负荷，选择各管段的管径和计算其压力损失。

如计算管段①，热负荷 $Q=71000\text{W}$，参照平均比摩阻 $R_{pj}=60\text{Pa/m}$，查附录 5-1，选 $d=70\text{mm}$ 管径，因 $d=50\text{mm}$ 管径热负荷 $Q=58900<71000\text{W}$，所以只能选 70mm 管径。但当 $d=70\text{mm}$，$Q=61900\text{W}$ 较接近，相应的流速 $v=12.1\text{m/s}$，比摩阻 $R=20\text{Pa/m}$，当选相同的管径 $d=70\text{mm}$，热负荷改变为 $Q_1=71000\text{W}$ 时，相应的计算流速 v_1 和比摩阻 R_1 的数值，可按下式折算得出：

$$v_1=v\times\frac{Q_1}{Q}=12.1\times\frac{71000}{61900}=13.9\text{m/s}$$

$$R_1 = R \times \left(\frac{Q_1}{Q}\right)^2 = 20 \times \left(\frac{71000}{61900}\right)^2 = 26.3\text{Pa/m}$$

计算结果列于表 5-3 和 5-4 中。

低压蒸汽供暖系统管路水力计算表 **表 5-3**

管段编号	热量 Q (W)	长度 L (m)	管径 d (mm)	比摩阻 R (Pa/m)	流速 v (m/s)	摩擦压力损失 $\Delta P_y = R \cdot L$ (Pa)	局部阻力系数 $\sum\xi$	动压头 P_d (Pa)	局部压力损失 $\Delta P_j = P_d \cdot \sum\xi$ (Pa)	总压力损失 $\Delta P = \Delta P_y + \Delta P_j$ (Pa)
1	2	3	4	5	6	7	8	9	10	11
1	71000	12	70	26.3	13.9	315.6	10.5	61.2	642.6	958.2
2	40000	13	50	29.3	13.1	380.9	2.0	54.3	108.6	489.5
3	32000	12	40	70.4	16.9	844.8	1.0	90.5	90.5	935.3
4	24000	12	32	86.0	16.9	1032	1.0	90.5	90.5	1122.5
5	16000	12	32	40.8	11.2	489.6	1.0	39.7	39.7	529.3
6	8000	17	25	47.6	9.8	809.2	12.0	30.4	364.8	1174.0
7	4000	2	20	37.1	7.8	74.2	4.5	19.3	86.9	161.1
$\sum L = 80$m										
立管Ⅳ 资用压力 $\Delta P_{6、7} = 1335$Pa										
立管	8000	4.5	25	47.6	9.8	214.2	11.5	30.4	349.6	563.8
支管	4000	2	20	37.1	7.8	74.2	4.5	19.3	86.9	161.1
$\sum \Delta P = 725$Pa										
立管Ⅲ 资用压力 $\Delta P_{6 \cdot 7} = 1864$Pa										
立管	8000	4.5	25	47.6	9.8	214.2	11.5	30.4	349.6	563.8
支管	4000	2	15	194.4	14.8	388.8	4.5	69.4	312.3	701.1
$\sum \Delta P = 1265$Pa										
立管Ⅱ 资用压力 $\Delta P_{4 \cdot 7} = 2987$Pa　立管Ⅰ 资用压力 $\Delta P_{3 \cdot 7} = 3922$Pa										
立管	8000	4.5	20	137.9	15.5	620.6	13.0	76.1	989.3	1609.9
支管	4000	2	15	194.4	14.8	388.8	4.5	69.4	312.3	701.1
$\sum \Delta P = 2311$Pa										

3. 其他立管的水力计算

最不利管路水力计算后，找出并联管路，即可确定其他立管的资用压力。该立管的资用压力应等于从该立管与供汽干管节点起到最远散热器的管路的总压力损失值。应重新计算并联管路的平均比摩阻，然后再根据重新计算出的比摩阻和管段热负荷选择管径，进行水力计算。其水力计算的成果列于表 5-3 和表 5-4 中。

最后进行并联环路压力损失平衡，通过水力计算可见，节点压力不平衡率较大。因为已经选用了最小的管径也达不到平衡的要求，只好靠系统投入运行时，进行初步调节。调整近处立管或支管的阀门节流解决。

低压蒸汽供暖系统的局部阻力系数汇总表 **表 5-4**

局部阻力名称	管段号								
	1	2	3、4、5	6	7				
						d=25mm	d=20mm	d=20mm	d=15mm
截止阀	7.0	2×0.5=1.0		9.0		9.0	10.0		
锅炉出口	2.0								
90°煨弯	3×0.5=1.5			2×1.0=2.0	1.5	1.0	1.5	1.5	1.5
乙字弯		1.0	1.0	1.0					
直流三通					3.0			3.0	3.0
分流三通									
旁通三通						1.5	1.5		
$\sum\xi$	10.5	2.0	1.0	12.0	4.5	11.5	13.0	4.5	4.5

4. 低压蒸汽供暖系统凝水管管径选择

根据各管段中蒸汽凝结成水放出热量的数值，按附录 5-3 确定管径。如图中所示，排气管 A 处前的凝水管路为干凝水管路。计算方法简单，对管段 1 仍按干式选择管径，将管径选粗一号。计算结果见表 5-5。

蒸汽供暖系统凝水管径 **表 5-5**

管段编号	7′	6′	5′	4′	3′	2′	1′	其他立管的凝水的立管段
热负荷（W）	4000	8000	16000	24000	32000	40000	71000	8000
管径 d（mm）	15	20	20	25	25	32	32	20

5.4 高压蒸汽供暖系统

在工厂中的生产工艺经常需要使用较高压力的蒸汽。因此，利用高压蒸汽作为热媒，不但可以用于工厂车间生产工艺用汽，还可以顺便供应车间及其辅助建筑物供暖、通风加热和热水供应。本节主要介绍车间及其辅助建筑的高压蒸汽供暖。

5.4.1 高压蒸汽供暖特点

高压蒸汽供暖系统的下限用 70kPa 表压力，上限因为系统的一切部件及其接口的强度所限制，因此通常取不超过 400kPa 表压力。

高压蒸汽供暖与低压蒸汽供暖相比，有以下特点：

（1）供汽压力高、流速大，输送距离远，作用半径大。但在输送过程中允许的压力损失也大；对同样的热负荷，所需管道管径较小。

（2）散热器内蒸汽压力大、温度高，其表面温度也高，对同样的散热量，所需的散热面积小；但易烫伤人和烧焦落在散热器上的有机尘，卫生和安全条件差。

（3）高压蒸汽和凝结水温度高，管道的热伸长量大，应设置固定支架和补偿器，热补偿问题比较突出。

(4) 由于高压蒸汽流速大，如果沿途的凝结水排流不畅时会产生严重水击，噪声大，附属设备和配件容易损坏。

5.4.2 高压蒸汽供暖系统形式

一般都采用双管系统，由于单管系统汽水在一根管子里流动，容易产生水击现象，所以很少采用。小的供暖系统可采用异程式系统。

蒸汽从室外管网引入，必要时设分汽缸与减压装置，然后进入供暖系统。散热后形成的凝结水经疏水器流入外网的凝结水管。供汽干管及凝结水干管，根据管道长度情况，要考虑管道热胀量而设补偿器。散热器的供汽支管及凝结水管均应装截止阀。

根据蒸汽干管和凝结水干管布置位置，常用的系统形式有：上供下回式；上供上回式和水平串连式。见表 5-6。

高压蒸汽供暖系统常用的几种形式 **表 5-6**

序号	形式名称	图式	适用范围	特点
1	上供下回式	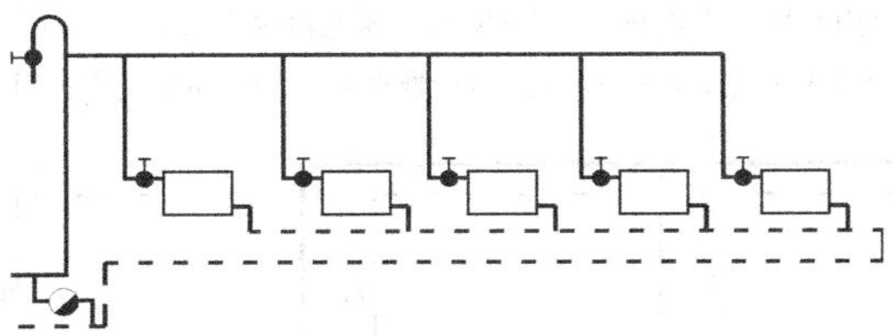	单层公用建筑或工业厂房	常用的做法，可节约地沟
2	上供上回式	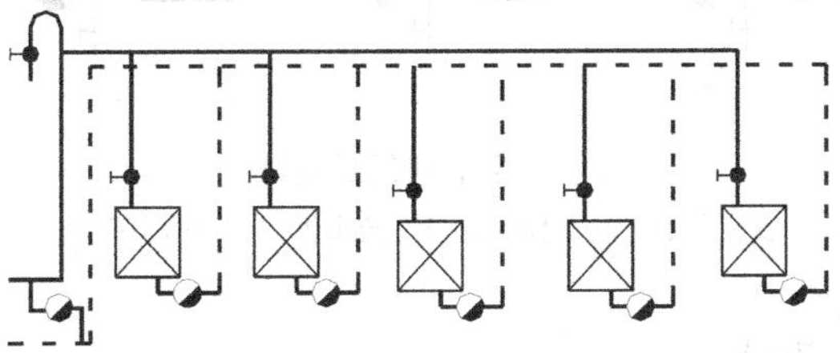	工业厂房暖风机供暖系统	除节省地沟外检修方便；系统泄水不便
3	水平串连式	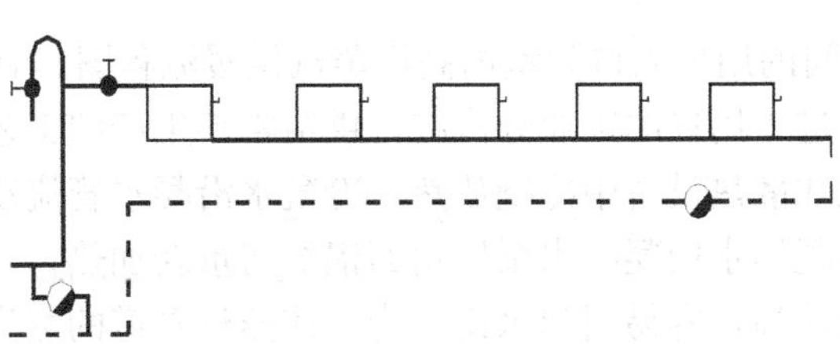	单层公用建筑	构造最简单，造价低；散热器接口处易漏水漏汽

室内蒸汽供暖系统管道布置大多采用上供下回式，如图 5-5 所示。但当车间地面不宜布置凝水管时，也可采用上供上回式，如图 5-6 所示，把凝结水管敷设在散热器上方。这种系统运行和使用效果一般较差。因为系统停汽时，凝水排不干净，散热器及各立管要逐个排放凝水，汽水顶撞将发生水击，系统的空气也不便排除。对于间歇供汽的系统，这些问题尤为突出；在气温较低的地方还有系统冻结的可能。因此，此系统必须在每个散热设备的凝水排出管上安装疏水器和止回阀。通常只有在散热量较大的暖风机系统中等，才考虑用这种系统。

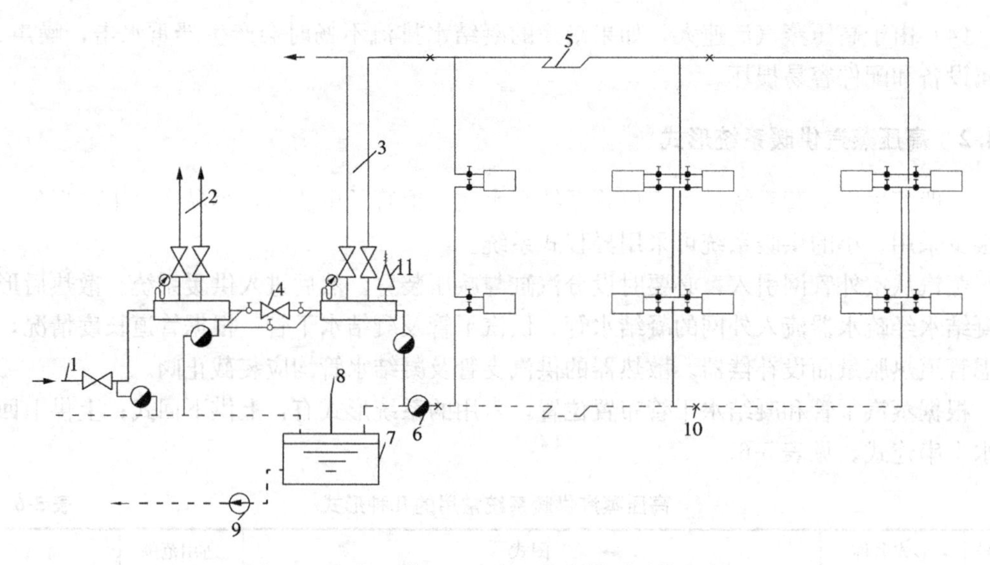

图 5-5　室内上供下回式高压蒸汽供暖系统示意图

1—室外蒸汽管网；2—室内高压蒸汽供热管；3—室内高压蒸汽供暖管；4—减压装置；5—补偿器
6—疏水器；7—开式凝水箱；8—空气管；9—凝水泵；10—固定支点；11—安全阀

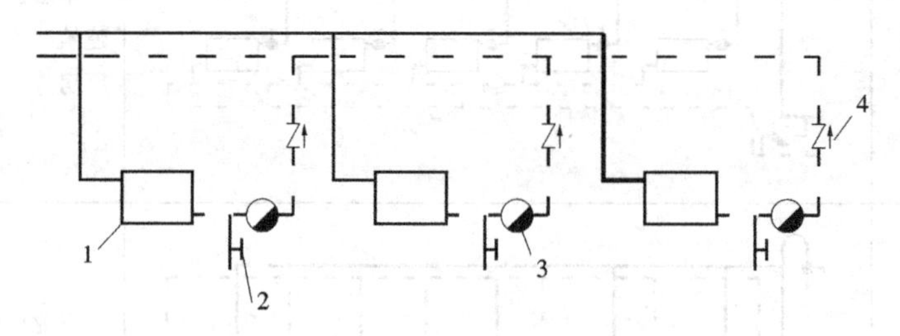

图 5-6　上供上回供暖系统

1—散热设备；2—泄水阀；3—疏水器；4—止回阀

5.4.3　高压蒸汽供暖系统设计

图 5-5 所示是一个车间的用户入口和室内高压蒸汽供暖流程图。有锅炉房通过室外蒸汽管道送来的高压蒸汽，进入用户的工业分汽缸，供给常年生产的工艺用热。

室内供暖系统的蒸汽在散热设备中冷凝放热，冷凝水沿凝水管流动，经过疏水器后汇流到凝水箱。凝结水箱的凝结水用凝结水泵压送回锅炉房重新加热。

由于高压蒸汽的压力较高，容易引起水击，为了使蒸汽管道的蒸汽与沿途凝水同向流动，减轻水击现象，室内高压蒸汽供暖系统大多采用上供下回式布置。

和低压蒸汽不同，在高压蒸汽系统内不只在散热器前装截止阀，而且还需在散热器后装置截止阀。在散热器后所设的截止阀使散热器能够完全和管路隔开，防止因为凝结水管道内的压力可能很大，以致把散热器拆下修理时，二次汽化的蒸汽从凝水管内喷出到供暖房间。

为保证散热设备正常工作，同样必须解决好供汽、排出空气和疏水、凝结水回收等方面的问题。

1. 供汽问题

由于室内高压蒸汽供暖压力应高于 70kPa 而低于 400kPa，所以从车间工业分汽缸接出管道要经过减压阀进入供暖分汽缸以供室内各供热系统的蒸汽。分汽缸要安装压力表、安全阀及疏水装置。

2. 排空问题

在布置高压蒸汽供暖系统时，同样必须进行空气的排除。每年冬季供暖系统开始运行时，高压蒸汽借助自身压力，将管道系统及散热器内的空气驱走。空气除沿干式凝结水管流至疏水器，通过疏水器内的排气阀或空气旁通阀最后由凝结水箱顶的空气管排除系统外，空气也可以通过疏水器前设置启动排气管直接排出系统外。然而由于蒸汽压力常常变化，希望保证空气无阻碍地进入散热器，否则，在蒸汽停止供汽或供汽量减少时，在散热器内会形成真空，以致把凝结水从凝结水管道吸入散热器内，并使散热器部分地被凝水所充满。

在系统停止运行时，在散热器内的凝结水会结冰以致损坏散热器。因此，散热器上应装隔汽式自动空气阀。散热器设备到疏水器前的凝结水管路应按干凝水管路设计，必须保证凝水管路的坡度，沿凝水管流动方向的坡度不得小于0.005。当干式凝水管路通过过门地沟时，必须设置空气绕行管（如图5-7所示）。

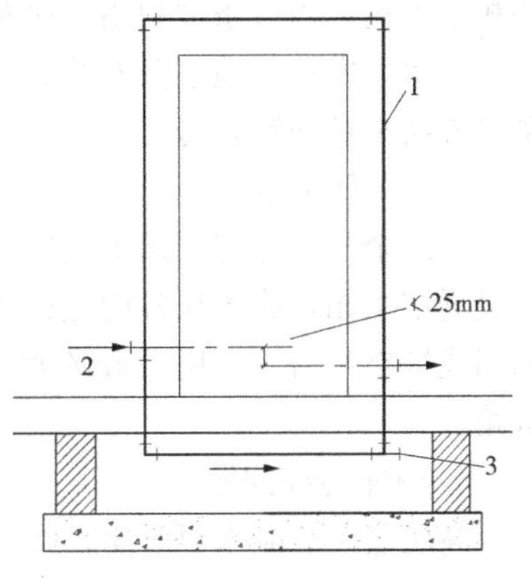

图5-7　干凝水管路过门装置

1—ϕ15空气绕行管；

2—凝水管；3—泄水口

3. 疏水问题

疏水器前的凝结水管不应向上抬升，疏水器后的凝水管向上抬升的高度应经计算确定。当疏水器本身无止回功能时，应在疏水器后的凝水管上设置止回阀。

蒸汽供暖系统的凝结水回收根据室外地形、管道敷设等情况，分别采用以下回水方式：闭式满管回水、开式水箱自流或机械回水、余压回水。

图5-5为开式水箱机械回水方式，凝水箱可布置在该厂房内，也可布置在工厂区的凝水回收分站或直接布置在锅炉房内。

各组散热器的凝结水通过室内凝水管路进入集中的疏水器。疏水器起着阻汽排水的功能，并靠疏水器后的余压将凝结水送回凝结水箱去。高压蒸汽系统中的疏水器通常仅安装在每一支凝水干管的末端，因为每一个疏水器的排水能力远远超过每组散热器的凝水量，不像低压蒸汽那样在每组散热器的凝水支管上都装一个。而且因蒸汽压力高，需消除剩余压力，因此，常采用其他形式的疏水器。疏水器因动作滞后或阻汽不严也会有部分漏气现象，所以，疏水器后的管道流动状态属两相流（蒸汽与凝水）。

4. 凝结水回收系统

根据是否与大气相通，凝结水回收系统可分为开式系统和闭式系统。

开式系统由于压力降低、相应饱和温度降低，凝结水会部分重新汽化而生成二次蒸汽的同时还会有空气渗入，从而损失热量及产生凝结水；并且腐蚀管道、污染环境。因而一般只适用于凝结水量小于10m^3/h、作用半径小于500m的小型工厂。

闭式系统用安全阀（或多级水封）使凝结水箱与大气隔绝，产生的二次蒸汽可以用作低压用户的热媒。为使压力不同的两股凝结水顺利合流，避免互相干扰，可将压力高的凝结水管做成喷嘴或多孔管形式顺流插入压力较低的凝结水管中。

按照凝结水流动的动力，凝结水回收系统可分为余压回水、闭式满管回水和加压回水三种。

(1) 余压回水

从室内的加热设备流出的高压凝结水经过疏水器后的凝结水靠疏水器的余压流回凝结水箱，称为余压回水。余压回水系统的凝结水管道对坡度和坡向无严格要求，可以向上或向下甚至抬高到加热设备的上部，而且锅炉房的闭式凝结水箱的标高不一定要在室外凝结水干管最低点标高之下。

余压回水系统可以是开式或闭式。

(2) 闭式满管回水

为了避免余压回水系统汽液两相流动容易产生水击的弊病和克服高低压凝结水合流时的相互干扰，当有条件利用二次蒸汽时，可将热用户各种压力的高温凝结水先引入专门设置的二次蒸发箱，通过蒸发箱分离二次蒸汽并就地加以利用。分离后的凝结水借高差或水泵将凝结水送回锅炉房。

(3) 加压回水

当靠余压不能将凝结水送回锅炉房时，可在用户处（或几个用户联合的凝结水分站）安设凝结水箱，收集从各用热设备中流出的不同压力的凝结水，在处理二次蒸汽（或就地利用或排空）后，利用泵或疏水加压器等设施提高凝结水的压力，使之流回锅炉房凝结水箱。

5. 热胀冷缩问题

高压蒸汽和凝水温度高，在供汽和凝水干管上，需要设置固定支架和补偿器，以补偿管道的受热伸长量。

5.5　高压蒸汽供暖系统水力计算

高压蒸汽在管路中流动时，由于蒸汽压力高，室外管路较长时压降较大，所以蒸汽压力变化比较大，管内蒸汽的密度变化也很大，在水力计算时密度的变化不能忽略、应详细计算。而室内高压蒸汽供暖管路较短、压降较小，所以蒸汽密度变化也很小，在水力计算时可以忽略蒸汽密度的变化。

所以，室外蒸汽管道和室内蒸汽管道需要分别进行计算。

5.5.1　室内高压蒸汽供暖系统水力计算

室内高压蒸汽供暖管路的水力计算原理与低压蒸汽完全相同，其任务同样也是选择管径和计算其压力损失。对于蒸汽管路和凝结水管路需要分别计算。室内高压蒸汽是从70kPa～400kPa，压力范围较大，所以在水力计算时，需要采用不同蒸汽压力下的蒸汽管径计算表。

1. 室内高压蒸汽管路水力计算

常采用“平均比摩阻法”或“流速法”进行计算。

(1) 平均比摩阻法

计算最不利管路时，当已知系统起始点蒸汽压力，先计算出最不利管路的平均比摩阻

R_{pj}，然后根据平均比摩阻 R_{pj} 和管段热负荷 Q 查蒸汽管路计算表，确定管径后进行压力损失计算。

根据《民用建筑供暖通风与空气调节设计规范》GB 50736—2012 中 5.9.18 条文规定："高压蒸汽供暖系统最不利环路的供汽管，其压力损失不应大于起始压力的 25%。"因此，平均比摩阻可按下式确定：

$$R_{pj} = \frac{0.25aP}{\Sigma L} \quad (\text{Pa/m}) \tag{5-7}$$

式中 a ——摩擦压力损失占总压力损失的百分数，高压蒸汽系统一般为 0.8；

P ——蒸汽供暖系统的起始表压力，Pa；

ΣL ——最不利管路管段的总长度，m。

为使疏水器能正常工作和留有必要的剩余压力使凝水排入凝水管网，最远用热设备处还应有较高的蒸汽压力，这就是最不利管路的总压力损失不宜太大的原因。

总压力损失一般采用当量长度法，公式为：

$$\Delta P = \Sigma R(L + L_d) \tag{5-8}$$

式中 L_d ——管道局部阻力当量长度，m，见附录 5-5（K=0.2mm）。

管壁的当量粗糙度 K 值与管子的使用状况（流体对管壁腐蚀和沉积水垢等状况）和管子的使用时间等因素有关。根据运行实践积累的资料，目前推荐采用下面的数值：

室内热水供暖系统管路	K=0.2mm
室外热水网路	K=0.5mm
低压蒸汽管路	K=0.2mm
室内、室外高压蒸汽管	K=0.2mm
闭式凝水系统凝水管	K=0.5mm
开式凝水系统凝水管	K=1.0mm

根据流体力学达西·维斯巴赫公式 $R = \frac{\lambda}{d} \times \frac{\rho v^2}{2}$、阿里特苏里公式 $\lambda = 0.11\left(\frac{K}{d} + \frac{68}{Re}\right)^{0.25}$ 和管壁的绝对粗糙度 K=0.2mm，制成不同蒸汽压力下的蒸汽管径计算表，以便水力计算时选择管径和计算其压力损失，见附录 5-4。

（2）流速法

蒸汽管路计算采用流速法，首先进行最不利管路水力计算，然后计算最不利环路的压力损失。一般按推荐流速选取最不利环路的管径。根据《民用建筑供暖通风与空气调节设计规范》GB 50736—2012 5.9.13 条文规定，高压蒸汽供暖系统：

当蒸汽、水同向流动时，热媒最大流速为 80m/s；

当蒸汽、水逆向流动时，热媒最大流速为 60m/s。

为了使系统节点压力不要相差很大，保证系统正常运行，最不利管路的推荐流速值要比最大允许流速低得多，通常推荐采用 v=10～40m/s（见表 5-7）。

在确定其他支路的立管管径时，可采用较高的流速，但不得超过规定的最大允许流速。室内高压蒸汽供暖系统，水力计算一般不作节点的压力平衡。但蒸汽干管末端的管径，一般不小于 20mm。这种根据管段热负荷和参考允许流速来查蒸汽管路计算表确定管径进行压力损失计算的方法，设计手册上也称为“最大允许流速法”。

在工程实践中，总结出不同管径的允许流速和推荐流速，见表 5-7。

管道中热媒的最大允许流速（m/s）　　**表 5-7**

公称直径(mm)	热水		低压蒸汽				高压蒸汽
	水平管		蒸汽与凝结水同向流动		蒸汽与凝结水逆向流动		
	工业建筑	民用建筑	水平管	立 管	水平管	立 管	
15	0.8	0.5	7(14)	10(20)	4.5(10)	5(10)	10(25)
20	1.0	0.65	9(18)	11(22)	5(12)	6(11)	16(40)
25	1.2	0.8	12(22)	12(25)	6(14)	7(13)	20(50)
32	1.4	1.0	14(23)	15(30)	7(15)	9(15)	23(55)
40	1.8	1.5	17(25)	17(35)	7(17)	10(17)	25(60)
50	2.0	1.5	20(30)	20(40)	7.5(20)	11(20)	30(70)
大于 50	3.0	1.5	22(30)	25(50)	7.5(20)	14(24)	40(80)

注：表中括号内的数值为极限流速，括号外的数值为推荐流速。

2. 室内高压蒸汽供暖凝结水管路水力计算

散热器至疏水器之间的凝结水管属于干式凝结水管，为非满管流的流动状态，选择管径是根据凝结水管负担的供热量，查附录 5-3 确定。

根据《工业建筑供暖通风与空气调节设计规范》GB 50019—2015 5.8.18 条规定：对于热水管、汽水同向流动的蒸汽管和凝结水管，坡度宜采用 0.003，不得小于 0.002；对于汽水逆向流动的蒸汽管，坡度不得小于 0.005。

因此需要保证凝结水管路的向下坡度 $i>0.002$ 和足够的凝结水管径，这样即使远近立管散热器的蒸汽压力不平衡，但由于干凝结水管上部截面有空气与蒸汽的连通作用和蒸汽系统本身流量的一定自调节性能，不会产生严重影响凝水的重力流动。也有建议采用同程式凝水管路的布置，解决远近立管散热器的蒸汽压力不平衡以防止远立管散热器不热。大系统可考虑同程式，小系统没有必要设同程式。

从疏水器出口以后所接凝结水管水力计算的方法见本节“5.5.3 凝结水管网的水力工况和水力计算”中详细阐述。

3. 室内高压蒸汽管路水力计算例题

【例 5-2】 某车间采用蒸汽供暖，散热器的蒸汽工作压力要求为 200kPa，各散热器的热负荷均为 Q=4000W，见系统图 5-8。试选择高压蒸汽供暖管路的管径和用户入口处的供暖蒸汽管路起始压力。

［解］

（1）计算最不利管路

因为起点压力未知，需要计算后确定。所以计算方法不能采用平均比摩阻法。只能按推荐流速确定最不利管路的各管段的管径，也就是采用流速法进行水力计算。

最不利管路蒸汽管为管段①～⑦。

如计算管段①，热负荷 Q=7100W，管段长 L=4.0m。查附录 5-4，蒸汽表压力 P_b=

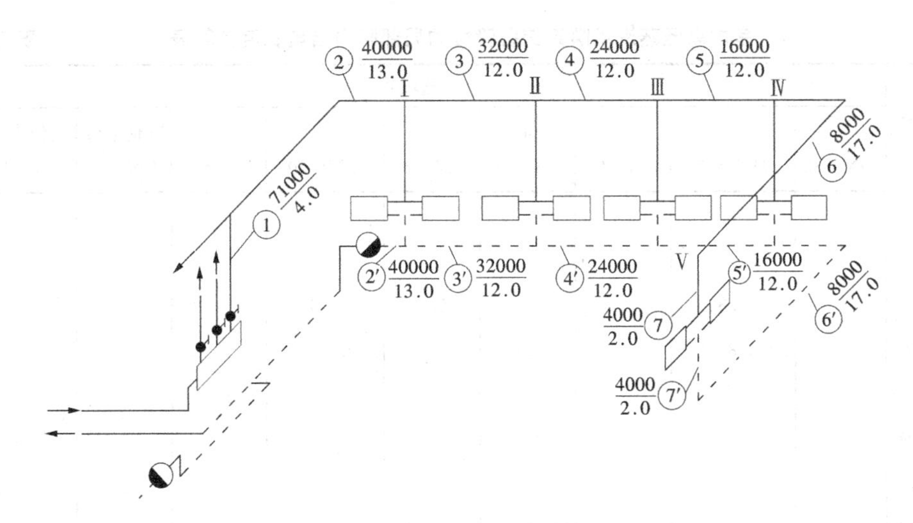

图 5-8 例 5-2 的管路计算图

200kPa，选择 d=32mm，v≈19.5。如选 d=25，流速 v≈34.2>表 4-7 允许流速 V_y=20m/s，所以只能选择管径 d=32mm，相应的流速 v=19.8m/s，相应的比摩阻 R=282Pa/m，局部阻力当量长度查附录 5-5，$\Sigma L_d=10.5$。管段①压力损失为 $\Delta P_1=R\cdot(L+L_d)=282\times(4+10.5)=4089$Pa。

本例题的水力计算过程和结果列在表 5-8 和表 5-9 中。

室内高压蒸汽供暖系统蒸汽管道水力计算表 **表 5-8**

管段编号	热负荷 Q (W)	管长 L (m)	管径 d (mm)	比摩阻 R (Pa/m)	流速 v (m/s)	当量长度 L_d (m)	折算长度 L_{zh} (m)	压力损失 $\Delta P=R\cdot L_{zh}$ (Pa)
1	2	3	4	5	6	7	8	9
1	71000	4.0	32	282	19.8	10.5	14.5	4089
2	40000	13.0	25	390	19.6	2.4	15.4	6006
3	32000	12.0	25	252	15.6	0.8	12.8	3226
4	24000	12.0	20	494	18.9	2.1	14.1	6965
5	16000	12.0	20	223	12.6	0.6	12.6	2810
6	8000	17.0	20	58	6.3	8.4	25.4	1473
7	4000	2.0	15	71	5.7	1.7	3.7	263
		$\Sigma L=72.0$ m						$\Sigma\Delta P\approx25$ kPa
其他立管	8000	4.5	20	58	6.3	7.9	12.4	719
其他支管	4000	2.0	15	71	5.7	1.7	3.7	263
								$\sum\Delta P=982$kPa

经过计算，最不利管路的总压力损失为 25kPa，考虑 10%的安全裕度，则蒸汽入口处供暖蒸汽管路起始的表压力不得低于 $P_b=200+1.1\times25=227.5$kPa

室内高压蒸汽供暖系统各管段的局部阻力当量长度计算表　　表 5-9

局部阻力名称	管段号									备注
	1 DN=32	2 DN=25	3 DN=25	4 DN=20	5 DN=20	6 DN=20	7 DN=15	其他立管 DN=20	其他支管 DN=15	
分汽缸出口	0.6									
截止阀	9.9					6.4		6.4		
直流三通		0.8	0.8		0.6	0.6				
90°煨弯		2×0.8=1.6		0.6		2×0.7=1.4		0.7		
方形补偿器							1.1		1.1	
分流三通				1.5			0.6		0.6	
乙字弯								0.8		
旁流三通										
总计	10.5	2.4	0.8	2.1	0.6	8.4	1.7	7.9	1.7	

（2）其他立管的水力计算

与最不利管路并联的各立支管，按推荐流速选管径，计算压力损失。不作节点压力平衡校核计算。剩余过高压力，可通过散热器前的阀门来调节。

（3）凝结水管段管径的确定

凝水管只计算疏水器至散热器之间的管段，疏水器后的凝水管按凝水管网计算。

凝水管 $2'\sim7'$ 为干式凝水管，根据各管段所负担的热量，按附录 5-3 确定各管段的管径见表 5-10。

室内高压蒸汽供暖系统凝水管径表　　表 5-10

管段编号	$2'$	$3'$	$4'$	$5'$	$6'$	$7'$	其他立管的凝水立管段
热负荷（W）	40000	32000	24000	16000	8000	4000	8000
管径 DN（mm）	25	25	20	20	20	15	20

5.5.2　室外高压蒸汽管网的水力计算

5.5.2.1　室外高压蒸汽管网水力计算方法

常采用“平均比摩阻法”进行计算。

1. 室外高压蒸汽管道水力计算表

在进行水力计算时，计算比摩阻的达西·维斯巴赫公式：$R=\frac{\lambda}{d}\cdot\frac{\rho v^2}{2}$，将其代入流速与流量的关系后，得到 $R=6.25\times10^{-8}\,\frac{\lambda}{\rho}\cdot\frac{G^2}{d^5}$，式中流量 G 的单位是 kg/h。

室外高压蒸汽管路输送距离远，负担的用户多而且蒸汽流量大，因此蒸汽网路的流量通常以吨/时（t/h）表示。如果将流量 G 的单位改为吨/时（t/h），比摩阻的计算公式就为 $R=6.25\times10^{-2}\,\frac{\lambda}{\rho}\,\frac{G_t^2}{d^5}$（Pa/m），把 λ 值用阿里特苏里公式 $\lambda=0.11\left(\frac{k}{d}+\frac{68}{Re}\right)^{0.25}$ 代入

比摩阻公式，可得到$R=6.88\times10^{-3}k^{0.25}\dfrac{G_t^2}{\rho\cdot d^{5.25}}$(Pa/m)。

所以蒸汽网路的流量G_t、管径d和比摩阻R的三者关系式为：

$$R=6.88\times10^{-3}k^{0.25}\frac{G_t^2}{\rho\cdot d^{5.25}} \tag{5-9}$$

$$d=0.387\times\frac{k^{0.0476}G_t^{0.381}}{(\rho\cdot R)^{0.19}} \tag{5-10}$$

$$G_t=12.06\times\frac{(\rho\cdot R)^{0.5}d^{2.625}}{k^{0.125}} \tag{5-11}$$

式中 R——每米管长的沿程压力损失（比摩阻），Pa/m；

G_t——管段的蒸汽质量流量，t/h；

d——管道的内径，m；

k——蒸汽管道的当量绝对粗糙度，m；$k=0.2\text{mm}=2\times10^{-4}\text{m}$；

ρ——管段中蒸汽的密度，kg/m³。

蒸汽管网水力计算的特点是在计算压力损失时应考虑蒸汽密度的变化。在设计中，为了简化计算，蒸汽密度采用平均密度，即以管段的起点和终点密度的平均值作为该管段的计算密度。

根据以上公式可以做出室外高压蒸汽管道水力计算表，见附录5-6。在设计计算中，为了简化蒸汽管道水力计算过程，通常也是利用该计算表进行计算。该表是按$k=0.2\text{mm}$，蒸汽密度$\rho=1\ \text{kg/m}^3$编制的。

当计算管段的平均密度不等于1kg/m³时，可按如下公式，对比摩阻及流速值进行换算：

$$R_{sh}=\left(\frac{\rho_{bi}}{\rho_{sh}}\right)\cdot R_{bi}\ (\text{Pa/m}) \tag{5-12}$$

$$v_{sh}=\left(\frac{\rho_{bi}}{\rho_{sh}}\right)\cdot v_{bi}\ (\text{m/s}) \tag{5-13}$$

式中 ρ_{bi}、R_{bi}、v_{bi}——制表时蒸汽密度，在表中查出的比摩阻及流速值；

ρ_{sh}、R_{sh}、v_{sh}——水力计算中蒸汽的实际密度，比摩阻及流速值。

2. 水力计算步骤

(1) 确定各管段的流量

确定蒸汽网路各管段的计算流量，各热用户的计算流量，应根据各热用户的蒸汽参数及其计算热负荷，按下式确定：

$$G'=A\cdot\frac{Q'}{r} \tag{5-14}$$

式中 G'——热用户的计算流量，t/h；

Q'——热用户的计算热负荷，GJ/h，MW或Mkcal/h；

r——用汽压力下的汽化潜热，kJ/kg或kcal/kg；

A——采用不同计算单位的系数，见表5-11。

不同计算单位的系数　　**表 5-11**

采用的计算单位	$\frac{Q'\ (\text{GJ/h}=10^9\text{J/h})}{r\ (\text{kJ/kg})}$	$\frac{Q'\ (\text{MW}=10^6\text{W})}{r\ (\text{kJ/kg})}$	$\frac{Q'\ (\text{Mkcal/h}=10^6\text{kcal/h})}{r\ (\text{kcal/kg})}$
A	1000	3600	1000

各管段的计算流量是由该管段所负担的各热用户的计算流量之和来确定。但对蒸汽管网的主干线管段，应根据具体情况，乘以同时使用系数。

(2) 绘制蒸汽管网平面图

并在图中标注所有管道附件、管道长度等。

(3) 确定主干线平均比摩阻

$$\Delta P = R(L + L_d) \quad (\text{Pa}) \tag{5-15}$$

式中　L_d——蒸汽管道附件局部阻力当量长度，m，(k=0.2mm)；见附录 5-6。

平均比摩阻
$$R_{pj} = \frac{\Delta P}{\Sigma L(1 + a_j)} \quad (\text{Pa/m}) \tag{5-16}$$

式中　ΔP——汽网主干线始端与末端的蒸汽压力差，Pa；

ΣL——主干线总长度，m；

a_j——局部阻力所占比例系数，见附录 3-3“热网管道局部损失与沿程损失的估算比值。

(4) 确定管段末端压力

按主干线上压力损失均匀分布来假定

$$P_m = P_s - \frac{\Delta P}{\Sigma L} L_j \tag{5-17}$$

式中　P_m、P_s——该管段的终端、始端蒸汽压力，Pa；

L_j——该计算管段的长度，m。

(5) 计算管段中蒸汽的平均密度

$$\rho_{pj} = \frac{\rho_s + \rho_m}{2} \quad (\text{kg/m}^3) \tag{5-18}$$

式中　ρ_s、ρ_m——计算管段的始端和末端的蒸汽密度，kg/m³。

(6) 将平均比摩阻换算成查表用的比摩阻

$$R_{bi\cdot pj} = \rho_{pj} \cdot R_{pj} \tag{5-19}$$

式中　$R_{bi\cdot pj}$——查表用比摩阻，Pa/m，见表 5-13。

(7) 选定合适的管径，从而得出相应的比摩阻及流速

根据各管段的流量和用比摩阻查表选定合适的管径。

(8) 将表中查出的比摩阻、流速修正成实际条件下的比摩阻及流速。

(9) 检查管内流速是否超过限定流速，见表 5-12。

蒸汽管道最大允许流速 (m/s)　　**表 5-12**

蒸汽性质	管径 (mm)	
	$DN>200$	$DN\leqslant200$
饱和蒸汽	60	35
过热蒸汽	80	50

（10）计算管段的实际压力损失

根据已选定的管径，查附录 5-7，得出局部阻力当量长度 L_d，并 $\Delta P = R(L + L_d)$。

（11）确定该管段的蒸汽的实际平均密度

根据该管段的始端压力和实际末端压力 $\Delta P'_m = P_s - \Delta P_{sh}$

$$\rho'_{p\cdot j} = (\rho_s + \rho'_m)/2 \quad (kg/m^3) \tag{5-20}$$

式中　ρ'_m——末端压力下的蒸汽密度，kg/m^3，查附录 5-8 饱和蒸汽和过热蒸汽的密度表。

（12）校核计算

验算该管段的实际平均密度 $\rho'_{p\cdot j}$ 与原假设的蒸汽平均密度 $\rho_{p\cdot j}$ 是否相等。如果两者相差较大，则应重新假设 $\rho_{p\cdot j}$，然后按同一计算步骤和方法进行计算，直到两者相等或差别很小为止。

（13）蒸汽管道分支线的水力计算

蒸汽网路主干线所有管段逐次进行水力计算结束后，即可以分支线与主干线节点处的蒸汽压力，作为分支线的始端蒸汽压力，按主干线水力计算的步骤和方法进行水力计算。

5.5.2.2　室外高压蒸汽管网水力计算例题

【例 5-3】某厂区蒸汽供热管网，其平面布置图见图 5-9，锅炉出口的饱和蒸汽表压力为 10bar。各用户系统所要求的蒸汽表压力及流量见图。试进行蒸汽网路的水力计算。主干线不考虑同时使用系数。

［解］

（1）确定各管段的流量

管网图中已标出计算出的各管段流量。

（2）绘制蒸汽管网平面图

平面图见图 5-9。

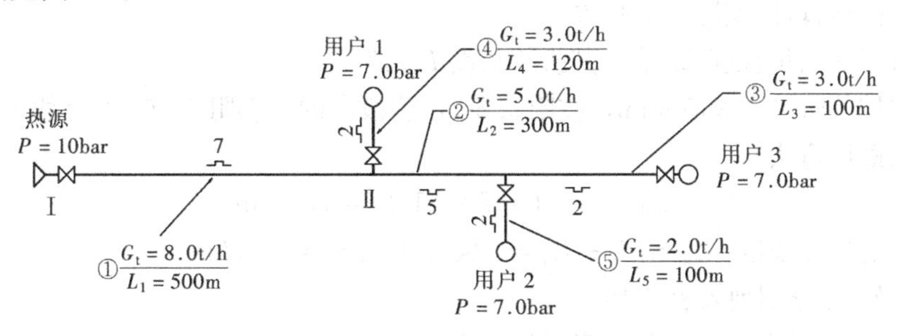

图 5-9　某厂区蒸汽供热管网图

（3）确定主干线平均比摩阻

根据式（5-16）得：

$$R_{p\cdot j} = \frac{\Delta P}{\Sigma L(1 + a_j)} = \frac{(10 - 7) \times 10^5}{(500 + 300 + 100) \times (1 + 0.8)} = 185.2 Pa/m;$$

（4）确定管段末端压力

计算锅炉出口的管段①：

预先假设管段①末端的蒸汽压力

假设时，可按平均比摩阻，按比例给定末端蒸汽压力。如：

$$P_{m\cdot1}=P_{s\cdot1}-\frac{\Delta P}{\Sigma L}L_1=10-\frac{(10-7)}{900}\times500=8.33\text{bar}$$

将 $P_{m\cdot1}$ 值，列入表5-13。

(5) 计算管段中蒸汽的平均密度

$$\rho_{p\cdot j}=(\rho_s+\rho_m)/2=(\rho_{11}+\rho_{9.33})/2=(5.64+4.81)/2=5.225\text{kg/m}^3$$

查附录5-8，确定各压力下的蒸汽密度。

(6) 将平均比摩阻换算成查表用的比摩阻

将平均比摩阻 $R_{p\cdot j}$ 换算为水力计算表 $\rho_{bi}=1\ \text{kg/m}^3$ 条件下的等效值：

$$R_{bi\cdot pj}=\rho_{p\cdot j}\cdot R_{p\cdot j}=5.225\times185.2=968\text{Pa/m}$$

将 $R_{bi\cdot pj}$ 值列入表5-13。

(7) 选定合适的管径，从而得出相应的比摩阻及流速

根据 $R_{bi\cdot pj}$ 的大致控制数值，利用附录5-6，选择合适的管径：

对管段①，蒸汽流量 $G_1=8.0\text{t/h}$，选用管子的公称直径 $DN150\text{mm}$，相应的比摩阻及流速值为：

$$R_{bi}=1107.4\text{Pa/m},\ v_{bi}=126\text{m/s}$$

将此值分别列入表5-13。

(8) 将表中查出的比摩阻、流速修正成实际条件下的比摩阻及流速

$$R_{sh}=\left(\frac{1}{\rho_{p\cdot j}}\right)R_{bi}=\frac{1}{5.225}\times1107.4=211.9\text{Pa/m}$$

$$v_{sh}=\left(\frac{1}{\rho_{p\cdot j}}\right)v_{bi}=\frac{1}{5.225}\times126=24.1\text{m/s}$$

(9) 检查管内流速是否超过限定流速

将计算流速对照表5-12中数值，发现全部在限定流速范围内。

(10) 计算管段的实际压力损失

求出管段的当量长度 L_d 值及其折算长度 L_{zh} 值。

根据选用的管径 $DN150\text{mm}$，按附录5-7，管段①的局部阻力有：1个截止阀，7个方形补偿器（锻压弯头）。

$$L_d=30.4+7\times21.2=178.8\text{m}$$

管段①的折算长度：$L_{zh}=L+L_d=500+178.8=678.8\text{m}$

将 L_d 及 L_{zh} 分别列入表5-13。

(11) 确定该管段的蒸汽的实际平均密度

求管段①在假设平均密度 $\rho_{p\cdot j}$ 条件下的压力损失

$$\Delta P_{sh}=R_{sh}\cdot L_{sh}=211.9\times678.8=143837.72\ \text{Pa}=1.43\text{bar}$$

求管段①末端的蒸汽表压力

$$P'_m=P_s-\Delta P_{sh}=10-1.43=8.57\text{bar}$$

(12) 校核计算

验算管段①的平均密度 $\rho'_{p\cdot j}$ 是否与原先假定的平均蒸汽密度 $\rho_{p\cdot j}$ 相符

$$\rho'_{p\cdot j}=(\rho_s+\rho'_m)/2=(\rho_{11}+\rho_{9.57})/2=(5.64+4.93)/2=5.285\text{kg/m}^3$$

原假定的蒸汽平均密度 $\rho_{p\cdot j}=5.225\ \text{kg/m}^3$，两者相差较大，需重新计算。

重新计算时，通常都以计算得出的蒸汽平均密度 $\rho'_{p\cdot j}$ 作为该管段的假设蒸汽平均密度 $\rho_{p\cdot j}$，再重复以上计算，一般重复一次或两次，就可满足 $\rho'_{p\cdot j}=\rho_{p\cdot j}$ 的计算要求。

管段①重复计算的结果，列在表 5-13 中。假设平均蒸汽密度 $\rho_{p\cdot j}=5.285\text{kg/m}^3$，计算后的蒸汽平均密度 $\rho'_{p\cdot j}=5.29\text{kg/m}^3$。两者差别很小，计算即可完成。

经过计算，管段①末端蒸汽表压力为 8.6bar，以此值作为管段②的始端蒸汽表压力值，按上述计算步骤和方法进行其他管段的计算。计算结果列于表 5-13。用户 3 入口处的蒸汽压力为 7.24bar，稍有富裕，符合要求。

(13) 蒸汽管道分支线的水力计算

将主干线计算完后，各支点压力已确定，即可进行分支线的水力计算。

以通向用户 1 的分支线为例，进行水力计算：

① 计算分支线的平均比摩阻。

根据主干线的水力计算，主干线与分支线节点Ⅱ的蒸汽表压力为 8.6bar，则分支线 4 的平均比摩阻为：

$$R_{p\cdot j}=\frac{\Delta P}{\Sigma L(1+a_j)}=\frac{(8.6-7.0)\times 10^5}{120\times(1+0.8)}=740.7\text{Pa/m}$$

② 根据分支管始、末端蒸汽压力，求假设的蒸汽平均密度。

查附录 5-8，确定各点蒸汽的密度。

$\rho_{p\cdot j}=(\rho_s+\rho_m)/2=(\rho_{9.6}+\rho_{8.0})/2=(4.94+4.16)/2=4.55\text{kg/m}^3$

③将平均比摩阻 $R_{p\cdot j}$ 换算为水力计算表 $\rho_{bi}=1\text{ kg/m}^3$ 条件下的等效值：

$$R_{bi\cdot pj}=\rho_{p\cdot j}\cdot R_{p\cdot j}=4.55\times 740.7=3370\text{Pa/m}$$

④ 根据 $\rho_{bi}=1\text{ kg/m}^3$ 的水力计算表（附录 5-6）选择合适的管径。

据蒸汽流量 $G_4=3.0\text{ t/h}$，选用管子 $DN80\text{mm}$，相应的比摩阻及流速为：

$$R_{bi}=3743.6\text{ Pa/m},\ v_{bi}=158\text{ m/s}$$

⑤ 换算到实际假设条件 ρ_{sh} 下的比摩阻及流速值：

$$R_{sh}=\left(\frac{1}{\rho_{p\cdot j}}\right)R_{bi}=\frac{1}{4.55}\times 3743.6=822.8\text{Pa/m}$$

$$v_{sh}=\left(\frac{1}{\rho_{p\cdot j}}\right)v_{bi}=\frac{1}{4.55}\times 158=34.7\text{m/s}$$

⑥ 计算管段 4 的当量长度及折算长度。

管段 4 的局部阻力有：1 个截止阀、1 个三通分疏、2 个方形补偿器。

查附录 5-7，$L_d=13.3+5+2\times 12.9=44.1\text{ m}$，

折算长度：$L_{zh}=L+L_d=120+44.1=164.1\text{ m}$。

⑦ 求管段 4 的压力损失：

$$\Delta P_{sh}=R_{sh}\cdot L_{sh}=822.8\times 164.1=13502.1\text{ Pa}\approx 1.3\text{bar}$$

⑧ 求管段 4 的末端蒸汽表压力：

$$P'_m=P_s-\Delta P_{sh}=8.6-1.3=7.3\text{bar}$$

⑨ 验算管段 4 的平均蒸汽密度 $\rho'_{p\cdot j}$：

查附录 5-8，确定各压力下的蒸汽密度，

$$\rho'_{p\cdot j}=(\rho_s+\rho'_m)/2=(\rho_{9.6}+\rho_{8.3})/2=(4.94+4.3)/2=4.62\text{ kg/m}^3$$

室外高压蒸汽网路水力计算表 **表 5-13**

管段编号	蒸汽流量 G'_t (t/h)	公称直径 DN' (mm)	管段长度（m）			管段始端表压力 P_s (bar)	假设管段末端表压力 P_m (bar)	假设蒸汽平均密度 $\rho_{p\cdot j}$ (kg/m³)	$\rho_{bi}=1\ kg/m^3$的条件下			平均密度 $\rho_{p\cdot j}$ 条件下			管段末端表压力 P'_m (bar)	实际平均密度 $\rho'_{p\cdot j}$ (kg/m³)	累计压力损失 $\Delta P=\sum\Delta P_{sh}$ (bar)
			实际长度 L (m)	当量长度 L_d (m)	折算长度 L_{zh} (m)				管段平均比摩阻 $R_{bi\cdot pj}$ (Pa/m)	比摩阻 R_{bi} (Pa/m)	流速 v_{bi} (m/s)	比摩阻 R_{sh} (Pa/m)	流速 v_{sh} (m/s)	管段压力损失 ΔP_{sh} (bar)			
1	2	3	4	5	6	7	8	9	10	11	12	13	14	15	16	17	18
主干线																	
1	8.0	150	500	178.8	678.8	10	8.33	5.225	968	1107.4	126	211.9	24.1	1.43	8.57	5.285	
								5.285	979	1107.4	126	209.5	23.8	1.4	8.6	5.29	
2	5.0	125	300	84.8	384.8	8.6	7.33	4.625	857	1127	113	243.7	24.4	0.94	7.66	4.705	
								4.705	871	1127	113	239.5	24.0	0.92	7.68	4.71	
3	3.0	100	100	46.3	146.3	7.68	7.0	4.32	800	1313.2	106	304	24.5	0.44	7.24	4.375	
								4.375	810	1313.2	106	300	24.2	0.44	7.24	4.375	
分支线																	
4	3.0	80	120	44.1	164.1	8.6	7.0	4.55	3370	3743.6	158	822.8	34.7	1.3	7.3	4.62	
								4.62	3422	3743.6	158	810.3	34.2	1.28	7.32	4.625	
5	2.0	80	100	37.6	137.6	7.68	7.0	4.32	1632	1666	105	385.6	24.3	0.53	7.15	4.355	
								4.355	1645	1666	105	382.5	24.1	0.53	7.15	4.355	

注：局部阻力当量长度：

管段 2：1 个直流三通、5 个方形补偿器、1 个异径接头；

管段 3：1 个直流三通、1 个异径接头、1 个截止阀、2 个方形补偿器；

管段 5：同管段 4。

原假定的蒸汽平均密度 $\rho_{p\cdot j}=4.55\,kg/m^3$，$\rho_{p\cdot j}$ 与 $\rho'_{p\cdot j}$ 相差较大，需再次计算。再次计算结果列入表 5-13，最后求得用户 1 的蒸汽表压力为 7.32bar，满足使用要求。

通向用户 2 分支管线的管段 5 的水力计算，见表 5-13，用户 2 处蒸汽表压力为 7.15bar，满足使用要求。

5.5.3 凝结水管网的水力工况和水力计算

蒸汽在用热设备内放热凝结后，凝结水流出用热设备，经疏水器、凝结水管道返回热源的管路系统及其设备组成的整个系统，称为凝结水回收系统。

根据《民用建筑供暖通风与空气调节设计规范》GB 50736—2012 5.9.19 条规定："蒸汽供暖系统的凝结水回收方式，应根据二次蒸汽利用的可能性以及室外地形、管道敷设方式等情况，分别采用以下回收方式：1、闭式满管回水；2、开式水箱自流或机械回水；3、余压回水。

凝结水回收系统按其是否与大气相通，可分为开式凝结水回收系统和闭式凝结水回收系统。

按凝水的流动方式不同，可分为单相流和两相流两大类。单相流又可分为满管流和非满管流两种流动方式。满管流是指凝水靠水泵动力或位能差，充满整个管道截面呈有压流动的流动形式；非满管流是指凝水并不充满整个管道截面，靠管路坡度流动的流动形式。

如按驱使凝水流动的动力不同，可分为重力回水和机械回水。机械回水是利用水泵动力驱使凝水满管有压流动。重力回水是利用凝水位能差或管线坡度，驱使凝水满管或非满管流动的方式。

为了正确地布置凝水管路和确定其管径，应对凝水管中的压力分布状况有所了解。下面结合一个包括各种流动状况的凝水管路系统进行压力状况的分析说明，并介绍各种管路确定管径的具体方法（见图 5-10）。

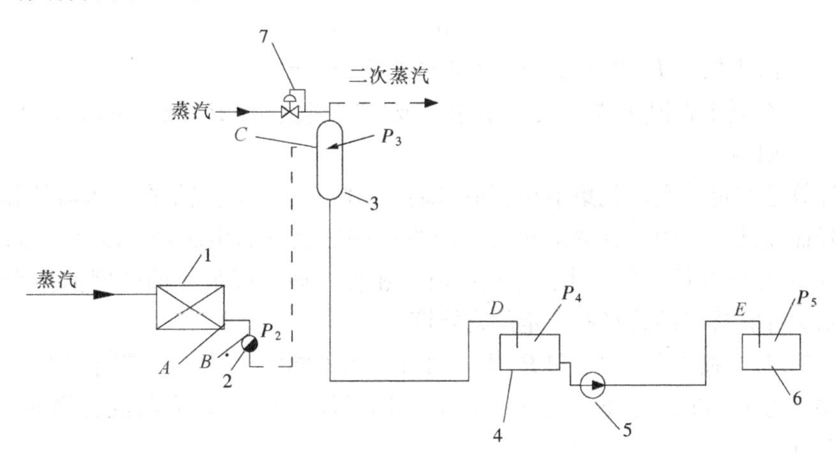

图 5-10 包括各种流动状况的凝结水回收系统示意图

1—用汽设备；2—疏水器；3—二次蒸发箱；4—凝水箱；5—凝水泵；6—总凝水箱；7—压力调节器

1. 管段 AB

由用热设备出口至疏水器入口的管段，这段管的凝水流动状态属于非满管流。疏水器的布置应低于用热设备，凝水管应以 $i>0.005$ 的坡度流向疏水器。由于这段管有凝水也有蒸汽，并且还有空气存在，流动状态复杂，在设计时采用经验数据确定管径，和室内高压蒸汽供暖系统凝水管确定管径的方法一样，按附录 5-3 确定管径。

2. 管段 *BC*

从疏水器出口至二次蒸发箱（或高位水箱）或凝水箱入口的管段，用热设备的高压凝水经疏水器后靠其余压把汽－水混合物顶到二次蒸发箱（或凝结水箱）。汽水混合物的压力从疏水器出口逐渐下降到二次蒸发箱（或凝结水箱）中的压力（二次蒸发箱一般为 0.2～0.4bar，开式凝结水箱为 0bar）。在凝结水管中必然产生二次蒸汽，同时不可避免地会有蒸汽从疏水器漏出。该管段凝水流动状态属两相流的流动状况。目前，把这段管路视做乳状物均匀分布的满管流动管路。其乳状混合物的密度可用下式求得：

$$\rho_r=\frac{1}{v_r}=\frac{1}{x(v_q-v_s)+v_s} \tag{5-21}$$

式中　ρ_r——汽水乳状混合物的密度，kg/m^3；

v_r——汽水乳状混合物的比容，m^3/kg；

v_s——凝水比容，可近似取 $v_s=0.001\ m^3/kg$；

v_q——在凝水管段末端或凝水箱（或二次蒸发箱）压力下的饱和蒸汽比容，m^3/kg；

x——1kg 汽水混合物中所含蒸汽的质量百分数；

$$x=x_1+x_2\ (kg/kg) \tag{5-22}$$

x_1——疏水器的漏汽率（百分数）。根据疏水器类型、产品质量、工作条件和管理水平而异，一般采用 0.01～0.03；

x_2——凝水通过疏水器阀孔及凝水管道后，由于压力下降而产生的二次蒸汽量（百分数）。根据热平衡原理，x_2 可按下式计算：

$$x_2=(q_1-q_3)/r_3 \tag{5-23}$$

q_1——疏水器前 P_1 压力下饱和凝水的焓，kJ/kg；

q_3——在凝水管段末端，或凝水箱（或二次蒸发箱）P_3 压力下蒸汽的汽化潜热，kJ/kg。

以上计算是假定二次汽化集中在管道末端。实际上，二次汽是在疏水器处和沿管道压力不断下降而逐渐产生的，管壁散热又会减少一些二次汽的生成量。以管道末端汽-水混合物密度 ρ_r 作为余压凝水系统计算管道的凝水密度，亦即以最小的密度值作为管段的计算依据，水力计算选出的管径有一定的富裕度。

按式（5-22），在不同的 P_1 和 P_3 下，可计算出不同的 x_2 值（见附录 5-9）。在不同的凝水管末端压力 P_3 和 x_2 值下，按式（5-21）计算得出的汽－水乳状混合物的密度 ρ_r 值，可见附录 5-10。

在进行余压凝水系统管道水力计算中，由于凝水管道的汽－水混合物密度 ρ_r，不可能刚好与采用的水力计算表中所规定的介质密度 ρ_{bi} 和管壁的绝对粗糙度 k_{bi} 相同，因此，应如同蒸汽网路水力计算一样，对查表得出的比摩阻 R_{bi} 和流速 v_{bi} 予以修正。

凝水管道的管壁当量绝对粗糙度，对闭式凝水系统，取 $k=0.5mm$；对开式凝水系统，采用 $k=1.0mm$。

管段 BC 余压凝水系统，分两种形式，一种是闭式余压凝水系统，如室内蒸汽供热余压凝水管段（如通向二次蒸发箱的管段 BC，见图 5-11）常可采用附录 5-11 余压凝水管道水力计算表进行计算和修正计算。该表的编制条件为：$\rho_{bi}=10\text{kg/m}^3$，$k=0.5\text{mm}$。另一种是开式余压凝水系统，如余压凝水管网（如从用户系统的疏水器到热源凝水箱或凝水分站的凝结水箱的管道），常可采用室外热水管道的水力计算表（附录 2-1），或按理论计算公式进行计算，并进行修正计算。

余压凝水管的资用压力 ΔP，应按下式计算：

$$\Delta P=(P_2-P_3)-\rho_n gh \quad (\text{Pa}) \tag{5-24}$$

式中 P_2——凝水管始端表压力，或疏水器出口凝水表压力，Pa；

P_3——凝水管末端表压力，闭式系统即为二次蒸发箱（或凝结水箱）内表压力，Pa；一般取（0.2～0.3bar）；开式系统即大气压力，等于零；

h——疏水器后凝水提升高度，m；其高度不宜大于 5m；

g——重力加速度，$g=9.81\text{m/s}$；

ρ_n——凝水管的凝水密度，从安全角度出发，考虑重新开始运行时，管路充满冷凝水，取 $\rho_n=1000\text{kg/m}^3$。

P_2 值与疏水器的形式及其安装位置有关，一般按下面原则来确定：

热动力式疏水器 $P_2=0.5P_1$

脉冲式疏水器 $P_2=0.25P_1$

浮桶式、倒吊桶式疏水器 $P_2=(0.7\sim0.8)P_1$

余压回水管段的允许平均比摩阻，应按下式计算：

$$R_{p\cdot j}=\frac{\Delta P(1-a)}{L} \quad (\text{Pa/m}) \tag{5-25}$$

式中 a——局部阻力占总阻力损失的百分比，取 $a=0.2$；

ΔP——余压凝水管的资用压力，Pa；

L——余压凝水管的长度，m。

管网的局部阻力损失，对余压凝水管道，由于比摩阻计算的精确性不是很高，通常多采用局部阻力所占的份额估算。对室内余压凝水管道，按照局部压力损失约占总压力损失的 20%计算。

3. 管段 CD

从二次蒸发箱（或高位水箱）出口到凝水箱的管段。管中流动的凝水是 P_3 压力的饱和凝水。如管中压降过大，凝水仍有可能汽化。

管段 CD 中，凝水靠二次蒸发箱和封闭凝水箱回形管标高差的势能而流动。可供消耗的作用压力，按下式计算：

$$\Delta P=\rho_n gh-P_4 \tag{5-26}$$

式中 ΔP——最大凝水量通过管段 CD 时的压力损失，Pa；

h——二次蒸发箱中水面与分站凝水箱回形管顶的标高差，m；

P_4——分站凝水箱中的表压力，Pa；

ρ_n——管段 CD 中凝水密度，对不再汽化的过冷凝水，可取 $\rho_n=1000\ \text{kg/m}^3$；

g——重力加速度 9.8m/s^2。

根据式(5-25)绘制的水压图，如图5-11所示。现对此管段的水力工况作进一步分析：

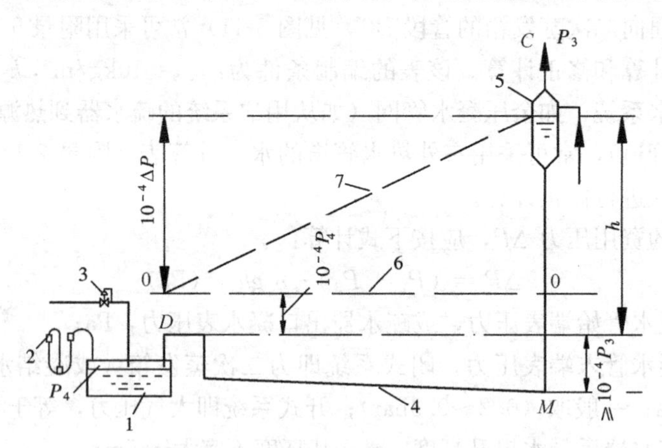

图5-11 管段CD的水压线

1—凝水箱；2—安全水封；3—蒸汽补汽的压力调节器；4—外网凝水管线；5—二次蒸发箱；6—静水压线；7—动水压线（线0-0）

(1) 运行期间，P_3和P_4压力经常波动，二次蒸发箱内水面随之上下升降。连接二次蒸发箱出口的凝水立管会交替为汽水充满。因此，该凝水立管应按非满管流动状态设计，管径宜放粗些。

(2) 采用闭式凝结水箱时，除必须在水箱处设置安全水封装置外，宜向凝水箱放入蒸汽，形成蒸汽热层。压力宜在5kPa左右。

(3) 在凝水管工作或停止运行时，为了避免在最不利情况下（凝水箱表压力$P_4=0$，二次蒸发箱P_3达到最大值），蒸汽逸入凝水外网，凝水箱的回形管顶与该用户和室外凝水管网干线的连接点（图5-11中的M点）间的标高差应不小于$10^{-4}P_3$m。

(4) 为了更好地保证蒸汽不窜入外网凝水管，可在二次蒸发箱出口处安装多级水封，形成所谓“闭式满管流凝结水回收系统”（见图5-12）。

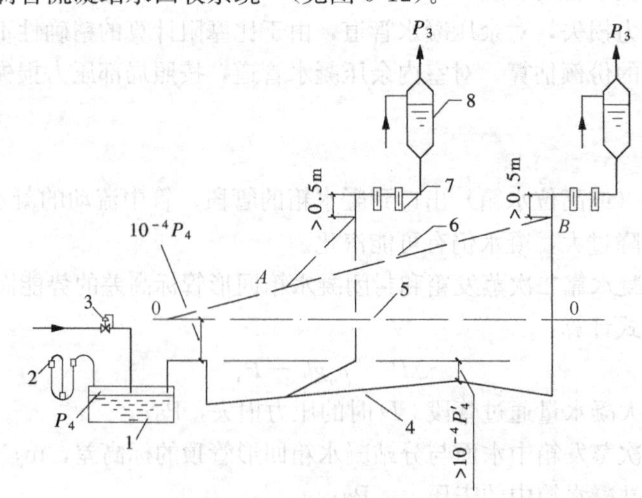

图5-12 安装多级水封的图式

1—凝水箱；2—安全水封；3—压力调节器；4—凝水管网；5—静压力线0-0；6—动压力0AB；7—安全水封；8—二次蒸发箱

图 5-13 是多级水封结构示意图。水封的高度应根据蒸汽压力 P_3 确定。当水封后面的表压力为零时，水封高度 h 可按下式计算：

$$h = 1.5\frac{P}{n} \quad (\mathrm{m}) \tag{5-27}$$

式中 P——连接水封处的蒸汽表压力折算的水柱高度，m；

n——水封级数；

1.5——系数，考虑凝水在流过水封时，因压降产生少量二次汽，使水封中凝水平均密度比纯凝水小，水封阻汽能力下降而引进的附加系数。

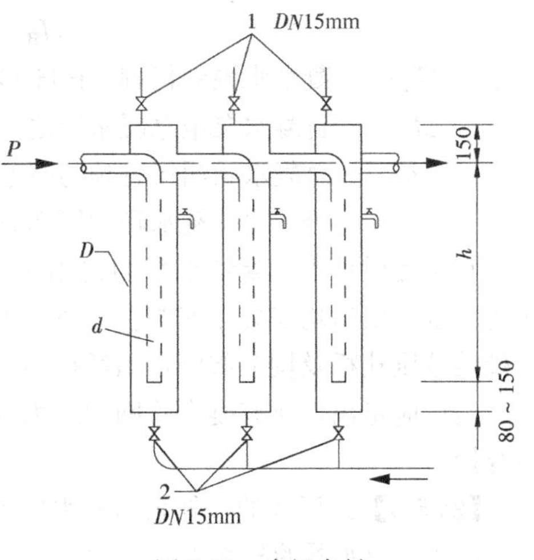

图 5-13 多级水封

1—放气阀；2—放水阀

水封的内管径通常可按凝水流速不大于 0.5m/s 设计，外套管直径取 $D=2d$。

4. 管段 DE

分站凝结水箱后的凝结水管，即机械回水系统，管中流过纯净水，为满管流动状态。

管中流动的是不再汽化的凝结水，所以与热水管道相同。其管道水力计算按热水管道计算方法进行，根据常用的流速范围（1.0～1.2m/s）确定各管段的管径。比摩阻力计算可利用附录 3-1 热水网路水力计算表，但应注意开式凝结水回收系统，应对管壁绝对粗糙度 k 值进行修正。局部阻力通常折算为当量长度计算。

在进行凝结水管道水力计算，确定管径时，其不同的凝结水回水管段，计算流量 G，按下式确定：

余压凝结水管道： $G = G_{max}$ (t/h)；

开式高水箱重力自流凝结水管道： $G = 1.5G_{max}$ (t/h)；

压力凝结水管道： $G = K \cdot G_{max}$ (t/h)；

式中 G_{max}——最大凝结水量，t/h；

K——凝结水泵运行间歇系数，一般取 2。

根据主干线各管段的压力损失，绘制凝水管网的动水压线。水平基准线取总凝水箱的回形管的标高。图 5-14 所示为开式凝水管网的动水压线示意图。

根据绘出的动水压线，可求出各个凝水泵所需的扬程 H_B，按下式计算：

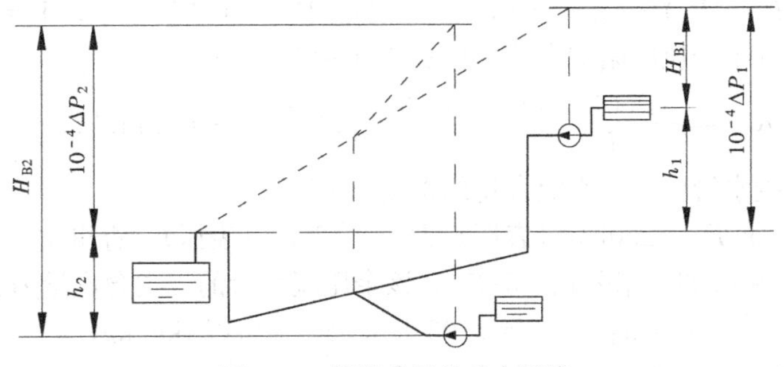

图 5-14 管段 DE 的动水压线

$$H_B = 10^{-4}\Delta P + h \tag{5-28}$$

式中　H_B ——凝结水泵的扬程，mH_2O；

ΔP ——自凝水泵至总凝水箱之间凝水管路的压力损失，Pa；

h ——总凝水箱回形管顶与凝水泵分站凝水箱最低水面的标高差，m。当凝水泵分站比总凝水箱的回形管高时，h 值为负值。

在工程设计中，凝结水泵的选用扬程，按上式计算后，还应留有 30～50kPa 的富裕压力。水泵出口均需装止回阀。当所选型号的水泵的扬程大于需要值时，必须要在水泵出口处装减压孔板及调节阀门，消耗掉多余压头。否则会影响其他并联水泵工作。

最后应指出，所有凝水管网的水力计算方法，都很不完善，仍有不少问题有待进一步研究探讨。

【例 5-4】某厂区的室外余压凝水回收系统见图 5-15，用热设备的凝结水计算流量 $G_1=2.0t/h$，疏水器的凝水表压力 $P_1=2.0bar$，疏水器后表压力 $P_2=1.0bar$。二次蒸发箱的蒸汽最高表压力为 $P_3=0.2bar$。管段的计算长度 $L_1=120m$。疏水器后凝水的提升高度 $h_1=4.0m$。二次蒸发箱下面减压水封出口与凝水箱的回形管标高差 $h_2=2.5m$。外网的管段长度 $L_2=200m$。闭式凝水箱的蒸汽垫层压力 $P_4=5kPa$。试选择各管段的管径。

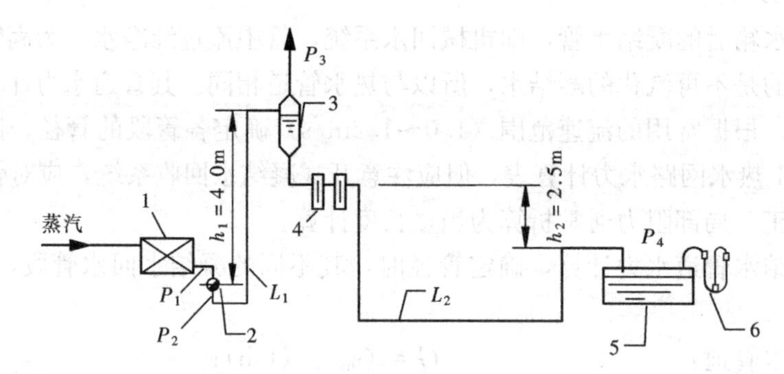

图 5-15　闭式满管流凝水系统图

1—用汽设备；2—疏水器；3—二次蒸发箱；4—多级水封；5—闭式凝水箱；6—安全水封

[解]

1. 从疏水器到二次蒸发箱的凝水管段的水力计算

（1）计算余压凝水管段的资用压力及允许平均比摩阻 $R_{p\cdot j}$ 值。根据式（5-24），该管段的资用压力 ΔP_1 为：

$$\Delta P_1 = (P_2 - P_3) - h\rho_n g = (1.0 - 0.2)\times 10^5 - 4\times 10^3\times 9.81 = 40760\text{Pa}$$

该管段的允许平均比摩阻 $R_{p\cdot j}$ 值，根据式（5-25）：

$$R_{p\cdot j} = \frac{\Delta P_1(1-a)}{L_1} = \frac{40760\times(1-0.2)}{120} = 271.7\text{Pa/m}$$

（2）求余压凝水管中汽一水混合物的密度 ρ_r 值

查附录 5-9，据 $P_1=2.0bar$（表压）、$P_3=0.2bar$（表压），查得 $x_2=0.54kg/kg$，疏水器漏汽量取 $x_1=0.03$。据公式（5-21），该余压凝水管的二次含汽量为：

$$x = x_1 + x_2 = 0.03 + 0.054 = 0.084\text{kg/kg};$$

管段中汽-水混合物的密度 ρ_r，据公式（5-21）

$$\rho_r = \frac{1}{x(v_q - v_s) + v_s} = \frac{1}{0.084 \times (1.4289 - 0.001) + 0.001} = 8.27\text{kg/m}^3;$$

v_q 据二次蒸发箱压力 $P_3 = 0.2\text{bar}$（表压）查附录 5-8 得 $v_q = \dfrac{1}{\rho_q} = 1.4289\text{m}^3/\text{kg}$。

（3）确定凝水管的管径

首先将平均比摩阻 $R_{p\cdot j}$ 值换算为与附录 5-11 的水力计算表（$\rho_{bi} = 1.0\text{kg/m}^3$）相等效的允许比摩阻 $R_{bi\cdot pj}$ 值：

$$R_{bi\cdot pj} = \left(\frac{\rho_r}{\rho_{bi}}\right) R_{p\cdot j} = \left(\frac{8.27}{10}\right) \times 271.7 = 224.7\text{Pa/m};$$

据凝水量 $G_1 = 2.0\text{t/h}$，$R_{bi\cdot pj} = 224.7\text{Pa/m}$，查附录 5-11，选用管径为 $89 \times 3.5\text{mm}$，相应的 R 及 v 值为：

$$R_{bi} = 217.5\text{Pa/m} \qquad v_{bi} = 10.52\text{m/s}$$

（4）确定实际的比摩阻 R_{sh} 和流速 v_{sh} 值：

$$R_{sh} = \left(\frac{\rho_{bi}}{\rho_r}\right) R_{bi} = \left(\frac{10}{8.27}\right) \times 217.6 = 263\text{Pa/m} < 271.7\text{Pa/m};$$

$$v_{sh} = \left(\frac{\rho_{bi}}{\rho_r}\right) v_{bi} = \left(\frac{10}{8.27}\right) \times 10.52 = 12.7\text{m/s}$$

（5）校核资用压力

$$\Delta P = R_{sh} \cdot L_1 \frac{1}{(1-a)} = 263 \times 120 \times \frac{1}{1-0.2} = 39450\text{Pa} < 40760\text{Pa}$$

满足资用压力，符合要求。

2. 设计从二次蒸发箱到凝水箱的外网凝水管段

（1）计算外网凝水管段的资用压力及允许平均比摩阻 $R_{p\cdot j}$ 值。

据公式（5-29）：$\Delta P = \rho_n gh - P_4 = 1000 \times 9.8 \times (2.5 - 0.5) - 5000 = 14620\text{Pa}$

上式中的 0.5m，代表减压水封出口设计动水压线的标高差。此段高度的凝水管为非满管流，留一富裕值后，可防止产生虹吸作用，使最后一级水封失效。

允许比摩阻按热水管网公式计算：

$$R_{p\cdot j} = \frac{\Delta P_2}{L_2(1 + a_j)} = \frac{14620}{200 \times (1 + 0.6)} = 45.7\text{Pa/m}$$

a_j——室外凝水管网局部压力损失与沿程压力损失的比值，取 $a_j = 0.6$。

（2）确定该管段的管径

按流过最大量凝水考虑 $G_2 = 2.0\text{t/h}$，利用热水网路水力计算表，（附录 3-1）选管径。据 $G = 2.0\text{t/h}$、$R_{p\cdot j} = 45.7\text{Pa/m}$，查出选 $DN = 50\text{mm}$，相应的比摩阻及流速为：

$$R = 31.9\ \text{Pa/m} < 45.7\text{Pa/m} \qquad v = 0.3\text{m/s}$$

由于管径 $DN = 50\text{mm}$ 的比摩阻小于允许比摩阻，满足资用压力，符合要求。

【例 5-5】 某厂区的室外各用户凝结水箱至总凝结水箱管路布置如图 5-16 所示，凝结水量、地形标高见图，试确定其凝水管径，并确定凝水泵流量及扬程。

[解]

1. 确定各用户凝水泵流量

该管段属管段 DE，为满管流动状态。因凝水泵采用间歇工作，其流量应取最大凝水

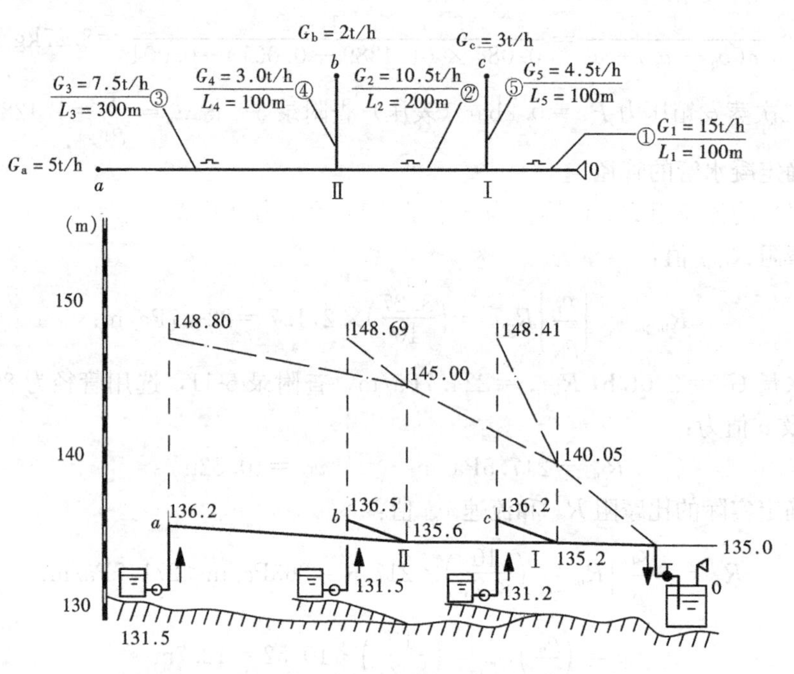

图 5-16　加压回水系统凝水图

量的 1.5～2.0 倍，本例题按 1.5 倍最大小时凝水量选用。

2. 确定各管段计算流量

计算结果标在管段图上，不考虑各用户之间的同期使用系数。

3. 选管径确定比摩阻

按开式系统进行计算，$k=1.0$mm。查附录 3-1 时须引进修正：

$$R_{sh}=R_{bi}\left(\frac{k_{sh}}{k_{bi}}\right)^{0.25}=1.19R_{bi};$$

4. 按照各管段的计算流量，参照惯用流速在 1～2m/s 左右，查得管径，计算管网阻力，列在表 5-14。

5. 绘制动压线图

将各管段阻力损失绘制到管网纵剖面图上，便得动水压线。按凝水箱前回形管顶端水流动时的压力线等于凝水干管水位，得到 O 点动水位线标高，其具体数值为 135.0m。然后，逐段向 a、b 及 c 点绘去。

6. 求凝结水泵扬程

用户 a 凝结水泵扬程 H_{Ba} 为：

$$H_{Ba}=1.15\times10^{-4}\Delta P_{1-3}+h=1.15\times10^{-4}\times135278+(135.0-131.5)$$
$$=19.06\text{mH}_2\text{O};$$

同理：用户 b 凝水泵扬程 H_{Bb} 为：

$$H_{Bb}=1.15\times10^{-4}\Delta P_{(1+2+4)}+h=1.15\times10^{-4}\times134251+(135.0-131.5)$$
$$=18.94\text{mH}_2\text{O};$$

用户 c 凝水泵扬程 H_{Bc} 为：

$$H_{Bc}=1.15\times10^{-4}\Delta P_{(1+5)}+h=1.15\times10^{-4}\times131508+(135.0-131.2)$$

$=18.92mH_2O$。

式中 1.15 为选择水泵扬程的富裕值。

室外加压回水系统凝水管径计算 **表 5-14**

管段编号	流量 G (t/h)	管长 L (m)	局阻当量长度比值 β_j	$(1+\beta_j)\cdot L$ (m)	$D_w\times\delta$ (mm)	v (m/s)	R_{bi} (Pa/m)	R_{sb} (Pa/m)	$(1+\beta_j)\cdot L$ R_{sh} (Pa)	总阻力损失 ΔP (Pa)
1	2	3	4	5	6	7	8	9	10	11
主干线										$\Delta P_{1\sim3}=135278$ Pa
1	15	100	0.3	130	76×3.5	1.16	319.7	380.4	49452	
2	10.5	200	0.3	260	76×3.5	0.81	156.9	186.7	48542	
3	7.5	300	0.3	390	76×3.5	0.58	80.3	95.6	37284	
分支线										$\Delta P_{(1+2+4)}=134251$Pa
4	3	100	0.3	130	45×2.5	0.69	234.4	278.9	36257	
5	4.5	100	0.3	130	45×2.5	1.04	530.4	631.2	82056	$\Delta P_{(1+5)}=131508$Pa

5.6 蒸汽供热系统的辅助设备

5.6.1 低压蒸汽供暖系统的辅助设备

1. 二次蒸发箱

二次蒸发箱一般架设在车间引入口距地面近 3m 的高度上。二次蒸发箱内的压力，一般情况下，设计为 0.02～0.04MPa。

二次蒸发箱的作用是将室内各用汽设备排出的凝水在较低的压力下分离出一部分二次蒸汽，并将低压的二次蒸汽输送到热用户。

按国家标准图（R405），二次蒸发箱的容积为 0.05～1.5m^3，分为六种型号，见图 5-17。

选用前应先按下式计算出所需要的二次蒸发箱的容积：

$$V=0.5v\cdot G\cdot x \quad (m)^3 \tag{5-29}$$

式中 v——二次蒸汽的比容，m^3/kg；

G——进入二次蒸发箱的凝结水量，t/h；

x——凝结水内二次蒸汽的含量，%：

$$x=\frac{i_q-i_d}{r_d}\times 100\% \tag{5-30}$$

式中 i_q——高压凝结水的焓，kJ/kg；

i_d——低压凝结水的焓，kJ/kg；

r_d——二次蒸发箱压力下，蒸汽的汽化潜热，kJ/kg；

根据计算出的容积选型号，最小的型号 $V=0.05m^3$，最

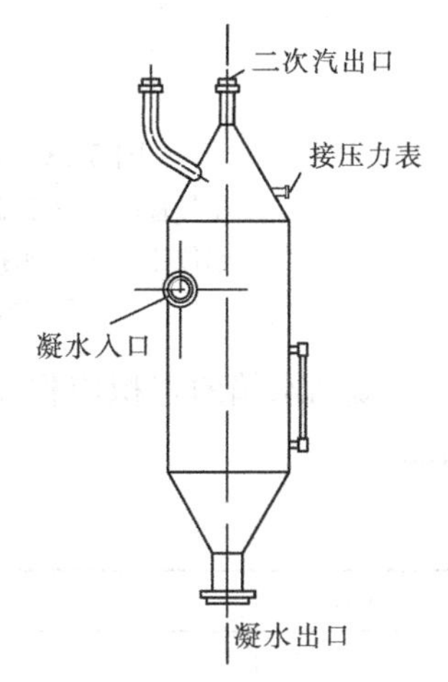

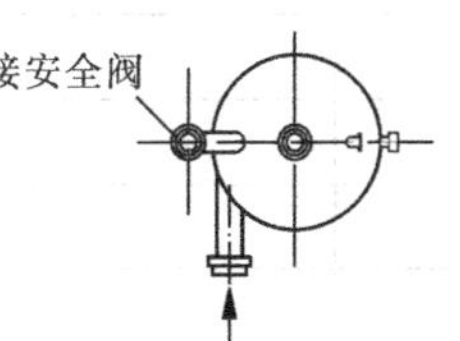

图 5-17 二次蒸发箱

大的型号 $V=1.5\text{m}^3$。

2. 凝结水箱

凝结水箱用以收集凝结水。有开式（无压）和闭式（有压）两种。

凝结水箱容积一般应按各用户的 1/4～1/3 最大小时凝水量设计。当凝水泵无自动启动和停车装置时，水箱容积应增大到 1/2～2/3 最大小时凝水量。在热源处的总凝水箱也可做到 1/2～1h 的最大小时凝水量容积。

（1）开式水箱

通常做成长方形（图 5-18），上面设有人孔盖、水位计。水箱上连接有凝水进出管、溢流管、泄水管及放气管。为了避免新进入的凝水接触空气，凝水进入管应插入水面以下。

（2）闭式水箱

由于有内压力，水箱应做成圆筒形，见图 5-19。水箱上通常安装一个安全水封，它有以下作用：

1）防止水箱内压力过高；

2）当水箱被凝水泵抽空时，防止空气进入箱内；

3）可做溢流管。

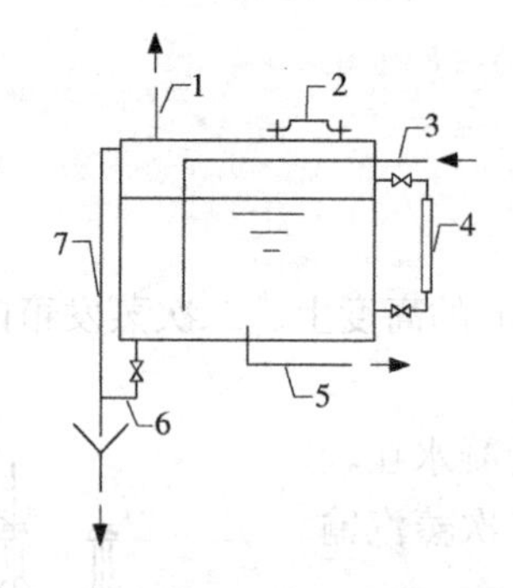

图 5-18　开式水箱

1—空气管；2—人孔盖；3—凝水进入管；4—水位计；5—凝水排出管；6—泄水管；7—溢流管

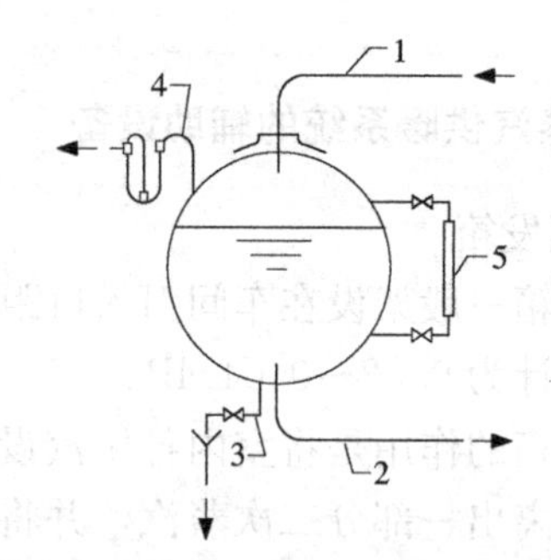

图 5-19　闭式水箱

1—凝水进入管；2—凝水排出管；3—泄水管；4—安全水封；5—水位计

凝结水箱的容积应根据凝结水最大小时流入量 $G_{\max}$ 的 50%～200%选取，可参见表5-15。

凝结水箱容积的选取参考表　　**表 5-15**

序号	确定条件	容积（V_N）
1	纯为采暖通风负荷时	$V_N=50\%D_m$
2	纯为生产负荷时	$V_N=100\%D_m$
3	当凝结水量很小（如 $D_m<1\text{t/h}$）时	$V_N=150\%D_m$
4	当凝结水泵采用自控时	$V_N=50\%D_m$
5	凝结水箱的有效容积，V_j	$V_j=80\%V$

注：V 为凝结水箱的总容积。

3. 疏水器

图 5-20 所示是低压疏水装置中常用的一种疏水器，称为恒温式疏水器，属于热静力型疏水器。

凝结水流入疏水器后经过一个缩小的孔口排出。此孔的启闭由一个能热胀冷缩的薄金属片波纹管盒操纵。盒中装有少量受热易蒸发的液体（如酒精）。当蒸汽流入疏水器时，小盒被迅速加热，液体蒸发产生压力，使波纹盒伸长，带动盒底的锥形阀，堵住小孔，防止蒸汽逸露，直到疏水器内蒸汽冷凝成饱和水，波纹管收缩，阀孔打开，排出凝结水。当空气或较冷的凝结水流入时，阀门一直打开，它们可以顺利地通过。

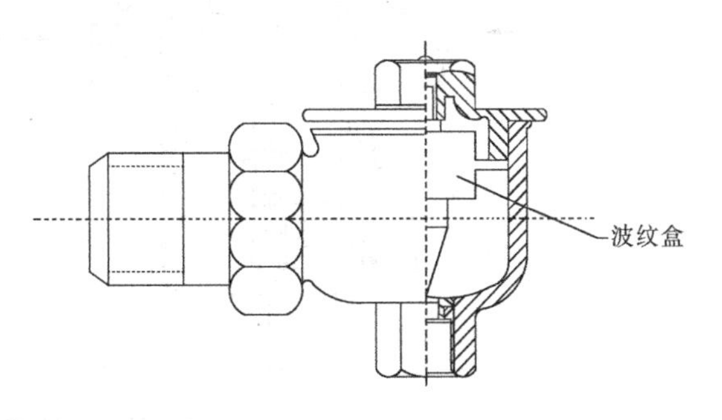

图 5-20 恒温式疏水器

5.6.2 高压蒸汽供暖系统的辅助设备

1. 疏水器

蒸汽疏水器的作用是自动而且迅速地排出用热设备及管道中的凝结水，并能阻止蒸汽溢漏。在排出凝结水的同时，排除系统中积留的空气和其他非凝结性气体。疏水器的工作状况对蒸汽供热系统运行的可靠性与经济性影响极大，必须十分重视。

疏水器根据作用原理不同，可分为三种类型。

机械型疏水器，利用蒸汽和凝结水的密度不同，形成凝水液位，以控制凝水排水孔自动启闭工作的疏水器。主要产品有浮桶式、钟形浮子式、自由浮球式、倒吊筒式疏水器等。

热动力型疏水器，利用蒸汽和凝水动力学（流动）特殊的不同来工作的疏水器。主要产品有圆盘式、脉冲式、孔板或迷宫式疏水器。

热静力型（恒温型）疏水器，利用蒸汽和凝水的温度不同引起恒温元件膨胀或变形来工作的疏水器。主要产品有波纹管式、双金属片式和液体膨胀式疏水器等。

下面就上述三大类型疏水器，各选择一种疏水器，对其工作原理，结构特点等予以简要介绍。其他形式的疏水器，可见有关设计手册。

(1) 浮桶式疏水器的构造和原理

浮桶式疏水器属机械型疏水器。浮桶式疏水器的构造见图 5-21。

其工作原理为：凝结水从疏水器入口进入后，沿挡板下流（有的疏水器没有挡板），使疏水器内下部水位逐渐升高，于是浮桶随着浮起，连于浮桶底部的阀针沿中央套管与浮桶一起上浮，阀针即顶住疏水器上盖的阀座，关闭阀孔，截断出水通路。当凝结水继续流入疏水器时，凝结水就溢过浮桶边缘，流入浮桶中，浮桶由于重量增加而下沉，使阀针离开上盖阀座。浮桶中的凝结水，在蒸汽压力的作用下，沿中央套管与阀针杆之间的间隙经阀孔流走，此时为排水状态。

当在蒸汽压力作用下，浮桶中凝结水沿中央套管与阀针之间的间隙流走，而中央套管下端没有露出水面以前，形成水封，蒸汽不能跑出去。浮桶中凝结水排出一定的水量，它

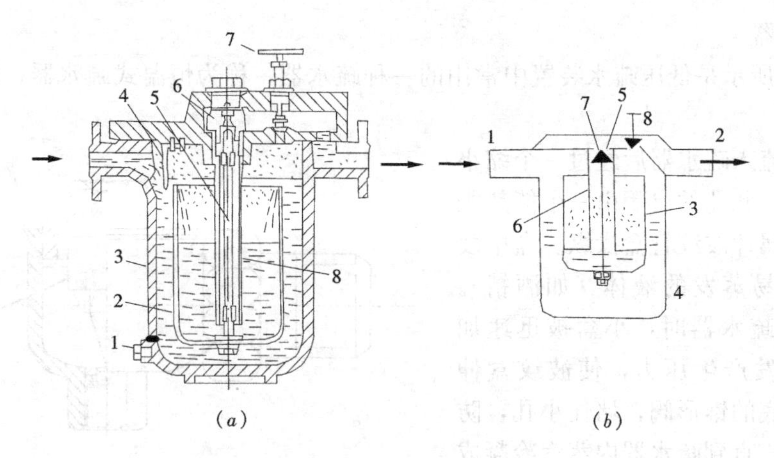

图 5-21　浮桶式疏水器

(a) 构造图

1—排污栓塞；2—浮桶；3—阀体；4—挡板；5—阀针；6—阀座；7—排气阀；8—中央套管

(b) 阻汽状态

1—蒸汽凝水入口；2—凝水出口；3—开口浮桶；4—外壳；5—阀门；

6—导向装置；7—导向装置；8—顶针

又向上浮起，关闭阀孔，这是阻汽状态。以后又重复上述过程。

浮桶式疏水器在正常工作情况下，漏汽量只等于水封套筒上排气孔的漏汽量，数量很小。它能排出具有饱和温度的凝水。疏水器前凝水的表压力 P_1 在 500kPa 或更小时便能启动疏水。排水孔阻力较小，因而疏水器的背压可较高。它的主要缺点是体积大、排量小、活动部件多，筒内易沉渣垢，阀孔易磨损，维修量较大。

(2) 圆盘式疏水器的构造和原理

圆盘式疏水器属于热动力型疏水器，圆盘式疏水器的构造见图 5-22。

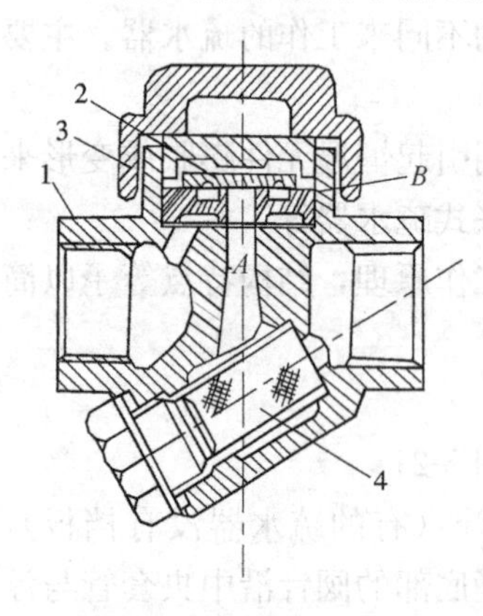

图 5-22　圆盘式疏水器

1—阀体；2—阀片；3—阀盖；

4—过滤器

圆盘式疏水器的工作原理是：当过冷的凝水流入孔 A 时，靠圆盘形阀片上下的压差顶开阀片 2，水经环形槽 B，从向下开的小孔排出。由于凝水的比容几乎不变，凝水流动通畅，阀片常开，连续排水。当凝水带有蒸汽时，蒸汽在阀片下面从 A 孔经 B 槽流向出口；在通过阀片和阀座之间的狭窄通道时，压力下降，蒸汽比容急骤增大，阀片下面蒸汽流速激增，造成阀片下面的静压下降。与此同时，蒸汽在 B 槽与出口孔处受阻，被迫从阀片和阀盖 3 之间的缝隙冲入阀片上部的控制室，动压转化为静压，在控制室内形成比阀片下更高的压力，迅速将阀片向下关闭而阻汽。阀片关闭一段时间后，由于控制室内蒸汽凝结，压力下降，会使阀片瞬时开启，造成周期性漏汽。因此，新型的圆盘式疏水器凝水先通过阀盖夹套再进入中心孔，以减缓控制室内蒸汽凝结。

与机械型相比，圆盘式具有体积小、重量轻、结构简单、安装维修方便等优点，故应用日益广泛，但有周期性漏汽发生，如果疏水器前后压差过小，会造成连续性漏汽。

(3) 温调式疏水器的构造和原理

温调式疏水器是一种热静力式疏水器，是靠凝结水的温度变化而工作的。图 5-23 所示为 SS-1 型温调式疏水器。其敏感元件为一波纹管，内装易挥发的液体。当蒸汽或饱和温度的凝水进入时，温度超过波纹管内液体的蒸发温度，液体蒸发，使波纹管伸长，阀芯关闭阀孔，而进行阻汽。当凝结水散热温度降低时，波纹管内蒸汽凝结，压力降低，波纹管收缩，打开阀孔，排放凝水。

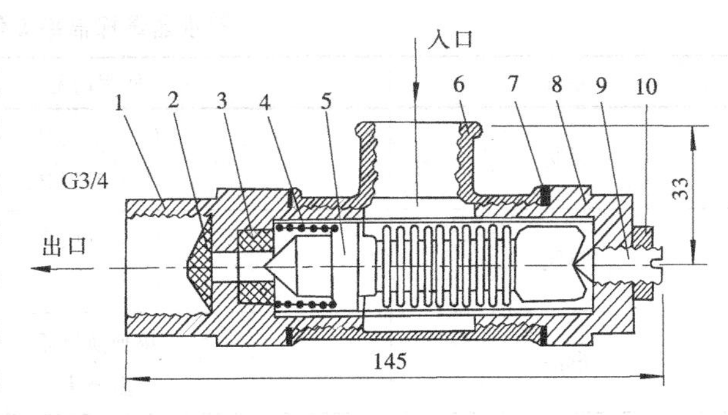

图 5-23　温调式疏水器

1—大管接头；2—过滤网；3—网座；4—弹簧；5—温度敏感元件；6—三通；7—垫片；8—后盖；9—调节螺钉；10—锁紧螺母

温调式疏水器加工工艺要求较高，适用于排除过冷凝水，安装位置不受水平限制，但不宜安装在周围环境温度高的场合。

(4) 疏水器的选择计算

1) 疏水器排水量计算

选择疏水器的规格尺寸，主要是选择阀孔的直径或截面积，使其能满足凝结水排水量的要求。各类疏水器的排水阀孔大小，用其接管管径表示。但决不应以凝结水管的管径作为选择疏水器的依据。

不同型号的疏水器在不同压差作用下的排水量应根据厂家提供样本来选用。

阀孔直径 d，疏水器的连续排水量 G 与疏水器前后的压力差（P_1-P_2）的关系，可按流体力学中流体通过节流孔板时流量计算公式进行计算，其公式为：

$$G=0.1A_{p}d^{2}\sqrt{\Delta P}\quad(\mathrm{kg/h})\tag{5-31}$$

式中　d——疏水器的排水阀孔直径，mm；

ΔP——疏水器前后的压力差，kPa；

A_p——疏水器的排水系数，当通过冷水时，$A_p=32$；当通过饱和凝水时，按附录 5-12 选用。

2) 疏水器的选择倍率

选择疏水器阀孔尺寸时，应使疏水器的排水能力大于用热设备的理论排水量，即：

$$G_{sh}=k\cdot G_{l}\tag{5-32}$$

式中　G_{sh}——疏水器设计排水量，kg/h；

G_l——用热设备的理论排水量，kg/h；

k——选择疏水器的倍率。

引入 k 值是考虑以下因素：

① 使用情况。用热设备在低压力、大负荷的情况下起动时，或需要迅速加热时，疏水器的排水能力要大于设备正常运行时的疏水量。

② 安全因素。理论计算与实际运行情况不会一致。如用汽压力下降、背压升高等因素，都会使疏水器的排水能力下降。同样，提高用汽设备生产率时，凝水量也会增多等。

根据用汽情况，疏水器选择倍率 k 值可按表 5-16 选用。

疏水器选择倍率 k 值　　**表 5-16**

系统	使用情况	选择倍率 k
供暖	$P_b \geqslant 100$kPa	2～3
	$P_b < 100$kPa	4
热风	$P_b \geqslant 200$kPa	2
	$P_b < 200$kPa	3
淋浴	单独换热器	2
	多喷头	4
生产	一般换热器	3
	大容量、常间歇、速加热	4

注：P_b—表压力。

3）疏水器前后压力的确定原则

疏水器前、后的设计压力及其设计压差值，关系到疏水器的选择以及疏水器后余压回水管路资用压力的大小。

疏水器前压力 P_1 的确定：

当疏水器安装在用热设备的出口凝水支管上时，$P_1 = 0.95P_b$，此处 P_b 表示用热设备前的蒸汽表压力。

当疏水器安装在凝水干管末端时，$P_1 = 0.7P_b$。此处 P_b 表示该供热系统的入口蒸汽表压力。

疏水器后压力 P_2 的确定：

疏水器后出口压力 P_2 值高，对余压凝水管路有利，但疏水器前后压差减小，对选择疏水器不利。通常由生产厂家提供最大允许背压值 $P_{2 \cdot max}$，一般取 $P_2 = 0.5P_1$。

疏水器后如按干凝水管路设计时（如低压蒸汽供暖系统），P_2 等于大气压力。

2. 减压阀

(1) 减压阀的工作原理

在蒸汽供热系统中采用减压阀降低蒸汽的压力。使用调压板和普通阀门也可以降低蒸汽压力，但它们不能将阀后压力维持在要求的压力范围内，而减压阀可以不受阀前压力的波动影响，减出的压力是恒定的。

目前国产减压阀有活塞式、波纹管式和薄膜式等几种。下面就适用范围广的活塞式减压阀的工作原理加以说明：

图 5-24 是活塞式减压阀的构造图。

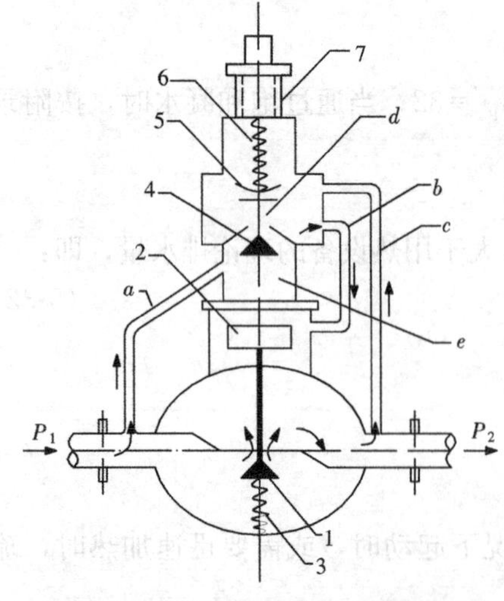

图 5-24　活塞式减压阀工作原理图
1—主阀；2—活塞；3—下弹簧；
4—针阀；5—薄膜片；6—上弹簧；
7—旋紧螺丝

图中主阀 1 由活塞 2 上面的阀前蒸汽压力与下面弹簧 3 的弹力相互平衡控制作用而上下移动，增大或减小阀孔的流通面积。针阀 4 由薄膜片 5 带动升降，开大或关小 d 室和 e 室的通道，薄膜片的弯曲度由上弹簧 6 和阀后蒸汽压力的相互作用来操纵。启动前，主阀关闭。启动时，旋紧螺丝 7 压下薄膜片 5 和针阀 4，阀前压力为 P_1 的蒸汽通过阀体内通道 a、e 室、d 室和阀体内的通道 b 到达活塞 2 上部，推下活塞，打开主阀，蒸汽流过主阀，压力下降为 P_2。当 P_1 升高时 P_2 也升高；薄膜片 5 由于下面的作用力变大而上弯，针阀 4 关小，活塞 2 的推动力下降，主阀上升，阀孔通路变小，P_2 下降。反之，动作相反。这样可以保持 P_2 在一个较小的范围（一般在±0.05MPa）内波动，减出的压力基本恒定。

（2）减压阀的选择计算

减压阀的流量方程式与流体的临界压力比有关，根据减压阀的不同工况，计算可分下列两种情况：

1）当减压阀的减压比 β 大于临界压力比 β_l，即 $\beta=\frac{P_2}{P_1}>\beta_l$ 时，

$$G=11.38f\cdot u\sqrt{2\frac{k}{k-1}\cdot\frac{P_1}{v_0}\left[(P_2/P_1)^{\frac{2}{k}}-(P_2/P_1)^{\frac{k+1}{k}}\right]} \tag{5-33}$$

式中 G——蒸汽流量，kg/h；

f——减压阀孔流通面积，cm^2；

u——减压阀孔的流量系数，一般取 0.6；

k——流体的绝热指数；

P_1——阀孔前流体的压力，kPa（abs）；

P_2——阀孔后流体的压力，kPa（abs）；

v_0——阀孔前流体的比容，m^3/kg；

11.38——单位换算系数，流量由 kg/s 改为 kg/h，面积由 m^2 改为 cm^2，压力由 Pa 改为 kPa 计算的换算系数。

当饱和蒸汽：$k=1.135$，$\beta_l=\left(\frac{2}{k+1}\right)^{\frac{k}{k-1}}=0.577$ 时，

$$G=46.7f\cdot u\sqrt{\frac{P_1}{v_0}\left[(P_2/P_1)^{1.76}-(P_2/P_1)^{1.88}\right]} \tag{5-34}$$

过热蒸汽：$k=1.3$，$\beta_l=0.546$ 时，

$$G=33.5f\cdot u\sqrt{\frac{P_1}{v_0}\left[(P_2/P_1)^{1.54}-(P_2/P_1)^{1.77}\right]} \tag{5-35}$$

2）当减压阀的减压比 β 等于或小于临界压力比 β_l，即 $\beta=\frac{P_2}{P_1}\leqslant\beta_l$ 时，则应按最大流量方程式计算：

$$G_{max}=11.38f\cdot u\sqrt{2\frac{k}{k+1}\left(\frac{2}{k+1}\right)^{\frac{2}{k-1}}\cdot\frac{P_1}{v_0}}\quad(kg/h) \tag{5-36}$$

将上式简化得出：

饱和蒸汽：$k=1.135$

$$G_{max}=7.23f\cdot u\sqrt{\frac{P_1}{v_0}}\quad(kg/h) \tag{5-37}$$

过热蒸汽：$k=1.3$

$$G_{max}=7.59f\cdot u\sqrt{\frac{P_1}{v_0}}\quad (kg/h) \tag{5-38}$$

在工程设计中，选择减压阀孔面积也可以用附录5-13的曲线图。

当要求阀后蒸汽压力较小时，或减压阀前后压力比大于5～7倍时，应串联装两个减压阀，使噪声和振动减小，而且运行安全可靠。在热负荷波动频繁而剧烈时，为使第一级减压阀工作稳定，两阀之间的距离应尽量拉长一些。当热负荷稳定时，其中一个减压阀可用节流孔板代替。

思 考 题

1. 蒸汽供热系统与热水供热系统相比有哪些特点？
2. 蒸汽供热系统的分类有哪些？
3. 低压蒸汽供热系统常见形式及特点有哪些？
4. 高压蒸汽供热系统与低压蒸汽供热系统相比有哪些特点？
5. 高压和低压蒸汽供热系统的回水方式有哪些？
6. 高压和低压蒸汽供热系统的辅助设备有哪些？
7. 疏水器的作用及工作原理是什么？

参 考 文 献

[1] 李德英．供热工程[M]．北京：中国建筑工业出版社，2004.
[2] 民用建筑供暖通风与空气调节设计规范．GB 50736—2012.
[3] 城镇供热直埋蒸汽管道技术规程．CJJ/T 104—2014.
[4] 刘燕．疏水器在供暖系统中的应用与实践[J]．设备管理与维修，2013，(S1)：41-43.
[5] 蔡迎杰，郁文红．北京现代汽车工程蒸汽凝结水回收系统设计[J]．节能，2007，(10).

第6章　室外供热管网系统

集中供热系统是由热源、供热管网和热用户三部分组成，由集中热源产生的蒸汽或热水通过供热管网供给城市（镇）或局部区域的生产、供暖和生活所需热量。集中供热系统是现代化城市的基础设施之一，属于城市公用事业范畴。

室外供热管网系统按照热媒分为：热水供热管网系统和蒸汽供热管网系统。

6.1　室外供热管网系统概述

6.1.1　室外热水管网系统

1. 室外热水管网系统分类

回顾历史发展，综合考虑民用建筑供暖、工业建筑供暖和生活热水供应，则室外热水供热系统可作如下分类：

根据热媒管道的数量，可以分为单管制、双管制、三管制和四管制管网系统。

根据热媒流动的形式，可以分为闭式系统、半闭式系统和开式管网系统。

（1）单管制开式管网系统

见图6-1(*a*)。在该系统中，热媒及其所携带的热量都完全被用户利用。这种系统适用于供暖和空调等所需管网水的平均小时流量与供热水所需的平均小时流量相等时的情况。在国内华北和东北地区，供暖和空调所需的管网水量总是大于供热水所需的水流量。在这种不平衡情况下，供热水所不用的那部分水就得排入下水道，这是很不经济的，所以单管制应用得很少。

（2）双管制闭式管网系统

见图6-1(*b*)。由热源产生的高温水通过供水管将携带的热量供给用户，水温降低后又全部经过回水管流回热源。在该系统中，用户只利用热媒所携带的一部分热量，而热媒则带着其剩余热量返回到热源，在热源重新增补热量。其热源的流出水量与流进水量大小一样。这种系统是应用最广泛的一种系统。

（3）双管制半闭式管网系统

见图6-1(*c*)。由热源产生的高温水供给热用户，降温后大部分水流回热源，有一小部分回水与高温水混合给用户供应热水。在该系统中，用户利用送过来的部分热量并消耗一部分热媒，而剩余的热媒及其所含有的余热则返回到热源。

（4）三管制闭式管网系统

见图6-1(*d*)。该系统具有两条供水管路、一条回水管路，其中一条供水管以不变的水温向工艺装备和供应热水的换热器送水，而另一条供水管以可变的水温满足供暖和空调所需。来自各局部系统的回水通过一条总回水管返回到热源。

(5) 四管制闭式管网系统

见图 6-1(*e*)。该系统是将季节性用热的供暖和空调用热与常年性供应热水的用热分开，各有一条供水管和一条回水管。季节性用热其热负荷是变化的，而常年性负荷是不变的，供水温度则不变化。

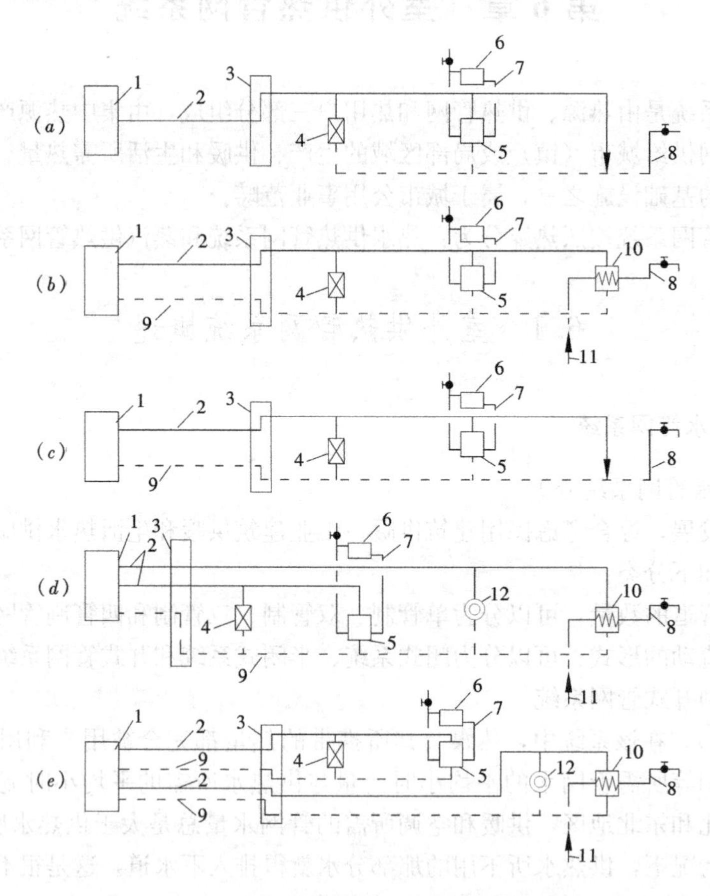

图 6-1 热水供热管网系统原理图

(*a*) 单管制开式系统；(*b*) 双管制闭式系统；(*c*) 双管制半闭式系统；(*d*) 三管制闭式系统；(*e*) 四管制闭式系统

1—热源；2—热网供水管；3—用户引入口；4—通风用热风机；5—用户端供暖换热器；6—供暖散热器；7—局部供暖系统管路；8—局部热水供应系统；9—热网回水管；10—热水供应换热器；11—冷自来水管；12—工艺用热装置

2. 闭式热水管网与热用户的连接方式

图 6-2 所示为闭式双管制热水供热系统的示意图。这里的热水供热系统供应供暖、通风和热水供应等热用户。热水沿外网供水管输送到各个热用户，在热用户系统的用热设备内放出热量后，沿着外网回水管返回热源。双管制闭式热水供热系统是应用最广泛的热水供热系统。但是，随着人口和经济的发展、供暖半径的增大和人民生活的提高，目前已经将供热、通风、空调的热媒与生活热水系统分开设置。

下面分别介绍过去的闭式热水供热系统外网同时与供暖、空调、热水供应等热用户的连接方式。

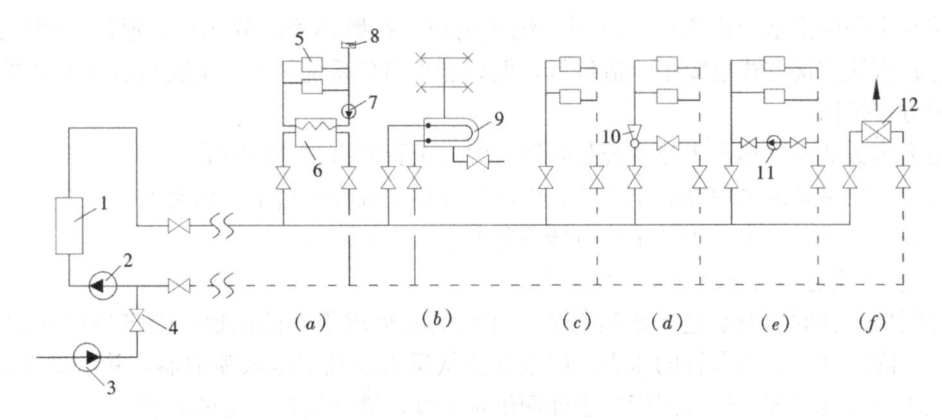

图 6-2　双管闭式热水供热系统示意图

(*a*) 热网与生活热水用户间接连接；(*b*) 热网与供暖热用户间接连接；(*c*) 热网与供暖热用户直接连接；(*d*) 热网与供暖热用户装水喷射器的直接连接；(*e*) 热网与供暖热用户装混水泵的直接连接；(*f*) 热网与热风热用户直接连接；

1—热源；2—外网循环泵；3—补水泵；4—补给水压力调节器；5—散热器；6—水—水换热器；7—二次网循环水泵；8—膨胀水箱；9—容积式换热器；10—水喷射器；11—混合水泵；12—空气加热器

热水外网与热用户的连接方式可分为“直接连接”和“间接连接”两大类方式。

(1) 热网与生活热水热用户的连接方式

在闭式热水供热系统中，外网的水仅作为热媒循环供给热用户热量，而用户不从外网中取水使用。因此，闭式供热系统中的热水供应热用户与外网的连接必须通过水-水热交换器。根据用户热水供应系统中是否设置储水箱等，有不同连接方式。

图 6-2(*b*) 是设置容积式换热器的连接方式。在建筑物用户引入口或热力站处装设容积式换热器 9，换热器兼起换热和储存热水的功能，不必设置上部储水箱。

容积式水-水换热器的传热系数低，需要较大的换热面积。但易清水垢，宜用于城市上水硬度高、易结水垢的场合。

(2) 热网与供暖空调热用户的连接方式

1) 间接连接（图 6-2*a*）

外网供水管的热水进入热力站或建筑物用户入口的水-水换热器内，通过换热器将热能传递给供暖或空调系统热用户（散热器或风机盘管、新风机组等）的循环水，冷却后的回水返回外网回水管流回热源再加热。供暖或空调系统的循环水由热用户系统的循环水泵驱动循环。

间接连接外网的压力工况和流量工况不受用户的影响，便于外网进行管理，国内北方大中城市集中供热大部分采用间接连接。

间接连接外网的一次网供水温度可提高到 110～130℃，而二次网的供暖用户供水温度不得高于 85℃、空调用户供水温度不得高于 60℃，以满足《民用建筑供暖通风与空调设计规范》GB 50736—2012 对于房间的舒适性和卫生要求及设备的承压能力。

但间接连接需在热力站或建筑物入口设置水-水热交换器，在供暖系统热用户增设循环水泵等设备，造价比直接连接高，循环水泵需经常维护，并消耗电能，运行费高。

2) 无混合装置的直接连接（图 6-2*c*）

热水由外网供水管直接进入供暖系统热用户，在散热器内放热后，返回外网回水管去。这种直接连接方式最简单，造价低，但只能当用户系统的水力工况和热力工况与外网相同时方可采用。

绝大多数低温水热水供热系统是采用无混合装置的直接连接方式。

当集中供热系统采用高温水供热，外网设计供水温度超过上述供暖卫生标准时，如采用直接连接方式，就要采用装水喷射器或装混合水泵的形式。

3）装水喷射器的直接连接（图 6-2*d*）

外网供水管的高温水进入水喷射器，在喷嘴处形成很高的流速，喷嘴出口处动压升高，静压降低到低于回水管的压力，回水管的低温水被抽引进入喷射器，并与供水混合，使进入用户供暖系统的供水温度低于外网供水温度，满足用户系统的要求。

水喷射器无活动部件，构造简单，运行可靠，网路系统的水力稳定性好。在高温水热水供热系统中得到应用。但由于抽引回水需要消耗能量，外网供、回水之间需要足够的资用压差，才能保证水喷射器正常工作。一般资用压差需 $\Delta P_{w}=80\sim120$kPa，这种系统，不需要其他能源，而是靠外网与用户系统连接处供、回水压差工作的。

4）装混合水泵的直接连接（图 6-2*e*）

当用户入口处热水外网的供、回水压差较小，不能满足水喷射器正常工作所需的压差时，可采用这种连接方式。

来自外网的高温水与混合泵送来的供暖系统的回水混合以后进入供暖系统，降低供暖系统的供水温度。经常用在外网供水是高温水而供暖系统供水需低温水的工程中。为了防止混合水泵的扬程高于外网供、回水管的压差，而将外网回水抽入外网供水管内，在外网供水管入口处应装设止回阀，通过调节混合水泵的阀门和外网供、回水管进出口处的阀门开启度，可以在较大范围内调节进入用户供热系统的供水温度和流量。

在热力站处设置混合水泵的连接方式，可以集中管理。但混合水泵消耗电能，运行费用比水喷射器高。

（3）热网与通风热用户的连接方式（图 6-2*f*）

由于工业通风系统中的加热空气设备能承受较高的压力，并对热媒温度无限制，因此，空调用热设备（如空气加热器等）与外网的连接，通常都采用最简单的直接连接形式。

3. 开式生活热水供热系统

开式热水供热系统是指用户的生活热水供应直接从热水外网取水，而供暖和空调热用户系统仍采用闭式系统连接（见图 6-3）。当热水外网回水温度 $t_{h}\geqslant65$ ℃时，只从回水取水；当外网回水温度 $t_{h}<65$℃时，同时从回水管和供水管取水；当外网供水管 $t_{g}=65$℃时，只从供水管取水。开式热水供热系统的热水供应热用户与网路的连接有下列几种形式：

（1）无储水箱的连接方式

见图 6-3(*a*)，用户直接从网路的供、回水管取水，通过混合三通 4 后的水温可由温度调节器 3 来控制。为了防止网路供水管的热水直接流入回水管，回水管上应设止回阀 6。

直接取水必须满足网路供、回水管的压力都大于热水供应用户系统的水静压力、管路阻力损失和配水点 5 出流水头的总和。

这种连接是最简单的连接方式，适用于小型住宅和公用建筑。

(2) 设上部储水箱的连接方式

见图 6-3(b)，这种连接方式常用于集中用水量大的用户，如浴室、洗衣房和工业厂房等，外网流量满足不了短时集中用水量。网路供水和回水先在混合三通中混合，然后送到上部储水箱 7，热水再沿配水管送到各配水点。

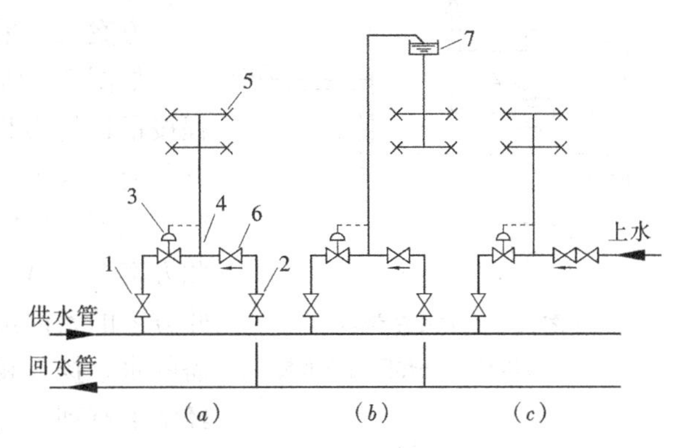

图 6-3 开式热水供热系统

(a) 无储水箱连接；(b) 设上部储水箱连接；(c) 混水连接

1、2—进水阀门；3—温度调节器；4—混合三通；5—配水点；6—止回阀；7—上部储水箱

(3) 与上水混合的连接方式

见图 6-3(c)，当热水供应用户的用水量很大（如浴室、洗衣房等）、外网供水温度 $t_g>65$℃时，回水与供水管中的热水混合后的水量仍然不足时，则可采用这种连接方式。

网路供水管的压力应高于上水（自来水）管的压力，在上水管上要安装止回阀，防止外网供水管水流入上水管路。如果上水压力高于外网供水压力时，在上水管上安装减压阀。

4. 闭式热水供暖系统设计

(1) 设计方案的比较

在供暖工程设计中，设计方案的确定是一项重要的、且影响全局的工作，供暖系统设计方案涉及到能源合理利用和运行管理，同时也涉及能源、外网和热用户三个方面。因此，供热系统设计方案的确定应根据现行国家能源政策、有关规程规范，全面考虑热源、热网和热用户，经过技术经济比较综合分析后加以确定。

现从供热系统的主设备配套组合、备用预留、系统划分等方面入手，来讨论供暖系统设计方案。

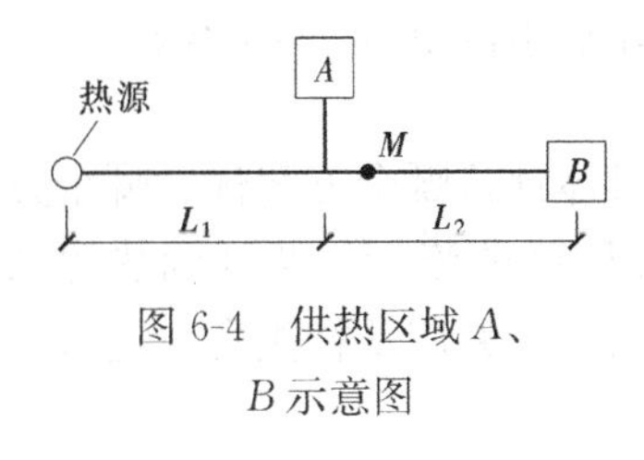

图 6-4 供热区域 A、B 示意图

为了直观起见，以一个实际例子来讨论。如图 6-4 所示，该供暖系统为 A、B 两个小区供热，在 A、B 区域内各有二级热网向热用户供热。区域 A 距热源（热电厂）距离 L_1，区域 B 距 A 为 L_2。我们不讨论供热系统的定压方式、热媒温度等问题，只讨论向 A、B 区域的供暖方案，即热网换热器和热网循环水泵的组合配套问题。

向 A、B 区域供暖有三个方案。

方案一、采用两套热网

如图 6-5 所示，对 A、B 两个区域采用两套热网加热系统分别供暖，两个区域的供热系统互不干扰，可以采用不同的定压方式，不同的定压点压力，不同的供、回水温度。这种方案适用于在 A、B 两区域地形高度差较大，要求不同的定压值、或热用户需要不同的供、回水温度的情况。其缺点是初投资和运行费较高，在热源处布置两套加热系统要多占

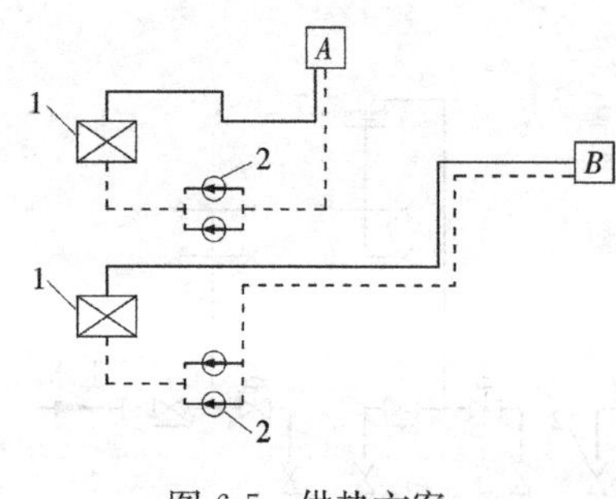

图 6-5　供热方案一
1—热网换热器；2—热网循环水泵

地，在实际工程中会有困难。

方案二、采用一套热网

如图 6-6 所示，采用一套热网和一套循环泵，扬程按最远的 B 区所需来选择，对距热源较近的 A 区进行节流。这个方案的优点是系统最为简单，缺点是运行不经济，特别是当 A 区的流量明显大于 B 区时，用此方案会因 A 区需过多节流而损失能量。因此，采用此方案的条件是：A 区的流量小于 B 区，两个区域所需的水泵扬程相差不大，并应进行耗电量计算证明其经济上有利。

方案三、采用一套热网设中继站

如图 6-7 所示。采用一套热网换热设备和一套热网循环水泵，流量按 A、B 两区总流量选取，扬程按 A 区所需选择；中继泵的流量、扬程按 B 区所需选择。该方案的优点是合理、节能，特别适合于 B 区的流量明显大于 A 区流量或 A、B 两区之间距离 L_2 较大的情况。

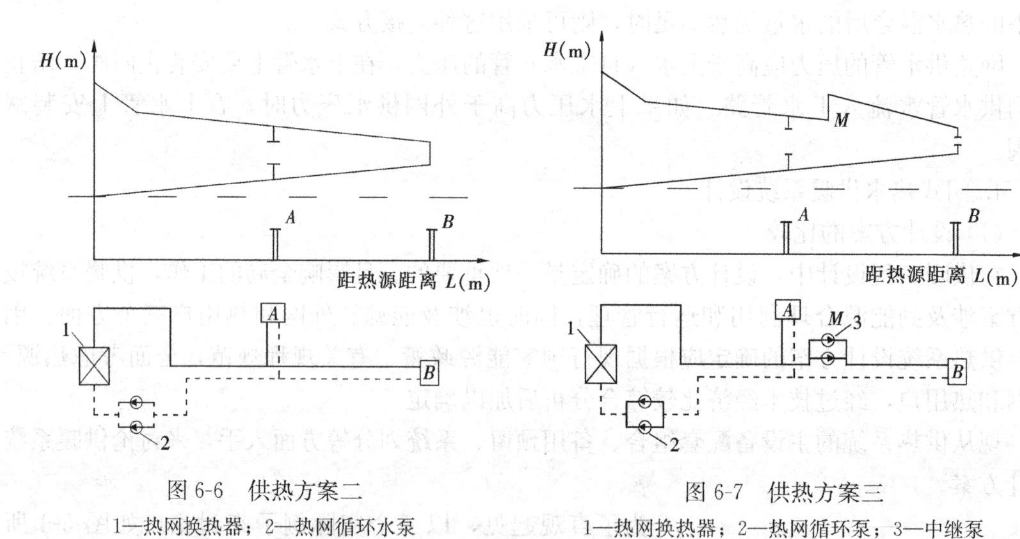

图 6-6　供热方案二
1—热网换热器；2—热网循环水泵

图 6-7　供热方案三
1—热网换热器；2—热网循环泵；3—中继泵

这三个方案是工程中常见、并有可能采用的实际方案，具体评价哪个方案优、哪个方案劣，这要根据实际情况来比较。可比较的因素有：A 区和 B 区的流量、两区到热源的距离、地形高差等等。这些条件都是决定采用何方案的重要因素。并应从初投资、运行费用上加以综合比较，从中选择最佳方案。

(2) 管网系统的选择

系统的划分也是确定方案时经常遇到的问题，首先是技术上可行，然后要进行经济比较。我们仍以图 6-4 作为实例加以分析。假定在热电厂内设置一套热网换热器、一套热网循环泵，供热管道有两种不同的布置方案：

方案一、四管制

在热源处设分水器和集水器，分别向 A 区和 B 区供热，热源出口处共有四根管道。

如图 6-8 所示。

方案一的优点是可以在热源处集中控制 A、B 区的供热时间和调节流量，缺点是管道多。

方案二、两管制

在热源处不设置分水器、集水器，热源出口仅有供回水两根管，如图 6-9 所示。

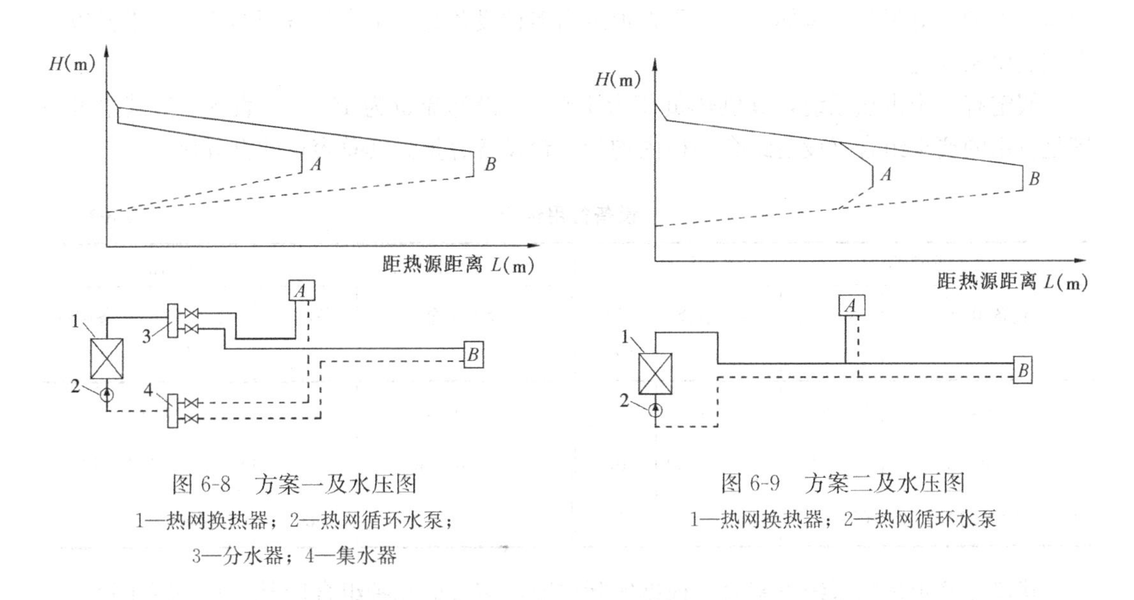

图 6-8　方案一及水压图

1—热网换热器；2—热网循环水泵；3—分水器；4—集水器

图 6-9　方案二及水压图

1—热网换热器；2—热网循环水泵

方案二的优点是节省管材，缺点是调节控制不灵活。

这两个方案的水压图也是不一样的，在方案一中，距离热源较近的 A 区可在热源内部的分水器、集水器的阀门上节流；而在方案二中，则在热网分支处（或在 A 区热力站入口处）节流。

(3) 供热设备的选型

设备主要指热网换热器和热网循环水泵。

1) 参数富裕量

在选择热网主设备时，根据有关设计规程、规定，为了安全，设计容量（热量、流量、扬程）都应乘以一个富裕系数（一般为 1.10～1.20）。但是，在供热系统初设阶段粗选设备时，往往只能按建筑物供暖耗热面积热指标估算热负荷，因而很难估计得很准确，大多是容量偏大。如果再乘以富裕系数，层层附加会导致供热系统主设备容量大大超过实际容量，这既不经济，也是造成供热系统大流量、小温差运行的原因之一。

因此，在设计选取主设备富裕量时，宜按以下原则考虑：如果在初步设计中按面积热指标法估算采暖热负荷，并有把握认为此值已偏于安全了，就可以不乘以富裕系数或取富裕系数的下限值。如果各建筑物是按实际计算热负荷作为选择设备的依据，则可按规定的要求选取主要设备富裕系数。

2) 备用组合

备用的先决条件是系统中要有两台（套）以上的设备，当任一台设备发生故障、而其他设备仍可以维持系统运行（但不一定保证满负荷运行)。这与富裕量是不同的概念。

供热系统的主设备应考虑备用，对此有关设计标准中均有规定。例如：对于热网换热器，当其中任一台发生故障时，其余的加热器应满足 60%～75%的热负荷。对于热网循环水泵，除运行水泵外，应考虑有一台备用。

如何考虑备用才能既满足有关设计标准的要求、又方便设计安装，节省投资，还有益于运行管理。对于某一具体工程，可以拟定出多种设备组合来满足备用的要求。下面以一个实例说明问题。

假定有一个供热系统，其供热负荷为 100%、设计流量为 100%。表 6-1 为其主设备满足备用的要求组合（设备组合一栏内均为每台设备容量占其总容量的百分比）。

设备备用组合　　**表 6-1**

热网换热器		热网循环水泵		热网换热器		热网循环水泵	
设备组合（%）	备用量（%）	设备组合（%）	备用量（%）	设备组合（%）	备用量（%）	设备组合（%）	备用量（%）
100＋100	100	100＋100	100	50＋50＋50	100	100＋40＋40	80
100＋(60～75)	(60～75)	70＋70＋30	100	100＋40＋40	80	100＋50＋50	100
(60～75)＋(60～75)	(60～75)	70＋70	70	60＋40＋40	80	100＋60	60

建议在确定供热系统方案时，根据实际情况，多考虑几种组合情况，并进行比较，找出最佳组合。

3）设备预留

当某一项工程分几期建设时，为了减少设备初投资及利息，可以按各期工程的实际所需定购、安装供热系统主设备。而设计上则应按工程最终规模所需的容量考虑，这样就需要在首期工程中全面考虑，分期分批定购和安装设备，为其预留安装位置，与其他专业配合工作等。设备预留问题影响到工程投资、所付利息的多少以及运行经济性，是供热系统方案设计的重要内容之一。

6.1.2　室外蒸汽管网系统

蒸汽供热系统广泛应用于工业建筑，它主要向生产工艺热用户供热，同时也可以向热水供应、空调和供暖热用户供热。根据热用户要求，蒸汽供热管网系统可以分为单管制、双管制和多管制等几种。

1. 室外蒸汽管网系统形式

（1）单管制蒸汽供热系统

见图 6-10(*a*)，蒸汽的凝结水不从用户返回热源，而用于热水供应及工艺用途或排入疏水系统。这种系统不太经济，一般用于用汽量不大的系统。

（2）双管制蒸汽供热系统

凝结水返回热源的双管制蒸汽供热系统见图 6-10(*b*)，各个局部供热系统的凝结水收集到热力站的总凝水箱，然后用凝水泵送到热源。这种系统是应用最广的系统。

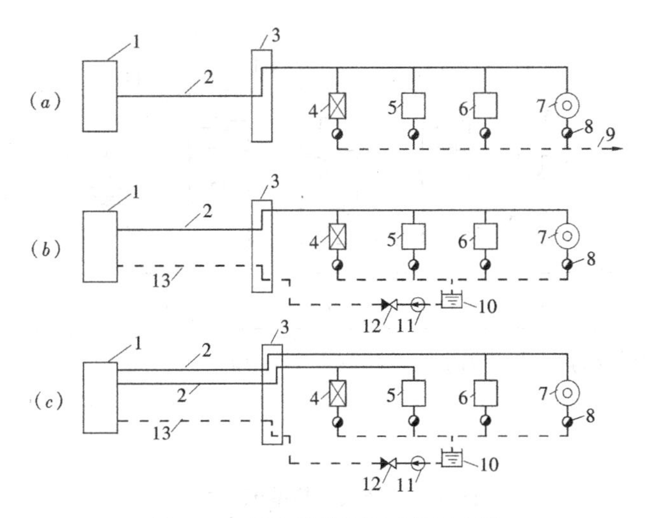

图 6-10 蒸汽供热管网系统原理图

(a) 不回收凝结水的单管式系统；(b) 回收凝结水的双管式系统；

(c) 回收凝结水的三管式系统

1—热源；2—蒸汽管路；3—用户引入口；4—通风用热风器；5—局部供暖系统的换热器；6—局部热水供应系统的换热器；7—工艺装备；8—凝结水疏水器；9—排水；10—凝结水水箱；11—凝结水泵；12—止回阀；13—凝结水管路

(3) 多管制蒸汽供热系统

见图 6-10(c)，常用于生产工艺要求有几种不同压力的蒸汽的场合。建造不同压力的多条蒸汽管路，不同于热源只供给一种压力较高的蒸汽、然后在用户处减压为低压蒸汽的情况。根据用户对蒸汽压力要求，设两条以上蒸汽管、而凝结水统一回到热力站凝结水箱，由凝结水泵送回热源。

具体设几条供汽管合适，要根据用户所需蒸汽压力的不同经过技术经济比较而定，还与热源至热用户的距离等因素有关，需要综合考虑。

2. 蒸汽外网与热用户的连接方式

图 6-11 所示为蒸汽供热系统的示意图。

根据热用户需要的热媒参数不同，蒸汽外网与热用户的连接方式也不同。下面分别介绍各种热用户与蒸汽网路的连接方式。

(1) 蒸汽外网与生产热用户连接

见图 6-11(a)，外网蒸汽经过用户减压阀降到工艺设备所需的压力来供给工艺用热设备，凝结水经疏水器后流进用户凝结水箱，再经凝水泵送回外网凝水管。凝结水有污染可能或回收凝结水在技术经济上不合理时，凝结水可采用不回收方式。此时，应在用户内对凝结水及其热量加以就地利用；对于直接用蒸汽加热的生产工艺，不产生凝结水、也不需要回收凝结水。

(2) 蒸汽外网与蒸汽供暖用户连接

见图 6-11(b)，由于蒸汽供暖用户的蒸汽压力不能超过散热设备的承受压力，所以外网蒸汽管内的蒸汽必须经过减压阀降压才能进入散热设备。散热后的凝结水通过疏水器进

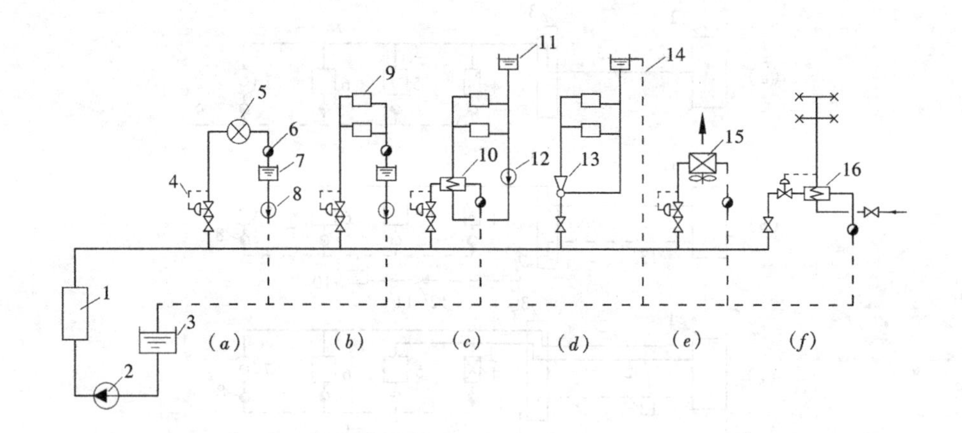

图 6-11　蒸汽供热系统示意图

(a) 生产热用户与蒸汽网连接；(b) 蒸汽供暖用户与蒸汽网直接连接；(c) 采用蒸汽-水换热器连接；(d) 采用蒸汽喷射器连接；(e) 热风装置与蒸汽网路连接；(f) 无储水箱的生活热水供应

1—蒸汽锅炉；2—锅炉给水泵；3—凝结水箱；4—减压阀；5—生产用热设备；6—疏水器；7—用户凝结水箱；8—用户凝结水泵；9—散热器；10—供暖系统汽-水换热器；11—膨胀水箱；12—循环水泵；13—蒸汽喷射器；14—溢流管；15—空气加热装置；16—热水供应汽-水换热器

入用户凝结水箱、然后由凝结水泵送回热源。

(3) 蒸汽外网与热水供暖用户间接连接

见图 6-11(*c*)，由于用户是热水供暖系统，所以蒸汽外网与用户连接须采用间接连接而设置汽-水换热器。外网蒸汽减压后（满足换热器承压要求）进入汽-水换热器，散热后相变为凝结水后经过疏水器，靠余压流回外网凝结水管。而热水供暖用户自已成一封闭系统，不断经汽-水换热器加热循环。

(4) 蒸汽外网与热水供暖用户直接连接

见图 6-11(*d*)，当用户为热水供暖系统，蒸汽外网可采用与蒸汽喷射装置直接连接、蒸汽与供暖系统回水直接混合加热，使供暖回水加热到供水温度的方式。系统中多余的水量从水箱溢流回凝结水管。

(5) 蒸汽外网与热风系统连接

见图 6-11(*e*)，这种连接为直接连接。蒸汽外网的蒸汽经过减压阀降压后满足热风散热设备（空气加热器）的承压要求，直接向热风散热设备散热，散热后的凝结水经过疏水器后流回外网凝结水管。

(6) 蒸汽外网与生活热水用户连接

见图 6-11(*f*)，热水供应系统为开式系统。自来水经过汽-水换热器被加热后送到各配水点，而蒸汽外网与汽-水换热器连接为间接连接，外网蒸汽经过减压阀降压后进入汽-水换热器，换热器的凝结水经过疏水器后流回外网凝结水管。

蒸汽在用热设备内放热成凝结水后，凝结水流出用热设备，再经过疏水器、凝结水管道返回热源的管路系统及其设备组成的整个系统称为凝结水回收系统。

6.1.3 集中供热系统的热力站

1. 热力站的作用

用于连接外网（一次网）和用户系统（二次网）、装有全部与用户连接的有关设备、仪表和控制装置的机房称为热力站。

热力站的作用如下：

(1) 将热量从外网（一次网）转移到用户系统（二次网）内（有时也包括热媒介质本身）；

(2) 将热源产生热媒介质的温度、压力、流量等参数调稳、变换到用户设备所要求的状态，保证用户系统安全、经济地运行；

(3) 保证用户系统的补水、定压和循环，检测和计量各用户消耗的热量；

(4) 在蒸汽供热系统中，热力站除了保证向用户系统供热之外，还具有收集凝结水（不含盐类和可溶性气体，含热量约为蒸汽含热量的15%的有价值的水）并将其回收利用的作用。

2. 热力站的类型

根据外网（一次网）系统的不同，可分为换热站和热力分配站；根据外网热介质的不同，可分为水-水换热的热力站和汽-水换热的热力站；根据服务对象的不同，可分为工业热力站和民用热力站；而根据热力站的设置位置，可分为：

(1) 用户热力站

也称为用户引入口。它设置在单幢建筑物用户的地沟入口或该用户的地下室。当无换热设备、用户无自己的二级网路，只是向各用户分配热量时，则称为热力分配站。

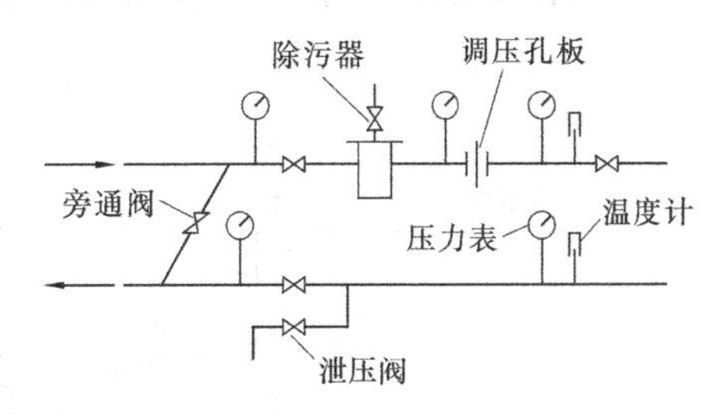

图 6-12 用户热力站示意图

图 6-12 为供暖用户热力站（引入口）示意图。站内设置温度计、压力表等检测仪表；在供水管上装设除污器，防止污垢、杂物等进入局部系统内；在供水管或回水管装设平衡阀（或调压孔板等）调节流量；在最低点处设泄水阀，供检修时排泄供暖系统中的水量。

(2) 集中热力站

也称为民用小区热力站。集中热力站的最佳供热规模取决于热力站与外网总基建投资费用和运行费用，应通过技术经济比较确定。一般来说，对于新建居住小区，每个小区设一座热力站，规模在5万～15万 m^2 建筑面积为宜。

图 6-13 为热水外网与热力站间接连接方式原理示意图。一次热网的高温水（温度可为110/70℃、120/70℃、130/70℃、130/80℃、150/80℃、…）通过热交换器加热二次热网的低温水（温度可为70/50℃、80/60℃、90/70℃、95/70℃、…），一次热网水与二次热网水互相隔绝。热力站内设置二次网的补水定压装置，补水源可用经过简单软化处理的生活水，也可以从一次热网回水管上接管作为二次热网的补水备用水源。

采用这种间接连接的方式，一次热网的水不进入热用户，失水量很小。而二次热网供水温度低，对补水水质要求低，不必除氧处理。因此，这是大中型供热系统中经常采用的

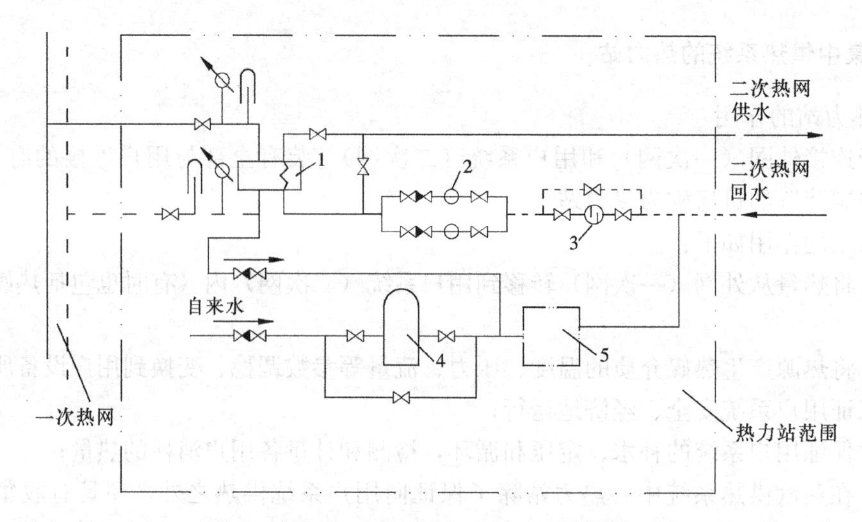

图 6-13 用水-水热交换器间接连接的热力站

1—热交换器；2—二次热网循环水泵；3—除污器；4—简易水处理装置；5—补水定压装置

一种连接方式。

（3）工业热力站

工业热力站的服务对象是工厂企业用热单位，热力站多为蒸汽热力站。图 6-14 所示为一个具有多类热负荷（生产、空调、供暖、热水供应负荷）的工业热力站示意图。

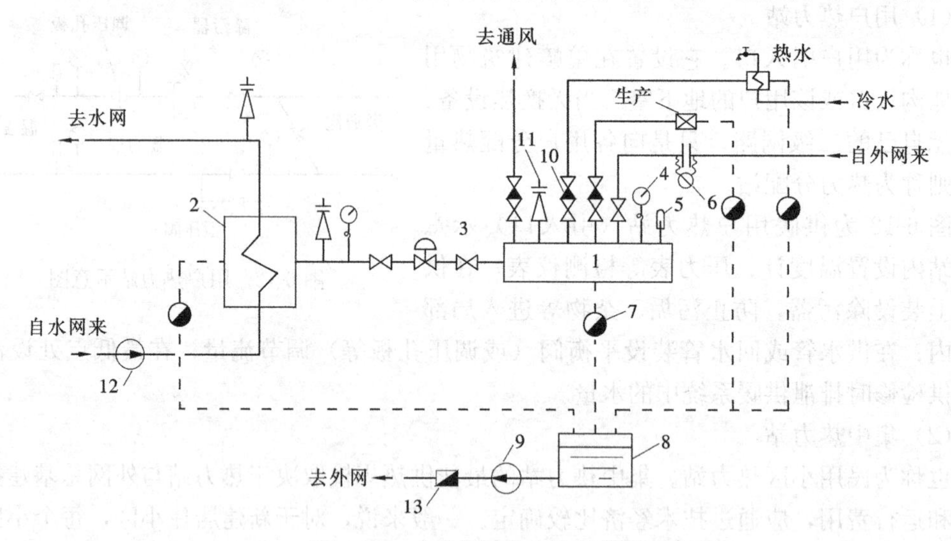

图 6-14 工业蒸汽热力站示意图

1—分汽缸；2—汽-水换热器；3—减压阀；4—压力表；5—温度计；6—蒸汽流量计；7—疏水器；8—凝水箱；9—凝水泵；10—调节阀；11—安全阀；12—循环水泵；13—凝水流量计

外网蒸汽首先进入分汽缸，然后根据各类热用户要求的工作压力、温度，经减压器（或降温器）调节后分别输送到各类用户。如工厂采用热水供暖系统，则多采用汽-水式换热器，将热水供暖系统的循环水加热。

凝结水回收设备是蒸汽供热热力站的重要组成部分，主要包括凝结水箱、凝结水泵以及疏水器、安全水封等附件。所有可回收的凝结水分别从各热用户返回凝结水箱。有条件的情况下，应考虑凝结水的二次蒸汽的余热利用。

工业热力站应设置必须的热工仪表：应在分汽缸上设压力表、温度计和安全阀；凝结水箱内设液位计或设置与凝水泵联动的液位自动控制装置；换热器上设置压力表、温度计。为了计量，外网蒸汽入口处设置蒸汽流量计和在凝结水接外网的出口处设置凝水流量计等。

(4) 热力站的布置

热力站的位置应该尽量靠近供热区域的中心或热负荷最集中区域的中心。可以设在单独建筑物内，也可以利用旧建筑的底层或地下室。工业用热力站应尽量利用企业原有锅炉房为旧居住区供热，这样可以完全利用原有的管网系统，减少小区管网投资。见图 6-15 热力站示意图。

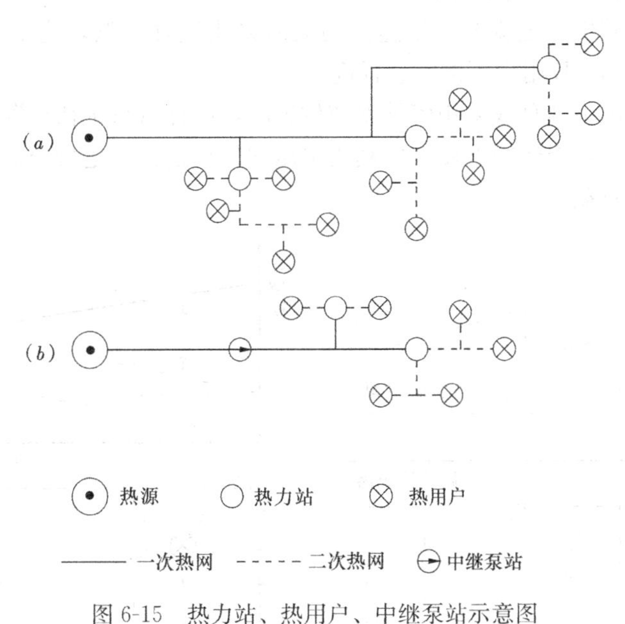

图 6-15 热力站、热用户、中继泵站示意图
(a) 热源、热力站、热用户；(b) 中继泵站

热力站的平面布置中一般应包括换热间、泵房、仪表间、值班间和生活附属间。对于汽-水热力站，当有热水供应系统、换热间面积较大时可布置为双层。水-水式热力站一般布置在单层建筑中。不同规模热力站的设计估算指标如表 6-2 所示，仅供参考。

热力站设计估算指标 **表 6-2**

序号	热力站系列 项目	1	2	3	4	5	6	7
1	供热面积（$\times 10^4 m^2$）	5	8	12	16	20	30	40
2	供热负荷（GJ/h）	13	20	30	40	50	75	100
3	补给水量（t/h）	3	4	6	8	10	15	20
4	耗电量（kW）	40	65	100	130	160	200	250
5	热力站面积（m^2）	350	400	450	500	600	820	1000
6	循环水量（t/h，Δt=25℃）	125	190	286	380	476	715	952

(5) 中继泵站

在集中供热系统中，有时因热网距离较长、高差较大、用户分散，仅靠设在热源的热网循环泵运行不能满足输送要求，需要在热网主干线的供水（或回水）管道上设置升压泵。凡是在热源外部、热网主干线上的升压泵统称为中继泵。

中继泵站设置在什么位置是方案性问题，这涉及供热区域内的地形高度差、热用户的分布位置、热用户系统承压等多种因素。下面以常用的两种方式加以说明：

1）中继泵安装在供水主干管上

见图6-16，当远端用户C、D的地形较高而又不允许提高外网静压线时采用这种类型。这是为了降低供热系统静水压力线。

2）中继泵安装在回水主干线上

见图6-17，当热网长度太长、沿途阻力大时采用这种类型，这是为了提高热网回水干管压力线，保证A、B用户不倒空、提高静压线。

在决定是否采用中继泵或采用何种安装位置时，应计算系统初投资和运行费用、系统的安全性、可靠性、是否运行方便。要利用水压图进行定性、定量分析，优化方案，以求得最佳的综合经济效益。

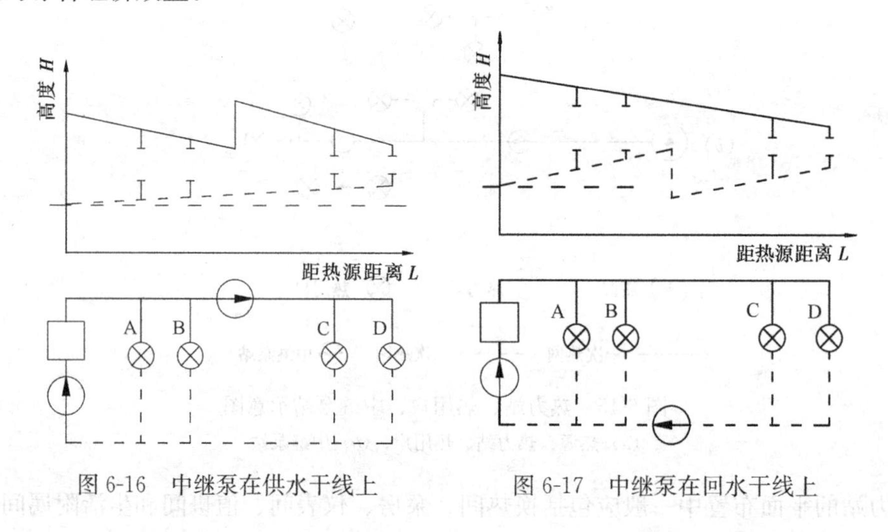

图6-16　中继泵在供水干线上　　　图6-17　中继泵在回水干线上

6.2　室外供热管网规划设计

集中供热系统中的室外供热管网包括供热管道及其构筑物。具体来说有：供热管道（管子及其配件、保温结构）和相关附件（补偿器、阀门、压力计、温度计和流量计等）及配件（三通、弯头和变径管、支架支座等）所组成。构筑物有：管道固定支墩、操作平台和地下敷设的地沟、检查小室等。

在大型热网中，有时为保证管网压力工况、集中调节和检测热媒参数，还须设置中继泵站或控制分配站等小型建筑物。

6.2.1　供热管网规划原则

管网的规划设计对于供热的可靠性、系统的机动性、运行的便利性以及经济效益起着决定作用。因为室外供热管网在供热系统中投资比重大、施工范围广，所以合理进行供热管网的规划设计对于节省投资、保证热网安全可靠运行和施工维修方便等具有重要意义。

供热管网规划原则是：在城市建设规划指导下，考虑热负荷分布、热源位置、与各种地上地下管道和构筑物、园林绿地的关系，以及水文、地质条件等多种因素，经技术经济比较确定。

供热管线平面位置的确定即定线应遵守如下基本原则：

（1）主干线力求短直。主干线尽量走热负荷集中区，且要注意管线上的阀门、补偿器和其他管道附件（如放气、放水、疏水等装置）的合理布置，因为这涉及检查井（或操作平台）的位置和数量，应尽可能使其数量减少。

（2）管线应尽可能布置在地势平坦、土质好、水位低的地区。应尽量避开土质松软地区、地震断裂带、滑坡危险地带以及地下水位高等不利地段。

（3）管线应尽量少穿主要交通线。一般平行于道路中心线并尽量敷设在车行道以外。通常管线应只沿街道的一侧敷设。地上敷设的管道不应影响城市环境美观，不妨碍交通。供热管道与其他各种管道、构筑物之间的相互距离应设计合理，应能保证运行安全、施工及检修方便。

供热管道与建筑物、构筑物或其他管线的最小水平净距见表 6-3。

埋地热力管道或管沟外壁与建筑物、构筑物的水平最小间距 **表 6-3**

建筑物、构筑物的名称	水平净距（m）
建筑物基础边	1.5
铁路钢轨外侧边缘	3.0
道路路面边缘	1.0
铁路、道路的边沟，或单独的明沟边	1.0
照明、通讯电杆中心	1.0
高压电杆支座	2.0
架空管道支架基础边缘	1.5
围墙或篱栅基础边缘	1.0
乔木或灌木条丛中心	1.5
桥梁、旱桥、隧道和高架桥	2.0

注：1. 当管线埋深大于临近建、构筑物的基础埋深时，应用土壤内摩擦再校正表列数据。如一般距建筑物的基础边要 2～3m。

2. 管线与铁路、道路间的水平间距，除应符合上表规定外，当管线埋深大于 1.5m 时，管线外壁至路基坡脚的净距不应小于管线埋深。

6.2.2 供热管网设计内容

供热管道的布置应根据确定的供热系统方案、管道布置原则和敷设形式等，结合实际情况进行，并且用管道平面图、地沟纵断面图、地沟横断面图和节点详图等表示出来。

1. 供热管道平面图

供热管道平面布置用平面图表示出来。平面图主要内容包括管道的名称（蒸汽与凝结水管道或热水供水与回水管道）和管径（$\Phi\times\delta$），管道平面位置和连接形式，固定支架的位置及数量、管道辅助设备（如补偿器、阀门、疏水器、排水和放气装置等）的位置、管道节点以及横断面图的编号等。

图 6-18 是某厂厂区地下敷设供热管道平面图的一部分，图中蒸汽管道的高压蒸汽由锅炉房来，送到 1、2、3 车间，供生产和供暖等用，各个车间凝结水先以自流回水方式集中到 3 号车间凝结水回水箱中，然后用凝结水泵送回锅炉房回水箱。

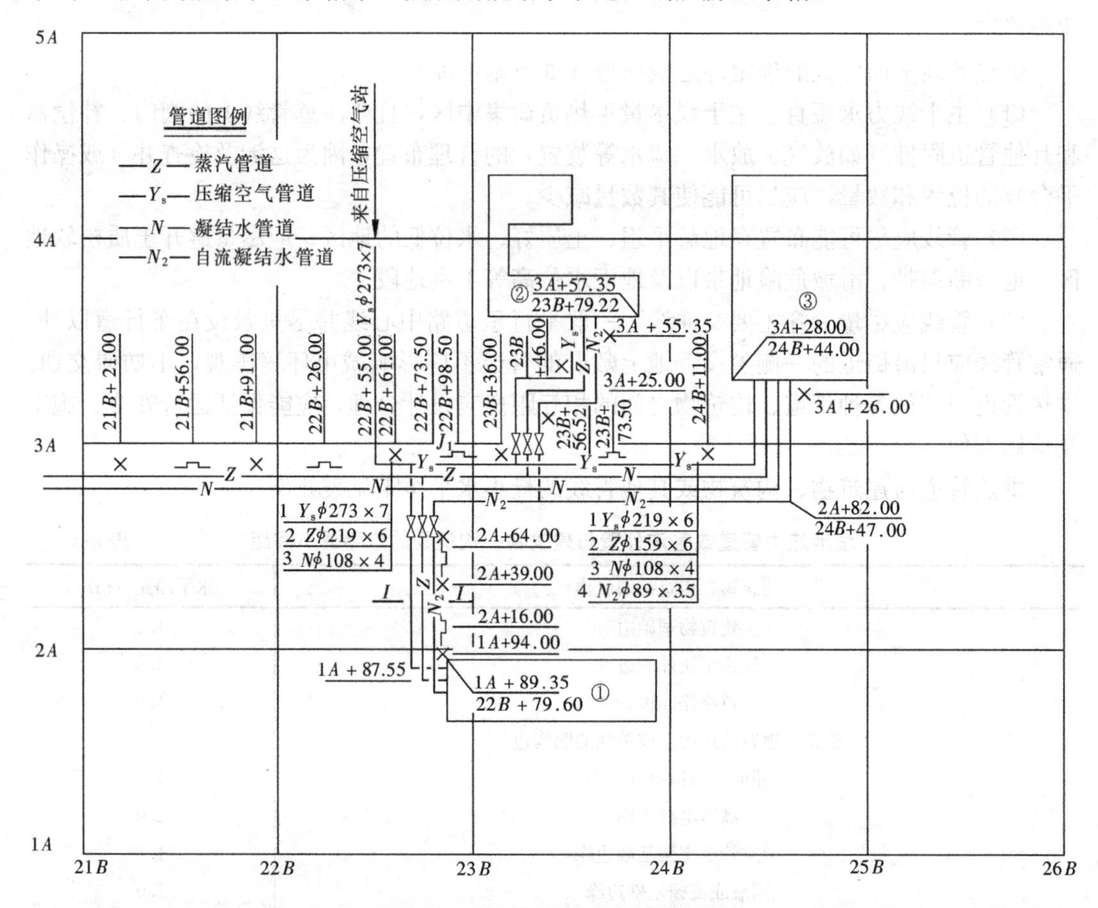

图 6-18　某厂厂区供热管道平面图

该平面图中，管道的长度、支架和辅助设备等的平面位置，是用方格网坐标表示的。在平面图上绘出了与厂区总平面图相一致的纵、横格线，格线间距为 100m。该平面图纵向格线编号是 1A、2A、3A、4A，横格线编号是 21B、22B、…、26B，例如图中管道由左向右，然后向上拐弯，拐弯处自流凝水管的位置是 $\left(\dfrac{2A+82.00}{24B+47.00}\right)$，即该点在格线 2$A$ 以上 82m，在格线 24B 向右 47m。

施工时，在施工现场要作出方格网的标志，以便确定建筑物、管道和设备等的位置。

2. 地沟纵断面图

在地沟敷设的供热管道地沟纵断面图上，应标注：地面的设计标高、原始标高、现状与设计的交通线路和构筑物的标高，以及各段热网的坡度等。

图 6-19 所示为不通行地沟的地下敷设供热管道的路线与纵断面图的例子。

3. 地沟横断面图

在地沟的横断面图中，应确定地沟横断面构造和尺寸、管道排列位置，并标注：管

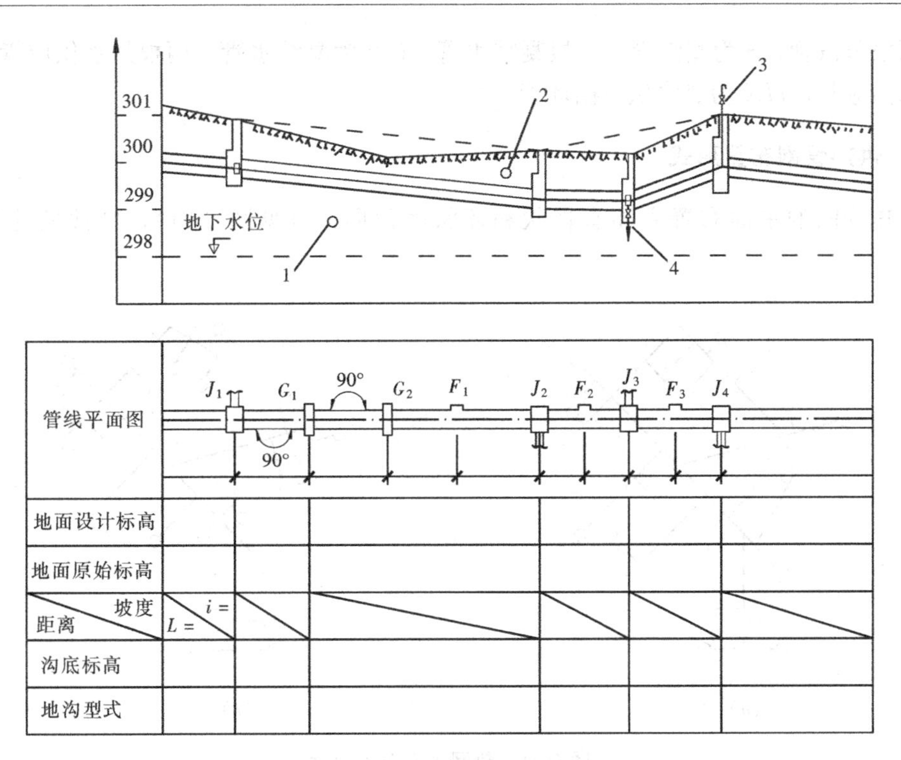

图 6-19 热网管段的纵断面图

1—雨水道、下水道；2—电缆；3—空气阀；4—放水阀；

J—检查室；*G*—固定支架；*F*—方形补偿器穴

径、保温层厚度、管距等。

图 6-20 为通行地沟的实例。有两根热水供热管，*H* 为热水供水管，*HR* 热水回水管，

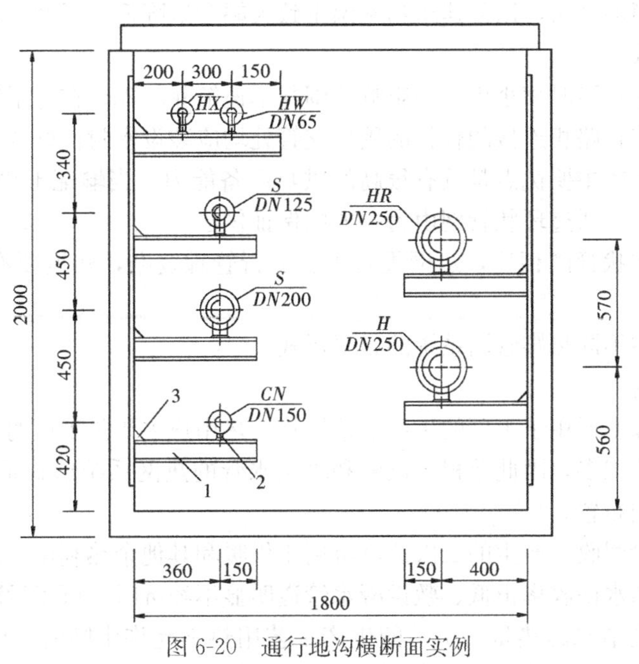

图 6-20 通行地沟横断面实例

1—管道支架根部；2—管道支座；3—加强板

还有两根蒸汽管，S 为蒸汽管，一根凝结水管，CN 为凝结水管，两根热水供应管，HW 为热水供应管，HX 为热水供应循环管。

6.2.3 供热管网布置形式

供热管网的平面布置主要有枝状和环状两种形式（见图 6-21），最常见的是枝状布置。

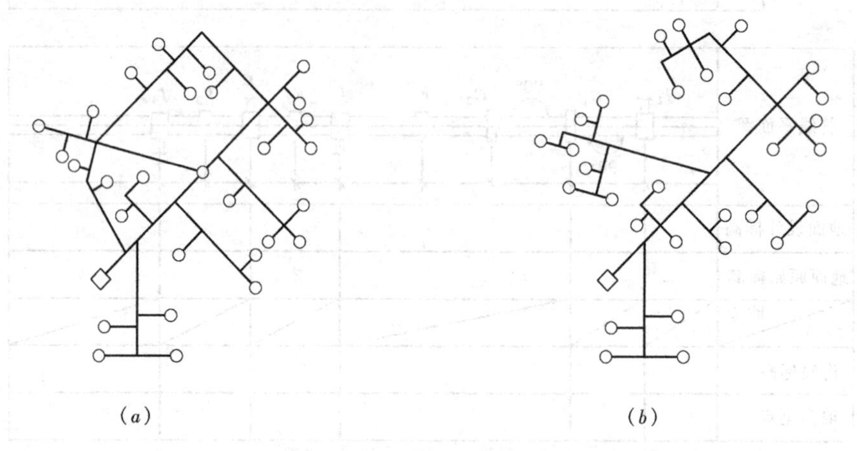

图 6-21　热网平面布置示意
(a) 环状布置；(b) 枝状布置

枝状管网布置简单，供热管道的管径随距热源距离增大而逐渐变细，即管材耗量小、初投资小，维护工作量小。但是枝状管网不具后备供热性能，当供热管网某处发生故障时，在故障点以后的热用户都将停止供热。由于建筑物具有一定的蓄热能力，通常可采用尽快抢修热网故障的办法，以使建筑物室温不致大幅度地降低。因此，枝状管网是供热管网普遍采用的方式。

为使管网发生故障时缩小供暖的影响范围并迅速解除故障，在与干管相连接的管路分枝处以及在与分支管路相连接的较长的用户支管处均应装设密封性好的关断阀门。

环状管网布置的主要优点是具有很高的供热后备能力。当输配干线某处出现事故时，可以切除故障段后，通过环状管网由另一方向保证供热。

环状管网与枝状管网相比，热网投资大、运行管理复杂，热网要有较高的自动控制系统。

下面分别介绍不同热媒管网系统的布置形式。

1. 蒸汽管网系统

蒸汽作为热媒主要用于工厂的生产工艺用热。热用户主要是工厂的各生产设备，比较集中且数量不一定很多，因此单根蒸汽管和凝结水管的热网系统形式是普遍采用的方式，同时采用枝状管网布置。

凝结水要尽量回收，产生的二次蒸汽可用于供暖和其他余热利用。在凝结水质量不符合回收要求或凝结水回收率很低、敷设凝水管道明显不经济时，可不设凝水管道，但应在用户处充分利用凝结水的热量。工厂的生产工艺用热不允许中断时，可采用复线（两根 50%热负荷的蒸汽管代替单管 100%热负荷的供汽管）蒸汽管供热系统形式，但复线敷设必然增加热网的初投资。当工厂各用户所需的蒸汽压力相差较大或季节性负荷占总热负荷的比例较大时，可考虑采用双根蒸汽管或多根蒸汽管的热网系统形式。

2. 热水管网系统

在城市热水供热（暖）系统中，以区域锅炉房为热源的热水供热系统，其供暖建筑面积一般为数万至数十万平方米，个别系统超过百万平方米；而以热电厂为热源或具有几个热源的大型热水供热系统，其供暖建筑面积可达数百万平方米。因此，在确定热水管网系统形式时，应特别注意供热的可靠性，当部分管段出现故障后，热网需具有后备供热的可行性。

图 6-22 是一个大型的热水管网系统示意图。只画了供水管线、未画回水管线。热网供水从热源沿输送干线 4、输配干线 5、支干线 6、用户支线 7 进入各热力站 8；网路回水从各热力站沿相同线路返回热源。热力站后面的热水网路，通常称为二次网，按枝状管网布置，它将热能由热力站分配到一个或几个街区的建筑物中。

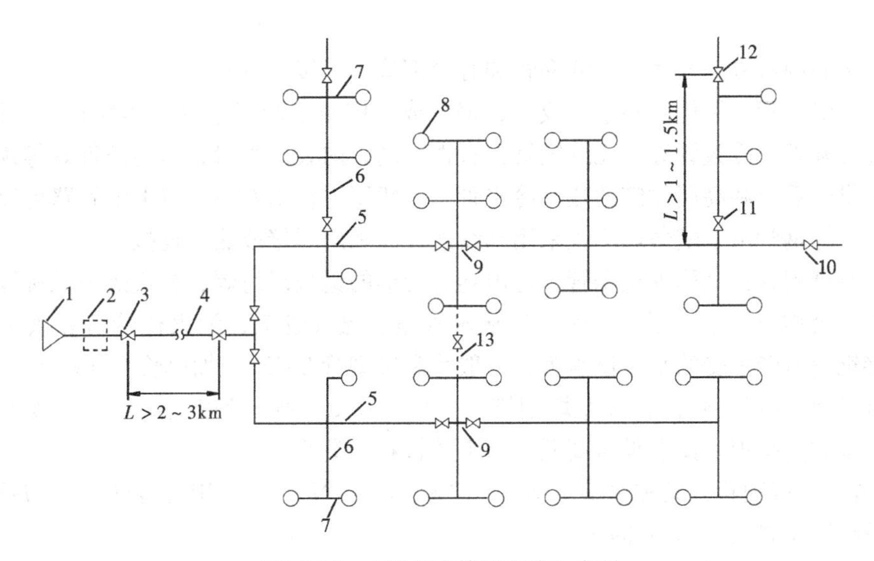

图 6-22 大型热水管网系统示意图

1—热电厂；2—区域锅炉房；3—热源出口阀门；4—输送干线的分段阀门；5—主干线；6—支干线；7—用户支线；8—热力站；9、10、11、12—输配干线上的分段阀门；13—连通管

注：双管线路以单管表示

对于大型管网，在长度超过 2km 的输送干线（无分支管的干线）和输配干线（指有分支管线接出的主干线和支干线）上，还应配置分段阀门。《城镇供热管网设计规范》CJJ 34—2010 中规定：输送干线每隔 2000～3000m、输配干线每隔 1000～1500m 宜装设一个分段阀门。

对于具有几根输送干线的热网系统，宜在输送干线之间设置连通管 13（如图上虚线）。在正常工作情况下，连通管上的阀门关闭。当一根干线出现故障时，可通过关闭干线上的分段阀门，开启连通管上的阀门，由另一根干线向出现故障的干线的一部分用户供热。连通管的配置提高了整个管网的供热后备能力。连通管的流通量，应按热负荷较大的干线切除故障段后，供应其余热负荷的 70%确定。当然，增加干线之间的连通管的数目和缩短输送干线两个分段阀门之间的距离，可以提高网路供热的可靠性，但热网的初投资要相应增加。

6.3　室外供热管网系统安装

6.3.1　供热管道安装

供热管道由供热管和配件组成。目前绝大多数管子和配件的规格已经标准化。

1. 供热管

供热管通常采用钢管。钢管具有一定的机械强度和刚度；热稳定性好；具有可塑性，易于煨弯、焊接及切削加工。工程中使用的成品管道要求管壁厚薄均匀、材质密实、管道内外表面平整光滑。能承受较大的内压力和动荷载，管道连接简便。其缺点是易腐蚀。

钢管按照制造方法分为：无缝钢管和有缝钢管（焊接钢管）。

（1）无缝钢管：用优质碳素钢或合金钢制成，按照生产工艺分为热轧管、热挤压管、热扩管、冷轧管、冷拔管等。无缝钢管具有强度高、内表面光滑、水力条件好等优点，适用于高压供热系统和高层建筑的热、冷水管。一般压力在 1.6MPa 以上的管路可以采用无缝钢管。无缝钢管由于壁薄，不宜采用螺纹连接而采用焊接或法兰连接。

（2）有缝钢管：又称焊接钢管，是由卷成管形的钢板以对焊、叠边焊或螺旋缝焊接而成。可用于公称压力不大于 1.6MPa 的输水管道、煤气管道、消火栓管道和供暖空调管道。焊接钢管所能承受的水压试验为：一般管和轻型管 2MPa，加厚管 2.5MPa。

1）螺旋缝焊接钢管：又称卷焊钢管，公称直径 $DN200$ 及以上选用。焊接方式分为自动埋弧焊和高频焊。按照承压高低分为甲类管和乙类管。

2）普通焊接钢管：又称水煤气钢管。公称压力 $PN=1.0$MPa、公称直径 $DN150$ 及以下，最高工作温度≤200℃时可选用。

室内供暖管通常采用水煤气管或无缝钢管；室外供热管道都采用无缝钢管和卷焊钢管。使用钢材钢号应符合《热网规范》的规定，见表 6-4。常用的供热管道的规格及其材料特性数据可见附录 6-1～附录 6-3。

供热管道钢材、钢管及其适用范围　　**表 6-4**

钢号	适用范围	钢板厚度
A_3F，AY_3F	P_g≤1.0MPa；t≤150℃	≤8mm
A_3，AY_3	P_g≤1.6MPa；t≤300℃	≤16mm
A_{3g}、A_3R_{20}、20g 及低合金钢	蒸汽网　P_g≤1.6MPa；t≤350℃ 热水网　P_g≤2.5MPa；t≤200℃	不限

目前，供热管最多采用的是供热管、保温层和保护外壳三者紧密粘结在一起而形成整体式的预制保温管结构形式。预制保温管（也称为“管中管”）供热管的保温层多采用硬质聚氨酯泡沫塑料材料。它是由多元醇和异氰酸盐两种液体混合发泡固化形成的。硬质聚氨酯

泡沫塑料的密度小，导热系数低，保温性能好，吸水性小，并具有足够的机械强度；但耐热温度不高。根据国内标准要求：其密度为 60～80kg/m^3，导热系数 $\lambda \leqslant 0.027$W/(m·℃)，抗压强度 $P \geqslant 200$kPa，吸水性 $g \leqslant 0.3$kg/m^3，耐热温度不超过 120℃。

预制保温保护外壳多采用高密度聚乙烯（HDPE）硬质塑料管。高密度聚乙烯具有较高的机械性能，耐磨损、抗冲击性能较好；化学稳定性好，具有良好的耐腐蚀性和抗老化性能；它可以焊接，便于施工。根据国家标准：高密度聚乙烯外壳的密度 $\rho \geqslant 940$kg/m^3，拉伸强度≥20MPa，断裂伸长率≥350%。

2. 管道配件

(1) 三通

在直埋管道中，三通还承受来自主管和分支管的轴向作用力，是应力集中较大的部位和疲劳破坏概率最大的管件。因此正确设计三通分支节点尤为重要。

(2) 变径管

管径变化是通过变径管实现的。在设置变径管时，宜控制在两级以内。这时，变径管可以承受较高的温度变化。

当温度变化不大于变径管最大允许温差 $\Delta T_{\max.r}$时，变径管满足疲劳寿命的要求，对变径管可以不采取任何保护措施。

当温度变化大于变径管最大允许温差时，应对变径管采取保护措施，以避免变径管的疲劳破坏。保护措施包括：

1) 在靠近变径管的大管径管道上设置固定墩，切忌在小管径管道上设置固定墩。

2) 在距变径管一定距离的大管径管道上设置补偿装置。

3) 在距变径管一定距离的小管径管道上设置补偿装置。

3. 管道附件

供热管网常用附件的公称压力为 $PN1.0$、$PN1.6$、$PN2.5$。

(1) 阀门

城市供热蒸汽管网及室外供暖计算温度低于－30℃的地区露天敷设的热水管道，应采用钢制阀门及其他附件。

阀门是用来启闭管路和调节输送介质流量的设备。在供热管道上，常用的阀门形式有：截止阀、闸阀、蝶阀、球阀、止回阀和调节阀等。

1) 截止阀：关闭严密性较好，但阀体长、介质流动阻力大，产品公称通径不大于 200mm。截止阀只用于全开、全闭的供热管道，一般不作流量和压力调节用。

截止阀按介质流向可分为直通式、直角式和直流式（斜杆式）三种。其结构形式按阀杆螺纹的位置可分为明杆和暗杆两种。图 6-23 是最常用的直通式截止阀结构示意图。

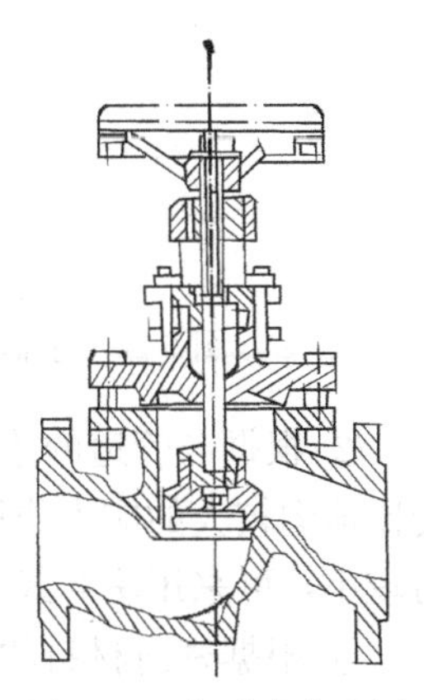
图 6-23 直通式截止阀

2) 闸阀：只用于全开、全闭的供热管道，不允许作节流用。

其结构形式也有明杆和暗杆两种。另外按闸板的形状及数目有楔式与平行式以及单板与双板的区分。图 6-24 是明杆平行式双板闸阀构造示意图；图 6-25 是暗杆楔式单闸板闸阀构造示意图。

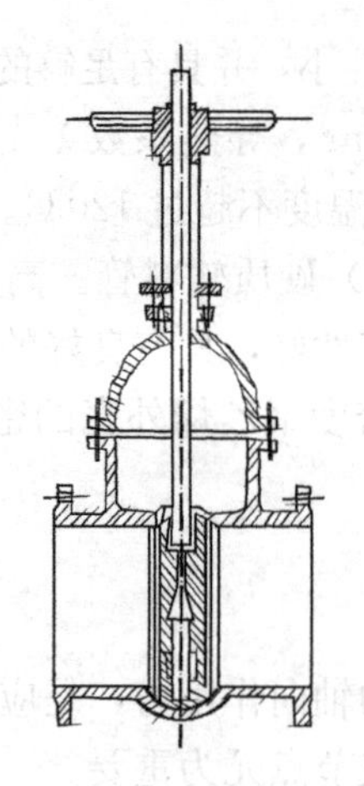

图 6-24　明杆平行式双板闸阀

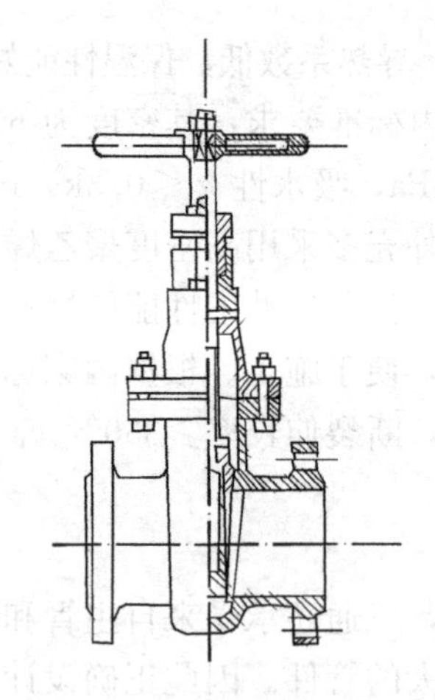

图 6-25　暗杆楔式单板闸阀

3）蝶阀：在供热管道上广泛采用。蜗轮传动型蝶阀的阀板沿垂直管道轴线的立轴旋转。当阀板与管道轴线垂直时，阀门全闭；阀板与管道轴线平行时，阀门全开。蝶阀阀体长度很小，流动阻力小，调节性能优于截止阀和闸阀，但造价稍高。

蝶阀公称直径为 *DN*50～*DN*1200，压力等级在 2.5MPa 以下。其分类如下：

① 根据传动方式分为蜗轮传动型和手柄型。图 6-26 是手柄蝶阀、图 6-27 是蜗轮传动型蝶阀的结构示意图。蜗轮传动省力但占用空间较大，手柄型反之。在工作压力 1.6MPa 以下，公称直径 *DN*150 以下，仅用于关断的蝶阀通常采用手柄型蝶阀。如果用于调节，*DN*100 以上应使用蜗轮传动。

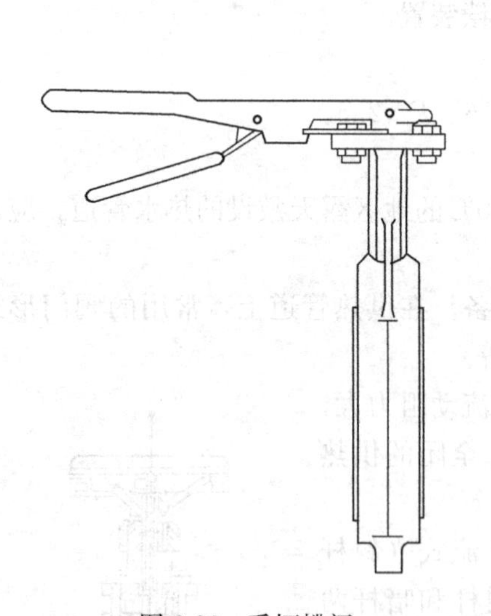

图 6-26　手柄蝶阀

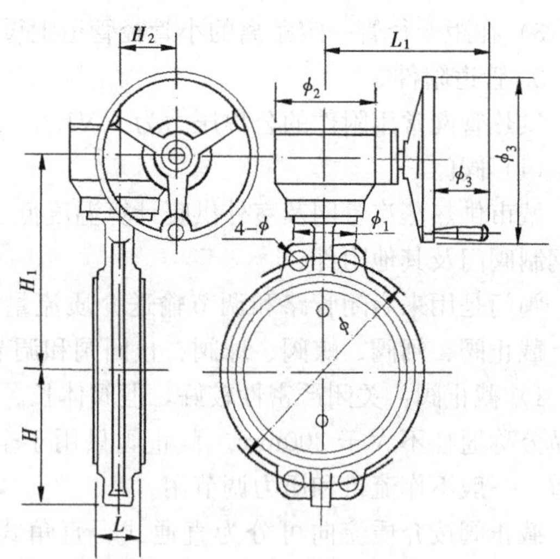

图 6-27　蜗轮传动型蝶阀结构示意图

② 根据与管道的连接方式可分为对夹式、法兰式和焊接式，用作分段阀时，由于承受比地沟较大的应力作用，通常采用焊接连接。用作分支阀、入口阀时，和分段阀相比应力较小，可采用法兰式。

③ 根据密封材料的耐温性能，分为高温型、标准型和低温型，按照一次网供水管温度采用高温型、标准型，其他采用低温型。

④ 根据密封座材料分为金属硬密封和橡胶软密封。橡胶软密封的弱点是密封性不可靠，由于橡胶的脆化性和膨胀性会发生老化现象，由于热水中的杂质以及焊渣，也常使橡胶密封座损坏等而造成内泄露。直埋管网设计推荐采用金属硬密封，特别是某些关键部位如大管径的分段阀、支干线分支阀。

⑤ 根据阀体材料分为铸铁、碳钢、不锈钢。通常采用碳钢即可。

4）球阀：一般公称直径从 $DN15 \sim DN300$，压力等级一般为 1.0MPa、1.6MPa、2.5MPa、4.0MPa。耐温 200℃以下。根据传动方式也分为蜗轮传动型和手柄型；根据与管道的连接方式分为螺纹连接、法兰连接和焊接连接。阀球采用不锈钢，阀球密封采用碳强化 PTFE，阀体材料钢制。手柄型和蜗轮型球阀如图 6-28 和图 6-29 所示。

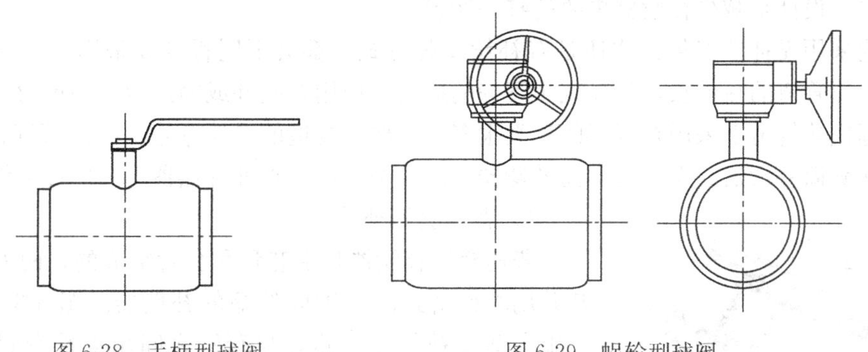

图 6-28　手柄型球阀　　　　图 6-29　蜗轮型球阀

① 根据使用功能，球阀可分为关断球阀和关断调节球阀。关断球阀用于 300mm 口径及其以下的管道分支阀门和大口径主管道的旁通阀门。关断调节球阀将关断和调节功能合二为一，根据其压差确定流量，并通过手柄处的刻度盘直观显示，方便了解各种要求下对供水量的需求。与此同时，关断调节球阀也是一个普通的关断门。任何紧急维修需要时，关断后再开启，其刻度盘上的锁定装置仍能保证原所需供水量。

② 根据安装要求，可分为地沟用球阀和直埋球阀。直埋球阀可按照管道埋深制作阀杆长度，无需建阀门小室就可操作阀门，可方便安装，缩短施工时间，节约基建投资。

5）阀门选型。

截止阀、闸阀和蝶阀的连接方式可用法兰、螺纹连接或采用焊接。它们的传动方式可用手动传动（用于小口径）、齿轮、电动、液动和气动等（用于大口径）传动方式。对公称直径大于或等于 600mm 的阀门，应采用电动驱动装置。

阀门的设置应当在满足使用和维修的条件下尽量减少。一般情况下在管道分支处、预留扩建处应装阀门。室外热水管网，应根据分支环路的大小，适当考虑设置分段阀门，对于没有分支的主干管，宜每隔 800～1000m 设置一个。蒸汽供热管网可不安装分段阀门。

在直埋管网中，管段中的阀门如不采取保护措施同样会承受较地沟或架空敷设大得多的拉力、压力作用。故阀门选型应满足下列条件：

① 阀门应能承受 1.5 倍设计压力的试验压力。

② 阀门应能承受管道中轴向内力的变化。

③ 阀门宜采用焊接连接，不宜采用法兰或螺纹连接。

④ 阀门宜采用强度特性好的能承受较大轴向力的钢制阀门。

⑤ 高温水管道工程中采用较多的有蝶阀、球阀。低温水管道也可采用闸阀、截止阀。排气一律采用截止阀，泄水采用闸阀。

在直埋供热管道中，分段阀、分支阀出现的主要问题是关闭不严，起不到缩小事故范围的作用。除了阀门质量制造原因外，也与阀门承受的管道轴向、横向推力有关，较大推力使阀门发生形变。因而阀门选型要合理，应能满足直埋管道轴向力的作用。

(2) 补偿器

补偿器在直埋管道中起到吸收热伸长、降低管道热应力的作用，是保障三通、变径管、弯头折角、阀门等安全运行的重要设备，但其自身发生故障的机率也较大，正确选型、布置、设计是减少补偿器事故的唯一途径。

无论采用无补偿安装方式还是有补偿安装方式，都会不同程度地采用一定量的补偿器，以补偿管道的热伸长，从而减小管壁的应力和作用在阀件或固定墩上的推力。

直埋供热管道上采用补偿器的种类很多，主要有管道的自然弯管、U 形弯管、Z 形弯管、普通套筒补偿器、无推力套筒补偿器、波纹补偿器、直埋补偿器、一次性补偿器等。

1) 普通套筒补偿器

普通套筒补偿器是由芯管和套管组成的，两者同心套装并用填料密封的可轴向伸缩的补偿器。图 6-30 所示为一单向套筒补偿器。芯管与套管之间用柔性密封材料密封，填料应回弹性大、抗老化和防锈能力强，具有良好的耐热性、工艺性和优异的密封性。柔性填料被紧压在前压兰与后压兰之间，以保证封口严密不渗水，补偿器被直接焊接在钢管上。柔性密封填料可以使用特制的高压水枪，通过注射孔注入填料涵内。因而可以在不停止运行情况下进行维护和制止泄漏。

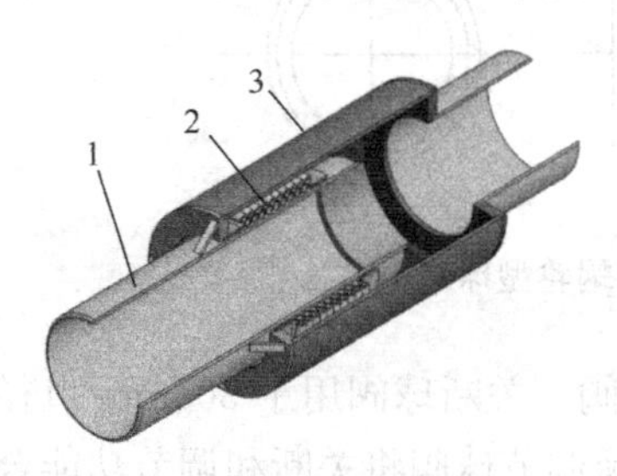

图 6-30　普通套筒补偿器

1—管道；2—柔性填料；3—套管

套筒补偿器具有补偿能力大，一般在 150～500mm 之间；工作压力有 0.6、1.0、1.6、2.5、4.0MPa；工作温度≤400℃；结构简单、占地面积小、介质流动阻力小、安装方便等优点。但它具有易漏水、漏气、需要经常检修、更换填料等缺点，所以要增设检查井。它只能用在直线管段上，当其使用在弯管或阀门附近时，由于弯头或阀门的轴向盲板推力较大，需要增加主固定墩。

为了解决这些缺点，出现了弹性、注入式套管补偿器。温度不超过 300℃，适用于热媒为蒸汽、热水的管道，填料宜使用膨胀石墨、石棉绳或耐热聚氟乙烯等，而不能使用棉纱或麻垫。弹性套管式补偿器如图 6-31 所示。

弹性套管式补偿器有以下特点：

① 在弹簧的作用力下，密封填料始终处在被压紧的状态，从而使管中的介质无法泄漏。

② 由于填料长度比原套筒式补偿器短，又采用不锈钢套管，加之填料经过特殊处理，使套管光滑经久不变，所以轴向力小。

2) 无推力套筒补偿器

近年来，国内出现的无推力补偿器可以消除盲板推力。无推力套筒补偿器如图 6-32～

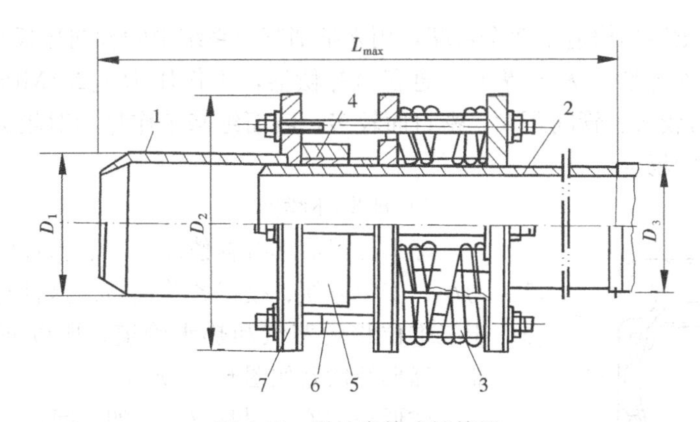

图 6-31 弹性套管式补偿器

1—外壳；2—芯管；3—弹簧；4—填料；5—套管；6—螺柱；7—前压兰

图 6-34所示。

无推力套筒补偿器利用波斯卡定律——液体在密闭容器内各个方向所产生的压力相等的原理，在套筒补偿器的基础上构造两个盲端或构造一个平衡腔体，来平衡两侧弯头或管道盲端等内压力。这种补偿器称为无推力补偿器。图 6-32 表示了一个构造平衡腔的无推力补偿器的原理图。

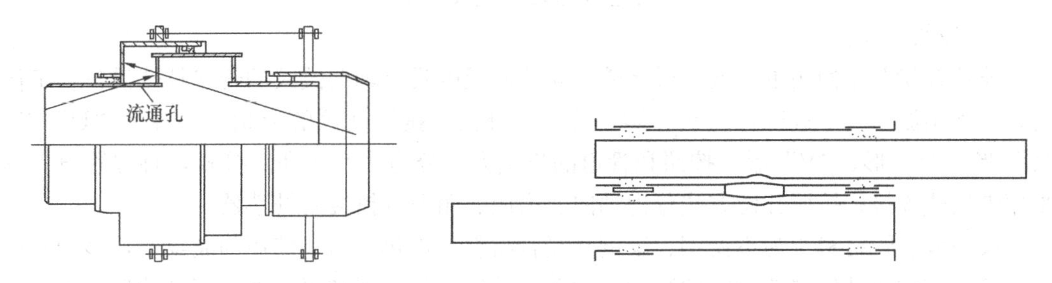

图 6-32 平衡腔无推力套筒补偿器原理图　　图 6-33 S-W-Ⅰ型双向无推力套筒补偿器

在套筒补偿器芯管设置一个外环平衡腔。平衡腔内两端环形面积大小相等，且等于补偿器接管横断面积。当芯管受轴向内压力作用时，腔体内右侧环形面积受到大小相等方向相反的内压力作用；当外套管受到轴向内压力作用时，腔体内左侧环形面积上受到大小相等方向相反的内压力作用。故而，该补偿器在管道中起到了平衡两侧盲板力的作用。

图 6-33、图 6-34 是某公司生产的 S-W-Ⅰ型双向无推力补偿器和 N-H-Ⅰ型无推力补

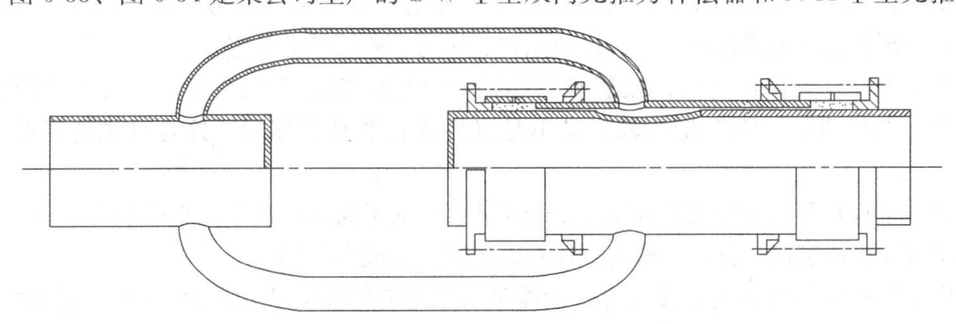

图 6-34 N-H-Ⅰ型双向无推力套筒补偿器

偿器。这两种补偿器均构造了两个盲端，用来抵消管道系统中的轴向盲板力。

无推力补偿器补偿量大于等于普通套筒补偿器，工作压力≤2.5MPa，工作温度≤400℃，流动阻力较大、管间距大、密封面较多，因而维修工作量相对较大。适用于主固定支架难以敷设的场合。

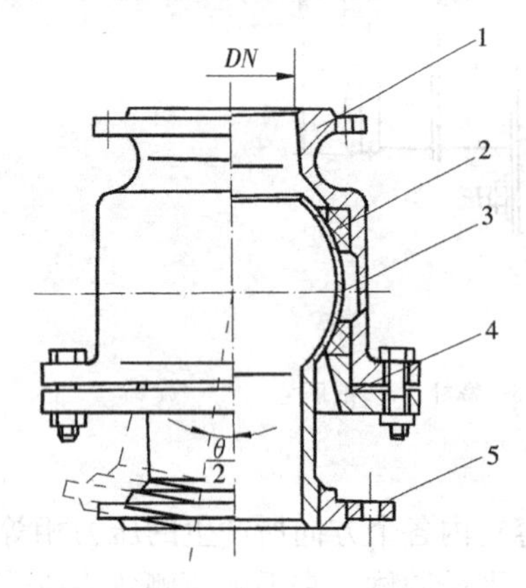

图 6-35　球形补偿器
1—外壳；2—密封环；3—球体；4—压盖；5—法兰

3）球形补偿器

球形补偿器具有补偿能力大、占地空间小、流动阻力小、安装方便、投资省等优点。这种补偿器特别适合于三维位移的蒸汽和热水管道。所以亦称为万向补偿器。球形补偿器如图 6-35 所示。

球形补偿器选用时应注意如下问题：

① 补偿器必须设置两个一组使用；

② 补偿器可以在管道直线段水平、垂直安装，为了减少摩擦力，滑动支座宜采用滚动支座；

③ 安装补偿器要正确地分段和合理地确定固定支架位置，以减少固定支架的推力；

④ 由于补偿管段长（直线段可达 400～500m），所以应考虑设导向支架。

4）波纹补偿器

波纹补偿器是使用单层或多层薄壁金属管制成的具有轴向波纹的管状补偿设备。工作时，它利用波纹变形进行管道热补偿。波纹管补偿器按照波纹的形状主要分为“U”形、“Ω”形、“S”形、“V”形。按照和管道的连接方式分为法兰式和焊接式，直埋管道工程采用焊接式连接；按照补偿方式分为轴向、横向、角向（铰接）补偿器。

按照波纹管材料分为不锈钢、碳钢和复合材料。供热管道上使用的波纹管，多用不锈钢制造。按构成补偿器波纹管的数量分为单式波纹管补偿器和复式波纹管补偿器。按内压力是否抵消分为平衡式波纹补偿器和不平衡补偿器。按波纹管的承压方式又分为内压式和外压式。轴向补偿器的最大补偿能力，可以从设计手册和产品样本上查出选用。

波纹管补偿器因工作压力不同有 0.6、1.0、1.6、2.5 MPa 型，工作温度可在 450℃以下，尺寸 *DN* 为 50～2400mm。

图 6-36 表示了直埋供热管道工程中用到的几种波纹补偿器。图 6-37 表示了直埋供热管道工程中用到的几种波纹补偿器的布置。

图 6-36(*a*) 单式轴向型波纹管补偿器用于补偿管道的轴向变形。除此之外，补偿管道轴向变形的还有复式轴向型波纹管补偿器、压力平衡式轴向补偿器。

图 6-36(*b*) 大拉杆横向波纹管补偿器用于补偿管道的横向变形。当直埋管道出现“L”形、“Z”形、“U”形管段，又不足以形成自然补偿器时，这是可供选择的一种方案。

图 6-36(*c*) 角向型波纹管补偿器是利用波纹管的平面角偏转来吸收单平面管系上一个或多个方向上的横向位移，一般需要成对布置或三个成套使用。

图 6-36(*d*) 铰链横向型波纹管补偿器吸收单方向的横向挠曲位移，除可选用两个角向型波纹补偿器外，还可直接选用铰链横向型波纹补偿器。

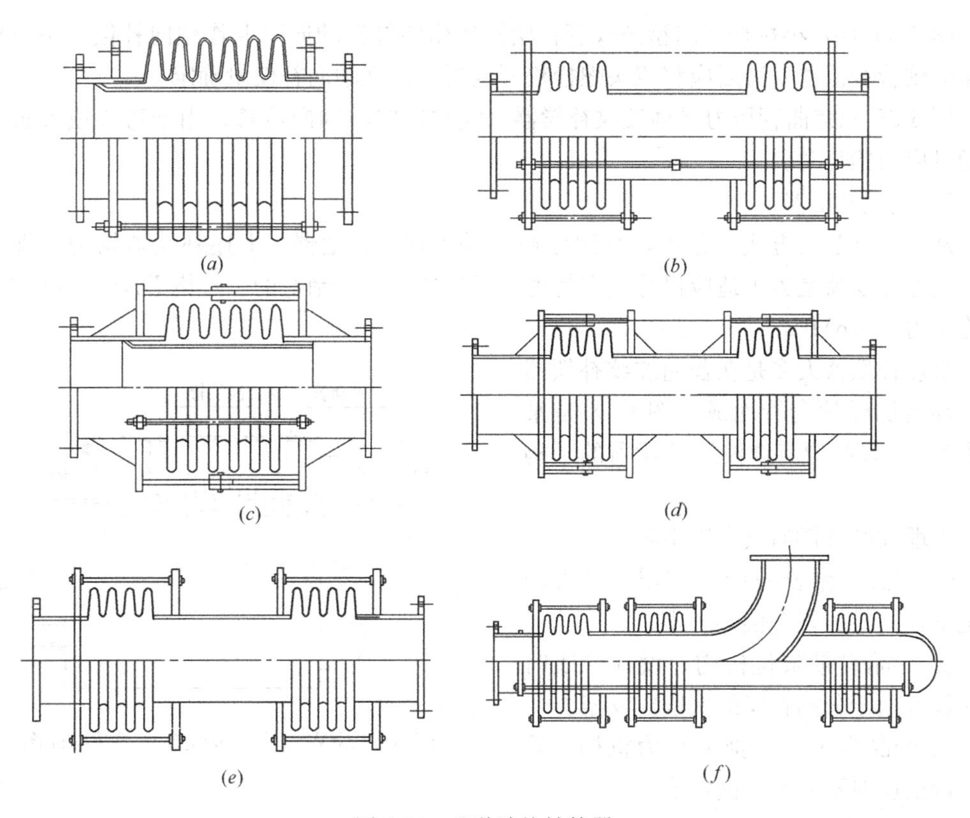

图 6-36 几种波纹补偿器

(a) 单向轴向；(b) 大拉杆横向；(c) 角向型；(d) 铰链横向型；
(e) 小拉杆三向型；(f) 曲管压力平衡波纹补偿器

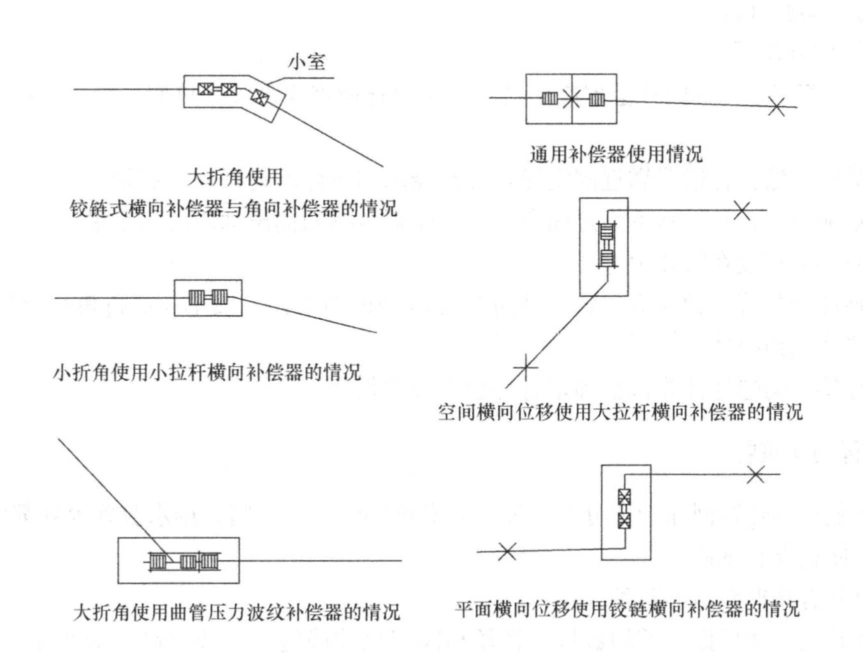

图 6-37 几种波纹补偿器的布置

图 6-36（e）小拉杆三向型波纹管补偿器作横向补偿的同时兼作轴向补偿。小拉杆三向型波纹管补偿器安装后应将双头螺栓松开或拆除。视轴向补偿量确定。

图 6-36（f）曲管压力平衡波纹补偿器，吸收横向与轴向位移，用于弯头或大折角不能通过应力验算时。

5）直埋补偿器

从补偿器敷设方式上分类，有沟埋补偿器和直埋补偿器。上述补偿器均为沟埋补偿器。直埋补偿器是为了适应供热直埋管道工程需要而设计制造的。规格 $DN80 \sim DN1600$，工作压力≤1.6MPa。

直埋补偿器大多是在普通波纹补偿器的外环增加保护套管而成。图 6-38 是某厂生产的 ZRW 型直埋波纹补偿器的结构简图。

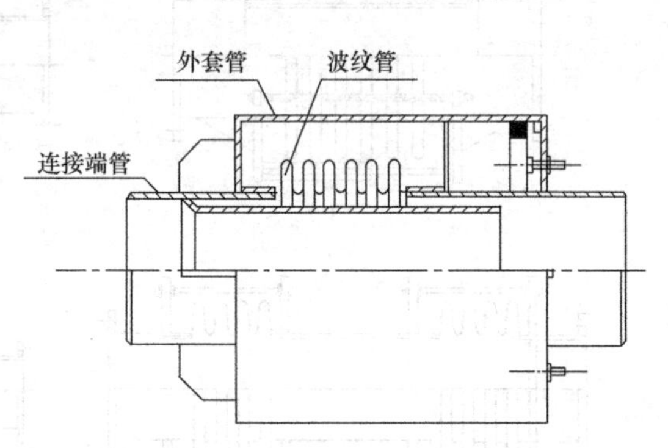

图 6-38　ZRW 型直埋波纹补偿器结构简图

直埋波纹补偿器具有以下特点：

① 产品自带密封的保护罩，可直埋于地下，不必配置补偿器小室。

② 产品自带限位机构，设计管线时不必设置用于分割补偿的次固定支架。

③ 产品自带内压推力承力机构，管线分段试压时不必配置固定支架。

④ 产品具有双向导流功能，安装无方向要求。

⑤ 便于施工、安装、节省投资。

主要存在的问题是：补偿器伸缩时和直埋预制管道保温管接口处应留有足够的伸缩空间，并做好防腐处理。

6）轴向补偿器

在供热管道上，轴向补偿器应用最广，用以补偿直线管段的热伸长量。其布置与选择计算如下：

① 单侧补偿：补偿器靠近固定墩，补偿器承担单侧滑动段的膨胀量。

② 双侧补偿：补偿器不靠近固定墩，补偿器承担两侧滑动段的膨胀量。

③ 补偿器宜设在管井中。

④ 补偿器与管道轴线应一致，轴向补偿器 12m 范围内管段不应有折角和弯头。

⑤ 要注意预拉伸。

⑥ 补偿器的选择计算包括确定有补偿管段的长度。

6.3.2　管网构筑物

地下敷设供热管网在管道分支处和装有套筒补偿器、阀门、排水装置等处都应设置检查井，以便检查和维修。

检查井有圆形和矩形两种。

检查井的尺寸根据管道的数量、管径和阀门尺寸确定，一般净高不应小于 1.8m，人行通道宽度不小于 0.6m，干管保温结构表面与检查井地面距离不小于 0.6m。检查井顶部应设入口及入口扶梯，入口孔直径不小于 0.7m。为了检修时安全和通风换气，人孔数量不得小于两个，并应对角布置。当热水管网检查井只有放气门或其净空面积小于 $0.4m^2$ 时，可只设一个人孔。

检查井还用来汇集和排除渗入地沟或由管道放出的网路水。因此，检查井地面应低于地沟底，其值不小于 0.3m；同时，检查室内至少设一个集水坑，并应置于人孔下方，以便将积水抽出。图 6-39 为检查井图例。

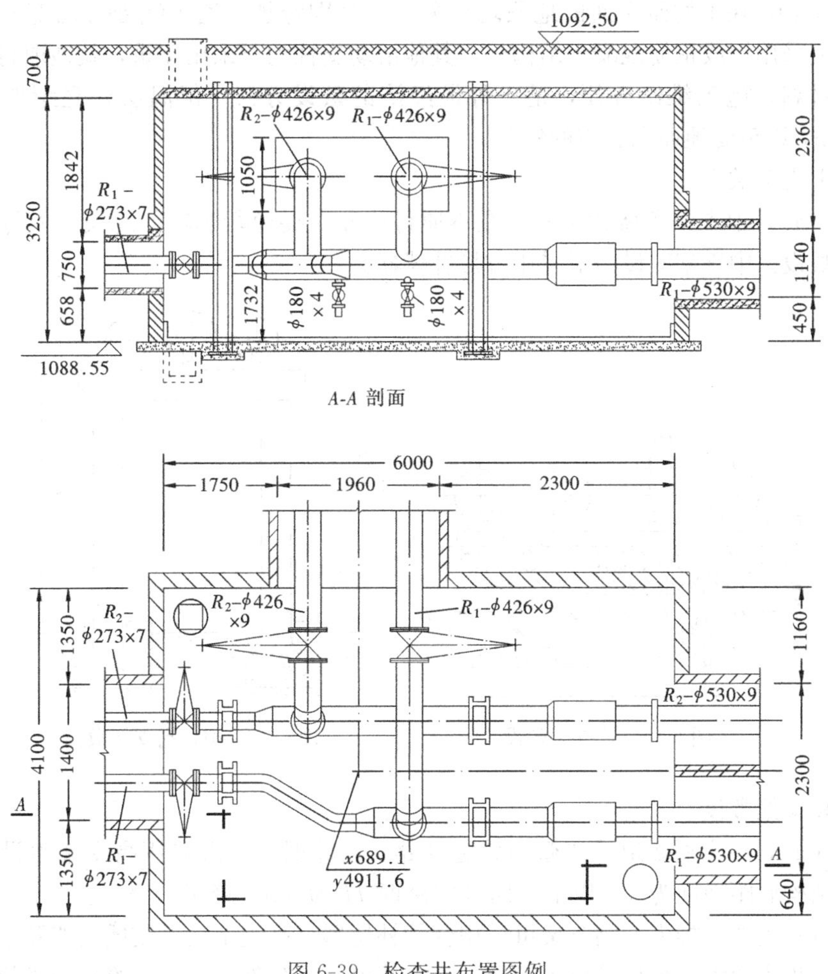

图 6-39 检查井布置图例

6.3.3 室外供热管道敷设

供热管道敷设是指将供热管道及其附件按设计条件组成整体并使之就位的工作。供热管道的敷设形式可分为地上（架空）敷设和地下敷设两类。敷设方式应根据当地气象、水文地质、地形及交通情况等综合考虑，力求与总体布局协调一致、并考虑维修方便等方面。

1. 地上敷设

对于年降水量大、地下水位高（距地面小于 1.2m），或者地形高差大、地下多岩石或腐蚀性土壤，以及地下管线太多或有特殊障碍的地区，可考虑采用地上（架空）敷设。

地上敷设是管道敷设在地面以上的独立支架或建筑物的墙壁上的方式。其优点是不受地下水位、土质和其他管线的影响，构造简单、维修方便，是一种较为经济的敷设方式。其缺点是占地面积较多，管道热损失大，在某些场合下不够美观，因而多用于厂区和市郊。按照支架的高度不同，可有以下三种地上敷设形式：

（1）低支架敷设

见图 6-40，在不妨碍交通的地段均可采用。个别跨越交通干线处可局部升高。除固定支柱必须采用钢或钢筋混凝土结构外，其他滑动支柱均可采用砌筑，就地取材。低支架敷设节约材料，施工维修方便，是一种最经济的敷设方式。保温层外壳距地面净距为 0.5～1.0m，以免受地面水、雪的侵袭。

（2）中支架敷设

见图 6-41，中支架净高 2～4m，在不通行或非主要通行车辆的地段、人行交通流量小的地方敷设。中支架敷设一般采用方形补偿器。

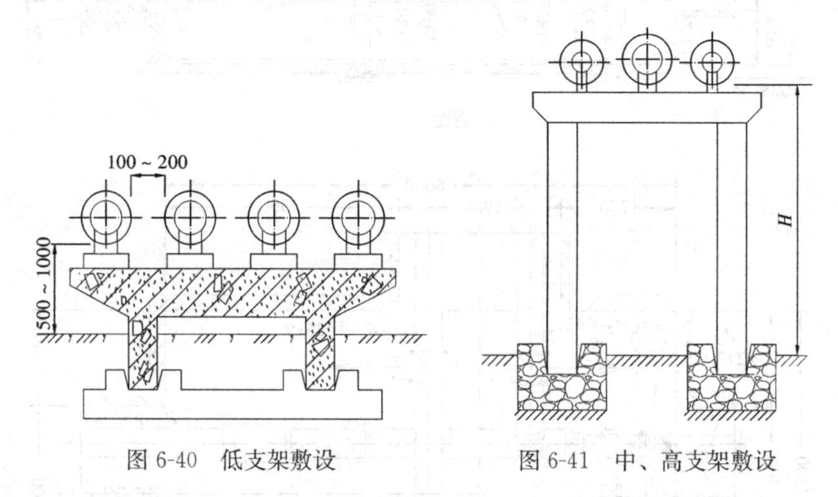

图 6-40　低支架敷设　　图 6-41　中、高支架敷设

（3）高支架敷设

见图 6-41，在交通要道或当管道跨越铁路、公路时，一般采用高支架敷设。其净高管道保温结构底距地面为 4m 以上，跨越铁路时 H 为 6m，跨越公路时为 4m。为了减少管道热胀时对支架的推力，高支架可采用套管补偿器。高支架敷设较低支架及中支架敷设耗材料多，投资较大，维护检修不方便，且在管道上有附件（如阀门等）处必须设置操作平台。

地上敷设所用的支架按其构成材料可分为：砖砌、毛石砌、钢筋混凝土结构（预制或现场浇灌）、钢结构和木结构等。

2. 地下敷设

在市区以及对环境有要求的地区须采取地下敷设管道。地下敷设不影响市容和交通，因而地下敷设是城镇集中供热管道广泛采用的敷设方式。地下敷设分有沟敷设和无沟（直埋）敷设两种。有沟敷设又分为通行地沟、半通行地沟和不通行地沟三种。

地沟的构造为：沟底多为素混凝土或预制钢筋混凝土（防止管道下沉），沟壁为水泥砂浆砖砌，沟盖板为预制钢筋混凝土板。

地沟敷设要力求严密、不漏水，以防破坏保温结构和腐蚀管道，一般情况下，地沟的沟底应位于当地近30年来的最高地下水位以上，否则必须采取防水、排水措施。为防止地面水侵入地沟，沟盖板作出0.01～0.02的横向坡度，盖板间、盖板与沟壁间用水泥砂浆封缝，地沟顶上覆土应不小于0.3～0.5m。沟底应与管道的坡向一致，以便将可能渗入的水流入检查井的集水坑内，定期用移动水泵抽出。

(1) 通行地沟敷设

通行地沟的最小净断面应为1.2m（宽）×1.8m（高），通道的净宽一般宜取0.7m，地沟沟底应有与地沟内主要管道坡向一致的坡度，并坡向集水坑。通行地沟每隔200m应设置出入口（事故人孔），但装有蒸汽管道的地沟每隔100m应设一个事故人孔。整体混凝土结构的通行地沟，每隔200m宜设一个安装孔，安装孔宽度不小于0.6m，并应大于管沟内最大一根管的外径加0.4m，其长度至少应保证6m长的管子进入管沟。

通行地沟内应设置永久性照明设备，电压不应高于36V。沟内的空气温度不宜超过45℃，一般可利用自然通风；当自然通风不能满足要求时，可采用机械通风。

通行地沟可单侧布管或双侧布管（见图6-42）两种方式。

通行地沟用在供热管道管径比较大、管道数目比较多，或与其他管道共沟敷设以及用在不允许开挖检修的地段。通行地沟的主要优点是操作人员可在地沟内进行管道的日常维修以至大修更换管道，但通行地沟造价高。

(2) 半通行地沟敷设

半通行地沟横断面应为0.7m（宽）×1.4m（高），其通道宽宜采用0.5～0.6m。沟内管道尽量采用沿沟壁一侧单排上下布置（见图6-43），半通行地沟长度超过200m时，应设置检查口，孔口直径一般不应小于0.6m。

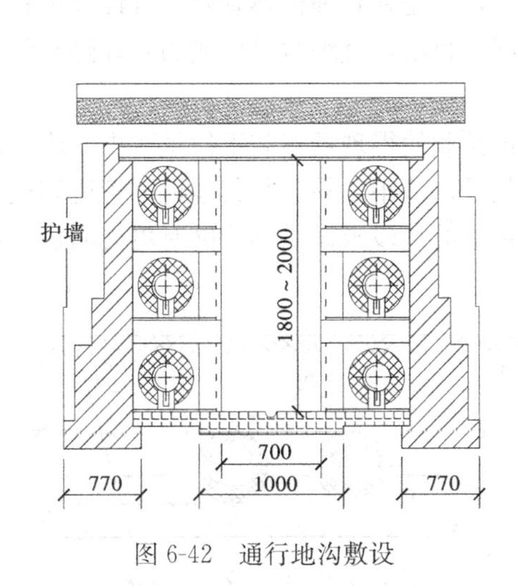

图6-42 通行地沟敷设

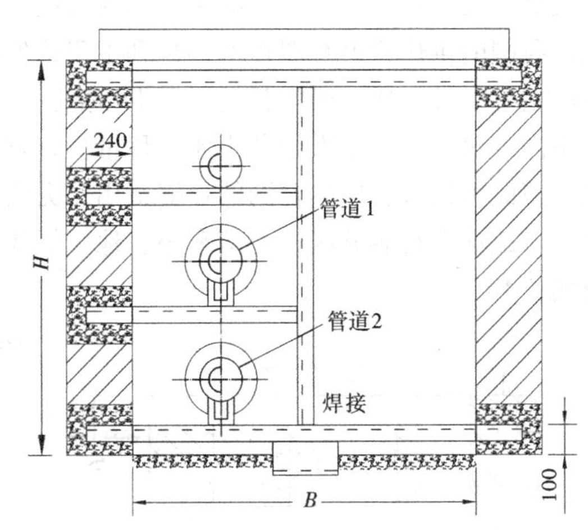

图6-43 半通行地沟敷设

半通行地沟操作人员可以在地沟内检查管道和进行小型修理工作，但更换管道等大修工作仍需挖开地面进行。当无条件采用通行地沟时，可用半通行地沟代替，以利于管道维修和判断故障地点，缩小大修时的开挖范围。

(3) 不通行地沟敷设

当管道根数不多且维修工作量不大时，可采用不通行地沟敷设。因为造价低被广泛采用。地沟断面尺寸仅满足管道安装的需要即可。见图 6-44，地沟宽度不宜超过 1.5m，否则宜采用双槽地沟。管沟敷设相关尺寸见表 6-5。

管沟敷设相关尺寸　　　　**表 6-5**

地沟类型	有关尺寸名称					
	管沟净高（m）	人行通道宽（m）	管道保温表面与沟墙净距（m）	管道保温表面与沟顶净距（m）	管道保温表面与沟底净距（m）	管道保温表面间净距（m）
通行地沟	≥1.8	≥0.6*	≥0.2	≥0.2	≥0.2	≥0.2
半通行地沟	≥1.2	≥0.5	≥0.2	≥0.2	≥0.2	≥0.2
不通行地沟	—	—	≥0.1	≥0.05	≥0.15	≥0.2

注：1. 本表摘自《城镇供热管网设计规范》CJJ 34—2010 表 8.2.7；

2. 必须在沟内更换钢管时，人行通道宽度还应不小于管子外径加 0.1m。

图中保温管底部为砂垫层，砂的最大粒度≯2.0mm。上面用砂质黏土分层夯实。保温管套顶至地面的深度 h 一般干管为 800～1200mm，接向用户的支管覆土深度≮400mm。

6.3.4　供热管道无沟（直埋）敷设

国外直埋技术的发展已有 60 余年的历史。由于直埋管道具有不影响环境美化、施工简便、工期短、维修工作量少的特点，因此特别是近三十年来热水供热管道直埋敷设发展迅速，相应形成了一整套直埋敷设的设计原理和计算方法。20 世纪 80 年代初，我国首次在一些城市的热网工程中采用从北欧国家引进的直埋保温管进行直埋敷设，经历了三十多年的发展，无论在预制保温管的生产和安装技术上，还是在直埋供热管网的设计理论和方法上，我国的供热管道直埋技术都得到了飞速发展。目前，直埋敷设已成为室外热水供热管网的主要敷设方式，因为其具有以下特点：

不需砌筑地沟，土方量及土建工程量少；管道预制使得现场安装工作量减少、施工进度快，因此可以节省供热管网的投资费用；无沟敷设占地小，易于与其他地下管道和设施相协调。此优点在老城区、街道窄小、地下管线密集的地段敷设供热管网时更为明显。见示意图 6-45。

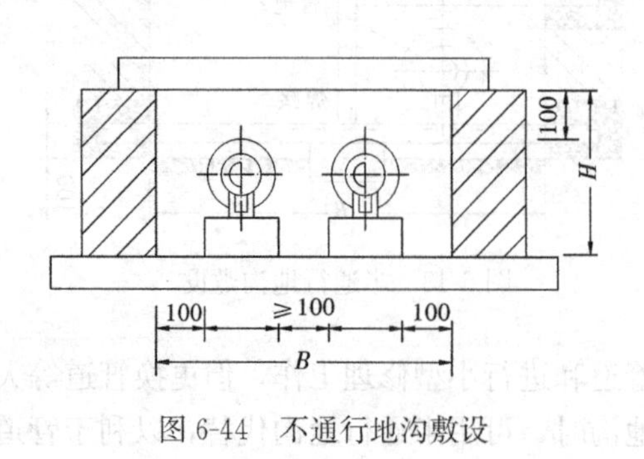

图 6-44　不通行地沟敷设

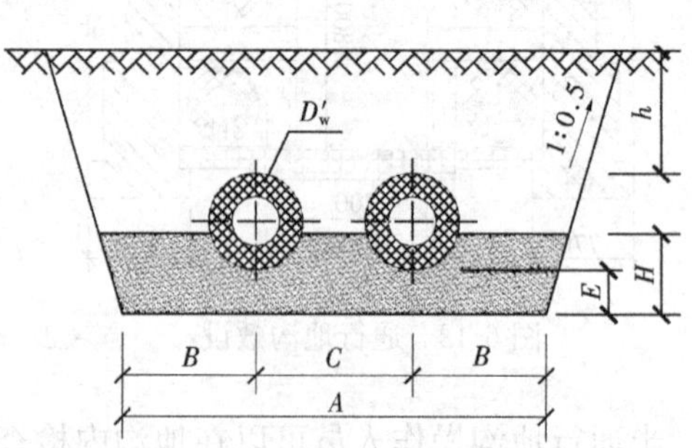

图 6-45　管道直埋敷设示意图

1. 供热管道直埋敷设方式

（1）按照长直管线是否安装“运行补偿器”分为“有补偿敷设”（补偿器设在局部地

沟和检查井内）和“无补偿敷设”（不设置运行补偿器）。

（2）根据管道整体焊接温度是否等于回填时的环境温度，安装方式分为“预热安装”和“冷安装”。“冷安装”为管道整体焊接温度等于回填时的环境温度；“预热安装”为管道整体焊接温度高于回填时的环境温度。

（3）按照安装时对管道是否施加影响分为“预应力安装”和“静态安装”。而“预应力安装”又分为管道“预拉伸安装”和管道“预热安装”。管道“预拉伸安装”采用机械力将管道在冷态下进行拉伸。由于“预拉伸安装”需要提供较大预应力所需的机械力，因此工程中极少采用；相对而言，管道“预热安装”得到广泛应用。

“无补偿直埋敷设”可分为“静态冷安装”、“预拉伸冷安装”（少用）和“预热安装”三种方式；而“有补偿直埋敷设”只需要“静态冷安装”方式即可。

2. 供热管道直埋敷设方式的特点

（1）有补偿敷设可用于各种温度、各种压力、各种施工环境的供热系统；而无补偿敷设是有条件的，对于施工质量、施工环境有一定的要求，即使采取预热安装也是如此。

（2）从管道施工速度和工程造价分析，无补偿冷安装安装速度快、节省投资，无补偿预热安装次之，有补偿敷设最差。

（3）从预制保温管的质量、管道配件和附件的质量、工程施工质量等方面以及管网寿命分析，无补偿静态冷安装的施工质量要求最高，施工环境要求最便利。

（4）对于管段应力变化范围，冷安装与预热安装一样。但是冷安装应力变化幅度约为预热安装的 2 倍，那么管道的升温轴向力约为预热安装的 2 倍。这就增大了直管段向管道配件，包括折角、弯头、变径管、三通等释放变形的能力，引起配件承受较大的峰值应力。

3. 有补偿与无补偿直埋敷设方式比选

选择有补偿和无补偿敷设方式是技术问题，而选择无补偿冷安装和预热安装则是技术经济问题。因此，了解预制保温管的各种直埋敷设方式、掌握设计原理和布置特点，才能扬长避短，获得最佳的技术经济综合效果。

（1）无补偿管段可能会出现的问题

1）在整个横截面内，大管径的直管可能产生沿轴线方向的循环塑性变形。

2）浅埋的管道和随地形在高程上变化剧烈的管道可能产生整体失稳。

3）大管径的管道、特别是有缺陷、有折角的大直径管道可能产生局部皱结和疲劳破坏。

4）无补偿管段中的管件如三通、折角和阀门等也可能产生局部皱结和疲劳破坏。

（2）设置补偿弯管和补偿器带来的问题

1）专门设计增加的补偿装置需要维护，并设置构筑物小室，不仅增加了投资，也增大了管网的热损失，降低了管网的经济性。

2）当采用补偿器时，补偿器会取代局部管道形成管网的潜在漏水点，这又会增加管网的事故概率，降低了管网的可靠性。

3）有补偿直埋敷设的供热管网在设计时不仅需要设置补偿器，还需在管网上适当位置设置固定支座（墩）。由于在温度变化时管线在土壤中有位移，因此，管线的埋深、土壤的密度和管线与土壤之间的摩擦系数是设计有补偿直埋的重要前提条件。

（3）在管网设计中，应尽量减少补偿装置的设置，创造条件采用无补偿敷设。然而，对于整个供热管网而言，特别是设计供水温度较高的管网，当不人为设置补偿器和补偿弯管时，所有管段都能满足冷安装的强度条件和稳定性条件有时是很困难的。因此，对于局部出现上述问题的无补偿管段，在设计中应在其局部管段中人为设置补偿弯管和补偿器，使之形成有补偿管段，以降低内力和应力的作用，从而避免上述问题出现。

总之，在管道安装时，尽量保证管道由温升引起的二次应力和由内压引起的一次应力的综合应力不超过钢材的许用应力，必要时在管道系统中设置吸收管道热膨胀的补偿装置，使钢管始终处在弹性范围内工作。补偿装置可以是管道定线时自然形成的补偿弯管，人为设置的 L 形、Z 形和 U 形补偿弯管，波纹补偿器、套筒补偿器、直埋补偿器等。

4. 无补偿直埋“静态冷安装”和“预热安装”敷设方式的比选

（1）由于城市集中供热负荷的增加和规划负荷的变化，常常需要输配管线和支干线重新抽出分支。冷安装便于分支引出，适宜市内集中供热管道敷设，应优先采用（静态）冷安装。

（2）对于分支较少、地下障碍较少、地势平坦、地质条件好的高温水系统，即使温度高达 140℃也可以采用冷安装；这样好的条件对于低温水系统则必然应采用无补偿冷安装。

（3）对于地形复杂、分支多、皮面折弯多、高程起伏大、地下障碍多、地质条件不好的条件下，优先考虑预热安装，采用冷安装施工质量难以保证、安全隐患多。

（4）对于冷态计算，管道的固定墩推力大到难以实施，或虽然安定性条件满足但是管道局部屈曲应力验算不能通过时，或者无补偿冷安装会发生整体失稳时，预热安装是优选方案。

（5）需要指出，预热安装不能解决管道的安定性问题，所以不能盲目扩大预热安装的应用范围。但是，由于管道的热应力变化与管道整体焊接温度无关，对于直管段、弯管段的强度验算，冷安装和预应力安装具有相同的强度状态；然而，由于预热安装中管道整体焊接温度的提高使温升降低，这样，预应力安装与冷安装相比，管道的轴向内力、固定墩的推力和补偿器的补偿量将会下降，从而管道整体和局部的稳定性将有所提高。

5. 直埋敷设施工

（1）有补偿冷安装

有补偿直埋敷设施工时在管道沟槽底部要预先铺约 100～150mm 厚的 1～8mm 粗砂砾夯实，管道四周填充砂砾，填砂高度约 100～200mm 后，再回填原土并夯实。在管道安装完毕、水压试验合格和接头处理结束后回填管沟。

（2）无补偿冷安装

管道焊接和沟槽回填等安装过程都在自然环境温度下进行。在环境温度下，管道处于零应力状态。在运行工况下，由于温升较大，锚固段（管道温升安生变化时，不产生热位移的管段）的内力和应力以及过渡段（管段一端为固定点称为驻点或锚固点，另一端为活动端。当管段温度发生变化时能产生热位移的管段）中补偿装置处的位移量都较大。

冷安装方式是 ABB 集中供热手册中提出来的，其允许钢管的最大轴向应力为 325MPa。在管道系统中不设补偿器，也不进行预热，但冷安装对施工安装要求较高。

(3) 无补偿预热安装

管道焊接和沟槽回填等安装过程都在等于和高于预热温度下进行。从环境温度到预热温度间的热膨胀量提前释放。当管道温度下降至环境温度时，管道处于拉应力状态，当管道温度升高超过预热温度时，管道处于压应力状态而产生预应力效果。在运行工况下，由于一定量的热膨胀提前释放，无补偿管段的内力和应力，以及有补偿管段中补偿装置处的热膨胀量都有较大程度的下降。

1) "敞沟预热方法"

其方法是在尚未回填土的敞开沟槽内把管道焊接完毕，试压合格及无损探伤合格后进行预加热。当管子被加热至预定温度时，测量管段热伸长量达到计算值后，再行覆土夯实。预热温度通常采用比最高运行温度低 50℃。该无补偿直埋敷设的投资少，但由于这种方式需要预制管道，相应开槽时间较长。在城市街道施工时，往往影响交通，因此广泛应用在野外空旷地带长距离管道安装。

在该预热安装方式中，热膨胀量的释放是在沟槽敞口条件下进行的，可以在管段中立即产生均匀分布的预应力效果。敞沟预热又可根据一次预热范围划分为：敞沟整体预热和敞沟分段预热。

敞沟整体预热：可以尽量利用自然弯头补偿，不设固定支架。如果直管段很长，自然弯头满足不了补偿要求时，可以设少量一次性补偿器，一次性补偿器之间的距离不受土摩擦力的限制。

敞沟分段预热：当不具备敞沟整体预热条件时，可考虑敞沟分段预热。其特点是一段管道预热到预热温度并且热伸长量达到计算值后，保持预热温度，回填夯实。再进行下一段敷设、预热、回填。整个预热过程是一边敷设，一边预热，一边回填。可见，分段敞沟预热缩小了对城镇交通和人民生活带来的诸多不便，并且无需设一次性补偿器。但是分段法要求有移动热源。

2) "覆盖式预热方法"

也称为"一次性补偿器预热方法"。其方法是在长直管道上按设计间距分段安装一次性补偿器，或仅在长直管段两端头安装一次性补偿器。一次性补偿器用以吸收从环境温度到预期的预热温度之间的热膨胀量。一次性补偿器处敞口，其余沟槽回填后管线升温。升温达到或超过预热温度，热膨胀量达到计算值，将一次性补偿器焊死，使之与管道成为一体，此后一次性补偿器不再起补偿作用。接着进行覆土，待整个预热段全部回填完后，再开始降温。一次性补偿器的结构与波纹管补偿器相似，只是在波纹管补偿器外面增设了一个随其一起活动的钢质外套。

在一次性补偿器安装方式中，释放热膨胀量的过程是在沟槽已回填的情况下进行的，热膨胀量的释放将受到土摩擦力的限制，焊接一次性补偿器时的实际预热温度要高于预期的预热温度，并且只有通过多次温度变化后，才能使整个管道产生均匀分布的预应力效果。

3) "补偿弯管预热方法"

管道焊接完毕、试压合格后，长直管回填。弯管作为膨胀元件敞口，管线升温达到或超过预热温度，热膨胀量达到计算值时回填弯管膨胀区。

(4) 埋地管道沟槽尺寸（表 6-6）

埋地管道沟槽尺寸　　　　表 6-6

公称直径 DN（mm）		2 5 3 2 4 0	50 65 80 100	125 150 200 250 300	350 400 450 500 600
保温管外径 D_w（mm）		9 6 11 0 11 0	140 140 160 200	225 250 315 365 420	500 550 630 655 760
沟槽尺寸（mm）	A	800 800 800	800 800 800 1000	1000 1000 1240 1240 1320	1500 1500 1870 1870 2000
	B	250 250 250	250 250 250 300	300 300 360 360 360	400 400 520 520 550
	C	300 300 300	300 300 300 400	400 400 520 520 600	700 700 830 830 900
	E	100 100 100	100 100 100 100	100 100 100 100 150	150 150 150 150 150
	H	200 200 200	200 200 200 200	200 200 200 200 300	300 300 300 300 300

（5）供热管道与其他各种管线的最小净距（表 6-7）

供热管道与其他地下管线之间的最小净距（m）　　　　表 6-7

	管道名称	热网地沟		无沟敷设热力管	
		水平净距	交叉净距	水平净距	交叉净距
1	给水管： 干管 支管	 2.00 1.50	 0.10 0.10	 2.50 1.50	 0.10 0.10
2	排水管	2.00	0.15	1.5～2.0	0.15
3	雨水管	1.50	0.10	1.50	0.10
4	煤气管，煤气压力： $P \leqslant 0.15$MPa 0.15MPa$<P\leqslant$0.3MPa 0.3MPa$<P\leqslant$0.8MPa	 1.00 1.50 2.00	 0.15 0.15 0.15		
5	压缩空气或二氧化碳管	1.00	0.15	1.00	0.15
6	天然气管，天然气压力： $P \leqslant 0.4$MPa	 2.00	 0.15		
7	乙炔管、氧气管	1.50	0.25	1.50	0.25
8	石油管	2.00	0.10	2.00	0.10
9	电力或电信电缆（铠装或管子）	2.00	0.50	2.00	0.50
10	排水暗渠，雨水长沟	1.50	0.50	1.50	0.50

注：1. 表中所列为净距，指沟壁面、管壁面、电缆最外一根线间；
2. 表中所列数值为 1m，而相邻两管线间埋设标高差大于 0.5m，以及表列数值为 1.5m，而相邻两管线间埋设标高差大于 1.0m 时，则表列数值应适当增加；
3. 当压缩空气管道平行敷设在热力管沟基础之上时，其净距可缩减至 0.15m；
4. 热力管道与电缆间，不能保持 2.0m 净距时，应采取隔热措施，以防电缆过热。

6.3.5　供热管道保温

管道保温的目的是减少热媒的热损失，避免烫伤运行和维修人员。

保温设计的基本原则是减少散热损失，节约能源、提高经济效益；满足工艺要求、保证供热参数；改善工作环境、防止烫伤等。为此，外表面温度高于 50℃的管道及附件必须保温。在输送过程中需要控制介质温度降低、减少热损失，从经济角度进行保温设计。

1. 保温材料及制品

（1）保温材料基本要求

1）导热系数低、保温性能好。在介质平均温度不高于350℃时的导热系数值不得大于0.14W/(m·K)(0.12kcal/(m·h·℃))，并有这种材料的随温度变化的导热系数方程式或图表。

对可压缩的或松散的保温材料及其制品，应提供在使用密度下的导热系数方程式或图表。

2）密度小，保温材料密度一般不宜超过400kg/m^3。

3）耐振动，具有一定的机械强度。硬质预制成型制品的抗压强度不应小于300kPa；半硬质的保温材料压缩10%时的抗压强度不应小于200kPa。

（2）常用保温材料

根据集中供热外网的参数，推荐以下材料：

1）岩棉制品

岩棉是以精选的玄武岩、安山岩或辉绿岩为主要原料，再配入少量白云石、平炉钢渣等助熔剂，经高温熔融、离心抽丝而制成的人造无机纤维。

岩棉制品是在岩棉中加入特制的粘结剂、经过加压成型，并在制品表面喷上防尘油膜，而后再经过烘干、贴面、缝合和固化等工序而制成的各种形式成品。它们具有密度小、导热系数低、化学稳定性好、使用温度高和不燃烧等特点。架空敷设的蒸汽管线普遍采用岩棉制品保温。

岩棉制品的主要技术性能见表6-8，岩棉制品有岩棉板、岩棉保温管件、岩棉保温管壳、岩棉保温带等，岩棉制品的规格见表6-9。

岩棉制品主要技术性能　　表6-8

技术性能	单位	数值
导热系数(50℃时)	W/(m·K)	0.047～0.058
导热系数方程	W/(m·K)	(0.035～0.04)+0.00016t_p
使用温度	℃	−268～350
抗弯强度	MPa	板≥0.25，管壳≥0.30
生产密度	kg/m^3	80～150
使用密度	kg/m^3	90～195
含湿率	%	<1.5

岩棉制品规格　　表6-9

产品名称	外形尺寸(mm)		
	长度	宽度	厚度
岩棉板	100	630	30
			50
			80
岩棉缝毡	3000	910	50
			60
	3000	910	50
			60
岩棉保温带	2400	910	50
			60
岩棉橡胶	10000	50	10
岩棉保温毡	10000	200	50

2）石棉制品

石棉是一种含水硅酸镁的天然石棉保温材料。其主要制品有泡沫石棉、石棉绳和石棉绒等。

泡沫石棉制品：泡沫石棉是网状结构的毡形保温材料，是国内近年研制成功的一种新型超轻、优质保温制品。最大特点是体积密度小、导热系数低、施工敷设方便、不老化、无粉尘、比较经济。

石棉绳：用石棉纤维捻制成的绳状保温材料。主要用于小直径热力管道保温，热力管道和设备的伸缩缝以及穿墙和楼板时的密封等。

石棉绒：用于热力管道和设备的隔热保温衬垫与填充料。石棉制品的主要技术性能见表6-10。

石棉制品的主要技术性能　　表6-10

技术性能	单位	泡沫石棉	石棉绳
导热系数（50℃时）	W/（m·K）	0.044～0.052	0.16
导热系数方程	W/（m·K）	$0.041+0.0002t_p$	$0.13+0.00015t_p$
最高使用温度	℃	500	500
抗拉强度	MPa	0.05～0.10	0.002～0.004
生产密度	kg/m^3	50～70	＜1000
使用密度	kg/m^3	70～95	＜1000
含湿率	%	≤1.5	≤3.5

3）硬质泡沫塑料制品

泡沫塑料是高分子有机化合物，目前应用较广的有聚氨基甲酸酯硬质泡沫塑料（简称聚氨酯硬泡）和改性聚异氰酸酯硬质泡沫塑料（简称脲酸酯硬泡）。

聚氨酯泡沫塑料是以聚醚树脂与多亚甲基多异氰酸酯（PAPI）为主要原料，再加入胶联剂、催化剂、表面活性剂和发泡剂等，经发泡制成。改性的脲酸酯硬泡是在聚氨酯硬泡的分子结构中引入了耐温、耐燃的异氰酸酯环，因而其耐热性有所提高。聚氨酯硬泡的使用温度一般不超过120℃，改性脲酸酯可达150℃。这两种泡沫塑料的技术性能如表6-11所示。

硬质泡沫塑料的主要技术性能　　表6-11

技术性能	单位	聚氨酯硬泡	脲酸酯硬泡
常温导热系数	W/（m·K）	≤0.035	0.035
导热系数方程	W/（m·K）	$0.035+0.00014t_p$	$0.035+0.00014t_p$
最高使用温度	℃	120	150
压缩10%的抗压强度	MPa	0.25	0.25
密度	kg/m^3	50～70	50～70
重量吸水率	%	0.2～0.3	0.2～0.3

硬质泡沫塑料的施工成型方法有直接喷涂法和模型法两种。喷涂法是将聚醚树脂和多异氰酸酯两种原料利用计量泵按比例送入喷枪的混合室，经机械或压缩空气搅拌混合后喷涂在钢管表面，在常温常压下约需3s即可发泡固化成型。这种方法操作简单，但表面不平整。模型法是将两种原料的混合液浇注在特制的模子内，混合液在模内成型，从而使钢管表面形成一个形状符合设计要求的保温壳。

聚氨酯泡沫塑料预制保温管是我国在20世纪80年代从欧洲引进的先进技术。保温管由钢管、聚氨酯硬质泡沫塑料保温层和高密度聚乙烯外套（保护层）组成。保温管内可以安装报警线，用于检测钢管渗漏的位置。这种保温管适用于输送温度不高于120℃、压力不大于 1.6MPa 的介质，管道系统的环境温度为−50～80℃。保温管的聚氨酯泡沫塑料性能和聚乙烯外套管的性能分别如表 6-12 和表 6-13 所示。对于保护层由于聚乙烯价格较高，现大部分用玻璃钢代替。

聚氨酯泡沫塑料的性能指标　　表 6-12

性能	指标
密度	60～80kg/m³
抗压强度	≥200kPa
导热系数	≤0.027W/(m·K)
耐热性	120℃

高密度聚乙烯塑料性能　表 6-13

性能	指标
密度	940～965kg/m³
拉伸强度	≥20MPa
断裂伸长率	≥350%
耐环境开裂	≥200h
纵向回缩率	≤3%

2. 保温的热力计算

供热管道保温热力计算的任务是计算管道的散热损失，从而确定保温层的厚度。

(1) 管道热损失

供热管道的散热损失是根据传热学的基本原理进行计算的。

$$\Delta Q = q \cdot (1+\beta) \cdot L \qquad (6\text{-}1)$$

式中 ΔQ——管道热损失，W；

q——单位长度管道热损失，W/m；

β——管道附件、阀门、补偿器、支座等的散热损失附加系数，可按下列数值计算：地上敷设 $\beta=0.25$；地沟敷设 $\beta=0.20$；直埋敷设 $\beta=0.15$；

L——管道长度，m；

t——管道中热媒温度，℃；

t_0——管道周围环境（空气）温度，℃。

由于供热管道敷设方式不同，q 的计算公式也有所差别。现分述如下：

1) 架空管道的热损失

根据图 6-46，架空敷设供热管道的散热损失可由下式求得：

$$q = \frac{t-t_0}{\sum R} \quad (\text{W/m}) \qquad (6\text{-}2)$$

式中 $\sum R$——管道总热阻：

$$\sum R = R_n + R_g + R_b + R_w \qquad (6\text{-}3)$$

R_n——从热媒到管内的热阻：

$$R_n = \frac{1}{\pi \cdot \alpha_n \cdot d_n} \quad (\text{m}\cdot℃/\text{W}) \qquad (6\text{-}4)$$

式中 α_n——从热媒到管内壁的放热系数，W/(m²·℃)；

d_n——管道内径，m；

R_g——管壁热阻：

$$R_g = \frac{1}{2\pi\lambda_g} \cdot \ln\frac{d_w}{d_n} \quad (\text{m}\cdot℃/\text{W}) \qquad (6\text{-}5)$$

式中 λ_g——管材的导热系数，W/(m·℃)；

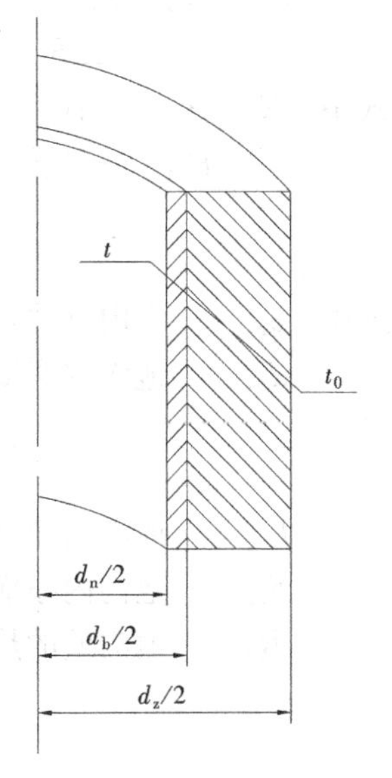

图 6-46 架空管道热损失计算图

d_w——管道外径，m；

R_b——保温材料的热阻：

$$R_b = \frac{1}{2\pi\lambda_b} \cdot \ln\frac{d_z}{d_w} \quad (m \cdot ℃/W) \tag{6-6}$$

式中　λ_b——保温材料的导热系数，W/(m·℃)；

d_z——保温层外表面的直径，m；

R_w——从管道保温层外表面到周围介质（空气）的热阻：

$$R_w = \frac{1}{\pi\alpha_w d_z} \quad (m \cdot ℃/W) \tag{6-7}$$

式中　α_w——保温层外表面对空气的放热系数，W/(m²·℃)；α_w 值可用下列近似公式求得：

$$\alpha_w = 11.6 + 7\sqrt{v} \tag{6-8}$$

式中　v——保温层外表面附近空气的流动速度，m/s。

在实际计算中，热媒对管内壁的热阻和金属管壁的热阻与其他两项相比数值很小，可将它们忽略不计。公式（6-2）可简化为：

$$q = \frac{t - t_0}{\Sigma R} = \frac{t - t_0}{R_b + R_w} = \frac{t - t_0}{\frac{1}{2\pi\lambda_b}\ln\frac{d_z}{d_w} + \frac{1}{\pi\alpha_w d_z}} \quad (W) \tag{6-9}$$

2）地沟管道的热损失

地沟敷设管道的散热损失计算公式同样为式（6-2）。

与架空敷设管道的散热公式不同的是：在计算总热阻ΣR中除了保温层热阻R_b和从保温层表面到地沟内空气的热阻R_w外，还应包括从地沟内空气到沟内壁的热阻R_{ng}、沟壁（沟盖板）热阻R_g、地面（覆土和路面）热阻R_t以及地面散热热阻R_{wt}。

① 当地沟内仅有一根管道时，单位长度热损失可按下式计算

$$\Sigma R = R_b + R_w + R_{ng} + R_g + R_t + R_{wt} \quad (m \cdot ℃/W) \tag{6-10}$$

式中　R_b、R_w——代表意义及计算公式同前所述，m·℃/W；

R_{ng}——从沟内空气到沟内壁之间的热阻，m·℃/W。

$$R_{ng} = \frac{1}{\pi\alpha_{ng} d_{ng}} \quad m \cdot ℃/W \tag{6-11}$$

式中　α_{ng}——沟内壁放热系数，m·℃/W，可近似取 α_{ng}=12W/(m²·℃)；

d_{ng}——地沟内廓横截面的当量直径，m；按下式计算：

$$d_{ng} = \frac{4F_{ng}}{s_{ng}}$$

F_{ng}——地沟内净横截面面积，m²；

S_{ng}——地沟内净横截面的周长，m；

R_g——地沟壁的热阻：

$$R_g = \frac{1}{2\pi\lambda_g}\ln\frac{d_{wg}}{d_{ng}} \quad (m^2 \cdot ℃/W) \tag{6-12}$$

式中　d_{wg}——地沟横截面外表面的当量直径，m：

$$d_{wg} = \frac{4F_{wg}}{S_{wg}}$$

F_{wg}——地沟外横截面面积，m^2；

S_{wg}——地沟外横截面周长，m；

R_t——地面（覆土和路面）热阻，$m^2 \cdot ℃/W$。根据构造组成按照复合层导热公式计算；

R_{wt}——地面（路面）到周围介质（空气）的热阻，$m^2 \cdot ℃/W$：

$$R_{wt}=\frac{1}{\alpha_{wt}} \tag{6-13}$$

式中 α_{wt}——地面（覆土和路面）保温层外表面对空气的放热系数，$W/(m^2 \cdot ℃)$；可按式（6-8）计算。

② 当地沟内有若干条供热管道时，考虑管道之间的相互影响，需先确定地沟内的空气温度。根据热平衡原理，地沟内所有管路的散热量应等于地沟向土壤散失的热量，即：

$$q_{\Sigma}=\frac{(t_1-t_g)}{R_1}+\frac{(t_2-t_g)}{R_2}+L+\frac{(t_m-t_g)}{R_m}=\frac{(t_g-t_0)}{R_0} \quad (W/m) \tag{6-14}$$

得：

$$t_g=\left(\frac{t_1}{R_1}+\frac{t_2}{R_2}+L+\frac{t_m}{R_m}+\frac{t_0}{R_0}\right)\Big/\left(\frac{1}{R_1}+\frac{1}{R_2}+L+\frac{1}{R_m}+\frac{1}{R_0}\right) \tag{6-15}$$

式中 t_g——地沟内空气温度，℃；

t_1、t_2、t_m——地沟内敷设的第1、2、m根管路中热媒温度，℃；

R_1、R_2、R_m——第1、2、m根管路从热媒到地沟中空气间的热阻，$m \cdot ℃/W$：

$$R_1=R_{b\cdot 1}+R_{w\cdot 1};R_m=R_{b\cdot m}+R_{w\cdot m}$$

R_0——从地沟内空气到室外空气的热阻，$m \cdot ℃/W$：

$$R_0=R_{ng}+R_g+R_t+R_{wt}$$

③在计算通行地沟内管道的热损失时，如果通行地沟设置了通风系统，则根据热平衡原理，通行地沟中各管道的总散热量等于从沟壁到周围土壤的散热量与通风系统排热量之和。

即：

$$\Sigma Q=\Delta Q_g+Q_t \tag{6-16}$$

式中 ΣQ——地沟内各供热管道的总散热量，W；

ΔQ_g——从沟壁到周围土壤的散热损失，W；

Q_t——通风系统的排热量，W。

通风地沟内的通风排热量则可用下式求出：

$$Q_t=\left[\frac{(t_1-t'_g)}{R_1}+\frac{(t_2-t'_g)}{R_2}+L+\frac{(t_m-t'_g)}{R_m}-\frac{(t'_g-t_0)}{R_0}\right]\cdot(1+\beta)\cdot L \tag{6-17}$$

式中 t'_g——通风系统工作时，要求保证的通行地沟内的空气温度，℃。按设计规定要求不得高于40℃。

3）直埋管道的热损失

根据《城镇供热直埋热水管道技术规程》CJJ/T 81—2013（以下简称《规程》）3.2.3条规定，计算公式为

$$q_s=\frac{(R_g+R_t)(t_s-t_g)-R_h(t_r-t_g)}{(R_g+R_t)^2-R_h^2} \tag{6-18}$$

$$q_r=\frac{(R_g+R_t)(t_r-t_g)-R_h(t_s-t_g)}{(R_g+R_t)^2-R_h^2} \tag{6-19}$$

$$R_g = \frac{1}{2\pi \times \lambda_g} \times \ln \frac{4H_l}{D_w} \tag{6-20}$$

$$R_t = \frac{1}{2\pi \times \lambda_t} \times \ln \frac{D_w}{D_o} \tag{6-21}$$

$$R_h = \frac{1}{4\pi \times \lambda_g} \times \ln\left[1 + \left(\frac{2H_l}{e}\right)^2\right] \tag{6-22}$$

$$H_l = H + R_0 \times \lambda_g \tag{6-23}$$

式中　q_s——供水管单位长度热损失，W/m；

q_r——回水管单位长度热损失，W/m；

t_s——计算供水温度，℃；

t_r——计算回水温度，℃；

t_g——管道中心线的自然地温，℃；

R_g——土壤热阻，m·K/W；

R_t——保温材料热阻，m·K/W；

R_h——附加热阻，m·K/W；

R_0——土壤表面换热热阻，可取 0.0685m²·K/W；

λ_g——土壤导热系数，W/(m·K)。应取实测数据，估算时湿土可取 1.5～2.0W/(m·K)；干沙可取 1.0W/(m·K)；

λ_t——保温材料在运行温度下的导热系数，W/(m·K)；

H——管道中心线覆土深度，m；

H_l——管道当量覆土深度，m；

D_w——保温层外径，m；

D_o——工作管外径，m；

e——供、回水管中心线距离，m。

(2) 保温层厚度计算原则

1) 管道和圆筒设备外径大于 1020mm 者，可按平面计算保温层厚度。小于 1020mm 时按圆筒计算厚度。

2) 外表面温度高于 50℃的热力设备，为了减少散热损失的保温层，应按其经济厚度的计算方法进行计算。

3) 当热价低廉、保温材料或施工费用较高时，所计算的保温层经济厚度下的散热损失，如超过《设备及管道保温技术通则》中规定的最大散热损失值时，应重新按最大允许散热损失值约 80%～90%计算其保温层厚度。

4) 当设备或管道内的介质为满足工艺要求，在允许或特定温度条件下输送时，应按热平衡法计算保温层厚度。

5) 生产工艺中不需保温的设备、管道及其附件，为保持良好的工作环境，便于操作和维护，表面温度超过 60℃时，应设置防烫伤保温。

6) 输送低温水管道、外径≤57mm 的小管道以及安全阀、排气阀后的对空排放管等管道，不必进行保温层厚度计算，可直接根据经验选取。

7) 直埋保温管的保温层外表面温度应进行验算，且应小于 50℃。

8）当直埋保温管周围设施或环境条件对温度有要求时，应对温度场进行验算。

（3）保温层厚度计算方法

1）控制最大热损失计算法

露天敷设的长距离热力管道一般按"控制最大热损失法"计算其保温层厚度：

① 平面单层保温

$$\delta_b = \lambda_b\left(\frac{t-t_0}{q} - R_1\right) \tag{6-24}$$

② 筒面单层保温

$$\ln\frac{d_z}{d_w} = 2\pi\lambda_b\cdot\left(\frac{t-t_0}{q} - R_2\right) \tag{6-25}$$

$$\delta_b = \frac{1}{2}(d_z - d_w) = \frac{1}{2}\left[1 - e^{2\pi\lambda_b\left(\frac{t-t_0}{q}-R_2\right)}\right]d_w \tag{6-26}$$

式中 δ_b——管道保温层厚度，m；

λ_b——保温材料在平均温度 t_p 下的导热系数，W/(m·℃)。根据热介质温度 t 和周围空气温度 t_0 查取表 6-14 后得到 t_p。

保温层平均温度 t_p **表 6-14**

周围空气温度 t_0（℃）	热介质温度 t（℃）						
	100	150	200	250	300	350	400
25	70	95	125	150	175	205	230
15	65	90	120	145	170	200	225
0	60	80	110	135	160	190	215
−15	55	75	105	130	155	185	210

t——管道内介质温度，℃；

t_0——周围空气温度，℃；

t_p——保温层平均温度，℃；$t_p = \frac{1}{2}(t_z + t)$

t_z——保温层外表面温度，℃；

q——单位表面允许最大散热量，W/m²，可由表 6-15、表 6-16 查出；设备、管道及附件外表面温度 t_w 近似取为热介质温度 t（忽略管壁热阻 R_g）；

R_1——平面保温层到周围空气的放热热阻，m²·K/W，可查表 6-17；

d_z——管道保温层外径，m；

d_w——管道外径，m；

R_2——圆筒保温层到周围空气的放热热阻，m²·K/W，可查表 6-17。

季节运行工况允许最大散热损失 **表 6-15**

设备、管道及附件外表面温度 t_w（℃）	50	100	150	200	250	300
允许最大散热损失 q（W/m²）	116	163	203	244	279	308

常年运行工况允许最大散热损失　　表 6-16

设备、管道及附件外表面温度 t_w（℃）	50	100	150	200	250	300	350
允许最大散热损失 q（W/m^2）	58	93	116	140	163	186	209

保温层表面热阻　　表 6-17

	室内					室外				
介质温度 t（℃）	≤100	200	300	400	500	≤100	200	300	400	500
平面放热阻力 R_1（$m^2 \cdot K/W$）										
平　壁	0.086	0.086	0.086	0.086	0.086	0.344	0.344	0.344	0.344	0.344
公称管径（mm）	圆筒面放热阻力 R_2（$m^2 \cdot K/W$）									
25	0.301	0.258	0.215	0.198	0.189	0.103	0.095	0.086	0.077	0.077
32	0.275	0.232	0.198	0.163	0.138	0.095	0.086	0.077	0.069	0.060
40	0.258	0.215	0.181	0.155	0.129	0.086	0.077	0.069	0.060	0.052
50	0.198	0.163	0.138	0.120	0.103	0.069	0.060	0.052	0.043	0.043
100	0.155	0.129	0.112	0.095	0.077	0.052	0.043	0.043	0.034	0.034
125	0.129	0.112	0.095	0.077	0.069	0.043	0.034	0.034	0.026	0.026
150	0.103	0.086	0.077	0.069	0.060	0.034	0.026	0.026	0.026	0.026
200	0.086	0.077	0.069	0.060	0.052	0.034	0.026	0.026	0.017	0.017
250	0.077	0.069	0.060	0.052	0.043	0.026	0.017	0.017	0.017	0.017
300	0.069	0.060	0.052	0.043	0.043	0.026	0.017	0.017	0.017	0.017
350	0.060	0.052	0.043	0.043	0.043	0.017	0.017	0.017	0.017	0.017
400	0.052	0.043	0.043	0.034	0.034	0.017	0.017	0.017	0.017	0.017
500	0.043	0.034	0.034	0.034	0.034	0.017	0.017	0.017	0.017	0.017
600	0.036	0.034	0.032	0.030	0.028	0.014	0.013	0.013	0.012	0.011
700	0.033	0.031	0.029	0.028	0.026	0.013	0.012	0.011	0.010	0.010
800	0.029	0.028	0.025	0.025	0.023	0.011	0.010	0.010	0.095	0.095
900	0.026	0.025	0.025	0.022	0.022	0.010	0.095	0.095	0.086	0.086
1000	0.023	0.022	0.022	0.021	0.021	0.009	0.086	0.086	0.008	0.008
2000	0.014	0.013	0.012	0.011	0.010	0.005	0.004	0.004	0.004	0.004

2）控制最大温度降计算法

当已知介质在管道中的初始温度 t_1 和温度降 t_1-t_2，可按下式计算其保温层厚度：

①当$\frac{t_1-t_0}{t_2-t_0}<2$时，改写式（6-25）为

$$\ln\frac{d_z}{d_w}=2\pi\cdot\lambda_b\cdot\left[\frac{(t'_p-t_0)\cdot F\cdot k_1}{c\cdot G(t_1-t_2)}-R_2\right] \tag{6-27}$$

改写式（6-26）为

$$\delta_b=\frac{1}{2}(d_z-d_w)=\frac{1}{2}(1-e^{2\pi\lambda_b m})d_w \quad (m) \tag{6-28}$$

式中　$m=\left[\frac{(t'_p-t_0)\cdot F\cdot k_1}{c\cdot G(t_1-t_2)}-R_2\right]$

②当$\frac{t_1-t_0}{t_2-t_0}\geqslant 2$时，改写式（6-25）为

$$\ln\frac{d_z}{d_w}=2\pi\cdot\lambda_b\cdot\left[\frac{(t_2-t_0)\cdot F\cdot k_1}{c\cdot G(t_1-t_0)}-R_2\right] \tag{6-29}$$

改写式（6-26）为

$$\delta_b=\frac{1}{2}(d_z-d_w)=\frac{1}{2}(1-e^{2\pi\lambda_b n})d_w \quad (m) \tag{6-30}$$

式中 $n=\left[\frac{(t_2-t_0)\cdot F\cdot k_1}{c\cdot G(t_1-t_0)}-R_2\right]$

式中 t'_p——介质平均温度,℃。$t'_p=\frac{1}{2}(t_1+t_2)$；

c——介质平均比热，J/(kg·℃)；

G——介质流量，kg/s；

t_1——介质始端温度,℃；

t_2——介质终端温度,℃；

F——管道面积，m^2；

k_1——管道支吊架局部保温修正系数，按下列值选取：吊架室内 1.10，室外 1.15；支架室内 1.15，室外 1.20。

3）直埋管道计算法

直埋管道散出的热量由土壤吸收，因而土壤的热阻是总热阻的一部分。

$$\ln d_z=\frac{\lambda_b(t_z-t_t)\cdot\ln d_w+\lambda_b(t-t_z)\cdot\ln(4h)}{\lambda_t(t_Z-t_t)+\lambda_b(t-t_z)} \tag{6-31}$$

$$\delta_b=\frac{d_z-d_w}{2} \quad (m) \tag{6-32}$$

式中 λ_t——土壤的导热系数，参见表 6-18，可取 1.74W/(m·K)；

t_z——保温层表面温度,℃；

t_t——土壤层温度,℃，可取 5℃；

h——埋管深度，m。

常用地质资料 **表 6-18**

名　称	密度 ρ (kg/m³)	导热系数 λ (W/(m·K))	质量比热 c (kJ/(kg·℃))	导温系数 α (m²/h)
砂岩、石英岩	2400	2.035	0.92	0.003
重石灰岩	2000	1.163	0.92	0.00227
贝壳石灰岩	1400	0.639	0.92	0.00179
石灰重火山灰岩	1300	0.523	0.92	0.00157
大理石、花岗石	2800	3.489	0.92	0.00487
石灰岩	2000	3.024	0.92	0.0045
灰质页岩	1765	0.837	1.036	0.00166
片麻岩	2700	3.489	1.036	0.00463

续表

名　　称	密度 ρ (kg/m³)	导热系数 λ (W/(m·K))	质量比热 c (kJ/(kg·℃))	导温系数 α (m²/h)
钢筋混凝土	2400	1.547	0.836	0.00277
混凝土		1.279		
沥青混凝土	2100	1.047	1.673	
砾石混凝土	2200	1.628	0.837	0.0025
碎石混凝土	1800	0.872	0.837	0.00208
水泥砂浆粉刷	1800	0.930	0.837	
轻砂浆砖砌体		0.756		
重砂浆砖砌体		0.814		
黄土（湿）	1910	1.651		
黄土（干）	1440	0.628		
黏土	1457		0.878	0.0036
软黏土（湿）	1770			
硬黏土（湿）	2000			
硬黏土（干）	1610	1.163		
砂土（干）		0.349		
砂土（湿）		2.326		
砂土（中等湿度）		1.745		
黏土及砂质黏土（湿）		1.861		
砂质黏土（中等湿度）		1.396		
砂质黏土（干）		1.407		

6.3.6　供热管道防腐

1. 管道防腐的原则

（1）热水供热管网或季节性运行的蒸汽供热管网的管道及附件，应涂刷耐热、耐湿、防腐性能良好的涂料。

（2）常年运行的室内蒸汽管道及附件，可不涂刷防腐材料。常年运行的室外蒸汽管道也可涂刷耐高温的防腐涂料。

（3）架空管道采用普通铁皮作保护层时，铁皮内外表面均应涂刷防腐材料，施工后外表面应涂刷面漆。

（4）不保温管道及附件，为了防腐和便于识别，应进行外部油漆。保温管道的保温层外表面，应涂刷油漆，并标记管道内介质流向及色环。

（5）保温层外表面不应做防潮层。

2. 防腐层的要求

（1）不保温管道：室内管道先涂二道防锈漆，再涂一道调和漆；室外管道先涂刷二道云母氧化铁酚醛底漆，再涂二道云母氧化铁面漆；管沟中的管道，先涂一道防锈漆，再涂二道沥青漆。

(2) 保温管道：管道内介质温度低于120℃时，管道表面涂刷二道防锈漆；管道内介质温度高于120℃时，管道表面可不涂刷防锈漆。

(3) 保护层面漆、保温结构的保护层采用黑铁皮时，其内表面涂刷二道防锈漆，外表面先涂二道云母防锈漆，再涂二道银粉漆，或涂刷二道云母氧化铁酚醛底漆和二道云母氧化铁面漆。油毡、玻璃纤维布作保护层时，室内外架空管道涂刷醇酸树酯磁漆三道；地沟内管道涂冷底子油三道。石棉水泥做保护层时，表面涂色漆三道。不通行地沟内的管道，保护层外表面可不进行刷漆处理。

直埋管道应根据表6-19中土壤腐蚀性等级和相应的防腐等级，再按表6-20中有关直埋管道沥青防腐层的要求，来确定防腐层的结构。

土壤腐蚀性等级及防腐等级 **表6-19**

项目	土壤腐蚀性等级				
	特高	高	较高	中高	低
土壤电阻率（Ω·m）	<5	5～10	10～20	20～100	>100
含盐量（%）	>0.75	0.1～0.75	0.05～0.1	0.01～0.05	<0.01
含水量（%）	12～25	10～12	5～10	5	<5
在 ΔV=500mV时极化电流密度（mA/cm^2）	0.3	0.08～0.3	0.025～0.08	0.001～0.025	<0.001
防腐等级	特加强	加强	加强	普通	普通

直埋管道沥青防腐层结构 **表6-20**

防腐等级	防腐层结构	每层沥青厚度（mm）	总厚度不少于（mm）
普通防腐	沥青底漆-沥青三层夹玻璃布二层-玻璃布	2	6
加强防腐	沥青底漆-沥青四层夹玻璃布三层-玻璃布	2	8
特加强防腐	沥青底漆-沥青五或六层夹玻璃布四或五层-玻璃布	2	10或12

3. 管道涂色、色环、色标

为了便于识别对锅炉房、换热站、加压站等处的供热管道，其涂料颜色及色环颜色要求详见表6-21。

常用管道涂色标记 **表6-21**

序号	管道名称	管道底色	色环颜色	序号	管道名称	管道底色	色环颜色
1	蒸汽管道	红	黄	6	软化水管	绿	白
2	凝结水管	绿	红	7	自来水管	绿	黄
3	采暖热水管	红	绿	8	热水供应管	蓝	绿
4	采暖回水管	红	蓝	9	排汽管	红	黑
5	补给水管	绿	白	10	排污管	黑	

管道弯头、穿墙处及需要观察的地方，必须涂刷色环或介质名称及介质流向箭头。

管道色环、介质名称及介质流向箭头的位置和形状如图6-47所示。图中的尺寸数值见表6-22。

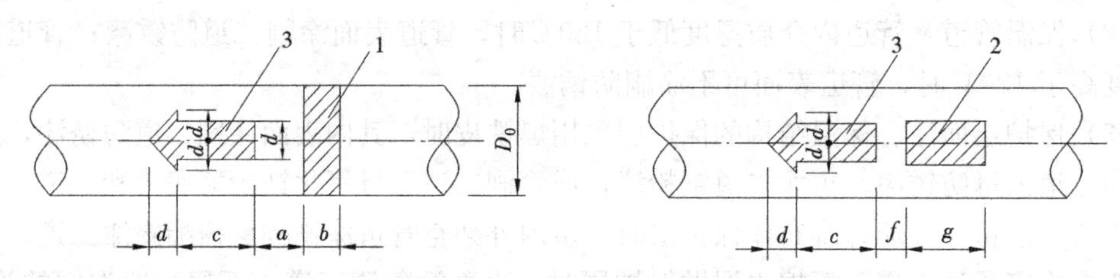

图6-47　管道色环、介质名称及介质流向箭头

1—色环；2—介质名称；3—介质流向箭头

管道色环、介质名称及介质流向箭头的位置、形状尺寸（mm）　　表6-22

<table>
<tr><th>序号</th><th>保温外径或防腐管道外径 D_0</th><th>a</th><th>b</th><th>c</th><th>d</th><th>f</th><th>g</th><th>h</th></tr>
<tr><td>1</td><td>≤50</td><td>24</td><td>30</td><td>—</td><td>—</td><td>45</td><td>100</td><td>20</td></tr>
<tr><td>2</td><td>51～100</td><td>28</td><td>30</td><td rowspan="4">$\frac{1}{5}D_0+50$</td><td rowspan="4">$\frac{1}{2}c$</td><td>55</td><td>100</td><td>25</td></tr>
<tr><td>3</td><td>101～200</td><td>35</td><td>70</td><td>60</td><td>200</td><td>50</td></tr>
<tr><td>4</td><td>201～300</td><td>55</td><td>85</td><td>80</td><td>200</td><td>70</td></tr>
<tr><td>5</td><td>>300</td><td>65</td><td>130</td><td>80</td><td>400</td><td>100</td></tr>
</table>

6.4　室外供热管道应力验算

供热管道需要承受由于内部流体、管道自重、外载负荷、温度变化等因素作用所引起的应力（如拉伸、弯曲等应力），可分为机械应力和热应力两类。

供热管道的设计应该能够适应介质的压力、温度和介质的操作条件，设计的核心问题是研究压力管道在外荷载作用下有效抵抗变形和破坏的能力，即处理强度、刚度和稳定性问题，保证压力管道的安全性和经济性。因此，对供热管道进行机械强度计算、校核它所承受和产生的应力是保证供热管道安全运行的一个重要环节。在管道的强度设计中，介质内压是强度计算的最主要依据。

供热管道的安全性取决于管道中应力的大小，应力又取决于作用于管道上的荷载。

6.4.1　供热管道所受荷载

1. 所受荷载来源

（1）内压力

内压力为管道内介质（热水）产生的压力，介质产生的压力主要在管子中产生径向使管子增粗或减细的变形，这也是管子本身发生破裂的主要影响因素。

同时，介质的压力在远端轴向还会在管子中产生轴向拉（压）应力而引起某些附加荷载。对于厚壁管，还会产生沿半径方向的荷载。

（2）管子重量

大直径、高压介质钢管的重量（包括管子自身、介质水和保温层的重量）不容忽视。

较大的管子重量会使水平布置的管子产生类似于梁的变形，在竖直布置的管子中产生压应力，甚至造成失稳破坏。

(3) 部件、配件的重量。

(4) 支吊架产生的支反力。

(5) 风力、地震产生的荷载。

(6) 管道温度变化所产生的温差应力。

(7) 管道安装所产生的约束力。

(8) 设备的变形或位移在管道上产生的附加荷载。

(9) 介质在管内的流动所引起的各种动荷载。

2. 所受荷载分类

(1) 根据作用时间分

1) 持续荷载：介质压力、重量、支反力、热应力、残余应力等荷载。

2) 瞬间荷载：临时作用于管道的荷载；风载荷；地震荷载等。

(2) 根据作用性质分

1) 静荷载：缓慢、毫无振动的、使管道不产生显著运动的荷载。

2) 动荷载：管道振动、压力冲击、风、地震荷载等。

3. 荷载对管道安全的影响

(1) 随着管内介质压力的增加，管壁的应力水平会不断加大直至破坏，这种情况称为“应力没有自限性”。

(2) 随着管内温度增加，由于有约束存在，管壁的应力水平也会加大。但当达到一定程度（如材料屈服）时，由温差产生的应力会逐渐降下来，这种性质称为“应力具有自限性”。

(3) 不同性质的荷载在管道中所产生的应力对管道安全的影响也不同。因此，要根据不同类型的荷载采用不同的强度条件，才能保障管道安全运行。

(4) 对于压力管道来说，介质的内压是最主要的荷载，也是管道强度计算的主要依据。

6.4.2 供热管道应力

1. 应力的概念

应力的基本定义是指构件单位面积上所产生的压力。一般来说，应力的值随所受外载荷增大而增大，而各种材料对应力的承受能力有一个极限，称为强度极限。当应力的值达到或超过材料的极限时，材料就可能发生诸如过度变形、开裂、断裂、失稳等现象，称为失效或破坏。

2. 应力的分类

压力管道应力分类的依据是应力对管道强度破坏所起作用大小。这种作用又取决于下列两个因素：

一是应力产生的原因即应力是外荷载直接产生的还是在变形协调过程中产生的；二是外荷载是机械荷载还是热荷载。按照相关应力计算规定，应力可以分为：

(1) 一次应力

一次应力是指平衡外加机械荷载所产生的应力。一次应力必须满足外荷载与内力及内力矩的静力平衡关系，它始终随外载荷增加而增大，不会因达到材料的屈服点而自行限制。当超过某一限度时，将使管道变形增加直至破坏。这类应力称为一次应力。

（2）二次应力

二次应力是指由相邻管件的约束或管子的自身约束所引起的应力。二次应力不是由外载荷直接产生的，其作用不是为平衡外载荷，而是管子在受载时变形协调而使应力得到缓解。

一般压力管道上所产生的二次应力主要是由于热胀冷缩以及位移受到约束所产生的应力。二次应力的特点是自限性。它是由于管道变形或进入屈服后，变形协调即得到满足，变形不再继续发展，应力不再增加。对于塑性良好的钢管，二次应力一般不会直接导致破坏。

（3）峰值应力

峰值应力是由于载荷、结构形状突变而引起的局部应力集中的最高应力值。其基本特征是不引起任何显著变形，但它是引起疲劳破坏或脆性断裂的主要原因。

（4）许用应力

许用应力是在考虑了各种可能因素的情况下人为指定的应力许用上限。数值为材料的强度极限除以安全系数。

6.4.3　非约束供热管道应力验算

对于架空和地沟敷设供热管道来说，其受到的限定力较小。

1. 供热管道机械应力验算

作用在供热管道上的各种应力对管道的危害程度差别很大，例如管内介质压力或持续外荷载产生的一次应力没有自限性。供热管道的机械内应力属于一次应力。

（1）钢管机械应力计算

内压力当量应力 σ_{eq} 按下式计算：

$$\sigma_{eq}=\frac{P_d[D_o-(\delta-B)]}{2\eta(\delta-B)}\quad(\text{MPa})\tag{6-33}$$

式中　P_d——管道计算压力，MPa；

D_o——工作管外径，mm；

δ——工作管的公称壁厚，mm。按式（6-35）确定；

B——管道“壁厚负偏差附加值”，mm；

η——许用应力修正系数，无缝钢管取 1.0；螺旋焊缝钢管可取 0.9。

（2）管道壁厚计算

机械内压力的强度影响到选用管道的壁厚大小。根据《火力发电厂汽水管道设计技术规定》DL/T 5054—1996 的规定，对于 D_o/D_i 管径承受内压力的汽水管道，管子“理论计算壁厚”按下列规定计算：

1）内压要求的最小壁厚

$$\delta_m=\frac{P_d\times D_o}{2[\sigma]_j^t\times\eta+P_d}\tag{6-34}$$

式中 δ_m——管子理论计算最小壁厚，mm；

$[\sigma]_j^t$——钢材在设计温度下的基本许用应力，MPa。

2）工作管的公称壁厚

按式如下计算：

$$\delta = \delta_m + B \tag{6-35}$$

式中 δ_m——工作管最小壁厚，mm；

B——此值应根据管道产品技术条件的规定选用或按下列方法确定：（1）$B=\chi\times\delta_m$，其中 χ—管道“壁厚负偏差系数”，可按表 6-23 选取；（2）当焊接钢管产品技术条件中未提供“壁厚允许负偏差值 $\Delta\delta$”时，B 值可采用钢板厚度的负偏差值，但是不得小于 0.5mm。

壁厚负偏差系数 χ 值 **表 6-23**

管子壁厚允许偏差 $\Delta\delta$（%）	0	−5	−8	−9	−10	−11	−12.5	−15
χ	0.050	0.053	0.087	0.099	0.111	0.124	0.143	0.176

注：此表摘自《城镇供热直埋热水管道技术规程》CJJ/T 81—2013 表 5.2.3。

（3）钢管机械应力验算

保证供暖管道在机械应力作用下不被破坏的验算条件是：由内压力产生的一次当量应力 σ_{eq} 不得大于钢材在计算温度下的基本许用应力：

$$[\sigma]_j^t\text{，即 }\sigma_{eq} \leqslant [\sigma]_j^t \tag{6-36}$$

2. 供热管道热应力验算

对于架空敷设和地沟敷设的管段来说，由于设置补偿器可以自由伸缩，产生的热膨胀力基本不能转为内力。因此管道内的热应力几乎为零，故而不需要进行热应力验算。

6.4.4 直埋供热管道受力分析

整体式保温结构直埋敷设的供热管道在热胀冷缩时，受到土壤与管道保护壳之间的摩擦力所约束，其应力验算和热伸长计算方法不同于架空敷设和地沟敷设的热力管道。近三十年来，国内外供热管道直埋敷设发展迅速，相应成形了一整套直埋敷设的设计原理和计算方法，并实现了无补偿直埋敷设方式。

1. 直埋供热管道受力种类

（1）直埋供热管道内的有压流体对于管壁的压力称为管道的内压力。有以下几种形式：

1）流体内压力中平行于轴线的动压作用于垂直于轴线的管壁投影面积产生沿轴向的拉应力俗称“盲板力”。如水流遇到变径管、关闭的阀门阀板、弯头、三通和管道的盲板等处产生的“轴向拉应力”。

2）流体压能径向作用在管壁上，使管道沿径向扩张，从而使管道有变短的趋势。严格地讲，当管段两端被固定，管道内压力升高时便产生“环向应力”；同时在轴向伴随着出现拉应力，称为“泊松拉应力”。

（2）热媒受热后管道产生“热膨胀力”，其在某些直管段上全部转化为轴向内力，而在另一些直管段上部分转化为轴向内力。同时由于热膨胀伸长而产生相对土壤的滑动趋势，导致了土壤对于管道沿轴反向的“土壤摩擦力”。

(3) 管道的活动端也产生阻挡管道伸长的“活动端阻力”，例如“补偿器的轴向位移阻力”等。

(4) 重力和土压力作用。

2. 直埋供热管道轴向力

(1) 直埋供热管道的主动轴向力

包括“热膨胀力”和“泊松力”，二者反向。

1) 热膨胀力：当供热直埋管道受热但是受约束（如无任何补偿方式的条件下两端被固定）不能自由膨胀时，则热膨胀量就会被压缩，此时直管段内便产生了压缩应变（即热应变）和热应力（实为压强）。相应产生的管道内力称为“热膨胀力”。

热应变为：$\varepsilon = \Delta L/L = \alpha(t_1 - t_0)$ (6-37)

热应力为：$\sigma = \varepsilon E = \alpha(t_1 - t_0)E$ (MPa) (6-38)

而热膨胀力为：$N_e = \alpha E(t_1 - t_0)A$ (MN) (6-39)

式中 ΔL——自由热膨胀量，m；

L——直管段长度，m；

α——管子的线膨胀系数（见表6-24），一般可取α=12μm/(m·℃)；

E——材料的弹性模数，MPa，见表6-24；

t_1——管子升温后的温度,℃；

t_0——管子升温前的温度,℃；

A——管子截面积，m^2。

有温差时就会产生热膨胀力，但是热膨胀力能否转换为钢管的内力，则要考察钢管的热膨胀量是否被压缩。当且仅当热膨胀力小于等于约束外力时，即热膨胀量被完全压缩，钢管的内力才等于热膨胀力；当热膨胀量被部分压缩（此时热膨胀力大于约束外力），钢管的内力等于按式（6-39）计算的热膨胀力的一部分。

常用钢材的弹性模量 E 和线膨胀系数 α **表6-24**

钢材物理特性		弹性模量 E（$\times10^4$MPa）			线膨胀系数 α（$\times10^{-6}$）		
钢号		10	20	Q235B	10	20	Q235B
计算温度（℃）	20	19.8	19.8	20.6	—	—	—
	100	19.1	18.2	20.0	11.9	11.2	12.2
	130	18.8	18.1	19.8	12.0	11.4	12.4
	140	18.7	18.0	19.7	12.2	11.5	12.5
	150	18.6	18.0	19.6	12.3	11.6	12.6

注：此表摘自《城镇供热直埋热水管道技术规程》CJJ/T 81—2013附录B.0.2。

2) 泊松力：由内压产生的轴向泊松拉应力为：

$$\sigma''_{ax} = \nu\sigma_t \quad \text{(MPa)} \tag{6-40}$$

式中 ν——材料的泊松系数；

σ_t——内压作用在管壁上的环向应力，MPa。计算式为：

$$\sigma_t = P_d D_i / (D_o - D_i) = P_d D_i / 2\delta \quad (6\text{-}41)$$

式中 P_d——管道的计算压力（压强），MPa；

D_i——考虑管壁减薄以后管子的内径，mm；

D_o——考虑管壁减薄以后管子的外径，mm；

δ——考虑管壁减薄以后管子的壁厚，mm。

供热系统总是要升压的，所以泊松拉应力是直埋供热管道的又一个主动轴向力。由于直埋管道被限制，它将转化为管道的轴向内力：

$$N_v = \sigma''_{ax} A = \nu \sigma_t A \quad (\text{MN}) \quad (6\text{-}42)$$

3）直埋供热管道的主动轴向力

若以拉应力为正，则主动轴向力为：

$$N_a = N_v - N_e = [\nu \sigma_t - \alpha E (t_1 - t_0)] A \quad (\text{MN}) \quad (6\text{-}43)$$

（2）直埋供热管道的被动轴向力

包括“土壤摩擦力”和“补偿器位移阻力”。

1）制约管道伸缩变形的土壤摩擦力为

按照《城镇供热直埋热水管道技术规程》中的计算公式：

$$N_f = F_l L = \mu \left(\frac{1 + K_0}{2} \pi \times D_c \times \sigma_v + G - \frac{\pi}{4} D_c{}^2 \times \rho \times g \right) L \quad (6\text{-}44)$$

式中 F_l——保温管与土壤之间的单位长度摩擦力，N/m；

L——保温管长度，m；

μ——摩擦系数；

K_0——土壤静压力系数，$K_0 = 1 - \sin\Phi$，Φ 为回填土内摩擦角（°），沙土可取 30°；

D_c——外护管外径，m；

σ_v——管道中心线处土壤应力，Pa；

G——包括热媒介质在内的保温管单位长度自重，N/m；

ρ——土密度，kg/m^3；

g——重力加速度，m/s^2。

当 μ 取最小摩擦系数时，得到管道的最小单位长度摩擦力 $F_l = F_{min}$；当 μ 取最大摩擦系数时，得到管道的最大单位长度摩擦力 $F_l = F_{max}$。

2）伴随管道伸缩的补偿器阻力 P_t

补偿器热位移阻力和补偿器类型有关。对于套筒补偿器就等于摩擦力，由生产厂家提供；对于波纹补偿器、方形补偿器、L 形补偿器、“Z”形补偿器等是变形弹性力。弹性力和变形量、刚度系数等有关，通过计算确定。

3）直埋供热管道的被动轴向力为：

$$N_p = N_f + P_t = \mu \left[\frac{1 + K_0}{2} \pi \times D_c \times \sigma_v + G - \frac{\pi}{4} D_c^2 \times \rho \times g \right] L + P_t \quad (6\text{-}45)$$

（3）直埋供热管道轴向内力

直埋供热管道的轴向内力始终等于被动力，只有在热膨胀被完全压缩的管段，被动力才等于主动力，这时轴向内力才等于主动力。

（4）直埋管道壁厚计算

机械内压力的强度影响到选用管道的壁厚大小。

1）内压要求的最小壁厚

根据《规程》5.2条，工作管的公称壁厚（取用壁厚）按式（6-35）$\delta \geqslant \delta_m + B$ 计算。

$$\text{工作管最小壁厚：}\delta_m = \frac{P_d \times D_o}{2[\sigma] \times \eta + 2Y \times P_d} \tag{6-46}$$

式中 $[\sigma]$——钢材的许用应力，MPa；

Y——温度修正系数，可取0.4。

2）径向稳定性要求的最小壁厚

直埋管道椭圆变形的理论研究表明，由于柔性管道能够利用其周围土壤的承载能力，当椭圆变形达到钢管外径的20%时，钢管才会发生整体结构破坏。但试验表明，当椭圆变形达到钢管外径的5%时，管壁就开始出现屈服。为保证管道安全，《输油管道工程设计规范》GB 50253—2003和《输气管道工程设计规范》GB 50251—2003规定管道的椭圆变形量小于钢管外径的3%。管道的椭圆变形量推荐采用衣阿华（斯氏公式或M—S公式）公式计算：

$$\Delta X \leqslant 0.03 D_0 \tag{6-47}$$

$$\Delta X = \frac{JKW \times r^3}{EI + 0.061 E_s r^3} \tag{6-48}$$

式中 ΔX——钢管水平方向最大椭圆变形量，m；

J——钢管变形滞后系数，宜取1.5；

K——基床系数；

W——单位管长上的总垂直荷载，包括管顶上垂直土荷载和地面车辆传递到钢管上的荷载，MN/m；

r——钢管平均半径，m；

I——单位长度管壁截面的惯性矩，m^4/m，$I = \delta^3/12$；

E_s——回填土的变形模量，MPa。

管壁的最小厚度要同时满足内压和径向稳定性条件。

3. 直埋供热管道应力分析

直埋管道的安全性同样取决于管道中应力的大小，而应力的大小又同样取决于作用于管道的荷载。

（1）直埋供热管道的荷载

包括主动荷载和被动荷载。

1）主动荷载是指由于温度变化和工作压力引起的管道受力；

2）被动荷载是指土壤摩擦力和补偿器位移阻力，包括套筒补偿器摩擦力、波纹补偿器和L形、Z形补偿器的弹性力等。

（2）直埋管道应力分类

按照电厂汽水管道应力计算规定，应力同样可分为一次应力、二次应力和峰值应力；

1）一次应力指工作压力在直管中产生的应力，如内压环向应力、轴向应力等；

2）二次应力指热胀冷缩受到外力约束时在直管中产生的应力，如升温产生的轴向压应力、降温产生的轴向拉应力；

3）峰值应力指承受一次应力和二次应力的直管道向三通、变径、弯管等管件处释放变形、在该管件的开口周围产生的应力。

需要强调的是土壤对直埋管道的影响，其包括土壤的支撑作用和土壤对热胀冷缩管道的约束作用。一方面，土壤的支撑作用使管道不会因为自重产生横向弯曲变形，因此可以忽略像地沟敷设、架空敷设那样对管道强度影响较大的重力作用；另一方面，土壤的摩擦阻力抵减了热胀冷缩，使管道产生了较大的二次应力即热应力。

与地沟敷设、架空敷设相比有所不同，热应力作用对直埋管道的应力影响变得十分突出，而且二次应力的水平远远高于内压产生的一次应力。因此，直埋管道的安全性主要取决于管道的轴向热应力变化范围。

4. 直埋供热管道破坏方式

由于材料的力学行为而使工程构件丧失正常功能的现象称为构件失效。在常温、静载条件下，构件失效可表现为强度失效和刚度失效等不同形式。其中，强度失效因材料不同会出现不同的失效现象：塑性材料以发生屈服现象、出现塑性变形为失效标志；而脆性材料的失效标志为突然断裂。

在单向受力的情况下，出现塑性变形时的“屈服极限”σ_s和发生断裂时的“强度极限”σ_b统称为“失效应力”。但是，在三向应力状态下，构件失效与应力的组合形式、主应力的大小及相互比值等有关。

直埋供热管道可能出现的破坏方式包括强度破坏和丧失稳定性两个方面。

（1）强度破坏

指无补偿管段因管道中各类应力的综合水平超出其允许的当量应力水平而产生的断裂或爆裂破坏。引起强度破坏的原因有“塑性流动”、“循环塑性流动”和“疲劳破坏”等。

1）“塑性流动”：是指所有管段包括弯管在内当一次应力达到屈服极限时，管壁会产生塑性应变，并随着一次应力的持续作用而增大直到管道断裂。直埋管道中内压产生的一次应力所引起的变形具有非自限性。一旦发生塑性变形，就会导致钢管的强度破坏。

2）“循环塑性流动”：是指钢材交替发生拉伸和压缩的塑性变形而引起钢材的破坏。由于温度变化产生的热应力属于二次应力，其所引起的应变具有自限性。但是循环塑性变形会对管壁晶体结构造成一定程度的损伤，最终导致管道缩短使用寿命，发生循环塑性破坏。

3）“疲劳破坏”：是指管道的局部地方由于应力集中引起的局部循环塑性变形导致的局部破坏。直埋供热管道的弯头、折角、变径及三通等管件处会产生应力集中。在温度和应力变化过程中，应力集中引起的峰值应力将在很小的局部范围内产生循环塑性变形，表现为局部开裂、漏水。

（2）丧失稳定

是指无补偿管段在受压状态下发生挠曲而拱出地面。管道失稳有整体失稳和局部失稳两种方式。

1）整体失稳：从整个管线看，管道属于杆件。在轴向压力的作用下，由于压杆效应可能会引起管线的全线失稳。

2）局部失稳：从管线局部看，管道属于薄壁壳体。在轴向压应力作用下，管壁可能出现局部皱结，引起局部失稳。

此外，车辆等交通荷载也会造成在车行道下直埋管道的破坏。

6.4.5　直埋供热管道应力验算

“应力验算”就是分析管道本身的受力情况，根据材料力学的强度理论验算管道最不利情况的“当量应力”（也称为“相当应力”）σ_{eq}是否在“材料允许的强度范围”（即“许用应力”）[σ] 内。材料有“屈服极限”σ_s（即材料开始产生塑性变形时的应力值）和“抗拉强度极限”σ_b（即材料能承受的最大应力值）。

根据《规程》5.1.7 条规定，钢材的许用应力 [σ] 应根据钢材有关特性，取$\frac{1}{3}\sigma_b$和$\frac{2}{3}\sigma_s$中的较小值。其中，σ_b为钢材的抗拉强度最小值（MPa），σ_s为钢材的屈服极限最小值（MPa）。

因为材料强度有一定的正偏差或负偏差，应留有一定的安全余量，所以规程给出了常用钢材的基本许用应力 $[\sigma]_j^t$。取值见表 6-25。

常用钢材的力学性能　　**表 6-25**

钢　　号	10	20	Q235B	
壁厚（mm）	≤16	≤16	≤16	>16
抗拉强度最小值（MPa）	335	410	375	375
屈服极限最小值（MPa）	205	245	235	225
许用应力（MPa）	112	137	125	125

注：此表摘自《城镇供热直埋热水管道技术规程》CJJ/T 81—2013 附录 B.0.1。

1. 相关规定

（1）进行管道应力计算时，计算参数应按下列规定取值：

1）计算压力应取管道设计压力；

2）工作循环最高温度应取供热管网设计供水温度；

3）工作循环最低温度的取值：对于全年运行的管道应取 30℃，对于只在采暖期运行的管道应取 10℃。

4）计算安装温度应取安装时的最低温度；

5）计算应力变化范围时，计算温差应采用工作循环最高温度与工作循环最低温度之差；

6）计算轴向力时，计算温差应采用工作循环最高温度与计算安装温度之差。

（2）管道的应力验算应采用应力分类法，并符合下列规定：

1）一次应力不应大于钢材的许用应力，即 $\sigma_1 \leqslant [\sigma]$；

2）一次应力和二次应力的当量应力变化范围不应大于 3 倍的钢材许用应力，即 $\Delta\sigma_{eq12} \leqslant 3[\sigma]$；

3）局部应力集中部位的一次应力、二次应力和峰值应力的当量应力变化幅度不应大于 3 倍的钢材许用应力，即 $|\Delta\sigma_{eq12f}| \leqslant 3[\sigma]$。这时 $\Delta\sigma_{eq12f} \leqslant 6[\sigma]$。

（3）管道的应力验算包括直管段的应力验算、管件应力验算、管道竖向稳定性验算、热伸长计算等内容。

1）直管段的应力验算内容包括工作管的屈服温差计算、过渡段长度计算、最高温度下过渡段内工作管任一截面上的最大和最小轴向力计算、最高温度下锚固段内的轴向力计算以及直管段的当量应力变化范围的验算、直管段局部稳定性验算；

2）管件应力验算内容包括弯头的升温弯矩及轴向力计算、弯头工作管在弯矩作用下的最大环向应力变化幅度计算以及弯头工作管的强度验算；

3）管道竖向稳定性验算内容包括直管段上的初始挠度计算、垂直荷载计算以及垂直荷载验算；

4）热伸长计算内容包括两过渡段间驻点位置计算、管段伸长量计算、过渡段内任一计算点的热位移计算。

2. 基础理论

强度理论是推测强度失效原因的一些假设。认为材料之所以按某种方式失效，是应力、应变或应变能密度等因素中某个引起的。直埋供热管道常用材料属于塑性材料，所以强度验算基础理论采用第三和第四强度理论。

（1）第三强度理论

“第三强度理论”也称为“最大剪应力理论”。该理论认为材料的屈服破坏是由剪应力引起的。即认为无论何种应力状态，只要最大剪应力达到与材料性质相关的某一极限值，材料就会发生屈服。此时 $\tau_{max}=\frac{1}{2}\sigma_s$。

“第三强度理论”建立的材料的屈服准则为：第三当量应力

$$\sigma_1-\sigma_3=\sigma_s \tag{6-49}$$

式中，σ_1、σ_3 为材料某点应力状态中三向应力中的两个方向的应力，σ_1 为第一主应力，σ_3 为第三主应力，$\sigma_1-\sigma_3$ 为第三当量应力；σ_s 为材料的“屈服极限”。

该式的含义为当最大主应力减去最小主应力等于材料的屈服极限时，管道发生屈服，对于一般机械零件就意味着强度失效。考虑安全系数后，可得第三强度理论的强度条件为：$\sigma_1-\sigma_3\leqslant[\sigma]$。式中$[\sigma]$为材料允许的强度范围。

实验结果表明，对于低碳钢塑性材料与该理论是吻合的，但是该理论未考虑第二主应力 σ_2 对材料屈服的影响。不过由于“第三强度理论”计算取值偏于安全，且公式较为简便，故在工程实践中应用较为广泛。

（2）第四强度理论

物体在外力作用下会发生变形。这里所说的变形，既包括有体积改变也包括有形状改变。当物体因外力作用而产生弹性变形时，外力在相应的位移上就作了功，同时在物体内部也就积蓄了能量。例如钟表的发条（弹性体）被用力拧紧（发生变形），此外力所作的功就转变为发条所积蓄的能。在放松过程中，发条靠它所积蓄的能使齿轮系统和指针持续转动，这时发条又对外作了功。这种随着弹性体发生变形而积蓄在其内部的能量称为“变形能”。在单位变形体体积内所积蓄的变形能称为“变形比能”。

“第四强度理论”也称为“大变形比能理论”最或者“变形强度原理”。该理论假设“形状改变能密度”（用“应变能密度”来描述）是引起材料屈服的因素。即认为无论在何种应力状态下，只要构件内某点处的“形状改变比能”（用“应变比能”来描述）达到材料的极限值，该点的材料就会发生塑性屈服。

经推导可以得到在三向应力作用下的“变形比能”（应变比能）的极限值为：

$$\lim e_{st}=\sqrt{\frac{1}{2}[(\sigma_1-\sigma_2)^2+(\sigma_2-\sigma_3)^2+(\sigma_3-\sigma_1)^2]}=\sigma_s \tag{6-50}$$

其中，σ_1、σ_2、σ_3 为材料三个方向的应力大小，取拉应力为正。式中 σ_s 为材料的“屈服极限”。

将“屈服极限”σ_s 考虑安全系数后，可得到“第四强度理论”的强度条件为：

$$\sqrt{\frac{1}{2}[(\sigma_1-\sigma_2)^2+(\sigma_2-\sigma_3)^2+(\sigma_3-\sigma_1)^2]}\leqslant[\sigma] \tag{6-51}$$

此强度理论对于工程塑性材料如低碳钢和实验结果能很好吻合。另外，试验表明：在平面应力状态下，“第四强度理论”比“第三强度理论”能更好地符合试验结果。

(3) 安定性分析原理

结构安定性的定义是：当荷载在一定范围内反复变化时，结构内不发生连续的塑性变形循环。换言之，在初始几个循环之后，结构内的应力应变都按线弹性变化，不再出现塑性变形。为防止发生“低周疲劳”，结构必须具有安定性。

“低周疲劳”是指循环过程中应力应变的变化幅度大，材料中反复出现正反两个方向的塑性变形，材料在循环次数较低的情况下便会发生破坏。供热管道内连续发生典型的“低周循环”，所以必须防止低周疲劳破坏。

“安定性分析原理”认为：当结构某些部分的材料交替发生拉伸、压缩变形时，只要压缩变形（升温）或拉伸变形（降温）的应力范围在两倍的“屈服极限”σ_s 范围之内、即 $\sigma_{eq}\leqslant 2\sigma_s$，结构就不会发生破坏；在有限量的塑性变形之后，在留有残余应力的状态下仍能安定在弹性状态下工作。

(4) 应力分类理论

这种理论（也称“应力分类法”）把应力按照作用的危险程度分为三类：一次应力、二次应力和峰值应力。

1) 一次应力：其作用特点是没有自限性，始终随作用力的增大而增大直至破坏。如流体作用于管道的内压力、管道及其热媒流体的重力等。

2) 二次应力：其作用特点是具有自限性，认为材料在进入屈服和产生微小变形时，变形协调即得到满足，变形不会继续发展。二次应力是由变形受约束或者结构各部分之间变形协调而引起的应力。如温度差引起的应力属于二次应力。管道在升温热膨胀过程中，可以允许有限量的塑性变形。

3) 峰值应力：是构件在结构形状突变、不连续、缺陷等处的应力集中现象。其基本特征是不引起任何显著变形，但是可能导致疲劳裂纹或者脆性断裂，是“疲劳破坏”的主要成因。

3. 应力验算方法

对于直埋供热管道进行应力验算取决于所采用的应力分析方法和强度理论。无补偿管段的应力验算有两种方法“弹性分析法”和“弹塑性分析法”（即“安定性分析法”）。

(1) 弹性分析法

“弹性分析法”只允许管道在弹性状态下工作，不允许出现塑性变形。认为管道出现塑性变形立即会产生破坏。采用此分析方法，管道只允许在弹性状态下进行。采用弹性分析时，为保证管道始终处于弹性状态，直管段通常要采用设置补偿装置、预热或设置一次性补偿器的安装方式。这种分析方法在20世纪50年代被北欧等国家广泛采用。

"弹性分析法"比较保守，管道采用在多种应力作用下的"当量应力"（或称"综合应力"）σ_{eq}利用"第四强度理论"进行应力验算：

$$\sigma_{eq}=\sqrt{\frac{1}{2}[(\sigma_1-\sigma_2)^2+(\sigma_2-\sigma_3)^2+(\sigma_3-\sigma_1)^2]}\leqslant[\sigma]_j^t \quad (6\text{-}52)$$

直埋敷设管道如同被嵌固。当管道的热伸长受阻时管壁的应力增大。直埋敷设管道在受热状态下承受的三个应力为：沿管道长度方向的轴向应力 σ_{ax}、沿管道直径方向的径向应力 σ_r 和沿管道圆周方向的环向应力 σ_t。

1）长直管道上的无补偿直管段的轴向力最大、为最不利状态。根据式（6-68），其轴向力可按下式计算：$N_a=[\nu\sigma_t-\alpha E(t_1-t_0)]A$ （MN），则轴向应力大小为：

$$\sigma_{ax}=N_a/A=[\nu\sigma_t-\alpha E(t_1-t_0)] \quad (\mathrm{MPa}) \quad (6\text{-}53)$$

2）对于薄壁管道，由于内压引起的径向应力 σ_r 可以近似认为等于零。

3）环向应力按式 $\sigma_t=P_dD_i/(D_o-D_i)=P_dD_i/2\delta$ 计算。

4）将管子三个方向的应力代入式（6-54）中，化简后得到如下表达式：

$$\sigma_{eq}=\sqrt{\sigma_t^2+\sigma_{ax}^2-\sigma_t\sigma_{ax}}\leqslant 1.35[\sigma]_j^t \quad (6\text{-}54)$$

式中，"当量应力"σ_{eq}作为验算的对比值，MPa。系数 1.35 考虑了土壤对管道的锚固总是区别于人为的强制固定，总会释放部分应力的因素。将许用应力$[\sigma]_j^t$ 增大 35%进行应力验算以利于发挥管道的潜能、节约投资。

（2）弹塑性分析法

20 世纪 90 年代后期，多年的直埋热网运行经验让我国大多数设计人员认识到，在直管段对温度应力采用弹性分析的确过于保守，越来越多的设计人员开始采用"应力分类法"进行直埋管道的强度设计。此时，北欧也已意识到这一点，1993 年版的《ABB 供热手册》中介绍了一种管道应力已超过弹性范围的冷安装方式，接着在 1996 年版的欧洲标准《区域供热整体式预制保温管的设计、计算和安装》和 1997 年为解释该标准而出版的《集中供热手册》中则明确地提出"应力分类法"。现在，一些北欧国家也使用这种应力验算和设计方法。

按"弹塑性分析法"进行应力验算和直埋敷设管道设计是由于管道在运行期间可在塑性状态下工作，因而无论在确定过渡段的极限长度或者是计算补偿器的热伸长量，都与"弹性分析法"进行的设计计算有许多不同点。

弹塑性分析采用"安定性分析原理"，认为：管道产生有限的塑性变形并不会产生破坏，只有循环塑性变形才会使管道产生破坏。我国现行技术规程采用这种应力验算方法。

弹塑性分析法本身挖掘了材料的潜能，因为其采用取值相对保守的"第三强度理论"计算式来计算多种应力状态的"当量应力"进行应力验算。按此方法计算，允许管道有一定的塑性变形，管道可在弹塑性状态下运行。

安定性分析原理认为：构件某些部分交替发生拉、压变形，只要压缩变形（升温）或拉伸变形（降温）的总弹性应力变化范围在两倍"屈服极限"之内，构件就不会发生破坏。在有限量塑性变形之后，在留有残余应力的状态下仍能安定在弹性状态下工作。

所以，只要第三当量应力在总弹性应力变化范围内，就有下列直埋管道的弹塑性强度条件：

$$\sigma_1-\sigma_3\leqslant 2[\sigma_s] \quad (6\text{-}55)$$

考虑到供热直埋管道常用管材（10 号、Q235、20 号、20g 号等）存在 $3[\sigma]\leqslant 2\sigma_s$，

以及管道环向焊缝等不可预见缺陷，引入安全系数后，用三倍的“许用应力”替代二倍的“屈服极限”σ_s。强度条件确定为：

$$\sigma_1-\sigma_3\leqslant 3[\sigma] \tag{6-56}$$

根据第三强度理论，在三向应力作用下某点的“第三当量应力”为

$$\sigma_1-\sigma_3=\sigma_t-\sigma_{ax}=\sigma_t-[\nu\sigma_t-\alpha E(t_1-t_2)]=(1-\nu)\sigma_t+\alpha E(t_1-t_2) \tag{6-57}$$

即 $$\sigma_1-\sigma_3=(1-0.3)\sigma_t+\alpha E(t_1-t_2)=0.7\frac{P_n D_i}{2\delta}+\alpha E(t_1-t_2) \tag{6-58}$$

那么，强度条件展开最终为：

$$\sigma_{eq}=\sigma_1-\sigma_3=0.7\frac{P_n D_i}{2\delta}+\alpha E(t_1-t_2)\leqslant 3[\sigma] \tag{6-59}$$

由此，第三当量应力 $\sigma_1-\sigma_3$ 和应力变化范围 $\Delta\sigma$ 的关系分析如下：

1）在第三当量应力计算中，当温度分别采用循环最高温度 t_1、循环最低温度 t_2，这时第三当量应力 $\sigma_1-\sigma_3$ 就是应力变化范围 $\Delta\sigma$。

2）在第三当量应力计算中，若温度分别采用循环最高温度 t_1、安装温度 t_0，这时第三当量应力 $\sigma_1-\sigma_3$ 就不等于应力变化范围 $\Delta\sigma$。此时安定性强度条件就不成立。所以说预热安装不解决安定性问题。

通过式（6-59）可以确定满足安定性条件的直埋敷设供热管道的最大允许循环温差 $\Delta T_{max}=(t_1-t_2)_{max}$。计算结果见表6-26。

满足安定性条件允许的最大循环温差 **表6-26**

公称直径	最大允许温差 ΔT_{max}（℃）		
	2.5MPa	1.6MPa	1.0MPa
*DN*40	145.8	147.9	149.4
*DN*50	145.5	147.8	149.3
*DN*65	144.9	147.4	149.1
*DN*80	143.5	146.5	148.5
*DN*100	141.6	145.3	147.8
*DN*125	140.8	144.8	147.4
*DN*150	138.5	143.3	146.5
*DN*200	138.2	143.1	146.4
*DN*250	134.6	140.8	145.0
*DN*300	134.6	140.8	144.9
*DN*350	131.7	138.9	143.8
*DN*400	129.0	137.2	142.7
*DN*450	126.1	135.4	141.5
*DN*500	126.5	135.6	141.7
*DN*600	121.6	132.5	139.7
*DN*700	121.4	132.4	139.7
*DN*800	121.0	132.1	139.5
*DN*900	123.5	133.7	140.5
*DN*1000	122.9	133.3	140.3

早在20世纪70年代末期，北京市煤气热力工程设计院等五单位进行了“热力管道无补偿直埋试验研究”的研究。并按此应力验算方法设计和安装了以沥青珍珠岩为保温材料的直埋敷设热水管道，一直运行20余年。并在其他一些工程中为直埋锚固段也采用“安定性分析法”进行热力验算得到实践应用。

1999年，在唐山市热力公司、北京市煤气热力设计研究院、哈尔滨建筑大学和沈阳市热力设计研究院等单位的努力下，国家行业标准《城镇直埋供热管道工程技术规程》CJJ/T 81—98颁布实施。该规程以及2013年版《城镇供热直埋热水管道技术规程》CJJ/T 81—2013明确规定了采用“应力分类法”（具体落实为“弹塑性分析法”）进行直埋热力管道的强度设计。规程的颁布也标志着我国直埋管道设计理论进入了国际先进水平。

【例6-1】 直埋供热管道的管径 $D89\times4.0$，工作压力为1.6MPa。设计供水温度150℃。试计算无补偿直埋敷设安定性允许的最大循环温差 ΔT_{max} 的值。

[解] 1. 计算所用材料的特性系数。钢号Q235采用设计温度150℃的数据。查表6-24和表6-25得：

$\alpha=12.6\times10^{-6}\text{m/(m}\cdot℃)$，$E=19.6\times10^{4}\text{MPa}$，$[\sigma]_j^t=125\text{MPa}$，$3[\sigma]_j^t=375\text{MPa}$

2. 计算内压力作用产生的环向应力。考虑管壁减薄了0.5 mm，则 $D_i=89-2\times4+2\times0.5=82\text{mm}$。

根据式（6-41），有 $\sigma_t=P_dD_i/(D_o-D_i)=1.6\times82/(89-82)=18.74\text{MPa}$，根据式（6-59）：

$\sigma_{eq}=0.7\sigma_t+\alpha E(t_1-t_2)=0.7\times18.74+12.6\times10^{-6}\times19.6\times10^{4}\times(t_1-t_2)\leqslant375\text{MPa}$

得到：$t_1-t_2\leqslant146.53℃$。

6.4.6 补偿器受力计算

为了防止供热管道在升温时，由于热伸长或温度应力而引起管道变形或破坏，需要在管道上设置补偿器以补偿管道的热伸长量，从而减小管壁的应力和作用在阀件或支架结构上的作用力。

利用材料的变形来吸收热伸长的补偿器有：自然补偿器、方形补偿器和波纹管补偿器。

利用管道的位移来吸收热伸长的补偿器有：套管补偿器和球形补偿器。

供热管道在投入运行后，管道被加热后的自由伸长量按下式计算

$$\Delta L=\alpha(t_1-t_2)\cdot L \tag{6-60}$$

式中 ΔL——管道的热伸长量，m；

α——管道的线膨胀系数。一般可取 $\alpha=12\mu\text{m}/(\text{m}\cdot℃)$；

t_1——管壁最高温度。可取热媒的最高温度，℃；

t_2——管道安装时的温度。在温度不能确定时，可取为最冷月平均温度，℃；

L——计算管段的长度，m。

1. 套筒（管）式补偿器受力计算

套筒补偿器应设置在直线管段上以补偿两个固定支座之间管道的热伸长。套筒补偿器的最大补偿量由设计手册和产品样本上根据型号查出。考虑到管道安装后可能达到的最低温度 t_{min} 会低于补偿器安装时的温度 t_a，补偿器会产生冷缩。

两个固定支座之间被补偿管段的长度 L 由下式计算

$$L=\frac{L_{\max}+L_{\min}}{\alpha(t_{\max}-t_{\min})}\quad (\mathrm{m}) \tag{6-61}$$

式中　$L_{\max}$——套筒行程（即最大补偿能力），mm，$L_{\max}=\alpha(t_{\max}-t_{a})L$，mm；

$L_{\min}$——考虑管道可能冷却的安装裕量，mm，$L_{\min}=\alpha(t_{a}-t_{\min})L$，mm；

α——钢管的线膨胀系数，通常取 $\alpha=12\mu\mathrm{m}/(\mathrm{m}\cdot℃)$；

t_a——补偿器安装时的温度，℃；

$t_{\max}$——热力管道安装后可能达到的最高温度，℃；

$t_{\min}$——热力管道安装后可能达到的最低温度，℃。

（1）由于拉紧螺栓挤压密封填料产生的摩擦力 p_m 为

$$p_{m}=\frac{4n\pi D_{tw}\mu B}{f_{t}}\quad (\mathrm{kN}) \tag{6-62}$$

式中　4——用螺帽扳子拧紧螺栓的最大作用力，kN/个；

n——螺栓个数，个；

D_{tw}——套筒补偿器的套筒外径，cm；

B——沿补偿器轴线的填料长度，cm；

μ——填料与管道的摩擦系数，橡胶填料 $\mu=0.15$；油浸和涂石墨的石棉圈 $\mu=0.1$；

f_t——填料的横断面面积，cm^2。

（2）由于管道热媒内压力所产生的摩擦力 p_m 为

$$p_{m}=A\pi P_{n}D_{tw}\mu B\quad (\mathrm{kN}) \tag{6-63}$$

式中　A——系数，当 $DN\leqslant400$mm 时，$A=0.2$；当 $DN>400$mm 时，取 $A=0.175$；

P_n——管道内压力（表压），Pa。

其余符号同式（6-62）。

（3）应分别按拉紧螺栓产生的摩擦力或由内压力产生的摩擦力的两种情况算出数值后，取其较大值。

2. 波纹管补偿器受力计算

波纹管补偿器如图6-48所示。波纹管补偿器布置时应注意支架的设置，这对于补偿器正常运行是非常重要的。支架的设置如图6-49所示。

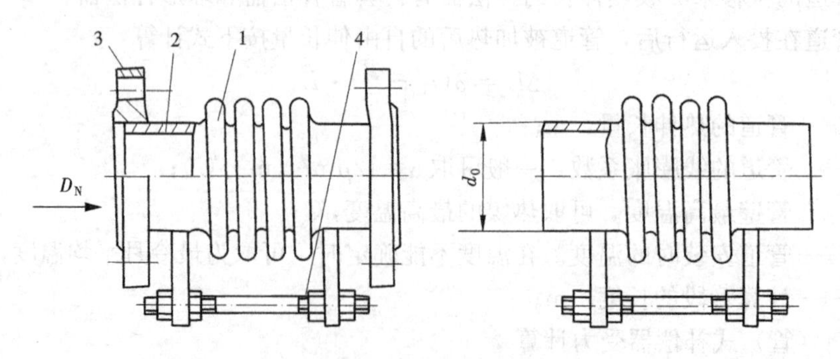

图6-48　波纹管补偿器

1—波纹管；2—端管；3—法兰；4—拉杆

(1) 轴向波纹管补偿器受热膨胀时，由于位移产生的弹性力 P_t 可按下式计算

$$P_t = K \cdot \Delta X \quad (N) \qquad (6\text{-}64)$$

式中 ΔX——波纹管补偿器的轴向位移，cm；

K——波纹管补偿器的轴向刚度，N/cm；可从产品样本中查出。

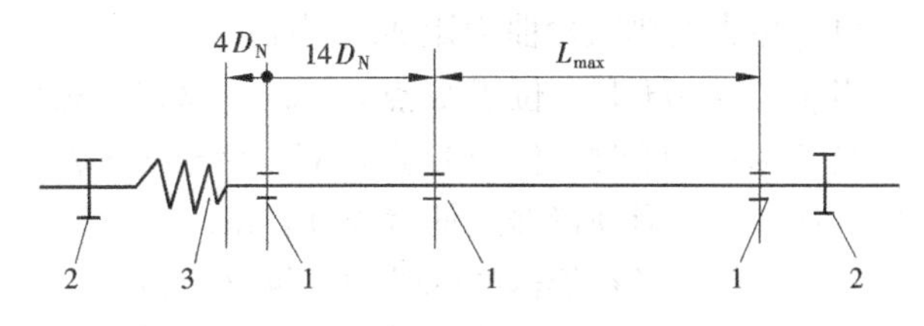

图 6-49 波纹管补偿器管系支架布置图

1—导向支架；2—固定支架；3—波纹管

通常，在安装时将补偿器进行预拉伸一半，可减少其弹性力。

(2) 管道内压力作用在波纹管环面上产生的推力 P_h 可近似按下式计算

$$P_h = P \cdot A \quad (N) \qquad (6\text{-}65)$$

式中 P——管道内压力（压强），Pa；

A——有效面积，m^2；近似以波纹半波高为直径计算出的圆面积，同样可以从产品样本中查出。

为使轴向波纹管补偿器严格地按管线轴线热胀或冷缩，补偿器应靠近一个固定支座（架）设置，并设置导向支座。导向支座宜采用整体箍住管子的形式，以控制横向位移和防止管子纵向变形。

3. 方形补偿器热应力计算

热胀弯曲应力的计算采用《规程》中介绍的力学“弹性中心法”进行计算。

由于方形补偿器弹性力的作用，在管道危险截面上的最大热胀弯曲应力 σ_f 可按下式确定：

$$\sigma_f = \frac{M_{max} \cdot m}{W} \quad (Pa) \qquad (6\text{-}66)$$

式中 M_{max}——最大弹性力作用下的热胀弯曲力矩，N·m。计算方法见后；

m——弯管应力加强系数，见附录 6-4；

W——管子断面抗弯矩，m^3，见附录 6-4。

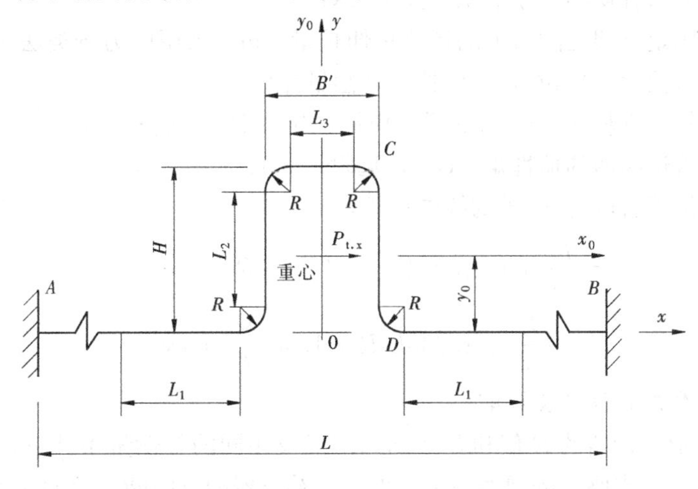

图 6-50 光滑弯管方形补偿器计算图

(1) 最大的热胀弯曲力矩 M_{max} 为：

当 $y_0<0.5H$ 时，位于 C 点，$M_{max}=(H-y_0)\cdot p_{t\cdot x}$ (kN·m) (6-67)

当 $y_0\geqslant 0.5H$ 时，位于 D 点，$M_{max}=-y_0\cdot p_{t\cdot x}$ (kN·m) (6-68)

式中 H——方形补偿器外伸臂长度，m；

y_0——方形补偿器的弹性中心纵坐标位置，m。

见图 6-50，方形补偿器的弹性中心坐标位置（对应 x、y 坐标轴）为：

$$x_0=0,$$

$$y_0=\frac{(L_2+2R)(L_2+L_3+3.14R\cdot k_r)}{L_{zh}}\ (\mathrm{m}) \tag{6-69}$$

式中 K_f——弯管柔性系数，见附录 6-4；

L_{zh}——弯管方形补偿器的折算长度，m；

$$L_{zh}=2L_1+2L_2+L_3+6.28R\cdot k_r,\mathrm{m}; \tag{6-70}$$

L_1——方形补偿器两边的自由臂长，m，可近似取为 $40DN$ 值（DN 为管子公称直径，m）；

L_2——方形补偿器外伸臂的直管段长，m；

L_3——方形补偿器宽边的直管段长，m，一般取 $L_3=0.5L_2$。

计算中引入折算长度 L_{zh} 和自由臂长 L_1，是为了表征出方形补偿器受热时参与形变的计算管段。认为在自由臂 L_1 以外的管段，由于支架和摩擦阻力的影响，管道的自由横向位移受到了限制。

(2) 方形补偿器弹性力 p_t

计算方形补偿器的弹性力从而确定对固定支座产生的水平推力的大小。

根据补偿器弹性力和管段形变的关系，可求得：

$$p_{t\cdot x}=\frac{\Delta x\cdot E\cdot I}{I_{x0}}\times 10^{-1} \tag{6-71}$$

$$p_{t\cdot y}=0 \tag{6-72}$$

式中 $p_{t\cdot x}$——方形补偿器 X 方向弹性力，kN；

$p_{t\cdot y}$——方形补偿器 Y 方向弹性力，kN；

Δx——固定支架之间管道的计算热伸长量，m。采用应力分类法时，不论管道是否拉紧（预拉），均应按全补偿量计算；

E——管道钢材在 20℃时的弹性模量，10^4 MPa，见表 6-24；

I——管道断面的惯性矩，cm^4，见附录 6-4；

I_{x0}——折算管段对 x_0 轴的线惯性矩，m^3

$$I_{x0}=\frac{L_2^3}{6}+(2L_2+4L_3)\cdot\left(\frac{L_2}{2}+R\right)^2+6.28R\cdot k\left(\frac{L_2^2}{2}+1.635L_2R+1.5R^2\right)-L_{zh}y_0^2 \tag{6-73}$$

式中各项参数的符号意义同前。

在不改变方形补偿器的 R 值和 $L_3=0.5L_2$ 以及相同的补偿量条件下，如将外伸臂 H 减小，则作用在固定支座上的弹性力 $p_{t\cdot x}$ 增大，补偿器的危险断面上的应力增加，但补偿器的尺寸却相对减小了。

一般情况下，在施工安装时，应将方形补偿器预拉伸一半，此时，实际的弹性力 p'_x 可按减小一半来计算对固定支座的推力。

在工程热网设计中，常利用设计手册给出的线算图来选择方形补偿器。利用这些线算图选择补偿器时，要注意它的编制条件（如预拉伸和采用的许用应力值等）。

6.4.7 室外管道支座（架）受力分析

在供热管道上设置固定支座（架），其目的是将长距离直管道进行分段，在每段内设置补偿器进行分段补偿，而限制管道在各段之间轴向位移。在每个补偿器附近设置活动支座（架）导向以满足热胀冷缩变形量，单向补偿器在单侧设置、双向补偿器在双侧设置。

1. 固定支座（架）

(1) 固定支座（架）的跨度确定

固定支座（架）是供热管道中主要受力构件，为了节约投资，应尽可能加大固定支座（架）的间距而减少其数目，但其跨度（间距）必须满足以下条件：

1) 管段的热伸长量不得超过补偿器所允许的补偿量；

2) 管段因膨胀和其他作用而产生的推力不得超过支架能承受的允许推力；

3) 不应使管道产生纵向弯曲。

根据这些条件并结合设计和运行经验，固定支座（架）的最大间距不宜超过附录 6-6 所列的数值。

(2) 固定支座所受到的水平推力

该水平推力是由于下列几方面产生的：

1) 由于活动支座上的摩擦力而产生的水平推力 $P_{g\cdot m}$。

可按下式计算

$$P_{g\cdot m} = \mu q L \quad (N) \tag{6-74}$$

式中 μ——摩擦系数，钢对钢 $\mu=0.3$；

q——计算管数单位长度的自体载荷，N/m；

L——管段计算长度，m。

2) 由于弯管或波纹补偿器的弹性力 P_t 或由于套筒补偿器摩擦力 p_m 而产生的水平推力。

3) 由于不平衡内压力而产生的水平推力。

如在固定支座（架）两端管段设置套筒或波纹管补偿器，而其两侧管径不同；或在固定支座（架）两端管段之一端设置阀门、堵板、弯管，而在另一管段设置套筒或波纹管补偿器；当管道水压试验和运行时，将出现管道的不平衡轴向力。

① 当固定支座（架）设置在不同管径的两段管道间，不平衡轴向内压力

$$P_{ch} = P(F_1 - F_2) \tag{6-75}$$

式中 P_{ch}——不平衡轴向力，N；

P——介质的工作压力，Pa；

F_1、F_2——不同管径的两段管道的计算截面积，m^2。对套筒补偿器 F 为以套筒补偿器外套管的内径 D_{tn} 为直径计算的圆面积；对波纹管补偿器 $F=A$（见式 6-65）说明。

②当固定支架设置在有堵板的端头或有弯管以及阀门的管段和设有套筒或波纹管补偿器管段之间时，内压力产生的轴向力：

$$P_n = P \cdot F \quad (\mathrm{N}) \tag{6-76}$$

表6-27、表6-28中列举出常用的补偿器和固定支座的布置形式，并相应地列出固定支座水平推力的计算公式，也可详见一些设计手册。

(3) 固定支架在两个方向的水平推力作用下，确定其计算水平推力公式时考虑的原则

1) 对于管道由于温度变化产生的水平推力（如管道摩擦力，补偿器弹性力），从安全角度出发，不按理论合成的水平推力值作为计算水平推力。

如在表6-27序号1的情况下，对固定支座F，由温升产生一个反作用力，一个向右的推力，其值为（$p_{t1}+\mu q_1 L_1$），而同时产生一个向左的推力（$p_{t2}+\mu q_2 L_2$）。理论上分析，作用在固定支座F上的合成水平推力（设$L_1>L_2$），应为向右的推力（$p_{t1}+\mu q_1 L_1$）－（$p_{t2}+\mu q_2 L_2$）。如$L_1=L_2$，$p_{t1}=p_{t2}$时，则理论上可以认为固定支座下不承受任何水平推力。

考虑到固定支座两侧的管道升温先后的差异，摩擦面光滑程度不尽相同等因素，从安全角度出发，考虑固定支座两侧只抵消70%（指推力小的一侧），因而得出如表6-27序号1示意图的水平推力计算公式：

$$F = P_{t1} + \mu \cdot q_1 \cdot L_1 - 0.7(P_{t2} + \mu \cdot q_2 \cdot L_2) \quad (\mathrm{N}) \tag{6-77}$$

2) 对于由内压力产生的水平推力，作用在固定支座两侧的数值应如实地计算其不平衡力，而不作任何折扣计算。因为管内压力传播极快，固定支座两侧的压力认为每一时刻都同时起作用。因此，如表6-27中的序号1配置套筒补偿器形式中，由于内压力产生的不平衡水平推力，要如实地按P（f_1-f_2）计算。

3) 对于固定支座（架）两侧配置阀门和套筒补偿器的情况，如表6-27序号4所示，需要按可能出现的最不利情况进行计算。最不利情况出现在阀门全闭状态，以单侧水平推力的最大值作为设计依据。此外，必须注意因设置阀门（堵板或有弯管段），由管道介质内压力产生的盲板力（如表中的水平推力Pf_1或Pf_2值）。

4) 对于敷设多根供热管道的支架，在考虑固定支架所承受的水平推力时，还应考虑共设支架中各管道的相互影响。如管道在热伸长时所产生的水平推力，将受到温度较低或冷管道的牵制，而相互抵消一部分，使固定支架所承受的水平推力减小，通常称之为管线的牵制作用。当设计遇到四根或四根以上管道共架敷设时，应考虑这一影响。

配置弯管补偿器的供热管道固定支架受力计算公式表　　表6-27

序号	示意图	计算公式	备注
1	2	3	4
1	P_{t1}　P_{t2}　F　L_1　L_2	$F=P_{t1}+\mu q_1 L_1-0.7(P_{t2}+\mu q_2 L_2)$	$L_1 \geqslant L_2$（下同）

续表

序号	示意图	计算公式	备注
1	2	3	4
2	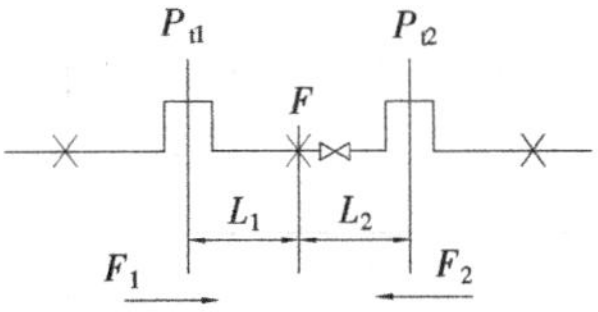 P_{t1} P_{t2} F L_1 L_2 F_1 F_2	$F_1 = P_{t1} + \mu q_1 L_1$ $F_2 = P_{t2} + \mu q_2 L_2$	阀门关闭时（下同）
3	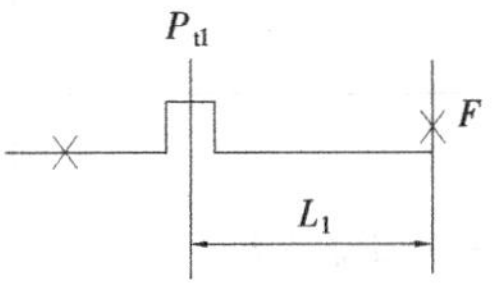 P_{t1} F L_1	$F = P_{t1} + \mu q_1 L_1$	
4	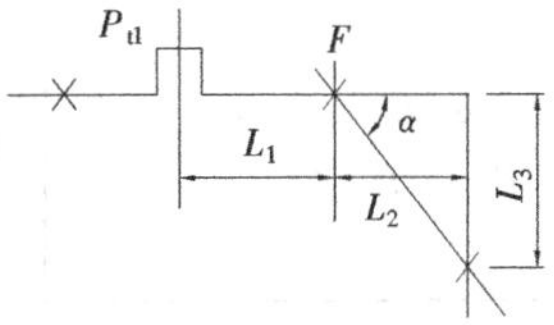 P_{t1} F α L_1 L_2 L_3	$F = P_{t1} + \mu q_1 L_1 - 0.7[P_x + \mu q_2 \cos\alpha \times (L_2 + L_3/2)]$ $F_y = P_y + \mu q_2 \sin\alpha (L_2 + L_3/2)$	
5	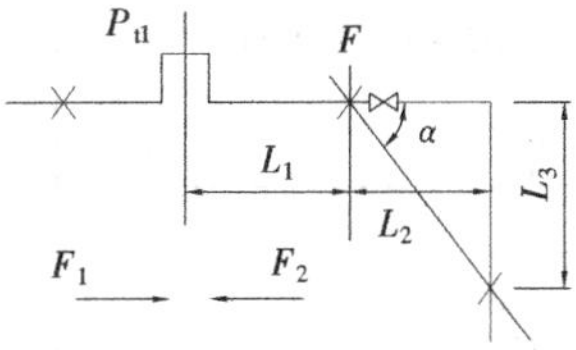 P_{t1} F α L_1 L_2 L_3 F_1 F_2	$F_1 = P_{t1} + \mu q_1 L_1$ $F_2 = P_x + \mu q_2 \cos\alpha (L_2 + L_3/2)$ $F_y = P_y + \mu q_2 \sin\alpha (L_2 + L_3/2)$	
6	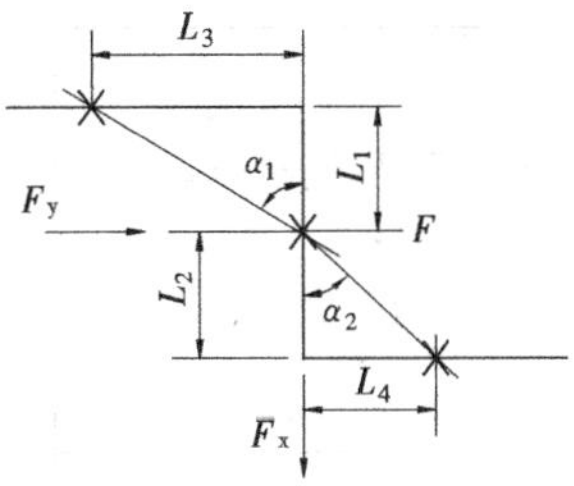 L_3 α_1 L_1 F_y F L_2 α_2 L_4 F_x	$F_x = P_{x1} + \mu q_1 \cos\alpha_1 (L_1 + L_3/2) - 0.7[P_{x2} + \mu q_2 \cos\alpha_1 (L_2 + L_4/2)]$ $F_y = P_{y1} + \mu q_1 \sin\alpha_1 (L_1 + L_3/2) - 0.7[P_{y2} + \mu q_2 \sin\alpha_2 (L_2 + L_4/2)]$	

注：F、F_x——固定支架承受的水平推力，N；

F_1、F_2——介质从不同方向流动时，在固定支架上承受的水平推力，N；

F_y——固定支架承受的侧向推力，N；

P_t——方形补偿器的弹性力，N；

P_x、P_y——自然补偿管道在 x、y 轴方向的弹性力，N；

P——管内介质的工作压力，Pa；

q——计算管段的管道单位长度重量，N/m；

μ——管道与支座（架）间的摩擦系数。

配置套管补偿器的供热管道固定支架受力计算公式表　　**表 6-28**

序号	示意图	计算公式	备注
1	2	3	4
1	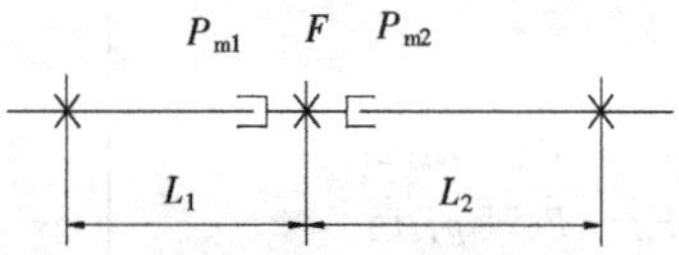 P_{m1} F P_{m2} L_1 L_2	$F=P_{m1}-0.7P_{m2}+P(f_1-f_2)$	$D_1 \geqslant D_2$（下同）
2	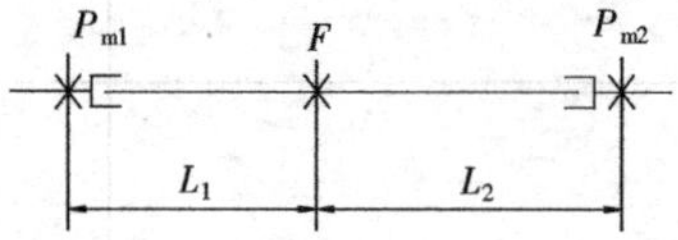 P_{m1} F P_{m2} L_1 L_2	$F=P_{m1}+\mu q_1 L_1-0.7(P_{m2}+\mu q_2 L_2)+P(f_1-f_2)$	
3	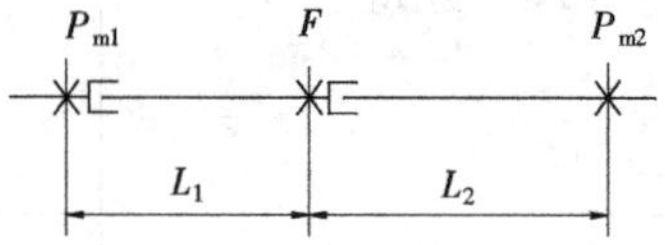 P_{m1} F P_{m2} L_1 L_2	$F=P_{m1}+\mu q_1 L_1-0.7P_{m2}+P(f_1-f_2)$	
4	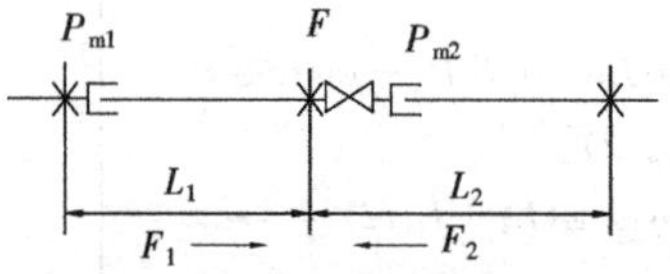 P_{m1} F P_{m2} L_1 L_2 F_1 F_2	$F_1=P_{m1}+\mu q_1 L_1+P\cdot f_1$ $F_2=P_{m2}+P\cdot f_2$	阀门关闭时
5	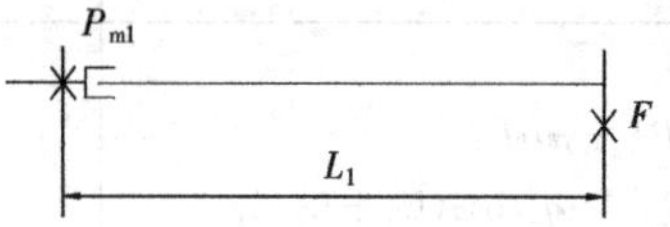 P_{m1} F L_1	$F=P_{m1}+\mu q_1 L_1+P\cdot f_1$	
6	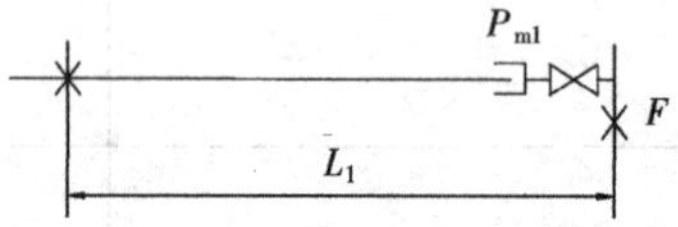 P_{m1} F L_1	$F=P_{m1}+P\cdot f_1$	
7	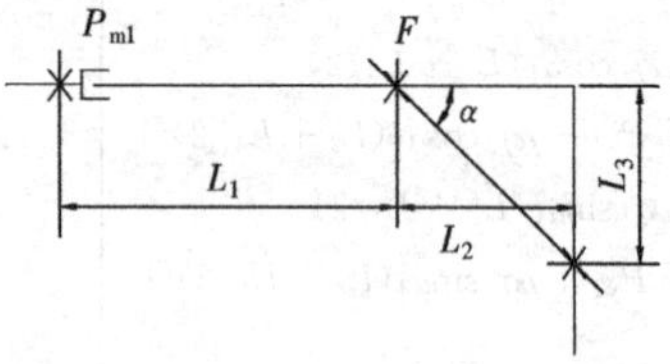 P_{m1} F α L_1 L_2 L_3	$F=P_{m1}+\mu q_1 L_1-0.7[P_x+\mu q_2\cos\alpha\times(L_2+L_3/2)]+P\cdot f_1$ $F_y=P_y+\mu q_2\sin\alpha(L_2+L_3/2)$	
8	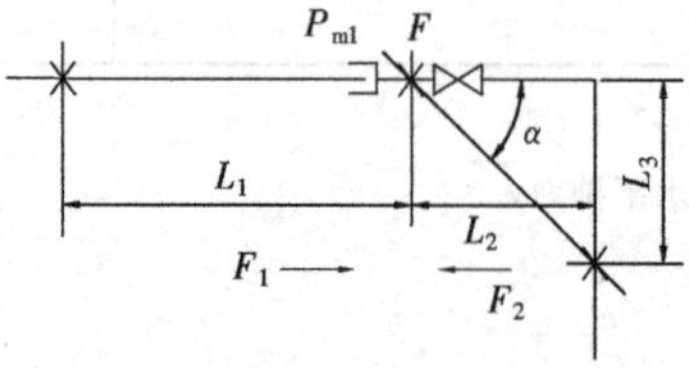 P_{m1} F α L_1 L_2 L_3 F_1 F_2	$F_1=P_{m1}+P\cdot f_1$ $F_2=P_x+\mu q_2\cos\alpha(L_2+L_3/2)$ $F_y=P_y+\mu q_2\sin\alpha(L_2+L_3/2)$	阀门关闭时

注：P_m——套筒补偿器的摩擦力，N；

D——管道内径；

f——套筒补偿器外套管内径 D_{tn} 为直径计算的截面积，m^2；

其他符号同表 6-27 注。

2. 活动支座（架）

在确保安全运行的前提下，应尽可能扩大活动支座的间距，以节约供热管线的投资费用。

在不通行地沟中，供热管道活动支座（架）的间距宜采用比最大允许间距小的间距。这是因为考虑无法检修而当个别支座下沉时会使弯曲应力增大，从安全角度考虑宜缩短些间距。对架空敷设管道，为了扩大活动支座的间距，可采用基本允许应力较高的钢号制作钢管和在供热管道上部分加肋板以提高其强度。

活动支座的最大间距（允许间距），通常按强度条件和刚度条件来确定。

(1) 按强度条件确定的允许间距

供热管道支撑在活动支座上，管道断面承受由内压和持续外载产生的一次应力。根据《城镇供热直埋热水管道技术规程》CJJ/T 81—2018（以下简称《规程》）在管道的工作状态下，由内压和持续外载产生的应力同样不得大于钢材在计算温度下的基本允许应力$[\sigma]_j^t$值。

支撑在多个活动支座上的管道可视为多跨梁。根据材料力学中均匀载荷的多跨梁，起跨距如图 6-51 所示。最大跨距所产生的弯矩出现在活动支座处。根据分析，均匀载荷所产生的弯矩应力比由于内压和持续外载所产生的轴向应力大得多。

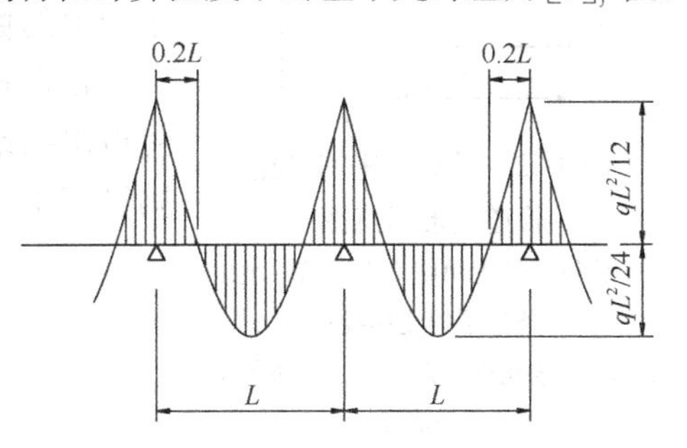

图 6-51 多跨距供热管道弯矩图

为了计算方便，通常在确定活动支座间距时只计算由于均匀载荷所产生的弯矩应力而采用一个降低了的许用应力值（称为“许用外载综合应力”）。此值低于钢材在计算温度下的基本许用应力$[\sigma]_j^t$值。在活动支座处得：

$$M=\frac{qL^2}{12}=[\sigma_w]W\times\varphi \tag{6-78}$$

因而

$$L=\sqrt{\frac{12\ [\sigma_w]W\times\varphi}{q}}\quad (m) \tag{6-79}$$

考虑供热管道的塑性条件，供热管道活动支座的允许间距可按下式计算

$$L_{max}=\sqrt{\frac{15\ [\sigma_w]\ W\times\varphi}{q}}\quad (m) \tag{6-80}$$

式中 L_{max}——供热管道活动支座的允许间距；

$[\sigma_w]$——管材的许用外载综合应力（MPa）；

W——管道断面抗弯矩，cm^3，查附录 6-4 确定；

φ——管子横向焊缝系数，见表 6-29；

q——外载负荷作用力下的管子单位长度的计算重量，N/m。

对于地下敷设和室内的供热管道，外载荷重量 q 是管道的重量（对蒸汽管包括管子和保温结构的重量，对水管还应加上水的重量）。对于室外架敷设的供热管道，q 值还应考虑风载荷的影响。

管子横向焊缝系数 φ 值 **表 6-29**

焊接方式	φ值	焊接方式	φ值
手工电弧焊	0.7	手工双面加强焊	0.95
有垫环对焊	0.9	自动双面焊	1.0
无垫环对焊	0.7	自动单面焊	0.8

(2) 按刚度条件确定的允许间距

管道在一定的跨距下总有一定的挠度。根据对挠度的限制而确定活动支座的允许间距称为按刚度条件确定的支座允许间距。

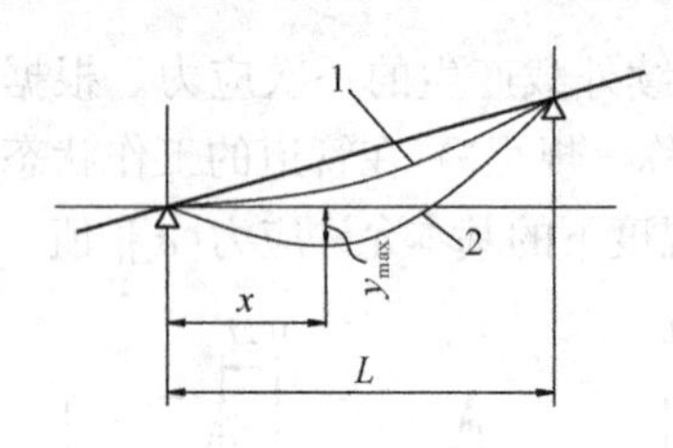

图 6-52 活动支座间供热管道变形示意图
1—管线按最大角度不大于管线坡度条件下的变形线；
2—管线按允许最大挠度 y_{max} 条件下的变形线

对具有一定坡度 i 的管道，如要求管道挠曲时不出现反坡，以防止最低点处积水排不出或避免在蒸汽管道启动时产生水击，就要保证管道挠曲后产生的最大角应变不大于管道的坡度（见图 6-52 管线 1 所示）。

根据材料力学中受均匀载荷的连续梁的角变方程式，可得出结论：如管道中间最大挠度值等于或小于 $0.25iL$ 值则管道不出现反坡，即满足如下方程式：

$$f_{max} = \frac{qL^4}{384EI} = 0.25iL \tag{6-81}$$

$$L_{max} = 4.58 \times \sqrt[3]{\frac{iEI}{q}} \tag{6-82}$$

考虑供热管道的塑性条件，不允许有反坡的供热管道活动支座的最大允许间距可按下式确定：

$$L_{max} = 5 \times \sqrt[3]{\frac{iEI}{q}} \quad (\text{m}) \tag{6-83}$$

式中 i——管道的坡度；

I——管道断面惯性矩，m^4（见附录 6-4）；

E——管道材料的弹性模量，N/m^2（见表 6-24）；

q——外载负荷作用下管子的单位长度的计算重量，N/m。

由于热水管道存在反坡也不会影响运行，因此，也可采用控制管道的最大允许挠度 y_{max}（见图 6-50 曲线 2）的方法来加大活动支座的允许间距。管道的最大允许挠度 y_{max} 应控制在（0.02～0.1）DN 以内，可用下列方程组确定：

$$L = L_1 = \frac{24EI}{qx^3}\left(y_{max} + \frac{ix}{2}\right) + x \tag{6-84}$$

$$L = L_2 = 2x + \sqrt{x^2 - \frac{24EI}{q} \times y_{max} \times \frac{1}{x^2}} \tag{6-85}$$

式中 L、L_1、L_2——活动支座的允许间距，m；

X——管道活动支座到管道最大挠曲面的间距，m；

y_{max}——最大允许挠度，m，y_{max} =（0.02～0.1）DN；

I——管子的坡度。

根据式（6-84）和（6-85），用试算法求解，直到 $L = L_1 = L_2$ 为止。

附录6-5给出了强度条件和刚度条件计算的管道活动支座最大允许间距表。

6.5 供热管道工程设计实例

6.5.1 设计依据

1. 建设单位的设计任务书。

2. 管道工程的可行性研究报告（包括技术和经济两部分）。

3. 设计资料

（1）《城镇供热直埋热水管道技术规程》CJJ/T 81—2013；

（2）《城镇供热管网设计规范》CJJ/T 34—2010；

（3）《城镇供热管网工程施工及验收规范》CJJ/T 28—2004；

（4）《高密度聚乙烯外护管硬质聚氨酯泡沫塑料预制直埋保温管及管件》GB/T 29047—2012。

（5）相关设计手册、标准图集、类似工程参考图等。

6.5.2 设计程序

1. 管道工程的可行性分析

通过可行性分析，确保供热工程采用直埋敷设方式经济合理、技术可靠。具体内容包括：

（1）合理的管线路由

1）主干线尽量走热负荷密集区域，以减少主管线、减小热力失调；

2）落实规划部门是否认可所采取的技术措施；

3）管线应沿街道一侧敷设，与各种管道、构筑物协调安排，相互之间的距离应能保证运行安全、施工检修便利；

4）管线走向宏观上应直、微观上要弯，减小管线长度；

5）尽量避开主车道，减少施工、维修给交通带来的不便；

6）避开湿陷性黄土、垃圾回填土、地震断裂带、滑坡危险地带以及地下水位高等不利地带；

7）确定管线途经地下土壤能否满足直埋敷设的要求；

8）管道上的阀门、补偿器、压力表、温度计等附件和放气阀、泄水阀等配件以及检查小室、固定墩等构筑物的位置尽量设置合理、保证够用的前提下数量最少；

9）管线尽量少穿越主要交通干线。必须穿越时，综合管沟最好、顶方涵较好、顶圆涵次之；顶管、拖管施工造价最低，但综合社会效益最差。

（2）供水温度的确定

1）对于冷热联供，采用130℃以上如150℃的供水温度更适合，此时末端溴化锂机组的能效比较高，可提高供热设备以及管网的利用率，充分利用能源，实现整体节能，提高经济效益；

2）供水温度高会使得管道热损失减少，因此应尽量提高；

3）95/70℃、110/70℃、130/70℃是常用的温度参数。

（3）技术方案的比选

1）有补偿敷设与无补偿敷设方式的选择；

2）无补偿冷安装和预热安装方式的选择；

3）预热安装中敞沟预热和一次性补偿器覆土预热方式的选择；

4）敞沟预热中整体预热和分段预热方式的选择；

5）敞沟分段预热中设置固定点和不设固定点方式的选择。

6）布管线路的比选等。

（4）制定概预算报表、经济数据分析。

（5）完成可行性研究报告。

2. 管道工程的初步设计

（1）依据可行性研究报告，对布管线路进行仔细的现场踏勘。进一步了解地下、地上障碍物情况，包括地下管线排水管、燃气管线等的情况、构筑物水井、污水井、电力电缆井等的情况、地下水位、图纸资料等，并对土质进行钻探取样分析。当穿越河流时，应了解河床50年最低冲刷深度。提出穿越主要交通干线、铁路的节点处理方案等。

（2）确定预制保温管的规格、埋深；确定预应力敷设时热源的形式，预热的热媒形式及参数；补偿器、阀门的规格型号等。

（3）掌握当地大气环境、地下水氯离子等参数对不锈钢补偿器等设备的影响。

（4）完成管线初步设计图。

（5）系统复杂、供热面积大、施工周期长、投资大的工程必要时续做扩大初步设计。

3. 管道工程的施工图设计

施工图设计是根据初步设计（或扩大初步设计）的技术设计、包括选定的网线路由，按照相关设计手册、设计规范、施工和验收规范进行详细计算和验算复核。

（1）计算各部分管径并进行水力平衡计算，确保水力失调降为最低。必要处设置压力调节装置。

（2）计算各部分阻力及总阻力计算，根据管路特性选择合适的水泵及定压、加压等设备。

（3）对于预制保温管系统（包括预制保温管道和周围回填土壤。保温管道由直管、弯头包括L、Z、U形等补偿弯管、折角和曲管、变径管、三通等配件和补偿器、阀门等附件以及检查小室、补偿小室、固定墩等构筑物组成）中的管子和管件在相应的设计条件下，应进行相应标准的强度和稳定性条件验算。从而使预制保温管系统处于安全运行状态，使其达到30～50年的设计寿命。

（4）深化技术细节以达到施工深度：1）标明供热管线纵断面埋深、坡度以及变坡点位置；2）画出泄水小室、排气小室、补偿器小室、阀门小室等构筑物的大样详图；3）充分利用自然补偿，合理设计弯头的曲率半径；4）合理选择采用预热方式或设置一次补偿器方式的局部管段；5）合理布置补偿器和固定墩，充分利用土壤摩擦力作用以减少主固定墩数量和无推力补偿器的数量。

（5）施工图设计流程：见图6-53。

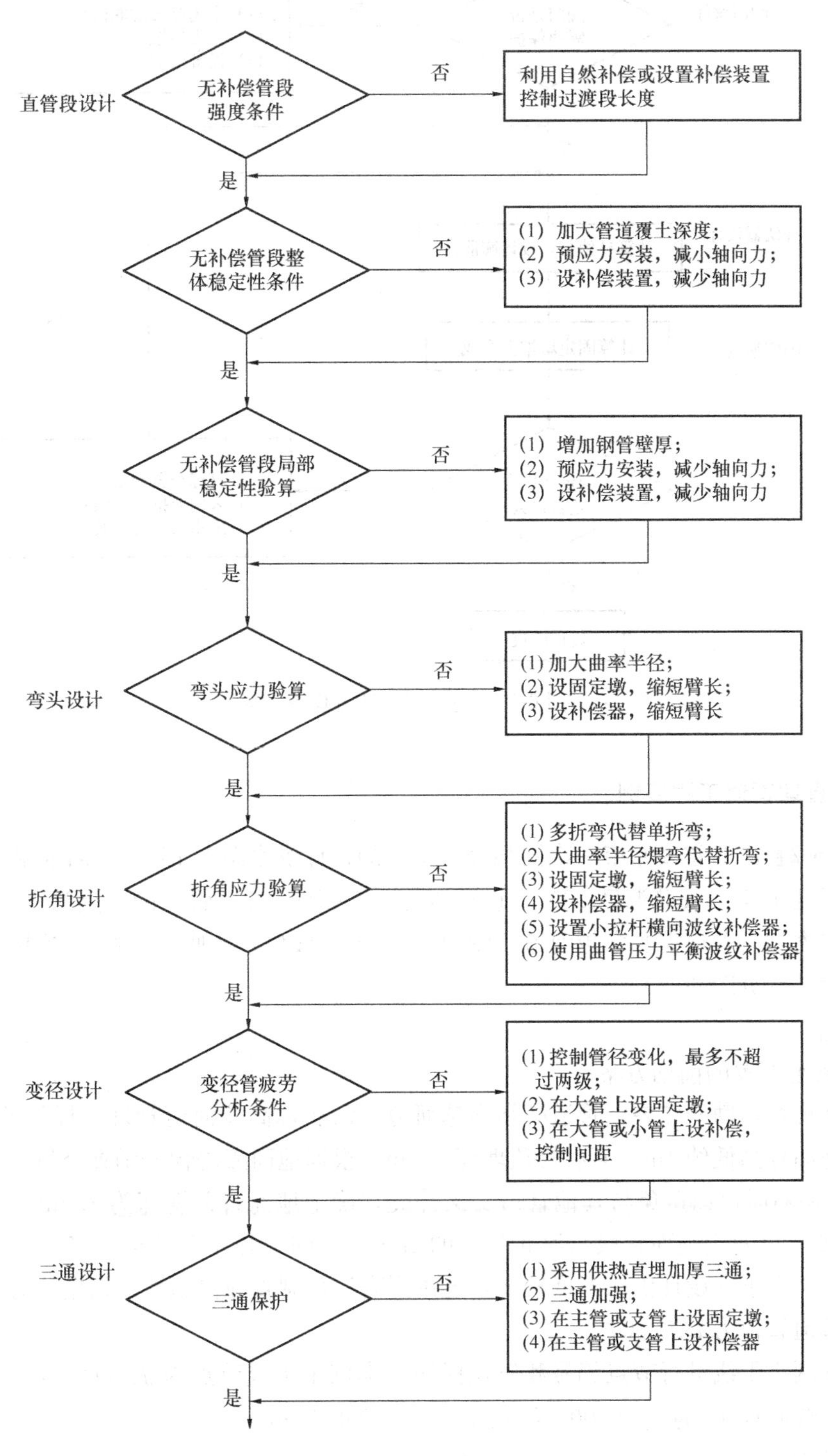

图 6-53 施工图设计流程图

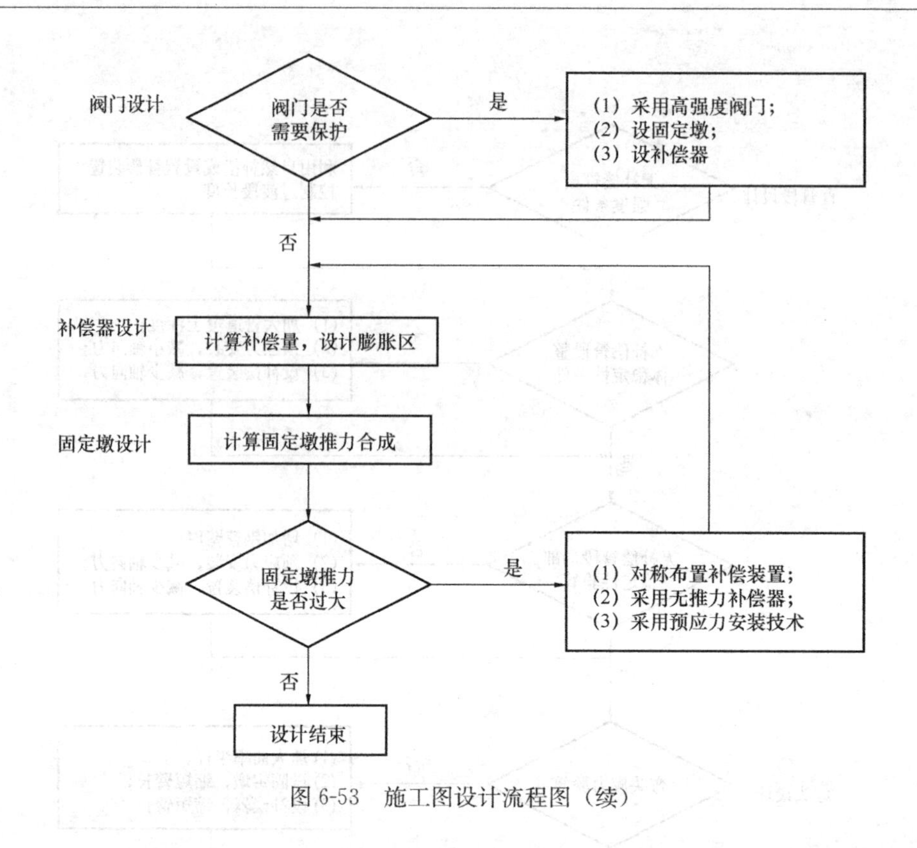

图 6-53　施工图设计流程图（续）

6.5.3　直埋管道工程实例

【例 6-2】 山西省太原市一次网某分支工程的设计供水温度 150℃，回水温度 70℃，循环最低温度 10℃，安装温度 10℃，设计压力 2.5MPa。分支管道的起点为一次网主干线，终点为热力站。管道需要穿越河道（图中的 J_3-J_4 段位于河底）。对该一次网分支管道进行直埋设计（见图 6-54）。

［解］

1. 管道布置的前期方案

根据现场踏勘的结果，管道必须穿越河道。河底标高按河道管理局提供的 50 年冲刷深度比地面标高低约 4m。河底管顶埋深 2.0m。根据地面障碍物的调查资料，在管顶埋深为 1.5m 左右时可以避免与其他管道交叉冲突，确定地面管顶埋深为 1.5m。管道走向如图 6-54 所示。暂定地面管段与河底管段的衔接点，即上翻和下翻点上安装大拉杆横向波纹补偿器。由于本设计供水温度较高，选用耐高温预制直埋保温管。根据热力站的负荷计算确定管道管径为 $DN200$。

对管网主干线进行节点编号和里程标注。本例主干线节点为 J_i（$i=0$，1，2，3，4，5）。主干线起点 J_1 为 0+0.00，终点 J_5 为 0+258.56m。

2. 设计起点

本设计的起点为图 6-52 中的 J_1 点。J_1 点是 L 形弯头，根据原管位计算得该点东西方向位移量为 61mm。

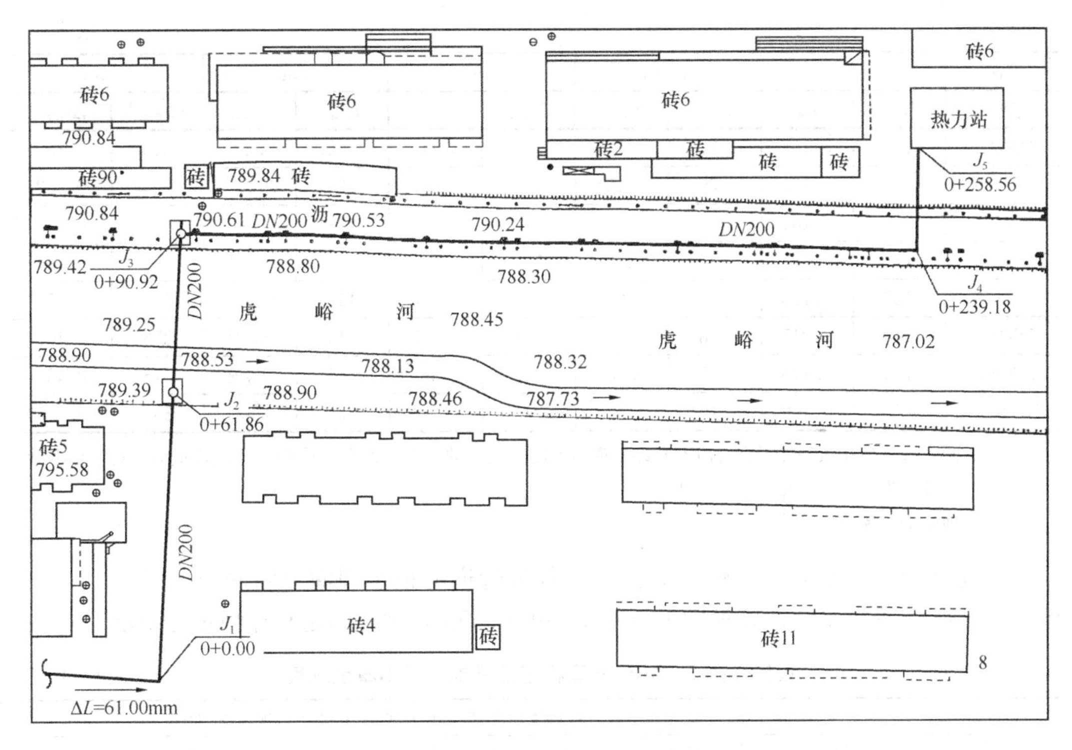

图 6-54 例 6-2 直埋管道平面布置图

3. 直管的设计

本设计供水管循环温差 140℃，高于表 6-26 在 2.5MPa 下按照《规程》控制的最大温差 138.2℃，即直管段供水管不允许进入锚固，需控制过渡段安装长度。查表 6-30 中的 2.5MPa、140℃、DN200 的过渡段最大长度为 94m。根据初期管道布置平面，图中较长的直管段 J_1-J_2 长 61.86m，J_2-J_3 长 29.06m，J_3-J_4 长 148.26m，J_4-J_5 长 19.38m，均小于两倍的最大允许过渡段长度，无需安装补偿器，验算通过。

2.5MPa、温差 140℃时过渡段最大长度及热伸长表（m） **表 6-30**

埋深	1.4m		1.2m		1.0m		0.8m		0.6m	
管径	L_{max}	ΔL_{max}	L_{max}	ΔL_{max}	L_{max}	ΔL_{max}	L_{max}	ΔL_{max}	L_{max}	ΔL_{max}
DN40	77	0.070	90	0.081	108	0.097	133	0.120	176	0.158
DN50	91	0.082	105	0.095	126	0.113	156	0.140	204	0.184
DN65	133	0.10	154	0.139	184	0.166	228	0.205	298	0.269
DN80	135	0.122	156	0.141	186	0.168	230	0.208	301	0.272
DN100	128	0.116	148	0.134	176	0.160	217	0.197	283	0.257
DN125	157	0.143	182	0.166	216	0.197	266	0.242	345	0.314
DN150	65	0.097	75	0.113	89	0.134	109	0.164	141	0.213
DN200	94	0.141	108	0.163	128	0.192	156	0.234	200	0.301
DN250	96	0.146	111	0.168	130	0.197	159	0.240	202	0.306
DN300	116	0.176	133	0.202	157	0.237	190	0.287	240	0.363
DN350	108	0.165	124	0.189	145	0.221	175	0.267	221	0.336

续表

埋深	1.4m		1.2m		1.0m		0.8m		0.6m	
管径	L_{max}	ΔL_{max}	L_{max}	ΔL_{max}	L_{max}	ΔL_{max}	L_{max}	ΔL_{max}	L_{max}	ΔL_{max}
*DN*400	107	0.163	122	0.187	143	0.218	172	0.263	215	0.329
*DN*450	105	0.161	120	0.184	140	0.215	168	0.258	209	0.322
*DN*500	119	0.182	135	0.208	157	0.242	188	0.289	233	0.359
*DN*600	112	0.174	127	0.197	147	0.229	175	0.272	216	0.334
*DN*700	127	0.198	144	0.224	166	0.258	197	0.305	240	0.373
*DN*800	140	0.217	158	0.245	181	0.282	213	0.331	258	0.401
*DN*900	175	0.270	197	0.304	225	0.348	263	0.406	316	0.489
*DN*1000	187	0.290	210	0.325	240	0.371	279	0.431	333	0.515

注：1. 阴影部分为在该条件下直管段不允许出现锚固段，此时的最大过渡段长度即为过渡段最大允许安装长度。热伸长为在该安装长度下的热伸长。

2. 埋深为管顶覆土深度。

4. 无补偿管段整体稳定性验算：由于各种管道的最小埋深（河底2m、地面1.5m）都大于表6-31垂直稳定性要求的最小覆土深度0.65m，因此满足整体稳定性要求。

设计压力2.5MPa垂直稳定性要求的最小覆土深度　　表6-31

管径		各种安装温差（℃）的最小允许管顶埋深（m）					
DN	$D_w \times \delta$	140	130	120	110	85	75
mm	mm	m	m	m	m	m	m
*DN*40	48×3	0.88	0.88	0.88	0.81	0.58	0.48
*DN*50	60×3.5	0.81	0.81	0.81	0.74	0.51	0.44
*DN*70	76×4.0	0.78	0.78	0.78	0.73	0.56	0.48
*DN*80	89×4.0	0.74	0.74	0.74	0.70	0.52	0.45
*DN*100	108×4.0	0.65	0.65	0.65	0.62	0.45	0.38
*DN*125	133×4.5	0.66	0.66	0.66	0.64	0.46	0.39
*DN*150	159×4.5	0.60	0.60	0.60	0.60	0.42	0.34
*DN*200	219×6.0	0.65	0.65	0.65	0.65	0.44	0.36
*DN*250	273×6.0	0.54	0.54	0.54	0.54	0.36	0.28
*DN*300	325×7.0	0.54	0.54	0.54	0.54	0.35	0.27
*DN*350	377×7.0	0.41	0.41	0.41	0.41	0.26	0.18
*DN*400	426×7.0	0.32	0.32	0.32	0.32	0.19	0.11
*DN*450	478×7.0	0.23	0.23	0.23	0.23	0.13	0.05
*DN*500	529×8.0	0.22	0.22	0.22	0.22	0.11	0.03
*DN*600	630×8.0	0.05	0.05	0.05	0.05	—	—
*DN*700	720×9.0	—	—	—	—	—	—
*DN*800	820×10	—	—	—	—	—	—
*DN*900	920×12	—	—	—	—	—	—
*DN*1000	1020×13	—	—	—	—	—	—

注：1. 管径大于700时从垂直稳定性考虑不必限制其埋深。

2. 本表数据只是从管道垂直稳定性条件计算得到，并未考虑《城镇供热直埋热水管道技术规程》中规定的直埋敷设管道最小覆土深度。设计中，管道的覆土深度必须大于本表与《规程》规定的最小覆土深度中的最大值。

5. 无补偿管段局部稳定性验算：管道 $DN200$ 不会出现局部皱结，满足无补偿管段局部稳定性条件。

6. J_2、J_3 竖向弯头设计及管网驻点位置的确定

J_2：根据河底和地面管道的埋深得 J_2 点竖向弯管长度为 4.5m，查表 6-32 得 $DN200$ 管道的弹性臂长为 4.8m。若将 J_2 点设计成 Z 形补偿弯头，按照 Z 形补偿弯头的做法，补偿弯臂至少需要 $1.25 \times L_e = 6m$，所以不能用作补偿弯臂使用，故采用大拉杆横向波纹补偿器。选用的补偿器型号为：25YSDHK200-8JD-2000。查样本得其横向刚度为 16N/mm，横向补偿量为 130mm。

补偿弯管的弹性臂长 **表 6-32**

DN (mm)	40	50	70	80	100	150	200	250	300
L_e (m)	1.6	1.9	2.4	2.6	3.0	3.7	4.8	5.4	6.2
DN (mm)	350	400	450	500	600	700	800	900	1000
L_e (m)	6.8	7.2	7.7	8.2	9.3	10.3	11.3	12.0	12.7

J_3：J_3 点平面是一个 90°转角，立面臂长为 4.5m，同 J_2 点，拟安装大拉杆横向波纹补偿器。补偿器型号为：25YSDHK200-8JD-2500。查样本得其横向刚度为 9N/mm，横向补偿量为 176mm。

在计算软件《直埋供热管道工程设计计算软件（V1.0）》[10] 中设置波纹补偿器的横向刚度和套筒补偿器的摩擦力，并输入管道结构，分别对 J_1-J_2、J_3-J_5 管段进行驻点计算。J_2-J_3 管段的驻点位于管段中间。过渡段长度和热伸长计算结果见表 6-33 和表 6-34。

例 6-2 管道的过渡段长度计算表 **表 6-33**

各过渡段长度		备注
$l(1)=24.82m$	$l_s(1)=37.04m$	J_1-J_2
$l(2)=14.53m$	$l_s(2)=14.53m$	J_2-J_3
$l(3)=87.43m$	$l_s(3)=60.83m$	J_3-J_4
$l(4)=8.84m$	$l_s(4)=10.54m$	J_4-J_5

例 6-2 各计算点的热伸长量表 **表 6-34**

里程	热伸长量	里程	热伸长量
0+0.00(J_1)	61.00/−41.94mm	0+61.86(J_2)	61.26/−24.99mm
0+90.92(J_3)	24.99/−111.57mm	0+239.18(J_5)	96.35/−15.36mm

7. 补偿器补偿量验算：表 6-33 中 J_2、J_3 点处两侧的热伸长量之和就是补偿器的补偿量。

J_2 补偿器补偿量：$(61.26+24.99) \times 1.2=103.50mm$

J_3 补偿器补偿量；$(24.99+111.57) \times 1.2=163.87mm$

所有补偿器的补偿量符合要求。波纹补偿器的横向弹性力与管道和回填砂的摩擦力相比是比较小的，补偿器的横向刚度变化后对管网的驻点位置影响很小。同时，管线上没有分支引出，驻点位置自动调整对管线安全性没有影响，因此驻点位置不需再重新计算。

8. J_1、J_4 弯头应力验算：根据表 6-32 的各管段的驻点位置确定各弯头的臂长，从而验证 J_1、J_4 弯头的应力是否合格。验算结果见表 6-35。

例 6-2 J_1、J_4 弯头的强度验算表　　　　**表 6-35**

弯头名称	L_1/l_s 长度	L_2/l_s 长度	$l_{max.b}$（m）	$\frac{L_1+L_2}{2}$（m）	是否合格
J_1(DN200)	37.00(已知)	24.82/l(l)	36	30.91	3.0DN 合格
J_4(DN200)	60.83/l_s(4)	8.84/l(5)	36	34.84	3.0DN 合格

9. J_1、J_4 弯臂处理：根据表 6-34 的各弯头处的热伸长量，对弯头的弯臂做软回填处理。处理结果见表 6-36。

例 6-2 J_1、J_4 弯臂软回填计算表　　　　**表 6-36**

弯头名称	热伸长（mm）	软回填（空穴）长度（m）		软回填厚度（mm）	
	Δl_s（i）/Δl（i+1）	l（i+1）侧	l_s（i）侧	l（i+1）侧	l_s（i）侧
J_1（DN200）	61.00/−41.94	5.5	5.5	100	40
J_4（DN200）	96.35/−15.36	9.2	3.7	空穴	空穴

10. 折角设计：本设计中无折角。

11. 变径管设计：本设计中无变径。

12. 三通设计：本设计中无三通。

13. 小室设计：本设计的 J_2、J_3 点的补偿器置入小室。设置大拉杆横向波纹补偿器的小室应确保该处竖向管段的两个弯头全部置于小室内部。根据《城镇供热管网设计规范》CJJ/T 34—2010，在管道安装有套筒补偿器、阀门、放水、排气和排污装置等附件配件处应设小室。小室的相关尺寸要求参见上述规范。

14. 阀门设计：本设计管道上没有安装阀门。

15. 固定墩设计：本设计没有设置固定墩。

思考题

1. 闭式热水管网与热用户的连接方式有哪些？
2. 蒸汽外网与热用户的连接方式有哪些？
3. 集中供热系统热力站有哪些类型以及各自的作用？
4. 室外供热管道的敷设方式有哪些？
5. 常用保温材料有哪些？选择保温材料有哪些要求？
6. 供热管道防腐的原则有哪些？供热管道防腐层的要求有哪些？
7. 供热管道所受荷载有哪些？

参考文献

[1] 王飞，张建伟．直埋供热管道工程设计(第二版)[M]．北京：中国建筑工业出版社，2014.
[2] 穆树芳．实用直埋供热管道技术[M]．徐州：中国矿业大学出版社，1997.
[3] 王淮，吕国良，戴东辉．供热管道无补偿直埋敷设的预热方法[J]．煤气与热力，2002，22(3)：

232-234.

[4] 何聪，赵玉军，李祥瑞．无补偿预热直埋敷设方式的探讨[J]. 煤气与热力，2002，22(5)：452-454.

[5] CJJ/T 81—2013，城镇供热直埋热水管道技术规程[S].

[6] CJJ/T 34—2010，城镇供热管网设计规范[S].

[7] CJJ/T 28—2004，城镇供热管网工程施工及验收规范[S].

[8] GB 50736—2012，中华人民共和国住房和城乡建设部．民用建筑供暖通风与空气调节设计规范．

[9] 全国勘察设计注册工程师公用设备专业管理委员会秘书处．暖通空调专业考试复习教材．北京：中国建筑工业出版社，2013.

[10] 王飞，张建伟．直埋供热管道工程设计[M]. 北京：中国建筑工业出版社，2005.

第7章 供热系统热源及主要设备

热源是供热系统热量的来源地，是供热系统中三大重要组成部分之一。在热源内，可利用燃料燃烧产生的热能、电能、太阳能、核能以及上一级热源提供的高温水或蒸汽等方式将供热热媒加热或使之汽化，为下一级热源或热用户提供热量。此外也可以直接利用地热、工业余热或其他热量作为供热系统的热源。以热电厂为一次热源的供热系统，我们称为热电厂集中供热系统；由热电厂同时供电和供热的联合供热方式，我们称为热电联产；以区域大锅炉房内的热水锅炉或蒸汽锅炉提供高温水或蒸汽，经二次换热后，进行较大范围的供热系统，称为区域锅炉房集中供热系统；以小型锅炉房或其他热源进行小范围或单体建筑供热的方式，一般称为局部供热系统；以用户自备热源的采暖方式，习惯称为分户采暖。目前国内较广泛应用的供热热源形式有：热电厂供热方式、区域大锅炉房（包括直燃机房）供热方式、换热站供热方式等。

7.1 热电厂

热电厂作为热源的集中供热系统是目前大中城市中较为常见的供热形式。图7-1是常规的热电联产集中供暖的流程图。在热电厂，大型锅炉将水变成高温高压蒸汽，用来驱动汽轮发电机发电，而失去“动能”后的乏力高温蒸汽，必须被冷却成为凝

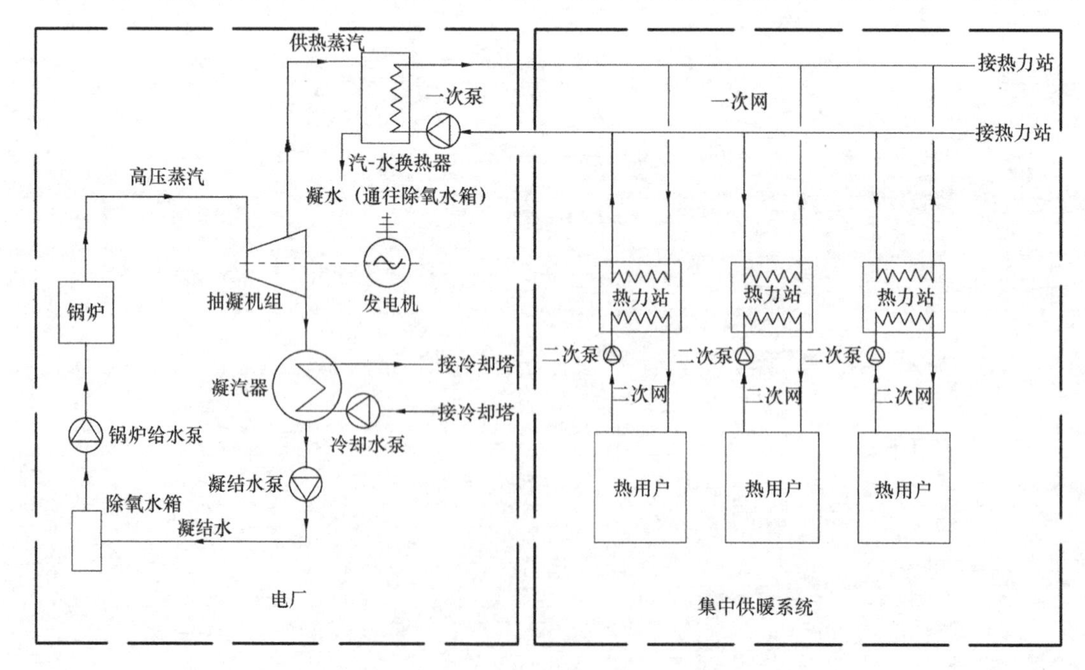

图7-1 热电联产集中供暖流程图

结水后，才能再进入锅炉被加热。因此，常规的凝汽式发电厂通常只有低于40%的燃料用在生产电能上，超过60%的能量损失在排烟和用在将蒸汽凝结为水的环节上，这样多的废弃热量如果被利用，就可以使总效率达到85%以上。一般可采用由热电厂将蒸汽送到生产用户，使蒸汽在工艺上再行利用，或采用热交换用热水循环的方式将热量送到建筑物，供建筑采暖或其他方面使用。蒸汽被使用后产生的凝水和降低了温度的回水将返回热电厂被重新送进锅炉或换热设备，因此又称热电厂供热系统为热电联产系统。废（余）热除供热外，还可利用吸收式冷冻装置进行制冷，这就是热电厂在发电过程中联合生产热量和冷量（又称为“三联供”），以获得更加经济的能源利用率。

热电厂的建设应尽量选择热电联产方式，可以以热定电。目前天然气、电力、热力等负荷均存在较大的季节性和时段峰谷差，如果采用热电（冷）三联供的方式全年运行，将能够有效地节约和利用能源，改善大气环境质量，同时也将成为气、电、热三方削峰填谷的有效手段。热能梯级利用是综合利用不同品位能源的一种先进方式，因此，新建热源厂应首选热电联合循环方式，实现热、电、冷三联供，提高能源的利用效率。

热电厂供热系统按机组类型分为以下三类。

7.1.1 背压汽轮机

汽轮机排气压力高于大气压力的供热汽轮机称为背压汽轮机，在一定范围内，排气量越大，发电量就越多。机组的工作原理及图示见图7-2。

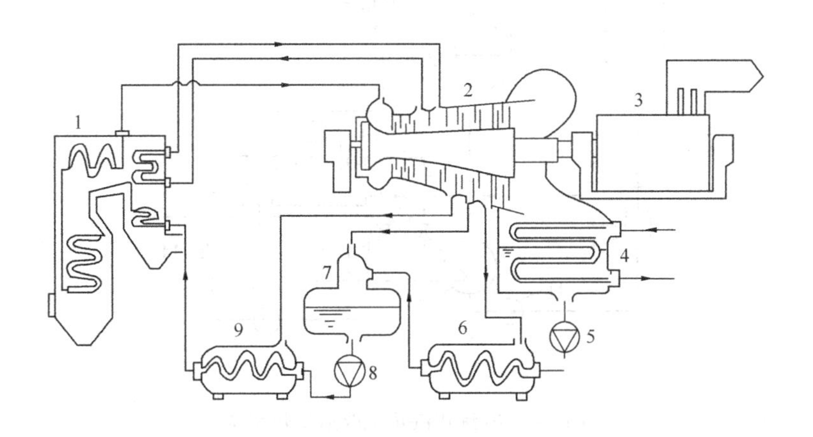

图7-2 背压式热电厂供热系统

1—锅炉；2—汽轮机；3—发电机；4—凝汽器；5—凝结水泵；6—低压加热器；7—除氧器；8—给水泵；9—高压加热器

7.1.2 抽汽式汽轮机

从汽轮机中间抽汽供热的机组，称为抽汽式汽轮机，一般装有凝汽器，又称热化型汽轮机。机组的工作原理及图示见图7-3。

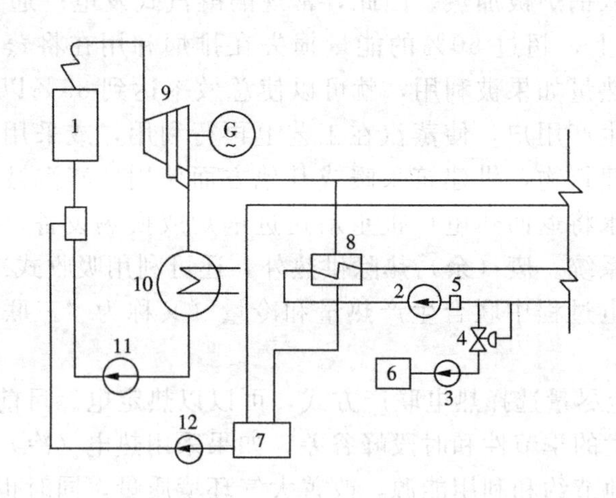

图 7-3　抽汽式热电厂供热系统

1—锅炉；2—热水网循环水泵；3—补给水泵；4—压力调节阀；5—除污器；6—水处理设备；
7—凝结水箱；8—热网水加热器；9—汽轮发电机组；10—冷凝器；11、12—凝结水泵

7.1.3　凝汽式汽轮机

机组的工作原理及图示见图 7-4。

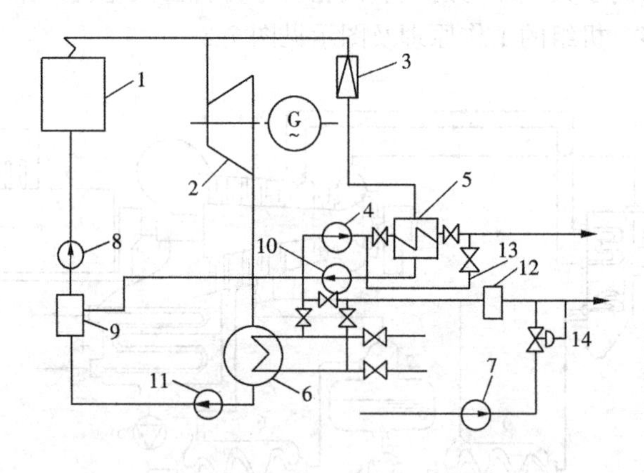

图 7-4　凝汽式汽轮机改造供热系统

1—锅炉；2—凝汽式汽轮机；3—减压装置；4—外网循环水泵；5—加热器；6—凝汽器；
7—补给水泵；8—锅炉给水泵；9—除氧器水箱；10、11—凝结水泵；12—除污器；
13—旁通管；14—定压装置

热电厂所提供的高温水水温一般为 110～150℃左右，回水温度 60～70℃左右，系统一般需经换热站进行热交换，将二次水换成 95/70℃或其他温度的热水，提供给建筑使用。

7.2 区域锅炉房

7.2.1 锅炉的组成及分类

锅炉设备日益广泛地被应用于现代工业的各个部门，已成为国民经济的重要产品之一。锅炉及锅炉房设备通常是利用燃烧燃料产生热量，将水加热升温或生产出蒸汽，并通过热力管道将热水或蒸汽输送至用户，供生产工艺用热或生活供热采暖等用热。对于供热锅炉，挖掘潜力、提高运行热效率、减少对环境的污染有着极为重要的意义。此外，提高操作管理水平、减轻劳动强度、保证锅炉额定出力及运行效率、安全可靠地进行供热也是需要我们研究解决的问题。

通常，我们把用于发电和提供动力的锅炉，称为动力锅炉；把用于工业及供暖方面的锅炉，称为供热锅炉，又称工业锅炉。

1. 锅炉是由“燃烧部分-炉子”和“换热部分-汽锅”两大部分组成。

燃煤锅炉由煤斗、炉排、炉膛、除渣板、鼓引风装置等组成的燃烧设备；汽锅是由锅筒（又称汽包）、对流管束、水冷壁、集箱和下降管等组成的一个封闭汽水系统。燃气（燃油）锅炉由供燃气（供油）系统、燃烧机、燃烧室、烟道以及封闭的水、汽系统组成。

2. 锅炉的分类方法：

锅炉按燃烧的燃料不同，可分为燃煤锅炉、燃气锅炉、燃油锅炉和电锅炉等。

按产生的热媒不同，可分为蒸汽锅炉和热水锅炉。

按热水在锅中的压力高低，可分为无压锅炉、低压锅炉、中压锅炉和高压锅炉。

按热媒产生的流动方式，可分为强制流动（直流式）锅炉和自然循环锅炉。

按热媒的温度高低，可分为低温锅炉和高温锅炉。

按锅炉容量大小，可分为小型、中型和大型锅炉。

按燃烧设备的不同，燃煤锅炉可分为层燃炉（包括手烧炉、链条炉、往复炉等）、室燃炉（包括煤粉炉、燃油炉、燃气炉等）和沸腾炉等。

按锅筒结构的不同，可分为烟管锅炉、水管锅炉以及烟、水管组合式锅炉等。

按锅筒数目的不同，可分为单锅筒锅炉和双锅筒锅炉等。

按锅筒的放置形式不同，可分为纵置锅筒锅炉、横置锅筒锅炉和立式锅炉等。

按锅炉安装方式不同，可分为快装锅炉、组装锅炉和散装锅炉。

7.2.2 锅炉监测、控制及附件

锅炉设备必须设置监测和控制装置。监测的参数是反映锅炉是否正常运行的依据，同时部分监测参数还应设置异常信号的报警。控制装置可提供锅炉或系统的自动控制，也可与能源智能系统进行联动。为了避免锅炉内汽水压力过高引起锅炉爆炸或因锅炉亏水造成事故，应加强对锅炉的运行监视与控制。

锅炉常见的附件包括安全附件和其他附件。为了保护锅炉安全可靠地工作，锅炉上必须安装安全附件和相关配件。除在锅炉上装设水位计和压力表外，还要在锅炉上装设超压时能自动开启的安全阀，一旦发生超压情况，安全阀将打开泄压。我们将压力表、水位计和安全阀称为锅炉安全附件。

1. 水位计

水位计种类很多，中、低压工业锅炉常用平板玻璃水位计和低位水位计，小型锅炉常用玻璃管式水位计。锅炉必须安装两个彼此独立的水位计，以正确地指示锅炉水位的高低，司炉人员可通过水位计来监视汽锅里的水位。水位计上应装有三个管路旋塞阀，且要安装在便于操作人员观察的地方。

2. 压力表

压力表是用来指示锅炉的工作压力的安全附件之一，司炉人员根据压力表来调节炉内的燃烧情况。压力信号应能远传至锅炉房控制中心。锅炉上常用弹簧式压力表。安装弹簧式压力表时应注意下列几点：

(1) 新装的压力表必须经过计量部门校验合格。铅封不允许损坏和不允许超过校验使用年限。

(2) 压力表要独立装置，不应和其他管道相连。压力表要装在与汽包蒸汽空间直接相通的地方，同时要考虑便于观察、冲洗，要有足够的照明，并要避免由于压力表受到振动和高温而造成损坏。

(3) 当锅炉工作压力<2.5MPa表压时，压力表精确度不应低于1.5级，压力表盘直径不得小于100mm，表盘刻度极限值应为工作压力的1.5～3.0倍，最好选用2倍，刻度盘上应划红线指出工作压力。

(4) 在压力表下，要装有存水弯管，以积存冷凝水，避免蒸汽直接接触弹簧弯管，而使弹簧弯管过热。在压力表和存水弯管之间，要装旋塞或三通旋塞，以便吹洗，校验压力表。

3. 安全阀

安全阀是锅炉重要的安全部件，当锅炉由于某种原因使炉内压力超过允许值时，安全阀会自动开启，排汽泄压，从而保证锅炉安全运行。蒸发量大于0.5t/h的锅炉，至少装设两个安全阀（不包括省煤器或烟气冷凝热回收器的安全阀），其中一个安全阀应先打开。工业锅炉上常用的安全阀有静重式、杠杆式、弹簧式几种，中、低压锅炉常用的安全阀有弹簧式和杠杆式两种。

安装安全阀时要注意下列几点：

(1) 安全阀应垂直安装，并尽可能独立地装在锅炉最高处，阀座要与地面平行，安全阀与锅炉连接之间的短管上不得装有任何管道或阀门。

(2) 弹簧式安全阀要有提升手把和防止随便拧动调整螺丝的顶盖，杠杆式安全阀要有防止重锤自行移动的定位螺丝和防止杠杆越出的导架。

(3) 安全阀的阀座内径，应大于25mm，排汽管的截面积至少为安全阀总截面积和的1.25倍，如果几个安全阀共同装设在一根与汽包相联的短管上时，短管通路面积应大于所有几个安全阀门面积总和的1.25倍。

(4) 安全阀应装设排气管，排气管应尽量直通室外，并防止烫伤人。排气管底部应装有接到安全地点的泄水管，在排气管和泄水管上都不允许装置阀门。

4. 锅炉的其他附件

为了保护锅炉能正常地工作，锅炉上还必须装设如下配件：

(1) 温度计：在锅炉上需要进行温度测量的有蒸汽温度、给水温度、空气温度、烟气温度和炉膛温度等，常用的有玻璃水银温度计、压力式温度计和热电偶温度计等。温度计除可直观外，其温度信号还应能远传至锅炉控制中心。

(2) 主汽阀：用来关闭和打开主蒸汽管，每台蒸汽锅炉（立式锅炉除外）与母管之间应装有两个阀门，锅炉主汽阀应靠近锅筒出口安装，两个阀门之间应设有通向大气的泄水管和阀门，且管径不得小于 $DN20$。

(3) 调节阀：用来调节并联运行的热水锅炉的水量，每台并联运行的锅炉的进水管上都应安装调节阀，使并联运行的锅炉出水温度的偏差不超过 10℃。

(4) 集气罐和放气阀：在锅炉出水总管的最高处，还应装设集气罐和放气阀，其放气阀及放气管管径不应小于 $DN20$。

(5) 给水阀用来开关锅炉的给水管。为防止热水循环泵或锅炉给水泵突然停转，使炉水汽化，可在每台锅炉进水阀后接入自来水管，并在锅炉出水阀前装设不小于 $DN50$ 的泄放管，使自来水能够进入锅炉，如果自来水的压力不能克服冷却炉水流动的阻力，就应设置如注水器、蒸汽泵等不依赖电能的加压给水装置。蒸汽锅炉的给水，应采用单母管制并联给水，当锅炉不能并联运行时，宜采用双母管或单炉配管的给水系统。有省煤器的燃煤锅炉，应设置不经过省煤器直接向锅炉汽包供水的旁通给水管；当省煤器无旁通烟道时，给水管经省煤器的出水管上应有接回给水箱的循环管，以便在启动或低负荷时省煤器能不间断给水。蒸汽锅炉的手动给水调节阀，宜设在便于司炉操作的地点。

(6) 止回阀：止回阀也称单向阀，装在锅炉进水管口给水阀前，防止锅炉内的水倒流入给水管中，一般与截止阀串联使用，水流应先经过止回阀再经过截止阀。在循环水泵出口，一般也装有单向阀。

(7) 排污阀装在排污管上，用来排除锅中污垢，保证锅炉中的水质符合要求，有时应串联 2 个阀门。

7.2.3 锅炉及锅炉房的辅助设备

锅炉房除锅炉外，还需要大量的辅助设备才能工作，而辅助设备需要占用很大的空间，按它们围绕锅炉所进行的工作过程，由以下几个系统所组成，如图 7-5 所示。

1. 运煤、除灰系统贮煤和灰渣的场地

燃煤锅炉房需要设置运煤、除灰系统，包括皮带运煤机、煤斗和除灰车，一般机械可由锅炉厂家或锅炉辅机厂配套供货。燃煤锅炉房还应有贮煤场和堆灰场，一般按贮煤天数和灰渣量大小决定场地大小。

2. 送、引风系统

送、引风系统包括向炉排下送风的鼓风机、抽引烟气的引风机、除尘器和烟囱。每台锅炉的鼓风机及引风机应单独配置。

3. 锅炉的除尘系统

锅炉常用的除尘器有旋风除尘器、湿式（水膜）除尘器等。

4. 锅炉排污系统

在锅炉运行时，为控制一定的锅水品质，必须定期或连续地从锅炉的下锅筒、下联

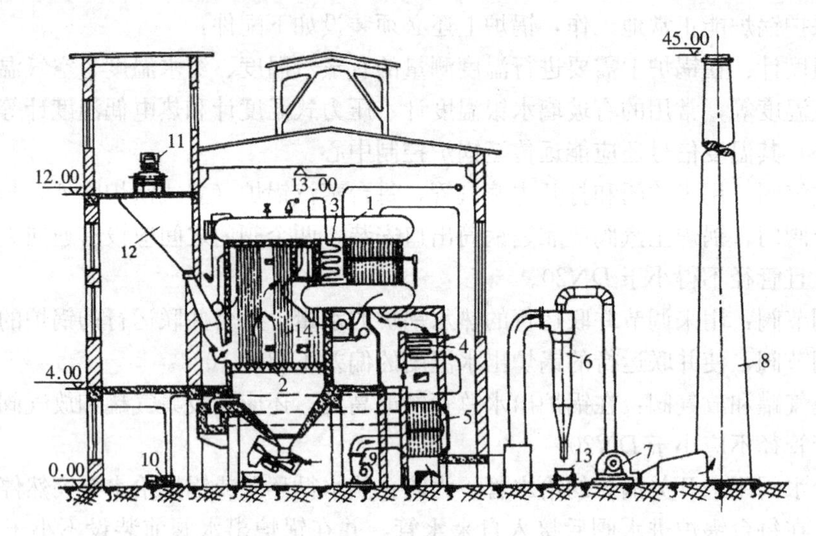

图 7-5　锅炉房设备简图

1—汽锅；2—翻转炉排；3—蒸汽过热器；4—省煤器；5—空气预热器；6—除尘器；7—引风机；8—烟囱；9—送风机；10—给水泵；11—带运输机；12—煤斗；13—灰车；14—水冷壁

箱、省煤器的最低处排出一小部分浓缩的锅水而补充给水，这个过程，俗称排污。排污系统由排污管、排污阀和排污降温池等组成，锅炉排污必须经降温池降温至 40℃以下才能排走。

5. 锅炉给水泵

在热水采暖系统中，循环水泵就等于是锅炉的给水泵，而在蒸汽锅炉中，给水泵应按锅炉的出力和工作压力等参数，正确选择锅炉给水泵。给水泵台数的选择应适应锅炉房全年热负荷变化的要求，以利于经济运行。

6. 凝结水泵、软化水泵和中间水泵

这三种水泵根据实际需要配备，不一定全有，一般设置 2 台，其中 1 台备用。

7. 仪表及自动控制系统

为监控锅炉等热源设备的安全经济运行，还需备有一系列的仪表、计量装置以及控制设备。常用仪表、计量装置包括流量计、热量计、烟温计、风压计、排烟二氧化碳指示仪等，控制设备包括给水自动调节装置，烟、风闸门控制装置等。当实行分户热计量和运行调节与量化管理时，必须安装热量计量装置。

7.2.4　锅炉房设计要求

小区锅炉房设计必须贯彻国家的有关方针政策，符合安全规定，节约能源和保护环境，使设计符合安全生产、技术先进和经济合理的要求。锅炉房设计除应遵守《锅炉房设计规范》外，尚应遵循国家现行的有关标准、规范的规定。锅炉房设计时应符合下列基本规定：

（1）锅炉房的位置，应按照规划部门批准的位置建设。锅炉房应尽量靠近主要热负荷集中的地区，锅炉房应尽量位于地势较低的地点，以实现蒸汽系统的凝结水顺利回收和满足末端热水系统的排气要求。民用锅炉房位置除应有较好的朝向，以得自然通风和采光，还应便于燃料和灰渣的运输和堆放，便于供水、供电和排水。锅炉房应位于供暖季节主导风向的下方，全年使用的锅炉房应位于常年主导风向的下风向，避免烟尘吹向主要建筑物和建筑群。

（2）锅炉房设计的燃料以何种燃料为主，应按当地政府部门的规划和环保部门的要求确定。除煤外，还可以选择重油、柴油或天然气、城市煤气等做为燃料。

（3）选择锅炉台数、单台容量和总容量时，应按照供热系统综合最大热负荷确定，锅炉的额定热效率不能低于国家标准《公共建筑节能设计标准》GB 50189 的规定。所有运行锅炉在额定蒸发量或热功率时，应能满足锅炉房最大计算热负荷，同时保证锅炉房在较高和较低负荷运行工况下能安全运行，并应使台数、额定蒸发量或热功率和其他运行性能均能适应热负荷变化，且应考虑全年热负荷低峰区的机组运行工况。新建锅炉房一般不超过 5 台，改造锅炉房一般不超过 7 台，在保证锅炉长时间高效运行的前提下，各台锅炉的容量宜相等；单台容量应以保证长时间运行在高效区的原则确定，实际运行效率不低于 50%；多台锅炉配置时，最大一台锅炉检修时，其余锅炉应能满足连续生产用热最低负荷以及采暖通风空调及生活用热的最低负荷，对于寒冷和严寒地区采暖和空调供热用锅炉，不应低于设计供热量的 65%和 70%。

当用户的热负荷变动较大且较频繁，或呈周期性变化时，在经济合理的原则下，宜设置蓄热器。当根据城市供热规划和用户先期用热要求需要过渡性供热，以后可作为热电站的调峰或备用热源时，也可设计区域锅炉房。在选用锅炉时，应尽量使同一锅炉房内的锅炉类型和规格一致，以便于管理。只有当用户对介质参数有特殊要求，或采用相同类型锅炉在技术上、经济上不合理时，才在同一锅炉房内选用不同型号的锅炉。当选用不同容量和不同类型锅炉时，其容量和类型不宜超过两种。

$$\text{锅炉台数} = \frac{1.2 \times \text{各建筑物供暖热负荷总和}}{\text{同一型号每台锅炉的发热量}} \tag{7-1}$$

（4）锅炉供热介质和参数的选择，应考虑大多数用户的需要。供采暖通风用热的锅炉房，锅炉宜以热水为供热介质，供应生产用汽的锅炉房，锅炉应以蒸汽作为供热介质，同时供生产用汽及采暖通风和生活用热的锅炉房，经技术经济比较后，可单独选用蒸汽做为介质或蒸汽与热水做为介质。同一锅炉房产生的热媒种类不宜超过两种。

（5）锅炉房应是一、二级耐火等级的建筑，宜单独建造，锅炉前端、侧面和后端与建筑物之间的净距，应满足操作、检修和布置辅助设施的需要，锅炉房的外门应向外开，锅炉房内休息间或工作间的门应向锅炉间开，锅炉房还应有一定的泄爆面积。锅炉房一般应设水处理间、机泵间、热交换器间、维修间、休息间及浴厕等辅助房间，此外，还可根据具体情况设有化验室、办公室及库房等。

7.2.5 直供锅炉房与间供式锅炉房

根据实际情况，有时锅炉可直接产生用户所需种类和参数的热媒，直接供给用户；这就是直供式锅炉房。有时则由锅炉产生高温水或蒸汽，经二次换热后，才能满足用户对热媒种类和参数的需要，这就是间供式锅炉房。当用户需要两种以上的热媒时，往往也采用间供式锅炉房的形式。

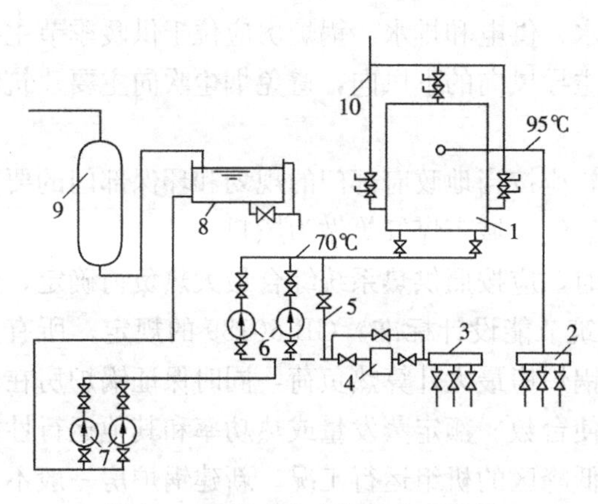

图7-6　直供式热水锅炉房系统图

1—锅炉；2—分水器；3—集水器；4—除污器；5—旁通管；6—循环泵；7—补水泵；8—软水箱；9—离子交换器；10—排污管

1. 直供式锅炉房（热介质为95℃以下的低温水系统）

直供式热水锅炉房系统见图7-6。它是最常见的供暖方式，水在锅炉加热升温不超过95℃供水，通过室外管网直接送往热用户，水在散热器放热后，温降为20～25℃温差的回水，返回锅炉房，再由循环水泵送入锅炉，如此循环往复。直供式系统多用于锅炉容量在4.2MW以下且供暖规模不太大的锅炉房。

2. 间供式锅炉房（热介质为115～70℃或130～70℃的高温水系统）

间供式热水锅炉房系统见图7-7。近几年来我国间供式系统发展较快，是在锅炉容量7MW以上的大型集中锅炉房中采用较多的供热方式。间供式的热水循环共有两个网路：由锅炉房内一次水循环泵推动的一次供、回水网路，把锅炉与换热站中的换热器联系起来；由换热站内的二次循环泵推动的二次供、回水网路，把换热器与热用户联系起来。一次供水温度一般为115℃或130℃，回水为70℃。二次水的供水温度一般为95～80℃，回水为70～55℃。可以看出，间供式与直供式的区别在于锅炉房与热用户之间需增加换热站或换热装置，且外网中又出现了一次水网与二次水网，高温的一次水与低温的二次水需在若干个换热站中进行热交换，这就需要增加许多设备，因此间供式锅炉房的投资及占地均比直供式高出许多。但由于间供式具有锅炉运行热效率高、系统运行安全性好、便于整个系统的进行分区调节、分区管理和维修等优点，目前在大容量集中式供热锅炉房多采用间接供热的方式。

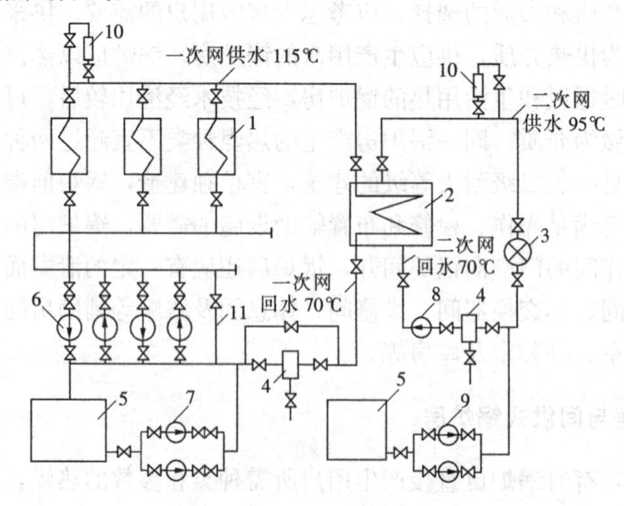

图7-7　间供式热水锅炉房系统图

1—锅炉；2—换热器；3—热用户；4—除污器；5—软水箱；6——次水循环泵；7——次水补水泵；8—二次水循环泵；9—二次水补水泵；10—集气罐；11—旁通管

7.2.6 燃气、燃油、电锅炉

近年来，随着能源结构的转变，更为了满足环境保护的需要，新设计的锅炉房大多采用燃油或燃气作为燃料，也有相当一部分燃煤锅炉改造成燃油或燃气锅炉。近年来，随着能源结构的改变，燃气、燃油锅炉得到迅猛的发展。燃气、燃油锅炉房的设计方法与燃煤锅炉房大致相同，只是锅炉设备以及附属设备有所不同，设计要求也有所差异。该部分内容详见有关专业书籍，这里只作简单介绍。

1. 燃气锅炉及锅炉房

(1) 燃气锅炉选择时，应根据燃气的种类和特性，正确选择锅炉的燃烧器。民用锅炉房一般采用天然气做为燃料，也可使用其他气体，设计时应确定实际使用气源的详细技术数据。

(2) 燃气锅炉房宜设置专用的调压设施和供气系统，锅炉房的燃气引入母管，应在安全和便于操作的地点设置总关闭阀。通向每台锅炉的燃气干管上，均应装设关闭和快速切断阀，每个燃烧器前的燃气支管上也应装设关闭阀，阀后串联装设两个电磁阀。燃气锅炉房的燃气管，从燃气表间到单台锅炉的燃气管宜单独设置、单独计量。点火用的燃气管道，宜从干管上的关闭阀后或燃烧器的关闭阀前引出，并应在其管道上装设关闭阀，阀后串联装设两个电磁阀。锅炉房内燃气管道宜架空敷设，燃气密度小于空气的管道，应装设在空气流通的高处；燃气密度大于空气的管道，宜装设在锅炉房外墙和便于检测的地点。地下室和半地下室内，不应敷设密度大于空气的燃气管道。燃气管道不应穿过易燃易爆的仓库、变电室、配电室、电缆沟、风道、烟道和有腐蚀性的房间。

(3) 燃气管道上应装设放散管、取样口和吹扫口，其位置应能满足将管道内燃气或空气吹净的要求；放散管应引至室外，其排出口应高出锅炉房屋脊 2m 以上，并使放出的气体不致影响周围建筑物。燃气放散管管径，应根据吹扫的容积和吹扫时间确定，其吹扫量可按吹扫段容积的 10～20 倍计算，吹扫时间可取 15～20min。当敷设人工煤气和天然气管道时，应符合下列要求：净高不应小于 2.2m，并有固定的照明设备；有机械通风和事故排风设施；燃气管末端应设放散管。

(4) 城市燃气管网供应的锅炉房，应满足下列条件：

① 燃气表应集中在单独的通风良好的房间内，但小型燃气热水锅炉的计量表可以设置在锅炉房内，其周围的环境温度应在 0～40℃之间。燃气表不得直接安装在蒸汽锅炉房内。每台炉单独设置燃气计量表。

② 燃气表的工作压力和额定流量应能适应使用范围。

③ 燃气锅炉房的烟道和烟囱，应采用钢制或钢筋混凝土构筑。

④ 燃气锅炉房的设备、管道应做好防静电及防雷接地。

2. 燃油锅炉及锅炉房

民用建筑的燃油锅炉房，一般选用柴油或重油，小型锅炉宜燃用轻柴油。

(1) 燃油锅炉房一般采用集中设置供油泵的单母管管道供油方式，常年不间断供热时，可采用双母管供油方式，每一母管的流量可按锅炉房最大计算耗油量与回油量之和的 75%计算。回油管道均可采用单母管回油方式。油管道宜采用顺坡敷设，柴油管道的坡度不应小于 0.3%，重油管的坡度不应小于 0.4%。每台锅炉的供油干管上，均应装设关闭阀和快速切断阀。每个燃烧器前的燃油支管上，也应装设关闭阀门，当设置 2 台或 2 台以上锅炉时，还应在每台锅炉的回油干管上装设止回阀。

（2）重油供油系统宜采用经锅炉燃烧器的单管循环统，由于温度降低不能满足生产要求时，重油应进行加热。在重油回油管道能引起烫伤人员或可能发生冻结的部位，应采取隔热或保温措施。通过油加热器及其后管道燃油的流速，不应小于0.3m/s。燃用重油的锅炉房，当冷炉起动点火缺少蒸汽加热重油时，应采用重油电加热器或设置轻油、燃气的辅助燃料系统。在重油供油系统的设备和管道上，应装吹扫口，位置应能吹净设备和管道内的重油，吹扫介质宜采用蒸汽或用轻油置换，吹扫用蒸汽压力为0.6～1MPa。固定接法的蒸汽吹扫口，应有防止重油倒灌的措施。燃用重油锅炉的尾部受热面和烟道，也应设置蒸汽吹灰或蒸汽灭火装置。接入燃烧器的重油道不宜坡向燃烧器。

（3）采用燃用轻柴油的单机组配套全自动燃油锅炉，其设置应遵守如下原则：

① 按锅炉要求配置燃油管道系统，宜保持其燃烧自控的独立性。

② 燃油锅炉所配置的燃烧器，应与燃油的性质以及燃烧室的形式相适应，油的雾化性能要好，排放污染少，能较好地适应负荷的变化。

③ 噪声较低。

（4）燃油锅炉房集中设置的供油泵应符合下列要求：

① 供油泵的台数不应少于2台。当其中任何1台停止运行时，其余的总容量，不应少于锅炉房最大计算耗油量和回油量之和。

② 供油泵的扬程不应小于供油系统的压力降、供油系统的油位差、燃烧器前所需的油压、适当的富裕量的几项之和。

③ 不带安全阀的容积式供油泵，在其出口的阀门前靠近油泵处的管段上，必须安装安全阀。

④ 在输油泵进口母管上，应设置油过滤器2台，其中1台备用。

（5）锅炉房内油箱的总容量，重油不应超过5m^3，轻柴油不应超过1m^3，室内油箱应设置在单独的房间内。室外中间油箱的总容量，不宜超过锅炉房一天的计算耗油量。室内油箱应装设将油排放到室外的紧急排放管，并设置相应的排油存放设施。排放管上的阀门应装设在安全和便于操作的地点。油箱的布置高度宜使供油泵有足够的灌注头。室内油箱应采用闭式油箱。油箱上应装设直通室外的通气管，通气管上设置阻火器和防雨设施。室内重油箱的油加热温度不应超过90℃。点火用的液化气罐，不应存放在锅炉间，应存放在专用房间内。图7-8是燃气、燃油锅炉的外形。

图7-8　燃气、燃油锅炉

图 7-9、图 7-10 是一个小型燃油（气）蒸汽锅炉房的平面图和热力系统图。

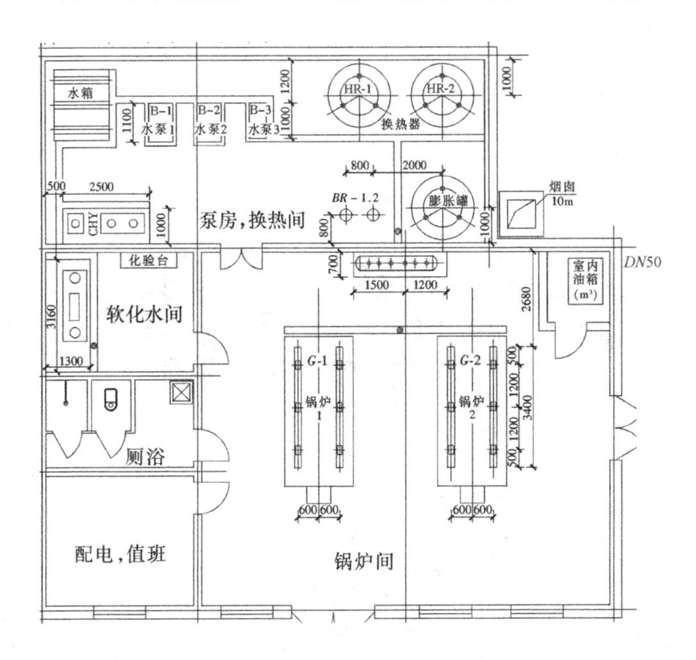

图 7-9　2 台 2T/H 燃油（气）蒸汽锅炉房平面

3. 电锅炉及锅炉房

以电作为供热能源，将供热技术推向了一种崭新的境界。直接将电能转化为热能的电热锅炉不产生废气，无需任何排放装置，且电锅炉的自动化程度较高，省掉了人力、物力。电锅炉具备环保、节能、安全、舒适、多功能、易管理和高寿命（20 年）等突出优点。电热式锅炉的热效率可达 95%以上，在能量转换的过程中无需机械运转，整个机房无噪声污染。电锅炉还可以采用蓄热技术使其在电网低谷时工作，充分利用国家峰谷电价的优惠政策，使其运行更加经济。目前，除电力特别充足的地区以及对环保要求严格又无其他环保供热形式的地方不宜采用电锅炉直接采暖。电锅炉外形如图 7-11 所示。

（1）电锅炉房的工艺设计应符合《锅炉房设计规范》、《蒸汽锅炉安全技术监察规程》、《热水锅炉安全技术监察规程》、《工业锅炉水质标准》及其他有关的现行国家标准规范的规定。

（2）电锅炉房应按蓄热式供热系统设计。并应尽可能使用低谷电、少用平价电、严格控制使用峰时电。对于因条件限制，不能设置足够容量的蓄热容器满足全用低谷电的用户，在经技术经济比较后，可按合理比例设计使用谷电＋平电运行方式的部分蓄热电锅炉房。电锅炉房设计时，应力求准确计算供热系统的最大小时用热量和全日总热负荷，做为合理选用设备、确定锅炉房规模的依据。

（3）直供电热锅炉房的设计规模和总热负荷计算：

蓄热式电热锅炉房的设计规模和总热负荷应根据用户供热系统的热负荷曲线和蓄热量比例及锅炉运行方式合理确定，一般可按下式计算。

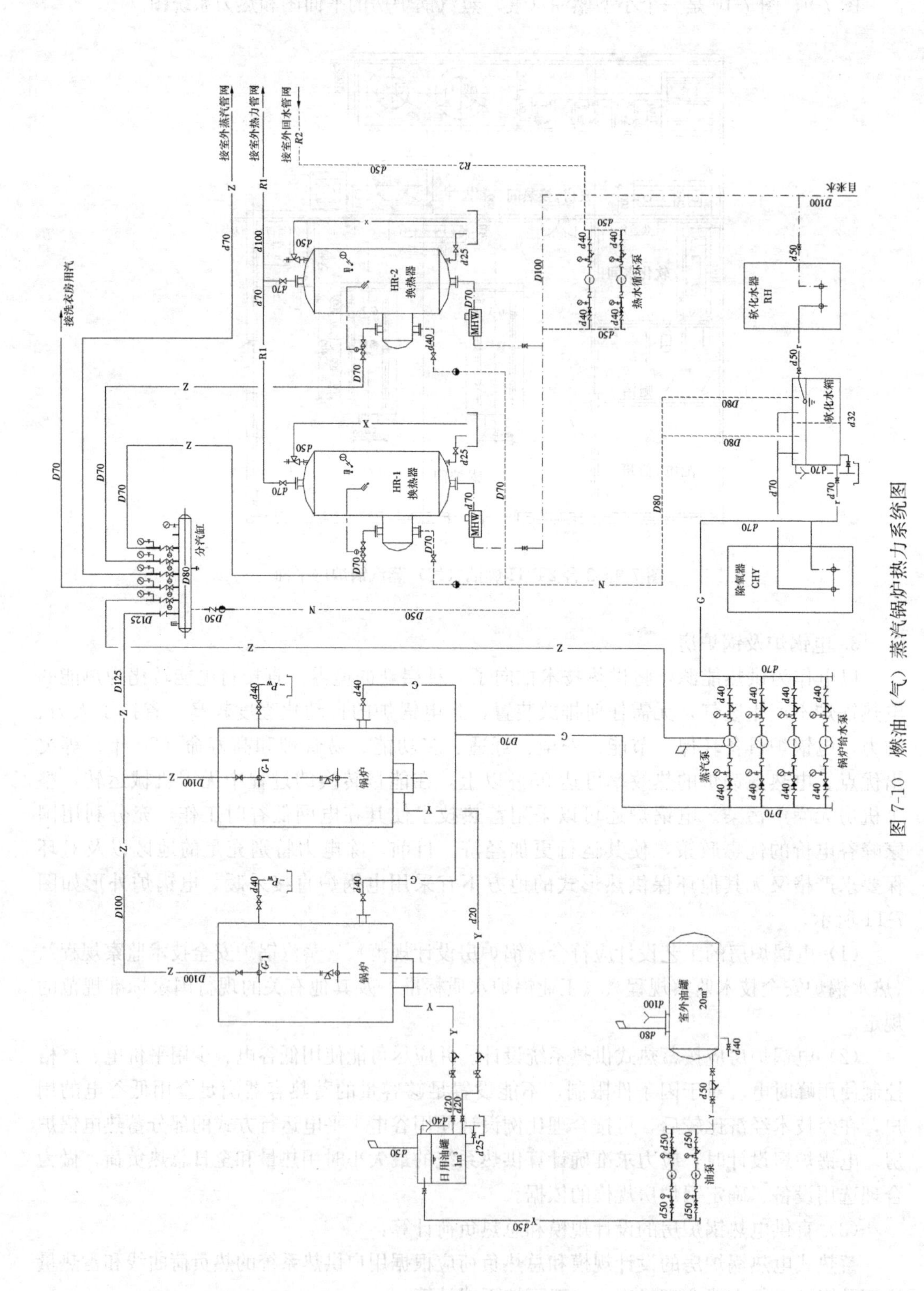

图 7-10　燃油（气）蒸汽锅炉热力系统图

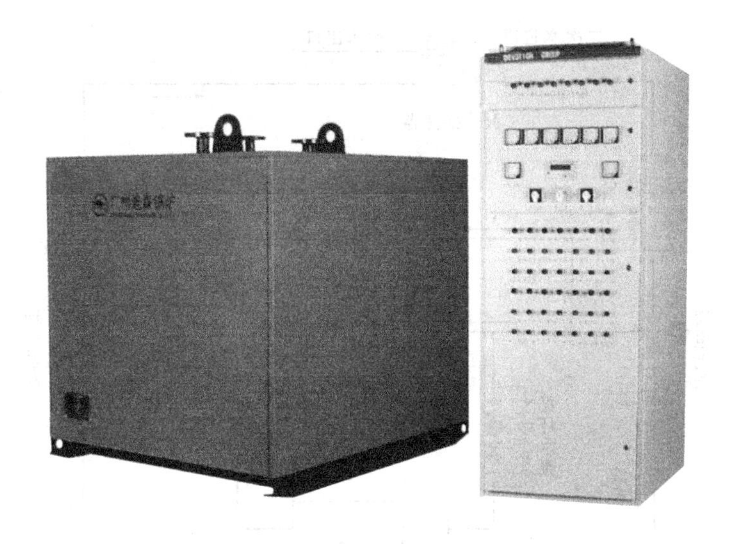

图 7-11 电锅炉

$$Q=K\left[(F_1 q_1+F_2 q_2)\times\left(1+\frac{24-T}{T}\eta\right)+\sum q_i+\frac{Q_{ir}-q_i T}{T}\right] \tag{7-2}$$

式中 Q——锅炉房总负荷，W；

K——室外管网热损失系数；

F_1——暖供热面积，m^2；

F_2——空调供热面积，m^2；

q_1——供热指标，W/m^2，由采暖设计提供；

q_2——空调供热指标，W/m^2，由空调设计提供；

q_i——生活、生产等非 24h 连续供热用户的用热指标，W/m^2；

η——采暖、空调供热时段不平衡修正系数，一般取 0.7～0.8，办公楼、学校可取较小值，医院、住宅、宾馆等取较大值；

T——蓄热时间，h；

Q_{ir}——生产等非 24h 连续用热用户全日用热量，W。

(4) 电热锅炉选型时应综合考虑下列要求：

电锅炉房宜设置两台或两台以上的电锅炉，宜选用制热蓄热一体化、蓄热温度高的承压电锅炉如图 7-12 所示。锅炉的单台容量应和电力变压器的容量相匹配，单台锅炉的功率不宜大于 2.4MW，且同一台锅炉不宜由多台变压器供电，但多台小容量电锅炉除外。电锅炉应具有先进完善的自动控制系统，应配置安全可靠的超温、超压、缺水、低水位等参数的自动保护装置，电路系统应配备过流、过载、缺相、短路、断路等项目的自动保护装置，在保护装置动作时应有相应的报警信号显示。电锅炉应配置完整的阀件仪表，并配备可靠的辅助设备。对于蓄热水（含边蓄边供）和供热水各自分开的锅炉房热力系统，可调节通过热交换器的二次水流量，控制一、二次水之间的热交换量，达到二次水的供水温度要求。对于由蓄热水直供的供热系统，可调节循环水泵进水侧回水量和蓄热水量的比例达到供水温度要求。对于电热锅炉直供的供水温度可通过改变电热管组投入数量自动调节

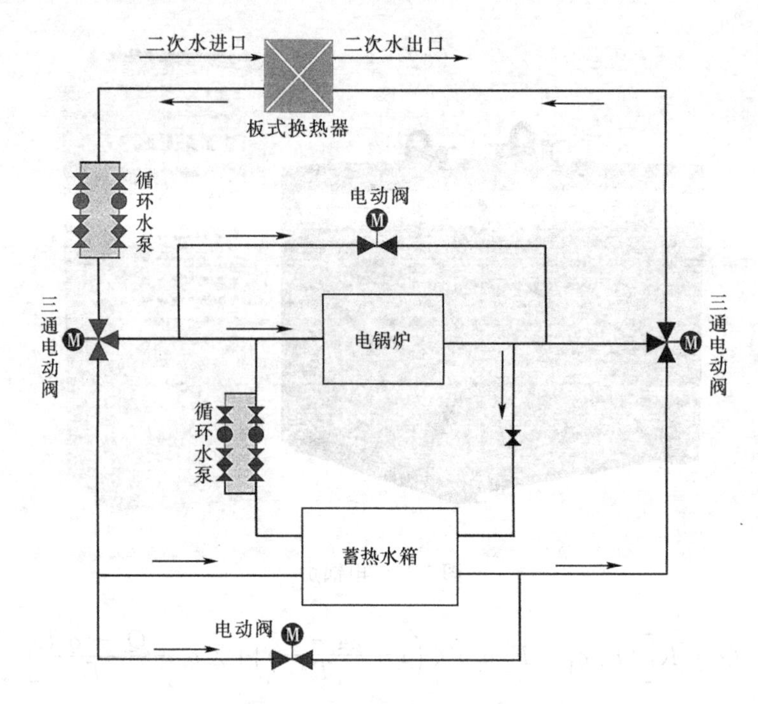

图7-12 蓄热电锅炉示意系统图

供水温度。

(5) 用于蓄热时驱动电热锅炉和蓄热水箱之间的循环水泵设置，应符合下列要求：

① 水泵允许介质温度：一般应比锅炉额定出水温度高10～15℃。

② 水泵流量：按电锅炉额定出力条件下，进出水温差为10℃时，计算流量的1.1倍考虑。

③ 水泵扬程：按该循环系统中电锅炉、蓄热水箱及管路系统三部分的阻力之和，再加2～5m的富裕压头。

④ 水泵台数：一般不宜少于两台，当其中任何一台停止时，其余水泵的总流量应能满足最大循环水流量的需要。并联运行的循环水泵应为相同型号。

(6) 兼作蓄热水泵和高温水（一次热水）侧循环水泵使用时应符合下列要求：

① 水泵允许工作介质温度：应比锅炉额定出水温度高5～10℃。

② 水泵台数：对低温蓄热的锅炉房，不宜少于2台，对于高温蓄热的锅炉房不宜少于3台；当其中任何一台停止时，其余水泵的并联运行总流量应能满足最大循环水流量的要求。

③ 水泵并联运行的总流量按下列两种计算值较大值的1.1倍考虑：

a. 电热锅炉额定出力条件下，进出水温差为10℃计算流量。

b. 按热交换系统所有换热器在额定出力条件下，换热器中高温水（即蓄热水）的进出口温差为15～20℃，且高温水的出口温度比二次供热水回水温度高5～10℃时的高温水计算流量。

④ 循环水泵的扬程，按该循环水系统中最大流量时电锅炉、换热器、蓄热水箱等项的内部水流阻力和管道系统的阻力之和，再加2～5m的富裕压头确定，且并联运行的循

环水泵应为相同型号的水泵。

（7）蓄热水箱（罐）的设计应符合下列要求：

1）蓄热水箱（罐）宜采用钢质材料、焊接加工制造，应有足够的强度和刚度，常压水箱（罐）的设计制造应符合《钢制焊接常压容器》JB/T 7435 的规定；承压蓄热水箱（罐）的设计制造应符合《钢制压力容器》GB 150 的规定。2）蓄热水箱（罐）应配置进出水管、排污管、水位计、温度计等。常压水箱（罐）还应设置溢流管。承压水箱（罐）还应配置压力表、安全阀及相关的温度、压力传感器。各种管接头和测试点的位置应合理布置，保证蓄热和供热时箱内水流和温度场分布合理。蓄热水箱还应配置检修人孔，必要时配置内外爬梯。水箱内部应考虑设置在蓄热时防止进出水流短路、运行时防止箱内温度场不合理的措施。3）蓄热水箱（罐）内外表面应刷防锈油漆，外表面应保温。其保温外壳表面温度宜控制在 25～30℃左右，室外设置的蓄热水箱（罐）还应有可靠的防雨防冻措施。4）锅炉房蓄热水箱不宜少于两个，大型方形水箱可设计成隔板水箱，以便于水流加温和分段排污和检修。

（8）电锅炉房的位置宜靠近本地区或本部门的总变配电站，当锅炉单独设置变配电设备时，锅炉房和变配电设施宜靠近高压电网布置。电热锅炉房的电气设计应符合下列基本要求：1）电热锅炉房宜按一、二级负荷设计。2）电锅炉额定工作电压一般为 380V，工作电压的波动应控制在 90%～110%的范围内。3）电热锅炉和大型用电设备应设置可靠的接地装置。4）对危及工作人员安全或电热装置正常运行的静电荷，应采取接地、屏蔽或提供足够距离等措施。5）电热锅炉房对土建、通风采暖和给排水设施的要求与其他锅炉房设计的通用要求基本相同。

7.3 集中供热系统热力站

供热系统的换热站，按其所在的场所和使用功能通常有两种。一种为换热站（热交换站）又称换热系统。当供热的热媒性质与参数和热用户需求不一致时，则可通过换热系统获得不同参数的热媒。另一种是城市集中供热系统的热力站，它是城市的一次供热网路与热用户的二次热网的热量交换场所，也是供热系统热量的分配中心。它的作用是根据热网工况和不同的条件，采用不同的连接方式，为热用户提供不同压力、不同温度的热媒。同时可根据实际需求，进行集中计量、检测和调节。故城市集中供热系统的热力站中有的是换热站。所以就换热站而言，分为城市换热站（即城市集中供热系统热力站的一种）和集中锅炉房附属换热站。城市换热站由热电厂来的蒸汽或高温水作为热源，在较大的建筑物或建筑群内进行集中换热，以获得生活热水供应及供暖用的低温水热媒等，也称为民用热力站。在集中锅炉房内，也可根据热源的参数进行热交换，而获得用热所需要的参数。该换热站可设在锅炉房内或锅炉房附近，也可设在用户楼内或建筑群内。

在工矿企业中，生产工艺需要用蒸汽，供暖需要热水、生活需要热水供应等，这就需要设置工业热力站。热力站的主要设备为换热器，其他为水泵、水箱、分汽缸、分水器、过滤器等。

热力站的换热器一般不超过 4 台，不小于两台，总换热能力应适当大于设计负荷 10%～25%，供暖用换热器一台停止工作时，其余换热器应保证供热量不低于设计热量的

65%～70%。热力站应设置热量控制装置。

7.3.1　热力站的分类和组成

根据热网输送的热媒不同，可分为热水供热热力站和蒸汽供热热力站；根据服务对象不同，可分为民用热力站和工业热力站。在热力站中，根据功能需要则要设置相应的换热设备和系统。

1. 用户热力站（点）

用户热力站，也称为用户引入口。图 7-13 为供暖用户的热力点入口示意图。它常设置在单幢建筑物的供暖总入口的地沟内（小室），或该用户的地下室或底层处。通过它向该建筑中相邻几个用户分配热量。在用户供、回水总管上设置截断阀、温度计和压力表；视用户要求设置手动调节阀或流量调节器。进水管上安装除污器，以免污物进入供暖系统。该类热力站，一般较小，大部分是外网与用户直接连接，适合用于低温水系统。有时也设有热交换器、混水器、混水泵等装置，为用户提供所需温度的热水。如果该用户热力站的供热环路在三个以上，宜设置分水器和集水器，以便于进行调节。

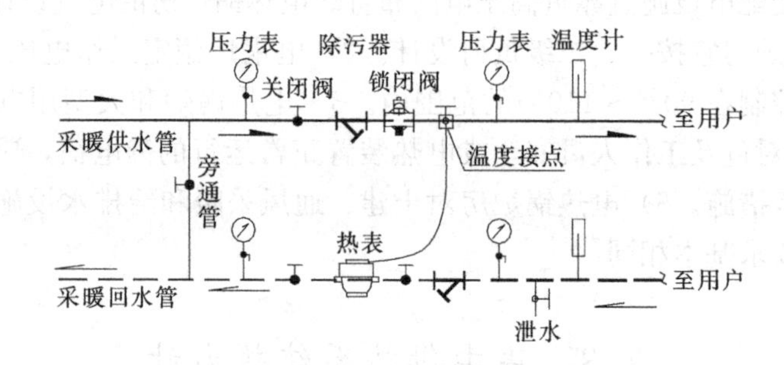

图 7-13　供暖用户的热力点入口示意图

2. 小区热力站（民用集中热力站）

集中供热网路通过小区热力站向一个或几个街区的多幢建筑分配热能。这种热力站可以是独立建筑，也可设在某幢建筑（多为大型公用建筑）的地下室内的专门房间内。该热力站一般较大，除有热交换设备外，还有补水定压装置、水处理装置等。从上一级热源来的蒸汽或高温水，我们习惯称为一次水，这部分管路，也称为一次供热管网，从集中热力站输送热能到各用户的管网，称为二级供热管网。

图 7-14、图 7-15 为民用热力站示意图，该热力站处，既有直接连接的通风系统用户和生活系统用户，也有利用混和水泵与用户直接联接的用户，还有通过水一水换热器进行热交换间接连接的用户。

3. 热力站与用户的连接方式

（1）在热力站中一般有供暖、生活热水、通风、空调等不同热用户。各类用户均与热水网路并联连接。并联用户三个以上可设分水器与集水器。在图 7-14 中，通风热用户是与热水网路直接连接，采暖热用户也是与热水网路直接连接，但增加了混合水泵。当热网供水温度高于供暖用户设计的供水温度时，热力站内设置的混合水泵从回水管道取水并与热网的供水混合，从而达到用户所需的供水温度，再向各用户输送。

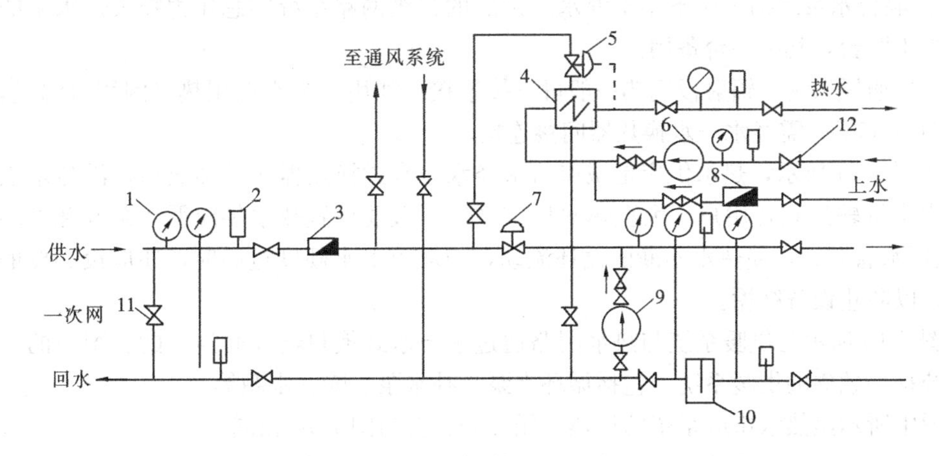

图 7-14　民用集中热力站示意图（一）

1—压力表；2—温度计；3—热网流量计；4—水-水换热器；5—温度调节器；6—热水供应循环水泵；7—手动调节阀；8—上水流量计；9—供暖系统混合水泵；10—除污器；11—旁通管；12—热水供应循环管路

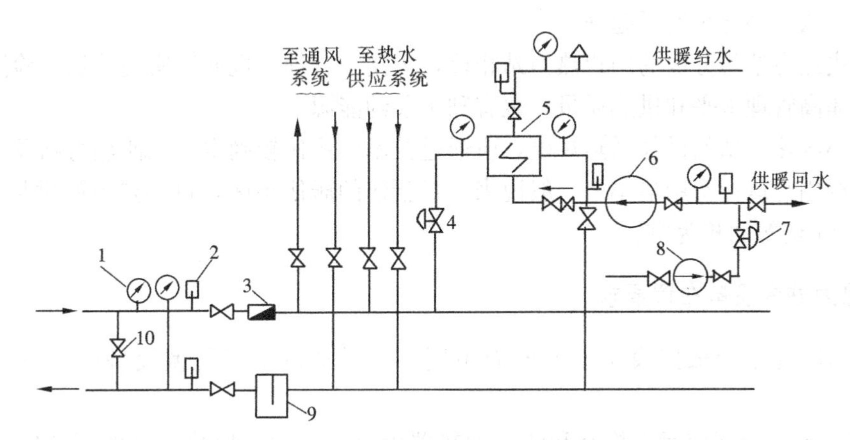

图 7-15　民用集中热站示意图（二）

1—压力表；2—温度计；3—流量计；4—手动调节阀；5—供暖用水-水换热器；6—供暖系统循环水泵；7—补给水调节阀；8—补给水泵；9—除污器；10—旁通管

（2）混合水泵的计算：

①混合水泵设计流量为：

$$G'_{h} = u' \cdot G'_{o} \tag{7-3}$$

式中　G'_{h}——从二级网路抽引的回水量，t/h；

G'_{o}——承担该热力站供暖设计热负荷的网路流量，t/h；

u'——混水装置的设计混合比，按下式计算：

$$u' = (\tau'_{1} - t'_{g})/(t'_{g} - t'_{h}); \tag{7-4}$$

式中　τ'_{1}——热水网路的设计供水温度℃；

t'_{g}——供暖系统的设计供水温度℃；

t'_{h}——供暖系统的设计回水温度℃。

② 混合水泵的扬程应不小于混水点以后的二级网路系统的总压力损失。水泵的数量不应少于两台，其中一台备用。

(3) 通风系统、辐射板用热一般可直接连接：如用户为空调用热（因用水温度较低，只有50～65℃）需经水一水换热器间接连接。

如图7-14所示，热水供应是城市给水经水一水式换热器4被加热后，沿热水供应网路的供水管输送到各用户。大型热水供应系统一般要设置热水供应循环泵6和循环管路（又叫回水管）12，使热水不断的循环流动，当城市上水硬度过高时，还应设必要的处理设备，以防止设备结垢。

图7-16所示为供暖系统与热水网路通过水一水式换热器5间连接的。图中的二级网路系统是一独立的供暖系统。包括循环水泵、补水泵、膨胀水箱等。

图中所示至热水供应系统的加热、循环等，应与图7-14相同。

热力站应设置必要的检测、计量和自控装置。在热水供应系统上，设置给水流量表，热水的供应温度由温度调节器控制，利用热水供水温度控制进入水一水换热器的热网一次水水量。随着城市集中供热技术的发展，在热力站安装流量调节装置以及用微机控制热力站流量的方法，将逐步发展起来。

集中式热力站与分散的用户热力站相比，更便于管理，也便于实现计量、检测的现代化，便于提高管理水平和供热质量，也有利于节约能源。

民用小区热力站的最佳供热规模，应通过技术经济比较确定，以使热力站及室外管网的总基建费用与运行费用最小。一般说来，对新建的居住小区，每一热力站供热规模在5万～15万m^2建筑面积为宜。

7.3.2　热力站内设备布置要求

热力站内的布置根据设备的不同而不同，在增加设备或更换设备时，应遵守以下原则：

1. 热交换器前端应考虑检修和清理加热器管束的空间；换热器侧面距离应具有不小于0.8m的通道。容积式换热器罐底距地不应小于0.5m，罐后距墙不小于0.8m，罐顶距室内梁底不小于2.0m。

2. 换热器支座应考虑到热膨胀位移，设计只设一个固定支座，并应布置在加热器检修端。

3. 水泵基础应高出地面不小于0.1m，水泵基础之间的距离和水泵基础距墙之间的距离，不应小于0.7m。当地方狭窄时，两台水泵可做成联合基础，机组之间突出部分净距不应小于0.3m，两台以上水泵不得做联合基础。

4. 站内热网系统管道上在下列位置应设压力表

(1) 除污器前后、循环水泵和补给水泵前后。

(2) 减压阀前后、调压阀（板）前后。

(3) 供水管及回水管的总管上。

(4) 一次加热介质总管上，或分水器、分汽缸上。

(5) 自动调节阀前后。

5. 站内热网系统管道上在下列位置应设温度计

（1）一次加热介质总管上，或分水器、分水缸上。

（2）换热器至热网供水总管上。

（3）供暖、空调季节性热网供水、回水管上。

（4）生产、生活常年性热网供水、回水管上。

（5）循环水水箱、凝结水水箱上。

（6）生活热水容积式换热器上。

6. 站内热网系统管道上在下列位置应设计量装置

（1）城市热网供应总入口处。

（2）换热站内一次加热介质的总管上。

（3）换热站内二次水供水或回水总管上。

为配合分户计量政策的实施，换热系统的二次水网，应根据实际情况，推荐分区、分系统设置热计量装置及各热用户入口热计量装置。

7.3.3 热力站主要换热设备

热交换器又称为换热器，是大型集中供暖热力站系统中的主要设备，其作用是将一次网蒸汽或高温水的热量，交换给二次网的低温水，其特点是换热效率高，减少污染，所以被广泛使用，下面介绍几种常用换热器设备。

1. 壳管式换热器

壳管式（或管壳式）换热器是应用最广泛的传统的换热器。其最基本的构造是在圆形的壳体内加许多热交换用的小管，当加热的热媒为蒸汽时称为壳管汽一水换热器；加热的热媒为高温水时称为壳管水-水换热器，水-水换热器由于小管内外都是水，为使小管两侧水流速接近，圆形外壳直径不能太大，当加热面积要求较大时，常几段连起来，故又称分段式水一水换热器。它们的具体构造见图 7-16。该类换热器常用于热水供暖系统、低温水空调系统及某些连续性用热水的生产工艺用水。对于生活热水供应，则需配备贮水罐。由水-水换热器组式的热力站参见图 7-17。

2. 板式换热器

板式换热器是高效换热设备之一，结构上采用特殊的波纹金属板为换热板片，使换热流体在板间流动时，能够不断改变流动方向和速度，形成激烈的湍流，以达到强化传热的效果，且换热板片采用 $\delta=0.6\sim1.2$mm 的薄板，这就大大提高了其换热能力。一般总传热系数达 2500～5000W/（m^2・℃），最高达 7000W/（m^2・℃），比壳管式换热器高 3～5 倍，是水一水换热推荐的换热器。

换热板片之间（周边或某些特殊部位）用垫片密封，形成水流通道（见图 7-18）。垫片采用优质合成橡胶制成，耐一定高温，有弹性。由于传热板片紧密排列，板间距较小，而板片表面经冲压成形的波纹又大大增加了有效换热面积，所以单位容积中所容纳的换热面积很大，占地面积比同样换热面积的壳管式换热器小许多。同时，相对金属消耗较少，重量较轻。

在每个板片有四个孔，左侧上下两孔通加热流体，右侧上下两孔通被加热流体。板式换热器两侧流体（加热侧与被加热侧）的流程配合很灵活，如图 7-19 所示，可以并联、混联，混联可以 2 对 2，也可实现 1 对 1、1 对 2、2 对 2 和 2 对 4 等。

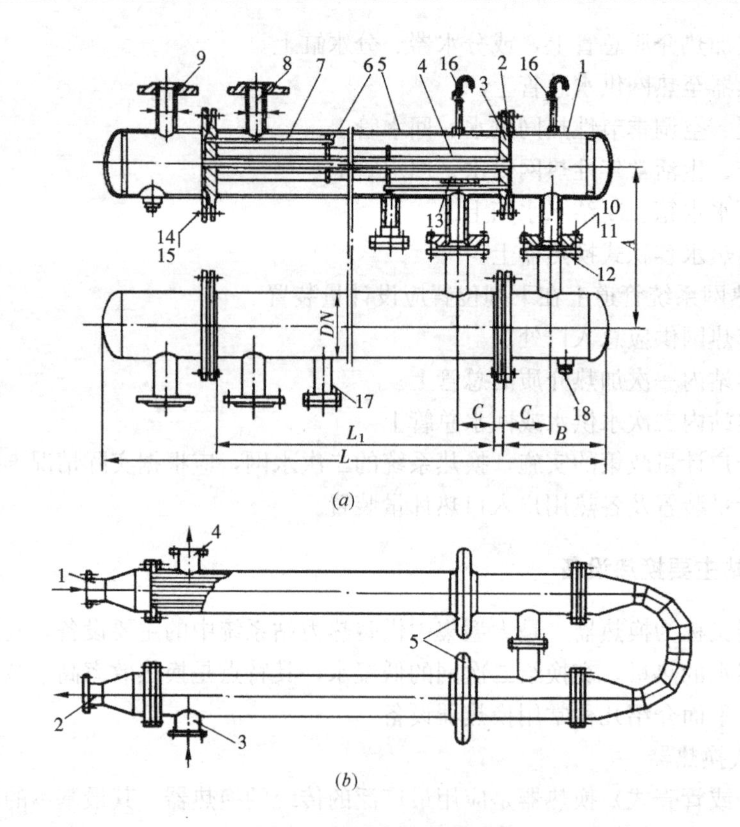

图 7-16　壳管式水-水换热器

(a)

1—管箱；2—垫片；3—管板；4—换热管；5—壳体；6—支承板；7—拉杆；8—壳体连接管；9—管箱连接管；10—螺母；11—螺栓；12—垫片；13—防冲板；14—螺母；15—螺栓；16—放气管；17—泄水管；18—排污管；

注：需要放气管（DN15）时，只在最上一段换热器上安装。

(b)

1—被加热水入口；2—被加热水出口；3—加热水入口；4—加热水出口；5—膨胀节

图 7-17　壳管式水—水换热器组成的热力站

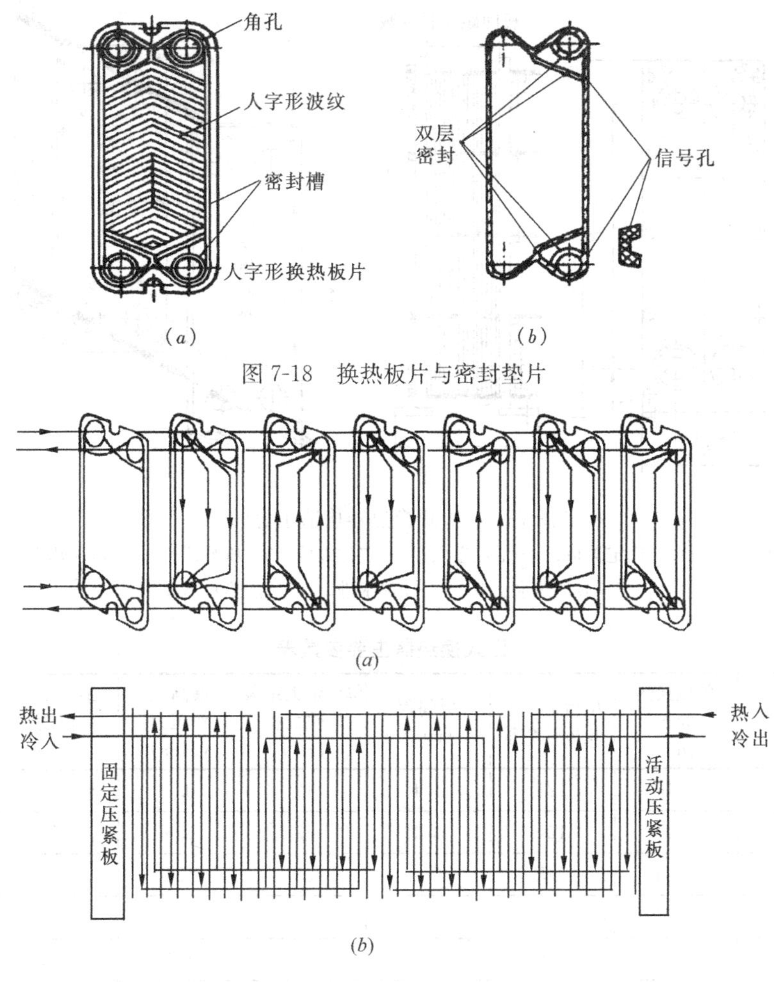

图 7-18 换热板片与密封垫片

图 7-19 板式换热器流程示意图

(a) 单流程组合示意图；(b) 多流程组合示意图

将传热板片、板片间的密封垫，用固定盖板、活动盖板、定位螺栓、压紧螺栓夹紧，固定在框架上，盖板上设有冷热媒进出口短管，如图 7-20 所示。可以组装成形出厂，也可将板片在热力站组装。

目前板式换热器常用于水一水交换，也有用在汽一水交换上，但两侧压力接近为好，一般最高水温或蒸汽温度不超过 150℃。板式换热器要定期进行维护，包括拆洗和更换垫片。由于板片间间隙较小，要求水质好，一旦形成水垢，水力工况与热力工况将大大恶化。板式换热器主要参数见表 7-1。

3. 容积式换热器

容积式换热器既是换热器又是贮水罐，多用于生活热水和用水不均匀的工业用热水系统，主要由罐体及加热排管两部分组成。

容积式换热器，目前尚无国家标准，多数生产厂家按照建设部批准的，中国建筑标准设计研究所审定的 S154 和 S155 图纸加工制作。一般排管工作压力≤0.4MPa，壳体工作压力 0.6～1.0MPa，壳体材料为碳素钢 Q235，U 形排管材料有碳钢无缝钢管 20 及黄铜

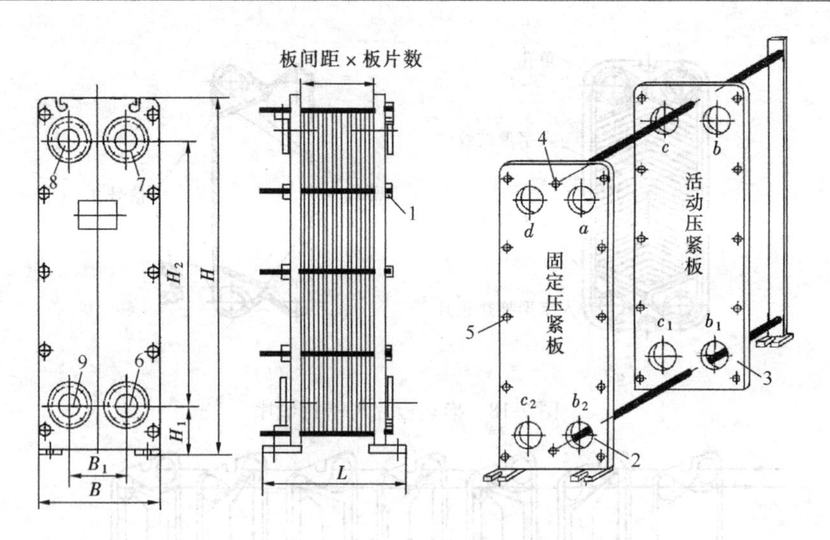

图 7-20　板式换热器构造示意图

1—加热板片；2—固定盖板；3—活动盖板；4—定位螺栓；5—压紧螺栓；6—被加热水进口；7—被加热水出口；8—加热水进口；9—加热水出口

板式换热器主要参数表　　**表 7-1**

产品型号	单板换热面积 (m^2)	单台最大组装板片数量	板间距 (mm)	单台最大组装换热面积 (m^2)	最高工作压力 (MPa)	最高工作温度 (℃)	最大水流量 (m^3/h)
BRO.10	0.10	121	4.4	12	0.8	150	50
BRO.10ⅧB	0.10	121	4.4	12	0.8	150	50
BRO.24A	0.24	145	5.2	35	1.6	150	80
BRO.24ⅧA	0.24	145	5.2	35	1.6	150	80
BRO.34B	0.34	149	4.9	50	1.6	150	180
BRO.40A	0.40	161	4.5	64	1.6	150	300
BRO.50A	0.50	241	4.4	120	1.6	150	300
BRO.55A	0.55	219	4.5	120	1.3	150	300
BRO.75A	0.75	351	4.5	260	1.6	150	700
BR1.08A	1.08	371	4.5	400	1.6	150	700
BRO.10	320	152	810	147	564.5	1200	50
BRO.10ⅧB	320	152	810	147	564.5	707	50
BRO.24A	400	190	1188	200	840	1535	65
BRO.24ⅧA	400	190	1110	140	840	987	65
BRO.34B	530	240	1415	250	1000	1700	100
BRO.40A	590	268	1420	250	985	1850	125
BRO.50A	610	300	1600	224	1200	1680	125
BRO.55A	590	268	1748	230	1333	2175	125
BRO.75A	820	375	2192	400	1337	2715	200
BR1.08A	820	375	2550	400	1695	3485	200

管 H_{68} 两种。可按需要加以选用。有的生产厂在引进国外技术的基本上做了技术改进，如使用浮动管等。

容积式换热器有卧式、立式两种。

卧式容积式换热器有 1～10 个型号，1～7 号为单孔式，8～10 号为双孔式。可按所需加热面积及容积选用。

表 7-2 为 1～10 号卧式容积式换热器主要参数。

图 7-21 为卧式容积式换热器用钢支座和砖支座的安装图。

图 7-22 为立式容积式换热器及安装图。

容积式换热器主要参数表 **表 7-2**

<table>
<tr><th>换热器型号</th><th>容积
(m³)</th><th>换热管根数</th><th>换热管管径×壁厚
×管长 (mm)</th><th>换热面积
(m²)</th></tr>
<tr><td rowspan="5">1
2
3</td><td rowspan="5">5
7
1.0</td><td>2</td><td rowspan="6">φ42×3.5×1.620</td><td>0.86</td></tr>
<tr><td>3</td><td>1.29</td></tr>
<tr><td>4</td><td>1.72</td></tr>
<tr><td>5</td><td>2.15</td></tr>
<tr><td>6</td><td>2.58</td></tr>
<tr><td>2、3</td><td>0.7、1.0</td><td>7</td><td>3.01</td></tr>
<tr><td rowspan="4">3</td><td rowspan="4">1.0</td><td>5</td><td rowspan="4">φ42×3.5×1870</td><td>2.50</td></tr>
<tr><td>6</td><td>3.00</td></tr>
<tr><td>7</td><td>3.50</td></tr>
<tr><td>8</td><td>4.00</td></tr>
<tr><td rowspan="2">4</td><td rowspan="2">1.5</td><td>6</td><td rowspan="2">φ38×3×2360</td><td>3.50</td></tr>
<tr><td>11</td><td>6.50</td></tr>
<tr><td rowspan="2">5</td><td rowspan="2">2.0</td><td>6</td><td rowspan="2">φ38×3×2730</td><td>3.80</td></tr>
<tr><td>11</td><td>7.00</td></tr>
<tr><td rowspan="3">6</td><td rowspan="3">3.0</td><td>7</td><td rowspan="3">φ38×3×2730</td><td>4.80</td></tr>
<tr><td>13</td><td>8.90</td></tr>
<tr><td>16</td><td>11.00</td></tr>
<tr><td rowspan="3">7</td><td rowspan="3">5.0</td><td>8</td><td rowspan="3">φ38×3×3190</td><td>6.30</td></tr>
<tr><td>15</td><td>11.90</td></tr>
<tr><td>19</td><td>15.20</td></tr>
<tr><td rowspan="3">8</td><td rowspan="3">8.0</td><td>7×2</td><td rowspan="3">φ38×3×3400</td><td>10.62</td></tr>
<tr><td>13×2</td><td>19.94</td></tr>
<tr><td>16×2</td><td>24.72</td></tr>
<tr><td rowspan="3">9</td><td rowspan="3">10.0</td><td>9×2</td><td rowspan="3">φ38×3×3400</td><td>13.94</td></tr>
<tr><td>17×2</td><td>26.92</td></tr>
<tr><td>22×2</td><td>34.74</td></tr>
<tr><td rowspan="4">10</td><td rowspan="4">15.0</td><td>9×2</td><td rowspan="4">φ38×3×3400</td><td>20.4</td></tr>
<tr><td>17×2</td><td>38.96</td></tr>
<tr><td>22×2</td><td rowspan="2">50.82</td></tr>
<tr><td>22×2</td></tr>
</table>

其余型号参见厂家样本和有关设计手册。

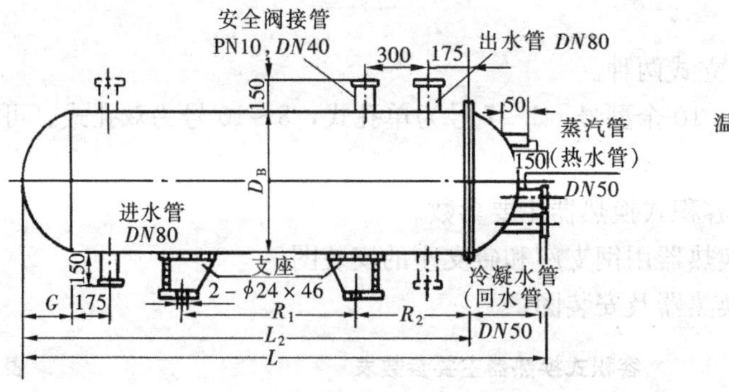

图 7-21 卧式容积式换热器

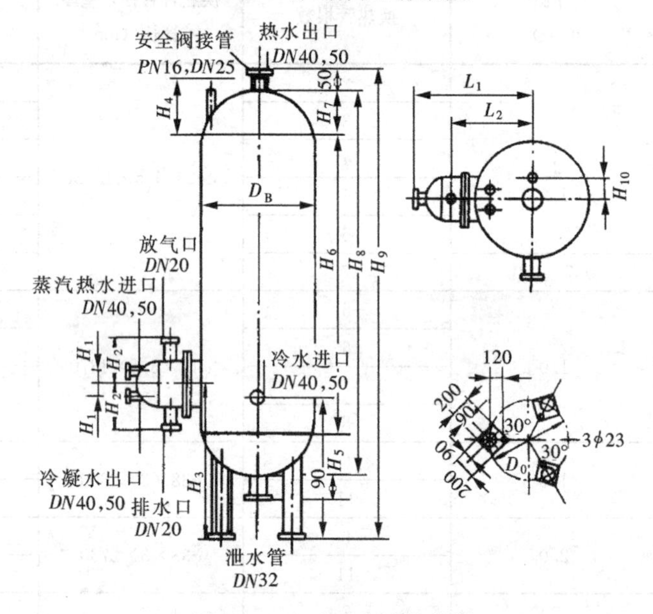

图 7-22 立式容积式换热器

4. 螺旋槽管式换热器

螺旋槽管式换热器换热器外形尺寸见图 7-23、图 7-24。

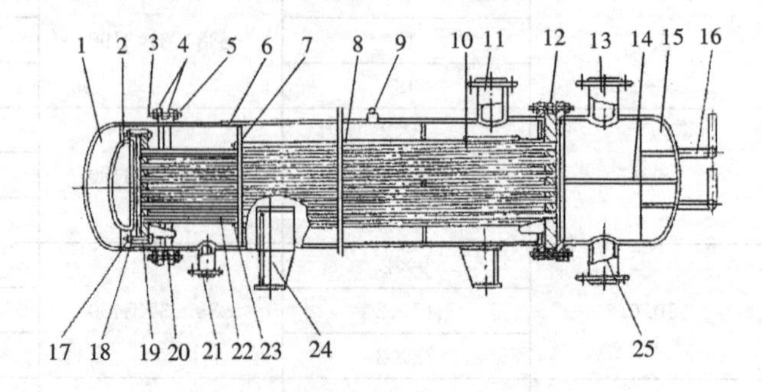

图 7-23 螺旋槽管汽-水换热器外形图

1—外封头；2—后水室封头；3—双头螺栓；4—法兰；5—螺母；6—外壳；7—支承板；8—定距管；9—放空口；10—防冲板；11—蒸汽进口；12—前管板；13—热水出口；14—隔板；15—前水室；16—温度计；17—六角螺栓；18—法兰；19—后管板；20—支撑；21—凝结水出口；22—螺旋槽换热管；23—拉杆；24—支座；25—热水进水管

5. 浮动盘管系列换热器

浮动盘管系列换热器是吸收20世纪80年代国际先进经验，由科技人员和生产厂家研制而成。如今生产厂家已生产出了不同规格型号的系列浮动盘管换热器。

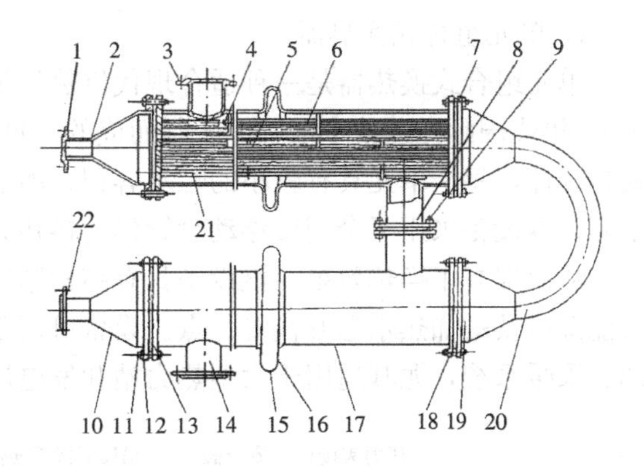

图7-24　螺旋槽管“水-水”式换热器外形图
1—出水管；2—短管；3—进水管；4—螺母；5—折流板；6—定距管；7—拉杆；8—短管；9—六角螺栓；10—锥形管；11—双头螺栓；12—六角螺母；13—垫片；14—出水管；15—堵头；16—膨胀节；17—外壳；18—法兰；19—短管；20—弯头；21—螺旋槽换热管；22—进水管

浮动盘管系列换热器的换热元件采用了像普通弹簧一样的悬臂式的浮动盘管，盘管为紫铜管。在加热过程中，由于盘管内热媒的作用，使盘管束产生一种高频浮动，促使被加热介质产生扰动，提高了传热能力，传热系数$K \geqslant 3000\mathrm{W/(m^2 \cdot ℃)}$；由于盘管为悬浮自由端，胀缩自由，产生高频浮动，使水中附着物自动离开管壁，形成自动脱垢的独有特性。当采用蒸汽加热时，有凝结水过冷装置，在系统中不需再安装疏水器，就可以阻汽外流。由于加热管束为密集的螺旋盘管，所以占地和空间比其他壳管式换热器要小得多。

用于供暖、空调系统的热水加热的换热器有的称为“半贮存”式；用于生活热水供应的称为“贮存”式。

SFP（汽-水）、LFP（水-水）型换热器外形尺寸见图7-25。

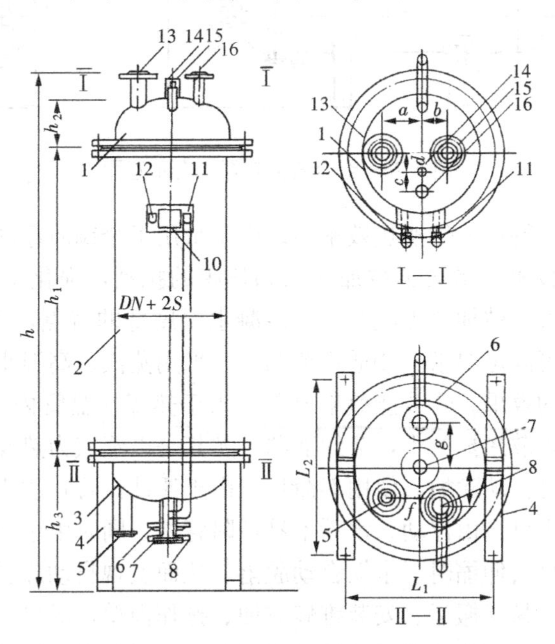

图7-25　LFP系列浮动盘管汽水换热器正立面图
1—罐体上封头；2—罐体；3—罐体下封头；4—罐全支架槽钢；5—热媒（冷凝水）回水管法兰（$DN4$）；6—被加热水进水管法兰（$DN4$）；7—罐体排污管法兰（$DN5$）；8—加热热媒进口法兰（$DN3$）；9—被加热水初始水温传导管；10—换热器产品标准法兰（$DN3$）；11—罐体壳程压力表接管；12—加热热媒管程压力表接管；13—被加热水出水管法兰（$DN2$）；14—自力式温度调节器温包接口；15—电磁阀接管；16—安全阀接管

6. 单元组合式换热器

单元组合式换热器是一种适合现代供热发展需要的新型换热设备，它是在吸收 20 世纪 90 年代国际先进技术基础上研制而成的。见图 7-26，设备采用了多单元立体组合的模块化设计，每个单元具有较小的贮水容积，能迅速补充热量，使供热量与需热量达到动态平衡。本设备采用了全铜质浮动盘管作为换热元件进行强化传热，使被加热水处于湍流状态，从而提高了换热效果。该设备具有结构紧凑、组合方便、换热效率高、自动除垢、节省能源以及被加热水温升快等优点。设备可用于一般工业及民用建筑的生活热水供应及空调、采暖系统，尤其适用于大型热力站和发电厂的热电联供热交换系统。

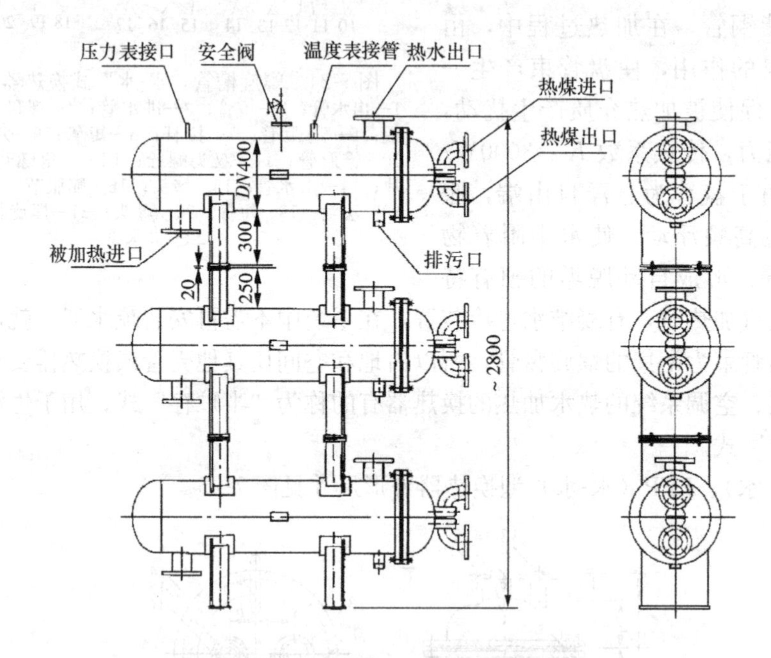

图 7-26　组合式换热器组合示意图

该换热器具有如下特点：①换热效率高。由于采用了全铜质浮动盘管作为换热元件及采用独特的强化传热技术，增大了被加热水和热媒的扰动，强化了传热，提高了换热效率，并具有热媒温降大、被加热水温升快、冷凝水温度低的特点，可有效地增大换热量，通常采用一级换热即可满足要求。②适用范围广。采用蒸汽、高温水、低温水三种不同的热媒，均可取得理想的效果。③节能效果显著。由于热媒在盘管内，被加热水在壳体内，因此壳体表面温度低，散热损失小，节约能源。尤其是以蒸汽为热媒时凝结水温度低，节能效果尤其显著。④可自动除垢，使用寿命长。由于浮动盘管材质为紫铜管，管壁光滑且不易锈蚀，盘管在水中可自由浮动，水垢不易粘附管壁。同时由于铜盘管和水垢的膨胀系数差别很大，当盘管自由伸缩时，水垢自动脱落，从而实现自动除垢功能。⑤该换热器结构紧凑、占地面积小、易于搬运、安装维修方便、操作简单，既可单独使用，也可根据用户需要进行立体组合。⑥该换热器可依用户需求配备先进的温度调节阀，热水出水温度可自动调节，出水温度稳定。

7. 半即热式换热器

半即热换热器的换热管束也是浮动盘管，但它是多组可独立更换的螺旋形浮动铜盘管组，盘管在热水器内使水流形成最大扰动，弹性很大上下浮动，同时也不需设水流挡板。因此“热高”加热器可用于高压或低压蒸汽。热水器按美国机械学会压力容器规范要求设计，壳体设计为1.6MPa，盘管压力为1.7MPa。所有触水部分均由铜或黄铜制成，包括铜换热器盘管、铸造的黄铜接头、铜衬内筒体等。

蒸汽或高温水被送入盘管，被加热水流经筒体，因此盘管外形成的水垢在盘管振荡伸缩时，污垢会自动除下，沉积在热水器底部，可通过定期排污清除，不必拆开热水器。

由于该换热器的优质结构和优质材料，使得换热器的使用寿命延长，维护保养要求较低。

半即热换热器的盘管设计可使凝结水自动过冷却。蒸汽进入蒸汽竖管后，并联流入各组盘管，再与筒体内向上流动的冷水相遇，在盘管内凝结，并通过冷却的管集流后，由热水器底部流出。

由于凝水的过冷，消除了二次蒸发的热损耗，也不需要疏水器，延长了凝结水泵的使用寿命，使单位耗汽量至少节约15%。

半即热式换热器可以实现精确的温度控制。它装有独特设计的需求积分预测器，双线圈限安全系统，气动式自动调节阀。它可连续监测水的温度和浮动，调节经蒸汽阀进入盘管的蒸汽量。因此即使负荷波动，实际出水温度与设计出水温度之差仍可保持在±2.2℃内，且凝结水能自动过冷冷却。

半即热式换热器设计分为即热式、半即热式和容积式三种。即热式即我们称之为的快速式，体积小成本低，但负荷变化较大时出水温度极难准确控制，且凝水也不能过冷。容积式与前述介绍的原理相同。现经常使用的是半即热式。(图7-27、图7-28)。

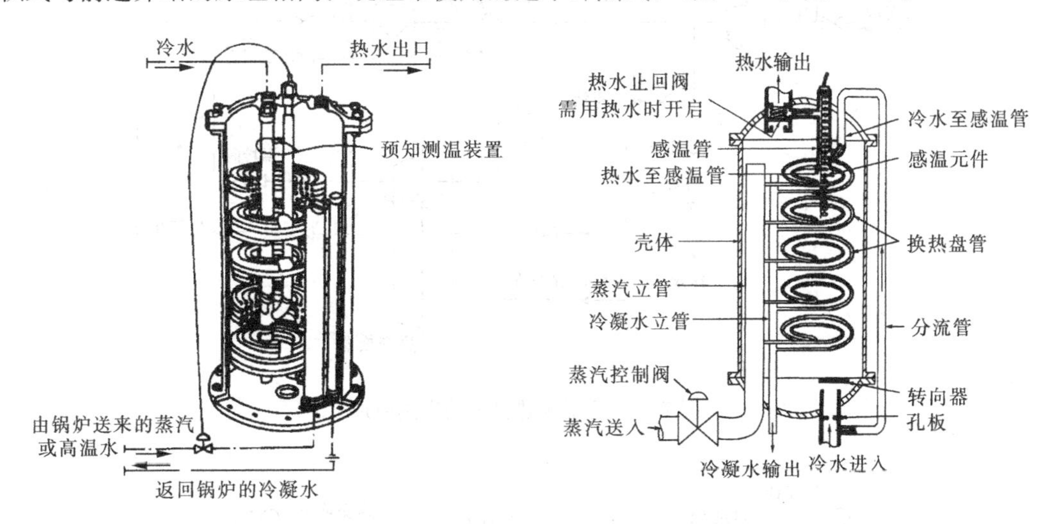

图7-27 半即热换热器内部构造示意

8. 供热机组

供热机组由热交换器、循环水泵、过滤器、止回阀、球阀、各种仪表、补水泵、水箱、配电箱等组成，并可根据需要灵活配置。

供热机组占地面积小，是常规占地面积的10%左右。安装简便，节约能源，操作简单，广泛应用于采暖供热、空调供热及生活热水供应。供热机组分为A型和B型，A型用于采暖和空调系统，B型用于采暖和生活热水系统。

供热机组的外形及原理见图 7-29～图 7-31。常见供热机组的规格型号见表 7-3～表 7-5。

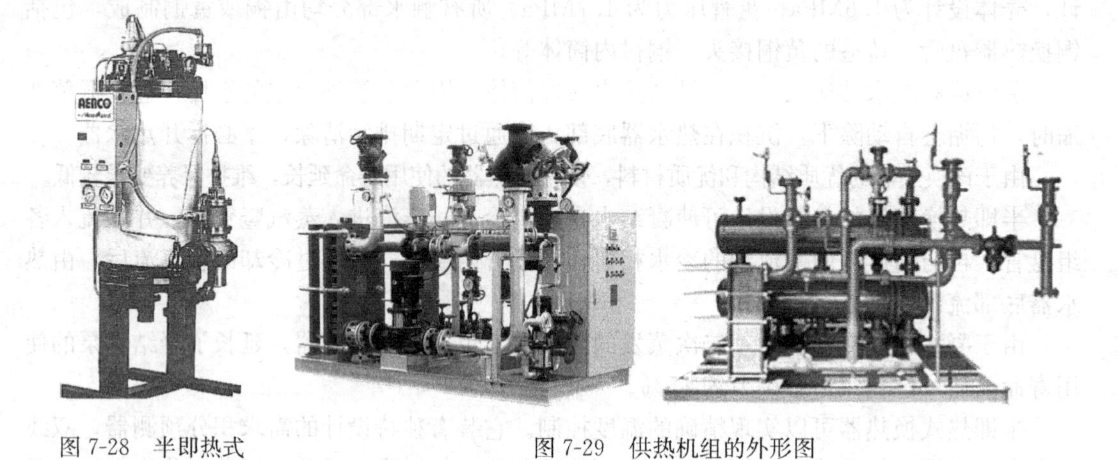

图 7-28　半即热式换热器外形

图 7-29　供热机组的外形图

根据用户具体情况不同，机组的设计具有很大的灵活性，完全可以满足不同用户的要求。该机组还能为用户提供微机自动控制，完全可以实现无人值守。

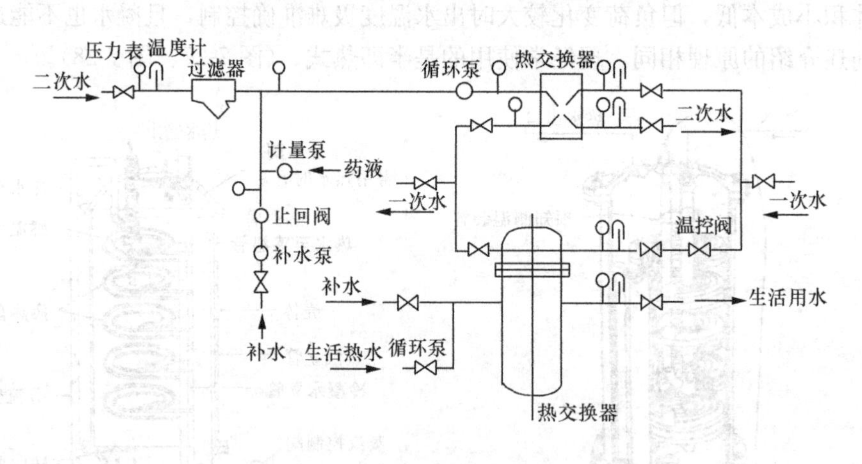

图 7-30　采暖供热机组的供热原理

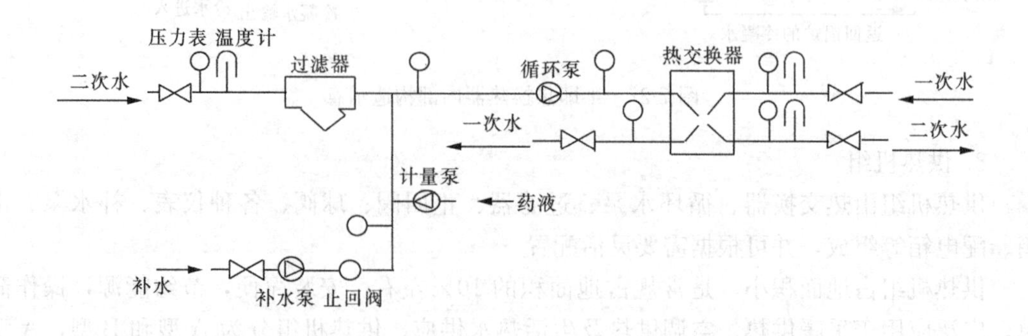

图 7-31　生活热水供热机组的供热原理

供热机组的供热选型规格 **表 7-3**

<table>
<tr><th rowspan="2">机组型号</th><th rowspan="2">板式换热器</th><th rowspan="2">换热量(kW)</th><th colspan="3">二次水</th><th>一次</th><th colspan="2">循环泵</th><th colspan="3">补水泵</th></tr>
<tr><th>流量(m^3/h)</th><th>阻力(mH_2O)</th><th>管径 DN</th><th>管径 DN</th><th>功率(kW)</th><th>扬程(mH_2O)</th><th>功率(kW)</th><th>流量(m^3/h)</th><th>扬程(m)</th></tr>
<tr><td>GRJZ-A05</td><td>G58</td><td>350</td><td>13</td><td rowspan="6">3～8</td><td>80</td><td>50</td><td>5.5</td><td rowspan="6">30～40</td><td rowspan="6">0.55～2.2</td><td rowspan="6">1.2～2</td><td rowspan="6">20～90</td></tr>
<tr><td>GRJZ-A10</td><td>G58</td><td>700</td><td>26</td><td>100</td><td>80</td><td>5.5</td></tr>
<tr><td>GRJZ-A15</td><td>G102</td><td>1050</td><td>39</td><td>100</td><td>80</td><td>7.5</td></tr>
<tr><td>GRJZ-A20</td><td>G102</td><td>1400</td><td>53</td><td>150</td><td>100</td><td>11</td></tr>
<tr><td>GRJZ-A25</td><td>G108</td><td>1750</td><td>60</td><td>150</td><td>100</td><td>15</td></tr>
<tr><td>GRJZ-A30</td><td>G108</td><td>2100</td><td>72</td><td>150</td><td>100</td><td>15</td></tr>
</table>

采暖供热机组的选型规格 **表 7-4**

<table>
<tr><th rowspan="3">机组型号</th><th rowspan="3">板式换热器</th><th rowspan="3">换热量(kW)</th><th colspan="8">采暖系统</th><th rowspan="3">一次管径 DN</th></tr>
<tr><th rowspan="2">流量(m^3/h)</th><th rowspan="2">阻力(mH_2O)</th><th rowspan="2">管径 DN</th><th colspan="2">循环泵</th><th colspan="3">补水泵</th></tr>
<tr><th>功率(kW)</th><th>扬程(m)</th><th>功率(kW)</th><th>流量(m^3/h)</th><th>扬程(m)</th></tr>
<tr><td>GRJZ-B05</td><td>G58</td><td>350</td><td>13</td><td rowspan="6">3～8</td><td>80</td><td>5.5</td><td rowspan="6">30～40</td><td rowspan="6">0.55～2.2</td><td rowspan="6">1.2～2</td><td rowspan="6">20～90</td><td>80</td></tr>
<tr><td>GRJZ-B10</td><td>G58</td><td>700</td><td>26</td><td>100</td><td>5.5</td><td>100</td></tr>
<tr><td>GRJZ-B15</td><td>G102</td><td>1050</td><td>39</td><td>125</td><td>7.5</td><td>100</td></tr>
<tr><td>GRJZ-B20</td><td>G102</td><td>1400</td><td>53</td><td>125</td><td>11</td><td>133</td></tr>
<tr><td>GRJZ-B25</td><td>G108</td><td>1750</td><td>60</td><td>150</td><td>15</td><td>133</td></tr>
<tr><td>GRJZ-B30</td><td>G108</td><td>2100</td><td>72</td><td>150</td><td>15</td><td>133</td></tr>
</table>

生活热水供热机组的选型规格 **表 7-5**

<table>
<tr><th rowspan="3">机组型号</th><th rowspan="3">换热器</th><th rowspan="3">换热量(kW)</th><th colspan="6">生活热水系统</th></tr>
<tr><th rowspan="2">流量(m^3/h)</th><th rowspan="2">长宽高</th><th colspan="2">循环泵</th><th rowspan="2">补水管径 DN</th><th rowspan="2">循环水管径 DN</th></tr>
<tr><th>功率(kW)</th><th>扬程(m)</th></tr>
<tr><td>GRJZ-B05</td><td rowspan="6">U形铜管换热器</td><td rowspan="6">500～750</td><td rowspan="6">10～15</td><td rowspan="6">80～100</td><td rowspan="6">2.2～4.4</td><td rowspan="6">30～40</td><td rowspan="6">80</td><td rowspan="6">50</td></tr>
<tr><td>GRJZ-B10</td></tr>
<tr><td>GRJZ-B15</td></tr>
<tr><td>GRJZ-B20</td></tr>
<tr><td>GRJZ-B25</td></tr>
<tr><td>GRJZ-B30</td></tr>
</table>

换热站设备及管道连接见图7-32。

图7-32 换热站设备及管道

7.3.4 热源的其他设备

1. 给水箱、软化水箱、中间水箱和凝结水箱

对热水锅炉和热交换器，给水箱或除氧水箱宜设置1个。常年不间断供热的锅炉房或容量大的锅炉房应设置2个，给水箱的总有效容量宜为所有运行锅炉在额定蒸发量时所需20～60min的给水量。小容量锅炉房以软化水箱作为给水箱时要适当放大有效容量。

对蒸汽锅炉，给水箱的总有效容量，应不小于锅炉总额定蒸发量所需的30min给水量。锅炉总额定蒸发量≤4t/h的锅炉房，给水箱的有效容量宜采用1～1.5h的给水量。凝结水箱宜选用1个，锅炉房常年不间断供热时，宜选用2个或1个中间带隔板分为两格的水箱。其总有效容量宜为20～40min的凝结水回收量。水温大于60℃时，水箱要保温。

软化水箱的总有效容量，应根据水处理的设计出力和运行方式确定。当设有备用再生软化设备时，软化水箱的总有效容量宜为30～60min的软化水消耗量。

中间水箱总有效容量宜为水处理设备设计出力的15～30min贮水量。锅炉房水箱应注意防腐。

给水箱的安装高度，应满足给水泵有足够的灌注头（又称正水头，即水箱最低水面与给水泵进口中心线的高差，尽量保证水泵自灌进水，还要保证有一定温度的凝水不再被汽化）。对水泵而言，这段高差不但给予液体一定的能量，还要于克服给水管道和水泵内部的压力损失，并防止水泵发生汽蚀现象。给水箱宜用钢板焊制。

2. 分汽缸和分集水器

当引出管道多于两路时，应设分水器和集水器。蒸汽锅炉房应设分汽缸，且分汽缸应设有紧急排汽管，如图7-33所示。

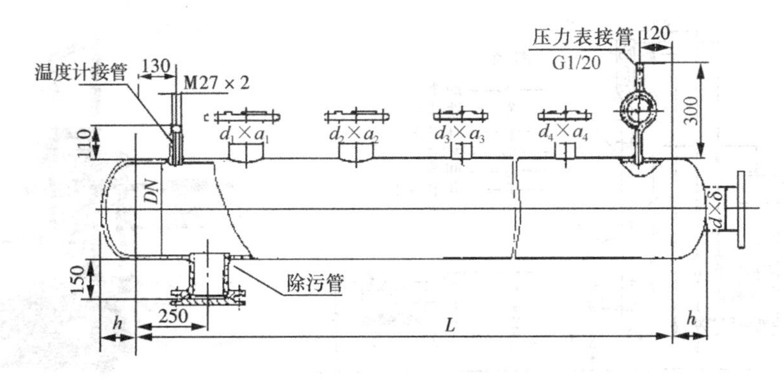

图 7-33 分汽缸和分集水器

3. 水处理装置

水处理装置由水的软化设备、除氧设备及管道组成。

水处理的主要任务之一，是降低水中钙镁离子的含量，减小原水硬度，防止锅内和换热器的结垢现象发生。我们把这一过程常被称为水的软化。水处理的另一个任务，就是减少水中的溶解气体，其目的是为了减少对受热面的腐蚀，我们把这一过程称做除氧过程。

（1）水的软化设备

锅炉或换热器用水的软化处理，常采用钠离子交换的办法来降低原水的硬度和碱度。常用的设备有固定床钠离子交换设备（图 7-34）、流动床钠离子交换设备（图 7-35）和全自动软水设备（图 7-36、图 7-37）等。

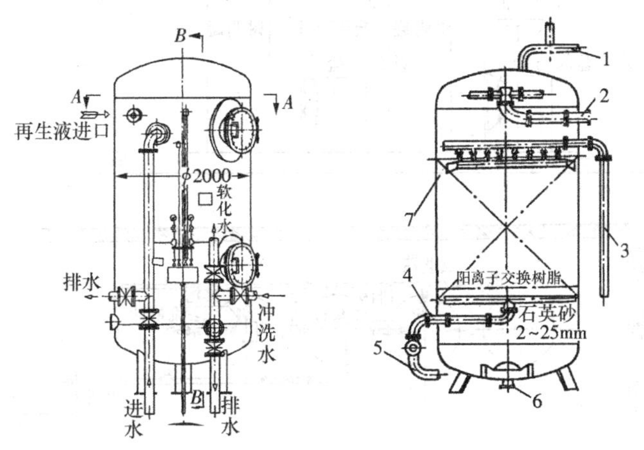

图 7-34 固定床钠离子交换器示意

1—空气管；2—进水管；3—中间排水（排再生液）装置；4—出水管；5—进再生液管；6—正洗出水管；7—压层树脂

软水处理设备的制水能力，应满足下列消耗量：

① 蒸汽用户的凝结水损失；

② 锅炉房自用汽的凝结水损失；

③ 锅炉排污，一般不超过蒸发量的 10%；

④ 室外管网汽水损失，约为蒸发量的 5%～10%；

⑤ 热水采暖系统的补给水和其他用途的软化水。

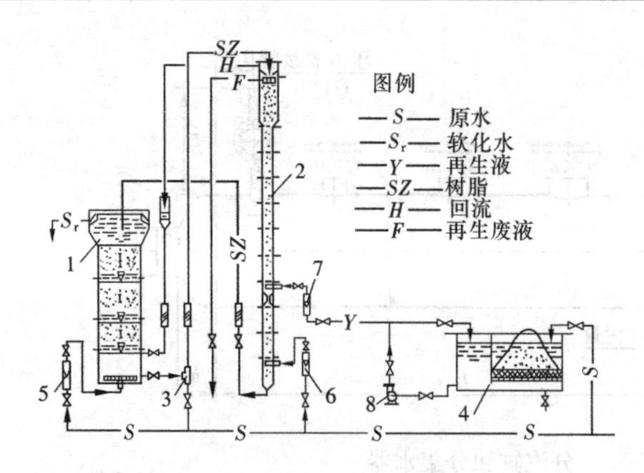

图 7-35　流动床钠离子交换系统流程

1—交换塔；2—再生清洗塔；3—树脂喷射器；4—再生液制备槽；5—原水流量计；6—清洗水量计；7—再生液流计；8—再生液泵

图 7-36　全自动软水器

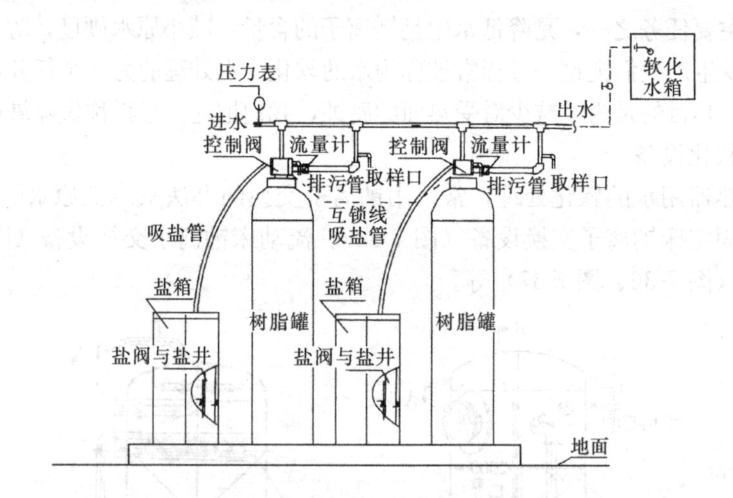

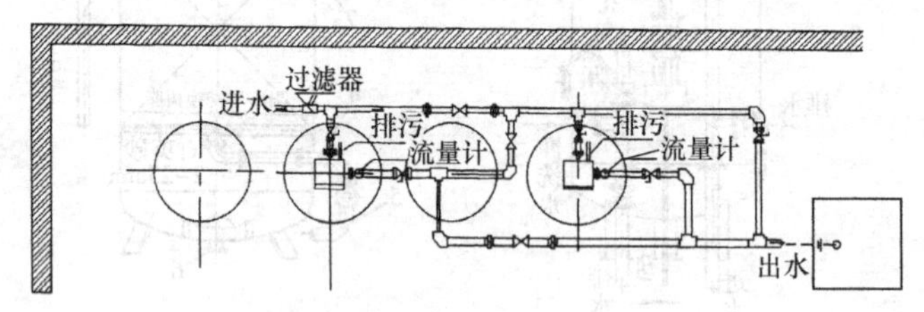

图 7-37　自动软水器连接示意图

离子交换器一般不少于两台，当软化水消耗量较少时，可只设置一台，但应有足够容量的贮水箱，以满足再生周期的软水消耗量。

（2）水的除氧设备

水中溶解氧，二氧化碳气体对锅炉金属壁面会产生化学和电化学腐蚀，因此必须采取除气（特别是除氧）措施。从气体溶解定律（亨利定律）可知，任何气体在水中的溶解度是与此气体在水界面上的分压力成正比的。在敞开的设备中将水加热，水温升高，会使气水界面上的水蒸气分压力增大，其他气体的分压力降低，致使其他气体在水中的溶解度减小。当水温达到沸点时，此时水界面上的水蒸气压力和外界压力相等，其他气体的分压力都趋于零，水就不再具有溶解气体的能力。要使水温达到沸点，通常可采用加热法（热力除气），如图 7-38 所示，或抽真空的方法（即真空除气），如图 7-39 所示。如要将界面上的空间充满不含氧的气体与要除氧的软水强烈混合，使水界面上的氧气分压力降低，来达到除氧的目的（即解吸除氧）。但传统的除氧方法，如热力除氧、真空除氧、解吸除氧等均存在投资大，运行成本高，操作、维修复杂，可靠性差等缺点。

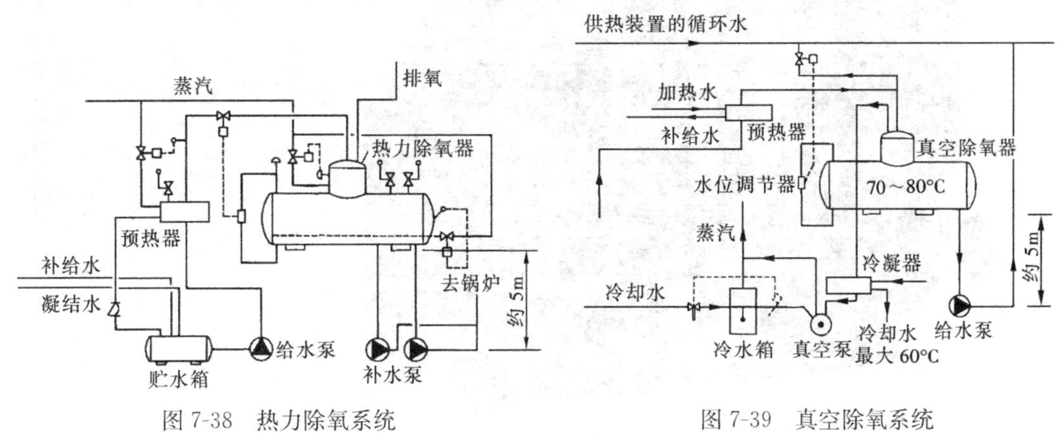

图 7-38 热力除氧系统

图 7-39 真空除氧系统

此外，有一种新型除氧器是常温海绵铁除氧器。这种海绵铁除氧效果与目前时常所见到的疏松多孔海绵铁除氧剂相比，具有反洗频率低，再生效果好，使用寿命长等优点。节能、高效、稳定，操作简单，无毒，不污染环境，是一种理想的环保型水处理除氧设备。

7.4 直 燃 机

7.4.1 直燃机

直燃机由锅炉、吸收式制冷机组成。除具有锅炉直接加热的特性外，还可以在夏季制冷时，边制冷、边产热，达到一机多用的目的。直燃机的燃料可以是天然气、煤气或柴油、重油。

7.4.2 直燃机供热循环特征

直燃机分主体供热型机组和多“分隔式供热”机组（图 7-40）。

主体供热型机组只有在供冷供热的同时，才能供应生活热水，“分隔式”供热型机组可以在停止制冷、采暖时，单独提供卫生热水，由于这时主体不参与供热运转，完全无磨损、无腐蚀，所以，分隔式供热比主体供热的直燃机寿命可以延长一倍以上，而高温发生器（简称高发）全年不间断运转又减少了停机腐蚀。由于整台机组只有燃烧机是旋转部件，因而故障率比制冷时降低 70%以上。“分隔式”供热成倍增加了产品附加值——减少设备劳损和故障，延长寿命，并提高可利用率，大幅度降低了产品生命周期成本。因此，直燃机多采用“分隔式供热”方式，使供热变得十分简单。其工作原理如下：燃烧的火焰加热溴化锂溶液，溶液产生的水蒸气将换热管内的采暖温水、卫生热水加热，水蒸气放热后产生的凝结水流回溶液中，再次被加热，如此循环不已。供热时，关闭 3 个冷热转换

图 7-40　直燃机外形

阀，使主体与高发分隔，主体停止运转。高发成为真空相变锅炉，采暖温水和卫生热水温度可以在 95℃以内稳定运行。当热水温度为 65℃时，高发内的压力约为 240mmHg；热水温度为 95℃，高发内压力约为 707mmHg（比标准大气压力低 53mmHg）。

直燃机工作原理如图 7-41 和图 7-42 所示（此图来自远大公司）。

7.4.3　直燃机辅助设备

1. 蒸发器。从空调系统来的 12℃冷水流经蒸发器的换热管，被换热管外的真空环境下的 4℃的冷剂水喷淋，冷剂水蒸发吸热，使冷水降温到 7℃。冷剂水获得了空调系统的热量，变成水蒸气，进入吸收器，被吸收。

2. 吸收器。浓度 64%、温度 41℃的溴化锂溶液具有极强的吸收水蒸气能力，当它吸收了蒸发器的水蒸气后，温度上升、浓度变稀。从冷却塔来的流经吸收器的换热管的冷却水将溶液吸收来的热量（也就是空调系统热量）带走，而变稀为 57%的溶液则被泵分别送向高温发生器和低温发生器加温浓缩。蒸发器与吸收器在同一空间，压力约为 6mmHg。高温发生器（简称高发）1400℃火焰将溶液加热到 165℃，产生大量水蒸气，水蒸气进入低温发生器，将 57%的稀溶液浓缩到 64%，流向吸收器。高发压力约为 690mmHg。

3. 低温发生器（简称低发）。高发来的水蒸气进入低发换热管内，将管外的稀溶液加热到 90℃，溶液产生的水蒸气进入冷凝器；57%的稀溶液被浓缩到 63%，流向吸收器。而高发来的水蒸气释放热量后也被冷凝为水，同样流入冷凝器。

4. 冷凝器。从冷却水流经冷凝器换热管，将管外的水蒸气冷凝为水，把低发的热量（也就是火焰加热高发的热量）带进冷却塔。而冷凝水作为制冷剂流进蒸发器，进行制冷。低发与冷凝器在同一空间，压力约为 57mmHg。

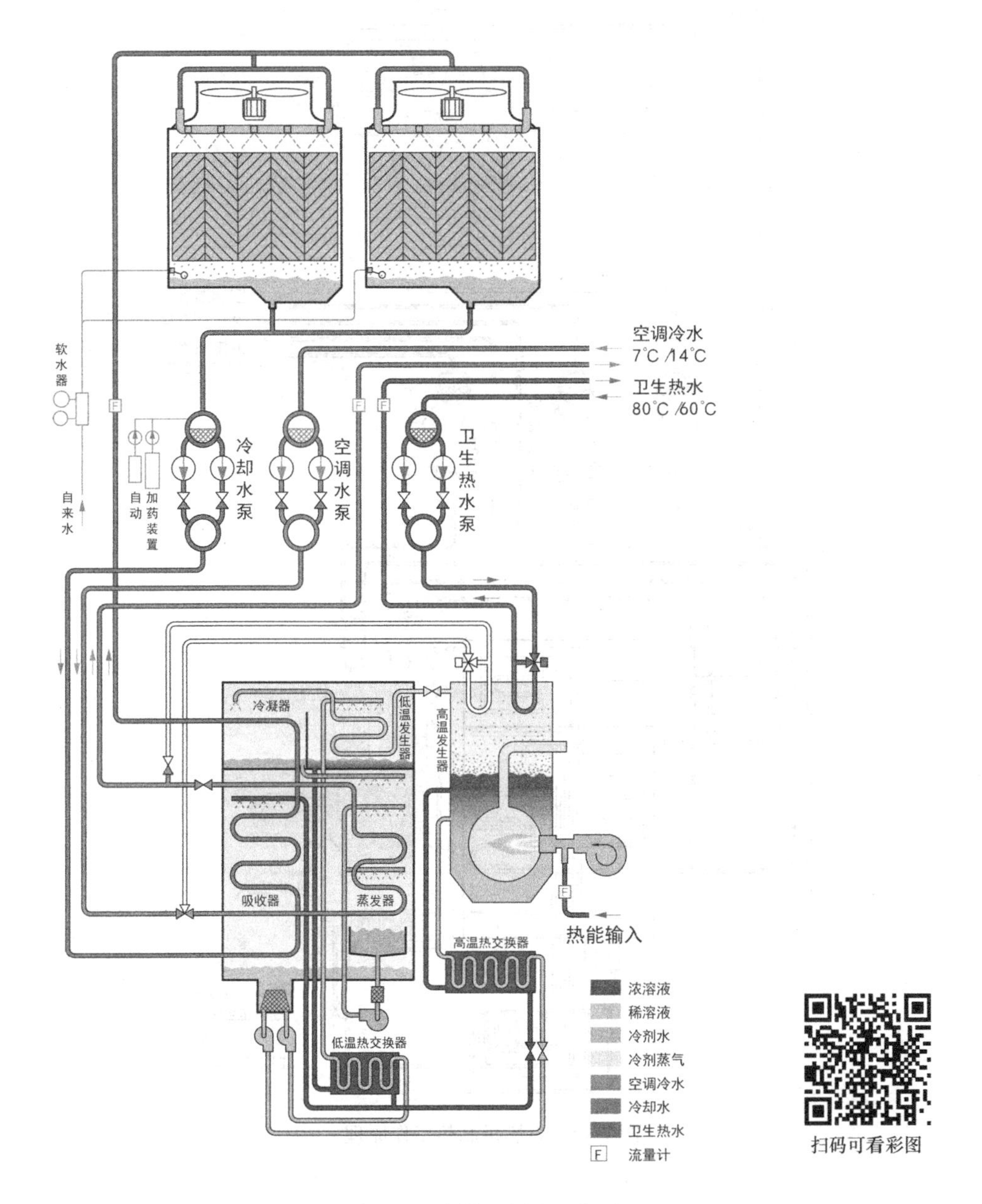

图 7-41 直燃机制冷工作原理

5. 高温热交换器（简称高交）。将高发来的 165℃的浓溶液与吸收器来的 38℃的稀溶液进行热交换，使稀溶液升温、浓溶液降温。165℃浓溶液经热交换后进入吸收器时变为 42℃，回收了 123℃温差的热量。

6. 低温热交换器（简称低交）。将低发来的 90℃的浓溶液与吸收器来的 38℃的稀溶液进行热交换，90℃浓溶液经热交换后进入吸收器时变为 41℃，回收了 49℃温差的热量。热交换器大幅度减少了高、低温发生器加温所需的热量，同时也减少了使溶液降温所需的冷却水负荷，其性能优劣对机组节能指标起决定性作用。

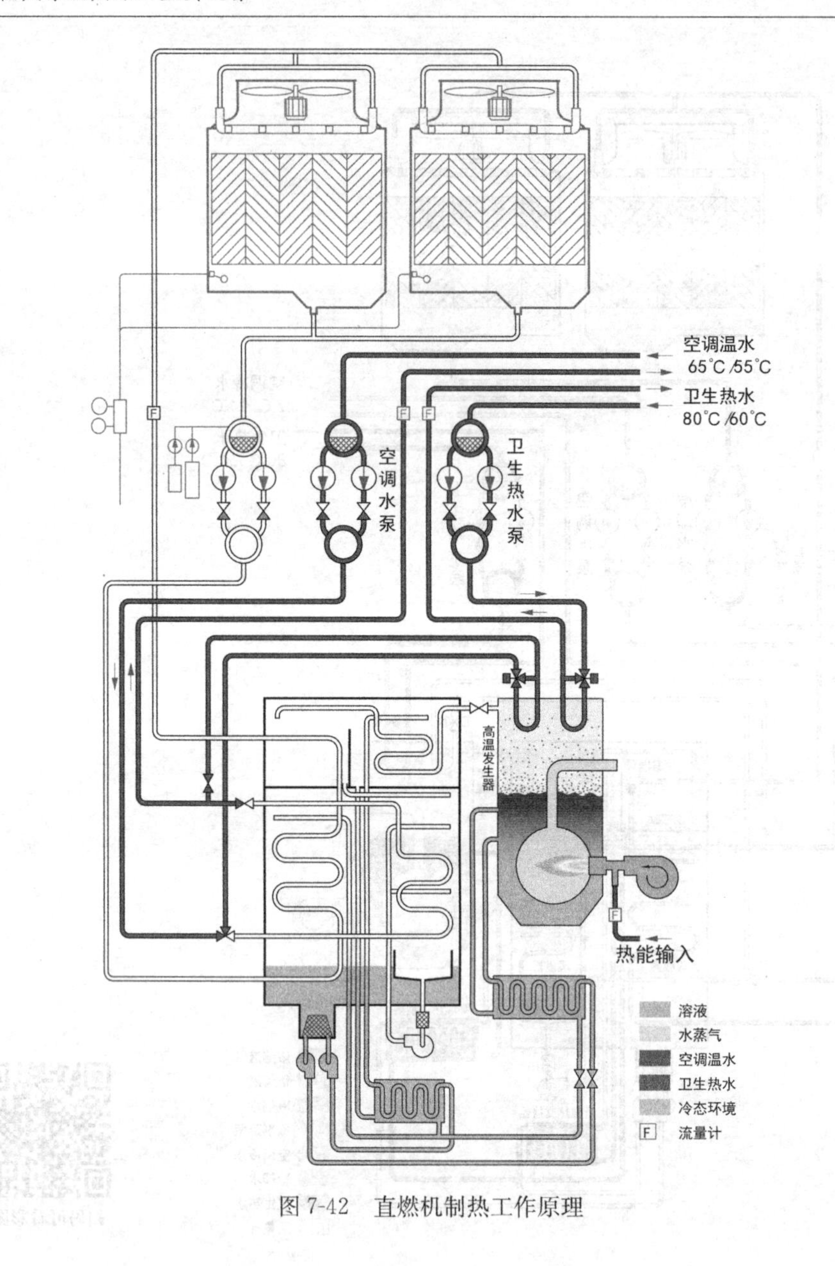

图7-42　直燃机制热工作原理

7.5　热　泵　系　统

7.5.1　热泵技术概述

热泵是一种将低位热源转为高位热源的装置，空气、水体和大地则是一个庞大的、取之不尽的低品位热源。热泵虽然要消耗一定量的高位能，但所供给的热量却是消耗的高位能与吸取的低位热量的总和。因此，采用热泵装置可以充分利用低品位能量而节约高位能量，特别是对同时需要供冷和供热的场合，采用热泵装置就更加经济合理和环保。热泵在我国起步较早，20世纪50年代开始从事热泵的研究，60年代开始应用。但是，由于我国能源结构和能源价格的特殊性，以及受其他因素的影响，热泵技术在我国的发展较慢。直至20世纪70年代末期，才使热泵技术又一次得到发展与应用；80年代初至90年代末，热泵技术在我国得到空前广泛的应用，目前发展迅猛。

目前，工程中使用的热泵机组常用的有家用分体热泵式空调器、变频式热泵空调器、柜式热泵空调机组、空气源热泵冷热水机组、水源热泵机组等。根据国内空气源热泵冷热水机组资料的统计，在额定工况下，空气源热泵冷热水机组的制热性能系数 *COP* 基本大于3，水源热泵的 *COP* 更高一些。一些大中城市的现代办公楼和大型商场建筑中采用闭式环路水源热泵空调系统，以回收建筑物内的余热，效果亦很好。

为规范热泵系统工程设计、施工及验收，做到技术先进、经济合理、安全适用，原国家建设部批准《地源热泵系统工程技术规范》GB 50366为国家标准。

地源热泵系统是以岩土体、地下水、地表水为低温热源，由水源热泵机组、地能热交换系统、建筑物内系统组成的供热空调系统。根据热交换系统形式不同，分为地埋管地源热泵系统（水平地埋管换热器、垂直地埋管换热器）、地下水地源热泵系统（直接地下水换热系统和间接地下水换热系统）和地表水地源热泵系统（开式地表水换热系统和闭式地表水换热系统）。地源热泵系统方案设计前，应进行工程场地状况调查，并应对浅层地热能资源进行勘察。地下水换热系统应根据水文地质勘察资料进行设计。必须采取可靠回灌到同一含水层的措施，并不得造成污染和浪费。

7.5.2 空气源热泵系统

我国空气源热泵系统（亦称风冷热泵）的研究、生产、应用在20世纪80年代末才有了较快的发展。空气源热泵有活塞压缩式热泵机组、螺杆式机组；有整体式机组、模块式热泵机组；单台机组制冷量从3RT～400RT均有产品，而且机组的制冷、制热性能、质量、可靠性等都有明显的提高。目前的产品有家用热泵空调器、商用单元式热泵空调机组和热泵冷热水机组等。

1. 空气源热泵的分类

如按压缩机的形式分为：全封闭压缩机、半封闭往复式压缩机、涡旋式压缩机、半封闭螺杆式压缩机等形式；按机组容量大小分为：户式小型机组、中型机组、大型机组等；按机组组合形式分为：整体式机组（由一台或几台压缩机共用一台水侧换热器的机组称为整体式机组）和模块化机组（由几个独立模块组成的机组，称为模块化机组）。

空气源热泵冷热水机组工作流程如图7-43所示。

2. 空气源热泵的特点

(1) 空气源热泵系统冷热源合一，不需要设置专门的冷冻机房、锅炉房，机组可任意放置在屋顶或地面，不占用建筑的有效使用面积，同时安装施工大为简便。对于地价昂贵的城市繁华地段的建筑，或无条件设锅炉房、制冷机房的建筑，以及对环保要求高的环境，空气源热泵冷热水机组是合适的选择。

(2) 空气源热泵系统无冷却水系统，无冷却水损耗，也无冷却水系统动力消耗。常规空调系统水的损失总量折合冷却水循环水量的2%～5%，折合单位制冷量的损耗量为2～4t/(100RT·h)，对于我国严重缺水的城市来说，是一个可观的数量。另外，冷却水污染形成的军团菌感染减少，从安全卫生的角度考虑，空气源热泵也具有明显优势。

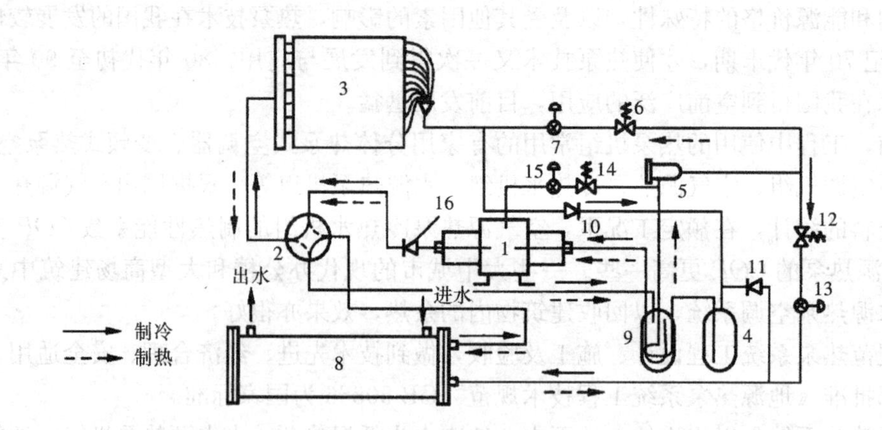

图 7-43　用螺杆压缩机的空气源热泵冷热水机组工作流程图

1—双螺杆压缩机；2—四通换向阀；3—空气侧换热器（室外机）；4—贮液器；5—干燥过滤器；6—电磁阀；7—制热膨胀阀；8—壳管式水侧换热器；9—液体分离器；10—止回阀；11—止回阀；12—电磁阀；13—制冷膨胀阀；14—电磁阀；15—喷液膨胀阀；16—止回阀

(3) 空气源热泵系统由于无需锅炉、无需相应的锅炉燃料供应系统、除尘系统和烟气排放系统，系统安全可靠、对环境几乎没有过多污染。

(4) 空气源冷（热）水机组采用模块化设计，不必设置备用机组，运行过程中电脑自动控制，调节机组的运行状态，使输出功率与工作环境相适应。模块化机组的可靠性高，机组由数个模块组成，任何模块的临时检修停运都不会影响整机的正常运行，大大提高了整个空调系统的合理性和可靠性。系统设备少而集中，操作、维护管理简单方便。

(5) 空气源热泵的性能会随室外气候变化而变化。冬季制热时，当室外空气温度较低时，热泵机组效率会有所下降，甚至无法工作。所以，空气源热泵冷热水机组的供热量和供热性能系数受室外温度、相对湿度和结霜与融霜控制方式的影响很大。当室外气温较低且相对湿度较大时，室外侧换热器翅片表面就会结霜。根据测试可知，除霜损失约占热泵总能耗损失的10%。有关文献介绍，以室内外空气温度、相对湿度之差及翅片温度的变化率作为控制依据，采用自调整模糊除霜控制，不仅延长了制热工作时间，减少了除霜次数和除霜损失，而且使机组工作性能和可靠性得到了提高。

(6) 在我国北方室外空气温度低的地方，由于热泵冬季供热量不足，需设辅助加热器。常用方法是在室外机出风口处设加热器，这种方法不仅传热效率低，安全性能差，而且化霜时间长，室内温度下降大。采用氟利昂加热器可以明显克服以上缺陷，这种方法就是把室内侧换热器分前后两部分，在中间增加一个氟利昂辅助加热器，即热泵在冬天运行时，压缩机排出的高温氟利昂气体进入室内换热器前部分时已有部分气体被冷凝成液体。此时经氟利昂加热器的加热，使该部分液体再次蒸发成气体，然后再进入室内换热器的后半部分。这样，依靠整个室内换热器，将热泵室外换热器吸收的热量，连同氟利昂加热器所产生的热量一并传给空调房间内，补足了由于室外环境温度低而引起的供热量不足。在北方城市，可利用空气源热泵进行过渡季节的采暖运行，使一些使用城市热源的特殊用户，例如医疗建筑、康复中心、老年中心、幼儿园等建筑，能够提前供暖和滞后停暖。在这一段时间内，利用空气源热泵来替代热源供热或对系统进行热量补充是非常合适的。图7-44就是北方城市的某医疗康复中心利用空气源热泵过渡季节采暖和夏季空调的屋顶机房和机组平面图。

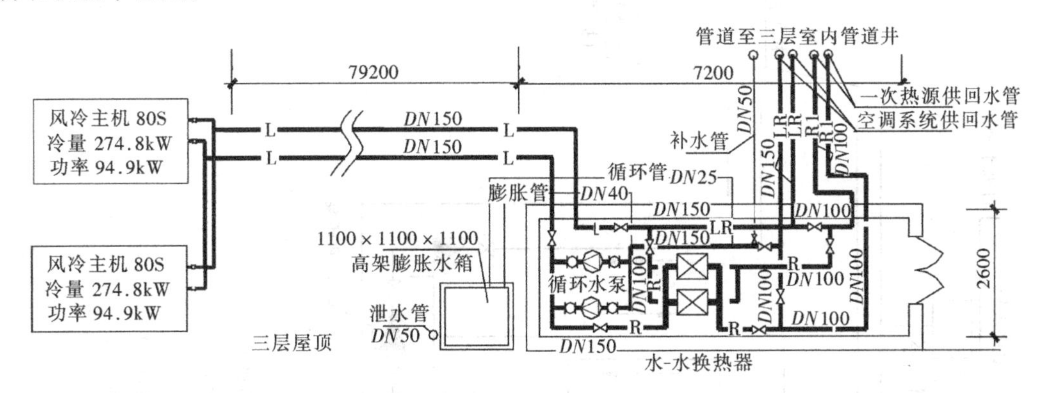

图7-44 空气源热泵机组和屋顶机房平面图

7.5.3 地下水和地表水地源热泵系统

地源热泵按照地热交换系统形式不同，分为地下水地源热泵系统（直接地下水换热系统和间接地下水换热系统）和地表水地源热泵系统（开式地表水换热系统和闭式地表水换热系统），也被称之为水源热泵系统。

1. 概述

水源热泵系统是利用地球浅表面浅层的水源，如地下水、河流和湖泊中吸收的太阳能和地热能而形成的低品位热能资源，采用热泵原理，通过少量的高位电能输入，实现低位热能向高位热能转移的一种技术。

水源热泵机组工作原理就是在夏季将建筑物中的热量转移到水源中；在冬季，则从相对恒定温度的水源中提取能量，利用热泵原理通过空气或水作为载冷剂提升温度后送到建筑物中。通常水源热泵消耗1kW的能量，用户可以得到4kW以上的热量或冷量。水源热泵克服了空气源热泵冬季室外换热器结霜的不足，而且运行可靠性和制热效率又高，近年来国内应用比较广泛。

与锅炉和空气源热泵的供热系统相比，水源热泵机组具有明显的优势。它要比电锅炉供热节省三分之二以上的电能，比燃料锅炉节省二分之一以上的能量；由于热泵系统的热交换温度全年较为稳定，一般为10～25℃，其制冷、制热系数可达3.5～4.4，与空气源热泵系统相比高出40%左右，其运行费用为普通中央空调的50%～60%。因此，水源热泵空调系统在国内得到了较快的发展，已是成熟的供热和供冷技术。目前除常规的清水源热泵系统外，海水源热泵和污水源热泵系统也成了一种选择。

水源热泵机组工作原理如图7-45所示。

2. 地下水和地表水热泵系统的特点

水源热泵系统其具有以下优点：

(1) 热泵系统属可再生能源利用技术，并可阶梯深度使用低品位能源

水源热泵是利用了地球水体所储藏的太阳能资源作为冷热源，进行能量转换的供暖空

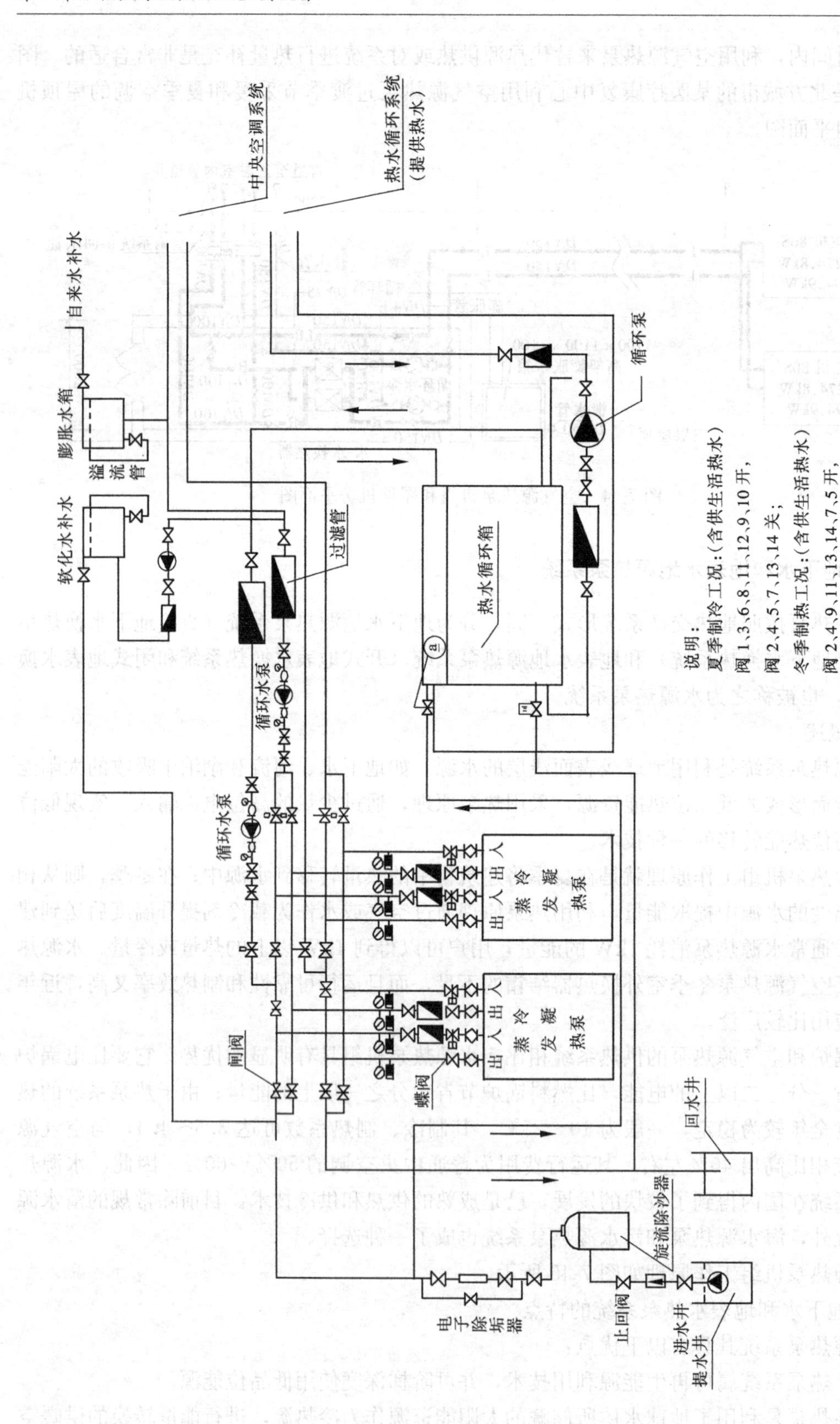

图 7-45　水源热泵机组工作原理图

调系统。其中可以利用的水体，包括地下水或河流、地表的部分的河流和湖泊以及海洋。地表土壤和水体不仅是一个巨大的太阳能集热器，收集了47%的太阳辐射能量，而且是一个巨大的动态能量平衡系统，地表的土壤和水体自然地保持能量接受和发散的相对均衡，同时水源热泵可将低品位的热量得以充分利用，因此，水源热泵利用的是清洁的可再生能源的一种技术。

（2）水源热泵机组运行效率高、费用低、节能

水源热泵机组可利用的水体温度冬季为12～22℃，比冬季室外空气温度高，所以热泵循环的蒸发温度提高，能效比也提高。据美国环保署EPA估计，采用地下水热泵平均可以节约用户30%～40%的运行费用。与空气源热泵相比，可节约30%～40%的电耗；与电采暖相比，可减少70%以上的电耗。

（3）水源热泵机组运行稳定可靠。

水体的温度一年四季相对稳定，特别是地下水，其波动的范围远远小于空气的变动，是很好的热泵的冷热源。因此，使得热泵机组运行可靠、稳定，也不存在空气源热泵的冬季除霜等难点问题。水源热泵机组由于工况稳定，所以可以使系统设计简单，部件较少，机组运行可靠，维护费用低；自动控制程度高，使用寿命可达到15年以上。

（4）水源热泵环境效益显著

水源热泵使用电能，电能本身为一种清洁的能源，但在发电时，消耗一次能源并导致污染物和二氧化碳温室气体的排放。水源热泵技术采用的制冷剂，可以是R22或R134A、R407C和R410A等替代环保工质。水源热泵机组的运行没有任何污染，可以建造在居民区内，没有燃烧，没有排烟，也没有废弃物，不需要堆放燃料废物的场地，且不用远距离输送热量。

（5）一机多用，应用范围广

地下水和地表水热泵系统可供暖、供冷，还可供生活热水，一机多用，一套系统可以替代锅炉和制冷两套装置。特别是对于同时有供热和供冷要求的建筑物，水源热泵有明显的优点。不仅节省了大量能源，而且减少了设备的初投资。水源热泵可用于宾馆、商场、办公楼、学校、住宅小区等建筑，小型的热泵更适合于别墅、公寓及高级住宅等建筑的冬季采暖和夏季制冷。

（6）可利用的水源问题

地下水和地表水热泵理论上可以利用一切的水资源，其实在实际工程中，不同的水资源利用的成本差异是相当大的。所以在不同的地区是否有合适的水源成为地下水和地表水热泵应用的一个关键。能否找到合适的水源就成为使用地下水和地表水热泵的限制条件，要求水源要求必须满足一定的温度和水量。

近年来，使用污水源、海水源换热的热泵技术发展很快，可充分利用污水源和海水中的低品位热量，产生高品位热能用于供热采暖。

（7）地下水层的地理结构问题

对于地下水的热泵系统，需要从地下取水经换热后回灌，因此，必须考虑当地地质结构和当地政策的因素，确保可以在经济合理的条件下打井找到合适的水源，同时还应保证用水回灌得以实现。

（8）水源热泵投资的经济性

由于受到不同地区、不同用户及国家能源政策、燃料价格的影响，水源的基本条件不同，一次性投资及运行费用会随着用户的不同而有所差异。地下水和地表水热泵的运行效率较高、费用较低，但与传统的供热供冷方式相比，在不同需求的条件下，其投资经济性会有所不同。据有关资料介绍，通过对水源热泵冷热水机组、空气源热泵、溴化锂直燃机、水冷冷水机组加燃油锅炉四种方案进行经济比较，使用水源热泵冷热水机组初投资最小。

3. 地下水和地表水热泵存在的问题

地下水和地表水热泵作为一种新型的供热供冷方式，从热泵机组本身来看是相当成熟的。但作为一个整体系统来推广应用时，还是存在一些问题：

（1）水源的使用政策

目前我国为了保护有限的水资源，制订了《中华人民共和国水法》，各个城市也纷纷制订了自己的《城市用水管理条例》，明确了用水审批、用水收费等相关政策，所以地下水热泵的推广还需要考虑综合能源环保和资源各个方面，以及政府部门的支持。

（2）水源的探测开采和地下水回灌技术

水源热泵的应用，应首先了解当地的水源的情况，对水源的状况进行充分的调查，确定用水方案。若利用地下水，必须考虑水源的回灌问题，且应结合当地的地质情况来考虑回灌方式。

（3）水源热泵系统的设计

水源热泵系统的节能必须从政府政策、主机设计制造、系统的设计和运行管理等方面统筹考虑，如果水源热泵机组可以做到利用较小的水流量提供更多的能量，但系统设计对水泵等耗能设备选型不当，也会降低系统的节能效果或造成系统初投资的增加。随着我国住宅市场化的改革，新建住宅小区的迅速发展和居民对居住环境的需求，特别是环保方面的要求，水源热泵会逐步得到广泛的应用。对于使用地下水源的热泵，还应符合当地的相关政策。如果地下水热泵系统与地热开发结合起来，将使建筑采暖取得更加显著的节能效果。地下水和地表水热泵机组外形见图7-46。

图7-46　地下水和地表水热泵机组外形

7.5.4　地埋管地源热泵系统

地埋管地源热泵是以大地为热源对建筑进行供热供冷的技术，冬季通过热泵将大地中的低位热能提升对建筑供暖，同时蓄存冷量，以备夏用；夏季通过热泵将建筑物内的热量转移到地下土壤对建筑进行降温，同时蓄存热量，以备冬用。由于其节能、环保、热稳定等特点，引起了世界各国的重视。欧美等发达国家地源热泵的利用已有数十年的历史，特别是供热方面已积累了大量设计、施工和运行方面的资料和数据。地源热泵的关键点也就在于对埋地热换热器进行合理的设计、施工与安装，使其与热泵机组和空调末端系统优化匹配。地埋管换热地源热泵系统工作原理见图 7-47。

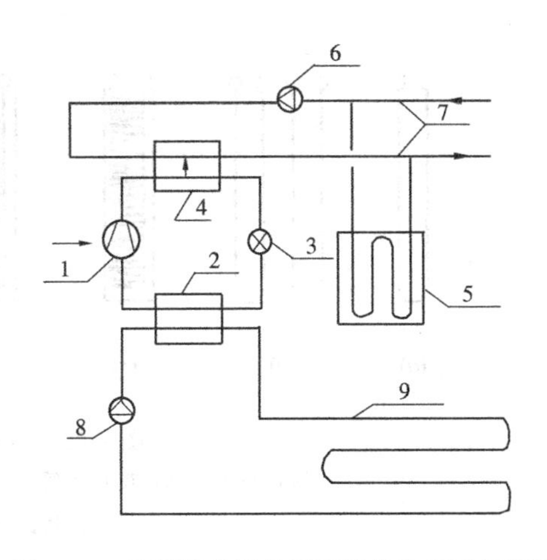

图 7-47 地埋管地源热泵系统供热系统原理图
1—制冷压缩机；2—蒸发器；3—节流机构；4—冷凝器；5—室内地板辐射采暖；6—热网的循环泵；7—热网；8—低温热源水的循环泵；9—地埋管换热器

地源热泵其关键和难点也就在于对地埋管换热器进行合理的设计、施工与安装，使其与热泵机组和空调末端系统优化匹配。

地埋管换热器根据管路埋置方式不同可分为水平和竖直两种形式。当可利用地表面积较大，浅层岩土体的温度及热物性受气候、雨水、埋深影响较小以及湿地等环境，可采用水平地埋管换热器。水平埋管一般深 3～15 米。不满足上述条件时，宜采用竖直地埋管换热器系统。竖直地埋管换热器系统通常有单 U 和双 U 形管、大、小直径螺旋管、立柱管、蜘蛛状管和套管等几种形式。还可以利用建筑物的混凝土基桩钢筋网架捆绑 U 形管然后浇注混凝土的做法。图 7-48 为水平地埋管换热器形式，图 7-49 为竖直地埋管换热器形式。

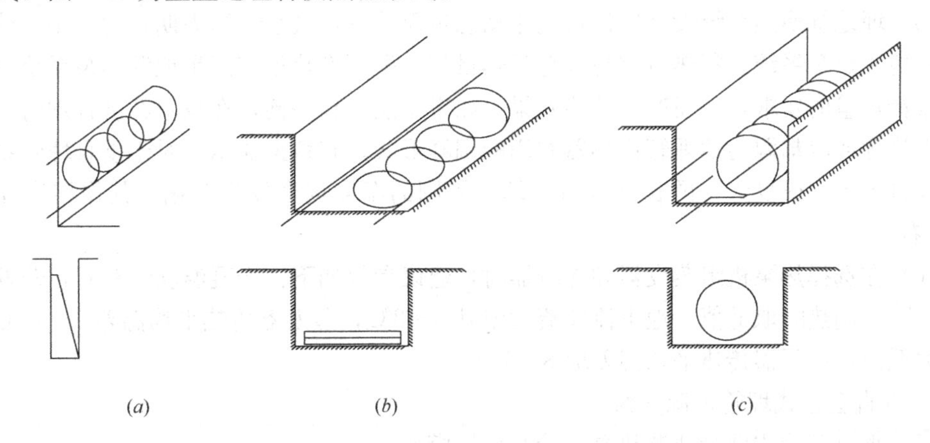

图 7-48 水平地埋管换热器形式
(*a*) 垂直排圈式；(*b*) 水平排圈式；(*c*) 水平螺旋式

1. 埋管地源热泵特点

(1) 地埋管系统既可作为冬季采暖的热源，又可作为夏季空调的冷源，可一机两用。

(2) 埋地管应采用化学稳定性好、耐腐蚀、导热系数大、流动阻力小的塑料管材及管件，一般采用交联聚乙烯 PE 管或聚丁烯 (PB) 管。管材的公称压力及使用温度应满足设计要求，且管材的公称压力不应小于 0.1MPa。

(3) 埋地管换热器冷媒在有可能冻结的地区，传热介质应添加防冻剂。防冻剂的类

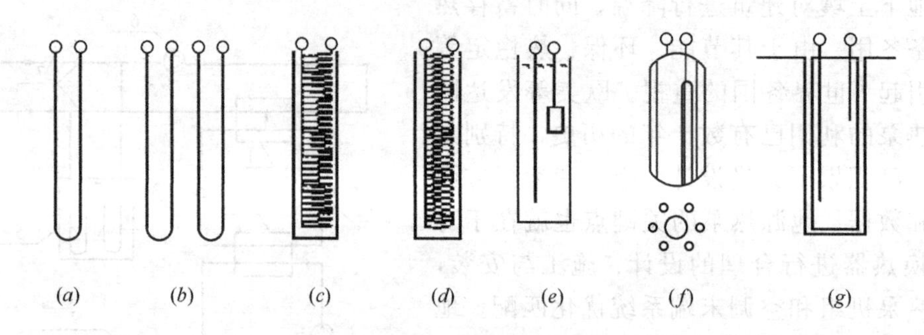

图7-49 竖直地埋管换热器形式

(a) 单U形管；(b) 双U形管；(c) 小直径螺旋盘管；(d) 大直径螺旋盘管；(e) 立柱状；(f) 蜘蛛状；(g) 套管式

型、浓度及有效期应在充注阀处注明。添加防冻剂后的传热介质的冰点宜比设计最低运行水温低3～5℃。选择防冻剂时，应同时考虑防冻剂对管道与管件的腐蚀性，防冻剂的安全性、经济性及其对换热的影响。

(4) 影响埋地管换热器的因素主要有区域初始温度、岩土及回填料导热系数、系统负荷及土层埋深等，有关参数可查阅相关资料。塑料埋管同地下的热交换能力的估算可按如下计算：1) 向地下放热（制冷工况）按管长计算：20m/kW；按井深计算10m/kW；按管路外表面积计算2.5m²/kW。2) 从地下吸热（制热工况）按管长计算：35m/kW；按井深计算：17～18m/kW；按管路外表面积计算：4.5m²/kW。

(5) 埋地管换热系统设计应进行全年动态负荷计算，最小计算周期宜为1年。计算周期内，地源热泵系统总释热量宜与其总吸热量相平衡，换热量应满足地源热泵系统最大吸热量或释热量的要求，从而产生蓄能效果。如果不能达到平衡，在技术经济合理时，可采用辅助热源或冷却源与地埋管换热器并用的调峰形式。有数据显示，对于垂直埋管系统而言，经过冬天（或夏天）的长期运行，埋管周围的温度场会发生变化，其作用半径大约3m左右。

(6) 在选择热泵机组蒸发器和冷凝器时，建议参数如下：冷凝温度≤60℃，蒸发温度−2～7℃，制热时取低值。地下流体流动温升6～8℃，蒸发器传热平均温差6～12℃，制热时取低值；冷凝器传热平均温差取8～14℃。

2. 垂直套管式埋管地源热泵

(1) 垂直套管式埋管地源热泵试验及传热模型

通过竖埋单管试验，地下套管式换热器较U形管换热器传热效率高20%～25%。经过实际工程数据测试可知：冬季运行，地下埋管单位温度换热量平均为77.93W/m，平均传热系数9.45W/(m·K)。热泵性能系数*COP*=3.06kW/kW。夏季运行，地下埋管深度换热量90.6W/m，平均传热系数5.70W/(m·K)，热泵制冷能效比*EER*=3.46kW/kW。

地下埋管系统流量大小对埋管换热器的传热有重要影响，经变水量测试，在最佳水流量下单位埋管深度换热量和*EER*（能效比）到达最大值。然而提高竖埋管的传热效率还需要进一步研究。建立完善的地下埋管传热模型，对地源热泵系统设计及运行具有重要的参考及应用价值。经工程实例比较，地源热系统造价比家用分体空调器造价要高40%～

50%，用节约的电费偿还期约为4～5年。

(2) 土壤的导热系数

发展和推广地源热泵关键问题是要根据不同气候条件下及土壤的蓄、放热能力，选择热泵系统的合理容量和土壤中放热量的最佳间距和深度，从而确定出最佳安装方案以便得到最大的经济和环境效益。采用针对我国华东地区的有代表性土壤及不同比例的沙土混合物进行测试，其结论是：湿土壤及沙土混合物的导热系数，随密度ρ和含水率W的增加而增加；纯土壤、纯黄沙的混合比1∶2，可使导热系数增大。

7.5.5 复合热泵系统

为了弥补单一热源热泵存在的局限性和充分利用低品位能量，运用了各种复合热泵。如太阳-空气源热泵系统、太阳-水源热泵系统、空气-空气热泵机组、空气-水热泵机组、水-空气热泵机组、水-水热泵机组、空气回热热泵、热电冷三联产复合热泵、土壤-水源热泵系统等。

1. 太阳-空气热源热泵系统

太阳-空气热源热泵系统是在传统的空气热源热泵系统的基础上，利用太阳能热源而新开发的系统。它可以制冷、供热、供生活热水，是一种利用自然能源、无污染、适用性广、效率高的新型冷热源系统。

太阳-空气热源热泵系统，由压缩机组、冰（水）蓄热槽、以及设在屋顶上的集热/放热板和冷热媒管道组成。夜间进行制冷运行，一是利用夜间的低谷电力，二是利用屋顶上的放热板向室外散热；白天进行供热运行，它利用太阳热和空气对流热做为热源进行热泵制热运行。其工作原理是：首先制冷剂被压缩机压缩成高压高温气体，然后进入蓄热水槽（与冰蓄热槽共用）的盘管冷凝放热，冷凝后的液体再通过膨胀阀变成低压低温的液体进入设在屋顶处的集热板吸收太阳热及空气对流热，又成为气体返回压缩机，如此反复形成热泵制热循环。与此同时，利用蓄热水槽内的热水对建筑供热。系统的特点是：节约能源、经济、高效率、适应性广。

该系统适用于办公楼、医院、温水游泳池、疗养院、学校、研究所、工厂等建筑。同一般太阳能利用系统相比，集热板面积已经大幅度减少，但由于受屋顶设置面积的限制，一般适用于5层以下的建筑。对于5层以上的建筑采用该系统时，应考虑设其他辅助热源设备。

2. 土壤-水源热泵系统

土壤-水源热泵（下称土壤热泵）可利用低品位的土壤热能提供热水或向建筑物供暖。土壤热泵技术已趋成熟，应加以推广使用。美国、德国及瑞典等北欧国家，已有上万台此类热泵装置。

由于房间供暖一般只需要较低的温度，特别是采用低温地板辐射供暖方式，而利用土壤热泵提供的40～45℃供暖热水正好可以利用。在自然界和工业废汽、废热、废水中，低品位热源有很多而未加以利用，造成能量的浪费，其实它们都是冬季供暖的适宜热源。土壤热泵可以把低品位的土壤热能利用起来，其性能系数*COP*可达2.5～3.0，是有效的节能技术。有报道说，土壤热泵与空气热泵相比，年度耗电可以节省电费10%～12%。

3. 太阳能-水源热泵系统

太阳能-水源热泵系统由三部分组成，即太阳能集热系统、水源热泵系统和热水供应系统。该系统利用太阳能集热，可利用建筑物水池中（例如无生活饮用水的消防水池）的水作为蓄热的补充载体。当环路水温低于15℃时，环路与消防水池连通，太阳能-水源热泵空调系统吸收太阳能或水池所蓄热能。若仍有多余的太阳能时，可继续加热生活用水。经过实践应用测试，对太阳能-水源热泵系统进行模拟计算和预测分析，可知：

(1) 太阳能-水源热泵系统是一种节能系统，应用前景广阔。其系统拓宽了水源热泵空调系统的应用范围，使目前内部余热小或无余热的建筑物也可采用水源热泵空调系统节能。

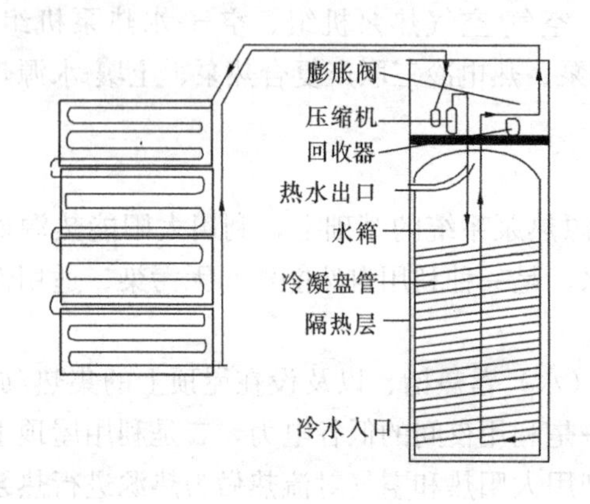

图7-50 太阳能热泵原理示意图

(2) 根据太阳能-水源热泵系统在我国各地的应用运行情况，对于不同的热源设备形式及能源形式，系统在各地区的运行能耗情况和节能特性差别较大。

(3) 在我国大部分地区运用太阳能水源热泵系统，都会收到良好的节能效果，尤其是对于年太阳辐射总量较高，冬季日照率高的地区，是一种理想选择。图7-50就是太阳能热泵原理示意图。

7.5.6 其他热泵

除上述几种热泵以外，还有喷射式热泵、吸收式热泵、工质变浓度容量调节式热泵及以CO_2为工质的热泵系统等。

1. 喷射式热泵

随着人们对节能与环境净化给予高度重视，国外对蒸汽喷射式热泵的应用已使用得比较成熟。国内对蒸喷式热泵的应用也作了一些研究。蒸喷式热泵具有结构简单，工作可靠的特点，但效率较低、应用范围受蒸汽压力的限制。在一定条件下，特别是用于蒸发单元时，其具有较好的节能效果。

2. 氨-水GAX吸收式热泵

氨-水和溴化锂-水一起被认为是最常用的、对环境无害的绿色制冷工质对。同溴化锂-水工质对相比，氨-水工质的显著优点是能制取0℃以下冷量，不易结晶，可用于热泵供暖；氨-水工质对铜以外的金属基本无腐蚀性；系统体积也较小。缺点是蒸发压力较高，当发生大量氨泄漏时，对人体有害。此外，氨与水的沸腾温差较小，需用精馏器、分离器以去除冷剂氨中的水蒸气。氨-水单效循环的制冷效率也较低。因此，氨-水工质对被认为是最适用于家用及小型吸收式热泵的工质对。

由于电费的增长、用电高峰期电力的短缺和全球环保意识的日益增强，采用无公害工质的热能驱动吸收式热泵再次引起人们的关注。基于发生器-吸收器热交换（GAX）原理，具有较高制冷热力系数（*COP*），并能用于热泵式供暖的直燃型氨-水吸收式热泵再次成为发达国家研究的热点。改良型热泵结构简单，运行可靠，是理想的节能、环保型直燃吸收式热泵。

3. 混合工质变浓度容量调节方式的热泵系统

通过建立混合工质变浓度容量调节制冷系统试验装置，进行相同工况下变浓度对比测试及多工况变浓度稳态试验，证明混合工质变浓度试验装置及所选择的工质可以基本满足预定的容量调节要求，并可明显提高装置的能效比。比较相同工况下浓度调节前后的结果，变浓度容量调节系统可以在运行中进行一定范围内的浓度变化和容量变化，系统内工质量基本稳定并可稳定运行。

4. 以 CO_2 为工质的热泵系统

在寻找新的制冷剂的同时，许多人将目光又重新投向了 CO_2。同氟利昂相比，CO_2 在常温下的冷凝压力特别高，因而导致装置很笨重。但 CO_2 的优点是：不燃、无毒、容易获取、与润滑油不反应、对装置无腐蚀作用，而且 CO_2 的比容小，从而系统制冷剂流量小，装置可以做得比较小。CO_2 还具有良好的热物理性质，传热性能好，而且其压比及压力损失比较小，所以该热泵系统具有较高的效率。当作热泵用时，可以把需加热介质的温度提高得很多。例如在 CO_2 热泵型热水器中，水可被加热到80℃，而在普通的热泵系统中，热水温度一般只能达到55℃。对于以 CO_2 为工质的热泵系统，影响压缩机性能的最主要因素是气缸泄漏，所以必须采取有效的密封措施来设法减少泄漏。

总之，节能始终是供热领域中的重要研究课题之一。热泵技术提高能源利用率，是合理用能的典范。因为热泵的节能效益，才使热泵技术得到广泛的应用与发展。由于全球温暖化问题成为世人瞩目的焦点，供热能源效率再次变得更为重要，为此应做好思想准备，加强有关热泵技术方面的研究工作，积极推广应用热泵技术。

7.6　地热与太阳能

7.6.1　地热

地热能是指贮存在地球内部的热能，地热能是来自地球深处的热能，它起源于地球的熔融岩浆和放射性物质的衰变，当地下水的深处循环和来自极深处的岩浆侵入到地壳后，把热量从地下深处带至近表层。在有些地方，热能随自然涌出的热蒸汽和水而到达地面，而成为天然温泉。未涌出地面的热水就留在地下，形成地热带，可以通过钻井的方式把这些热水从地下储层引出，送到用水的地方。

地热能的热储量很大，每年从地球内部传到地面的热能就相当于100PW·h，地热的出水温度也不一样，大多数在30～80℃之间，还有温度更高的。但地热能的分布比较分散，开发难度大，用目前的技术水平还无法将地热能作为一种热源和发电能源来直接使用。地热能是一种像石油一样可开采的能源，最终的可回采量将依赖于所采用的技术。可将地热水取热后，重新注回到含水层中，这样可以使含水层不会变枯竭。地热能的直接利用最早是用于浴池，后来又发展到采暖和供热，近来还应用于温室、热力泵和某些热处理过程的供热。利用中温（100℃）水通过双流体循环设备发电，在过去的数年中已取得了明显的进展，该技术现在已经成熟。由于地热水的有机盐和矿物质含量较高，给直接应用带来一些问题。近年来，地热热泵技术的发展取得了明显的进展。使得这种低品位热源，得到了更加广泛地应用。图 7-51 是地热与水源热泵结合使用的工艺流程示意图。

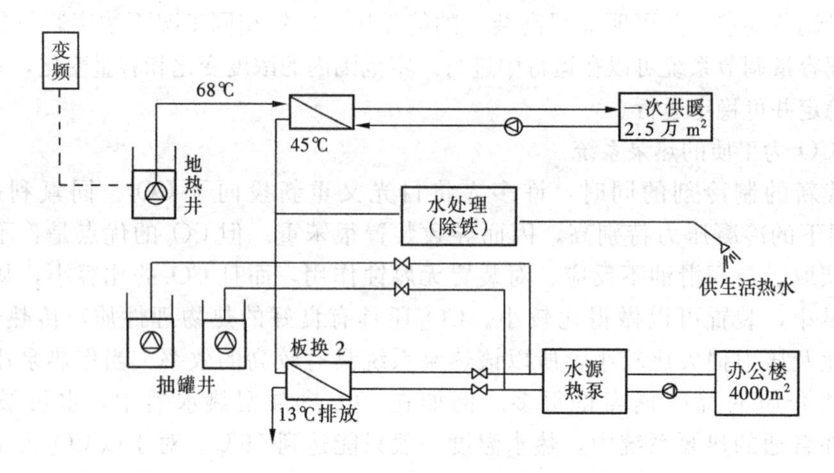

图 7-51 地热与水源热泵供暖工艺流程示意图

7.6.2 太阳能

太阳能是太阳内部连续不断的核聚变反应过程产生的能量（约为 3.75×10^{26} W），太阳辐射到地球大气层的能量约为 173000TW，地球表面某一点 24h 的年平均辐射强度为 0.20kW/m²，相当于有 102000TW 的能量，太阳每秒钟照射到地球上的总辐射能量就相当于 500 万吨煤，狭义的太阳能则限于太阳辐射能的光热、光电和光化学的直接转换，而广义的太阳能所包括的范围非常大，除风能、水能、海洋温差能、波浪能和生物质能以及部分潮汐能都是来源于太阳外，地球上的化学石油燃料（如煤、石油、天然气等）从根本上说也是远古以来贮存下来的太阳能。太阳是一个巨大、久远、无尽的能源。

人类对太阳能的利用有着悠久的历史，我国在两千多年前的战国时期就利用钢制四面镜聚焦太阳光来点火、利用太阳能来干燥农副产品。在建筑节能方面，从早期的被动式太阳房，到与建筑结合的能源综合利用，太阳能的利用已日益广泛，它包括太阳能的光热利用，太阳能的光电利用和太阳能的光化学利用等，人类依赖这些能量维持生存。虽然太阳能资源总量相当于现在人类所利用的能源的一万多倍，但太阳能的能量密度低，而且它因地而异，因时而变，这是开发利用太阳能面临的主要问题。太阳能的这些特点会使它在整个综合能源体系中的作用受到一定的限制。图 7-52 是地球上的能流图，从图上可以看出地球上的太阳能流的情况。太阳能既是一次能源，又是可再生能源，它资源丰富，对环境无污染。图 7-53 为太阳能集热器图片。但太阳能有两个缺点：一是能流密度低；二是其强度受各种因素（季节、地点、气候等）的影响不能维持常量。这两大缺点大大限制了太阳能的有效利用。

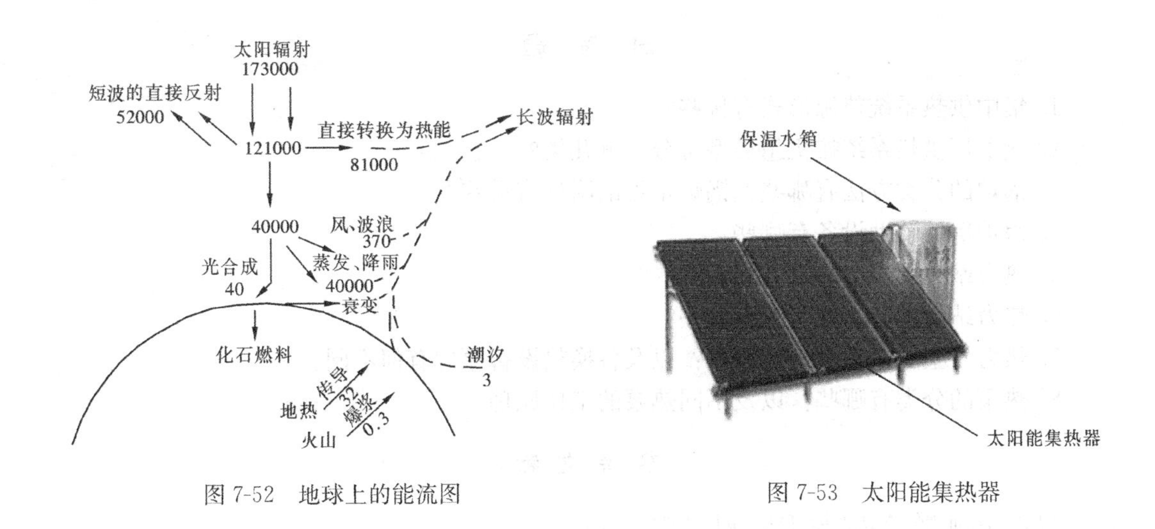

图 7-52　地球上的能流图　　　　图 7-53　太阳能集热器

7.6.3　其他新能源

为缓解世界能源供应紧张的矛盾，各国科学家都在努力研究，积极寻找新能源。科学家认为，21 世纪，波能、可燃冰、煤层气、微生物将成为人类广泛应用的新能源。

1. 波能

波能即海洋波浪能。这是一种取之不尽，用之不竭的无污染可再生能源。据推测，地球上海洋波浪蕴藏的电能高达 9×10^4TW。近年来，在各国的新能源开发计划中，波能的利用已占有一席之地。尽管波能发电成本较高，需要进一步完善，但目前的进展已表明了这种新能源潜在的商业价值。电厂的发电成本虽高于其他发电方式，但对于边远岛屿来说，可节省电力传输等投资费用。目前，美国、英国、印度等国家已建成几十座波能发电站，日本的一座海洋波能发电厂工作了 8 年，且均运行良好。

2. 可燃冰

可燃冰是一种与水结合在一起的固体化合物，它的外形与冰相似，故称“可燃冰”。可燃冰在低温高压下呈稳定状态，冰融化所释放的可燃气体相当于原来固体化合物体积的 100 倍。据测算，可燃冰的蕴藏量比地球上的煤、石油和天然气的总和还多。

3. 煤层气

煤在形成过程中由于温度及压力增加，在产生变质作用的同时也释放出可燃性气体。从泥炭到褐煤，每吨煤产生 $68m^3$气；从泥炭到肥煤，每吨煤产生 $130m^3$气；从泥炭到无烟煤每吨煤产生 $400m^3$气。科学家估计，地球上煤层气可达 $2000Tm^3$。

4. 微生物

世界上有不少国家盛产甘蔗、甜菜、木薯等，利用微生物发酵，可制成酒精，酒精具有燃烧完全、效率高、无污染等特点，用其稀释汽油可得到“乙醇汽油”，而且制作酒精的原料丰富，成本低廉。据报道，国外已改装“乙醇汽油”或酒精为燃料的汽车达几十万辆，我国也已经研制出了“乙醇类燃料”和以酒精、乙醇等为燃料的汽车。该类燃料，也可用于直燃机、锅炉等设备，这对净化环境，减少大气污染，有着十分重要的意义。此外，利用微生物可制取氢气，又开辟了能源的新途径。

思考题

1. 集中供热系统热源形式有哪些？
2. 热电厂供热系统按机组类型可分为哪几类？
3. 锅炉的分类方法有哪些？锅炉常见的附件有哪些？
4. 锅炉房的辅助设备有哪些？
5. 热力站与用户的连接方式有哪些？
6. 热力站内设备布置要求有哪些？
7. 热力站主要换热设备有哪些？以及各换热设备原理有何不同？
8. 热泵的分类有哪些？以及不同热泵的工作原理？

参考文献

[1] 曾进. 深圳燃气空调发展[D]. 重庆大学，2004.
[2] 印伟伟. 地源热泵-地板辐射空调系统运行控制研究[D]. 重庆大学，2014.
[3] 杨少丽，李培生. 风冷热泵一机三用的应用及案例[J]. 中国建设信息供热制冷，2007，(08)：21-25.
[4] 杨俊华，吴伯谦. 风冷热泵除霜方法及其控制[J]. 制冷与空调(四川)，2006，(02)：98-101.
[5] 朱强. 可再生能源-地源热泵空调系统在天津市建筑应用项目研究[D]. 天津大学，2008.
[6] 狄育慧，焦育刚，张钊. 水源热泵在户式中央空调中的应用分析[J]. 制冷与空调，2006，(01)：83-85.
[7] 吴伯谦. 土壤源热泵实验研究与经济性分析[D]. 华中科技大学，2006.
[8] 张生. 太阳能热泵与建筑节能[J]. 山西建筑，2004，(13)：119-120.

第8章　集中供热系统的运行调节与量化管理

8.1　概　　述

在采暖期，热水供暖系统对采暖建筑物供热时，在任何冬季室外条件下，都应当保证建筑物室内温度符合用户的要求，使房间温度保持在一定范围内，如20±2℃。要达到这一要求，不但需要正确的设计，而且要求对供热系统的供热量根据热用户的热负荷变化情况进行合理的调节，即达到热量供需一致。换言之，就是热水供热系统应根据室外气象条件的变化而引起的建筑物热负荷的变化来调节供热量，从而达到热量供需平衡，即按需供热，以保证室内温度满足用户要求。

在通常情况下，供暖系统在建成投入运行后，总有一些用户的室温达不到设计要求，比如设计问题、小区的扩建改建问题、维修维护调整阀门等等，都会使供暖系统的流量不能按需分配，即存在水力失调现象。所以要求在供暖系统投入运行初期，利用预先安装的调节阀门，对管网各支路的流量进行合理调节，使各用户的流量达到所要求的量(合理分配)。这种调节方法称为供暖系统的初调节。

在运行过程中，建筑物热负荷会随着室外气象条件的变化而变化，所以对热源的供热量也应进行相应的调节，目的在于使热用户散热设备的散热负荷与其建筑物热负荷的变化相适应。这种调节方法称为运行调节，即供热调节。

运行调节可以根据调节地点不同分为集中调节、局部调节和个别调节。集中调节在热源处进行；局部调节在用户引入口进行，如分户计量用户根据室温自行调节；个别调节在散热设备处进行，如手动或温控阀调节。通常集中供暖系统采用如下几种调节方法：

(1)质调节：供暖系统的总流量不变，只改变系统的供回水温度。

(2)分阶段改变流量的质调节：在采暖期不同时间段，采用不同的流量并改变系统的供回水温度。

(3)质量-流量调节：根据供暖系统的热负荷变化情况来调节系统的循环水量，同时改变系统的供回水温度，如变频调节技术。

(4)间歇调节：在采暖初末期(室外温度较高时)，系统采用一定的流量和供回水温度，改变每天的供暖时数进行调节。

(5)热量调节：采用热量计量装置，根据系统的热负荷变化直接对热源的供热量进行调节控制，即热量计量调节法。

在运行调节过程中，传统的调节方法(质调节、分阶段改变流量质调节、质量-流量调节、间歇调节)是以系统的供回水温度和循环水量为调节依据，即根据供暖热负荷调节公式，按照室外气象条件来控制系统的供回水温度或流量，以满足建筑物室内温度的要求。采用上述调节方法是一种间接调控手段，系统在实际运行过程中难以操作，也不易达到按需供热的理想状态。原因在于：

(1)供热系统的计量监控技术还没有得到普遍应用，计量手段或计量仪表也不普及，所以只能通过监测管网温度或循环水量的间接方法来间接控制供热系统的供热量，如质调节、质量-流量调节、间歇调节等。

(2)传统观念的影响。对于大多数供热系统的管理者来说，只有温度和流量的概念，没有明确的热量概念，如瞬时供热量或热负荷、累计供热量等。

由此可见，尽管传统的调节方法本质上也是控制供热量，但是，长期以来，由于上述原因致使供热系统运行管理供热调节局限于理论计算指导，当室外气温较高时，降低系统供水温度；当室外气温较低时，提高供水温度。基本采用经验式管理方式，而且这种管理方法一直被人们所接受。而供暖效果是以用户不投诉或少投诉为准。

直到20世纪80年代初，我国才开始使用热量计量装置，少数供热系统采用热量计进行示范研究。经过示范工程应用，积累了一些成功的经验，取得了一定的效果。在此基础上，国家和地方有关职能部门也制定了相应的法规政策和建筑节能管理办法，从而推动了供热事业的快速发展，热量作为一种商品也逐步被消费者所认识。进入20世纪90年代，我国热量表的研制开发正式启动，一些企业单位开始研制相应的产品，先后以多种形式进行热计量仪表装置的研制开发。现在，我国热量表的研制开发已经走上了正轨，从而为供热系统运行调节实行量化管理按热收费打下良好的基础。由此可以预见，我国的供热行业在运行管理供热调节方面完全能从根本上改变传统的管理模式，可以采用热量计量仪表实行“热量调节法”，实现科学的量化管理，从而能大大提高供热系统运行管理水平，使供热质量得到保障，同时还可以按需供热，减少能源的浪费，降低能耗，节省运行成本。

供暖系统运行调节实行量化管理的主要任务是：通过监测计量仪器或计算机监控系统，对供暖系统进行温度、流量、热量、能耗等监测计量，根据室外气象条件及用户相应的热负荷，按要求来控制系统的瞬时供热量(热负荷)和每天所要求的供热量(按需供热)，在保证供热质量的前提下，尽量减少能量的无效损耗，提高供热效率，节约能源。根据运行记录数据，分析供暖系统的供热质量和供热效率，统计实际能耗(燃煤或燃油、燃气的消耗量以及耗电、耗水量等)，计算实际供暖指标，进行经济技术分析和效益核算，并做好下一供暖期运行管理计划和准备工作。

就目前我国供热现状来看，完全采用“热量调节法”实现“量化管理”模式还有一定困难，原因在于：

(1)对于量化管理模式，消费者还需要一个认识和接受过程，同时管理人员的技术水平有待进一步提高，必须进行专门的岗位技术培训才能实现规范化管理。

(2)我国的热量计量仪表还需要不断完善，目前还处于发展过渡阶段，关键技术尚待改进提高。如大面积推广使用，生产企业还需要树立品牌形象，同时通过广泛宣传，使用户更多的了解认识节能的好处和意义。

(3)国家还需要制定切实可行的相关政策。

8.2　供热调节的基本原理及计算公式

供热调节的目的就是根据供暖热负荷随室外温度的变化而改变热源的供热量，以便维持采暖建筑物室内所要求的温度。

假定热水供暖系统在稳定状态下连续运行，则系统的供热量(不包括管网沿途热损失)应等于热用户散热设备的散热量，同时也应等于供暖热用户的耗热量(围护结构热负荷)。基于这一热平衡的基本原理，重点分析供热调节的计算公式和调节方法。

当供暖室外计算温度为 t'_w，散热设备采用散热器时，供暖系统在稳定连续运行的情况下，则有如下的热平衡方程式

$$Q'_1 = Q'_2 = Q'_3 \tag{8-1}$$

$$Q'_1 = q'V(t_n - t'_w) \tag{8-2}$$

$$Q'_2 = K'F(t'_{p \cdot j} - t_n) \tag{8-3}$$

$$\begin{aligned} Q'_3 &= G'c(t'_g - t'_h)/3600 \\ &= 4187G'(t'_g - t'_n)/3600 = 1.163G'(t'_g - t'_n) \end{aligned} \tag{8-4}$$

式中 Q'_1——建筑物的供暖设计热负荷，W；

Q'_2——在供暖室外计算温度 t'_w 下，散热器放出的热量，W；

Q'_3——在供暖室外计算温度 t'_w 下，热水网路输送给供暖热用户的热量，W；

q'——建筑物的体积供暖指标，即建筑物每 $1m^3$ 外部体积在室内外温度差为 1℃时的耗热量，W/(m^3 · ℃)；

V——建筑物的外部体积，m^3；

t'_w——供暖室外计算温度，℃；

t_n——供暖室内计算温度，℃；

t'_g——进入供暖热用户的供水温度，℃；如用户与热网采用无混水装置的直接连接方式，则热网的供水温度 $\tau'_1 = t'_g$；如用户与热网采用混水装置的直接连接方式，则 $\tau'_1 > t'_g$；

t'_h——供暖热用户的回水温度，℃；如供暖热用户与热网采用直接连接，则热网的回水温度与供暖系统的回水温度相等，$\tau'_2 = t'_h$；

$t'_{p \cdot j}$——散热器内热媒平均温度，℃；

G'——供暖热用户的循环水量，kg/h；

c——热水的质量比热，$c = 4187$J/(kg · ℃)；

K'——散热器在设计工况下的传热系数，W/(m^2 · ℃)；

F'——散热器的设计散热面积，m^2。

散热器的放热方式属于自然对流放热，它的传热系数为 $K = \alpha(t_{p \cdot j} - t_n)^b$ 的形式。如就整个供暖系统来说，可近似地认为：$t'_{p \cdot j} = (t'_g + t'_h)/2$，则式(8-3)可改写为：

$$Q'_2 = \alpha F \left(\frac{t'_g + t'_h}{2} - t_n\right)^{1+b} \tag{8-5}$$

若以带“$'$”上标符号表示在供暖室外计算温度 t'_w 下的各种参数，而不带上标符号表示在某一室外温度 t_w($t_w > t'_w$) 下的各种参数，在保证室内计算温度 t_n 条件下，可列出与上面相对应的热平衡方程式。即

$$Q_1 = Q_2 = Q_3 \tag{8-6}$$

$$Q_1 = qV(t_n - t_w) \tag{8-7}$$

$$Q_2 = \alpha F\left(\frac{t_g + t_h}{2} - t_n\right)^{1+b} \tag{8-8}$$

$$Q_3 = 1.163G(t_g - t_n) \tag{8-9}$$

若令在运行调节时，相应 t_w 下的供暖热负荷与供暖设计热负荷之比，称为相对供暖热负荷比 $\overline{Q}$，而称其流量之比为相对流量比 $\overline{G}$，则

$$\overline{Q} = \frac{Q_1}{Q_1'} = \frac{Q_2}{Q_2'} = \frac{Q_3}{Q_3'} \tag{8-10}$$

$$\overline{G} = \frac{G}{G'} \tag{8-11}$$

同时，为了便于分析计算，假设供暖热负荷与室内外温差的变化成正比，即把供暖热指标视为常数（$q' = q$）。但实际上，由于室外的风速和风向，特别是太阳辐射热的变化与室内外温差无关，因此这个假设会有一定的误差。如不考虑这一误差影响，则：

$$\overline{Q} = \frac{Q_1}{Q_1'} = \frac{t_n - t_w}{t_n - t_w'} \tag{8-12}$$

亦即相对供暖热负荷比 $\overline{Q}$ 等于相对的室内外温差比。假设散热器的设计散热面积与实际需要的面积相同，则综合上述公式，可得

$$\overline{Q} = \frac{t_n - t_w}{t_n - t_w'} = \frac{(t_g + t_h - 2t_n)^{1+b}}{(t_g' + t_h' - 2t_n)^{1+b}} = \overline{G}\,\frac{t_g - t_h}{t_g' - t_h'} \tag{8-13}$$

其中式(8-13)存在几种假设条件：

(1)供暖系统在稳定的状态下连续运行，即 $Q_{设计} = Q_{散热器} = Q_{热用户}$；

(2)忽略室外风速、风向和太阳辐射热影响；

(3)散热器设计面积与实际面积相同，即 $F_{设计} = F_{实际}$。

在某一室外温度 t_w 的运行工况下，如果保持室内温度 t_n 值不变，则应保证有相应的 t_g、t_h、$\overline{Q}(Q)$和 $\overline{G}(G)$的四个未知值，但只有三个联立方程式，因此需要引进补充条件，才能求出四个未知值的解。所谓引进补充条件，就是我们要选定某种调节方法。可能实现的调节方法，主要有：改变网路的供水温度(质调节)，改变网路流量(量调节)，同时改变网路的供水温度和流量(质量-流量调节)及改变每天供暖小时数(间歇调节)。如采用质调节，即增加了补充条件 $\overline{Q}=1$，此时即可确定相应的 t_g、t_h、$\overline{Q}(Q)$值了。

8.3 热水供暖系统集中供热调节方法

8.3.1 质调节

在进行质调节时，只改变供暖系统的供水温度，而用户的循环水量保持不变，即 $\overline{G}=1$。

对无混合装置的直接连接的热水供暖系统，将此补充条件 $\overline{G}=1$ 代入热水供暖系统供热调节的基本公式(8-13)，可求出质调节的供、回水温度的计算公式。

$$\tau_g = t_g = t_n + 0.5(t'_g + t'_h - 2t_n)\overline{Q}^{1/(1+b)} + 0.5(t'_g - t'_h)\overline{Q} \tag{8-14}$$

$$\tau_h = t_h = t_n + 0.5(t'_g + t'_h - 2t_n)\overline{Q}^{1/(1+b)} + 0.5(t'_g - t'_h)\overline{Q} \tag{8-15}$$

或写成下式

$$\tau_g = t_g = t_n + \Delta t'_s \overline{Q}^{1/(1+b)} + 0.5\Delta t'_j \overline{Q} \tag{8-16}$$

$$\tau_h = t_h = t_n + \Delta t'_s \overline{Q}^{1/(1+b)} + 0.5\Delta t'_j \overline{Q} \tag{8-17}$$

式中　τ_g，τ_h——一次管网的供回水温度，℃。对于无混水直接连接的系统，$\tau_g=t_g$，$\tau_h=t_h$；

$\Delta t'_s$——用户散热器的设计平均计算温差，℃，$\Delta t'_s=0.5(t'_g+t'_h-2t_n)$；

$\Delta t'_j$——用户的设计供、回水温度差，℃，$\Delta t'_j=t'_g-t'_h$。

对带混合装置的直接连接的热水供暖系统(如用户或热力站处设置水喷射器或混合水泵，则 $\tau_1>t_g$，$\tau_2=t_h$)。式(8-13)所求的 t_g 值是混水后进入供暖用户的供水温度，网路的供水温度 τ_1，还应根据混合比再进一步求出。

混合比(或喷射系数)u，可用下式表示

$$u = G_h/G_0 \tag{8-18}$$

式中　G_0——网路的循环水量，kg/h；

G_h——从供暖系统抽引的回水量，kg/h。

在设计工况下，根据热平衡方程式(见图 8-1)

$$cG'_0\tau'_1 + cG'_h t'_h = (G'_0 + G'_h)ct'_g$$

由此可得

$$u' = \frac{\tau'_1 - t'_g}{t'_g - t'_h} \tag{8-19}$$

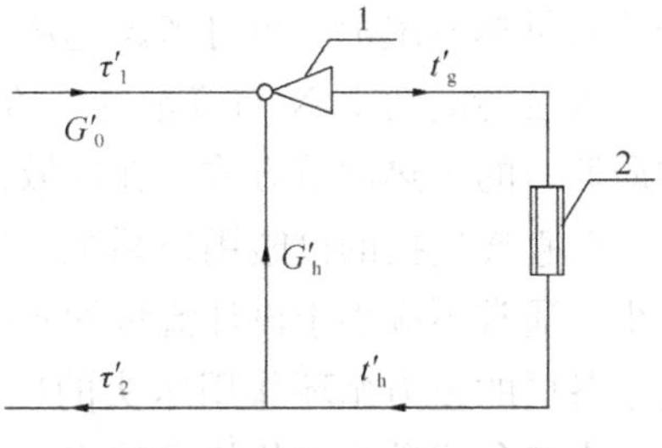

式中　τ'_1——网路的设计供水温度，℃。

在任意室外温度 t_w 下，不要改变供暖用户的总阻力数 S 值，则混合比 u 不会改变，仍与设计工况下的混合比 u' 相同，即

图 8-1　混水系统

1—喷射器；2—供暖用户

$$u = u' = \frac{\tau_1 - t_g}{t_g - t_h} = \frac{\tau'_1 - t'_g}{t'_g - t'_h} \tag{8-20}$$

$$\tau_1 = t_g + u(t_g - t_h) = t_g + u\overline{Q}(t'_g - t'_h)℃ \tag{8-21}$$

根据式(8-21)，即可求出在热源处进行质调节时，网路的供水温度 τ_1 随室外温度 t_w(即 $\overline{Q}$)的变化关系式。

将式(8-16)的 t_g 值和式(8-20)的 $u=(\tau'_1-t'_g)/(t'_g-t'_h)$ 代入式(8-21)，由此可得出对带混合装置的直接连接热水供暖系统的网路供、回水温度。

$$\tau_g = t_n + \Delta t'_s \overline{Q}^{1/(1+b)} + (\Delta t'_w + 0.5\Delta t'_j)\overline{Q} \tag{8-22}$$

$$\tau_h = t_h = t_n + \Delta t'_s \overline{Q}^{1/(1+b)} - 0.5\Delta t'_j \overline{Q} \tag{8-23}$$

式中　$\Delta t'_w = \tau'_1 - t'_g$——网路与用户系统的设计供水温度差，℃，$\Delta t'_w = \tau'_1 - t'_g$。

根据式(8-16)、(8-17)、(8-22)和(8-23)，可绘制质调节的水温曲线。

8.3.2　分阶段改变流量质调节

分阶段改变流量的质调节，是在供暖期中按室外温度高低分成几个阶段，在室外温度较低的阶段中，保持设计最大流量；而在室外温度较高的阶段中，保持较小的流量。在每一阶段内，网路的循环水量始终保持不变，按改变网路供水温度的质调节进行供热调节。

即令 $\varphi = \overline{G} = const$

将这个补充条件代入供暖系统的供热调节基本公式(8-13)，可求出对无混水装置的供暖系统。

$$\tau_1 = t_g = t_n + \Delta t'_s \overline{Q}^{1/(1+b)} + 0.5 \frac{\Delta t'_j}{\varphi} \overline{Q} \tag{8-24}$$

$$\tau_2 = t_h = t_n + \Delta t'_s \overline{Q}^{1/(1+b)} - 0.5 \frac{\Delta t'_j}{\varphi} \overline{Q} \tag{8-25}$$

对带混水装置的供暖系统

$$\tau = t_n + \Delta t'_s \overline{Q}^{1/(1+b)} + (\Delta t'_w + 0.5\Delta t'_j) \frac{\overline{Q}}{\varphi} \tag{8-26}$$

$$\tau_2 = t_h = t_n + \Delta t'_s \overline{Q}^{1/(1+b)} + (\Delta t'_w - 0.5\Delta t'_j) \frac{\overline{Q}}{\varphi} \tag{8-27}$$

式中代表符号同前。

在中小型热水供热系统中，一般可选用两组(台)不同规格的循环水泵。如其中一组(台)循环水泵的流量按设计值100%选择，另一组(台)按设计值的70%～80%选择。在大型热水供热系统中，也可考虑选用三组不同规格的水泵。由于水泵扬程与流量的平方成正比，水泵的电功率 N 与流量的立方成正比，节约电能效果显著。因此，分阶段改变流量的质调节的供热调节方式，在区域锅炉房热水供热系统中，得到较多的应用。

对直接连接的供暖用户系统，采用此调节方式时，应注意不要使进入供暖系统的流量过少。通常不应小于设计流量的60%，即 $\varphi = \overline{G} \geqslant 60\%$。如流量过少，对双管供暖系统，由于各层的重力循环作用压头的比例差增大，引起用户系统的垂直失调。对单管供暖系统，由于各层散热器传热系数 K 值变化程度不一致导致的影响，也同样会引起垂直失调。

8.3.3　质量-流量调节

“质量-流量优化调节”方法，是指热水供暖系统依据热负荷的变化连续改变系统的循环水量和供回水温度的供暖调节方法。它是随着自控设施在供暖系统中的应用，对分阶段改变流量的质调节方法的理论拓展，其实质是连续改变流量的质调节方法。由于流量的变化对于不同形式的供暖系统所产生的影响各不相同，质量-流量优化调节的具体运行方式应视不同的系统分别进行讨论，因此，随着室外温度的变化，如何确定系统的流量变化规律是一个优化调节的问题。

根据式(8-4)和式(8-9)可得

$$\overline{Q}=\overline{G}\frac{t_g-t_h}{t'_g-t'_h} \tag{8-28}$$

$$\overline{Q}=\overline{G}\cdot\overline{\Delta t} \tag{8-29}$$

为了方便讨论，对上面的等式两边取对数，得

$\lg\overline{Q}=\lg\overline{G}\cdot\lg\overline{\Delta t}$

$$l=\frac{\lg\overline{G}}{\lg\overline{Q}}+\frac{\lg\overline{\Delta t}}{\lg\overline{Q}} \tag{8-30}$$

$$令\ m=\frac{\lg\overline{G}}{\lg\overline{Q}} \tag{8-31}$$

$$n=\frac{\lg\overline{\Delta t}}{\lg\overline{Q}} \tag{8-32}$$

现在把 m 值定义为流量优化调节系数，其物理意义是在保证系统正常运行的前提下，系统优化运行中流量调节占供热调节的份额(对数值)；n 值定义为质量优化调节系数，其物理意义是在保证系统正常运行的前提下，系统优化运行中质量调节占供热调节的份额(对数值)。式(8-31)可变为

$$\overline{G}=\overline{Q}^{m} \tag{8-33}$$

由此可见，流量优化调节系数 m 的取值范围为：$m\in[0,1]$。

根据热水供暖系统供热调节的基本公式(8-13)和式(8-33)，可以求出热水供暖系统“质量-流量优化调节”的基本公式，即

$$t_g=t_n+0.5(t'_g-t'_h-2t_n)\overline{Q}^{1/(1+b)}+0.5(t'_g-t'_h)\overline{Q}^{1-m} \tag{8-34}$$

$$t_h=t_n+0.5(t'_g-t'_h-2t_n)\overline{Q}^{1/(1+b)}-0.5(t'_g-t'_h)\overline{Q}^{1-m} \tag{8-35}$$

对于热水供暖系统来说，系统的循环水量和供回水温度的变化会使系统产生失调现象。随着系统热负荷的降低，供暖系统循环水量也将随之降低。但是流量降低的程度是有限度的，系统的循环水量必须保证系统热用户的正常采暖，保证系统不发生失调现象。由于系统的管路形式决定着系统的失调特性，故流量优化调节系数 m 的取值主要受供暖系统的管路形式的制约。供暖系统的管路形式不同，以及所在地区不同，其循环水量的变化规律也不相同。

下面将针对几种常见的热水供暖系统进行运行优化分析，讨论流量优化调节系数 m 在特定的管路形式下的取值情况。

1. 单管热水供暖系统

根据单管热水供暖系统的特性，结合热水供暖系统的质量-流量优化调节的基本公式，可以求得单管热水供暖系统的流量优化调节系数 m，即：

$$m=\frac{b}{1+b}$$

则有

$$\overline{G}=\overline{Q}^{\frac{b}{1+b}}$$

其中 b 为表征散热器传热特性的系数，应根据用户选用的具体的散热器形式而定。由于供暖系统中各热用户采用的散热器形式不一，通常多用柱形散热器，取 $b=0.3$ 为宜，即 $m=0.23$。

系统的相对热负荷比 $\overline{Q}$ 与相对流量比 $\overline{G}$ 在单管热水供暖系统优化运行过程中存在着

$\overline{G}=\overline{Q}^{0.23}$的关系，由式(8-31)～式(8-33)可知，其流量调节在单管热水供暖系统运行优化调节中所占的份额为23%(对数值)，而供热系统的供回水温度(质量调节)在其运行中优化调节中占的份额为77%(对数值)。

根据上述分析，可以得出单管热水供暖系统在优化运行的情况下，系统的循环水量随室外温度的变化规律。以北京地区为例，见表8-1。

单管系统优化运行的循环水量随室外温度的变化规律　　表8-1

室外温度 t_w(℃)	相对热负荷比 $\overline{Q}$(%)	相对流量比 $\overline{G}$(%)	流量调节所占份额%(对数值)	质量调节所占份额%(对数值)
−7.6	100.0	100.0	23	77
−5	89.8	97.6		
−3	82.0	95.5		
−1	74.2	93.4		
0	70.3	92.2		
2	62.5	89.8		
5	50.8	85.6		

2. 双管热水供暖系统

根据双管热水供暖系统的特性，结合热水供暖系统的质量—流量优化调节的基本公式，可以求得双管热水供暖系统的流量优化调节系数 m，即

$$m=\frac{1}{3}$$

则
$$\overline{G}=\overline{Q}^{\frac{1}{3}}$$

系统的相对热负荷 $\overline{Q}$ 与相对流量比 $\overline{G}$ 在双管热水供暖系统的优化运行过程中存在着 $\overline{G}=\overline{Q}^{0.33}$的关系，说明其流量调节在双管热水供暖系统的运行优化调节中所占的份额为33%(对数值)，而调节系统的供回水温度(质量调节)在其运行优化调节中占67%(对数值)的份额。

根据上述分析，我们可以得出双管热水供暖系统在优化运行的情况下，系统的循环水量随室外温度的变化规律。以北京为例，见表8-2。

双管系统优化运行的循环水量随室外温度的变化规律　　表8-2

室外温度 t_w(℃)	相对热负荷比 $\overline{Q}$(%)	相对流量比 $\overline{G}$(%)	流量调节所占份额(%)(对数值)	质量调节所占份额(%)(对数值)
−7.6	100.0	100	33	67
−5	89.8	96.5		
−3	82.0	93.7		
−1	74.2	90.6		
0	70.3	89.0		
2	62.5	85.6		
5	50.8	80.0		

“质量-流量优化调节”方法强调系统的循环水量按照系统具体管路形式的特点随系统热负荷的变化进行动态调节，需要供暖系统具备较高的自控程度。如果系统不具备必要的自控设施，“质量-流量优化调节”方法是无法实现的。“质量-流量优化调节”方法得以贯彻实施的基本硬件要求是变频调速器在系统循环水泵上的应用。

以“质量-流量优化调节”方法对热水供暖系统进行优化运行分析，在此基础上，对系统的循环水泵进行变频调节，则可实现热水供暖系统的优化运行。

8.3.4 间歇调节

当室外温度升高时，不改变网路的循环水量和供水温度，而只减少每天供暖小时数，这种供热调节方式称为间歇调节。

间歇调节可以在室外温度较高的供暖初期和末期，作为一种辅助的调节措施。当采用间歇调节时，网路的流量和供水温度保持不变，网路每天工作总时数 n 随室外温度的升高而减少。它可按下式计算

$$n = 24\frac{t_{\mathrm{n}} - t_{\mathrm{w}}}{t_{\mathrm{n}} - t''_{\mathrm{w}}} \tag{8-36}$$

式中 n——网路每日工作小时数，h/d；

t_{w}——间歇运行时的某一室外温度，℃；

t''_{w}——开始间歇调节时的室外温度（相应于网路保持的最低供水温度），℃。

当采用间歇调节时，为使网路远端和近端的热用户通过热媒的小时数接近，在热源停止运行后，网路循环水泵应继续运转一段时间。运转时间相当于热媒从离热源最近的热用户流到最远热用户的时间。因此，网路循环水泵的实际工作小时数，应比由式（8-36）的计算值大一些。

上述供热系统运行调节是传统的理论计算调节方法，从供热原理上来说，也是根据室外气象条件，以供热系统供回水温度和一定的流量为依据来控制供热量，从而使建筑物室内温度达到用户的要求。应用这些调节方法的前提条件是：供暖系统各用户的采暖设计热负荷应与实际需要量相一致；供暖系统应在稳定状态下连续运行（间歇调节除外）；系统循环水量必须按照一定比例控制。但是，就我国供暖系统的现状来看，大部分用户的散热器远大于实际需要量，即设计热负荷远大于实际需要值。余量一般为50%～100%不等；而供热系统都是大容量、大水泵的“大马拉小车”状态，特别是锅炉供暖系统，锅炉运行烧烧停停，所以供暖系统实际运行参数与供热调节理论计算值相差甚远。例如，许多供暖系统在运行过程中，即使在采暖期最冷时，供水温度只有60～70℃，管网供回水温度差10℃左右，而用户室温也能达到要求。

由此可见，采用传统的供热调节方法，在计算网路供回水温度时，应该考虑用户散热器的相对面积（散热器设计面积与实际需要值之比）、相对流量（实际流量与设计流量之比）和供热系统运行的相对时间（实际运行小时数与24小时之比）。根据供暖热负荷供热调节基本公式（8-13）可得

$$t_{\mathrm{g}} = t_{\mathrm{n}} + \Delta t'_{\mathrm{s}}\left(\frac{\overline{Q}}{\overline{\overline{F}} \cdot \overline{\overline{T}}}\right)^{\frac{1}{1+b}} + \frac{1}{2}\Delta t'_{\mathrm{j}}\frac{\overline{Q}}{\overline{\overline{G}} \cdot \overline{t}} \tag{8-37}$$

$$t_h = t_n + \Delta t'_s \left(\frac{\overline{Q}}{\overline{F} \cdot \overline{T}} \right)^{\frac{1}{1+b}} - \frac{1}{2} \Delta t'_j \frac{\overline{Q}}{\overline{G} \cdot \overline{t}} \tag{8-38}$$

式中　$\overline{F}$——用户散热器的相对面积，即散热器设计面积与实际需要值之比，$\overline{F} = \frac{F_s}{F_x}$；

$\overline{t}$——管网供热相对时间，$\overline{t} = \frac{t_s}{24}$。

其他符号同前。

就上述供暖系统采用的供热调节方法而言，在一般供暖系统实际运行过程中难以控制，至少是供热控制不准确。即使考虑了多余的散热器和大流量问题，以及热源每天的运行时间，供暖系统运行过程控制也不能做的很理想。其原因有以下几个方面：

（1）热媒温度难以控制

供暖系统在运行过程中，特别是热源采用质调节供暖，流量不变，采暖用户一定，网路供回水温度决定于热源燃烧状态和室外气象条件。一般说来，热源在运行过程中，其瞬时供热量（出力）经常在变化，当然网路供水温度也随之改变。所以司炉工很难准确地控制供回水温度，即供热量只能大致控制在一个范围内，误差较大。

（2）“间歇”运行，热量无法估计

就目前情况来看，大部分供暖系统都是锅炉设备大，用户负荷小，所以在运行过程中锅炉不得不“间歇”运行，即使在冬季最冷时也只能这样。有的系统每天按三班制运行，每班停火 2～4 次不等。可见，系统在运行过程中，锅炉频繁起火、压火，网路供、回水温度总是在不断变化。如果按间歇调节的方式来控制锅炉运行时间和供水温度，那么锅炉运行在起火和压火过程中的供热量是无法估计的。这样必然导致系统热用户时冷时热，冷热不均或造成不必要的浪费。

（3）循环水量无法计量

实际上，包括大家公认的比较经济合理的分阶段改变流量质调节的供热调节方法也是很难实现的。因为网路在运行中，除了供、回水温度不易控制外，系统的流量也无法知道，大多数热源根本就没有流量监测仪表，所以就无从谈起分阶段改变流量作为系统运行的依据，室外温度较低时运行大泵或多台泵，室外温度较高时运行小泵或减少水泵台数（此时，实际流量比计算最大流量还大的多），显然，这种分阶段改变流量是不合理的。

（4）管网的动态特性

供热介质在供热管网中的循环需要一定的时间，因此，当在热源端进行调节时，例如，调节供水温度，那么这种供水温度的变化需要经过一段时间之后才能反映在建筑的末端散热设备上，而且，由于散热损失的因素，这种变化还存在一定的衰减。延迟和衰减的程度取决于供热管网的动态特性。

（5）需热量的影响因素众多

室外温度不是影响建筑需热量的唯一因素，还包括风速、风向、太阳辐射照度等其他的气象参数，此外，室内人员的作息时间、生活习惯等社会因素也会影响需热量的大小。因此，不能把室外温度作为计算建筑需热量的唯一气象因素。

（6）蓄热性能的影响

建筑的墙体、屋面等围护结构具有蓄热性能，室内的家具、设备等也具有一定的蓄热性能。因此，当室外温度改变时，这种变化并不是即刻反应到建筑需热量上，而是存在着一定的延迟和衰减。此外，前一段时间的建筑蓄热量的大小也会对当时的建筑需热量产生重要影响。因此，由于蓄热量的影响，即便是供热量与当时的需热量不相等，室内的温度也不会有太大的波动。

8.3.5 热量调节法

针对上述问题，就目前供暖现状，我们采用一种简单而易行的调节方法—热量调节法。这种调节方法从根本上解决了上述供暖调节存在的问题。因为传统的供热调节（质调节、量调节、分阶段改变流量质调节和间歇调节），其目的就是通过控制网路供、回水温度、流量、运行时间来调节供热量以适应热用户热负荷的变化。这些调节方法只是一种理论计算法，其条件是系统必须连续、稳定运行，且设计负荷（即相应的散热器面积）、循环水量应与实际需要值一致。这与系统实际运行过程和现状相差较大，所以难以实现。

热量调节法是通过热量监测装置根据热用户的要求直接控制供热量，热媒温度可以不予考虑（为了适应人们的习惯，这里仍然给出网路在稳定运行过程中实际的温度值，只作参考）。这种调节方法，需要在系统中安装流量计、监测计量用温度计和热量监测仪。在运行过程中，根据室外气象条件，给定每天（或每班）的瞬时热负荷、累计供热量和锅炉的运行时间即可，同时还可以给出网路参考供、回水温度和概算耗煤量，以便指导司炉管理人员计量供热，按需调节。只要系统能按照给定的供热指标并在规定时间内运行，并且达到要求的累计热量，用户室温即可达到要求。即使锅炉运行状态不能控制的很稳定也无关紧要，关键是使供暖系统如何优化运行，即在保证供热质量的前提下，提高供热效率，减少能耗（煤、气、油和电耗）。主要反映在如下几个方面：锅炉负荷率与运行热效率的关系；锅炉运行时间和供热效果的关系；锅炉间歇运行与热效率的关系；循环水量与动力电耗的关系（改变循环水泵台数或变频控制）。

对于热力站供暖系统来源，供热调节相对比较容易控制，特别是热电站供热系统，在热力站直接控制蒸汽量或一次管网系统的温度和流量，系统运行调节可以稳定连续工作。但是大多数热力站，如一次管网是高温热水，一般不允许使用者根据气候变化情况调节一次管网的流量，至少要限制一次管网回水温度在一定范围内。这也就限制了热用户调节的可能性。如一次管网流量和供水温度不变，二次管网的供热量在很大程度上取决于换热器的多少，调节二次管网的流量时供热量的影响不大。所以，如果一次管网调节不合理的话，热力站的供热调节也难以实现。这也是热力站目前普遍存在的问题。

【例 8-1】某供暖系统，采暖面积为 $A=60000m^2$，使用两台热水锅炉（SHW4.2/1.3/130-W）。室外采暖计算温度为−15℃，室内采暖计算温度为 18℃。用户所用散热器以 4E813 为主，设计供回水温度为 95/70℃。试绘制在下列条件的供热调节曲线。

（1）采用质调节运行方式，假设供暖系统稳定连续运行，且设计热负荷与实际需要值一致（$\overline{F}=1$），相对流量 $\overline{G}=1$。

（2）该系统设计热负荷比实际需要值多 50%，即散热器相对面积 $\overline{F}=1.5$；由于设备匹配及管网水力失调等原因，实际循环水量比设计值大 30%，即相对流量 $\overline{G}=1.3$。

（3）由于系统选用的锅炉容量大，所以供暖系统一般为间歇运行。当室外温度 t_w 低于−10℃时，锅炉每天运行 21h；当−10℃≤ t_w <−5℃时，运行 18h；当−5℃≤ t_w <

0℃时，运行 15h；当 0℃$\leqslant t_w \leqslant$5℃时，运行 13h，设 $\overline{F}=1.5$，$\overline{G}=1.3$。

（4）设用户面积热指标为 $q=60\text{W/m}^2$，燃煤的发热值为 $Q_{dw}=23000\text{kJ/kg}$，锅炉运行平均热效率为 $\eta=72\%$，$\overline{F}=1.5$，$\overline{G}=1.3$。试计算系统各项运行供热参数和供热指标，即不同室外温度下的瞬时供热量、每天累计供热量和耗煤量、供回水温度等。

［解］（1）根据供暖系统质调节理论计算公式（8-16）、（8-17），可确定不同室外温度下的供回水温度，即：

$$t_g = t_n + \Delta t'_s \overline{Q}^{\frac{1}{1+b}} + 0.5\Delta t'_j \overline{Q}$$

$$t_h = t_g - \Delta t'_j \overline{Q}$$

其中 $\Delta t'_s = \Delta t' = 0.5(t_{g'} + t_{h'} - 2t_n) = 0.5(95+70-2\times18) = 64.5℃$

$$\overline{Q} = \frac{t_n - t_w}{t_n - t_{w'}} = \frac{18 - t_w}{18+15} = \frac{18 - t_w}{33}$$

$$\Delta t'_j = \Delta t'_j = (t'_{g'} - t_{h'}) = 95 - 70 = 25℃$$

$$\frac{1}{1+b} = \frac{1}{1+0.35} = 0.74$$

将上述数据代入上述公式，得：

$$t_g = 18 + 64.5\left(\frac{18-t_w}{33}\right)^{0.74} + 12.5\left(\frac{18-t_w}{33}\right)$$

$$t_h = t_g - 25\left(\frac{18-t_w}{33}\right)$$

把各个不同的室外温度（$-15℃\leqslant t_w \leqslant +5℃$）代入上式，可得在不同室外温度下的网路供、回水温度，图 8-2 中曲线 1、2 即为理论计算质调节供回水温度曲线。

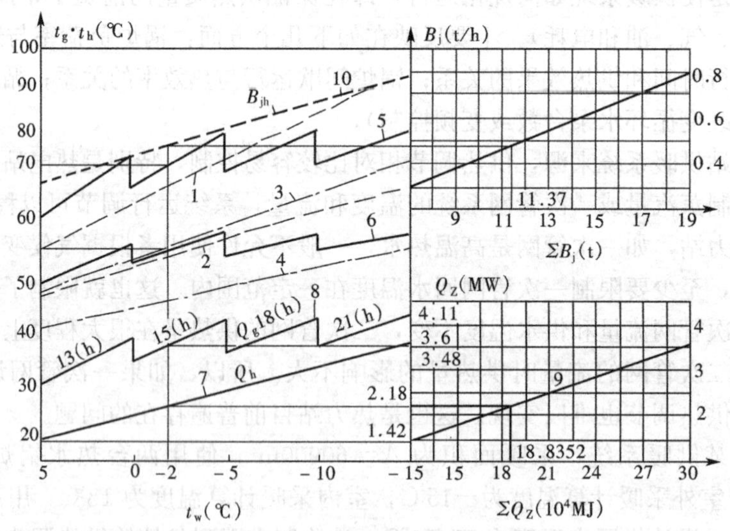

图 8-2　供暖系统供热调节曲线图

1，2—网路理论计算供、回水温度曲线；3，4—网路连续运行实际供、回水温度曲线；5，6—网路间歇运行实际供回水温度曲线；7—系统热负荷；8—系统运行供热负荷；9—系统每天总供热量；10—系统运行平均小时耗煤量；11—系统每天概算耗煤量

（2）当用户散热器相对面积 $\overline{F}=1.5$，系统相对流量 $\overline{G}=1.3$ 时（相对运行时间 $\overline{T}=1$），根据式（8-37）与（8-38）得：

$$t_g = 18 + 64.5\left(\frac{18 - t_w}{33 \times 1.5}\right)^{0.74} + \frac{12.5}{1.3}\left(\frac{18 - t_w}{33}\right)$$

$$t_h = t_g - \frac{25}{1.3}\left(\frac{18 - t_w}{33}\right)$$

同理可得在不同室外温度下的网路供回水温度。在图 8-2 中，曲线 3、4 为相应的温度曲线。可见，供暖系统在运行过程中，实际热媒温度与理论计算值相差很大。

(3) 当$-15℃ \leqslant t_w < -10℃$时，$\overline{T} = \frac{21}{24}$

$-10℃ \leqslant t_w < -5℃$时，$\overline{T} = \frac{18}{24}$

$-5℃ \leqslant t_w < 0℃$时，$\overline{T} = \frac{15}{24}$

$0℃ \leqslant t_w \leqslant 5℃$时，$\overline{T} = \frac{13}{24}$

根据式 (8-37)、(8-38) 得：

$$t_g = 18 + 64.5\left(\frac{18 - t_w}{33 \times 1.5\overline{T}}\right)^{0.74} + \frac{12.5}{1.3}\left(\frac{18 - t_w}{33\overline{T}}\right)$$

$$t_h = t_g - \frac{25}{1.3}\left(\frac{18 - t_w}{33\overline{T}}\right)$$

把不同阶段的锅炉相对运行时间和对应的室外温度代入上式，可得相应的供、回水温度值。如图 8-2 所示，曲线 5、6 为相应的温度曲线。

上述不同条件下的网路供回水温度，见表 8-3。

热水网路运行调节供回水温度 **表 8-3**

室外温度 t_w (℃)		5	2	0	−2	−5	−8	−10	−13	−15
$\overline{F}=1$ $\overline{G}=1$ $\overline{T}=1$	t_g	55.3	61.8	66	70.1	76.1	81.9	85.7	91.3	95
	t_h	45.4	49.7	52.4	54.9	58.7	62.2	64.5	67.8	70
$\overline{G}=1.3$ $\overline{F}=1.5$ $\overline{T}=1$	t_g	45.7	50.6	53.7	56.8	61.3	65.5	68.5	72.6	75.4
	t_h	38.2	41.3	43.2	45.1	47.9	50.5	62.1	54.6	56.2
$\overline{F}=1.5$ $\overline{G}=1.3$	t_g	62.7	70.6	75.7	74	80.5	77.6	81.2	78.7	81.7
	t_h	48.7	53.4	56.3	55.4	59.1	57.4	59.5	58	59.7
	$\overline{T}$	13/24			15/24		18/24		21/24	

(4) 采用热量调节法进行供热调节，首先需要计算系统的热负荷，累计供热量和耗煤量等。

① 热负荷计算

根据系统的供暖面积（A=60000m²）和供暖面积热指标（q=60W/m²）可得供暖热负荷为：$Q = q \cdot A = 60 \times 60000 = 3.6 \times 10^6$W

最大小时耗煤量 B_j 概算值：

$$B_{\mathrm{j}} = \frac{3600Q}{\eta \cdot Q_{\mathrm{dw}}} = \frac{3600 \times 3.6 \times 10^{6}}{0.72 \times 23000000} = 782.6\mathrm{kg/h}$$

根据式（8-10），计算不同室外温度下的相应的建筑物热负荷。进而计算供热系统供热负荷、供热量、耗煤量以及系统供回水温度（供热系统运行参数值）。系统供回水温度采用式（8-37）和式（8-38）计算。

各运行参数计算结果见表 8-4。

供热调节运行参数表 **表 8-4**

t_{w}（℃）	t_{g}（℃）	t_{h}（℃）	Q_{h}（MW）	Q_{G}（MW）	Q_{Z}（MJ）	B_{J}（t/d）	T（h）
5	62.7	48.7	1.42	2.62	122688	7.4	13
4	65.4	50.3	1.53	2.82	132192	7.98	13
3	68	51.9	1.64	3.02	140169	8.55	13
2	70.6	53.4	1.75	3.23	151200	9.13	13
1	73.2	54.9	1.85	3.41	159840	9.65	13
0	75.7	56.3	1.96	3.61	169344	10.22	13
−1	71.8	54.1	2.07	3.31	178848	10.79	15
−2	74	55.4	2.18	3.48	188352	11.37	15
−3	76.2	56.6	2.29	3.66	197856	11.94	15
−4	78.4	57.8	2.4	3.84	207360	12.52	15
−5	80.5	59.1	2.51	4.01	216864	13.09	15
6	74	55.4	2.62	3.49	226368	13.66	18
−7	75.8	56.4	2.73	3.64	235872	14.24	18
−8	77.6	57.4	2.84	3.78	245.376	14.81	18
−9	79.4	58.4	2.95	3.93	254880	15.39	18
−10	81.2	59.4	3.05	4.06	263520	15.91	18
−11	75.6	56.3	3.16	3.61	273024	16.48	21
−12	77.1	57.1	3.27	3.73	282528	17.06	21
−13	78.7	58	3.38	3.86	292032	17.63	21
−14	80.2	58.9	3.49	3.98	301536	18.2	21
−15	81.7	59.7	3.6	4.11	311040	18.78	21

表中 t_{w}——室外采暖计算温度，℃；

t_{g}——网路供水温度，℃；

t_{h}——网路回水温度，℃；

Q_{h}——某室外温度下的建筑物热负荷，MW；

Q_{G}——某室外温度下的实际供热负荷，MW；

Q_{Z}——某室外温度下供暖系统每日累计供热量，MJ；

B_{J}——供暖系统每日概算耗煤量，t/d；

T——锅炉每天运行小时数，h/d。

采用热量调节法，其供热调节曲线如图 8-2 所示。通过供热调节曲线图，可直接查取某一室外温度下的供回水温度（参数值），实际供热量和概算耗煤量，从而为供暖系统实行量化管理提供了可靠的依据。

由此可见，无论采用什么调节方法，要保证用户室内温度不变（平均值），每天（或每班）的供热量就不能改变。例如，当室外日平均温度为－5℃时，每天需要供热量为216864MJ，概算耗煤量为 13.09t，如运行负荷为 2.51MW，需运行时间 24h；如运行负荷为 3.77MW，需运行 16h；如运行负荷为 5.02MW，则需运行 12h（一般每次停运时间不要超过 6h）。所以只有通过热量监测仪计量系统每一时刻的供热量，积算得累计供热量达到所要求的值，才能保证用户室温在允许的范围内变化。这样就弥补了传统的供热调节方法仅靠热媒参数控制热量的不足，从而保证了供热质量，通过优化运行，提高了供热效率，减少了能耗和运行费用，而且便于运行管理。

8.4　分布变频变流量输配调控技术

8.4.1　概述

供热系统循环水泵传统的设计方法是根据最远、最不利用户选择循环水泵，并设置在热源处，用于克服热源、热网和热用户系统阻力，如图 8-3 所示。这种设计思想，必然带来以下难以克服的缺点：

（1）在供热系统的近端靠近热源处热用户，形成了过多的资用压头。为了满足近端热用户循环流量，必须设置流量调节阀，将多余的资用压头消耗掉，这种无谓的节流损失是循环水泵设计方法本身造成的。

（2）极易形成冷热不均现象。由于近端热用户出现过多的资用压头，在没有很好的调节手段的情况下，近端热用户流量超标，是很难避免的；这种近端流量超标，必然又带来远端流量不足，形成供热系统冷热不均现象。

（3）为落后的大流量运行方式提供了平台。在出现冷热不均现象的同时，从水力工况的角度考虑，必然形成喇叭形的水压图，也就是系统的末端出现供回水压差过小即热用户资用压头不足的现象。在这种情况下，为提高供热效果，增加末端热用户的资用压头，往往采用加大循环水泵和或末端增设加压泵的作法，从而使供热系统循环流量超标，进而形成大流量小温差运行方式。

（4）造成了供热系统能效水平的低下。我国目前供热系统能效在 30%左右，远低于国外先进国家。供热系统能效高低，取决于两方面因素：一是无效供热量的多少，无效供热量包括锅炉热损失、外网热损失和系统冷热不均引起的无效热量；二是管网热媒输送中的无效电能的量。

其中冷热不均的无效热量和热媒输送过程的无效电能都与循环水泵的设计方法不合理有直接关系。根据统计计算，冷热不均产生的无效热量约占系统总供热量的 30%～40%。输送管网的无效电耗约占 30%～60%，可见采用正确的系统循环水泵设计思路，具有很大的节能潜力。

为克服传统循环系统存在的弊端，石兆玉、李德英、秦绪忠等专家提出“分布式变频泵系统”，该系统是一种优化分配集中供热系统水循环动力的技术。该系统把传统的供热系统改变成了一种柔性的供热系统。如图8-4所示，用一个小的主循环泵将各用户支路的阀门取消，代之以变频调节，主循环泵提供的压头不足的部分由用户支路的变频泵补齐，从而减小了阀门的节流损失，大幅提高系统的动力输送效率。并允许根据热量平衡需要，通过各站变频泵随意调节各热力站的运行流量，并且不会出现管道压力大幅度波动的安全问题。热网平衡调节变得简单易行，可以节约大量的热能与电能。此系统在山西、河北部分地区已成功应用。

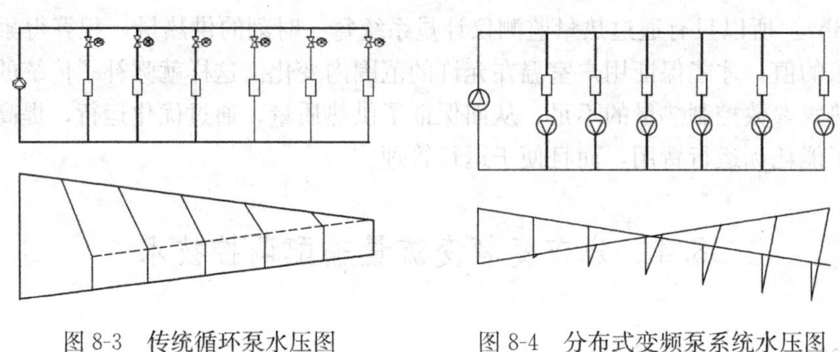

图8-3 传统循环泵水压图　　　　图8-4 分布式变频泵系统水压图

8.4.2 分布式变频系统形式

目前，国内分布式变频泵系统常见形式有：

1. 热源泵与热用户泵合一，承担热源内部的水循环和各热用户资用压头的建立；热网泵由设在各热用户供回水干管上的加压泵承担。

如图8-5所示，该系统共10个热用户（或10个热力站），系统总流量为300t/h，各热用户设计流量均为30t/h，各热用户资用压头均为10mH_2O，热源内部总压力损失为10H_2O。热源泵（0管段）扬程20mH_2O，流量300t/h；11-30供回水干管上的加压泵扬程皆为3mH_2O。

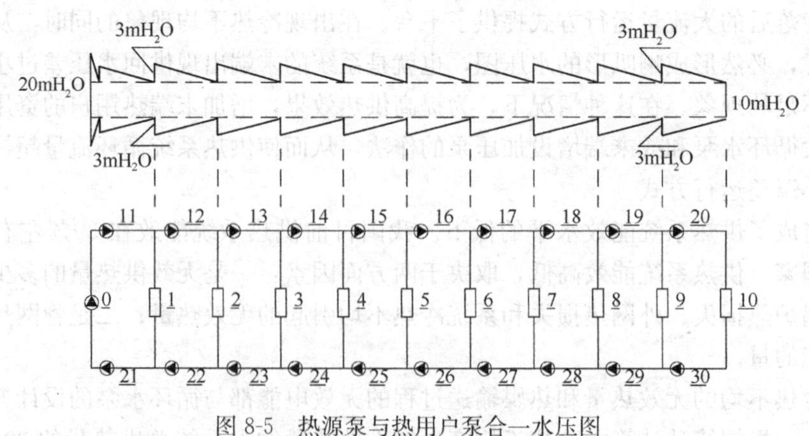

图8-5 热源泵与热用户泵合一水压图

2. 热源泵、热网泵和热用户泵各司其职，即热源泵只承担热源内部的水循环，热网泵由供回水干管上加压泵承担，热用户泵由热用户各自的加压泵承担资用压头的建立。

如图8-6所示，该系统共10个热用户（或10个热力站），系统总流量为300t/h，各热用户资用压头均为 $10mH_2O$，热源内部总压力损失为 $10mH_2O$。热源泵（0 管段）扬程 $10mH_2O$，流量 300t/h；11-30 供回水管上的热网加压泵扬程为 $3mH_2O$；1-10 热用户泵，扬程皆为 10 mH_2O，流量皆为 30t/h。

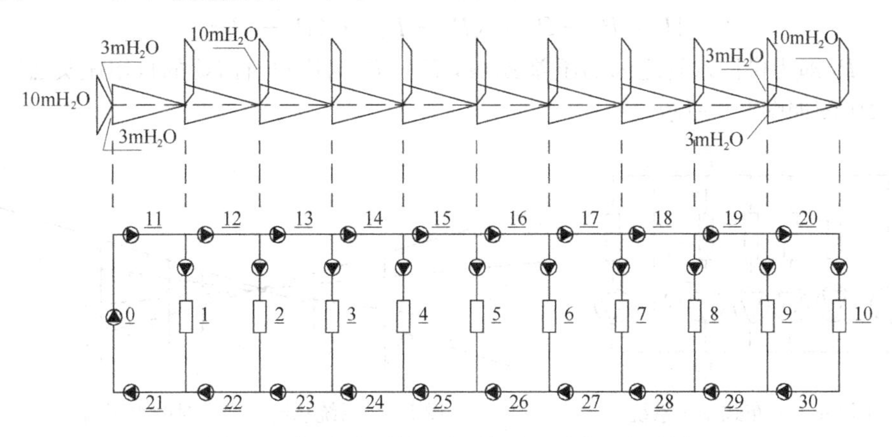

图 8-6 热源泵、热网泵、热用户泵独立水压图

3. 热源泵单独设置，热网泵与热用户泵合一，其功能由热用户泵承担。

如图 8-7 所示，该系统共 10 个热用户（或 10 个热力站），系统总流量为 300t/h，各热用户设计流量均为 30t/h，热用户资用压头为 10m 水柱，热源内部总压力损失为 10m 水柱。热源泵（0 管段），扬程 $10mH_2O$，流量 300t/h；1-10 热用户（热网）泵，流量皆为 30t/h，扬程依次为 16m、22m、28m、34m、40m、46m、52m、58m、64m、70m。

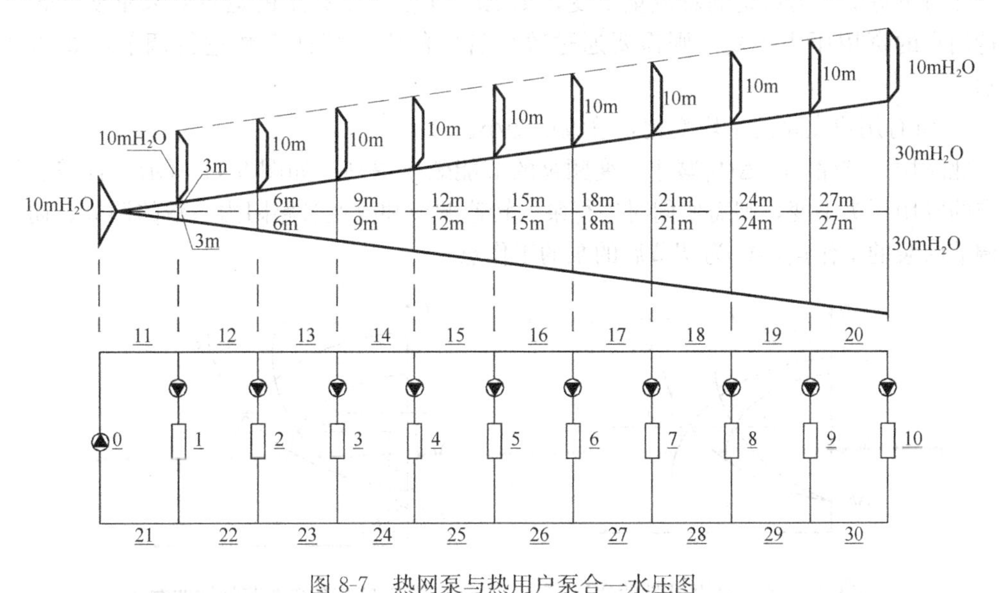

图 8-7 热网泵与热用户泵合一水压图

8.4.3 分布式系统的运行调节

系统的合理调节是保证系统正常运行的基础。分布式变频系统的基本调节思想是主循环泵转速通过零压点压力进行控制，使零压点压差维持为零，各用户泵根据用户支路负荷

变化进行泵频调速以满足要求。下面就用户支路负荷变化的集中典型情况进行讨论。

1. 假设用户 i 的流量不变，其他用户流量发生变化，系统总流量变小。

如图 8-8 所示，用户 i 支路的变频泵扬程为：

$$H = P_3 - P_2 = (P_3 - P_1) + (P_1 - P_2)$$

其中 $P_3 - P_1$ 即为供回水管之间的压差 $\Delta P_{背}$，$P_1 - P_2$ 为用户所需要的自用压头 $\Delta P_{资}$，此时系统的水压图如图 8-9 所示。

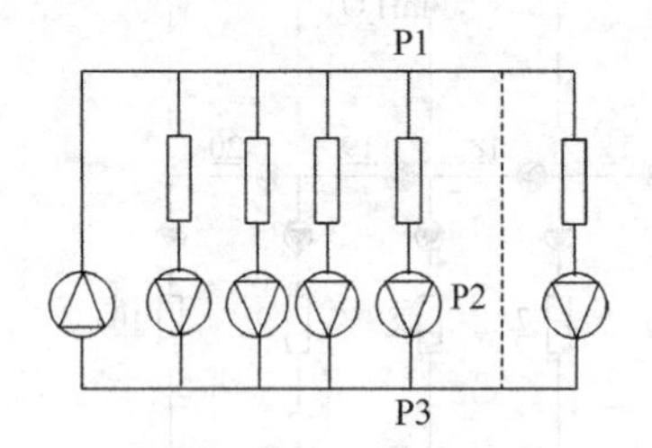

图 8-8　分布式变频系统

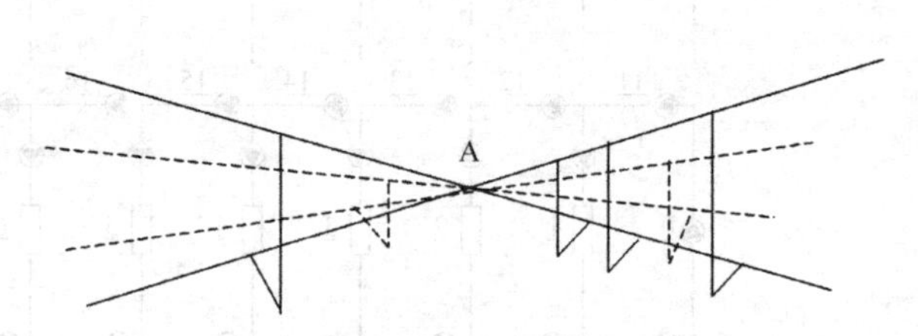

图 8-9　系统总流量变小时的水压图

由于用户支路的流量 G_i 不变，则用户 i 需要的资用压头不变，但系统总流量减少时，主循环泵转速降低，若用户 i 位于零压控制点之后，则 $\Delta P_{背}$ 减小，用户支部泵扬程较小，转速降低，节能效果更好。若用户 i 位于零压控制点之前，则 $\Delta P_{背}$ 增大，用户支路泵扬程反而增加，由于支路背压增大，变频泵的节能效果降低。

2. 假设用户 i 的流量变化，其他用户支路均不变。

此时可近似认为系统的总流量不变，则 $\Delta P_{背}$ 不变，变频泵的运行效果不变。若需要保持用户的资用压头不变，则需要通过改变管路的阻力特性系数进行调节，如图 8-10 所示。

3. 所有用户支路流量均变化，总流量变小。

此时用户支路 i 的 $\Delta P_{背}$ 减小，变频泵的节能效果提高。如图 8-11 所示，若需要保持用户的资用压头不变，则需要同时进行泵的转速调节和改变管路阻力系数的调节。途中 A 为调节前泵的工作点，A_1 为调节后的泵的工作点。

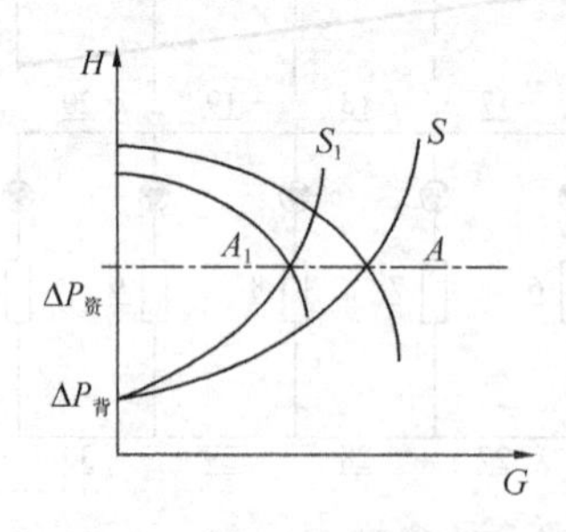

图 8-10　系统调节特性曲线

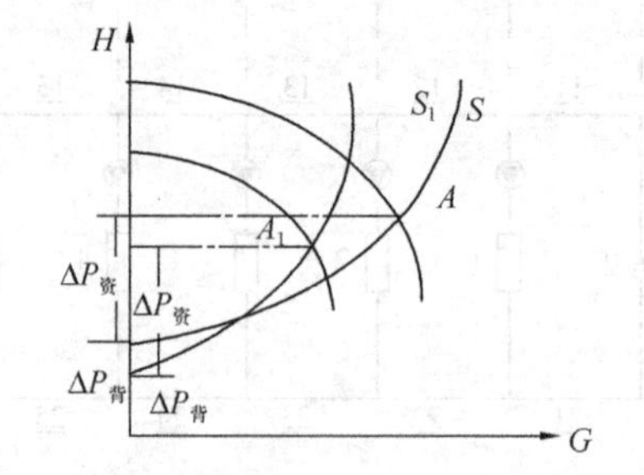

图 8-11　系统调节特性曲线

8.4.4　分布式变频泵系统的特点

综合以上研究分析，与传统阀门调节系统形式相比，分布式变频系统具有如下特点：

1. 由于分布式变频系统减少了阀门能耗浪费，使得系统水泵运行能耗大大降低，尤其在部分流量下，节能效果显著。

2. 采用零压电压差控制主循环泵转速的方法，可有效改善系统的水力稳定性。根据零压电位置选在系统负荷集中处的原则，当干管流量变化时，各用户的压差变化比仅在热源处设有循环泵的传统方式大大降低，因此即使用户不做调整，干管流量的变化对用户支路的流量变化影响也不大。

3. 主循环泵仅克服零压点位置前的干管压降，这不仅可以准确确定主循环泵扬程大小，而且可以保证主循环泵的工作点效率在转速变化时保持不变，通过合理分析和适当的选择，可一直在高效点工作。

4. 由于我国的热网负荷一般是在投入使用后逐渐增加，而传统系统形式的设计却是在设计工况下进行，这必定造成初始阶段的运行时大马拉小车，而分布式变频系统中主循环泵可随负荷变化进行调整，避免不必要的浪费。

5. 分布式变频系统干管压降变化范围小，有利于避免水泵的气蚀现象，且管道和管件的压力降低，可延长管网使用寿命并降低管网投资。

6. 由于变频技术的发展，变频器的价格降低，以变频泵代替传统系统中的电动调节阀，初投资不仅不会增加，而且会有所减少，水泵的可调性和可靠性均优越于调节阀，若考虑系统运行过程中的维护管理费用，分布式系统明显具有更好的经济性。

8.5 供热系统热计量技术

8.5.1 国内供热计量发展历程

2003 年 7 月建设部等八部委下发《关于城镇供热体制改革试点工作的指导意见》，从此以后中国供热体制改革可分为三个阶段：第一，摸索试点阶段；第二，采暖补贴由“暗”变“明”；第三，全面推广热计量阶段。

1. 试点阶段（2003～2005 年）

随着经济体制的改革，“单位包费，福利供热”的制度越来越不适宜中国发展的需要。全国城镇 80%的住宅已经归城镇居民所有，但是供热费仍由单位支付，造成供暖主体与缴费主体独立，导致欠费现象日益严重，供热质量下降。并且，采暖计费方式仍采用按面积收费，而不是按用热量收费，造成住户行为节能意识差，且无相应调节室温手段，制约了供热节能水平的提高，导致能源严重浪费。

面临以上种种矛盾和问题，全国人才组织建设部等多部委进行多次联合调研，并认为城镇供热体制需要改革。按照国务院的要求，2003 年建设部等八部委决定先进行试点，取得成功后在向全国推广。

为推动这项工作，八部委组成供热体制改革试点领导小组，实行联席会议制度，负责指导和协调各地开展的改革试点工作，研究相关供热体制改革政策。其中领导小组设置在建设部，《指导意见》要求各地方也成立领导小组加强改革试点工作的组织和协调。

2. 以采暖费“暗补”变“明补”改革为核心的全面推进阶段（2005～2007 年）

2003 年开展试点工作的两年内，试点工作得到高度的重视，全国有 43 个城市进行试点，实行用热商品化、货币化，建立按热收费模式的试点，推动既有建筑节能改造。

2005年12月建设部等八部委联合下发了《关于进一步推进城镇供热体制改革的意见》。在供热体制改革试点的基础上进一步明确了全面推进供热体制改革的工作，标志着我国供热体制改革进入到一个新的全面推进阶段。

2006年8月全国供热体制改革工作会议在沈阳召开[7]。这次会议的主题是推动节能工作，总结、交流全国城镇供热体制改革工作的经验，部署下一步推进城镇供热体制改革的重点工作。

3. 以供热计量改革为重点的深化阶段（2007年至今）

自2003年供热体制改革以来，北方采暖地区基本完成采暖费补贴“暗补”变“明补”。改革工作取得阶段性的成功，但是供热采暖的能耗没有明显下降，要完成“十一五”建筑节能的目标任务还有很长一段路要走。北方采暖地区城镇每年新增的新建建筑约4.75亿m^2，其中70%未安装热计量装置，无法实施按热收费，造成“节能建筑不节能，用户节能不省钱”。

采暖补贴由“暗”变“明”的过程中，体制改革重点也发生明显的变化。供热商品化、货币化市场机制建立，为热计量改造奠定基础，大力推进热计量改革已成为首要任务。

2007年9月全国供热计量改革经验交流会在天津召开，会议主要任务是学习天津等地的供热计量先进经验，把热计量改革作为以后的重点。会议上，仇保兴副部长指出，供热体制改革已到关键时刻，战略中心必须转移到热计量改革上，落实节能减排任务。天津会议是供热计量改革的一次里程碑式会议，标志着供热计量改革进入了新阶段。

为落实天津会议的任务，11月12日建设部组织召开了供热计量改革的经验交流会。会议的主要任务为充分动员供热企业在改革中的主力军作用，加快供热计量改革。

综上所述，自2003年以来，供热体制改革经历了试点准备阶段、以热费制度改革为核心的全面推进阶段后，目前已经进入到以供热计量改革为中心的新阶段。虽然三个阶段形成的背景不同，工作重心也各有侧重，但是三个阶段又互相衔接、前后递进。在成功取得了试点经验后，改革首先以“暗补”变“明补”改革为突破点，实现了供热商品化、货币化。在具备了较为完善的供热市场、热计量技术日臻成熟等条件后，改革的重心适时转移到了供热计量改革上来。供热体制改革以供热计量为核心顺应了国家节能减排战略国策的要求，体现了时代性和战略性。

8.5.2　供热计量方式形式

目前我国在供热工程中采用的热量计量可分四种，每一种计量方案都有其自身的技术特点且成本效益亦不相同，形式如下：

1. 散热器热分配表法

户内每个散热器的散热量由蒸发式或电子式热分配表计量，整栋楼安装热量表。每户的耗热量按照分配表的读数进行分摊，如图8-12所示。由于热分配表安装在独立的散热器上，对供热系统的管路形式没有特殊的要求。热分配表安装在每个散热器上，不是直接计量热量，而是采用间接的方法，计量散热器的散热量。

2. 户用热量表法

每个住户的热耗通过一块热量表计量。户用热量表安装在按户分环系统中。热水表安装在住户的入口，计量用户采暖用水量，如图8-13所示。楼栋热力入口安装热量表，用

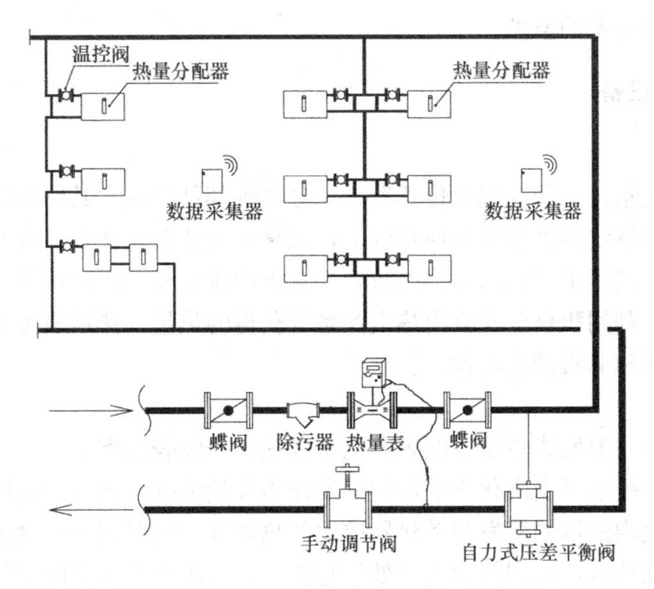

图 8-12 热分配计法

于计量整个楼栋的耗热量。各户的热水表用来进行热量分配，计算出各户耗热量。

目前，对于单户计量主要采用机械式热量表，而对于热力入口或换热站等较大系统的热计量一般采用超声波式热量表。热量表安装在管路上，能适合各种热水采暖系统，并且计量精确性高。

3. 流量温度法

每组散热器供、回管安装温度传感器及一个三通电动阀，整栋楼安装热量表。流量温度法是利用每个立管或分户独立系统与热力入口流量之比相对不变的原理，结合现场测出的流量比例和各分支三通前后温差，分摊建筑的总供热量。流量比例是每个立管或分支独立系统占热力入口流量的比例。该方法非常适合既有建筑垂直单管顺流式系统的热计量改造，还可用于共用立管的按户分环供暖系统，也适用于新建建筑散热器供暖系统。

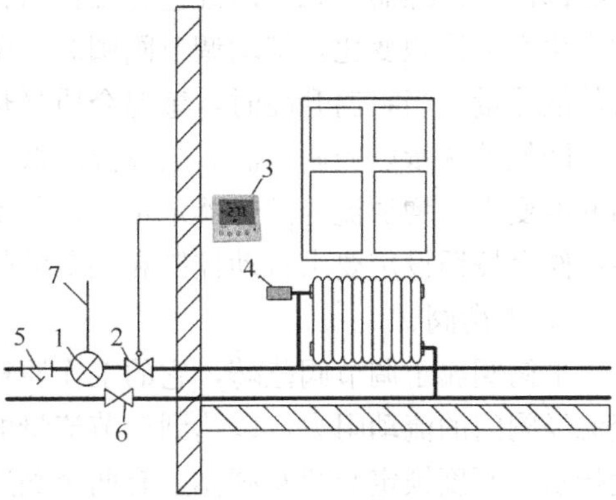

图 8-13 户用热量表法

1—户用热量表；2—电动阀；3—温控装置；4—温控阀；5—过滤器；6—测温球阀；7—数据传输线

4. 通断时间面积法

具体做法是，在各户分环水平支路上安装室温通断控制阀，对该用户的循环水进行通断控制来实现该户的室温调节。在各户的代表房间放置室温控制器，用于测量室内和供用户设定温度，并将这两个温度值传输给通断控制阀。同时记录和累计各户通断时间，结合供暖面积分摊整栋建筑的热量。

通断时间面积法是以每户的供暖系统通水时间为依据，分摊建筑的总供热量。该方法应用前提是住宅每户须为一个独立的水平串联系统，设备选型和设计负荷要良好匹配，不能改变末端散热设备容量，各户之间不能出现明显水力失调。能够实现分摊热量、分户控温，但是不能实现分室的温控。

8.5.3　供热计量设备

1. 热量表

热量表是由流量计、配套温度传感器、积分仪等部件组成。其原理是将一对温度传感器分别安装在供热管线的供水管和回水管上，流量计安装在流体入口或回流管上，流量计及温度传感器各自测量出当前的供热参数，并输出相应信号，而积算仪采集来自流量和温度传感器的信号，利用积算公式算出热交换系统获得的热量。热量表按流量计的测量原理不同可分为机械式和非机械式两种。

2. 热分配表

热分配表可分为蒸发式热量分配表和电子式热量分配表两类。

蒸发式热量分配表以表内化学液体的蒸发作为计量依据，热分配表所处位置能够感应散热器的温度，表内液体的蒸发与散热器散发的热量和用热时间成比例关系，由此可以用来计算散热器的散热量，根据热力入口处的总热量推算出各散热器的实际耗热量。

电子式热量分配表的功能和蒸发式相似，其特点是通过核心高度集成的微处理器自动存储耗热量，这样不仅可以通过人机接口直观地读出耗热量，还可以随时检测和分析用户的用热情况，并且可以及时发现异常情况，方便管理。

3. 恒温阀

散热器恒温控制阀是由恒温控制器、流量调节阀以及一对连接件组成。恒温控制器的核心部件是传感器单元，即温包。温包内充有感温介质，能够感应环境温度，随感应温度的变化产生体积变化，带动调节阀阀芯产生位移，进而调节散热器的通过水量来改变散热器的散热量。当室温升高时，感温介质吸热膨胀，关小阀门开度，减少了流入散热器的水量，降低散热量以控制室温。当室温降低时，感温介质放热收缩，阀芯被弹簧退回而使阀门开度变大，增加流经散热器水量，恢复室温。恒温控制阀设定温度可以人为调节，恒温控制阀会按照设定要求自动控制和调节散热器的热水供应。

4. 平衡阀

平衡阀属于调节阀范畴，它的工作原理是通过改变阀芯与阀座的间隙（开度），来改变流经阀门的流动阻力，以达到调节流量的目的。平衡阀与普通阀门的不同之处在于有开度指示、开度锁定装置及阀体上有两个测压小阀。在管网平衡调试时，用软管将被调试的平衡阀测压小阀与专用智能仪表连接，仪表能显示出流经阀门的流量值（及压降值），经与仪表人机对话向仪表输入该平衡阀处要求的流量值后，仪表经计算、分析，可显示出管路系统达到水力平衡时该阀门的开度值。

5. 气候补偿器

气候补偿器是有效调节系统能耗的控制装置。它是根据室外温度变化情况及用户设定不同时间对室内温度的要求，计算确定出恰当的用户供水温度，并自动控制室外管网热媒流量，实现用户系统供水温度随室外温度自动进行气候补偿，避免产生室温过高而造成能源浪费的节能产品。

6. 变频水泵

通常，水泵负载多是根据满负荷工作需用量来选型，但在实际应用中，由于热计量用户调整量大的特点，导致水泵大部分时间并非工作于满负荷状态。采用变频器直接控制水泵负载是一种最科学的控制方法，利用变频器内置 *PID* 调节软件，直接调节电动机的转速保持恒定的水压，从而满足系统要求的压力。由于变频器可实现大的电动机的软停、软起，避免了启动时的电压冲击，减少电动机故障率，延长使用寿命，同时也降低了对电网的容量要求和无功损耗。

7. 数据采集系统

供热系统数据采集系统的主要功能，是把流量、温度、压力等现场监测的参数转化成电信号，统计由计算机对采集的电信号处理，处理后的电信号通过 *A/D* 转换器转化为数字信号，*PC* 机对送入的数字信号进行在线分析、记录或储存、显示、数据共享等。数据采集系统的结构图及功能框架如图 8-14 所示。

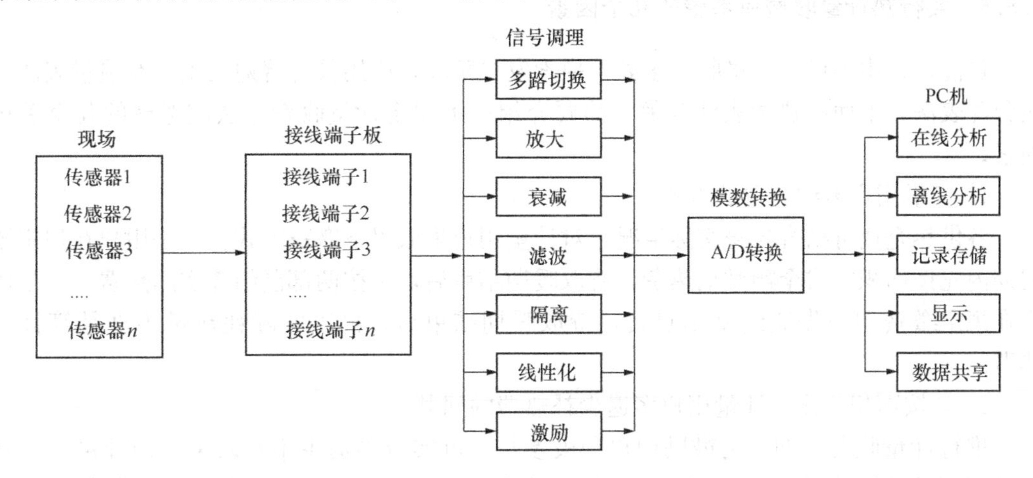

图 8-14 数据采集系统的结构及功能框图

8.5.4 热计量收费的几种典型模式

1. 以楼栋为单位计量，再按户分摊热费

热水表法：楼前热力入口前加装热计量表，各户加装热水表和调控装置。以楼前热计量表计算热费，再按各户流量不同分摊热费。

流量温度系数法：楼前热力入口前加装热计量表，各户散热器进出口加装温度表，并安装参数传输系统。以楼前热计量表计算热费，按各户耗热量不同分摊热费（同《供热计量技术规程》JGJ 173—2009 中的流量温度法）。

过渡法：楼前热力入口前加装热计量表，各户按面积不同分摊热费。此法已在芬兰普遍采用。

温度法：楼前热力入口前加装热计量表，各户加装室温检测系统和调控装置。以楼前热计量表计算热费，按各户室温不同分摊热费。

方法 3 相对简单易操作，但用户无法主动调节实现节能、节费的目的。方法 4 从用热效果角度出发分摊热费，但无法消除用户所处位置不同对耗热量的影响。无论采取哪种方法都应注意楼前入户井或各户单元井有无充足的装表空间，以满足热表对直管段的要求。

2. 以各户为单位计量，按户结算热费

热量表法：楼前热力入口和用户入户前加装热计量表，室内安装调控装置，用户以户用热表为准按两部制结算热费（同《供热计量技术规程》JGJ 173—2009 中的户用热量表法）。

热分配表法：楼前热力入口前加装热计量表，各户加装热量分配表和调控装置，以各户热分配表为准按两部制结算热费。（同《供热计量技术规程》JGJ 173—2009 中的散热器热分配计法）此法在德国和丹麦使用较为普遍。

新建建筑宜以户为单位，采用上述方法进行计量收费。为减少改造工程量和对用户室内装修的影响，既有建筑可采用上述其他方法进行计量收费。

8.5.5　实行热计量收费应考虑的几个因素

目前，在中国供热计量收费正处于摸索发展阶段，应用较为普遍的主要有热量表法和热分配表法，下面以热量表法为例，简要介绍一下制定计量收费办法应考虑的几个关键因素。

1. 计量用户缴纳热费的方式

各供热企业可结合自身实际情况，对计量用户采取以下缴费方式：一是用户在规定缴费期内先按面积方式全额缴纳热费，待取暖期结束后，再按两部制结算实际热费。二是用户在规定缴费期内先缴纳基本热费，待取暖期结束后，再以实际耗热量为准结算计量热费。

2. 与按面积相比，计量用户多退少补热费的问题

推行计量收费初期，为鼓励用户积极参与，可实行多退少不补政策，即计量用户在按两部制结算热费时，以参照按面积收费的方法为准，低于按面积收费的，供热企业退还其差额部分热费；高于按面积收费时，用户不需要补交其超出部分热费。深入推广计量收费阶段，可实行补费用户上限封顶政策，即低于按面积收费的，供热企业退还其差额部分；高于按面积收费时，用户最多缴纳超出面积收费的 5%～10%。最终将以计量收费为准，多退少补，实现用户“用多少热，缴多少费”，与水、电一样实现真正意义上的计量收费。

让计量用户补费不是目的，其真正目的主要有两方面：一是提醒用户注重节约能源，防止热量浪费。二是平衡供用热双方利益，实现用户“用多少热，缴多少费”，体现公平交易的原则。

3. 基本热费和计量热费所占比例的问题

基本热费所占比例与当地建筑节能水平有直接关系。西欧国家由于房屋节能效果较好，基本热费一般仅占 30%，而东欧一些国家基本热费所占比例较高，如波兰的基本热费比例占到 60%。根据国家发改委、建设部发布的《城市供热价格管理暂行办法》（发改价格［2007］1195 号）规定“基本热价可以按照总热价 30%～60%的标准确定”，综合考虑当前部分建筑节能不达标、热表质量参差不齐、供热成本倒挂、供热系统配套改造投入大、计量用户主动节能意识不强等国情，建议由高至低确定基本热费比例，试点及逐步推广阶段基本热费比例可暂定为 50%～60%，待整体建筑节能水平提高后，大面积推广计量收费时，再逐步下调基本热费比例。

另外，基本热费所占比例还应考虑企业供热成本、热用户节能积极性、与按面积收费用户热费之间差距等问题。

4. 边顶底层用户是否设置热量调整系数的问题

根据近几年的运行数据分析，同一栋建筑边顶底层用户较中间层平均多耗热量20%左右，客观存在着建筑面积相同而所处位置不同，导致耗热量差异现象，这对用户是不公平的。目前，国内有两种不同意见。一是设置热量调整系数，将边顶底层用户较中间层多耗的热量进行了核减。二是暂不设置热量调整系数，主要理由是两部制价格已在很大程度上对实际耗热量的不同进行了修正，本着价格应简单明了的原则，建议不设置修正系数。

对此，国外也有不同意见，德国、丹麦认为不同位置和朝向导致用户耗热量不同属正常现象，但瑞士和波兰等国家则要求对计量热费进行修正。各地可结合实际情况，确定是否设置热量调整系数。

5. 热表更换、维护等费用是否计入热价的问题

目前，新建居民建筑分户计量热表，由开发商列入建造成本当中统一安装，供热企业和用户无需增加额外的投入。随着热表使用年限的增加，热表在运行过程中经常会出现堵塞、准确度下降、按键失灵、电量不足、无显示、死机、损坏丢失等问题，其运行稳定性和计量精度会发生改变，无法达到正常使用要求，尤其是热表价格较高，到使用寿命由用户负责更换可操作性差。

为此，建议提高计量价格，把热表的运行管理成本和更换成本摊入热价中，由供热企业负责运行管理维护，及时更换到达使用寿命的热表和电池，以维系供热计量改革持续健康发展。

6. 热表故障期间如何计费的问题

热计量表发生故障时，故障之前的计量热费按热表读数收取，发生故障期间的热费可暂按建筑面积收取，也可与用户议定按热表正常使用期间计量读数日平均值测算收取，热计量表修复后继续按热计量读数计费。热计量表因损坏无法立即修复的，本采暖期热用户按建筑面积标准进行缴费。

7. 收取暂停供热费问题

无论是按计量，还是按面积收费的用户在办理暂停供热手续后，供热企业须在合同约定期限内随时为其保留供热容量，在其恢复供热时还要进行打压、冲洗等工作，由此将发生热量消耗、设备折旧、保养维护、热费退费等成本费用。为此建议：凡申请暂停供热的用户，须于每年9月30日前提出停热申请，经供热单位核实，每年缴纳按面积收费总额20%～50%的暂停供热费。次年继续暂停用热的，可重复办理上述手续，也可一次性办理几年的暂停供热手续。

8.6 供暖系统运行调节量化管理及其应用

为使供暖系统在运行过程中更好地保证供热质量，有效地提高能源利用率，使动力设备尽可能地在满负荷高效率的状态下工作，使网路系统在良好的水力工况下运行，应首先通过理论分析计算，并根据供暖系统现状，即现有设备、管道和建筑物的特点、用途及所在地区等制定节能技术方案及相应的技术措施。

8.6.1 供暖系统量化管理节能技术理论计算

1. 热负荷计算

(1) 供暖建筑热指标及概算热负荷

供暖建筑体积热指标是指各类建筑物在设计工况下（最冷时）单位体积、室内外温差为1℃时的热负荷，所以它是一个最基本的数据。这个数据决定了节能技术方案的制定、动力设备的选择、供暖管道的大小、散热设备的多少，并且关系着系统的使用效果及经济效益等问题。在节能技术方案制定之前进行理论计算，首先应根据系统建筑围护结构的热工性能、外形尺寸、用户要求、以及当地室外气象条件等因素，对供暖热负荷进行概算。

供暖系统设计热负荷通常采用体积热指标和面积指标进行概算。体积热指标法比较准确，但计算麻烦，需要详细了解建筑物的结构、用途、建筑面积、建筑层高、几何形状、围护结构传热系数，以及当地气象条件等。所以在实际计算过程中难以实现。国内外多采用面积热指标法进行概算，即

$$Q_i' = q_i F_i \tag{8-39}$$

式中　Q_i'——供暖建筑概算设计热负荷，W；

q_i——供暖建筑面积热指标，W/m²，它表示1m²建筑面积的供暖设计热负荷；

F_i——供暖建筑物建筑面积，m²。

q_i——表示每平方米建筑面积的供暖概算热负荷，它与室内外计算温度，建筑物结构，热工性能等有关。

供暖建筑总设计热负荷 Q_z' 为：

$$Q_z' = \sum q_i F_i = \bar{q} \sum F_i \tag{8-40}$$

式中　Q_z'——供暖建筑总设计热负荷，W；

$\bar{q}$——供暖建筑平均面积热指标，W/m²。

应该指出：建筑物的供暖耗热量，主要是通过垂直围护结构（墙、门、窗等）向外传递热量。屋顶、地面传热量所占比例较小，所以面积热指标不是直接取决于建筑面积。但和体积热指标相比，面积热指标法简易方便，所以在城市住宅建筑供热规划设计和运行管理中被普遍使用。

(2) 运行热负荷 Q_y

供热系统在冬季运行期间，当室外气象条件改变，如温度升高时，围护结构耗热量就随之减少，所以热源供热量也应该相应减少。通常可以忽略室外风速、风向和太阳辐射对热负荷的影响，认为热负荷与室内外温差变化成正比，则：

$$\frac{Q_y}{Q_z'} = \frac{t_n - t_w}{t_n - t_w'}$$

即

$$Q_y = Q_z' \frac{t_n - t_w}{t_n - t_w'} \tag{8-41}$$

式中　t_w——室外日平均温度，℃，可根据当地气象台站预报值计算。

其他符号同前。

(3) 采暖期总供热量 Q_q

采暖期总供热量应该根据概算热负荷、采暖期室外平均温度和采暖天数来确定，即

$$Q_q = 8.64 \times 10^{-2} Q'_z N \frac{t_n - t_{wp}}{t_n - t'_w} \tag{8-42}$$

式中 Q_q——采暖期总供热量，MJ/y；

N——室外日平均温度≤5℃（或8℃）的天数（采暖天数），天，见《民用建筑供暖通风与空气调节设计规范》GB 50736—2012；

t_{wp}——室外日平均温度≤5℃（或8℃）期间的平均温度，℃。

其他符号同前。

应该注意的是：在计算采暖期总供热量时，采暖天数必须按照气象统计数据来计算，不能按照用户提供的实际供暖天数计算。因为有许多单位实际供暖天数往往超过规定的日平均温度≤5℃（或8℃）的天数。此时，超过采暖天数的热负荷计算所用日平均温度>5℃（或8℃），应该把这部分热负荷与按气象统计数据计算的供热量相加，即为全年总供热量，并以此来估算采暖期能耗。

2. 能耗计算

供暖系统能耗主要考虑燃料（煤、燃气、燃油和电）或用汽量（热电厂供热），以及动力用电等消耗量。

(1) 耗煤量计算

根据锅炉热效率η计算公式，即

$$\eta = \frac{Q}{Q_{dw} B} \times 100\% \tag{8-43}$$

式中 η——锅炉热效率，%；

Q——某一段时间内的累计供热量，kJ；

Q_{dw}——煤的低位发热值，kJ/kg；

B——煤的消耗量，kg。

$$B_d = \frac{Q_d}{Q_{dw} \eta} \tag{8-44}$$

式中 B_d——每天耗煤量，kg；

Q_d——每天供热量，kJ。

煤的低位发热值Q_{dw}一般要通过热量计来测定。但是取样时要注意，应使所取煤样能有代表性，即煤样发热值为整个煤场燃煤的平均发热值。而锅炉热效率η是指锅炉运行的平均效率，包括锅炉起火、压火过程。锅炉运行平均效率一般是采用现场测试的方法来确定。如没有测试数据，可参考锅炉设计热效率，考虑锅炉实际运行状态和运行负荷率，通过考察以往的供热效果，锅炉结构特点、容量、使用年限，以及应用煤种等，来确定锅炉可能达到的平均效率。但不能以锅炉设计热效率来计算耗煤量。

根据采暖期总供热量、锅炉估算热效率和燃煤热值，计算采暖期全年耗煤量B_y，即

$$B_y = \frac{Q_g}{Q_{dw} \cdot \eta} \tag{8-45}$$

式中 B_y——全年耗煤量，t，为了便于统一计量，耗煤量应折算成标准煤，计算公式如下：

$$B_b = \frac{B_r Q_{dw}}{Q_b} \tag{8-46}$$

式中　B_b——全年标准煤消耗量，t；

Q_b——标准煤发热值，Q_b =29308kJ/kg。

（2）燃油燃气量计算

如果供暖系统热源采用燃油或燃气锅炉，则燃油（或燃气）耗量与燃煤量计算方法相同，只是锅炉的热效率比较高，一般 $\eta>80\%$。如果采暖系统采用电锅炉供热，则电耗只考虑热效率即可（$\eta>98\%$）。但是，对于集中供热系统，如不采用蓄热方式，一般不鼓励直接用高品位电能来供热。

3. 循环水量计算

供暖系统循环水量决定于系统所需的热负荷，设计计算供、回水温差，并考虑网路的漏水系数。实际上，就供暖现状来看，循环水量有时并不能完全按照理论计算来确定。因为，按理论计算的流量运行，由于系统各用户设计热负荷不一致，部分热用户往往出现上热下冷（上供下回系统）的热力失调和末端用户室温偏低的现象。这是因为大多数供暖系统设计热负荷比实际需要量多 30%～60%，如果按照设计流量运行，必然使部分热用户供、回水温差增大，导致用户系统内部热力失调。其次，对于一个已经投运的系统，由于没有比较可靠的调节设施（如调节阀等），大部分用户引入口只装有闸阀，所以即使多次反复调整，也很难完全达到要求，总有个别用户的流量不足，室温偏低，特别是末端用户。所以采用适量加大总量的办法相应改善系统部分热用户热力失调状况，具有一定的作用。

循环水量可按下式计算：

$$G = K\frac{0.86Q'_z}{\Delta t}\varphi \times 10^{-3} \tag{8-47}$$

式中　G——循环水量，t/h；

Q'_z——供暖建筑总设计热负荷，W；

Δt——供暖系统计算总供、回水温差，℃；

K——网路散热和漏损系数，一般取 1.05；

φ——流量附加系数，在设计工况下，φ 取 1，对已经投运的系统，考虑用户系统之间热负荷不一致性和网路水力失调等因素，φ 取 1.0～1.3。

循环水量确定以后，可进行循环水泵的校核或选择计算，以及流量计的选择等。

4. 循环水泵的选择与校核计算

对于一个已经投运的供暖系统，校核循环水泵是否与网路系统相匹配，其实际流量和扬程是多少，工作效率如何，首先要根据系统的概算热负荷、相应的流量和网路的阻力，并结合系统网路的管径、供热半径、管道敷设及室内系统形式等情况，来确定系统所需要的实际流量和实际阻力，然后根据现有水泵的特性进行分析计算，校核其运行流量和阻力，如与实际需要值不符合，要进行调整或更换合适的水泵。

（1）循环水泵流量计算

供暖系统循环水泵流量可根据公式（8-47）计算。在热负荷确定的条件下，用设计供回水温差（如 Δt =95－70=25℃）计算，再乘以流量附加系数，并换算成体积流量，即

$$V = K\frac{0.86Q'_z}{\Delta t\rho}\varphi \tag{8-48}$$

式中 V——循环水泵体积流量，m^3/h；

ρ——水的密度，kg/m^3。

其他符号同公式（8-47）。

（2）循环水泵扬程计算

循环水泵的扬程是用来克服热媒在系统管道和设备中流动的阻力，以保证流量在系统中合理分配。这个阻力主要包括室外管网阻力，用户系统阻力和热源内部阻力等，即

$$H=(H_r+H_w+H_y) \tag{8-49}$$

式中 H——循环水泵扬程，Pa；

H_r——锅炉房内部的压力损失，Pa；

H_w——室外网路供、回水干管的压力损失，由网路水力计算确定，Pa；

H_y——用户系统压力损失，Pa；

K——裕量系数；选择计算时 $K=1.15$，校核计算时可取 $K=1$。

锅炉房内部的压力损失一般取（10～15）$\times 10^4$ Pa。但要根据锅炉房内部设备和管道布置情况确定。比如锅炉房只有一台锅炉，或多台锅炉只运行一台，其他锅炉全部关闭，而运行流量又比设计流量大，则锅炉房阻力就大。然而，有的锅炉房有多台锅炉，虽然只运行一台，但是其他锅炉阀门全开着，加之总管道又大，因此，锅炉房内部阻力就小，有的甚至不到 10×10^4 Pa。如果是热力站也有同样的问题，故热源内部阻力要根据具体情况来定。

室外网路阻力一般是根据现有管道布置情况，通过网路水力计算来确定，也可以进行估算，一般可按每米管段压力降 R=30～100Pa 来估算，再加局部阻力的百分数，即

$$H_w=RL(1+\alpha) \tag{8-50}$$

式中 α——局部阻力与沿程损失的比例百分数，一般取 $\alpha=0.3$。

用户系统压力损失可按压力损失最大的用户考虑，或以主干管线靠近末端压力损失较大的用户来计算。一般来说，与网路直接连接的采暖系统取 $(1\sim2)\times 10^4$ Pa；暖风机采暖系统为 $(2\sim5)\times 10^4$ Pa；水平串联的单管散热器采用 $(3\sim6)\times 10^4$ Pa；换热器取 $(5\sim15)\times 10^4$ Pa。事实上，室内系统由于选用管径都偏大，所以实际阻力都比较小，有的甚至只有 3000～5000Pa，网路的水力稳定性很差，所以网路中其他热用户流量改变时，室内系统本身流量就有明显的变化。

（3）循环水泵效率计算

供暖系统实际运行过程中，循环水泵效率是隐含指标，看不见也摸不着，但对于供暖系统节能运行意义重大。水泵运行效率高效区在 70%～80%之间，但实际运行过程中，大部分供热系统水泵效率运行普遍为 50%～60%，甚至更低 30%～40%，造成电资源的极大浪费。水泵运行效率低的原因是多方面的，主要是水泵的选择与系统的匹配不合理，造成水泵工况点远离高效区，也可能是因为水泵长时间运行，性能工况下降，导致水泵性能曲线工作点发生改变。为此，判定水泵的实际运行效率尤为重要。水泵计算见下式：

$$\eta=\frac{Q\times H\times 9.81\times\gamma}{N\times 3600}=2.73\frac{Q\times H\times\gamma}{N} \tag{8-51}$$

式中 η——水泵效率，%；

γ——水的密度，取 $\gamma=1000$（kg/m^3）；

Q——循环流量，m^3/h；

H——水泵扬程，mH_2O；

N——水泵轴功率，kW。

5. 补水泵的选择计算

在热水供暖系统中，补给水泵的作用是补充系统的漏水或保持系统补水点的压力（定压作用）。

（1）补水量确定

热水供暖系统是一个封闭的系统，正常的补给水量主要取决于系统的自然漏泄和排污泄水量。系统的单位时间漏水量和系统的规模大小，施工质量、所用设备和阀门质量以及运行管理水平有关。

在正常情况下，漏水量一般应为系统总水容量的0.1%～0.5%，如系统水容量为$200m^3$（大约6万m^2采暖面积）时，每天补水量为5t，不应超过12t。但在选择补水泵时，补水量的确定还应考虑事故补水和系统初次充水等，所以必须加大补水量。

补水泵的流量一般可按系统水容量或循环水量的5%～10%计算。补水泵流量不宜太大，否则在运行过程中不但耗电多，而且容易使水泵启动频繁，容易损坏水泵和电器设施，影响其使用寿命。特别对系统压力影响较大，使压力经常在大幅度波动状态，有时造成系统超压，散热器破裂现象。

（2）补水泵扬程的确定

补水泵的扬程是用来克服系统补水点的压力和补水管径的阻力，即

$$H=(H_b+H_s)-9.8\times10^3h \tag{8-52}$$

式中　H——补水泵的扬程，Pa；

H_b——系统补水点压力，一般采用系统静水压力值，Pa；

H_s——补水泵进、出水管的阻力，Pa；

h——补给水箱最低水位高出系统补水点的高度，m。

补水点的位置一般设在循环水泵入口处（系统压力最低点），不要设在循环水泵的出口处（系统压力最高点），更不要从锅炉房直接往膨胀水箱里补水。补水泵一般选择两台，其中一台备用。

通过上述计算，校核系统所用补给水泵是否符合要求，如果相差较大应及时更换或调节。

热水供暖系统补水不应采用手动控制的办法，应该使用压力或水位自动控制仪器来自控补水，以免经常出现亏水、倒空、溢水或超压问题，这一点非常重要。有条件的话最好使用变频补水控制。

根据以上热负荷、耗煤量和循环水量等计算结果，结合供暖系统的特点和现有设备条件，通过校核计算，制定相应的技术方案，提出具体节能改造措施。根据概算热负荷确定所用锅炉（或换热器）容量及台数；根据计算流量和系统总阻力匹配选用循环水泵的规格和台数；根据锅炉或换热设备、管道布置情况和计算循环水量，确定流量变送器的规格、型号及安装位置，以及总供回水温度测点位置；根据室外网路布置和用户分布情况，确定

各用户多点测温，然后，根据各系统规模和特点选用微机监测计算仪，从而为供暖系统实行量化管理创造必要的条件。

8.6.2 供暖系统量化管理节能技术方案

供暖系统节能技术方案主要是根据系统现状和概算热负荷、计算耗能量、循环水量以及现有设备及其使用情况和用户具体要求来制定的。节能技术方案的正确与否直接关系到系统实行量化管理是否能达到理想的效果，同时还关系到经济效益和社会效益等问题。所以在全部掌握原供暖系统的规模、锅炉及其配套设备、管道、运行状况、供热效果、能源消耗，司炉维修和管理人员及有关制度等的情况下，通过理论计算和技术经济比较，在进行可行性研究后，制定出节能技术方案和具体节能措施。

1. 基本情况调查

在制定节能技术方案之前，首先要求应用单位提供锅炉房工艺设计施工图和室外供暖管线图以及设计变更图等。然后须详细了解下列情况：

(1) 建筑规模及特点

主要包括供暖建筑面积、建筑物的用途，各类建筑物的建筑面积，建筑结构特点（外墙、外窗、外门、层高和保温等），建筑物最大高度，室内系统主要有哪些形式（单管还是双管系统，是上供下回，还是下供下回等），系统主要使用哪种规格的散热器等。根据上述情况和该系统所在地区的气象条件来确定供暖面积热指标。

(2) 热源现状

① 热源现有锅炉（或换热器）台数、型号、性能、配用鼓、引风机型号和电机功率，以及设备生产厂家。锅炉使用情况，一般运行几台，每天运行几小时，运行效率（要求进行现场测定），使用年限及维修情况。此外还有上煤、除渣方式，其设备使用情况以及锅炉电气控制等。

② 热源现有循环水泵台数、型号、性能、电机功率及生产厂家等，以及系统运行期间循环水泵使用情况。

③ 水处理方式。所用设备规格、型号，补水泵台数、性能等，补水点位置，系统定压方式，膨胀水箱的位置、高度，膨胀管与系统的连接位置，补水控制方式。

④热源仪器、仪表使用情况，如热量计、流量计、水表、电表等装置，以及自动控制、安全报警装置是否能正常工作。

(3) 室外管网情况

主要包括管道敷设方式，管道平面布置及走向，分支环路数，供热半径，各供、回水管管径，管道保温情况。对地沟敷设系统采用通行或半通行，还是不通行地沟，是否有泄漏和跑水现象或管道淤埋问题，各用户引入口是否有检查井，检查井是否有压力表，温度计和阀门等。

(4) 供暖系统运行情况

供暖系统实际运行天数，起止日期；在运行期间，供暖效果如何（用户室温），是否存在近热远冷、冷热不均现象，最高或最低室温是多少；是否经常有存气现象，是否有倒空（缺水）或膨胀水箱溢水问题。

此外，通常热源总供、回水温差及最高供水温度是多少，锅炉、循环水泵进出口压力，每天正常补水量，锅炉是否结垢以及定期排污情况，主要存在哪些问题等。

(5) 能耗情况

主要包括每年系统总耗煤量，单位面积耗煤量，使用煤种及其发热值，每年耗电量、耗水量以及煤价、电价、水价等。

(6) 司炉工配备及管理情况

锅炉操作管理有无专业技术人员，司炉技术如何，是否具有锅炉房设备维护、维修技能。锅炉运行实行几班制，每班多少人，有无运行管理有关规章制度和奖惩办法等。

根据上述调查，弄清系统的基本情况和存在的主要问题，针对系统现状，提出具体要求和建议。对不符合要求的设备、管道、仪表、阀门等，必须进行改造或更换，使锅炉房和室内外系统正规化、规范化，从而实行科学化管理，提高供热质量，减少能耗。

此外，供暖系统实现科学的量化管理，首先要对司炉和管理人员进行技术培训，使他们熟练地掌握并能有效地使用这项技术，以保证节能技术的正确实施。

2. 节能技术方案制定

(1) 概算热负荷

根据应用单位提供的基础资料及基本情况，结合现场调查资料，按照式 (8-39) 和式 (8-40) 计算出供暖系统热负荷和供热量。

(2) 锅炉的选择与匹配

根据系统概算热负荷和原系统锅炉配置情况，校核所用锅炉是否合理，即在最不利情况下，尽量使锅炉在满负荷高效率的状态连续运行。比如某一供暖系统，采暖面积为 8.5 万 m^2，配备三台 2.8MW (4t) 锅炉。系统概算热负荷为 5.1MW。如果各台锅炉能达到其额定出力，则在最冷时选用两台锅炉运行即可。这样折算锅炉出力一吨可供一万多平方米的建筑采暖。当室外温度升高时，可适当减少锅炉运行时间，以免锅炉负荷太小影响锅炉效率；在供暖初期和末期还可以只运行一台锅炉。

(3) 循环水泵的选择

循环水泵应根据计算循环水量和网路系统的总阻力来确定。采用公式 (8-48) 和 (8-49)，结合系统现状，考虑现有设备情况，校核水泵实际运行工况，以便确定水泵台数或选用新的规格型号。

一般说来，制定方案时，尽量利用原有设备。有条件时，最好采用现场测定的办法，测出系统的总流量和总阻力，计算出系统的总阻力数，然后利用作图或曲线拟合计算的方法来校核、选择水泵。

(4) 热量表的选择及安装

在热水供暖系统的监测计量中，热量表常采用涡轮热量表、涡街热量表、超声波热量表、弯头热量表等，选用时应根据供暖系统的特点和用户的要求来确定。水质比较干净的系统可采用涡轮热量表，否则采用其他种类的热量表。

热量表一般都安装在主环路和分支环路上，有时也可以装在用户入口处，在热量表前一般应装设备除污器。

各种热量表都有一定的热量范围，应使计算热量在热量范围之内偏大一点，有利于提高计量精度。

(5) 测温点布置与设计

首先在热源确定总供、回水温度测点，测温点的位置必须能够反映系统总供、回水温度的实际值，而且不受替换锅炉运行的影响。一般不要设在分水器和集水器上，应该在总供、回水管上。多点测温的布置与设计，可根据供暖系统平面图和用户规模及其所在位置来进行，要求尽可能地反映主要用户的供热情况，一般设在用户引入口和分支环路的回水管上。

(6) 微机监测系统的设计与选择

微机监测系统用来监测供暖系统的锅炉、外网、用户的各项运行参数，显示其运行状态；通过采集的参数计量并记录系统供热量、循环水理、耗煤量等。根据系统的规模，使用流量计数量，多点测温分布情况和所用锅炉的特点以及用户要求来选择不同型号的微机监测仪和各种测温元件、测压元件、流量变送器等。

(7) 室外管网校核计算与改造

为了消除系统热力失调，有效地进行热力平衡调整，必须对网路系统进行校核计算，分析各环路、各用户的水力工况，根据网路水力计算，分别进行调整。要求系统所有用户引入口必须设置检查井，在供、回水管上安装压力表、温度计、热表和调节阀等，如图8-15 所示。

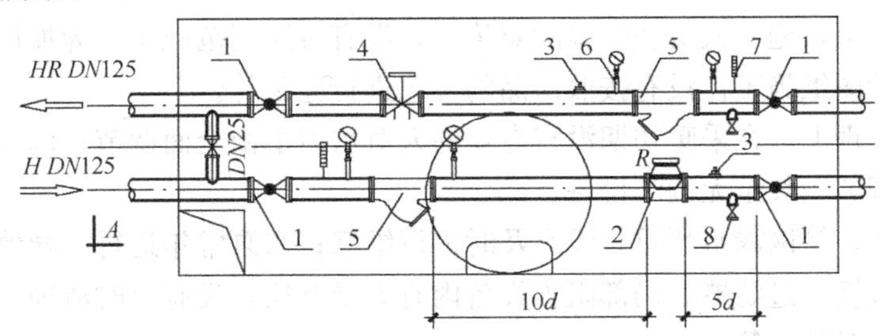

图 8-15 热用户引入口示意图

1—关断阀；2—热量表；3—温度传感器；4—调节阀；5—过滤器；6—压力表；7—温度计；8—泄水阀

根据上述节能技术方案，供暖系统在运行过程中进行供热调节，实行按需供热，计量能耗，实现量化（数字化）管理。

先进的技术需要科学的管理，按需供热的节能技术促进了供暖系统管理水平的提高，而科学的管理保证了这项技术的应用。在加强对供暖系统科学管理的同时，要因地制宜，因势利导，制定、健全各项规章制度，实现正规化操作，规范化管理；搞好技术培训，不断提高管理人员和司炉工的素质，使他们对供暖系统运行管理的基本任务做到心中有数；熟练掌握运行管理基本技能，熟悉网路所有用户系统的特点和所用设备的规格、性能，并掌握设备操作、调试、维护、维修等技术。

实行量化管理，必须有一套完整的技术资料，主要包括热源的工艺设计图，锅炉及其辅助设备图纸和说明书，室外网路及各用户系统设计图，供暖系统量化管理供热指标及运行参数表，运行管理记录等。

制定运行管理规程，明确各级人员的职责、权限和任务，建立运行管理及维护人员的岗位责任制，实行量化管理必须有专人负责。这些都是做好锅炉供暖量化管理的重要条件。

3. 室外管网平衡调整

在供暖系统中，通常都希望网路系统中的流量能按设计要求在各热用户之间进行合理分配，在用户系统内部，则希望流量能按规定值在各散热设备之间进行正确分配。然而水力失调是一个很复杂的问题，有诸多因素影响水力工况，从设计、产品、施工、运行管理、维护等方面，下面进行详细叙述。

（1）在设计阶段，由于计算管段的压力损失工作量大、繁琐，设计人员常常根据经验对管网的压降进行估算，并且加大水泵的安全系数，往往造成水泵的选型过大；供热系统设计的不完整，如在热力入口未设计静态平衡阀，或者阀门选型不合理，导致阀门无法高效调节；管网的各支路管段设计压力相差大，不平衡率高；初设计时，没有考虑到以后的管网改造、并网；设计人员良莠不齐，经验不足，设计方案不合理等。

（2）在产品上，管网的沿程阻力损失和局部阻力损失的计算依据水力计算表，然而实际管道、局部部件等产品的阻力损失与水力计算表不可能完全一致，甚至相差很大，有些厂家对自身的产品没有进行精确实验，提供与产品不相符的参数给设计人员；产品基本研究数据落后，造成管网的实际阻力与设计阻力不相符；阀门调节设备调节性能差，甚至不能进行调节。

（3）在施工上，施工人员凭经验随意施工，没有按照规范施工；为加快施工进度，往往没有按照设计图纸施工；没有按照产品的工艺进行施工等。

（4）运行管理上，在采暖初期没有专业的人对水力平衡全面调节；调节设备调节性能差，无法进行调节，甚至无调节设备。

（5）维护上，管网漏水严重，没有及时进行维修；水泵常年运行，导致性能下降，没有及时更换；板换、过滤器、局部阻力设备内有大量杂质，没有及时清理；调节设备调节性能差，没有及时更换等。

水力失调对供热系统产生很大的影响，从用户的角度看，热源近端的用户，流量普遍大于设计流量，导致室内的温度升高，极端情况下可能达到 27℃以上，用户常常通过开窗进行散热，造成能量的极大损失，据统计由于水力失调造成的能耗损失约占热源总能耗的 5%～15%。而远端的用户，流量远远小于设计流量，室内温度普遍不高，极端情况下低于规范要求的 18℃，室内舒适度低。从水泵变频节能的角度看，制约水泵变频的主要问题就是水力失调，如果在水力失调的情况下进行变频，其室内温度高的用户可能会恢复到正常，然而室内温度低的用户温度会更低，造成水泵无法进行变频，水泵运行电耗无法节省。

对于如何解决水力失调问题，许多供热企业采用以下两种方法：

（1）换大泵或者加泵进行并联，增大系统的流量，典型的“大流量小温差”运行模式，这样的做法确实增加末端散热设备的流量，从而提高末端用户的室内温度，减少各用户之间的温差，热力失调逐渐减小，这是用“水力工况”来解决“热力工况”，但是这样做确有很大的弊端，原本已过热的近端用户，随着流量的增大，其室内温度会越来越高，通过开窗损失的热量也会升高，而且水泵的“大流量小温差”运行模式，增大运行费用，也会导致锅炉运行效率降低。

（2）提高供水温度，可以提高末端设备散热量，但同时也会加大近端用户散热器的散热量，近端用户还是会进行开窗散热，散热量加大，耗煤量也会随之增大。浪费巨大能源来保证低温用户的室内温度，这种方法不科学也不合理。

以上两种方法，在供热行业普遍存在。供热系统的水力失调造成热力失调，而热力失调又是水力失调的宏观表现，二者之间相互关联。水力失调问题其实是流量的不合理分配，水力平衡调节的核心是流量的均匀分配，只要对系统的初调节进行合理、精确的调节，就可以解决水力失调问题。目前对水力进行初调节的方法有很多，如比例调节法、补偿法、模拟法、回水温度法等。但各调节方法都有自身的局限性，下面介绍一种简而易行的平衡调整方法—等温降调整法。

所谓“等温降”调整法，就是基于在系统各用户设计负荷基本一致的条件下，如不考虑管道散热影响，要使其流量达到规定值，必须使其温降趋于相等的原理来进行水力工况平衡调整。

根据

$$Q = Gc(t_g - t_h) = Gc\Delta t \tag{8-53}$$

各用户的相对流量为

$$\overline{G} = \frac{Q_s \Delta t_s}{Q_g \Delta t_g} \tag{8-54}$$

式中 Q——用户热负荷，即热源供给热用户的热量，W；

G——用户流量，kg/h；

c——水的质量比热，J/kg·℃；

t_g，t_h——用户供、回水温度，℃；

$\overline{G}$——用户相对流量，即用户的实际流量和规定流量之比；

Q_s，Q_g——用户的实际供热量和规定供热量，W；

Δt_s，Δt_g——用户的实际供回水温差和规定供回水温差，℃。

系统在运行过程中，总希望用户的实际供热量与规定供热量相符合，即 $Q_s = Q_g$，则

$$\overline{G} = \frac{\Delta t_s}{\Delta t_g} \tag{8-55}$$

式中用户供回水温差理论上也等于热源总供回水温差。所以在系统运行过程中，要使各用户流量按规定的数量进行分配，以达到规定供热量，其供回水温差必须和热源总供回水温差相一致。也就是说，只要使各用户供回水温降或热源总供回水温降在热力稳定状态下一致则可以认为用户流量达到规定值，实际供热量和室温也必然达到了用户的要求。

对于原设计热负荷不同的用户，在平衡调整时，适当使其供回水温差增大或缩小。如果其用户设计热负荷（即散热器片数或面积）比同类型建筑热负荷大，则在调整时，使其供回水温差加大，反之，如设计热负荷小，则使其供回水温差缩小。供回水温差增大或缩小值应根据用户室内温度实测情况来定。如室内温度偏低，则减小其供回水温差，如室内温度偏高，加大其供回水温差。通过不断调整用户引入口阀门，使其室内温度逐步达到规定值。

对于系统室外地沟管道保温较差者，考虑供、回水干管温降的影响，也应适当减小距热源较远用户的供、回水温差。

总之，无论原供暖系统是何状态，或采用哪种调整措施，最终目的是通过不断调整使

用户室内温度逐步达到要求值。

4. 平衡调整措施

（1）调整前准备

在各用户引入口设置检查井，在各环路、各用户供、回水管安装压力表、温度计和调节阀。在系统运行初期，根据各环路、各用户供回水压力表，供回水温差和热源总供回水温差，分别进行调整。

（2）调整顺序

当系统运行达到热力稳定后，记录各环路、各用户的供回水温度和供回水压力及热源总供回水温度。找出供回水温差大于、小于热源总供回水温差的环路或热用户，按其规模大小和温差偏离程度大小确定平衡调整顺序，先对规模较大且温差偏离程度较大的环路或热用户进行调整。

（3）调整依据

通过各环路或用户供回水阀门来调节流量，使其供、回水压力差达到新的数值，即

$$\Delta P = \Delta P_{\mathrm{y}} \left(\frac{\Delta t_{\mathrm{y}}}{\Delta t_{\mathrm{r}}}\right)^{2} \times \alpha \tag{8-56}$$

式中　ΔP——调整后某环路或某热用户的供回水压力差，Pa；

ΔP_{y}——调整前记录的某环路或某热用户的供回水压力差，Pa；

Δt_{y}——调整前记录的某环路或某热用户的供回水温差，℃；

Δt_{r}——调整前记录的热源总供回水温差，℃；

α——压差修正系数，对于小于热源总供回水温差的环路或热用户，$\alpha = 0.95 \sim 0.98$，温差偏离程度较小的取较大值，反之取较小值；对于大于热源总供回水温差的环路或热用户，$\alpha = 1.03 \sim 1.06$，温差偏离程度较大时取较大值，反之取较小值。

（4）调整方法及步骤

为了提高调整效率，在运行初期最好能使网路供水温度达到 60℃左右，并能保持恒定不变。当热源总供、回水温度也不再变化，即系统达到热力稳定状态，记录热源总供回水温度、各环路或各用户供回水温度及其供回水压力（用户内部压力，指用户引入口供水回水阀用户一侧）。根据式（8-56）计算所得压力差，分别对各环路或各用户引入口供水或回水管阀门进行顺序调整。如果热用户供水压力较大，而建筑层数少，其系统充水高度不大，在平衡调整过程中，节流时调节供水管阀门，开启时调节回水管阀门。但是，如果热用户供水压力不大，而建筑层数多，其系统充水高度较大，在调整过程中，节流时调节回水管阀，开启时调节供水管阀门，以免系统出现倒空现象。总之，对小于热源总供回水温差的环路或热用户，节流其供水或回水管阀门，反之，对大于热源总供回水温差的环路或热用户，开大其供水或回水管阀门。

对于供暖半径不太大（小于 1000m），且网路保温性能较好的系统，各用户供水温度降不大（小于 1℃），则可用各用户回水温度和热源总回水温度进行比较作为计算依据。对大于热源总回水温度的热用户关小其引入口阀门，对小于热源总回水温度的热用户开大阀门。这样便于采用远距离微机遥测，可以在热源快速有效地进行测试各环路和各用户的

供热状态，有目的的对各环路或各用户进行平衡调整。

由于热水供暖系统是由热源、热网和热用户构成的一个复杂的密闭系统，系统中各环节的水力工况变化都是相互制约的，无论任何部位的状态发生变化，即阻力数改变，都会引起一系列的变化，导致各用户之间的流量再分配。所以在第一次平衡调整后，考虑到热水供暖系统惰性较大的因素，必须经过较长时间（两小时以上），等系统达到新的热力稳定状态，即散热器表面温度和系统供回水温度达到新的热力平衡，再进行调整。要反复多次进行调整，直到各热用户供、回水温差和热源总供回水温差的差额不超过 2℃，则可认为系统网路的水力工况基本良好。对于特殊热用户，如设计负荷和其他用户不一致，必须根据室内温度值再进行局部调整。

上述“等温降”平衡调整法可使网路流量在各用户之间合理分配，解决了网路水力失调问题。但是用户内部系统各立管之间以及各散热器之间也存在流量分配不均的矛盾，只有在所用用户系统的平衡调整工作做好以后，才能保证全系统的供暖质量。所以对用户系统也必须进行平衡调整，使所有用户室温都达到要求。

与网路平衡调整相比，用户系统的平衡调整由于缺少检测仪表，加之用户系统比较复杂，调整又不方便，所以带有很大的盲目性，难度较大。因此，为了保证用户系统内各散热设备的流量达到合理分配，在设计中应设法提高用户系统的水力稳定性，以利于平衡调整工作的进行。对于原有室内系统，同样利用等温降的原理，依靠表面温度计，测定各立管及各散热器回水管温度，分别进行调整。

对于用户系统不同的形式，应采取相应的调整措施。对同程式系统，先关小温降小的立管阀门和温降较大立管附近的其他立管的阀门。有时在环路中间立管容易出现滞流现象，在调整时应注意。对异程式系统，必须关小环路较短的立管或散热器上的阀门开度，环路愈短，其阀门开度就愈小，直至各立管回水温度趋于一致。对双管系统，由于上层散热器的重力压头较大，流量偏大，故应关小上层散热器上的阀门开度，致使各房间温度符合要求，

综上所述，供暖系统热力平衡调整工作是一项细致而复杂的工作，而且要反复多次进行，需要花费很多时间，所以应该组织专人进行。供暖系统热力平衡，流量在各用户之间合理分配，是实行量化管理、保证供暖质量的基本条件。

8.6.3 供热系统监管平台应用技术

“集中供热系统量化管理节能服务平台”是针对集中供热系统（煤、气、油锅炉或热力站）用能管理需求，运用供热节能技术、量化管理技术、计算机网络技术和自控技术等，通过对建筑供热系统运行监测、数据分析、自动调控技术、运行管理等关键技术环节的优化集成，开发的综合性能源管理服务工具。该系统总结了国内先进的运行管理方法，节能优化技术，智能化工程经验；采用了国际先进的自动化系统原理和网络系统架构，实现了集中供热监控系统按需供热高效运行。平台的应用可以为供热系统运行和管理人员提供灵活多样的技术管理工具，提高供热系统的运行效率，改善系统的运营管理水平。该技术监管平台已在多个供热系统中应用，获得了良好效果和用户好评。

1. 监管技术平台设备组成

监管技术平台的设备组成见表 8-5，框架如图 8-16 所示。

监管技术平台组成　　表 8-5

设备地点	系统使用功能	需要安装的设备
数据中心	监测、操作平台	服务器组、UPS 电源、防火墙、交换机、操作系统、数据库软件、杀毒软件
供热系统	不需要安装硬件	分布式计算机、网络连接设备，建筑信息管理
	用能管理	电、热、气、水等能源的计量仪表，仪表通信设备
	节能策略	根据具体节能方案安装传感器、控制器等设备
	系统自控	需要安装比较全面的楼宇自控设备

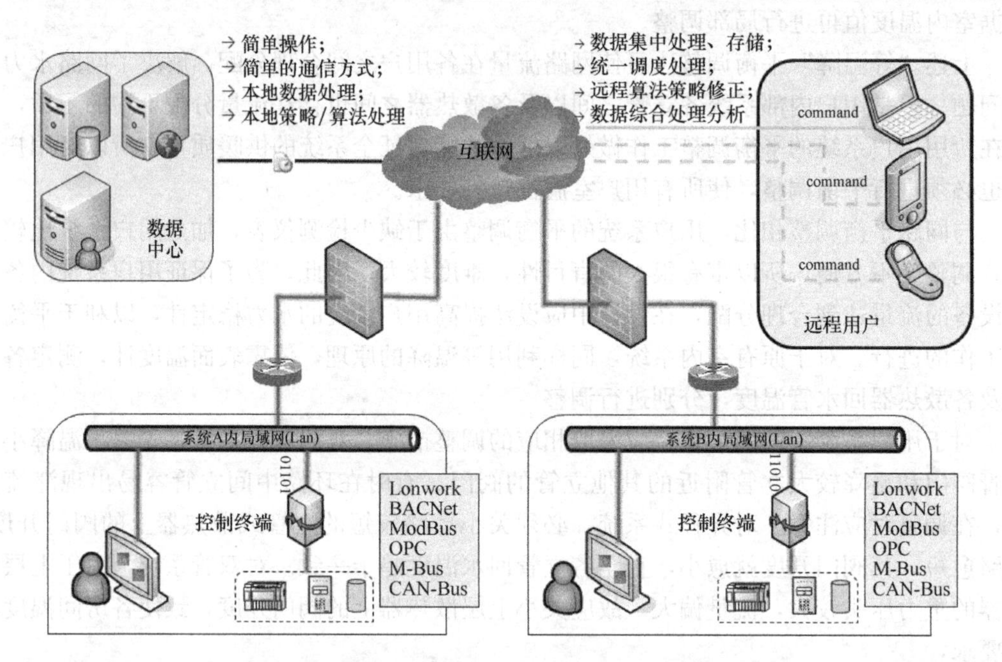

图 8-16　供热系统量化管理节能服务平台系统架构

2. 监管技术平台功能模块介绍

监管技术平台功能模块主要包括：管理模块，技术模块。其中管理模块的定位为进行供热系统数据信息的监测、记录、统计、分析等。技术模块的定位为进行供热系统数据信息的深度分析处理，以及调节反馈。管理模块和技术模块的无缝链接，实现全方位、多角度控制整个供热系统的运行管理，实现人机合一的智能化操控。

(1) 管理模块

① 基本信息模块

功能：记录供热系统的全面信息，用户可执行添加、查询、修改等操作。

内容：热源、换热站、管网、供热建筑的基本信息和详细信息等。

② 设备管理模块

功能：对供热系统的所有用能设备进行统一的，系统的，全周期的管理。

内容：设备基本信息、设备购置信息、设备使用信息、设备维护信息、设备报废信息。

③ 系统监测模块

功能：对系统运行参数进行监测、记录，实现历史运行数据的查看。

内容：监测内容包括系统各个组成部分（热源、换热站、管网、热用户）的能耗，运行参数。

④ 成本管理模块

功能：供热系统运营成本的统计分析。

内容：统计内容包括能源成本、材料成本、维修成本、人工成本、管理成本等。

⑤ 用户服务模块

功能：实现对报修、咨询、收费、投诉等客户服务工作的信息化，标准化管理。

内容：包括设备维修、用户投诉、收费管理等内容。

⑥ 系统评价模块

功能：建立量化的系统评价体系，结合系统信息，能耗分析，运行状况等，对主要用能系统给予综合评价。

内容：给出系统评价标准，对各个系统的能耗，效率，维护，合理性等方面进行评价。

（2）技术模块

① 能耗分析模块

功能：对供热系统各项能耗进行统计，结合具体情况给予分析，对用能情况做出评价。

内容：对用能数据进行统计分析，提供修正，同比，环比，对标等处理，对系统用能情况给予综合分析。

② 运行策略模块

功能：根据用能系统的运行参数分析系统运行状态，提供优化的运行控制算法。

内容：节能策略的设定、模拟、效果分析、运行和运行监控，见表 8-6。

运行策略 **表 8-6**

策略名称	策略内容
锅炉房按需供热策略	根据气象数据调整锅炉供热量，实现按需供热（在锅炉具备联动的条件下，可实现自动控制）
气候补偿控制策略	根据室外温度及供热曲线，利用电动三通阀调节一次水流量，达到按需供热的效果
分时分区控制策略	对于小区内住宅及公建等可从热源处进行划分的供热系统，可加装分时分区控制设备，对不同类型的建筑实施不同的运行策略，从而达到合理用热及节能的目的
室温调控技术	由于建筑物的功能不同，故其对室温的要求不一样（如幼儿园、医院的手术室等等对室温的要求较高），可在暖器管上加装温控阀，对室内温度进行调控
一次网变流量策略	在供暖季初末寒期，根据供热需求实现一次网水泵变流量调节，确保一次网基本维持较大温差运行
二次网定流量策略	在二次网水力平衡调试的基础上，根据二次网水力热力工况，确定最优的二次网定流量运行方案
循环水泵变频控制策略（分布式系统）	为实现一次及二次系统的运行调节，达到最佳工况，需要对一、二次循环水泵进行变频控制。在外网水力调节平衡的前提下，通过水泵变频控制亦可达到节能的效果

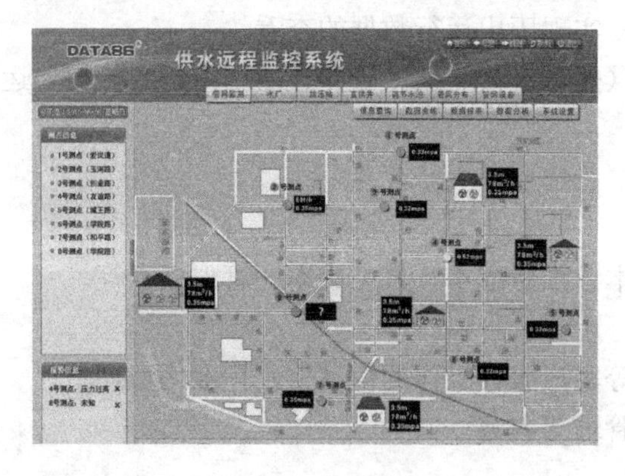

图 8-17　热网界面

③ 故障诊断模块

功能：实现对系统硬件故障，操作问题、节能问题等的自动诊断和解决建议。

内容：对系统设备的运行状态进行评估，对性能恶化及故障进行判断，及时发现系统问题，采取解决措施。

3. 监管技术平台交互界面

监管技术平台交互界面主要包括：热网界面（图 8-17），运行监测界面（图 8-18），能耗分析界面（图 8-19）等，运行管理人员只需在操控中心，就可控制供热系统的监管运行，操作简单方便，自动化程度高，系统运行良好稳定，真正做到集数据采集、分析、调控、反馈于一体的系统集成。

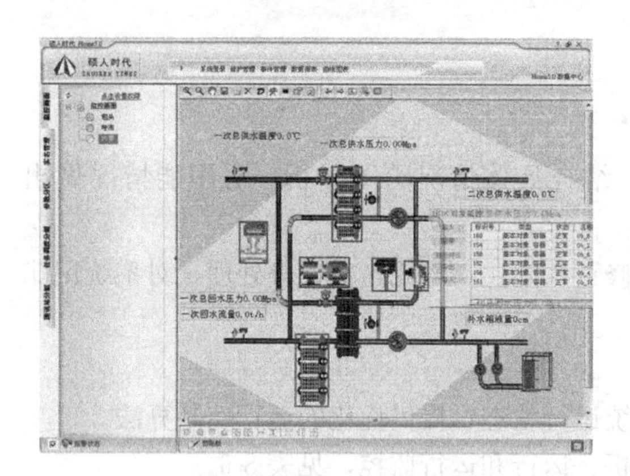

图 8-18　运行监测界面

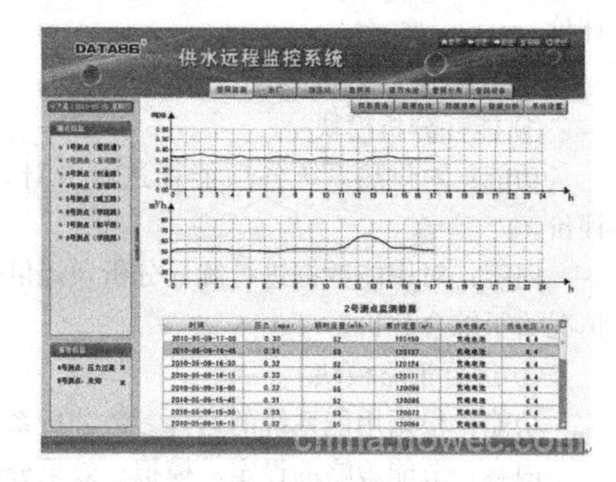

图 8-19　能耗分析界面

8.6.4　供热系统量化管理应用实例

北京某供暖系统供暖面积为 110 万 m²，使用 3 台 28MW 燃煤锅炉；一次网配置 2 台 75kW 循环水泵（一用一备）。室外供暖计算温度为－9℃，室内供暖计算温度为 18～22℃。锅炉房根据建筑所需实行量化管理供热。考虑管网的热损失，热源设计工况下供热指标取 50W/m²。2015 年该锅炉房每天的供热量随室外温度的变化关系如表 8-7 所示。

锅炉供热量化管理运行调节参数表　　**表 8-7**

室外温度 (℃)	建筑物热负荷 (kW)	累计供热量 (GJ/d)	折合标煤量① (t/d)	实际耗煤量② (t/d)
－9	55000.0	4752.00	216.18	275.14
－8	52963.0	4576.00	208.17	264.95
－7	50925.9	4400.00	200.17	254.76
－6	48888.9	4224.00	192.16	244.57
－5	46851.9	4048.00	184.15	234.38
－4	44814.8	3872.00	176.15	224.19

续表

室外温度（℃）	建筑物热负荷（kW）	累计供热量（GJ/d）	折合标煤量①（t/d）	实际耗煤量②（t/d）
−3	42777.8	3696.00	168.14	214.00
−2	40740.7	3520.00	160.13	203.81
−1	38703.7	3344.00	152.13	193.62
0	36666.7	3168.00	144.12	183.42
1	34629.6	2992.00	136.11	173.23
2	32592.6	2816.00	128.11	163.04
3	30555.6	2640.00	120.10	152.85
4	28518.5	2464.00	112.09	142.66
5	26481.5	2288.00	104.09	132.47

注：① 燃煤的低位发热值按 Q_{dw}=23027kJ/kg（5500kcal/kg）计算；

② 锅炉运行平均热效率按75%计算。

循环水泵变频控制参数表 **表 8-8**

室外温度（℃）	建筑物热负荷（kW）	累计供热量（GJ/d）	折合标煤量（t/d）	水泵运行频率（Hz）
−9	55000	4752	216.18	50
−8	52963	4576	208.17	48
−7	50925.9	4400	200.17	46
−6	48888.9	4224	192.16	44
−5	46851.9	4048	184.15	42
−4	44814.8	3872	176.15	41
−3	42777.8	3696	168.14	39
−2	40740.7	3520	160.13	37
−1	38703.7	3344	152.13	35
0	36666.7	3168	144.12	33
1	34629.6	2992	136.11	32
2	32592.6	2816	128.11	30
3	30555.6	2640	120.1	28
4	28518.5	2464	112.09	26
5	26481.5	2288	104.09	24

注：循环水泵运行效率为65%～70%。

该系统在运行过程中通过锅炉供热运行调节实施热量总量控制、分户调节方法，并根据供热系统量化管理运行调节参数，实现按需供热，高效运行。这样可以指导运行管理人员依据室外温度的变化，按照表8-7供热运行调节参数表的每日供热负荷和供热量进行调节。同时在完成管网水力平衡调节后，按照表8-8进行变流量输配调节控制，随时调整运行工况，以满足热用户需求，从而便于管理人员及时掌握供热系统的实际能耗和能效状况，达到按需供热、经济运行的目的。根据系统实际运行监测计量数据，该地区每年一个供暖期每平方米热能消耗0.25GJ，一次管网输送电耗0.2kWh，节能效果显著。

8.6.5 供暖系统实施量化管理模式

1. 供暖系统量化管理的任务

（1）供暖系统运行调节实行管理的主要任务是：根据室外气象条件及用户相应的热负

荷，通过监测计量仪器或计算机监控系统，对供暖系统进行温度、流量、热量、能耗等监测计量，按要求来控制系统的瞬时供热量（热负荷）和每天所要求的供热量（按需供热），从而保证用户室内温度。供暖系统运行参数见表5-2（不同地区各不相同）。

（2）保证供暖系统的设备完全可靠的运行，包括对设备维护、维修、保养等，发现问题及时解决。

（3）在保证供热质量的前提下，尽量减少能量的无效损耗，提高供热效率，节约能源。

（4）根据运行记录数据，分析供暖系统的供热质量和供热效率，统计实际能耗（燃煤或燃油、燃气的消耗量以及耗电、耗水量等），计算实际供暖指标，进行经济技术分析和效益核算，并做好下一采暖期运行管理计划和准备工作。

2. 供暖系统运行维护

为实施“量化管理”的运行模式，首先必须保证供暖系统的各阶段的正常运行，才能高效实行“量化管理”模式。

（1）外观检查

供暖系统投运之前，首先对热源、管网和热用户中的管路、设备进行全面逐项检查。特别是新建或大修、改建系统，还要进行竣工验收。主要检查设备和管路是否按照设计要求施工；系统管道上的阀门、排气和泄水装置，补偿器、固定支架和活动支架，管道保温，法兰接头，用户引入口阀门，压力表和温度计等是否完好；锅炉房设备是否能正常运行；监测仪表、自控装置，以及电气设备等工作是否正常。发现问题及时解决，在系统投运之前，消除一切隐患，必须保证设备的正常运转。

（2）水压试验

对于新建或扩建供暖系统，在进行管道和设备保温之前，都应进行水压试验。通常先对网路进行试验。试验可以在关闭全部用户的情况下分段或整体进行，然后逐个打开用户系统分别对用户系统进行试验。

在试压之前，系统应先进行充水、排气，然后用试压泵把系统压力逐渐提高到试验压力。试验压力一般为工作压力的1.25～1.5倍。当压力达到试验压力后，保持5分钟，降至工作压力进行检查，如焊缝和其他接口处无渗水现象，且压力表指针也无变化，即认为水压试验合格。如果试验管段中有阀门或其他附件，则试压应保持15分钟，然后降至工作压力。如果在两小时内压力下降不超过工作压力的10%，即认为试验合格。

（3）系统冲洗

新建和改建或扩建的供暖系统在投运之前应进行冲洗，以清除网路和用户系统中的污泥、铁锈、泥砂和其他在施工中掉入管道内的杂物，防止在运行过程中阻塞管道和散热设备。系统冲洗通常分为粗洗和精洗。粗洗可用上水或水泵将水压入网路，压力一般为（3～4）$\times10^5$Pa，要求管内流速要大，这样冲洗效果较好。当排出水变得比较洁净时，粗洗工作结束。精洗水通过除污器，水中杂物被过滤下来沉淀在除污器内。精洗时，要定期排出除污器中的污水和杂质，直到循环水完全清澈为止。

（4）安装、检查监测系统

供暖系统实行量化管理，必须安装必要的测试仪器，例如在总回水或分支环路上安装流量变送器；在总供回水管上和典型用户的回水管上安装温度测试元件，布置流量、温度信号线；有条件的可设置炉膛温度、炉膛负压排烟温度及鼓引风量监测装置，安装监测计量仪器（如微机监测仪或热量、流量、温度监测装置的系统，应进行全面检查，以保证运转正常。

系统在投运之前，必须进行系统充水和启动运行，然后再进行系统的初调整工作。

(5) 系统充水

系统充水时应使用水质符合要求的软化水，不宜使用暂时硬度较大的水。充水可直接使用软化水进行，如软化水压力小于系统静压时，采用补给水泵进行充水。

系统充水顺序最好是先给热源充水，然后给网路充水，最后给用户系统充水。如果系统检查、试压都合格，可以集中由热源统一从总回水管的补水管充水。充水时分别开启锅炉顶部和网路及用户系统的集气罐上的放气阀，放出残留在系统中的空气。充水速度不宜太快，以利空气慢慢地从系统中排出。对装设自动排气罐的系统，充水时最好开启手动放气阀，以免气水冲击损坏排气罐。

(6) 系统启动

系统充水结束后，即可启动运转。

循环水泵运行前，应先开启位于网路末端的若干个热用户或用户引入口旁通管。如果不是新建系统，也可以在各用户全部开启状态下直接启动循环水泵。对于大型系统，循环水泵电机功率大，为防止电机启动电流过大，循环水泵应降压启动，或者在其出口阀门关闭状态下启动，启动后再逐渐开启阀门。

在系统启动过程中，要观察系统各点的压力，特别是锅炉出口压力，循环水泵进出口压力，热源除污器进出口压力和定压点压力，随时调节网路给水阀门的开度，使给水压力控制在一定范围内。各热用户的给水管压力不得大于用户系统所用散热器的承压能力（对于一般铸铁散热器，工作压力为 4×10^5 Pa)，其回水管压力不得小于该用户系统充水高度，一般应大于 $(2\sim5)\times10^5$ Pa。供、回水压力差应满足用户所需要的作用压头。

系统启动后，其压力状况达到正常，开启微机监测系统，观察监测装置工作是否正常，确保在运行监测过程中能正常运转。

(7) 系统维护保养

热水供暖系统停止运行后，即在非采暖期应对锅炉和网路及用户系统进行维护保养，以防腐蚀设备和管道，影响使用寿命。热水锅炉的停炉保养常用以下几种方法：

① 干法保养

当锅水放尽、清除水垢后，将锅炉烘干，然后在锅筒内放入装有干燥剂的铁制容器，并关闭全部阀门和人孔。干燥剂一般采用无水氯化钙、生石灰或硅胶，每立方米锅炉容积的干燥剂用量分别为：无水氯化钙 1～2kg/m^3；生石灰 2～3kg/m^3；硅胶 2.5～3kg/m^3。

如停炉时间较长，干燥剂将逐渐丧失其吸湿性能，所以每隔 1～2 个月取出干燥剂烘干或补充新的干燥剂。

② 湿法保养

将锅炉充满水，并在水中加亚硝酸钠 0.5%～1%，再加入适量的碱（每吨水中加入 0.25kg 氢氧化钠）。当锅炉再次投入运行时把水放掉。或加入磷酸三钠 0.1%～0.2%，再加氢氧化钠 1%～2%。锅炉再次投入运行时不必放水，可继续使用。

③ 亚硝酸钠膜保养

首先，清除锅炉内表面的水垢和泥渣，制备 10%～12%的亚硝酸钠（$NaNO_2$）溶液，并加入苛性钠或纯碱 0.1%～0.3%。将制备好的溶液打入锅炉，在锅炉中停留 35～45min，然后将溶液排入水箱，加入适量的药剂，使它达到需要的浓度以备再用。当锅炉排尽亚硝酸钠后，进行自然干燥，然后封闭所有的人孔（衬垫材料也应浸以亚硝酸钠溶液）。这种方法安全可靠但需制备大量的亚硝酸钠溶液。因此，对于烟-火管和锅筒式锅炉，可采用喷浆器在锅炉内表面喷涂亚硝酸钠溶液，以减少亚硝酸钠溶液的使用量。

网路及用户系统的停运保养一般采用湿法保养。常用的药剂溶液为磷酸三钠，其浓度与锅炉湿法保养相同。也可以定期加入亚硫酸钠，并进行网路循环来保养，此时网路水的亚硫酸钠过剩量应控制在 3～4mg/t。

总之，系统保养是一项很重要的工作，但是做起来也比较麻烦，应该组织专门人员进行。

3. 专职人员技术培训

锅炉供暖量化管理是否能真正得到应用，搞好量化管理专职技术人员的培训是关键之一。只有使管理人员专门负责量化管理工作，真正掌握了量化管理技术，并能按照量化管理技术要求指导操作人员按需供热、计量烧煤（油、气），随时检查系统运行状态，处理运行中出现的问题，及时排除设备故障，并根据监测计量装置记录数据，认真核算供热指标，正确调整设备及网路运行工况，才能使量化管理工作付诸实践。

对量化管理专职人员进行技术培训、主要使他们懂得量化管理节能技术的基本原理，供暖系统运行工况和供热调节的理论计算方法，了解并逐步掌握量化管理节能技术方案的制定及有关分析计算，掌握监测计量装置和显示仪表和安装调试、操作使用、维护维修等技术。在系统运行过程中，要求他们会进行网路热力工况调整，会进行量化管理供热指标、供热参数和耗煤量及锅炉运行效率的计算，并能根据室外气象条件下达各项运行指标，正确指导司炉，合理供热烧煤，保证供热质量，确保系统正常运行。

4. 供暖系统运行管理制度

为了保证供暖系统安全可靠地运行，保证量化管理技术能很好地实施，在加强对锅炉供暖系统管理的同时，要因地制宜地制定、建立健全各项规章制度，实行正规化操作和规范化管理；制定运行管理规程，明确各级管理人员的职责、权限和分工，建立运行、维护人员的岗位责任制和相应的奖罚制度；这些都是做好供暖系统实行量化管理的必要条件。

下面以锅炉供暖系统为例，推荐必要的运行管理制度。锅炉供暖系统常用的规章制度包括：

(1) 供暖系统管理总则；

(2) 锅炉运行管理规程；

(3) 锅炉运行安全守则；

(4) 锅炉班长职责；

(5) 量化管理员职责；

(6) 司炉工职责；

(7) 维修工职责；

(8) 水处理人员职责；

(9) 锅炉房交接班制度；

（10）供暖系统巡回检查维护、维修制度；

（11）锅炉房卫生制度；

（12）运行管理奖罚制度。

上述规章制度可以参照有关部门颁发的规定，结合本单位具体情况而定。

思 考 题

1. 热水供热系统调节方法有哪些？
2. 分布式变频系统常见形式有哪些？
3. 分布式变频系统的特点是什么？
4. 供热计量常见的形式有哪些？不同种供热计量方式的基本原理是什么？
5. 常见的供热计量设备有哪些？
6. 供热计量收费的模式有哪些？供热计量收费需考虑哪些因素？
7. 等温降法调节的原理和步骤是什么？
8. 供暖系统运行维护包括哪些内容？

参 考 文 献

[1] 王野. 供热系统中实现量化管理方法及其应用研究[D]. 北京建筑大学，2015.

[2] 肖潇，李德英，刘珊. 北方地区既有住宅建筑采暖系统综合评价体系研究[J]. 建筑节能，2011，39(03)：61-64+70.

[3] 李跃. 供暖系统节能运行与调节技术的研究与应用[J]. 山东工业技术，2015，(01)：150.

[4] 赵娜. 供热管网运行调节方法优化研究[D]. 华北电力大学，2011.

[5] 李德英. 热水供暖系统“质量一流量优化调节”方法[A]. 全国暖通空调制冷2000年学术年会论文集[C]. 2000：4.

[6] 石兆玉. 供热系统运行调节与控制[M]. 北京：清华大学出版社，1998.

[7] 王红霞，石兆玉，李德英. 分布式变频供热输配系统的应用研究[J]. 区域供热，2005，(01)：31-38.

[8] 狄洪发，袁涛. 分布式变频调节系统在供热中的节能分析[J]. 暖通空调，2003，(02)：90-93.

[9] 田雨辰. 计量供热相关问题的研究[D]. 天津大学，2007.

[10] 曹冬梅，王建钢. 实现供热系统经济运行方法之一——采用等温降平衡调整[J]. 区域供热，2008，(05)：56-57+65.

第 9 章　区域能源供能系统

区域能源（District Energy）是区域供暖、区域供冷、区域供电以及解决区域能源需求的能源系统和它们的综合集成的统称。这个区域可以是行政划分的城市和城区；也可以是居住小区、建筑群、开发区、园区等。总之，人类社会发展至今所有一切用于生产和生活的能源，在一个特指的区域内得到科学的、合理的、综合的、集成的应用，从而完成能源生产、供应、输配、使用和排放全过程，都可以称之为区域能源。

9.1　区域能源发展现状

根据使用的能源种类的差异，区域能源供能系统包括：燃煤系统、燃油系统、燃气系统等非再生能源系统；太阳能热水系统、光伏发电系统、风力发电系统、生物质能系统、地下水源热泵系统、地表水源热泵系统、土壤源热泵系统等可再生能源系统。我国早期发展的区域能源技术主要是区域供暖和热电联产，后来，区域供冷技术得到了快速发展。近些年来，各种可再生能源技术与能源梯级利用技术在区域能源供能系统的应用中日趋成熟与完善，也体现出了区域能源对节能减排的重要意义，即科学用能、合理用能、综合用能、集成用能。

9.1.1　区域供暖

目前，绝大多数的区域供暖系统都位于北半球，这些国家主要包括中国、俄罗斯、丹麦、瑞典、芬兰、美国、加拿大等。

欧盟国家区域供暖系统的数量已经超过了 5000 个。在丹麦、瑞典、芬兰、爱沙尼亚、拉脱维亚以及立陶宛，超过 40％的建筑都连接至区域供暖系统。德国、奥地利、斯洛文尼亚、保加利亚、匈牙利、罗马尼亚、斯洛伐克以及捷克，区域供暖普及率基本在 10％～40％。2008 年，欧盟国家区域供暖系统的总供热量大约为 2EJ。位于欧洲的非欧盟国家，例如冰岛，由于其地热资源丰富，该国区域供暖的普及率已经超过 90％。

在俄罗斯、乌克兰、白俄罗斯等一些苏联解体后成立的国家，当前正在使用的区域供暖系统大多都始建于 1990 年之前的计划经济体制之下。与其他国家相比，这些国家的供暖输配技术以及供暖设施要稍微落后一些。2008 年，俄罗斯的区域供暖系统的总供热量大约为 5EJ。在这些国家中，超过 3000 个城市都配备有区域供暖设施，供暖公司大概有 17000 家，输配管道的总长度大约为 170000km。由于年久失修，大约四分之一的供暖管道都需要更换。大约 58％的居住建筑的用热需求都是由区域采暖来承担的，而城镇地区的供暖普及率已经达到了 80％。

在过去的十年间，我国区域供暖面积的年增长率已经达到了 20％，因此，我国是世界上区域供暖事业发展最快的国家。据统计，2013 年我国北方城镇采暖地区的区域供暖面积约为100亿m^2，其中，燃煤锅炉房、燃气锅炉房和热电联产负责的供暖面积所占的比例分别为48%、9%以及42%。2008年，我国区域供暖系统的总供热量已经达到了2.2EJ，其中，工业用热占到了三分之二。北京的区域供暖规模占据世界第二，仅次于莫斯科。2009年，北京的区域供暖系统的供热量是363PJ，输配管道的长度达到12200km。

在北美洲，美国和加拿大等国家配备有区域供暖设施。美国的区域供暖设施主要配置在医院、高校、科研院所、军事基地，而居住建筑则很少与区域供暖系统连接。2003年，美国的区域供暖系统的总供热量大约为0.7EJ。在加拿大，区域供能的普及率大约为1.3%。据统计，2008年，加拿大的区域供能系统的个数为118个，每年的供热量与供冷量大约为14PJ。

9.1.2 区域供冷

在美国，区域供冷系统的总制冷量大约为10500MW。其中，社区或城市中心区拥有区域供冷系统的数量大约为40个，总制冷量超过3500MW；超过150所大学配置有区域供冷设施，总制冷量大约为7000MW。每年的供冷量大约为80PJ。在美国国内的几个大型的区域供冷系统有：芝加哥的制冷量为350MW的区域供冷系统，服务对象是芝加哥市中心的大约100栋建筑；纽约的总制冷量为2250MW的区域供冷系统；位于四所大学的总制冷量为140MW的区域供冷系统，即德克萨斯A&M大学、宾夕法尼亚大学、德克萨斯大学奥斯汀分校以及威斯康星大学。

在欧洲，区域供冷系统的数量已经超过了100个。2009年，整个欧洲的区域供冷系统的供冷量为9PJ。其中，法国、瑞典以及德国的区域供冷事业发展较为迅速，这三个国家的区域供冷系统的数量分别为14个、35个以及31个；供冷量分别为3.3PJ、3.0PJ以及0.7PJ；供冷管道的长度分别是131km、389km以及56km。此外，年供冷量超过0.1PJ的国家有意大利、芬兰、奥地利、荷兰、挪威、捷克以及波兰。

日本是最早引入区域供冷项目的亚洲国家，也是区域供冷技术应用比较成功的国家。1970年，日本于在大阪万国博览会建成了亚洲第一个大型区域供冷项目。从1989年开始，日本每年的区域供冷项目超过10个。截止到2005年，日本共有154个区域供冷项目，服务的建筑面积达到了4500万m^2。2009年，日本的区域供冷系统的供冷量超过了10PJ。中东地区是近些年来区域供冷事业发展较快的地区。在阿联酋、巴林、科威特、沙特阿拉伯以及卡塔尔，区域供冷系统的总制冷量达到了9000MW。其中，阿联酋的制冷量已经超过3000MW。中国的区域供冷技术起步较晚，但近些年来发展迅速。北京、上海、广州、杭州、常州、长沙、武汉等城市都有区域供冷项目陆续建成。具有代表性的项目有：广州大学城、深圳大学城、上海世博园、北京中关村等。是否选用区域供冷，需要根据技术适宜性，经过技术经济分析后决定。

9.1.3 冷热电联供

据国际能源署（International Energy Agency，IEA）的统计，2007年全球的热电联产机组的装机容量大约是330GW，表9-1描述的是37个国家的热电联产机组装机容量。其中，美国的装机容量在2012年大约为82GW；整个欧洲的装机容量将在2025年达到150～250GW；G8+5国家（八国集团同中国、印度、巴西、南非和墨西哥五个发展中国家）的装机容量将在2030年超过830GW。

热电联产的应用将会极大的减少CO_2排放量。据国际能源署报道，到2030年，热电联产的使用将会为全球每年减少950Mt的CO_2排放量（超过占总排放量的10%），这个数量相当于印度全年发电机组的CO_2排放量的1.5倍。到2030年，美国的热电联产的使用将会每年分别为建筑行业、工业减少70Mt和80Mt的CO_2排放量。在欧洲，1990～2005年之间，热电联产的使用为其减少了57Mt的温室气体的排放，占到了总排放量的15%。

热电机组装机容量表 **表9-1**

国家	装机容量（MW）	国家	装机容量（MW）	国家	装机容量（MW）
中国	28153	罗马尼亚	5250	奥地利	3250
美国	84707	墨西哥	2838	匈牙利	2050
俄罗斯	65100	立陶宛	1040	澳大利亚	1864
德国	20840	爱尔兰	110	比利时	1890
意大利	5890	希腊	240	捷克	5200
英国	5440	巴西	1316	丹麦	5690
瑞典	3490	新加坡	1602	荷兰	7160
韩国	4522	爱沙尼亚	1600	中国台湾	7378
芬兰	5830	土耳其	790	印度	10012
斯洛伐克	5410	印度尼西亚	1203	日本	8723
西班牙	6045	葡萄牙	1080	加拿大	6765
保加利亚	1190	法国	6600		
波兰	8310	拉脱维亚	590		

9.2 区域能源的主要形式

根据供能形式的不同，区域能源供能系统可以是：锅炉房供能系统、热电厂系统、冷热电联供系统、热泵供能系统等。这些供能形式往往平行运行，服务指定的末端用户的部分或者全部。由于锅炉房供能系统、热电厂系统、热泵供能系统已经在第一章、第七章中已经详细论述，因此，这里重点对冷热电联供系统进行阐述。

图9-1是典型的冷热电联供系统图，燃料通过发电装置发电后，变为低品位的热能用于采暖、生活热水等用途的供热，这一热量也可以驱动吸收式制冷机，用于夏季的空调，从而形成冷热电三联供系统。当所需供热量不足时，则可以启动补燃锅炉补充热量。为了协调热、电和冷三种动态负荷，实现最佳的整体系统经济性，系统往往还需要设置压缩式制冷机、蓄能装置等。冷热电三联供系统实现了能量的梯级利用，综合能源使用效率可以提高到80%以上，对于减少能源消耗、降低污染物排放、提高环境质量、实现燃料多元化等都具有重要的意义。

9.2.1 燃气内燃机冷热电联供系统

内燃机是一种传统的能源利用设备，应用非常普遍，可以搭配各种大小不同的单机容量。内燃机的工作原理是将燃料与空气注入汽缸混合压缩，点火引发其爆燃做功，推动活塞运动，通过汽缸连杆和曲轴驱动发电机发电。内燃机的功率范围一般在10～10000kW，发电

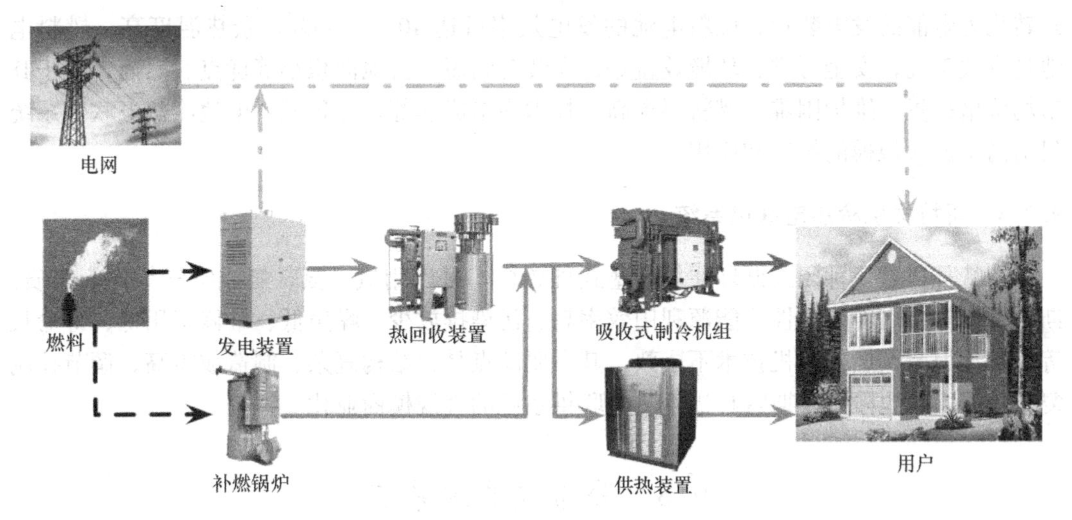

图 9-1　典型的冷热电联供系统图

效率依转速和功率的不同一般在 25%～45%之间。可回收的热量主要是 400～550℃的烟气、90～110℃的缸套冷却水以及 50～80℃的中冷器冷却水和润滑油冷却水。当内燃机规模较小时，其发电效率明显比燃气轮机高，一般在 30%以上，并且初投资较低，因此，在一些小型的燃气冷热电联产系统中往往采用内燃机冷热电联产的形式。但是，由于内燃机的润滑油和气缸冷却放出的热量温度较低（一般不超过 90℃），而且该热量份额很大，几乎与烟气回收的热量相当，因而这种采暖形式在供热温度要求高的情况下受到了限制。

内燃机的优点有发电效率高、地理环境（温度、海拔）对机组效率影响小、可以直接使用中低压天然气、单位造价低，其缺点则主要是余热利用工艺较为复杂、氮氧化物排放量较高。内燃机的生产厂家有康明斯公司、卡特彼勒公司、瓦锡兰公司、颜巴赫公司、道依茨公司、瓦克夏公司等等。

9.2.2　燃气轮机冷热电联供系统

燃气轮机热电联产系统分为单循环和联合循环两种形式。单循环的工作原理是：空气经压气机与燃气在燃烧室燃烧后温度达 1000℃以上、压力在 1～1.6MPa 的范围内而进入燃气轮机推动叶轮，将燃料的热能转变为机械能，并拖动发电机发电。从燃气轮机排出的烟气温度一般为 450～600℃，通过余热锅炉将热量回收用于供热。大型的燃气轮机效率可达 30%以上，当机组负荷低于 50%时，热效率下降显著。热电冷输出的总效率一般能够保持在 80%以上。燃气轮机启停调节灵活，因而对于变动幅度较大的负荷较适应。目前工业燃气轮机的生产公司基本上来自西方国家，如索拉公司、通用电气公司、西屋公司、三菱公司、西门子公司、ABB 公司等。

与内燃机相比，燃气轮机具有体积小、日常维护费用低、寿命长、排烟温度高、氮氧化物排放量低等优点。但是，燃气轮机的发电效率受环境温度的影响较大，而且，一般需要高压或者次高压燃气。

9.2.3　燃料电池冷热电联供系统

燃料电池是一种在等温过程直接将富氢燃料和氧化剂中的化学能通过电化学反应的方

式转化为电能的发电装置。燃料电池的发电效率可达40%～60%，余热温度高。燃料电池具有效率高、安全可靠、环境效益好、安装时间短、占地面积小等优点。然而，由于其市场价格昂贵、维护困难、燃料要求高、技术尚未成熟等，导致燃料电池冷热电联供系统目前尚不能大规模的推广和应用。

9.2.4 斯特林机冷热电联供系统

斯特林机是一种闭式循环往复活塞式外燃机，可以用氢、氮、氦或空气等作为工质。斯特林机具有燃料多样性、能源利用效率高、污染排放少、噪声低、维修费用低、寿命长等优点。但是，斯特林机技术不成熟，其主要缺点是：结构复杂、制造成本高、调节控制复杂等等，这也限制了斯特林机冷热电联供系统的大规模商业化。

9.3 分布式能源系统

分布式能源系统在欧美、日本等发达国家迅速发展的同时，也得到了中国的政府部门与科研机构的广泛关注。分布式能源的定义有以下几种：

美国能源部对分布式能源的定义是：分布式能源系统是小型化的、规模化的、模块化的、分散化的能源综合利用系统，其容量大概是从千瓦级到兆瓦级。分布式能源技术包含了众多供应侧与需求侧之间的技术：燃气轮机、内燃机、燃料电池、光电转换、吸收式制冷、地热能量转换、风力透平、除湿装置，等等。分布式能源系统一般接近用户侧或者位于用户现场，例如，可以直接安装在建筑物里，也可以建在能源中心附近。

世界分布式能源联盟（World Alliance Decentralized Energy，WADE）对分布式能源的定义是：分布式能源系统是安装在用户端的高效的冷热电联供系统。其能源形式包括小型独立电站、废弃生物质发电、煤矸石发电、农村小水电，以及余热、余气、余压发电。分布式能源系统的能源结构以天然气等气体燃料为基础，也可以利用生物质能、太阳能、水能、风能、地热能等可再生能源。分布式能源系统也叫做冷热电联供系统，技术类型包括：高效的热电联产系统，功率在3kW～400kW，例如，内燃机、燃气轮机、斯特林机、燃料电池、蒸汽轮机等；分布式可再生能源技术包括生物质能发电、光伏发电、小水电、微风风力发电等。

国家发展改革委员会对分布式能源系统的定义是：分布式能源是利用小型设备向用户提供能源供应的新型的能源利用方式。与传统的集中式能源系统相比，分布式能源系统接近负荷需求端，不需要建设大电网进行远距离高压或超高压输电，可以大大减少输电损失、投资成本和运行费用。分布式能源可以有效的实现能源的梯级利用，能源综合利用率高，在负荷中心就近实现能源供应的现代能源供应方式。分布式能源多采用天然气、可再生能源作为燃料。与传统的集中供能方式相比，分布式能源具有能效高、清洁环保、安全性好、削峰填谷、经济效益好等优点。

综上所述，分布式能源包含四个含义：

（1）分布式能源位于负荷需求端或者接近负荷需求端，使用天然气、可再生能源、工业余热等向用户供能。

（2）分布式能源能够实现能源的梯级综合利用，能源的利用率高，可以实现节能、经济和环保效益。

(3) 分布式能源由用户来运行管理，优先满足用户自身需求，是集中式供能形式的补充。

冷热电联供系统与分布式能源是同步发展的一个概念，两者互相交叉、部分重合。当冷热电联供系统的容量相对较小，采用了新颖技术，位于用户侧或者靠近用户侧，满足用户的冷热电需求时，这类冷热电联供系统属于分布式能源的范畴，即图 9-2 中的阴影部分。而冷热电联供系统中的另一部分，即大型集中电站式的热电联产系统，则不属于分布式能源的范畴。它们的发电容量相对较大，所有的发电量被统一分配给公共电网。

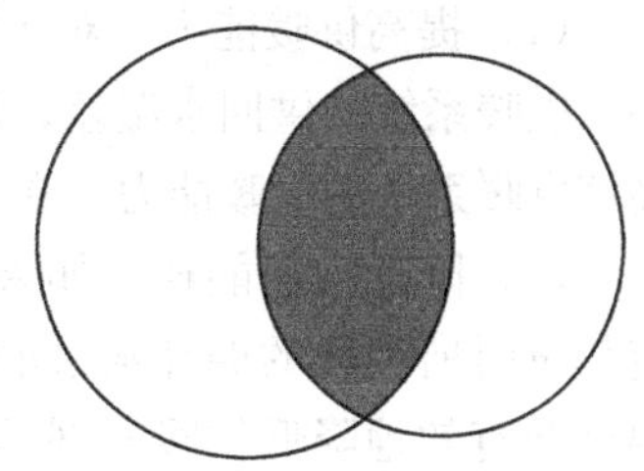

图 9-2 分布式能源与冷热电联供关系图

9.4 区域能源的研究现状

目前，国内外学者对区域能源开展了大量的研究工作，基本上是围绕着提高系统的经济性、节能性、安全性以及环保性来展开。

9.4.1 区域供暖

区域供暖的研究工作主要包括热源端、管网输配环节以及运行调节工作，具体如下：

首先，对于热源端，热源端的数量正在从单一热源向多热源发展。多热源的可行性与必要性、多热源的组成、多热源的配置、多热源的优化运行调度都是该方向的研究重点。区域供暖系统的能量来源正在从化石燃料向可再生能量或者是低温能量进行转变。例如，热电厂的余热，垃圾焚烧过程中的余热，化工厂、药厂、钢厂、炼油厂等的工业余热，建筑在空调制冷过程中所排放的热量，地热能、生物质能、太阳能、风能等可再生能源，天然气燃烧后的烟气冷凝热。

其次，对于管网输配环节，主要是从管网的优化设计、管网的动态特性、智能热网等方面进行深入研究。管网的优化设计工作主要包括了管网的布局最优化与参数最优化。当热源和热用户的地理位置确定后，就存在着一个管道布局的最优化问题，布局最优化确定了管网的形状和管道的走向，下一步就是要在此基础上寻求管径、保温层厚度等相关的优化参数。然而，管网布局的最优化与参数的最优化相互联系，这两项工作也通常是在优化过程中同时进行。图论的理论往往用来建立管网的数学模型，求解方法包括了遗传算法、模拟退火法等等。管网动态特性则是通过对管网的水力工况和热力工况进行计算与分析，从而认识到供暖管网的压力与温度的分布情况，在保证系统正常运行的同时，也为下一步的调节工作提供了数据支撑。智能热网则是通过对区域供暖系统的各个终端的水力工况与热力工况的数据进行采集、统计、分析、预测以及控制，最终达到按需供暖的目的。智能热网还处于起步阶段，各个科研院所、企业所研发的智能热网具有不同的特点，还需要多个部门、不同专业之间进行相互的合作支持，共同推进该项工作顺利进行。

再次，对于运行参数的选择，降低热网回水温度成为一个重点的研究方向。图 9-3 是降低一次网回水温度的优势分析。如果能够合理的降低其一次网的回水温度，则可以在以下几个方面取得显著的节能、减排、降耗以及经济效益：

（1）提高供暖能力。对于既有的集中供暖系统，如果降低一次网回水温度则能够加大集中供暖系统的供回水温差，那么热力管网可以负担更多的供暖面积，因此，可以有效的提高该供暖系统的供暖能力。在一定程度上，还可以延缓管网因供暖面积增加而更换的时间。

（2）降低输送能耗。如果降低集中供暖系统一次网回水温度，那么热力管网在输送一定热量时所消耗的循环水泵的电耗，则会由于供回水温差的加大而降低。因此，降低回水温度会有效地降低供暖管网的输送能耗。

（3）减少管网投资成本。对于新建的集中供暖管网，如果降低回水温度，则供暖管网的管径则会由于供回水温差的加大的相应的减小，从而有效的减少管网的投资成本。

（4）利用低品位能源。如果集中供暖系统的回水温度降低，就意味着可以使用更多的低品位能源来对回水进行加热使其升温，例如，热电厂中乏汽的热量，太阳能，工业废热，燃气锅炉烟气的余热，土壤中的热量，空气中的热量，海水的热量，等等。

（5）提高能源利用效率。如果能够合理的降低集中供暖系统的回水温度，则可以为热电厂或者一些工业流程中的废热的利用提供有利条件，这无疑是提高能源利用效率的一个有效的途径。例如，当集中供暖系统的一次网回水温度降到一定程度的时候：在不影响热电厂发电量的情况下，热电厂中的冷凝热可以被全部利用；石化、钢铁等行业的工业余热可以被全部使用；燃气锅炉的烟气余热可以被全部回收使用。而且一次网回水温度的降低还可以使用于供暖的热泵的冷凝温度降低，从而使得热泵的 COP 值得到升高。

（6）减少热损失。集中供暖系统的一次网回水管道中的热损失会由于回水温度的降低而减少。

（7）节水节电。集中供暖系统的一次网回水温度的降低，意味着集中供暖系统在供应一定热量下的循环水流量会有所降低，这不仅降低了输配能耗，而且也很可能会使供暖系统的失水量得到降低，从而达到节水节电的目的。

（8）降低供暖运行能耗。无论是从热源的取热环节，还是从中间的输送环节，再到末端供暖热用户的使用环节，降低集中供暖系统的回水温度，对于降低集中供暖系统的整体运行能耗以及供暖运行成本，都是非常有利的。

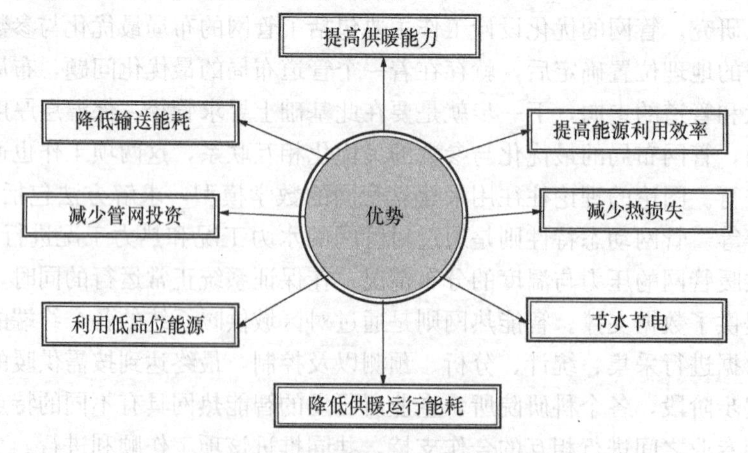

图 9-3　降低一次网回水温度的优势

目前，能够降低一次网回水温度的技术包括以下六个方面：

（1）使用低温末端供暖设备可以降低集中供暖系统二次网的回水温度，从而有效的降低一次网的回水温度。而且，使用低温末端供暖设备，还可以降低集中供暖系统的过量供热的热损失。

（2）增大散热器的面积可以增强散热器的传热能力，从而有效的降低集中供暖系统一次网、二次网的供回水温度，但是当散热器面积增加到一定程度后，再通过增加散热器面积所带来的集中供暖系统一次网回水温度降低的程度会变得很小。

（3）增大换热器的换热面积可以有效的降低集中供暖系统一次网的供回水温度，但是，单独依靠增加换热器的换热面积来降低一次网的供回水温度是有一定限度的。

（4）可以采取串级换热技术来从集中供暖系统的一次网循环水中提取更多的热量，从而有效的降低一次网回水温度。

（5）吸收式换热技术可以大幅度的降低集中供暖系统一次网的回水温度。该技术可以使一次网的回水温度低于二次网的回水温度，实现一次网“大温差、小流量”的运行特点。

（6）在集中供暖系统中使用电动式热泵可以从集中供暖系统的循环水中提取更多的热量，从而有效的降低一次网的回水温度。

9.4.2 区域供冷

区域供冷的研究工作主要围绕冷源端、输配环节以及运行调节控制方法。对于冷源端，则主要包括了供冷方式与配置方案的优选、经济适用性分析、供冷负荷的预测；对于输配环节，则主要包括管网的优化、变流量控制技术、变流量系统技术方案分析、多级泵系统、变流量系统稳定性分析；运行调节控制方法则主要包括运行策略的优选、优化运行模型的建立、运行控制关键技术的研究。

9.4.3 冷热电联供

冷热电联供系统是在能量综合梯级利用的基础上建立起来的满足不同条件和目标的总能系统，它并不是随意的把几个热力过程进行简单的叠加，而是根据一定的原则或者思路有机整合和集成的多层次、一体化的热力学系统。国内外针对于冷热电联供系统进行了大量的研究工作，包括以下内容。

（1）优化研究。主要包括设计的优化、运行调节策略的优化等。设计的优化则主要是对系统整体配置的建模和优化。常用的优化目标包括：费用年值、运行费用以及系统总费用等经济性优化目标，一次能源消耗量、系统效率、一次能源利用率、节能率、㶲效率、㶲输出、熵产等节能性优化目标，CO_2排放量、CO_2排放减少率、全球变暖潜能等环保性优化目标。优化问题主要可以归结为线性规划、非线性规划、多目标规划以及整数规划。常用的求解方法有遗传算法、粒子群算法、进化算法、模糊算法、免疫算法以及分支定界算法等。冷热电联供系统常用的两种运行调节策略是电跟随与热跟随，然而，为了提高系统的整体性能，还需要对其运行调节策略进行优化研究，目前，这方面的研究工作大多都是以电跟随与热跟随为基础进行深入研究，目的是提高系统的节能性、经济性以及环保性。

（2）评价指标。冷热电联供系统的评价指标涉及系统的技术性、经济性、环保性、社会性。技术性指标包括一次能源效率、相对节能率、㶲效率、㶲损失系数、可靠性、安全性以及成熟度等。经济性指标包括投资成本、运行维护成本、电成本、燃料成本、费用年值、净现值等。环保性指标主要包括 CO_2 排放量、SO_2 排放量、CO 排放量、NO_X 排放量、粉尘排放量、噪声、占地等。社会评价指标则主要涉及社会接受度、社会效益、就业岗位等。冷热电联供系统评价的目的是建立一套以城市能源系统为中心的联供系统评价体系，从经济一能源一环境等各种角度全方位对联供系统进行评价，并与其他城市供热、供冷和供电形式进行比较，为冷热电联供系统的推广应用奠定基础。

（3）重点装置的研发与应用。主要包括以下几个方面：

① 小型建筑冷热电联供系统的研发：由于建筑具有独立的冷、热、电负荷以及系统规模小等特点，冷热电联供系统的配置和运行问题尤为重要。需要研究热电机组容量、形式，制冷机、余热锅炉的搭配，蓄能装置的利用，冷热电装置与电网的接入和协调等诸多问题。因此，应在上述研究的基础上，进一步专门加以研究和分析。

② 蓄能系统的研究：为了协调冷热负荷与电负荷的关系，往往需要在冷热电联供系统中设置蓄热蓄冷系统。对蓄热蓄冷装置的形式、结构以及在整个冷热电联供系统中的运行策略研究是必不可少的。

③ 燃料电池的研究：燃料电池的发电效率可达 40%以上，热电联产的效率也达到 80%以上。鉴于燃料电池的独到优点，随着该项技术商业化进程的推进，必将在未来冷、热、电联供系统中占据重要的地位。因此，燃料电池本身及在冷、热、电联供中的应用研究是非常有意义的。

④ 除湿系统的研究：除湿系统所利用的热量品位往往比吸收式制冷机更低，且能源利用效率更高。因此，除湿系统与热电联产的结合往往是更为先进的冷热电联供系统。国外一些研究机构也对此开展了研究工作，因而除湿系统及其在冷热电联供中的应用研究是一个新的方向。

9.5　区域能源系统工程实例

9.5.1　地热集中供热项目

山西某地热集中供热项目，该项目共由五部分构成，分别是地热井、地热能梯级利用热源首站、换热站、用户以及各级管网。其中，地热井 10 口（出水井 5 口、回灌井 5 口），建成地热能梯级利用热源首站 1 座，建成和改造换热站 10 座，实现供暖面积 65 万 m^2。系统流程图见图 9-4。

项目工艺流程：采用地热井水一次换热直供系统和地热能梯级利用间供系统组成，其中，68℃的地热井水通过一次换热后降至 45℃，再进入由二级板换、电热泵和燃气热泵组成地热能梯级利用提温系统，由 45℃降至 15℃后加压回灌。其中，一次换热直供系统供热面积为 20 万 m^2，地热能梯级利用提温系统供热面积为 45 万 m^2。

该项目总投资 1.1 亿元人民币。项目建成后替代了原 33 所的 3 台 150t 的燃煤锅炉。目前，燃煤锅炉已经停用，地热供暖系统已经投入运行。该系统每年可以减少原煤消耗量 5573t，每年分别减少烟尘、SO_2、NO_X 的排放量 56.59t、171.79t、75.67t。

项目实施后，切实改善了经济环境，起到了良好的社会效益，为再现当地的碧水蓝天做出了积极的贡献。

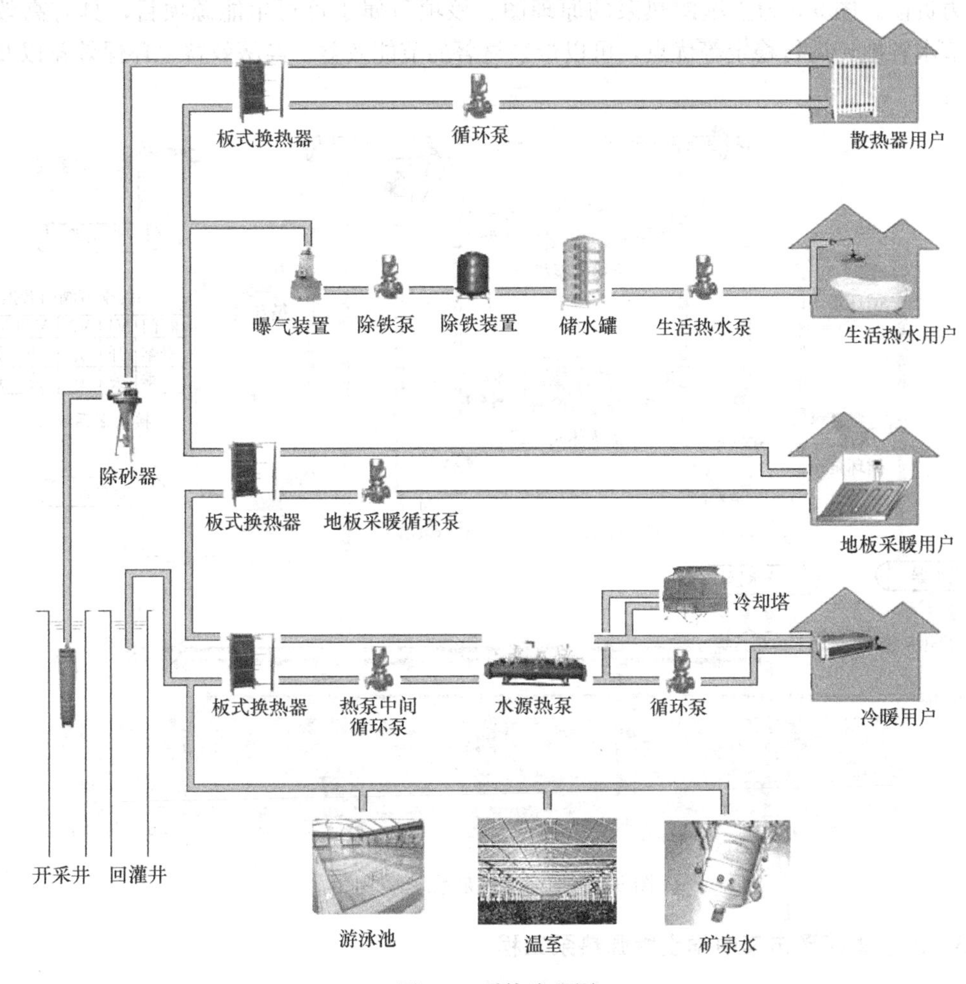

图 9-4 系统流程图

9.5.2 山东省乳山市某大酒店土壤源热泵工程

本工程为山东省乳山市某大酒店土壤源热泵工程，该酒店由东楼（7000m^2）、西楼（8000m^2）、办公楼（2000m^2）、婚宴大厅（1000m^2）、文学馆（800m^2）组成。西楼主要提供住宿和餐饮服务，东楼主要提供休闲娱乐服务，办公楼为独立建筑，是管理酒店运行的机构，婚宴大厅在建设中，文学馆为对外展示之地。其中东楼、西楼、婚宴大厅需要供冷，供冷面积为 16000m^2；东楼、西楼、婚宴大厅、办公楼、文学馆需要供暖，供暖面积为 18800m^2。该项目室内末端为风机盘管，制冷和制热同用一套系统，原热源为锅炉，冷源为螺杆式制冷机组。因政府号召，取缔燃煤锅炉，需选用环保、低碳的供暖方式。所以针对上述情况，对该酒店冷热源进行改造，管网及末端不变。考虑到该工程地下水开采受政府限制的问题，并且根据当地地质结构，井水回灌难度大，所以本工程采用土壤源热泵的形式为该场所解决夏季制冷、冬季制热的问题，埋置在地下的土壤源换热器能够将地表中蓄存的热量提取出来，供给室内有热负荷需求的地方，这种利用地下热能的方式属于可再生能源的一种运用方式，具有较高的经济性、节能性、环保性，是对国家节能环保政策的有力贯彻。图 9-5 为土壤源热泵的原理图。该项目属于可再生能源项目，具有高效节能、节水省地、运行稳定等优点，可以带来显著的节能效益、经济效益、环保效益以及社会效益。

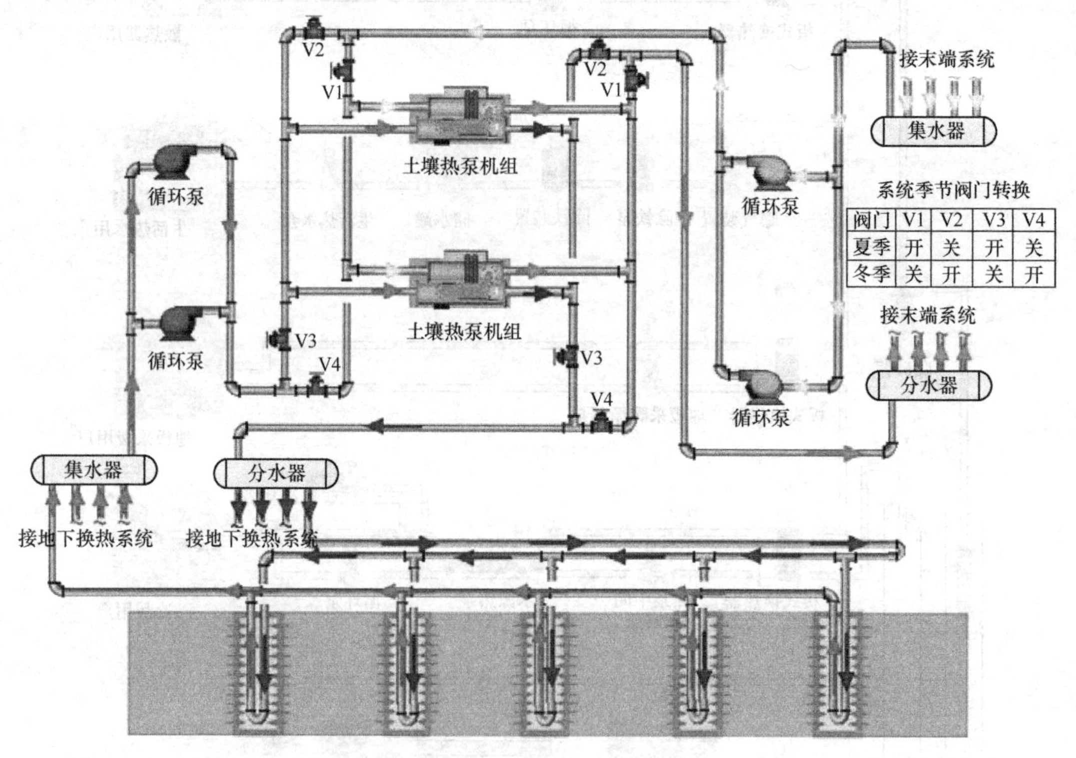

图 9-5 土壤源热泵系统原理图

9.5.3 山东省菏泽市某中学土壤源热泵工程

山东省菏泽市某高级中学土壤源热泵工程，位于菏泽市开发区。该工程由教学楼、宿舍楼、食堂、实验楼、艺体楼、综合楼、体育馆等组成，总建筑面积为 126933.15m²，属于当地新建中学。考虑到该建筑地下水受限的问题，该系统采用土壤源热泵的形式为该场所解决夏季制冷、冬季制热的问题。该系统通过埋设土壤源换热器，能够将地表中蓄存的能量提取出来，能够实现可再生能源的持续发展，体现国家节能环保的能源政策方针，同时具有较高的经济性、节能性、环保性等重要意义。

1. 热泵机组的选型

因该项目服务对象属于教学楼、宿舍楼等区域。宿舍楼、食堂居于整个学校的北部，教学楼及实验楼位于学校中部，综合楼及体育馆位于学校南部。通过对各区域冷负荷计算，宿舍楼和食堂的冷负荷为 5321.4kW，其他 6 栋楼的冷负荷为 3883.5kW。本工程考虑所有室内制冷、制热的间歇性，即在教学楼，实验楼、艺体楼、综合楼这 6 栋楼使用时，宿舍楼和食堂就无需空调，当学生上课结束，回宿舍和就餐时则教学楼、实验楼、艺体楼、综合楼这 6 栋楼则无需空调，所以将此不同使用时间的场所划分为两个区域，分时段供冷。因此，综合考虑，热泵机组的型号为：开利土壤源热泵机组 3 台，其型号为 30HXC500A-HP1，每台机组能够提供 1937kW 的冷量，上课时开启两台机组，即可满足教学楼，实验楼、艺体楼、综合楼这6栋楼的负荷，下课后开启3台机组，可满足宿舍楼和餐厅的负荷。机组是按冷负荷配置的，室内热负荷需求小于冷负荷，故上述选型亦能满足制热需求。

2. 机房其他设备选型

(1) 冷冻水泵选型：

土壤源热泵机组在制冷时冷冻水流量为333m^3/h，为了保证机组蒸发器的水流量，在选用水泵时加大为346m^3/h，多出部分作为备份流量，每台机组配备一台水泵，则需要配备3台同时使用的水泵，单台水泵流量为346m^3/h，水泵扬程38m，输入功率55kW，为了保证运行安全可靠，特备用1台水泵。

(2) 土壤源侧水泵选型：

在制冷工况时，土壤源侧水流量为392m^3/h，为了保证机组蒸发器的水流量，在选用水泵时加大为437m^3/h，多出部分作为备份流量，每台机组配备一台水泵，总共需要配备3台水泵，单台水泵的流量为437m^3/h，水泵扬程38m，输入功率75kW，同时，配备1台同型号的备用水泵。

(3) 软化水箱

软化水箱是为系统补水的存储器，其容量大约与空调系统水容量小时失水量相等，经计算系统水容量为200m^3，失水量约为2%～5%，软化水箱需不低于10m^3，故选用10m^3的软化水箱，其尺寸为2.5m×2m×2m。

(4) 定压补水

定压补水系统：水泵6m^3/h，扬程60m，功率4kW。

定压罐：直径1.2m，高度2.7m，罐体高度1.8m，土壤源侧和冷冻侧各1个。

(5) 分集水器

土壤源侧和冷冻侧各1套集分水器，土壤源侧集分水器上留取5个地埋管接口，1个机组接口，冷冻侧集分水器上留取5个楼栋接管端口，1个机组接口，用法兰盘连接。

(6) 电子除垢仪

设于管道之上，水源侧和用户侧各一个，减少管壁结垢离子，土壤源侧 *DN*350，冷冻侧 *DN*300。

(7) 配电

配电柜及电源线，信号线，按机组电器参数配备。

3. 室外地埋管设计

室外地埋管及钻孔是土壤源热泵系统设计的关键，本工程的重点也是室外地埋管及钻孔的设计与施工。由于对于菏泽地区来说，夏季冷负荷大于冬季热负荷，以夏季制冷为主，所以地埋管系统按夏季季考虑，取最不利情况下的计算结果作为依据。为了满足冷负荷需求，地埋孔数量需按夏季冷负荷来计算，因场所是交替使用，并非同时使用，地埋管系统需满足冷负荷最大区域向土壤中排放的热量6767kW。单孔每延米的换热量按照45W进行计算，按照120m的深度钻孔，则需要钻孔数量为1253个。根据现场情况，考虑系统备用井为总井数的5%，则总共成井1320口。井距为4m，占地面积为21120m^2；布置地埋孔在操场、绿地、停车场及空置场所。

4. 室内系统

室内系统采用风机盘管的方式。各层办公室风机盘管独立控制，实现节能运行，制冷速度快，实现场所的舒适性与节能运行。水系统做了同程式布置，实现了各末端的水力平衡，使各个地方热量分布均匀，不会出现局部过热、过冷的现象。

5. 设计运行工况

冬季供暖工况：地下环路进水8℃，出水13℃，用户侧进水25℃，出水45℃；开启土壤热泵机组作为建筑物空调的热源，提供45℃的热水，对建筑物进行制热。

夏季制冷工况：地下环路进水25℃，出水30℃，用户侧进水12℃，出水7℃；开启土壤源热泵机组作为建筑物空调的冷源，提供7℃的冷冻水，对建筑物进行制冷。

随着能源供需矛盾的日益突出，能源的综合利用得到国内外广泛关注，从热电分产到热电联产乃至热、电、冷三联产的提出和运用，无不说明人们对节能进行了有益的探索，而实践证明，这些研究带来了较好的经济效益和社会效益。

思考题

1. 区域能源与分布式能源的定义分别是什么？
2. 区域能源的主要形式有哪些？
3. 冷热电三联供的特点是什么？
4. 降低一次管网回水温度的措施有哪些？
5. 降低一次管网的回水温度的重要意义？

参考文献

[1] 徐伟，孙宗宇，冯晓梅，杜国付，李骥．区域能源技术的发展现状与展望．2013，建筑科学，29(10)：85-89，105.

[2] Svend Frederiksen，Sven Werner. District heating and cooling. Studentlitteratur，Lund，Sweden，2013.

[3] Henrik Lund，Sven Werner，Robin Wiltshire，Svend Svendsen，Jan Eric Thorsen，Frede Hvelplund，Brian Vad Mathiesen. 4th Generation District Heating (4GDH) Integrating smart thermal grids into future sustainable energy systems. Energy，2014，68：103-111.

[4] 吴大为，王如竹．分布式能源定义及其与冷热电联产关系的探讨．制冷与空调，2005，5(5)：1-6.

[5] 林世平，李先瑞，陈斌．燃气冷热电分布式能源技术应用手册．北京：中国电力出版社，2014.

[6] 马喜成．集中供热管网动态特性分析及热瞬态预测研究．太原：太原理工大学，2011.

[7] 豆中州．集中供热管网优化设计研究．保定：华北电力大学，2010.

[8] 介鹏飞．中国北方地区集中供暖系统发展研究．北京：清华大学，2015.

[9] 曹荣光．区域供冷多级泵系统能效研究．天津：天津大学，2011.

[10] 高宏奎．区域供冷系统关键参数的研究．重庆：重庆大学，2014.

[11] 闫军威．区域供冷系统节能优化运行与控制方法研究及系统实现．广州：华南理工大学，2012.

[12] 清华大学建筑节能研究中心．中国建筑节能年度发展研究报告 2015. 北京：中国建筑工业出版社，2015.

第10章　集中供热系统的技术经济分析

10.1　概　　述

技术经济分析是指国民经济各部门、企业、生产经营组织对各种设备、各种物资、各种资源利用状况及其结果的度量。它是技术方案、技术措施、技术政策的经济效果（效益）的反映。对集中供热系统进行技术经济分析，是对热能生产、输配、转换等活动进行计划、组织、管理、指导、控制、监督和检查的重要方法，利用技术经济指标，可以：①查明与挖掘生产潜力，增加生产，提高经济效益；②考核生产技术活动的经济效果，以合理利用技术装备、工艺流程、所用原料、燃料动力、改善产品质量；③评价各种技术方案，在多种方案的比较中选择最优方案，对技术方案的预期效果进行分析，为技术经济决策提供依据。

10.1.1　经济效益的概念

在经济领域中，所谓经济效益是指人们从事实践活动时所取得的有用效果，也就是使用价值与所消耗的劳动之间的比例关系。即：

$$E=\frac{V}{L} \tag{10-1}$$

式中　E——经济效益；

V——使用价值；

L——劳动消耗。

在实际工作中，使用价值V就是实现的技术方案所产生的有用实物，如热电厂供热系统中生产的电能和热能。

劳动消耗L，包括劳动的占有和劳动的直接消耗两部分。前者主要反映在技术方案的一次性基建投资中；后者主要指技术方案的经常性费用上。

经济效益可以用实物形式表示，如生产单位产品消耗原材料的数量，单位设备的产品率，也可以用价值形式表示，如利润、成本利润率、资金利润率等。利用式（10-1）表述经济效果，当使用价值V和劳动消耗L采用同样的计量单位时，可计算经济效益的绝对数量，当采用两种不同的单位来表示时，可计算经济效益与费用的比例，或输出与投入的比例。劳动消耗数量越少，取得的劳动成果或实用价值越大，说明经济效益越好；反之，则说明经济效益越差。同样，为了获得一定的使用价值或劳动成果，要耗用的劳动越少越好。对于一定的劳动成果来说，劳动消耗越少，经济效益越好。因此，不同技术方案的最佳方案，其衡量标准应是经济效果最佳的方案，即：

$$E=\frac{V}{L}=\mathrm{Max} \tag{10-2}$$

当不同技术方案所产生的有用实物相同时，（如热电厂的不同技术方案生产的电能和热能相同时），最佳方案应是劳动消耗最少的方案，即：

$$V = \text{const}\ 时，L = \text{Min} \tag{10-3}$$

在工程设计中，衡量方案的经济效果，常将使用价值的实物量（所得量）和劳动消耗量（所耗量）都以货币量（资金）的形式来计算；因此，经济效益最佳的方案也可用下式表示：

$$E = V - L = \text{Max} \tag{10-4}$$

10.1.2　技术经济分析方法

技术经济分析的具体方法很多，但基本方法有两种：数学分析法和方案分析法。

数学分析法也称为函数分析法，它运用数学方法来进行方案的技术经济分析。这种方法的基本原理，就是根据技术方案的基本参数与各项费用之间的函数关系，建立经济数学模型，然后通过数学计算或图解分析，找出最经济合理的参数值的有效范围。

数学分析法的具体方法有微分法和系统分析法等。微分法经济效果的指标计算和评价方法只能求得某单一参数的最优解，因而只能解决技术经济评价中的局部问题。系统分析法可以求得多目标的最优解。但建立函数关系和计算都很复杂。

方案比较法也称为对比分析法，它通过一组能从各个方面说明技术经济效果的指标体系，对实现同一目标的几个不同技术方案进行计算、分析和比较，然后选用最优方案的方法。

方案比较法简单明确，考虑的指标和因素比较全面，既可定性分析，也可定量计算。因此，方案比较法是目前工程项目中进行技术经济分析，选择最优方案时最普遍应用的一种方法。

在工程项目的技术经济分析中，衡量经济效益主要是以货币量的形式来进行计算。根据是否考虑资金与时间因素的影响，投资效益计算和评价方法又分为静态分析法和动态分析法。

静态分析法是一种不考虑资金的时间因素的技术经济分析方法。静态分析法计算简单，但这种方法并没有很好地反映资金和时间的关系，不能准确地反映经济领域中的真正经济效益。

动态分析法是考虑资金的时间因素的技术经济分析的方法。资金与时间的关系体现在资金的时间价值，即货币的时间价值。资金的时间价值指资金的价值随时间的变化而变化，资金的价值随时间的推移而增值。因为资金的运动过程也就是物资处于生产和流动过程。通过这些过程，增加了物质财富，从而表现出资金的增值。资金在单位时间内产生的增值（利润或利息）与投入的资金额（本金）之比，称为利润或收益率。

为了更方便地阐明动态分析法，有必要简单地介绍一些资金时间价值的计算方法，也就是介绍一些最基本的财务会计的知识。

在时间价值的计算中，通常采用复利法，复利法以本金与累计利息之和作为基数计算利息。下面介绍几种最常用的计算复利的基本公式：

1. 当资金的现值为 P，利率为 $i\%$，几年后资金的终值 F 的计算公式如下：

$$F = P \times (1 + i)^n \tag{10-5}$$

2. 与上式相反，当已知资金的终值为 F，求现值 P 的计算公式如下：

$$P = F \times [1/(1+i)^n] = Af \tag{10-6}$$

式中 f——贴现系数。

3. 已知资金现值为 P，考虑时间因素，计算分摊到每年等额值 A 值的计算方法。

由图 10-1 可知，第一年的 A 值折算到现值为 $A/(1+i)$，第二年的 A 值折算到现值为 $A/(1+i)^2$，第 n 年的 A 值折算到现值为 $A/(1+i)^n$。由此可见，它是一个等比数列，首项 $b=A/(1+i)$，等比值 $r=1/(1+i)$，其各年的折现值的总和应等于现值 P，用下式计算：

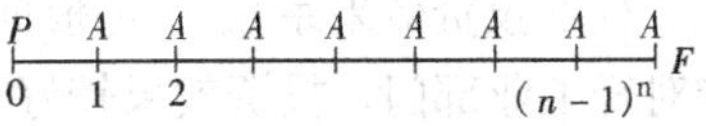

$$P = \frac{1-\frac{1}{(1+i)^n}}{1-\frac{1}{1+i}} \times \frac{A}{1+i} = \left[\frac{(1+i)^n - 1}{i(1+i)^n}\right]A \tag{10-7}$$

$$A = \theta_g \cdot P = \frac{i(1+i)^n}{(1+i)^n - 1} \cdot P \tag{10-8}$$

式中 θ_g——资金回收系数，表示资金现值等额分摊到每年的份额。

图 10-1 资金的时间价值表示图

P—资金的现值（在初期）；F—资金的终值，即本利合计（在末期）；A—每年等额偿还数列值，即年金（在期末），i—利率，%；n—周期书（一般按年计算）

10.2 经济效果的指标计算和评价方法

衡量不同技术方案的经济效果，可采用各种各样的指标进行比较。最常见的技术经济分析有如下几种：

10.2.1 年计算费用法

技术经济效果的大小，体现在所得量与所费量的比例，若所对比的方案的所得量（有用实物量）都相同时，则所费量最小的方案就是经济效果最大的最佳方案。

技术方案的所费量中，包括工程投资和年经营费用两部分，而投资和经营费用是两种性质不同的费用，不能简单的相加计算。

工程投资属于一次性支出，主要内容包括：

（1）用于建设工程的各项费用；

（2）用于安装工程的各项费用；

（3）用于购置各种设备、工具和器具的费用；

（4）其他建设费用，如土地征购费、人员培训费、工程的勘查和设计费用等。

经营性费用属于经常性支出，在能源工程中，它包括燃料费、水费、材料费、基建折旧费、大修费、职工工资、职工福利资金和其他费用（对非电厂工程，还应计算电能消耗费用）。

在计算费用法中，对参与比较的各个方案的投资和经营费这两项性质不同的费用，利用投资效果系数进行折算，将投资折算成与经营费用类似的费用，然后相加，算出“年计算费用”的数值。在各个方案中，年计算费用最小的方案就是最佳方案。

年计算费用的计算费用（静态法）为：

$$Z = x_t \cdot K + C \tag{10-9}$$

式中　Z——年计算费用，元/a；

C——年经营费（总成本），元/a；

K——投资额，元；

x_t——标准投资效果系数，$x_t = 1/\tau$；

τ——标准投资回收期。

标准投资效果系数 x_t 是根据不同生产部门在国民经济发展中的实际投资效果而确定的。如对轻工业部门，投资效果较好，资金回收较快，标准投资回收期就较短，相应的标准投资效果系数就取较大些。目前，能源部对热电项目工程规定标准投资回收期一般为8～10 年(小型热电工程一般为 7 年)，所以，标准投资效果系数可按 $x_t = 0.10 \sim 0.14$ 取用。

年计算费用法概念清楚，计算公式简单，可适用于多个方案的比较，并且便于在数学分析法中应用。年计算费用法在实际工作中应用较广，但由于它并不反映资金的时间价值因素，使它的应用具有一定的局限性。

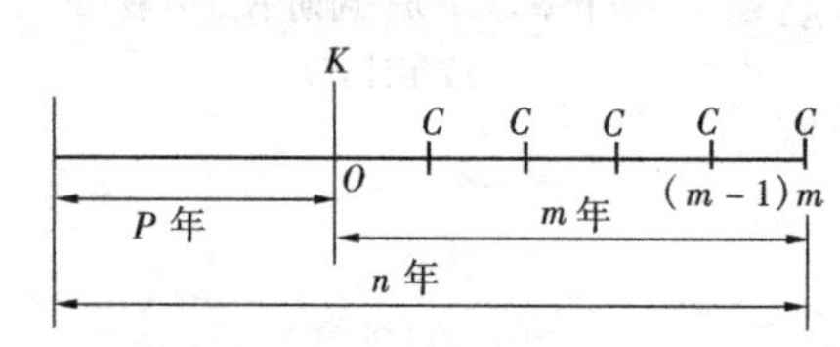

图 10-2　年计算费用法（动态法）计算示意图

在多个技术方案的比较中，可以根据年计算费用的基本概念，利用动态分析法来进行技术经济分析。

在一工程项目中，由图 10-2 可知如其建设期为 p 年，生产期为 m 年。工程项目中各年的投资 K_i 折算到开始投产时的终值为 K，正常生产年份的年经营费用为 C，根据动态分析法，利用式（10-8）将资金现值 K 等额分摊到生产期 m 年中的方法，得出年计算费用（动态法）的计算公式为：

$$Z_d = \theta_g K + C = \frac{i(1+i)^m}{(1+i)^m - 1} \cdot K + C \tag{10-10}$$

式中　Z_d——按动态法计算的年计算费用，元/a；

K——建设期 p 年中每年的投资 K_i 折算到开始正常投产时的总投资额，元；

i——利率或采用部门的内部收益率，%；

p——建设期；

m——生产期，年；按能源方面有关规定，热电工程的生产期 m=20 年计算，热力管网，按 m=16 年计算；

θ_g——资金回收系数；

P——建设期，年；

m——生产期，年。

10.2.2　投资回收期法

所谓投资回收期，是指投资回收的期限，也就是用投资方案所生产的净现金收入回收初始全部投资所需的时间。对于投资者来讲，投资回收期越短越好，从而减少投资的风险。

计算投资回收期时，根据是否考虑资金的时间价值，可分为静态投资回收期（不考虑资金时间价值因素）和动态投资回收期（考虑资金时间价值因素）。投资回收期从工程项目开始投入之日算起，即包括建设期，单位常用年来表示。

根据投资及净现金收入的情况不同，投资回收期的计算公式分以下几种：

第一种情况，项目（或方案）一次性支付全部投资 P，当年产生受益，每年的净现金收入不变，为收入 B 减去支出 C（不包括投资支出），此时静态投资回收期 T 的计算公式为：

$$T = P/(B - C) \tag{10-11}$$

例如，一笔 1000 元的投资，当年收益，以后每年的净现金收入为 500 元，则静态投资回收期 $T=1000/500=2$ 年。

第二种情况，项目仍在期初一次性支付投资 P，但是每年的净现金收入中由于生活及销售情况的变化而不一样，设 t 年的收入为 Bt，t 年的支出为 Ct，则能使公式成立的 T 即为静态投资回收期。

$$P = \sum_{t=0}^{T}(B_t - C_t) \tag{10-12}$$

第三种情况，如果投资在建设期 m 年内分期投入，t 年的投资假如为 P_t，t 年的净现金收入仍为 $B_t - C_t$，则能使公式（3-3）成立的 T 即为静态投资回收期。

$$\sum_{t=0}^{m} P_t = \sum_{t=0}^{T}(B_t - C_t) \tag{10-13}$$

第四种情况，如果将 t 年的收入视为现金流入 CI，将 t 年的支出以及投资都视为现金流出 CO，即第 t 年的净现金流量为 $(CI - CO)$，并考虑资金的时间价值，则动态投资回收期 T_P 的计算公式，应满足：

$$\sum_{t=0}^{T_P}(CI - CO)_t(1 + i_0)^{-t} = 0 \tag{10-14}$$

式中 i_0——折现率，对于方案的财务评价，i_0 取行业的基准收益率；对于方案的国民经济评价，i_0 取社会折现率，现行规定社会折现率为 12%（1990 年国家计委公布）。

计算动态投资回收期的实用公式为：

$$T_P = (\text{累计折现值开始出现正值的年份数}) - 1 + \frac{\text{上年累计净现金流量折现值}}{\text{当年净年净现金流量折现值}}$$

动态投资回收期的计算公式表明，在给定的折现率 i_0 下，要经过 T_P 年，才能使累计的现金流入折现值抵消累计的现金流出折现值，投资回收期反映了投资回收的快慢。

在热电工程中，基准投资回收期一般为 8～10 年（小型项目一般为 7 年）。

投资回收期指标直观、简单，尤其是静态投资回收期，表明投资需要多少年才能回收，便于为投资者衡量风险。投资者关心的使用较短的时间回收全部投资，减少投资风险。但是，投资回收期指标最大的缺点是没有反映投资回收期以后方案的情况，因而不能全面反映项目在整个寿命期内真实的经济效果。所以投资回收期一般用于粗略评价，需要和其他指标结合起来使用。

当投资回收期指标用于评价两个方案的优劣时，通常采用增量投资回收期指标。所谓增量投资回收期是指一个方案比另一个方案所追加的投资，用年费用的节约额或超额年收益取补偿增量投资所需要的时间。

比如甲方案投资 I_1，但是甲方案的年费用（成本）C_2 比乙方案的年费用（成本）C_1 要节约。加入这两个方案具有相同的产出和寿命期，那么，甲方案用节约的成本额去补偿增加的投资额，将要花多少时间，即为增量投资回收期 ΔT，其计算公式为：

$$\Delta T = \frac{I_2 - I_1}{C_1 - C_2} \tag{10-15}$$

在两方案比较时，若甲方案能在标准的时间内由节约的成本回收增加的投资，说明增加的投资有利，甲方案是较优的方案；反之，乙方案较优。

10.2.3　现值法

现值法是将方案的各年收益、费用或净现金流量，按照要求达到的折现率折算到期初的现值，并根据现值之和（或年值）来评价、选择方案的方法。现值法是动态的评价方法。

1. 费用现值与费用年值

采用增量投资回收期评价两个方案的优劣，没有考虑资金的时间价值。在对两个以上方案比较选优时，如果诸方案的产出价值相同，或者诸方案能够满足同样的需要，但其产出效果难以用价值形态（货币）计量时，比如环保效果、教育效果等，可以通过对各方案费用现值或费用年值的比较进行选择。

费用现值的计算式为：

$$PC = \sum_{t=0}^{n} CO_{t}(P/F, i_0, t) \tag{10-16}$$

费用年值的计算式为：

$$AC = PC(A/P, i_0, n) = \sum_{t=0}^{n} CO_{t}(P/F, i_0, t)(A/P, i_0, n) \tag{10-17}$$

式中　PC——费用现值；

AC——费用年值；

CO_t——第 t 年的现金流出；

n——方案寿命年限；

i_0——基准收益率（或基准折现率）。

费用现值和费用年值用于多个方案的比选，其判别准则是：费用现值或费用年至最小的方案为优。

因此，费用现值与费用年值的关系，就项目的评价结论而言，费用现值最小的方案即为费用年值最小的方案，两者是等效评价指标。两者除了指标含义不同外，使用各有所长。比如费用现值适用于多个方案寿命相同的情况比选，当各个方案寿命不等时比选，则可采用费用年值指标。

2. 内部收益率法

净现值方法虽然简单易行，但必须事先给定一个折现率，而且采用该法时只知其结论是否达到或超过基本要求的效率，并没有求得项目实际达到的效率。内部收益法则不需要事先给定折现率，它求出的是项目实际能达到的投资效率（即内部收益率）。因此，在所有的经济评价指标中，内部收益率是最重要的评价指标之一。

内部收益率（IRR），简单地说就是净现值为零时的折现率。在图 10-1 中，随着折现率的不断增大，净现值不断减小，当折现率取 i^* 时，净现值为零。此时的折现率 i^* 即为内部收益率。

内部收益率也可通过解下述方程求得：

$$\sum_{t=0}^{n}(CI-CO)_t(1+IRR)^{-t}=0 \tag{10-18}$$

式中　IRR ——内部收益率；

其他符号意义同上。

若 $IRR \geqslant i_0$，则项目在经济效果上可以接受；

若 $IRR < i_0$，则项目在经济效果上应予否定。

内部收益率法能清楚地反映该项目的收益情况，目前应用较广，但需要进行试算才能确定。

10.2.4 其他效率型指标评价法

1. 投资收益率

投资收益率是指项目在正常生产年份的净收益与投资总额的比值。其一般表达式为：

$$R=\frac{NB}{I} \tag{10-19}$$

式中　R ——投资收益率；

NB ——正常生产年份或者年平均净收益，根据不同的分析目的，NB 可以是利润，可以是利润税金总额，也可以是年净现金流入等；

I ——投资总额，$I=\sum_{t=0}^{m}I_t$，I_t 为第 t 年的投资额，m 为建设期，根据分析目的不同，I 可以是全部投资额（即固定资产投资、建设期借贷利息和流动资金之和），也可以使投资者的权益投资额（如资本金）。

投资收益率指标主要反映投资项目的盈利能力，没有考虑资金的时间价值。用投资收益率评价投资方案的经济效果，需要与本行业的平均水平（行业平均投资收益率）对比，以判别项目的盈利能力是否达到本行业的平均水平。

2. 效益-费用比

如前所述，用动态投资回收期、净现值或者内部收益率等指标评价工程方案（项目）的经济效果时，都要求达到或超过标准的收益率。这对于以盈利为目的的营利性企业或投资者来说，是方案经济决策的基本前提。

但是，对于一些非营利性的机构或投资者，投资的目的是为公众创造福利或效果，并非一定要获得直接的超额受益。评价公用事业投资方案的经济效果，一般采用效益-费用比（$B-C$ 比），其计算表达式为

$$\text{效益}-\text{费用比}(B-C\text{比})=\frac{\text{净效益(现值或年值)}}{\text{净费用(现值或年值)}} \tag{10-20}$$

计算 $B-C$ 比时，需要分别计算净效益和净费用。净效益包括投资方案对承办者的所有费用支出，并扣除方案实施对投资者带来的所有节约。实际上，净效益是指公众得益的净累积值，净费用是指公用事业部门净支出的累积值。因此，$B-C$ 比是针对公众而言的。

净效益和净费用的计算，常采用现值或年值表示，计算采用的折现率应该是公用事业资金的基准收益率或基金的利率。若方案净效益大于净费用，即 $B-C$ 比大于 1，则这个方案在经济上认为是可以接受的，反之，则是不可取的。因此，效益—费用比的评价标准是：

$$B-C\text{比}>1 \tag{10-21}$$

$B-C$ 比是一种效益型指标，用于两个方案的比选时，一般不能简单地根据两方案 $B-C$ 比的大小选择最优方案，而应采用增量指标的比较法，即比较两方案之增加的净效益与增加的净费用之比（增量 $B-C$ 比），若此比值（增量 $B-C$ 比）大于 1，则说明增加的净费用是有利的。

10.2.5　热电工程的节约每吨标准煤所需的净投资计算

在热电工程项目进行技术经济分析时，除进行财务评价外，还应作两项指标计算：

1. 节约标准煤量数（即热电联产与热电分产相比较的节约量）

热电联产与热电分产相比较的节约标准量的原则计算方法，在本章第四节阐述。节约量由设计人员提供。

2. 节约每吨标准煤所需的净投资。热电联产项目的投资通常要高于热电分产的方案。根据上述规定，节约每吨标准煤所需的净投资，可用下式计算：

$$\Delta K=\frac{T-Y\times B-C_1\times T_d(\Delta D/H+5.73Q_M)-C_2\times\Delta Q\times T_1}{M_j} \tag{10-22}$$

式中　ΔK——节约每吨标准煤所需的净投资，元/tce；

T——热电工程（包括热网，不包括综合利用）的总投资，元；

Y——年压缩烧油量，t；

B——烧油改烧煤的补助标准；

C_1——考虑全国火电机组自用电率影响的修正系数，取 1.06；

ΔD——新增年供电量，kWh。若减少高压机组的年工电量时，按全部新增年工电量计算；对于减少中压机组的年供电量 kWh 时，按总量的一半计算；对于低压机组和拟关闭机组，则不必计入；

H——全国 6000kWh 以上火电机组平均年运行小时数，可按 6000 小时计算；

Q_M——热电厂的供热能力，GJ/h；

5.73——热电站单位供热能力的增容量，kW/GJ/h；

T_d——新建冷凝机组单位造价（包括线路）；

C_2——考虑备用锅炉容量的修正系数，取 1.4；

ΔQ——建成后比分散供热增加的供汽量，t/h；

T_1——新建锅炉房平均单位造价；

M_j——项目每年节约的标准煤总量，t。

计算得出的节约每吨标准煤的净投资 ΔK，应不超过开发每吨标煤（包括运输）的投资金额。

10.3 热水网路的经济比摩阻的确定

前已述及，技术经济分析中的数学分析法，应用微分法时，可以列出某一参数与各项费用之间的函数关系，从而求出该参数的最优值。例如，在确定热水管路的经济比摩阻时，就可采用这种方法。

下面以确定热水网路的经济比摩阻为例，阐明微分法的计算方法。

对一个热水网路，当设计供、回水温度及设计热负荷确定后，各管段的计算流量随之确定。当选用较高流速，即选用较大的比摩阻时，管径可较小，因而降低了管网的投资和热损失费用；但管网的总压力损失增大，电能的耗费要增大。因而，可以按年计算费用为最小的原则，来确定其经济比摩阻。

按式（10-9）、式（10-10）的基本原则，热网的年计算费用可用式（10-23）计算。

$$Z = \omega K + C \tag{10-23}$$

式中 Z——热网的年计算费用，元/a；

K——投资额，元；

C——年经营费（总成本），元/a；

ω——系数，当采用静态法时，$\omega = x_t$。x_t 为标准投资效果系数（见式 10-9）；当按动态法计算时，$\omega = \theta_g$。θ_g 为资金回收系数（见式 10-10）。

为简化计算，热水网路的年经营费，主要计算如下几项：

1. 输送热水的电能费用 C_d，元/a；

2. 管网的热损失费用 C_r，元/a；

3. 管网的折旧、维修的年扣除费用，一般按管网投资的百分率计算。根据规定：热电工程中，管网的基本折旧率按 4.8%计算；大修理费率按 1.4%计算，再考虑经常小修和其他费用，总的折旧率可暂按 f_j=8%~10%计算。因而上式（10-23）可改写为：

$$Z = \omega K + C_d + C_r + (f_j + \omega)K \tag{10-24}$$

下面分析各项费用的确定方法。

10.3.1 管网基建总投资费用 K

对热水网路，每米管长（双管）的投资费用，近似可按与管径呈线性关系估算，即

$$K_m = a + bd \tag{10-25}$$

式中 K_m——每米管长（双管）的基建费用，元/m；

d——管子的公称直径，m；

a、b——与管网敷设方式有关的常数，元/m；元/m²。可根据当地管网投资统计值，用线性回归计算确定。

整个热水管网的总投资费用为：

$$K = \sum_{i=1}^{n}(a + bd_i)l_i = a\sum_{i=1}^{n} l_i + b\sum_{i=1}^{n} d_i l_i = a\sum_{i=1}^{n} l_i + bM \quad (元) \tag{10-26}$$

式中 M——网路的材料特性，表示网路消耗材料多少的指标，m²。

在网路进行经济比摩阻计算时，首先假定采用主干线的平均比摩阻为 R_o 值，根据式

(10-3)，可得出：

$$M_0=\sum_{i=1}^{n}d_{i0}l_{i0}=\sum_{i=1}^{n}0.387\frac{K^{0.0476}}{\rho^{0.19}}\cdot\frac{G_{i0}^{0.381}}{R_{I0}^{0.19}}\cdot l_{i0}=\sum_{i=1}^{n}A_s\cdot\frac{G_{i0}^{0.381}}{R_{i0}^{0.19}}\cdot l_{i0}\quad(\mathrm{m}^2)\tag{10-27}$$

式中　A_s 值在已知水温和绝对粗糙度 K 值下为一定值。

由于通过各管段的流量 G 和管段长度 l 不变，由式（10-27）可见，当多方案中某一方案采用某一平均比摩阻 R 时，它的相应 M 之可按下式求出：

$$M=\frac{M_0R_0^{0.19}}{R^{0.19}}\quad(\mathrm{m}^2)\tag{10-28}$$

在不同方案下，式（10-26）中管网基建总投资费用的第一项 $a\sum_{i=1}^{n}l_i$ 是相同的。因此，它的相比投资费用 K' 为：

$$K'=bM_0R_0^{0.19}/R^{0.19}\quad(元)\tag{10-29}$$

10.3.2　输送热水消耗的电能费用 C_d

在不同方案下，设通过热源和用户的压力损失取相同值，则热水流经热网的压力损失所消耗的电能费用，可按下式计算：

$$C_d=2.78\times10^{-4}\frac{GRL(1+\alpha_j)}{\rho\eta_p}\cdot n_0\cdot j_d\quad(元/\mathrm{a})\tag{10-30}$$

式中　G——热网中热水总计算流量，t/h；

R——热网主干线的平均比摩阻，Pa/m；

L——热网主干线（供、回水管）总长度，m；

α_j——局部阻力所占的比值；

ρ——热网中水的密度，kg/m³；

η_p——水泵的机电效率，一般取 0.5～0.7；

j_d——电能价格，元/kWh；

n_0——循环水泵的年最大工作小时数，即相应总计算流量下的工作小时数；

2.78×10^{-4}——单位换算值，按 1W=1N·m/s，1Pa/m=1N/m³ 换算得出。

10.3.3　管网的热损失费用 C_r

管网的年热损失量，可按下式近似计算：

$$Q_r=k\cdot\pi\cdot(t_p-t_0)(1+\beta)m\cdot10^{-6}\sum_{i=1}^{n}d_il_i\quad(\mathrm{MWh/a})\tag{10-31}$$

式中　k——热网管道的平均传热系数，约为 1.1～1.5W/(m²·℃)；

t_p——热网年平均水温，℃；

t_0——热网周围介质的平均温度，℃；

β——管道各局部附件的热损失系数；

m——热网的年工作小时数，h/a；

当方案采用平均比摩阻 R 时，根据式（10-28）和式（10-31），可得出管网的热损失费用为：

$$C_r = 10^{-6} k\pi(t_p - t_0)(1+\beta)mM_0 \frac{R_0^{0.19}}{R^{0.19}} \cdot j_r \quad (元/a) \tag{10-32}$$

式中 j_r——热能价格，元/ MWh；

其他代表符号同前。

10.3.4 热水网路经济比摩阻计算公式

综上所述，相应于某一平均比摩阻 R 条件下，管网变化部分的年计算费用为

$$Z = 2.78\times10^{-4} \frac{GRL(1+\alpha_j)}{\rho\eta_p} \cdot n_0 j_d + 10^{-6} k\pi(t_p - t_0)\cdot(1+\beta)m$$

$$\frac{M_0 R_0^{0.19}}{R^{0.19}} j_r + b(f_j+\omega)\frac{M_0 R_0^{0.19}}{R^{0.19}} \quad (元/a) \tag{10-33}$$

令 $dZ/dR=0$，求最小值，则可得出热水网路的经济的比摩阻计算公式：

$$R_j = 240.52\left\{\frac{M_0 R_0^{0.19}\rho\eta_p}{GL(1+\alpha_j)n_0 j_d}\left[10^{-6}k\pi(t_p-t_0)(1+\beta)mj_r + b(f_j+\omega)\right]\right\}^{0.84} \tag{10-34}$$

从上式可见，热水网路的经济比摩阻与诸多因素有关。它取决于网路的平面布置形式（$M_0R_0^{0.19}/L$），热网的工作状况（G、t_p、ρ、m、n_0），设备状况（η_p、k、α_j、β）以及有关价格（b、j_d、η_r）等因素。对于大型的热水网路，应根据具体情况，计算确定其经济比摩阻 R_j 值。

【例 10-1】 某工厂的热水网路见图 10-3，各管段的计算流量和管段长度均标于图上。试确定该管网的主干线的经济比摩阻。

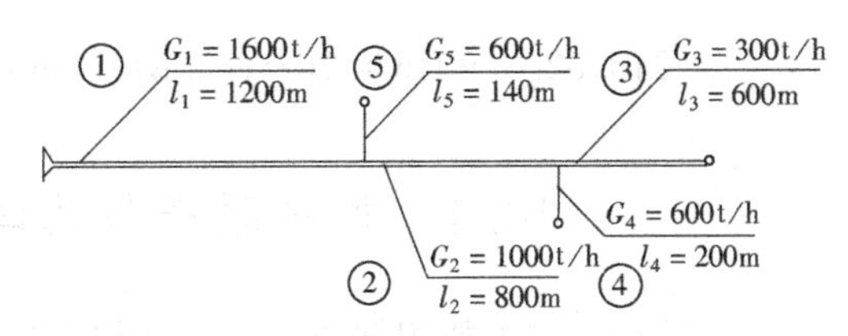

图 10-3 例 10-1 附图

已知数据：$b=2720$ 元，$f_j=0.08$；利用动态法计算，$\omega=\theta_g=0.128$（按 $i=0.1$，热网 $m=16$ 年计算）；热网采用质调节：$m=4296h$，$n=4296h$，$\beta=0.2$，$\alpha_j=0.2$，$j_d=0.1kWh$，$j_r=38.7$ 元/kWh，$\eta_d=0.6$，$(t_p-t_0)=70℃$。

［解］首先假设网路的主干线的平均比摩阻 $R_0=R_1=R_2=R_3=1Pa/m$，根据并联管路压力损失平衡的原理，分支线的 R 值为：

$$R_{0.4} = \frac{R_0 l_3}{l_4} = \frac{1\times600}{200} - 3Pa/m$$

$$R_{0.5} = R_0(l_2+l_3)/l_5 = 1\times(800+600)/140 = 10Pa/m$$

设热网的供、回水平均温度为 100℃，相应的水的密度 $\rho=958.38Pa/m$，网路的绝对粗糙度 $K=0.5mm$，则管段的管径为

$$d = 0.387\frac{K^{0.0476}G_t^{0.381}}{(\rho R)^{0.19}} = 0.0731\frac{G^{0.381}}{R^{0.19}} \quad (m)$$

已知各管段的流量 G 和主干线假设的平均比摩阻 $R_0=1Pa/m$，利用上式可求出主干线和分支线各管段的管径 d_0 和其材料特性，以及整个管网的相应的总材料特性 M_0 值。计算结果列于表 10-1。

计算结果　　**表 10-1**

管段编号	G(t/h)	l_0(m)	R_0(Pa/m)	d_0(m)	$d_0 l_0$(m^2)
主干线					
1	1600	1200	1	1.215	1458
2	1000	800	1	1.916	812.8
3	400	600	1	0.717	430.2
分支线					
4	600	200	3	0.679	135.8
5	600	140	10	0.54	75.6

$$M_0 = \sum d_0\ l_0 = 2912.4\text{m}^2$$

应该说明：无论假设 R_0 为何值，由于 $M_0 R_0^{0.19}$ 总为某一定值，所以不会影响式（10-34）的计算结果。

网路主干线总长度（包括供、回水管）$L = 2(l_1 + l_2 + l_3) = 2 \times (1200 + 800 + 600) = 5200\text{m}$，网路的计算流量 $G = 1600\text{t/h}$。将给出数据代入式（10-34），可求出该管网主干线的经济比摩阻 R_j 值：

$$R_j = 240.52\left\{\frac{2912.4 \times 1^{0.19} \times 958.38 \times 0.6}{1600 \times 5200 \times 11.2 \times 4296 \times 0.1}\right.$$

$$\left.\times [10^{-6} \times 1.5 \times 3.1416 \times 70 \times 1.2 \times 4296 \times 38.7 + 2720(0.08 + 0.128)]\right\}^{0.84}$$

$$= 240.52[3.9046 \times 10^{-4}(65.81 + 565.76)]^{0.84} = 74.2\text{Pa/m}$$

10.4　热电联产与热电分产相比的节约燃料量

在进行城市供热规划或考虑兴建热电厂需要进行可行性研究或初步设计时，必需对热电联产（由热电厂联合供应电能和热能）和热电分产（由凝汽式发电厂供应电能，而由区域性或分散式锅炉房供应热能）的两种不同的城市能源供应方案进行技术经济比较。技术经济分析中的一项重要指标，就是要考虑在两个方案所供应的热能和电能完全相等条件下，确定热电联产与热电分产方案的年节约燃料量。

下面就热电联产与热电分产相比的节约燃料量的计算方法，作原则性的介绍。

10.4.1　热电分产方案的燃料消耗量

1. 凝汽式电厂生产电能的煤耗率

凝汽式电厂生产电能的煤耗率，可用下式计算：

$$b_{f(n)} = \frac{3600}{29309\eta_{ndc}} = \frac{0.123}{\eta_{gl}\eta_{gd}\eta_{j\cdot d}\eta_i} \tag{10-35}$$

式中　$b_{f(n)}$——凝汽式电厂生产电能的煤耗率，kg/kWh；

29309——1kg 标准煤的低位发热量，kJ/kg；

η_{ndc}——凝汽式电厂的效率，$\eta_{ndc} = \eta_{gl} \cdot \eta_{gd} \cdot \eta_{jd} \cdot \eta_i$；

η_{gl} ——锅炉效率，一般约为80%～90%；

η_{gd} ——管道效率，一般约为98%～99%；

$\eta_{j\cdot d}$ ——机电效率，及汽轮机的机械效率 η_j 与发电机效率 η_d 之乘积。机械效率与发电机效率值，一般约为96%～99%；

η_i ——蒸汽式汽轮机绝对内效率，即循环热效率 η_t 与汽轮机的相对内效率 η_{0i} 的乘积。η_t 值取决于热力循环的形式与初参数，一般约为20%～45%；凝汽式电厂的年消耗然热量 $B_{f(n)}$ 为：

$$B_{f(n)}=b_{f(n)}\cdot W_d \quad (kg/a) \tag{10-36}$$

式中 W_d ——凝汽式汽轮机的年发电量，kWh。

2. 区域性或分散式锅炉房生产热能的煤耗率

区域性或分散式锅炉房生产热能的煤耗率，可用下式计算：

$$b_{f(gr)}=\frac{10^6}{29309\eta_{f(gr)}}=\frac{34.1}{\eta_{f(gr)}} \tag{10-37}$$

式中 $b_{f(gr)}$ ——热电分产方案中，区域性或分散式锅炉房生产热能的煤耗率，kg/GJ；

$\eta_{f(gr)}$ ——区域性或分散式锅炉房的锅炉效率。

热电分产下生产热能的年消耗燃料量 $B_{f(gr)}$ 为：

$$B_{f(gr)}=b_{f(gr)}\cdot Q_{gr} \tag{10-38}$$

式中 Q_{gr} ——热电分产方案的年供热量，GJ/a。

3. 热电分产方案的总年消耗燃料量 B_f

热电分产方案的总年消耗燃料量 B_f 应为：

$$B_f=B_{f(n)}+B_{f(gr)} \quad (kg/a) \tag{10-39}$$

10.4.2 热电联产方案的消耗燃料量

热电厂联合生产热能和电能，设生产电能的年消耗量为 $B_{l(d)}$，供应热能的年消耗燃料量为 $B_{l(gr)}$，则总年消耗燃料量应为：

$$B_l=B_{l(d)}+B_{l(gr)} \tag{10-40}$$

式中 B_l ——热电联产方案的总年消耗燃料量，kg/a。

1. 热电厂生产电能的煤耗率和年消耗燃料量

在装有供热汽轮机的热电厂中，电能生产的一部分是由供热汽流完成的。供热汽流在汽轮机作功发电后并用来供热；电能生产的另一部分是由凝汽流完成的。

（1）供热汽流因无“冷源”损失，因而认为它的循环绝对内效率 $\eta_i=100\%$。供热汽流生产电能的煤耗率，则可用下式表示：

$$b_{l(g)}=\frac{3600}{29309\eta'_{gl}\cdot\eta'_{gd}\cdot\eta'_{jd}}=\frac{0.123}{\eta'_{gl}\cdot\eta'_{gd}\cdot\eta'_{j\cdot d}} \tag{10-41}$$

式中 $b_{l(g)}$ ——供热汽轮机中供热气流产生电能的煤耗率，kg/kWh；

η'_{gl}、η'_{gd}、η'_{jd} ——热电厂的锅炉效率，管道效率和供热汽轮机的机电效率。通常凝汽式电厂和热电厂的几个效率，大致可取相同数值。

（2）供热汽轮机中凝汽流产生的电能，取决于排向凝汽器的热量。它有“冷源损失”一项。因此，凝汽流生产电能的煤耗率，与式（10-35）相同，可用下式表示：

$$b_{l(n)} = \frac{0.123}{\eta'_{gl} \cdot \eta'_{gd} \cdot \eta'_{jd} \cdot \eta_{i(n)}} \tag{10-42}$$

式中　$b_{l(n)}$——供热汽轮机中凝汽流生产电能的煤耗率，kg/（kW·h）；

$\eta_{(n)}$——供热汽轮机中凝汽流循环的绝对内效率。

（3）设热电厂中供热汽流每年所产生的电能为 $W_{l(g)}$，kWh/a；凝汽流每年所产生的电能为 $W_{l(n)}$，kWh/a；且两个方案的电能相同，即 $W_d = W_{l(g)} + W_{l(n)}$，kWh/a。

热电厂中生产电能的年总燃料消耗量为：

$$B_{l(d)} = b_{l(g)} \cdot W_{l(g)} + b_{l(n)} \cdot W_{l(n)} \tag{10-43}$$

式中　$B_{l(d)}$——热电厂生产电能的年总燃料消耗量，kg/a。

2. 热电厂供应热能的煤耗率和年消耗燃料量

热电厂锅炉供应热能的煤耗率的计算方法，与式（10-22）相同。但考虑到热电厂大型供热网路比区域锅炉房或分散式锅炉房小型网路的散热损失增加而需多供些热量的因素，需要在公式中增加热网效率 η_{rw} 一项，即：

$$b_{l(gr)} = \frac{34.1}{\eta'_{l(gr)} \cdot \eta_{rw}} \tag{10-44}$$

$$B_{l(gr)} = b_{l(gr)} Q_{gr} \tag{10-45}$$

式中　$b_{l(gr)}$——热电厂供应热能的煤耗率，kg/GJ；

$\eta'_{l(gr)}$——热电厂的锅炉和管道效率，$\eta'_{l(gr)} = \eta'_{gl} \cdot \eta'_{gd}$；

η_{rw}——热网效率，一般 $\eta_{rw} = 0.92 \sim 0.95$；

$B_{l(gr)}$——热电厂供应热能的年消耗燃料量，kg/a；

Q_{gr}——热电分产方案的年供热量，GJ/a。

根据上述分别计算，代入式（10-35），则确定热电厂的年消耗燃料量，kg/a。

10.4.3　热电联产与热电分产相比的年节约燃料量

根据上述计算公式，热电联产与热电分产相比的年节约燃料量，ΔB 为：

$$\begin{aligned}\Delta B &= B_f - B_l = (B_{f(n)} + B_{f(gr)}) - (B_{l(d)} + B_{l(gr)}) \\ &= (B_{f(n)} - B_{l(d)}) + (B_{f(gr)} - B_{l(gr)}) \qquad (kg/a) \\ &= (b_{f(n)} W_d - b_{l(g)} W_{l(g)} - b_{l(n)} \cdot W_{l(n)}) + (b_{f(gr)} - b_{l(gr)} Q_{gr})\end{aligned} \tag{10-46}$$

式中代表符号同前。

两个方案生产的电能相等，即 $W_d = W_{l(g)} + W_{l(n)}$ 由此，式（10-46）可改写为：

$$\Delta B = (b_{f(n)} - b_{l(g)}) W_{l(g)} + (b_{f(n)} - b_{l(n)}) W_{l(n)} + (b_{f(gr)} - b_{l(gr)}) Q_{gr} \quad (kg/a) \tag{10-47}$$

由式（10-47）可见，热电联产的年节约燃料量是由三部分组成的。

第一部分 $(b_{f(n)} - b_{l(g)}) W_{l(g)}$ 表示供热汽轮机的供热汽流生产电能 $W_{l(g)}$ 的年节约燃料量。由于供热汽流生产电能过程中没有冷源损失，$b_{f(n)} > b_{l(g)}$，因而第一部分 $(b_{f(n)} - b_{l(g)}) W_{l(g)}$ 总为一正值。这部分的年节约燃料量表示热电厂生产电能可能达到的最大年节约燃料量。

第二部分 $(b_{f(n)} - b_{l(n)}) W_{l(n)}$ 表示供热汽轮机的凝汽流生产电能 $W_{l(n)}$ 的年节约燃料量。但实际上，由于供热汽轮机生产电能的煤耗率 $b_{l(n)}$，一般都高于所对比（或称为所替代）的凝汽式汽轮机生产电能的煤耗率 $b_{f(n)}$，因而第二部分的数值，一般为负值。它表示供热汽轮机凝汽汽流（或称在凝汽工况下）生产电能所多消耗的燃料量。

供热汽轮机在凝汽工况下运行的煤耗率增加的主要原因是：一方面供热汽轮机为调节抽汽量以适应热负荷的变化，内部蒸汽流量多变，相对内效率 η_{oi} 下降，同时，供热汽轮机需要增加配汽机构，增大了凝汽汽流的节流损失，也使供热汽轮机的相对内效率 η_{oi} 下降；另一方面，在电网中一般供热机组的参数都低于替代凝汽式机组（我国目前规定：在热电分产与热电联产比较中，热电分产的凝汽式机组按 200MW 考虑，因而凝汽汽流部分的循环热效率 η_t 也相应低于凝汽式机组）。综合上述原因，使得凝汽汽流部分的绝对内效率低于所替代的凝汽式机组，即 $\eta_i > \eta_{i(n)}$，因而 $b_{l(n)} > b_{f(n)}$。

第一部分与第二部分的代数和，就是热电厂生产电能 W_d 的年节约燃料量。

以上各项标准煤耗率，均可根据机组参数，进行热力系统计算求得。为有些定量概念，作为方案比较粗略的估算时，大致范围为：

凝汽电厂 $b_{f(n)} = 315 \sim 380\text{g/kWh}$；

热电厂：供热汽流循环的 $b_{l(n)} = 160 \sim 168\text{g/kWh}$；

凝汽流循环的 $b_{l(n)} = 360 \sim 460\text{g/kWh}$。

式（10-47）的第三部分 $(b_{f(gr)} - b_{l(gr)})Q_{gr}$ 是表示热电联产供热的年节约燃料量。根据式（10-37）和式（10-44）可知，它的正负值可由下式条件确定：

$$b_{f(gr)} - b_{l(gr)} = 34.1\left(\frac{1}{\eta_{f(gr)}} - \frac{1}{\eta'_{l(gr)}\eta_{rw}}\right) \quad (\text{kg/GJ}) \tag{10-48}$$

因此，热电厂供热比区域或分散式锅炉房供热消耗燃料量少，就必须满足下列条件：

$$\eta'_{l(gr)} \cdot \eta_{rw} > \eta_{f(gr)} \tag{10-49}$$

亦即热电厂锅炉、管道及热网效率的乘积，必须大于热电分产方案的锅炉效率。

在进行方案初步计算时，锅炉效率大致可采用下列数值：

热电厂锅炉效率 η'_{gl}：0.80～0.90

区域锅炉 $\eta_{f(gr)}$：0.75～0.80

分散的小型锅炉 $\eta_{f(gr)}$：0.50～0.55

通过上述分析可见：提高热电联产节约能源的主要方向是：

（1）采用高参数和尽可能大容量的供热汽轮机组。应用大容量高参数的汽轮机，增加了供热汽流发电量 $W_{l(g)}$，同时，供热流汽生产电能的煤耗率 $b_{f(n)}$ 降低，使公式（10-47）中的第一与第二部分的代数和值，亦即年总节约燃料量增加。我国现在运行的供热汽轮机多为 50、25、12MW 的高、中压汽机。近年来开始应用 200、300MW 的高参数、大容量供热机组，向大型城市供热，大大提高了热电联产的节能效率和技术水平。

（2）尽可能地提高热电厂中供热汽轮机供热汽流生产电能所占的比例，亦即提高 $W_{l(g)}/W_d$ 的比值。选择合适的供热机组形式和运行方式，如对有比较稳定的基本热负荷情况下，选用背压机组，改造凝汽电厂为热电厂，将凝汽器改为供热系统的换热器，成为低真空循环水供热方式，这些方法都可以使供热汽流生产的电能所占的比例达到最大值，免除了冷源损失。对抽汽式供热机组，在运行中尽可能保证 $W_{l(g)}/W_d$ 有较高的比例，和尽可能降低抽汽压力供热。

在对热电联产和热电分产进行技术经济分析时，经常会采用热化系数 α 的概念，作为衡量热电联产的综合经济决策的宏观控制指标。

在热电厂供热系统中，热化系数 α 定义为：供热汽轮机抽（排）汽的最大小时供热量 $Q'_{l(g)}$ 与热电厂供热系统的设计热负荷 Q'_{max} 之比值。即：

$$\alpha = Q'_{l(g)} / Q'_{max} \tag{10-50}$$

设图 10-4 所示为一个热电厂供热系统具有供暖和热水供应的年热负荷延续时间曲线图。横坐标为热负荷的延续小时数，纵坐标为小时热负荷。由图中所示，热化系数 α 即为纵坐标 1-2($Q'_{l(g)}$) 与纵坐标 1-7(Q'_{max}) 的比值。图中全年供热量为面积 1734561。汽轮机全年抽（排）汽供热量为面积 1234561，热电厂以新蒸汽或尖峰锅炉的年供热量为面积 7237。

在热电联产和热电分产的方案比较中，热化系数 α 值的大小，都影响到热电厂的燃料节约量和两个方案的初投资差额。

首先分析热化系数对热电厂的燃料节约量的影响。

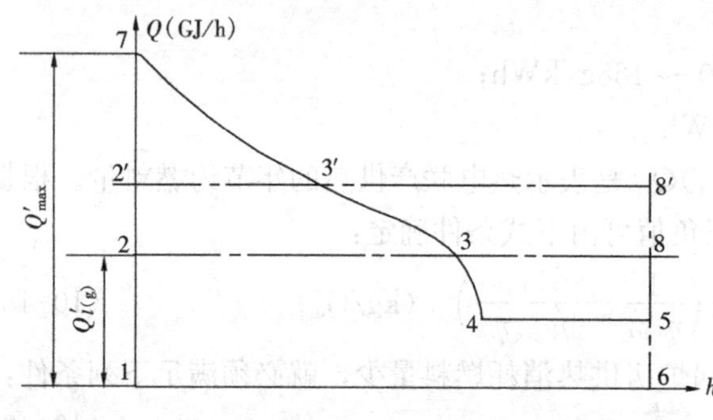

图 10-4 具有供暖和热水供应热负荷的热负荷延续时间曲线图

在图 10-4 中，如取适当的坐标，纵坐标也可表示相应生产的电能量，则图中面积 1234561 也可相应表示在此热化系数 α 值下，供热汽流的年生产电能量 $W_{l(g)}$，此时热电厂凝汽流的年生产电能量 $W_{l(n)}$ 为面积 34583。

在热电厂供热系统的设计热负荷一定时，提高热化系数 α 值（如从图中，抽（排）汽最大小时供热量由纵坐标 1-2 提高到 1-2′），则供热汽流的年供热量和发电量增加，增加的大小可以面积 233′2′2 表示。随着热化系数 α 增大，式（10-42）的第一部分的数量增加。但与此同时，也增加了供热汽轮机凝汽流的发电量 $W_{l(n)}$，其值可以面积 33′88′3′表示。它反过来使式（10-42）第二部分的负值增大（因式 10-47 中 $b_{l(n)} > b_{f(n)}$），甚至会抵消第一部分所增加的节约燃料量。因此，选择合适的热化系数 α 值，对热电厂的年节约燃料量有很密切的关系。

下面再分析热化系数在热电联产和热电分产两方案比较中对初投资的影响。

再热电厂供热系统的设计热负荷一定条件下，如假定安装参数相同的供热汽轮机，提高热化系数则意味着要增大热电厂的安装容量，热电厂的单位功率投资（万元/MW）比凝汽式电厂的高，热电厂与凝汽式电厂的基建投资差额将增大，但同时尖峰热源的投资则相应地减少。

综上所述，在工程上由于考虑热化系数对两方案的初投资和年节约燃料量的综合影响，在两种方案进行技术经济分析中，通常采用节约年计算费用最大值方法，来确定经济上最佳的热化系数值。

根据我国建设热电厂的经验和理论计算，许多资料认为：对以民用负荷为主的热电厂供热，其热化系数值宜在 0.5 左右；对以工业负荷为主的热电厂，由于负荷比较稳定，其热化系数值宜在 0.8 左。近年来，也由一些资料认为，对以民用负荷为主的热电厂，其最佳的热化系数值宜选用高于 0.5。供暖期长，室外供暖计算温度低的地区，宜选用较高的热化系数值。

最后应特别强调，所有技术经济比较中，采用的全部数据都是根据预测、估算和根据现状及现行价格计算的。其中对热电联产技术经济分析中，影响最重要的是对热电厂供热系统热负荷的预测，以此作为工程设计依据的数据。多年经验证明：预测的热负荷是供热规划和设计的最重要的基础数据。通常用热单位提供的需热量往往偏大，造成热电厂装机容量过大，基建投资增加，而且长期热电厂的热化系数过大，甚至大于1，使得供热汽流年发电量很小，而在凝汽工况运行中发电量很大，热电厂的节能效果不能发挥，甚而浪费能源。因此，预测的热负荷应尽可能准确，"以热定电"的发展热电厂的技术政策必须认真贯彻。

思 考 题

1. 供热系统技术经济分析的意义是什么？
2. 常见的技术经济分析方法有哪些？
3. 集中供热系统工程投资包括哪些内容？
4. 如何确定热水网路的经济比摩阻？
5. 提高热电联产节约能源主要措施有哪些？

参 考 文 献

[1] 陈阳．薄膜型LNG船舶期租运输经济性研究[D]．大连海事大学，2013.
[2] 刘长海．区域供热燃煤锅炉房的优化配置探讨[J]．中国新技术新产品，2015，(19)：47.
[3] 胡豫杰．单纯采暖负荷下热电联产与热电分产的能耗分析比较[D]．天津大学，2003.
[4] 朱晏琳．二级网调峰集中供热系统技术经济性研究[D]．天津大学，2007.
[5] 赵婷婷．关于热电联产适用范围问题的研究[D]．哈尔滨工业大学，2010.
[6] 侯志毅．既有建筑供热、空调系统循环水泵节能改造潜力研究[D]．天津大学，2014.

附　录

采暖热指标 q_f 推荐值（W/m^2）　　　**附录 2-1**

建筑物类型	住宅	居住区综合	学校办公	医院托幼	旅馆	商店	食堂餐厅	影剧院展览馆	大礼堂体育馆
未采取节能措施	58～64	60～67	60～80	65～80	60～70	65～80	115～140	95～115	115～165
采取节能措施	40～45	45～55	50～70	55～70	50～60	55～70	100～130	80～105	100～150

注：1. 本表摘自《城镇供热管网设计规范》CJJ 34—2010；
2. 表中数值适用于我国东北、华北、西北地区；
3. 热指标中已包括约 5%的管网热损失。

空调热指标 q_a、冷指标 q_c 推荐值（W/m^2）　　　**附录 2-2**

建筑物类型	办公	医院	旅馆宾馆	商店，展览馆	影剧院	体育馆
热指标	80～100	90～120	90～120	100～120	115～140	130～190
冷指标	80～110	70～100	80～110	125～180	150～200	140～200

注：1. 本表摘自《城镇供热管网设计规范》CJJ 34—2010；
2. 表中数值适用于我国东北、华北、西北地区；
3 寒冷地区热指标取较小值，冷指标取较大值；严寒地区热指标取较大值，冷指标取较小值。

热水用水定额　　　**附录 2-3**

序号	建筑物名称	单位	最高日用水定额（L）	使用时间（h）
1	住宅			
	有自备热水供应和沐浴设备	每人每日	40～80	24
	有集中热水供应和沐浴设备	每人每日	60～100	24
2	别墅	每人每日	70～110	24
3	酒店式公寓	每人每日	80～100	24
4	宿舍			24 或定时供应
	Ⅰ类、Ⅱ类	每人每日	70～100	
	Ⅲ类、Ⅳ类	每人每日	40～80	
5	招待所、培训中心、普通旅馆			24 或定时供应
	设公用盥洗室	每人每日	25～40	
	设公用盥洗室、淋浴室	每人每日	40～60	
	设公用盥洗室、淋浴室、洗衣室	每人每日	50～80	
	设单独卫生间、公用洗衣室	每人每日	60～100	
6	宾馆客房			
	旅客	每床位每日	120～60	24
	员工	每人每日	40～50	24
7	医院住院部			24
	设公用盥洗室	每床位每日	60～100	
	设公用盥洗室、淋浴室	每床位每日	70～130	
	设单独卫生间	每床位每日	110～200	
	医务人员	每人每班	70～130	8
	门诊部、诊疗所	每病人每次	7～13	
	疗养院、休养所住房部	每床位每日	100～160	24

续表

序号	建筑物名称	单位	最高日用水定额（L）	使用时间（h）
8	养老院	每床位每日	50～70	24
9	幼儿园、托儿所 有住宿 无住宿	 每儿童每日 每儿童每日	 20～40 10～15	 24 10
10	公共浴室 淋浴 淋浴、浴盆 桑拿浴（淋浴、按摩池）	 每顾客每次 每顾客每次 每顾客每次	 40～60 60～80 70～100	 12
11	理发室、美容院	每顾客每次	10～15	12
12	洗衣房	每千克干衣	15～30	8
13	餐饮厅 营业餐厅 快餐店、职工及学生食堂 酒吧、咖啡厅、茶座、卡拉OK房	 每顾客每次 每顾客每次 每顾客每次	 15～20 7～10 3～8	 10～12 12～16 8～18
14	办公楼	每人每班	5～10	8
15	健身中心	每人每次	15～25	12
16	体育场（馆） 运动员淋浴	 每人每次	 17～26	 4
17	会议厅	每座位每次	2～3	4

注：1. 本表摘自《建筑给水排水设计规范》GB 50015—2003（2009年版）；
2. 热水温度按60℃计，卫生器具的使用水温参见《建筑给水排水设计规范》GB 50015—2003（2009年版）表5.1.1.2。

居住区采暖期生活热水日平均热指标推荐值　　附录2-4

用水设备情况	热指标 q_r（W/m²）
住宅无生活热水设备，只对公共建筑供热水时	2～3
全部住宅有沐浴设备，并供给生活热水时	5～15

注：1. 本表摘自《城镇供热管网设计规范》CJJ 34—2010；
2. 冷水温度较高时采用较小值，冷水温度较低时采用较大值；
3. 热指标中已包括约10%的管网热损失在内。

住宅、别墅的热水小时变化系数　　附录2-5

居住人数 m	≤100	150	200	250	300	500	1000	3000	≥6000
小时变化系数 k_r	4.8	4.78	4.77	4.75	4.73	4.66	4.49	3.79	2.75

注：本表摘自《建筑给水排水设计规范》GB 50015—2003（2009年版）。

宾馆的热水小时变化系数　　附录2-6

床位数 m	≤150	300	450	600	900	≥1200
小时变化系数 k_r	3.33	3.23	3.12	3.02	2.81	2.60

注：本表摘自《建筑给水排水设计规范》GB 50015—2003（2009年版）。

医院的热水小时变化系数　　附录2-7

床位数 m	≤50	75	100	200	300	500	≥1000
小时变化系数 k_r	3.63	3.60	3.57	3.46	3.35	3.12	2.56

注：本表摘自《建筑给水排水设计规范》GB 50015—2003（2009年版）。

附录 3-1

热水网路水力计算表（K=0.5mm，t=100℃）

公称直径 (mm)	25		32		40		50		70		80		100		125		150	
G (t/h)	v	R	v	R	v	R	v	R	v	R	v	R	v	R	v	R	v	R
0.6	0.3	77	0.2	27.5	0.14	9												
0.8	0.41	137.3	0.27	47.7	0.18	15.8	0.12	5.6										
1.0	0.51	214.8	0.34	73.1	0.23	24.4	0.15	8.6										
1.4	0.71	420.7	0.47	143.2	0.32	47.4	0.21	19.8	0.11	3.0								
1.8	0.91	695.3	0.61	236.3	0.42	84.2	0.27	26.1	0.14	5								
2.0	1.01	858.1	0.68	292.2	0.46	104	0.3	31.9	0.16	6.1								
2.2	1.11	1038.5	0.75	353	0.51	125.5	0.33	36.2	0.17	7.4								
2.6			0.88	493.3	0.6	175.5	0.38	53.4	0.2	10.1								
3.0			1.02	657	0.69	234.4	0.44	71.2	0.23	13.2								
3.4			1.15	844.4	0.78	301.1	0.5	91.4	0.26	17								
4.0					0.92	415.8	0.59	126.5	0.31	22.8	0.22	9						
4.8					1.11	599.2	0.71	182.4	0.37	32.8	0.26	12.9						
5.6							0.83	252	0.43	44.5	0.31	17.5	0.21	6.4				
6.2							0.92	304	0.48	54.6	0.34	21.8	0.23	7.8	0.15	2.5		
7.0							1.03	387.4	0.54	69.6	0.38	27.9	0.26	9.9	0.17	3.1		
8.0							1.18	506	0.62	90.9	0.44	36.3	0.3	12.7	0.19	4.1		
9.0							1.33	640.4	0.7	114.7	0.49	46	0.33	16.1	0.21	5.1		

续表

公称直径(mm)	25		32		40		50		70		80		100		125		150	
G (t/h)	v	R	v	R	v	R	v	R	v	R	v	R	v	R	v	R	v	R
10.0							1.48	790.4	0.78	142.2	0.55	56.8	0.37	19.8	0.24	6.3		
11.0							1.63	957.1	0.85	171.6	0.6	68.6	0.41	23.9	0.26	7.6		
12.0									0.93	205	0.66	81.7	0.44	28.5	0.28	8.8	0.2	3.5
14.0									1.09	278.5	0.77	110.8	0.52	38.8	0.33	11.9	0.23	4.7
15.0									1.16	319.7	0.82	127.5	0.55	44.5	0.35	13.6	0.25	5.4
16.0									1.24	363.8	0.88	145.1	0.59	50.7	0.38	15.5	0.26	6.1
18.0									1.4	459.9	0.99	184.4	0.66	64.1	0.43	19.7	0.3	7.6
20.0									1.55	568.8	1.1	227.5	0.74	79.2	0.47	24.3	0.33	9.3
22.0									1.71	687.4	1.21	274.6	0.81	95.8	0.52	29.4	0.36	11.2
24.0									1.86	818.9	1.32	326.6	0.89	113.8	0.57	35	0.39	13.3
26.0									2.02	961.1	1.43	383.4	0.96	133.4	0.62	41.1	0.43	16.7
28.0											1.54	445.2	1.03	154.9	0.66	47.6	0.46	18.1
30.0											1.65	510.9	1.11	178.5	0.71	54.6	0.49	20.8
32.0											1.76	581.5	1.18	203	0.76	62.2	0.53	23.7
34.0											1.87	656.1	1.26	228.5	0.8	70.2	0.56	26.8
36.0											1.98	735.5	1.33	256.9	0.85	78.6	0.59	30
38.0											2.09	819.8	1.4	286.4	0.9	87.7	0.62	33.4

续表

公称直径 (mm)	100		125		150		200		250		300	
G (t/h)	v	R	v	R	v	R	v	R	v	R	v	R
40	1.48	316.8	0.95	97.2	0.66	37.1	0.35	6.8	0.22	2.3		
42	1.55	349.1	0.99	106.9	0.69	40.8	0.36	7.5	0.23	2.5		
44	1.63	383.4	1.04	117.7	0.72	44.8	0.38	8.1	0.25	2.7		
45	1.66	401.1	1.06	122.6	0.74	46.9	0.39	8.5	0.25	2.8		
48	1.77	456	1.13	140.2	0.79	53.3	0.41	9.7	0.27	3.2		
50	1.85	495.2	1.18	152.0	0.82	57.8	0.43	10.6	0.28	3.5		
54	1.99	577.6	1.28	177.5	0.89	67.5	0.47	12.4	0.3	4.0		
58	2.14	665.9	1.37	204	0.95	77.9	0.5	14.2	0.32	4.5		
62	2.29	761	1.47	233.4	1.02	88.9	0.53	16.3	0.35	5.0		
66	2.44	862	1.56	264.8	1.08	101	0.57	18.4	0.37	5.7		
70	2.59	969.6	1.65	297.1	1.15	113.8	0.6	20.7	0.39	6.4		
74			1.75	332.4	1.21	126.5	0.64	23.1	0.41	7.1		
78			1.84	369.7	1.28	141.2	0.67	25.7	0.44	8.2		
80			1.89	388.3	1.31	148.1	0.69	27.1	0.45	8.6		
90			2.13	491.3	1.48	187.3	0.78	34.2	0.5	11		

续表

公称直径 (mm)	100		125		150		200		250		300	
G (t/h)	v	R	v	R	v	R	v	R	v	R	v	R
100			2.36	607	1.64	231.4	0.86	42.3	0.56	13.5	0.39	5.1
120			2.84	873.8	1.97	333.4	1.03	60.9	0.67	19.5	0.46	7.4
140					2.3	454	1.21	82.9	0.78	26.5	0.54	10.1
160					2.63	592.3	1.38	107.9	0.89	34.6	0.62	13.1
180							1.55	137.3	1.01	43.8	0.7	16.6
200							1.72	168.7	1.12	54.1	0.77	20.5
220							1.9	205	1.23	65.4	0.85	24.8
240							2.07	243.2	1.34	77.9	0.93	29.5
260							2.24	285.4	1.45	91.4	1.01	34.7
280							2.41	331.5	1.57	105.9	1.08	40.2
300							2.59	380.5	1.68	121.6	1.16	46.2
340							2.93	488.4	1.9	155.9	1.32	55.9
380							3.28	611	2.13	195.2	1.47	74
420							3.62	745.3	2.35	238.3	1.62	90.5
460									2.57	286.4	1.78	108.9
500									2.8	348.1	1.93	128.5

附录 3-2

热水网路局部阻力当量长度表（$K=0.5$mm）

局部阻力名称 \ 当量长度（m） \ 公称直径（mm）	32	40	50	70	80	100	125	150	175	200	250	300	350	400	450	500	600	700	800
截止阀	6	7.8	8.4	9.6	10.2	13.5	18.5	24.6	39.5	—	—	—	—	—	—	—	—	—	—
闸阀	—	—	0.65	1	1.28	1.65	2.2	2.24	2.9	3.36	3.73	4.17	4.3	4.5	4.7	5.3	5.7	6	6.4
旋启式止回阀	0.98	1.26	1.7	2.8	3.6	4.95	7	9.52	13	16	22.2	29.2	33.9	46	56	66	89.5	112	133
升降式止回阀	5.25	6.8	9.16	14	17.9	23	30.8	39.2	50.6	58.8	—	—	—	—	—	—	—	—	—
套筒补偿器（单向）	—	—	—	—	—	0.66	0.88	1.68	2.17	2.52	3.33	4.17	5	10	11.7	13.1	16.5	19.4	22.8
套筒补偿器（双向）	—	—	—	—	—	1.98	2.64	3.36	4.34	5.04	6.66	8.34	10.1	12	14	15.8	19.9	23.3	27.4
波纹管补偿器（无内套）	—	—	—	—	—	5.57	7.5	8.4	10.1	10.9	13.3	13.9	15.1	16	—	—	—	—	—
波纹管补偿器（有内套）	—	—	—	—	—	0.38	0.44	0.56	0.72	0.84	1.1	1.4	1.68	2	—	—	—	—	—
方形补偿器：																			
三缝焊弯 $R=1.5d$	—	—	—	—	—	—	—	17.6	22.1	24.8	33	40	47	55	67	76	94	110	128
锻压弯头 $R=(1.5\sim2)d$	3.5	4	5.2	6.8	7.9	9.8	12.5	15.4	19	23.4	28	34	40	47	60	68	83	95	110
焊弯 $R\geqslant4d$	1.8	2	2.4	3.2	3.5	3.8	5.6	6.5	8.4	9.3	11.2	11.5	16	20	—	—	—	—	—
弯头：																			
45°单缝焊接弯头	—	—	—	—	—	—	—	1.68	2.17	2.52	3.33	4.17	5	6	7	7.9	9.9	11.7	13.7
60°单缝焊接弯头	—	—	—	—	—	—	—	3.92	5.06	5.9	7.8	9.7	11.8	14	16.3	18.4	23.2	27.2	32
锻压弯头 $R=(1.5\sim2)d$	0.38	0.48	0.65	1	1.28	1.65	2.2	2.8	3.62	4.2	5.55	6.95	8.4	10	11.7	13.1	16.5	19.4	22.8
煨弯 $R=4d$	0.22	0.29	0.4	0.6	0.76	0.98	1.32	1.68	2.17	2.52	3.3	4.17	5	6	—	—	—	—	—
除污器	—	—	—	—	—	—	—	56	72.4	84	111	139	168	200	233	262	331	388	456

续表

局部阻力名称 \ 当量长度（m） \ 公称直径（mm）	32	40	50	70	80	100	125	150	175	200	250	300	350	400	450	500	600	700	800
分流三通：																			
直通管	0.75	0.97	1.3	2	2.55	3.3	4.4	5.6	7.24	8.4	11.1	13.9	16.8	20	23.3	26.3	33.1	38.8	45.7
分支管	1.13	1.45	1.96	3	3.82	4.95	6.6	8.4	10.9	12.6	16.7	20.8	25.2	30	35	39.4	49.6	58.2	68.6
合流三通：																			
直通管	1.13	1.45	1.96	3	3.82	4.95	6.6	8.4	10.9	12.6	16.7	20.8	25.2	30	35	39.4	49.6	58.2	68.6
分支管	1.5	1.94	2.62	4	5.1	6.6	8.8	11.2	14.5	16.8	22.2	27.8	33.6	40	46.6	52.5	66.2	77.6	91.5
三通汇流管	2.25	2.91	3.93	6	7.65	9.8	13.2	16.8	21.7	25.2	33.3	41.7	50.4	60	69.9	78.7	99.3	116	137
三通分流管	1.5	1.94	2.62	4	5.1	6.6	8.8	11.2	14.5	16.8	22.2	27.8	33.6	40	46.6	52.5	66.2	77.6	91.5
焊接异径接头（按小管径计算） D_1 D_2																			
$F_1/F_2=2$	—	0.1	0.13	0.2	0.26	0.33	0.44	0.56	0.72	0.84	1.1	1.4	1.68	2	2.4	2.6	3.3	3.9	4.6
$F_1/F_2=3$	—	0.14	0.2	0.3	0.38	0.98	1.32	1.68	2.17	2.52	3.3	4.17	5	5.7	5.9	6	5.5	7.8	9.2
$F_1/F_2=4$	—	0.19	0.26	0.4	0.51	1.6	2.2	2.8	3.62	4.2	5.55	6.35	7.4	7.8	8	8.9	9.9	11.6	13.7

热水管网管道局部阻力与沿程阻力的估算比值 α_j　　附录 3-3

补偿器类型	公称直径（mm）	α_j
输送干线		
套筒或波纹管补偿器（带内衬）	≤1200	0.2
方形补偿器	200～350	0.5
方形补偿器	400～500	0.7
方形补偿器	600～1200	1.0
输配干线或支线		
套筒或波纹管补偿器（带内衬）	≤400	0.3
套筒或波纹管补偿器（带内衬）	450～1299	0.4
方形补偿器	150～250	0.6
方形补偿器	300～350	0.8
方形补偿器	400～500	0.9
方形补偿器	600～1200	1.0

低压蒸汽供暖系统管路水力计算表

（表压力 P_b=5～20kPa，K=0.2mm）　　附录 5-1

比摩阻 R (Pa/m)	上行：通过热量；下行：蒸汽流速（m/s）；水煤气管（公称直径）						
	15	20	25	32	40	50	70
5	790 2.92	1510 2.92	2380 2.92	5260 3.67	8010 4.23	15760 5.1	30050 5.75
10	918 3.43	2066 3.89	3541 4.34	7727 5.4	11457 6.05	23015 7.43	43200 8.35
15	1090 4.07	2490 4.88	4395 5.45	10000 6.65	14260 7.64	28500 9.31	53400 10.35
20	1239 4.55	2920 5.65	5240 6.41	11120 7.8	16720 8.83	33050 10.85	61900 12.1
30	1500 5.55	3615 7.01	6350 7.77	13700 9.6	20750 10.95	40800 13.2	76600 14.95
40	1759 6.51	4220 8.2	7330 8.98	16180 11.30	24190 12.7	47800 15.3	89400 17.35
60	2219 8.17	5130 9.94	9310 11.4	20500 14	29550 15.6	58900 19.03	110700 21.4
80	2570 9.55	5970 11.6	10630 13.15	23100 16.3	34400 18.4	67900 22.1	127600 24.8
100	2900 10.7	6820 13.2	11900 14.6	25655 17.9	38400 20.35	76000 24.6	142900 27.6
150	3520 13	8323 16.1	14678 18	31707 22.15	47358 25	93495 30.2	168200 33.4
200	4052 15	9703 18.8	16975 20.9	36545 25.5	55568 29.4	108210 35	202800 38.9
300	5049 18.7	11939 23.2	20778 25.6	45140 31.6	68360 35.6	132870 42.8	250000 48.2

注：本表选自《供热工程》(贺平主编)。

低压蒸汽供暖系统管路水力计算用动压头（Pa）　附录 5-2

v (m/s)	$\frac{v^2}{2}\rho$ (Pa)	v (m/s)	$\frac{v^2}{2}\rho$ (Pa)	v (m/s)	$\frac{v^2}{2}\rho$ (Pa)	v (m/s)	$\frac{v^2}{2}\rho$ (Pa)
5.5	9.58	10.5	34.93	15.5	76.12	20.5	133.16
6.0	11.4	11.0	38.34	16.0	81.11	21.0	139.73
6.5	13.39	11.5	41.9	16.5	86.26	21.5	146.46
7.0	15.53	12.0	45.63	17.0	91.57	22.0	153.36
7.5	17.82	12.5	49.5	17.5	97.04	22.5	160.41
8.0	20.28	13.0	53.5	18.0	102.66	23.0	167.61
8.5	22.89	13.5	57.75	18.5	108.44	23.5	174.98
9.0	25.65	14.0	62.1	19.0	114.38	24.0	182.51
9.5	28.6	14.5	66.6	19.5	120.48	24.5	190.19
10.0	31.69	15.0	71.29	20.0	126.74	25.0	198.03

注：本表选自《供热工程》(贺平主编)。

蒸汽供暖干式和湿式自流凝结水管管径选择表　附录 5-3

凝水管径 (mm)	形成凝水时，由蒸汽放出的热（kW）						
	干　式　凝　水　管			湿式凝水管（垂直或水平的）		
	低　压　蒸　汽		高压蒸汽	计算管段的长度（m）		
	水平管段	垂直管段		50 以下	50～100	100 以上
1	2	3	4	5	6	7
15	4.7	7	8	33	21	9.3
20	17.5	26	29	82	53	29
25	33	49	45	145	93	47
32	79	116	93	310	200	100
40	120	180	128	440	290	135
50	250	370	230	760	550	250
76×3	580	875	550	1750	1220	580
89×3.5	870	1300	815	2620	1750	875
102×4	1280	2000	1220	3605	2320	1280
114×4	1630	2420	1570	4540	3000	1600

注：1. 第 5、6、7 栏计算管段的长度系指由最远散热器到锅炉的长度。
2. 本表选自《实用供热空调设计手册》(陆耀庆主编)。
3. 干式水平凝水管坡度 0.005。

蒸汽供暖系统管径计算表（K=0.2mm）　附录 5-4

（一）P=200kPa（绝对压力）

公称直径		10		15		20		25		32		40	
内径（mm）		12.50		15.75		21.25		27		35.75		41	
外径（mm）		17		21.25		26.75		33.50		42.25		48	
Q	G	ΔP_m	v	ΔP_m	v	ΔP_m	v	ΔP_m	v	ΔP_m	v	ΔP_m	v
2000	3	72	6	22	3.8								
3000	5	192	10	59	6.3	13	3.5						
4000	7	369	14	113	8.8	24	4.9	7	3				

续表

公称直径		10		15		20		25		32		40	
内径（mm）		12.50		15.75		21.25		27		35.75		41	
外径（mm）		17		21.25		26.75		33.50		42.25		48	
Q	G	ΔP_m	v	ΔP_m	v	ΔP_m	v	ΔP_m	v	ΔP_m	v	ΔP_m	v
5000	8	479	16	146	10.1	32	5.5	9	3.4				
6000	10	742	20	225	12.6	48	6.9	14	4.3				
7000	11	894	22.1	271	13.9	58	7.6	17	4.7				
8000	13			376	16.4	80	9	24	5.6	5	3.2		
9000	15			497	18.9	106	10.4	21	6.4	7	3.7		
10000	16			564	20.2	120	11.1	25	6.9	8	3.9		
12000	20					186	13.9	54	8.6	13	4.9	6	3.7
14000	23					244	16	71	9.8	17	5.6	8	4.3
16000	26					310	18	90	11.2	21	6.4	1	4.8
18000	29					384	20.1	112	12.5	26	7.1	13	5.4
20000	33					496	22.9	144	14.2	34	8.1	17	6.1
24000	39					688	27.1	199	16.8	47	9.6	23	7.3
28000	46					953	319	275	19.8	65	11.3	32	8.6
32000	52					1215	36.1	350	22.3	82	12.7	40	9.7
36000	59							449	52.4	105	14.5	52	11
40000	65							543	27.9	127	15.9	62	12.1
44000	72							665	30.9	155	17.6	76	13.4
48000	78							779	33.5	181	19.1	89	14.5
55000	90							1033	38.7	240	22.1	118	16.8
65000	106							1428	45.6	332	26	163	19.8
75000	123									445	30.1	218	22.9
85000	139									566	34.1	278	25.9
95000	155									702	38	344	28.9
110000	180									944	44.1	462	33.5
130000	213									1318	52.2	645	39.7
150000	245											851	45.7
170000	278											1093	51.8
190000	311											1366	58

续表

公称直径		50		70		89×4		108×4		133×4		159×4	
内径（mm）		53		68		81		1000		125		151	
外径（mm）		60		75.50		89		108		133		159	
Q	G	ΔP_m	v	ΔP_m	v	ΔP_m	v	ΔP_m	v	ΔP_m	v	ΔP_m	v
17000	28	3	3.1										
19000	31	4	3.5										
22000	36	5	4										
26000	43	7	4.8										
30000	49	9	5.5	2	3.3								
34000	56	12	6.2	3	3.8								
38000	62	15	6.9	4	4.2								
42000	69	19	7.7	5	4.7	2	3.4						
46000	75	22	8.3	6	5.1	2	3.6						
50000	82	26	9.1	7	5.6	3	3.9						
60000	98	37	10.9	10	6.6	4	4.7	1	3.1				
70000	114	50	12.7	14	7.7	5	5.4	2	3.6				
80000	131	65	14.6	18	8.8	7	6.3	2.	4.1				
90000	147	82	16.4	22	10	9	7	3	4.6				
100000	163	100	18.2	27	11	11	7.8	3	5.1	1	3.3		
120000	196	144	21.9	39	13.3	16	9.3	5	6.1	1	3.9		
140000	229	196	25.5	54	15.5	22	10.9	7	7.2	2	4.6	0	3.2
160000	262	255	29.2	70	17.7	28	12.5	9	8.2	3	5.3	1	3.6
180000	294	321	32.8	88	19.9	35	14	12	9.2	3	5.9	1	4.1
200000	327	396	36.5	108	22.2	44	15.6	14	10.2	4	6.6	1	4.6
240000	392	566	43.7	155	26.6	62	18.7	21	12.3	5	7.9	2	5.5
280000	458	771	51.1	210	31	85	21.9	28	14.3	9	9.2	3	6.4
320000	523	1003	58.3	273	35.4	115	25	37	16.4	11	10.5	4	7.3
360000	589	1271	65.7	346	39.9	139	28.1	46	18.5	14	11.8	5	8.2
400000	654			426	44.3	171	31.2	57	20.5	18	13.1	7	9.1
440000	719			514	48.7	206	34.3	69	22.5	21	14.4	8	10
480000	785			612	53.2	246	37.5	82	24.6	26	15.7	10	10.9
550000	899			801	60.9	321	42.9	107	28.2	33	18	13	12.5
650000	1063			1117	72	448	50.8	149	33.3	47	21.3	18	14.8
750000	1226					595	58.5	198	38.4	62	24.6	24	17.1
850000	1390					763	66.4	254	43.5	79	27.9	31	19.4
950000	1553					951	74.2	316	48.7	99	31.1	38	21.6
1100000	1798							423	56.3	132	36	51	25
1300000	2125							590	66.6	184	42.6	71	29.6
1500000	2452							784	76.8	244	49.2	94	34.1
1700000	2779									313	55.7	121	38.7
1900000	3106									391	62.3	151	43.2
2200000	3597									523	72.1	202	50.1
2600000	4251											281	59.2
3000000	4905											374	68.3

蒸汽供暖系统管径计算表（K=0.2mm）　附录 5-4

（二）P=300kPa（绝对压力）

公称直径		10		15		20		25		32		40	
内径（mm）		12.50		15.75		21.25		27		35.75		41	
外径（mm）		17		21.25		26.75		33.50		42.25		48	
Q	G	ΔP_m	v	ΔP_m	v	ΔP_m	v	ΔP_m	v	ΔP_m	v	ΔP_m	v
2000	3	49	4.1										
3000	5	132	6.9	40	4.3								
4000	7	253	9.6	77	6	17	3.3						
5000	8	328	11	100	6.9	22	3.8						
6000	10	508	13.7	154	8.6	3	4.7						
7000	12	727	16.5	220	10.4	47	5.7	14	3.5				
8000	13	851	17.8	257	11.2	55	6.2	16	3.8				
9000	15	1128	20.6	340	13	73	7.1	21	4.4				
10000	17	1443	23.3	435	14.7	93	8.1	27	5				
12000	20			599	17.3	127	9.5	37	5.9	9	3.4		
14000	23			789	19.9	167	109.9	49	6.8	11	3.9		
16000	26			1004	22.5	213	12.3	62	7.6	14	4.4	7	3.3
18000	30					281	14.2	82	8.8	19	5	9	3.8
20000	33					339	15.7	98	9.7	23	5.5	11	4.2
24000	40					495	19	143	11.8	34	6.7	16	5.1
28000	46					653	21.8	188	13.5	44	7.7	22	5.9
32000	53					863	25.1	249	15.6	58	8.8	29	6.8
36000	60					1103	28.5	318	17.6	74	10.1	36	7.6
40000	66					1332	31.3	383	19.4	89	11.1	44	8.3
44000	73					1627	34.6	468	21.5	109	12.2	54	9.3
48000	79					1903	37.5	547	23.2	127	13.2	63	10.1
55000	91							723	26.7	168	15.3	83	11.6
65000	108							1014	31.7	235	18.1	116	13.8
75000	124							1334	36.4	309	20.8	152	15.8
85000	141							1721	41.4	398	23.6	195	18
95000	157							2131	46.1	493	26.3	242	20
110000	182									660	30.5	323	23.2
130000	215									919	36	450	27.4
150000	248									1219	41.6	597	31.6
170000	282									1574	47.3	770	35.9
190000	315									1961	52.8	595	40.1
220000	364											1277	46.4
260000	431											1787	54.9

续表

公称直径		50		70		89×4		108×4		133×4		159×4	
内径（mm）		53		68		81		100		125		151	
外径（mm）		60		75.50		89		108		133		159	
Q	G	ΔP_m	v	ΔP_m	v	ΔP_m	v	ΔP_m	v	ΔP_m	v	ΔP_m	v
24000	40	4	3.1										
28000	46	6	3.5										
32000	53	7	4										
36000	60	10	4.6										
40000	66	12	5	3	3.1								
44000	73	14	5.6	4	3.4								
48000	79	16	6	4	3.7								
55000	91	22	6.9	6	4.2								
65000	108	30	8.2	8	5	3	3.5						
75000	124	40	9.5	11	5.7	4	4						
85000	141	52	10.8	14	6.5	5	4.6	2	3				
95000	157	64	12	17	7.3	7	5.1	2	3.4				
110000	182	85	13.9	23	8.3	9	5.9	3	3.9				
120000	199	102	15.2	28	9.2	11	6.5	3	4.3				
140000	232	137	17.7	38	10.7	15	7.6	5	5	1	3.2		
160000	265	179	20.2	49	12.3	20	8.7	6	5.7	2	3.6		
180000	298	225	22.7	62	13.8	25	9.7	8	6.4	2	4.1		
200000	331	277	25.2	76	15.3	30	10.8	10	7.1	3	4.5	1	3.2
240000	397	397	30.3	108	18.4	44	13	14	8.5	4	5.4	1	3.8
280000	464	541	35.4	148	21.5	59	15.1	20	9.8	6	6.4	2	4.4
320000	530	705	40.4	192	24.6	77	17.3	26	11.4	8	7.3	3	5
360000	596	890	45.5	242	27.6	97	19.5	32	12.8	10	8.2	4	5.7
400000	662	1096	50.5	298	30.7	120	21.6	40	14.2	12	9.1	5	6.3
440000	729	1328	55.6	361	33.8	145	23.8	48	15.6	15	10	6	6.9
480000	795	1578	60.6	429	36.8	172	26	57	17	18	10.9	7	7.6
550000	911	2069	69.5	562	42.2	226	29.7	75	19.5	23	12.5	9	8.7
650000	1076			783	49.8	314	35.1	104	23.1	33	14.8	12	10.2
750000	1242			1041	57.5	417	40.6	139	26.6	43	17	17	11.8
850000	1408			1337	65.2	535	46	178	30.2	55	19.3	21	13.4
950000	1573			1667	72.9	667	51.4	222	33.7	69	21.6	27	15
1100000	1822					894	59.5	297	39	93	25	36	17.3
1300000	2153					1246	70.3	414	46.1	129	29.5	50	20.5
1500000	2484							550	53.2	171	34.1	66	23.6
1700000	2815							706	60.3	220	38.6	85	26.8
1900000	3147							881	67.4	274	43.1	106	30
2200000	3643							1179	78	367	49.9	141	34.7
2600000	4306									512	59	197	41
3000000	4968									680	68.1	262	47.3
3400000	5631									873	77.2	336	53.6
3800000	6293											420	59.9

蒸汽供暖系统管径计算表（K=0.2mm）　附录 5-4

（三）P=400kPa（绝对压力）

公称直径		10		15		20		25		32		40	
内径（mm）		12.50		15.75		21.25		27		35.75		41	
外径（mm）		17		21.25		26.75		33.50		42.25		48	
Q	G	ΔP_m	v	ΔP_m	v	ΔP_m	v	ΔP_m	v	ΔP_m	v	ΔP_m	v
2000	3	38	3.1										
3000	5	101	5.2	31	3.3								
4000	7	193	7.3	59	4.6								
5000	8	251	8.3	76	5.3								
6000	10	388	10.5	118	6.6	25	3.6						
7000	12	555	12.6	168	7.9	36	4.3						
8000	14	752	14.7	227	9.2	49	5.1	14	3.1				
9000	15	861	15.7	260	9.8	55	5.4	16	3.4				
10000	17	1102	17.8	332	11.2	71	6.2	21	3.8				
12000	20	1519	20.9	457	13.2	97	7.2	28	4.5				
14000	24			655	15.8	139	8.7	40	5.4	9	3.1		
16000	27			826	17.8	175	9.8	51	6.1	12	3.5		
18000	30			1017	19.8	215	10.9	62	6.7	15	3.8		
20000	34			1303	22.4	275	12.3	80	7.6	19	4.3	9	3.3
24000	41					397	14.8	115	9.2	27	5.2	13	4
28000	47					520	17	150	10.5	35	6	17	4.6
32000	54					684	19.6	197	12.1	46	6.9	23	5.3
36000	61					871	22.1	251	13.7	58	7.8	29	5.9
40000	68					1079	24.6	310	15.3	72	8.7	36	6.6
44000	74					1276	26.8	367	16.6	85	9.5	42	7.2
48000	81					1527	29.3	438	18.2	102	10.4	50	7.9
55000	93					2008	33.7	576	20.9	134	11.9	66	9
65000	110					2803	39.8	803	24.7	186	14.1	91	10.7
75000	127							1068	28.5	247	16.2	121	12.4
85000	144							1370	32.3	317	18.4	155	14
95000	160							1689	35.9	391	20.5	191	15.6
110000	186							2278	41.7	526	23.8	258	18.1
130000	220							3181	49.3	734	28.1	359	21.4
150000	253									969	32.4	474	24.6
170000	287									1244	36.7	608	27.9
190000	321									1554	41.1	760	31.2
220000	372									2084	47.6	1018	36.2
260000	439											1415	42.7
300000	507											1885	49.3
340000	574											2413	55.8

续表

公称直径		50		70		89×4		108×4		133×4		159×4	
内径（mm）		53		68		81		1000		125		151	
外径（mm）		60		75.50		89		108		133		159	
Q	G	ΔP_m	v	ΔP_m	v	ΔP_m	v	ΔP_m	v	ΔP_m	v	ΔP_m	v
32000	54	6	3.1										
36000	61	7	3.6										
40000	68	8	3.7										
44000	74	11	4.3										
48000	81	13	4.7										
55000	93	17	5.4	5	3.3								
65000	115	24	6.4	6	3.9								
75000	127	32	7.4	9	4.5	3	3.2						
85000	144	41	8.3	11	5.1	4	3.6						
95000	160	50	9.3	14	5.7	5	3.8						
110000	186	68	10.8	18	6.6	7	4.6	2	3				
130000	220	94	12.8	26	7.8	10	5.5	3	3.6				
150000	253	124	14.7	34	8.8	14	6.3	4	4.1				
170000	287	160	16.7	44	10.1	17	7.2	6	4.7	1	3		
190000	321	199	18.7	54	11.4	22	8	7	5.2	2	3.4		
220000	372	267	21.7	73	13.2	29	9.3	10	6.1	3	3.9		
260000	439	370	25.6	101	15.5	41	10.9	13	7.2	4	4.6	1	3.2
300000	507	493	29.5	134	17.9	54	12.6	18	8.3	5	5.3	2	3.7
340000	574	630	33.4	172	20.3	69	14.3	23	9.3	7	6	2	4.2
380000	642	788	37.4	214	22.7	86	16	29	10.5	9	6.7	3	4.7
420000	709	959	41.3	261	25.1	105	17.7	35	11.6	11	7.4	4	5.2
460000	777	1151	45.2	313	27.5	126	19.4	42	12.7	13	8.1	5	5.6
500000	844	1357	49.1	369	29.8	148	21	49	13.8	15	8.8	6	6.1
600000	1013	1952	59	530	35.8	213	25.2	71	16.6	22	10.6	8	7.4
700000	1182	2654	68.8	720	41.8	289	29.5	96	19.3	30	12.4	11	8.6
800000	1351			940	47.8	377	33.7	125	22.1	39	14.1	15	9.8
900000	1520			1188	53.7	476	37.9	158	24.9	49	15.9	19	11
1000000	1689			1466	59.7	587	42.1	195	27.6	61	17.7	23	12.3
1200000	2026			2106	71.6	843	50.5	280	33.1	87	21.2	34	14.7
1400000	2364					1146	58.9	381	38.7	118	24.7	46	17.2
1600000	2702					1496	67.3	497	44.2	155	28.3	59	19.6
1800000	3040					1892	75.8	628	49.7	195	31.8	75	22.1
2000000	3377							774	55.2	241	35.3	93	24.5
2400000	4053							1113	66.3	346	42.4	133	29.5
2800000	4728							1514	77.3	471	49.5	181	34.4
3200000	5404									614	56.6	236	39.3
3600000	6079									776	63.6	299	44.2
4000000	6755									958	70.7	369	49.1

注：本表选自《简明建筑设备设计手册》（刘锦梁主编）。

室内高压蒸汽供暖管路局部阻力当量长度（m）（K=0.2mm）　　**附录 5-5**

局部阻力名称	公称直径												
	15	20	25	32	40	50	70	80	100	125	150	175	200
	1/2″	3/4″	1″	1¼″	1½″	2″	2½″	3″	4″	5″	6″		
双柱散热器	0.7	1.1	1.5	2.2	—	—	—	—	—	—	—	—	—
钢制锅炉	—	—	—	—	2.6	3.8	5.2	7.4	10.0	13.0	14.7	17.6	20.0
突然扩大	0.4	0.6	0.8	1.1	1.3	1.9	2.6	—	—	—	—	—	—
突然缩小	0.2	0.3	0.4	0.6	0.7	1.0	1.3	—	—	—	—	—	—
截止阀	6.0	6.4	6.8	9.9	10.4	13.3	18.2	25.9	35.0	45.5	51.3	61.6	70.7
斜杆截止阀	1.1	1.7	2.3	2.8	3.3	3.8	5.2	7.4	10.0	13.0	14.7	17.6	20.2
闸　阀	—	0.3	0.4	0.6	0.7	1.0	1.3	1.9	2.5	3.3	3.7	4.4	5.1
旋塞阀	1.5	1.5	1.5	2.2	—	—	—	—	—	—	—	—	—
方形补偿器	—	—	1.7	2.2	2.6	3.8	5.2	7.4	10.0	13.0	14.7	17.6	20.2
套管补偿器	0.2	0.3	0.4	0.6	0.7	1.0	1.3	1.9	2.5	3.3	3.7	4.4	5.1
直流三通	0.4	0.6	0.8	1.1	1.3	1.9	2.6	3.7	5.0	6.5	7.3	8.8	10.0
旁流三通	0.6	0.8	1.1	1.7	2.0	2.8	3.9	5.6	7.5	9.8	11.0	13.2	15.1
分流合流三通	1.1	1.7	2.2	3.3	3.9	5.7	7.8	11.1	15.0	19.5	22.0	26.4	30.3
直流四通	0.7	1.1	1.5	2.2	2.6	3.8	5.2	7.4	10.0	13.0	14.7	17.6	20.2
分流四通	1.1	1.7	2.2	3.3	3.9	5.7	7.8	11.1	15.0	19.5	22.0	26.4	30.3
弯头	0.7	1.1	1.1	1.7	1.3	1.9	2.6	—	—	—	—	—	—
90°煨弯及乙字弯	0.6	0.7	0.8	0.9	1.0	1.1	1.3	1.9	2.5	3.3	3.7	4.4	5.1
括　弯	1.1	1.1	1.5	2.2	2.6	3.8	5.2	7.4	10.0	13.0	14.7	17.6	20.2
急弯双弯	0.7	1.1	1.5	2.2	2.6	3.8	5.2	7.4	10.0	13.0	14.7	17.6	20.2
缓弯双弯	0.4	0.6	0.8	1.1	1.3	1.9	2.6	3.7	5.0	6.5	7.3	8.7	10.1

注：本表选自《供热工程》（贺平主编）。

室外高压蒸汽管道水力计算表（K=0.2mm，ρ=1kg/m^3）　　附录 5-6

DN（mm）	50		65		80		100		125		150		200	
$d_0 \times s$（mm×mm）	57×3.5		76×3.5		89×3.5		108×4		133×4		159×4.5		219×6	
G（t/h）	w	Δh	w	Δh	w	Δh	w	Δh	w	Δh	w	Δh	w	Δh
0.5	70.8	1421												
0.6	84.9	2048.2												
0.7	99.1	2783.2												
0.8	113	3635.8												
0.9	127	4596.2												
1.0	142	5674.2	74.3	1038.8										
1.1	156	6869.8	81.8	1254.4										
1.2	170	8173.2	89.2	1489.6										
1.3	184	9594.2	96.6	1744.4										
1.4			104	2028.6										
1.5			111	2332.4										
1.6			119	2646	84.2	1068.2								
1.7			126	2989	89.5	1205.4								
1.8			134	3351.6	94.7	1352.4								
1.9			141	3733.8	100	1499.4	67.2	528.2						
2.0			149	4135.6	105	1666.0	70.8	585.1						
2.1			156	4566.8	111	1832.6	74.3	644.8						
2.2			164	5007.8	116	2018.8	77.9	707.6						
2.3			171	5478.2	121	2205	81.4	774.2						
2.4			178	5958.4	126	2401	84.9	842.8						
2.5			186	6468.0	132	2597	88.5	914.3						
2.6			193	6997.2	137	2812.6	92	989.8	58.9	305.8				
2.7			201	7546	142	2949.8	95.5	1068.2	61.2	329.3				
2.8			208	8114.4	147	3263.4	99.1	1146.6	63.4	354.8				
2.9			216	8702.4	153	3498.6	103	1234.8	65.7	380.2				
3.0			223	9310.0	158	3743.6	106	1313.2	67.9	406.7	47.2	161.7		
3.1			230	9947.0	163	3998.4	115	1401.4	70.2	434.1	48.8	172.5		
3.2			238	10593.8	168	4263.0	113	1499.4	72.5	462.6	50.3	183.3		
3.3			245	11270	174	4527.6	117	1597.4	74.7	492.0	51.9	195.0		
3.4			253	11956	179	4811.8	120	1695.4	77.0	522.3	53.5	206.8		
3.5			260	12671.4	184	5096	124	1793.4	79.3	553.7	55.1	218.5		
3.6					189	5390	127	1891.4	81.5	586.0	56.6	224.4		
3.7					195	5693.8	131	1999.2	83.8	619.4	58.2	237.2		
3.8					200	6007.4	134	2116.8	86.1	652.7	59.8	250.9		
3.9					205	6330.8	138	2224.6	88.3	688	61.3	263.6	32.2	51.0

注：本表选自《供热工程》（贺平主编）。

续表

DN (mm)	100		125		150		200		250		300		350	
$d_0 \times s$ (mm×mm)	108×4		133×4		159×4.5		219×6		273×6		325×7		377×7	
G (t/h)	w	Δh	w	Δh	w	Δh	w	Δh	w	Δh	w	Δh	w	Δh
4.0	142	2342.2	90.6	723.2	62.9	277.3	33	53.9						
4.2	149	2577.4	95.1	979.7	66.1	305.8	34.7	58.8						
4.4	156	2832.2	100	875.1	69.2	336.1	36.4	64.7						
4.6	163	3096.8	104	956.5	72.3	366.5	38	70.6						
4.8	170	3371.2	109	1038.8	75.5	399.8	39.7	76.4						
5.0	177	3655.4	113	1127	78.6	433.2	41.3	83.3						
5.2	184	3959.2	118	1225	81.8	469.4	43	89.2						
5.4	191	4263	122	1323	84.9	505.7	44.6	97	28.5	29.4				
5.6	198	4586.4	127	1421	88.1	543.9	46.3	103.9	29.6	31.4				
5.8	205	4919.6	131	1519	91.2	583.1	47.9	115.7	30.6	33.3				
6.0	212	5262.6	136	1626.8	94.4	624.3	49.6	118.6	31.7	36.3				
6.2	219	5625.2	140	1734.6	97.5	666.4	51.2	126.4	32.7	38.2				
6.4	226	5987.8	145	1852.2	101	701.5	52.9	135.2	33.8	41.2				
6.6	234	6370	149	1969.8	104	755.6	54.5	143.1	34.8	43.1				
6.8	241	6762	154	2087.4	107	801.6	56.2	151.9	35.9	46.1				
7.0	248	7163.8	159	2214.8	110	849.7	57.8	156.8	36.9	49	26	19.6		
7.5	265	8310.4	170	2538.2	118	975.1	61.9	180.3	39.6	55.9	27.9	22.5		
8.0			181	2891	126	1107.4	66.1	204.8	42.2	62.7	29.7	25.5		
8.5			193	3263.4	134	1254.4	70.2	231.3	44.9	70.6	31.5	28.4		
9.0			204	3665.2	142	1401.4	74.3	259.7	47.5	79.4	33.4	32.3		
9.5			215	4076.8	149	1568	78.5	289.1	50.1	88.2	35.2	35.3		
10.0			226	4517.8	157	1734.6	82.6	320.5	52.8	98	37.1	39.2		
10.5			238	4988.2	165	1911	86.7	352.8	55.4	107.8	38.9	43.1	28.8	19.6
11.0			249	5468.4	173	2097.2	90.8	387.1	57.1	114.7	40.8	48	30.2	21.6
11.5			260	5978	181	2293.2	95	423.4	59.7	125.4	42.6	51.9	31.6	23.5
12.0			272	6507.2	189	2499	99.1	460.6	62.3	137.2	44.5	56.8	33	25.5
12.5			283	6869.8	197	2714.6	103	499.8	64.9	149	46.3	61.7	34.3	27.4
13.0			294	7644	204	2930.2	107	541	67.5	160.7	48.2	66.6	35.7	29.4
13.5			306	8241.8	212	3165.4	111	583.1	70.1	173.5	50.1	71.5	37.1	32.3
14.0			317	8859.2	220	3400.6	116	627.2	72.7	186.2	51.9	76.4	38.5	34.3
14.5			328	9506	228	3645.6	120	673.3	75.3	199.9	53.8	82.3	39.8	37.2
15			340	10123.4	236	3900.4	124	720.3	77.9	213.6	55.6	88.2	41.2	39.2
16			362	11573.8	252	4439.4	132	819.3	83.1	243	58.5	97	43.8	45.1
17			385	13063.4	267	5507.8	140	925.1	88.3	274.4	62.2	109.8	46.7	51
18			408	14651	283	5615.4	149	1038.8	93.5	307.7	65.9	123.5	49.4	56.8

续表

DN (mm)	200		250		300		350		400		450		500	
$d_0 \times s$ (mm×mm)	219×6		273×6		325×7		377×7		426×7		478×7		529×7	
G (t/h)	w	Δh	w	Δh	w	Δh	w	Δh	w	Δh	w	Δh	w	Δh
19	157	1156.4	98.7	343	69.5	137.2	52.2	62.7						
20	165	1283.8	104	380.2	73.2	151.9	54.9	69.6						
21	173	1411.2	109	419.4	76.8	167.6	56.4	74.5						
22	182	1548.4	114	459.6	80.5	184.2	59.1	82.3						
23	190	1695.4	119	502.7	84.2	200.9	61.8	89.2						
24	198	1842.4	125	546.8	87.8	218.5	64.5	97						
25	206	1999.2	130	590.9	91.8	237.2	67.1	105.8						
26	215	2165.8	135	641.9	95.1	256.8	69.8	114.7	54.2	60.8	42.8	33.3		
27	223	2332.4	140	692.9	98.8	276.4	72.5	123.5	56.3	65.7	44.4	35.3	36	20.6
28	231	2508.8	145	744.8	102	297.9	75.2	132.3	58.4	68.6	46	38.2	37.4	22.5
29	239	2695	151	798.7	106	319.5	77.9	142.1	60.5	73.5	47.7	41.2	38.7	23.5
30	248	2881.2	156	855.5	115	342	80.6	151.9	62.5	78.4	49.3	43.1	40	25.5
31	256	3077.2	161	973.4	113	364.6	83.3	162.9	64.6	84.3	51	46.1	41.4	27.4
32	264	3273.2	166	988.1	117	389.1	85.9	173.5	66.7	89.2	52.6	49	42.7	28.4
33	273	3488.8	171	1038.8	121	413.6	88.6	184.2	68.8	95.1	54.3	52.9	44	30.4
34	281	3694.6	177	1097.6	124	439	91.3	196	70.9	100.9	55.9	55.9	45.7	32.3
35	289	3920	182	1166.2	128	465.5	94	206.8	73	106.8	57.5	57.8	46.7	34.3
36	297	4145.4	187	1234.8	132	492	96.7	219.5	75.1	112.7	59.2	60.8	48	36.3
37	306	4380.6	192	1303.4	135	519.4	99.4	231.3	77.1	119.6	60.8	64.7	49.4	38.2
38	314	4625.6	197	1372	139	547.8	102	244	79.2	126.4	62.5	67.6	50.7	40.2
39	322	4870.6	203	1440.6	143	577.2	105	257.7	81.3	133.3	64.1	71.5	52.1	43.1
40	330	5115.6	208	1519	146	607.6	107	270.5	83.4	140.1	65.7	75.5	53.4	45.1
41	339	5380.2	213	1597.4	150	638	115	284.2	85.5	147	67.4	79.4	54.7	47
42	347	5644.8	218	1675.8	154	669.3	113	298.9	87.6	153.9	69	83.3	56.1	49
43	355	5919.2	223	1754.2	157	701.7	115	312.6	89.6	161.7	70.7	87.2	57.4	50
44	363	6193.6	229	1842.4	161	735	118	327.3	91.7	168.6	72.3	91.1	58.7	52.9
45	372	6477.8	234	1920.8	165	769.3	121	343	93.8	176.4	74	95.1	60	54.9
46	380	9771.8	239	2009	168	803.6	124	357.7	95.9	185.2	75.6	99	61.4	57.8
47	388	7065.8	244	2097.2	172	838.9	126	373.4	98	193.1	77.3	103.9	62.7	59.8
48	396	7369.6	249	2185.4	176	875.1	129	390	100	200.9	78.9	107.8	64	62.7
49	405	7683.2	255	2283.4	179	911.4	132	405.7	102	209.7	80.5	112.7	65.4	65.7
50	413	7996.8	260	2371.6	183	949.6	134	423.4	104	218.5	82.2	117.6	66.7	68.6
52			270	2567.6	190	1029	140	457.7	108	236.2	85.5	127.4	69.4	73.5
54			281	2773.4	198	1107.4	145	492.9	113	254.8	88.5	137.2	72.1	79.4
56			291	2979.2	205	1185.8	150	530.2	117	273.4	92	147	74.7	82.3

续表

DN (mm)	300		350		400		450		500		600		700	
$d_0 \times s$ (mm×mm)	325×7		377×7		426×7		478×7		529×7		630×7		720×8	
G (t/h)	w	Δh	w	Δh	w	Δh	w	Δh	w	Δh	w	Δh	w	Δh
58	212	1274	156	569.4	121	294	95.3	99	77.4	92.1	54.1	37.2		
60	220	1362.2	161	608.6	125	314.6	98.6	168.6	80.1	98	56	39.2		
62	227	1460.2	167	650.7	129	335.2	102	180.3	82.7	104.9	57.8	41.2		
64	234	1558.2	172	692.9	133	357.7	105	192.1	85.4	111.7	59.7	44.1		
66	241	1656.2	177	737	138	380.2	108	204.8	88.1	118.6	61.6	47		
68	249	1754.2	183	782.0	142	403.8	112	216.6	90.7	126.4	63.4	50		
70	256	1862	188	829.1	146	427.3	115	230.3	93.4	133.3	65.3	53		
72	263	1969.8	193	877.1	150	452.8	118	243.0	96.1	141.1	67.1	55.9		
74	271	2077.6	199	926.1	154	478.2	122	266.8	98.7	149	69	58.8		
76	278	2195.2	204	977.1	158	504.7	125	271.5	101	157.8	70.9	61.7		
78	285	2312.8	209	1029	163	531.2	128	285.2	104	165.6	72.7	64.7		
80	293	2430.4	215	1078	167	558.6	131	300	107	174.4	74.6	68.6		
85	311	2744	228	1225	177	631.1	140	339.1	113	197	79.3	77.4		
90	329	3077.2	242	1372	188	706.6	148	380.2	120	220.5	83.9	86.2		
95	348	3430	255	1528.8	198	787.9	156	423.4	127	246	88.6	97		
100			269	1695.4	208	873.2	164	469.4	133	272.4	93.3	106.8		
105			282	1862	219	962.4	173	517.4	140	300	97.6	117.6		
115			295	2048.2	229	1058.4	181	567.4	147	324.4	103	129.4		
115			309	2234.4	240	1156.4	189	620.3	153	359.7	107	141.1	82.1	70.6
120			322	2440.2	250	1254.4	197	626.2	160	392	112	153.9	85.7	76.4
125			336	2646	261	1362.2	205	733	167	425.3	117	167.6	89.3	83.3
130			349	2861.6	271	1479.8	214	792.8	173	460.6	121	181.3	92.8	90.2
135			363	3087	281	1587.6	222	855.5	180	495.9	126	195	96.4	97
140			376	3312.4	292	1715	230	919.2	187	534.1	131	209.7	100	104.9
145			389	3557.4	302	1832.6	238	989.8	193	572.3	135	225.4	104	111.7
150			403	3802.4	313	1960	247	1058.4	200	612.5	140	241.1	107	120.5
155			416	4067	323	2097.2	255	1127	207	654.6	145	256.8	111	128.4
160			430	4331.6	334	2234.4	263	1205.4	213	696.8	149	274.4	114	139.2
165			443	4606	344	2371.6	271	1274	220	740.9	154	291.1	118	145
170			457	4890.2	354	2518.6	279	1352.4	227	786.9	159	309.7	121	153.9
175			470	5184.2	365	2675.4	288	1440.6	233	834	163	327.3	125	163.7
180			483	5478.2	375	2832.2	296	1519	240	882	168	346.9	129	172.5
190			510	6595.4	396	3155.6	312	1695.4	253	980	177	386.1	136	193.1
200			537	6762	417	3488.8	329	1881.6	267	1087.8	187	428.3	143	213.6
210			564	6869.8	438	3851.4	345	2067.8	280	1205.4	196	471.4	150	235.2

续表

DN (mm)	350		400		450		500		600		700		800	
$d_0 \times s$ (mm×mm)	377×7		426×7		478×7		529×7		630×7		720×8		820×8	
G (t/h)	w	Δh	w	Δh	w	Δh	w	Δh	w	Δh	w	Δh	w	Δh
220	591	8183	459	4223.8	362	2273.6	294	1313.2	205	517.4	157	257.7	120	129.4
230	618	8947.4	479	4615.8	378	2479.4	307	1440.6	214	566.4	164	282.2	126	141.1
240	645	9741.2	500	5027.4	394	2704.8	320	1568	224	616.4	171	307.7	131	153.9
250	671	10574.2	521	5458.6	411	2930.2	334	1705.4	233	668.4	178	333.2	137	166.6
260	698	11436.6	542	5899.6	427	3175.2	347	1842.4	242	723.2	186	360.6	142	180.3
270	725	12328.4	563	6360.2	444	3420.2	360	1989.4	252	780.1	193	389.1	148	195
280	752	13259.4	584	6840.4	460	3675	374	2136.4	261	838.9	200	418.5	153	209.7
290	779	14229.6	605	7340.2	477	3949.4	387	2293.4	270	899.6	207	448.8	159	224.4
300	805	15129.4	625	7859.6	493	4223.8	400	2450	280	963.3	214	480.2	164	240.1
310			646	8388.8	510	4508	414	2616.6	289	1029	221	512.5	170	256.8
320			667	8937.6	520	4802	421	2783.2	298	1097.6	228	545.9	175	273.4
330			688	9506	542	5105.8	440	2969.4	308	1166.2	236	581.1	181	291.1
340			709	10094	554	5419.4	454	3145.8	317	1234.8	243	616.4	186	308.7
350			730	10691.8	575	5752.6	467	3332	326	1313.2	250	653.7	192	327.3
360			750	10819.2	592	6058.8	480	3528	336	1381.8	257	690.9	197	345.9
370			771	11946.2	608	6419	494	3724	345	1460.2	264	730.1	203	365.5
380			792	12602.8	625	6771.8	507	3929.8	354	1548.4	271	770.3	208	385.1
390			813	13279	641	7134.4	520	4145.4	364	1626.8	278	811.4	213	405.7
400					657	7506.8	534	4361	373	1715	286	853.6	219	427.3
410					674	7889	547	4576.6	382	1803.2	293	896.7	224	448.8
420					692	8281	560	4802	392	1891.4	300	940.8	230	471.4
430					707	8673	574	5037.2	401	1979.6	307	989.8	235	493.9
440							587	5272.4	410	2067.8	314	1029	241	517.4
450							600	5517.4	420	2165.8	321	1078	246	541
460							614	5762.4	429	2263.8	328	1127	252	565.5
470							627	6017.2	438	2361.8	336	1176	257	590
480							640	6272	448	2469.6	343	1225	263	615.4
490							654	6536.6	457	2567.6	350	1283.8	268	640.9
500							667	6811	466	2675.4	357	1332.8	274	667.4
520							694	7539.8	485	2891	371	1440.6	285	722.3
540							720	7938	504	3116.4	386	1558.2	296	779.1
560							747	8335.8	522	3351.6	400	1675.8	307	836.9
580							774	9163	541	3596.6	414	1793.4	318	898.7
600							801	9800	560	3851.4	428	1920.8	328	861.4
620							827	10466.4	578	4116	443	2048.2	339	1029

续表

DN (mm)	450		500		600		700		800		900		1000	
$d_0 \times s$ (mm×mm)	478×7		529×7		630×7		720×8		820×8		920×8		1020×10	
G (t/h)	w	Δh	w	Δh	w	Δh	w	Δh	w	Δh	w	Δh	w	Δh
640			854	11152.4	597	4380.6	457	2185.4	350	1097.6	277	593.9	226	351.8
660					615	4664.8	471	2322.6	361	1166.2	286	632.1	234	373.4
680					634	4949	486	2469.6	372	1234.8	294	670.3	241	396.9
700					653	5243	500	2616.6	383	1313.8	303	710.5	248	420.4
720					671	5546.8	514	2763.6	384	1381.8	312	753.6	255	444.9
740					690	5860.4	528	2920.4	405	1460.2	320	793.8	262	469.4
760					709	6183.8	543	3077.2	416	1538.6	329	837.9	269	495.9
780					727	6507.2	557	3243.8	427	1626.8	338	882	276	521.4
800					746	6850.2	571	3410.4	438	1705.2	346	922.2	283	548.8
820					765	7193.2	585	3586.8	449	1793.4	355	975.1	290	577.3
840					783	7546	600	3763.2	460	1881.6	364	1019.2	297	605.6
860					802	7908.6	614	3949.4	471	1979.6	372	1068.2	304	634.1
880					821	8281	628	4125.8	482	2067.8	381	1127	311	664.4
900					839	8663.2	643	4321.8	493	2165.8	390	1176	318	694.8
920					858	9055.2	657	4517.8	504	2263.8	398	1225	326	726.2
940					877	9457	671	4713.8	515	2316.8	407	1283.8	333	757.2
960					895	9858.8	685	4919.6	520	2459.8	416	1332.8	340	790.9
980							700	5125.4	536	2567.6	424	1391.6	347	824.2
1000							714	5331.2	547	2665.6	433442	1450.4	354	857.5
1020							728	5546.8	558	2773.4	450	1509.2	361	892.8
1040							743	5772.2	569	2891	459	1568	368	928.1
1050							757	5997.6	580	2998.8	468	1626.8	375	963.3
1080							771	6223	591	3116.4	476	1695.4	382	999.6
1100							785	6458.2	602	3232	498	1754.2	389	1038.8
1150											520	1920.8	407	1136.8
1200											541	2087.4	425	1234.8
1250											563	2263.8	442	1342.6
1300											585	2450	460	1450.4
1350											606	2646	478	1568
1400											628	2842	495	1685.6
1450											650	3047.8	513	1803.2
1500											671	3263.4	531	1930.6
1550											693	3488.4	548	2058
1600											714	3714.2	566	2195.2
1650												3949.4	584	2332.4

注：本表选自《集中供热设计手册》(李善化主编)。

附录 5-7

蒸汽管道附件阻力当量长度

名称		图例	管子公称直径 DN (mm)																							ζ
			25	32	40	50	65	80	100	125	150	175	200	250	300	350	400	450	500	600	700	800	900	1000	1200	
			局部阻力当量长度 (m)																							
闸阀			—	—	—	0.88	1.33	1.67	2.12	2.32	2.76	3.66	4.2	4.8	5.2	5.4	5.6	5.8	6.5	6.9	7.4	7.8	8.3	8.7	9.2	7
截止阀	直杆		7.1	8.2	10.5	11.4	12	13.3	17.4	23.8	30.4	42	49.3	—	—	—	—	—	—	—	—	—	—	—	—	2
	斜杆		0.79	0.87	1.02	1.23	1.73	2	2.12	—	—	—	—	—	—	—	—	—	—	—	—	—	—	—	—	3
止回阀	旋启式		1.03	1.33	1.7	2.29	3.72	4.64	6.36	9.05	11.7	16.5	20	28	36.5	4.6	57.2	69.6	8.17	110	138.5	162	194	219	274.3	7
	升降式		5.5	7.1	9.2	12.3	18.6	23.3	29.7	39.8	48.3	64	73.5	—	—	—	—	—	—	—	—	—	—	—	—	0.4
有套筒补偿器	单向		—	—	—	—	—	—	0.85	1.13	2.07	2.74	3.15	4.2	5.2	6.3	12.5	14.5	16.4	20.3	23.9	28	32.2	36.5	45.6	0.6
	双向		—	—	—	—	—	—	2.55	3.4	4.14	5.5	6.3	8.4	10.4	12.6	15	17.4	19.6	24.4	28.6	33.5	38.7	43.8	54.9	8
除污器			—	—	—	—	—	—	—	—	69	91.5	105	140	174	209	249	290	327	406	477	558	645	730	915	0.2
单缝焊接弯头	30°		—	—	—	—	—	—	—	—	1.38	1.83	2.1	2.8	3.48	4.2	5	5.8	6.5	8.1	9.5	11.2	12.9	14.6	18.3	0.3
	45°		—	—	—	—	—	—	—	—	2.07	2.74	3.15	4.2	5.2	6.3	7.46	8.7	9.3	12.2	14.3	16.8	19.4	21.9	27.4	0.7
	60°		—	—	—	—	—	—	—	—	4.83	6.4	7.35	9.8	12.2	14.6	17.5	20.3	22.9	28.4	33.4	39.1	45.2	51.1	64	1.8
	90°		—	—	—	—	—	—	—	—	9	11.9	13.7	18.2	22.6	27.2	32.4	37.7	42.5	52.7	62	72.5	83.8	95	119	

续表

名称		图例	管子公称直径 DN（mm）																						ζ
			25	32	40	50	65	80	100	125	150	175	200	250	300	350	400	450	500	600	700	800	900	1000	1200	
			局部阻力当量长度（m）																						
焊接弯头	双缝 $R=1D$		—	—	—	—	—	—	—	—	4.83	6.4	7.35	9.8	12.2	14.6	17.5	20.3	22.9	28.4	33.4	39.1	45.2	51.1	64	0.7
焊接弯头	三缝 $R=1.5D$										4.14	5.5	6.3	8.4	10.4	12.6	15	17.4	19.6	24.4	28.6	33.5	38.7	43.8	54.9	0.5
焊接弯头	四缝 $R=1D$										4.14	5.5	6.3	8.4	10.4	12.6	15	17.4	19.6	24.4	28.6	33.5	38.7	43.8	54.9	0.5
热压弯头 $R=(1.5\sim2)D$			0.4	0.51	0.66	0.88	1.33	1.67	2.12	2.82	3.45	4.6	5.25	7	8.7	10.5	12.5	14.5	16.4	20.3	23.9	28	32.3	36.5	45.6	0.5
煨弯	$R=3D$		0.32	0.41	0.52	0.7	1.06	1.33	1.7	2.26	2.76	3.66	4.2	5.6	6.95	8.4	9.95	—	—	—	—	—	—	—	—	0.9
煨弯	$R=4D$		0.24	0.31	0.39	0.53	0.8	1	1.27	1.7	2.07	2.74	3.15	4.2	5.2	6.3	7.46	—	—	—	—	—	—	—	—	0.3
方形补偿器	三线焊弯 $R=1D$														—	—	—	105	119	142	164	209	214	238	290	3
方形补偿器	三线焊弯 $R=1.5D$										24	30.8	34.6	44.6	53.2	63.4	74.2	92	103	124	142	162	184	205	250	2.5
方形补偿器	热压弯头 $R=(1.5\sim2)D$		5.1	5.6	6.6	8.1	10.5	12.9	14.9	19.4	21.2	27.2	30.4	40	46.2	55	64.2	86	93	115	126	144	162	180	216	3
方形补偿器	煨弯 $R=3D$		3.9	4.2	4.7	6	7.9	9.4	10.8	13.2	15.6	20	22	28	33	39	45.2	—	—	—	—	—	—	—	—	1.7
方形补偿器	煨弯 $R=4D$		3.4	3.6	3.9	4.9	6	7.4	8.3	10	11.7	15	16.2	20.4	24	28	32	—	—	—	—	—	—	—	—	2.0

续表

名称		图例	管子公称直径 DN（mm）																						ζ
			25	32	40	50	65	80	100	125	150	175	200	250	300	350	400	450	500	600	700	800	900	1000	1200	
			局部阻力当量长度（m）																							
波形补偿器	无内套	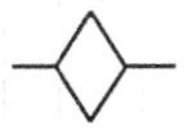							7.2	9.6	10.4	12.8	13.7	16.8	17.4	18.8	19.9	20.3	21.2	24.4	27.7	30.2	32.3	36.5	45.6	2
	有内套								0.42	0.56	0.69	0.92	1.05	1.4	1.74	2.09	2.49	2.9	3.3	4.1	4.8	5.6	6.5	7.3	9.2	0.2
分流三通	直通		0.79	1.02	1.31	1.76	2.66	3.33	4.24	5.65	6.9	9.15	10.5	14	17.4	20	24.9	29	32.7	40.6	47.7	55.8	64.5	73	91.5	1.0
	分支		1.19	1.53	1.97	2.64	4	5	6.36	8.5	10.4	13.7	15.8	21	26.1	3	37.3	43.5	49	60.9	71.6	83.7	96.7	109.5	137	1.5
汇流三通	直通	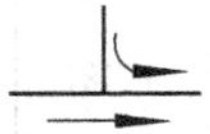	1.19	1.53	1.97	2.64	4	5	6.36	8.5	10.4	13.7	15.8	21	26.1	31.4	37.3	43.5	49	60.9	71.6	83.7	96.7	115	137	1.5
	分支		1.58	2.04	2.62	3.52	5.32	6.66	8.5	11.3	13.8	18.3	21	28	34.8	41.8	49.8	58	65.4	8.1	95.5	112	129	146	183	2
背向分流三通		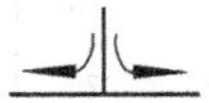	1.58	2.04	2.62	3.52	5.32	6.66	8.5	11.3	13.8	18.3	21	28	34.8	41.8	49.8	58	65.4	81	95.5	112	129	146	183	2
对面汇流三通		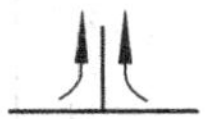	2.37	3.06	3.93	5.28	8	10	12.7	17	20.7	27.4	31.5	42	52	62.7	74.6	87	98	122	143	168	194	219	274	3
异径管	$F_1/F_0=2$	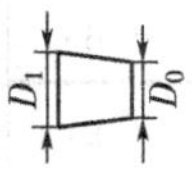 D_1 D_0			0.13	0.18	0.27	0.33	0.42	0.56	0.69	0.92	1.05	1.4	1.74	2.09	2.49	2.9	3.3	4.1	4.8	5.6	6.5	7.3	9.2	0.1
	$F_1/F_0=3$				0.2	0.26	0.4	0.5	1.27	1.7	2.07	2.74	3.15	4.2	5.2	6.3	7.46	5.8	6.5	8.1	9.5	11.2	12.9	14.6	18.3	0.3
	$F_1/F_0=4$				0.26	0.35	0.53	0.67	2.12	2.82	3.45	4.6	5.25	7	8.7	10.5	12.5	8.7	9.8	12.2	14.3	16.8	19.4	21.9	27.4	0.5

注：本表选自《集中供热设计手册》（李善化主编）。

附录 5-8

饱和蒸汽和过热蒸汽的密度表

绝对压力		饱和温度 t_s (℃)	在一定温度下蒸汽的密度																
MPa	kgf/m²		t_s	120℃	130℃	140℃	150℃	160℃	170℃	180℃	190℃	200℃	220℃	240℃	260℃	280℃	300℃	320℃	340℃	360℃
0.098	1.0	99.1	0.58	0.55	0.54	0.52	0.51	0.49	0.48	0.47	0.46	0.45	0.43	0.42						
0.147	1.5	115.8	0.85	0.83	0.81	0.78	0.76	0.75	0.72	0.71	0.70	0.68	0.65	0.63						
0.196	2.0	119.6	1.10	1.11	1.08	1.05	1.02	1.00	0.97	0.95	0.93	0.91	0.87	0.83						
0.216	2.20	122.7	1.21		1.19	1.16	1.13	1.10	1.07	1.05	1.02	1.00	0.96	0.92						
0.235	2.40	125.5	1.32		1.30	1.27	1.23	1.2	1.17	1.14	1.12	1.08	1.05	1.00						
0.255	2.60	128.1	1.42		1.41	1.37	1.34	1.30	1.27	1.24	1.21	1.19	1.13	1.09						
0.274	2.80	130.6	1.52			1.48	1.44	1.41	1.37	1.34	1.31	1.28	1.22	1.17						
0.294	3.0	132.9	1.62			1.59	1.55	1.51	1.47	1.43	1.40	1.37	1.31	1.26						
0.314	3.2	135.1	1.72			1.70	1.65	1.61	1.57	1.53	1.50	1.46	1.40	1.34						
0.333	3.4	137.2	1.82			1.81	1.76	1.71	1.67	1.63	1.59	1.56	1.49	1.43						
0.353	3.6	139.2	1.93			1.92	1.87	1.81	1.77	1.73	1.69	1.65	1.58	1.51						
0.37	3.8	141.1	2.03				1.97	1.92	1.87	1.83	1.78	1.74	1.67	1.60						
0.39	4.0	142.9	2.13				2.08	2.03	1.98	1.82	1.88	1.83	1.75	1.68						
0.44	4.5	147.2	2.37				2.35	2.29	2.23	2.17	2.12	2.07	1.98	1.90	1.82	1.74				
0.49	5.0	151.1	2.62					2.55	2.49	2.42	2.36	2.31	2.20	2.11	2.03	1.95				
0.54	5.5	154.7	2.87					2.83	2.75	2.68	2.61	2.55	2.44	2.33	2.23	2.15				
0.59	6.0	158.1	3.11					3.09	3.01	2.93	2.85	2.78	2.66	2.54	2.44	2.34				
0.64	6.5	161.2	3.36						3.27	3.19	3.11	3.03	2.89	2.77	2.65	2.55				
0.69	7.0	164.2	3.59						3.54	3.44	3.35	3.27	3.11	2.98	2.86	2.74				
0.74	7.5	167	3.84						3.81	3.70	3.60	3.51	3.35	3.20	3.06	2.94	2.83	2.73	2.63	2.55

续表

绝对压力		饱和温度	在一定温度下蒸汽的密度																	
MPa	kgf/m^2	t_s (℃)	t_s	120℃	130℃	140℃	150℃	160℃	170℃	180℃	190℃	200℃	220℃	240℃	260℃	280℃	300℃	320℃	340℃	360℃
0.78	8.0	169.6	4.0						4.08	3.96	3.86	3.76	3.58	3.42	3.28	3.14	3.03	2.92	2.81	2.72
0.83	8.5	172.1	4.33							4.23	4.12	4.0	3.82	3.64	3.49	3.34	3.22	3.11	3.00	2.90
0.88	9.0	174.5	4.57							4.49	4.37	4.25	4.04	3.86	3.70	3.55	3.41	3.29	3.17	3.07
0.93	9.5	176.9	4.71							4.77	4.63	4.5	4.28	4.08	3.91	3.76	3.61	3.48	3.36	3.26
0.98	10	179	5.05							5.04	4.89	4.75	4.52	4.31	4.12	3.95	3.80	3.66	3.53	3.41
1.08	11	183.2	5.58								5.42	5.26	5.0	4.76	4.55	4.36	4.19	4.03	3.90	3.76
1.18	12	187.1	6.01								5.96	5.78	5.47	5.22	4.98	4.77	4.58	4.41	4.26	4.11
1.27	13	190	6.40									6.32	5.96	5.67	5.41	5.19	4.98	4.79	4.62	4.46
1.37	14	194.1	6.97									6.85	6.46	6.14	5.85	5.60	5.38	5.11	4.98	4.81
1.47	15	197.4	7.49									7.39	6.96	6.60	6.30	6.02	5.77	5.55	5.35	5.16
1.57	16	200.4	7.93										7.47	7.08	6.74	6.44	6.18	5.94	5.72	5.25
1.67	17	203.4	8.41										7.99	7.55	7.19	6.87	6.58	6.32	6.09	5.87
1.76	18	206.1	8.89										8.50	8.04	7.64	7.30	6.99	6.71	6.46	6.23
1.86	19	208.8	9.37										9.04	8.53	8.10	7.73	7.40	7.10	6.83	6.59
1.96	20	211.4	9.85										9.58	9.02	8.56	8.16	7.81	7.49	7.21	6.94
2.06	21	213.9	10.3										10.15	9.52	9.02	8.59	8.22	7.88	7.59	7.30
2.16	22	216.2	10.8										10.70	10.02	9.51	9.04	9.64	8.27	7.98	7.66
2.25	23	218.5	11.3										11.28	10.59	9.95	9.48	8.05	8.68	8.34	8.03
2.35	24	220.8	11.78											11.0	10.44	9.93	9.48	9.07	8.72	8.4
2.45	25	222.9	12.27											11.58	10.93	10.38	9.90	9.48	9.10	8.76

注：本表选自《集中供热设计手册》（李善化主编）。

二次蒸发汽数量 χ_2（kg/kg）　　**附录 5-9**

始端压力 P_1 (10^5Pa) (abs)	末端压力 P_2（10^5Pa）(abs)										
	1	1.2	1.4	1.6	1.8	2.0	3.0	4.0	5.0	6.0	7.0
1.2	0.01										
1.5	0.022	0.012	0.004								
2	0.039	0.029	0.021	0.013	0.006						
2.5	0.052	0.043	0.034	0.027	0.02	0.014					
3	0.064	0.054	0.046	0.039	0.032	0.026					
3.5	0.074	0.064	0.056	0.049	0.042	0.036	0.01				
4	0.083	0.073	0.065	0.058	0.051	0.045	0.02				
5	0.098	0.089	0.081	0.074	0.067	0.061	0.036	0.017			
8	0.134	0.125	0.117	0.11	0.104	0.098	0.073	0.054	0.038	0.024	0.012
10	0.152	0.143	0.136	0.129	0.122	0.117	0.093	0.074	0.058	0.044	0.032
15	0.188	0.18	0.172	0.165	0.161	0.154	0.13	0.112	0.096	0.083	0.071

注：本表选自《供热工程》(贺平主编)。

汽水混合物密度 ρ_r（kg/m³）　　**附录 5-10**

凝水管末端压力 P_1 (10^5Pa) (abs)	汽水混合物中所含蒸汽的质量百分数 χ						
	0.01	0.02	0.05	0.10	0.15	0.20	0.25
1.0	54.8	28.2	11.5	5.8	3.9	2.9	2.3
1.2	64	33.2	13.6	6.8	4.6	3.4	2.7
1.4	73.3	38.1	15.6	7.9	5.3	4.0	3.2
1.6	82.3	43.0	17.6	8.9	5.97	4.5	3.6
1.8	91	47.8	19.8	10	6.7	5	4.0
2.0	99.3	52.4	21.7	11	7.4	5.5	4.4
7.0	258	151	66.9	34.8	23.5	17.7	14.2

注：本表选自《供热工程》(贺平主编)。

凝结水水管管径计算表（$\rho_r=10.0$kg/m³，$K=0.5$mm）　　**附录 5-11**

上行：流速，m/s；下行：比摩阻，Pa/m

流量 (t/h)	管　径（mm）								
	25	32	40	57×3	76×3	89×3.5	108×4	133×4	159×4.5
0.2	9.71 626.0	5.539 182.1	4.21 87.5						
0.4	19.43 3288.9	11.07 732.6	8.42 350	5.45 109	2.89 20.2				
0.6	29.14 7397.0	16.62 1590.5	12.63 787.2	8.17 245.2	4.34 45.4	3.16 19.6			
0.8	38.85 13151.6	22.16 2914.5	16.84 1400.4	10.88 436	5.78 80.7	4.21 34.8			
1.0	48.56 20540.8	27.69 4555.0	21.06 2186.4	13.61 681.3	7.33 126.1	5.26 54.4	3.54 18.96		
1.5		41.54 10250.8	31.58 4919.6	20.41 1532.7	10.34 283.7	7.9 122.4	5.31 42.7		

续表

流量 (t/h)	管　径 (mm)								
	25	32	40	57×3	76×3	89×3.5	108×4	133×4	159×4.5
2.0			42.12 8747.5	27.22 2725.4	14.45 504.2	10.52 217.5	7.08 75.9	4.53 23.3	
2.5				34.02 4258.1	18.06 787.9	13.17 339.8	8.85 118.6	5.66 36.3	3.93 13.9
3.0				40.83 6132.8	21.67 1133.9	15.79 489.3	10.62 170.6	6.8 52.3	4.72 20.0
3.5					25.29 1543.5	18.42 666.6	12.39 232.4	7.93 71.2	5.51 27.2
4.0					28.9 2016.8	21.06 869.8	14.16 303.4	9.06 93.0	6.3 35.5
4.5					32.51 2552	23.69 1100.5	15.93 384.0	10.19 117.7	7.08 44.9
5.0					36.12 3151.7	26.33 1359.3	17.7 474.0	11.33 145.3	7.87 55.4
6.0					43.35 4538.4	31.58 1958.0	21.24 682.8	13.6 209.3	9.44 79.8
7.0						36.85 2663.6	24.78 929.2	15.85 284.9	11.01 108.7
8.0						42.12 2479	28.32 1213.2	18.13 372.1	12.59 142
9.0						47.38 4404.1	31.86 1536.6	20.39 471	14.16 179.6
10.0							35.4 1896.3	22.66 581.5	15.73 221.8
11.0							38.94 2295.2	24.93 703.6	17.31 268.2
12.0							42.48 2730.3	27.18 837.3	18.88 319.2
13.0							46.02 3205.6	29.46 982	20.45 374.8

注：本表选自《供热工程》(贺平主编)。

疏水器排水系数 A_p 值　　　**附录 5-12**

排水阀孔直径 d (mm)	$\Delta P = P_1 - P_2$ (kPa)									
	100	200	300	400	500	600	700	800	900	1000
2.6	25	24	23	22	21	20.5	20.5	20	20	19.8
3	25	23.7	22.5	21	21	20.4	20	20	20	19.8
4	24.4	23.5	12.6	20.6	19.6	18.7	17.8	17.2	16.7	16
4.5	23.8	21.3	19.9	18.9	18.3	17.7	17.3	16.9	16.6	16
5	23	21	19.4	18.5	18	17.3	16.8	16.3	16	15.5
6	20.8	20.4	18.8	17.9	17.4	16.7	16	15.5	14.9	14.3
7	19.4	18	16.7	15.9	15.2	14.8	14.2	13.8	13.5	13.5
8	18	16.4	15.5	14.5	13.8	13.2	12.6	11.7	11.9	11.5
9	16	15.3	14.2	13.6	12.9	12.5	11.9	11.5	11.1	10.6
10	14.9	13.9	13.2	12.5	12	11.4	10.9	10.4	10	10
11	13.6	12.6	11.8	11.3	10.9	10.6	10.4	10.2	10	9.7

注：本表选自《供热工程》(贺平主编)。

减压阀孔面积选择用图　　附录 5-13

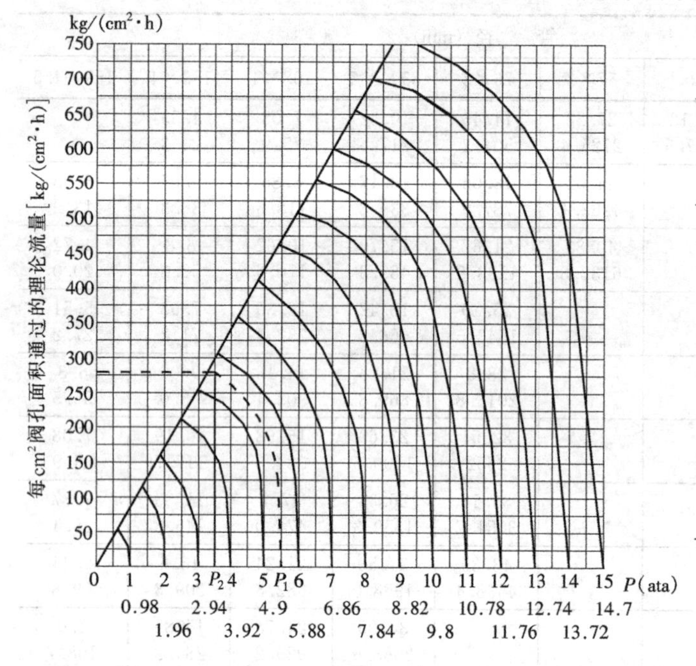

公称直径 DN (mm)	阀孔截面积 f (cm^2)
25	2.00
32	2.80
40	3.48
50	5.30
65	9.45
80	13.20
100	23.50
125	36.80
150	52.20

注：本表选自《供热工程》(贺平主编)。

无缝钢管　　附录 6-1

品种	PN2.5、4 无缝钢管		PN6.4 无缝钢管		PN<10 无缝钢管		钢材
图号	GD0119-01		GD0120-01		GD0121-01		
公称直径 DN(mm)	外径×壁厚 $D_w \times s$(mm)	重量 (kg/m)	外径×壁厚 $D_w \times s$(mm)	重量 (kg/m)	外径×壁厚 $D_w \times s$(mm)	重量 (kg/m)	
10	—	—	14×2.0	0.592	14×2.0	0.592	GD 3087-82 20 号钢
15	18×2.0	0.789	14×2.0	0.789	14×2.0	0.789	
20	25×2.0	1.13	25×2.0	1.13	25×2.0	1.13	
25	32×2.5	1.82	32×2.5	1.82	32×2.5	1.82	
32	38×2.5	2.19	38×2.5	2.19	38×2.5	2.19	
(40)	45×2.5	2.62	45×2.5	2.62	45×3.0	3.11	
50	57×3.0	4.00	57×3.0	4.00	57×3.0	4.00	
(65)	76×3.5	6.26	76×3.5	6.26	76×4.0	7.10	
80	89×4.0	8.38	89×4.0	8.38	89×4.5	9.38	
100	108×4.0	10.26	108×4.0	10.26	108×4.5	11.49	
125	133×4.0	12.73	133×4.5	14.26	133×6	18.79	
150	159×4.5	17.15	159×5	18.99	159×7	26.24	
(175)	194×5.0	23.31	194×6	27.82	194×8	36.70	
200	219×6	31.52	219×7	36.60	219×9	45.61	
(225)	245×7	41.09	245×7	41.49	245×10	57.95	
250	273×7	45.92	273×8	52.28	273×11	71.42	
300	325×8	62.54	325×10	77.68	325×13	100.03	
(350)	377×10	90.50	377×11	99.29	377×15	133.91	
400	426×11	112.57	426×13	132.40	426×17	171.47	
(450)	480×14	160.88	—	—	—	—	
500	530×14	178.14	—	—	—	—	

螺旋缝、直缝电焊钢管　　附录 6-2

品种图号	PN2.5 无缝钢管 D-GD87-0122-03					
公称直径 DN(mm)	外径×壁厚 $D_w\times s$(mm)	重量 (kg/m)	材料	外径×壁厚 $D_w\times s$(mm)	重量 (kg/m)	材料
200	219×5	26.39	16Mn	219×5	26.39	$t\leqslant 200$℃ A_3F 200℃$<t<$300℃ A_3
225	245×5	29.59		245×5	29.59	
250	273×6	39.51		273×6	39.51	
300	325×6	47.20		325×7	54.9	
350	377×7	64.37		377×8	72.80	
400	426×8	82.96		426×9	93.05	
450	428×9	104.60		478×10	115.41	
500	529×10	128.49		529×11	141.02	
600	630×11	168.42		630×12	183.39	
700	720×12	210.01		720×14	244.24	

品种	PN=1.0 螺旋缝电焊钢管				PN=1.0 直缝电焊钢管			
图号	GD0122-01				GD0122-04			
材料	16Mn		A_1、A_3F		16Mn		A_3、A_3F	
公称直径 DN(mm)	外径×壁厚 $D_w\times s$(mm)	重量 (kg/m)	外径×壁厚 $D_w\times s$(mm)	重量 (kg/m)	外径×壁厚 $D_w\times s$(mm)	重量 (kg/m)	外径×壁厚 $D_w\times s$(mm)	重量 (kg/m)
200	219×5	26.39	219×5	26.39				
(225)	245×5	29.59	245×5	29.59	—	—	—	—
250	273×6	39.51	273×6	39.51	—	—	—	—
300	325×6	47.20	325×6	47.20	325×5	39.45	325×5	39.45
(350)	377×6	54.90	377×6	54.90	377×5	45.87	377×5	45.87
400	426×6	62.15	426×6	62.15	426×5	51.91	426×5	51.91
(450)	478×6	69.84	478×6	69.84	478×5	58.33	478×5	58.33
500	529×6	77.39	529×7	90.11	529×5	64.60	529×6	77.39
600	630×7	107.55	630×7	107.55	630×5	77.10	630×6	92.33
700	720×7	133.09	720×8	140.46	720×6	105.65	720×7	123.10
800	$t\leqslant 200$℃ A_3F 200℃$<t\leqslant$300℃ A_3				820×7	140.35	820×7	140.30
900					920×7	157.61	920×8	179.93
1000					1020×7	175.00	1020×8	199.70
1100					1120×8	219.40	1120×9	244.50
1200					1220×8	239.12	1220×9	268.80
1400					1420×9	313.18	1420×10	347.50
1600					1620×9	357.57	1620×11	436.50
1800					1820×10	446.37	1820×13	535.06
2000					2020×11	545.00	2020×13	643.76

低压流体输送用焊接钢管（水、煤气管）　附录 6-3

低压流体输送用焊接钢管　D-GD87-0123-01

公称直径 DN		允许偏差		PN=1.0 普通钢管		PN=1.6 加强钢管		管接头重量
		外径	厚度	外径×壁厚 $D_w\times s$	重量	外径×壁厚 $D_w\times s$	重量	
(mm)	in		%	(mm)	(kg/m)	(mm)	(kg/m)	(kg)
10	3/8	±0.5mm ±0.5mm	+12 −15	17×2.25	0.82	17×2.75	0.97	0.01
15	1/2			21.3×2.95	1.25	21.3×3.25	1.45	0.01
20	3/4			26.8×2.75	1.63	26.8×3.5	2.01	0.02
25	1			33.5×3.25	2.42	33.5×4.0	2.91	0.03
32	1 1/4		+12 −15	42.3×3.25	3.13	42.3×4.0	3.78	0.04
40	1 1/2			48×2.5	3.84	48×4.25	4.58	0.06
50	2	±1%		60×3.5	4.88	60×4.5	6.16	0.09
65	2 1/2			75.5×3.75	6.64	75.5×4.5	7.88	.13
80	3			88.5×4	8.34	88.5×4.75	9.81	0.20
100	4			114×4	10.85	114×5	13.44	0.40
125	5			140×4.5	15.04	140×5.5	18.24	0.60
150	6			160×4.5	17.81	165×5.5	21.63	0.80

注：1. 本表摘自《焊接钢管》GB 3092—82；

2. 本表适用输送水、煤气、空气、油及取暖蒸汽等一般较低压力流体和其他用途的焊接钢管；

3. 允许介质最大工作温度为 200℃；

4. 管接头重量系指每米钢管分配的管接头重量（按 6m 钢管有一个管接头计算的）；

5. 材料：软钢。

管道应力计算常用辅助计算数据表　附录 6-4

公称直径 DN (mm)	管子外径 D_w (mm)	管子壁厚 S (mm)	管子内径 D_n (mm)	管子平均半径 r_P (mm)	按内径计算断面积 F (cm²)	管壁断面积 f (cm²)	管子单位重量 (N/m)	惯性矩 I (cm⁴)	抗弯矩 W (cm³)	弯曲半径 R (mm)	弯管尺寸系数 λ	弯管柔性系数 K	弯管应力加强系数 m
50	57	3.5	50	26.8	19.6	5.9	45.0	21.1	7.4	200	0.975	1.692	1.0
70	76	3.5	69	36.3	37.4	8.0	61.0	52.5	13.8	350	0.930	1.774	1.0
80	89	3.5	82	42.8	52.8	9.4	71.9	86.1	19.3	350	0.669	2.466	1.177
100	108	4	100	52	78.5	13.1	100	177	32.8	500	0.740	2.230	1.100

续表

公称直径 DN (mm)	管子外径 D_w (mm)	管子壁厚 S (mm)	管子内径 D_n (mm)	管子平均半径 r_P (mm)	按内径计算断面积 F (cm^2)	管壁断面积 f (cm^2)	管子单位重量 (N/m)	惯性矩 I (cm^4)	抗弯矩 W (cm^3)	弯曲半径 R (mm)	弯管尺寸系数 λ	弯管柔性系数 K	弯管应力加强系数 m
125	133	4	125	64.5	122.7	16.2	124	338	50.8	500	0.481	3.430	1.466
150	159	4.5	150	77.3	176.7	21.8	167.1	652	82.0	600	0.452	3.650	1.528
200	219	6	207	106.5	336.5	40.1	307.2	2279	208.1	850	0.450	3.667	1.533
250	273	7	259	133	526.9	58.5	447.6	5177	3793	1000	0.396	4.170	1.669
300	325	8	309	158.5	749.9	79.7	609.6	10014	616.2	1200	0.382	4.319	1.709
350	377	9	359	184	1012.2	104.0	796.2	17624	935	1500	0.399	4.135	1.661
400	426	9	408	208.5	1307.4	117.9	902.2	25640	1203.7	1700	0.352	4.688	1.805

地沟与架空敷设供热管道活动支座最大允许间距表　　附表 6-5

序号	外径×壁厚 $D_w \times \delta$ (mm)	项目	管道单位长度计算重量的分类							工作温度 200℃，工作压力 13bar 下的许用外载综合应力 $[\sigma_w]$(MPa)
			1	2	3	4	5	6	7	
1	57×3.5	A. 管子计算重量 (N/m)	123	167	255	343	431	520	608	111.3
		B. 按强度条件计算跨距（m）	8.4	7.2	5.8	5.0	4.5	4.1	3.8	
		C. 按刚度条件 $y_{max}=0.1DN$ 计算跨距（m）	6.0	5.5	4.9	4.5	4.2	4.0	3.8	
2	108×4	A 项（N/m）	240	314	461	608	755	902	1049	110.68
		B 项（m）	12.6	11.0	9.1	7.9	7.1	6.5	6.0	
		C 项（m）	10.0	9.3	8.3	7.7	7.3	6.9	6.6	
3	159×4.5	A 项（N/m）	363	476	701	927	1152	1378	1603	109.65
		B 项（m）	16.1	14.1	11.6	10.1	9.1	8.3	7.7	
		C 项（m）	13.7	12.7	11.4	10.6	9.9	9.5	9.1	
4	219×6	A 项（N/m）	608	755	1049	1344	1638	1932	2226	107.91
		B 项（m）	19.7	17.7	15.0	13.2	12.0	11.0	10.3	
		C 项（m）	17.6	16.6	15.1	14.1	13.4	12.8	12.3	
5	273×7	A 项（N/m）	863	1040	1393	1746	2099	2452	2805	107.19
		B 项（m）	22.2	20.3	17.5	15.6	14.3	13.2	12.3	
		C 项（m）	20.9	19.8	18.2	17.1	16.3	15.6	15.0	
6	325×8	A 项（N/m）	1128	1344	1775	2206	2638	3069	3501	106.77
		B 项（m）	24.8	22.7	19.7	17.7	16.2	15.0	14.1	
		C 项（m）	24.0	22.8	21.1	19.9	18.9	18.2	17.5	
7	377×9	A 项（N/m）	1442	1706	2236	2765	3295	3825	4354	106.37
		B 项（m）	27.6	25.4	22.2	20.0	18.3	17.0	15.9	
		C 项（m）	26.9	25.6	23.8	22.4	21.4	20.5	19.8	
8	426×9	A 项（N/m）	1657	1971	2599	3226	3854	4482	5109	104.83
		B 项（m）	28.3	25.9	22.6	20.3	18.5	17.2	16.1	
		C 项（m）	29.2	27.8	25.7	24.3	23.1	22.2	21.4	

注：管子计算重量包括管子重量、容水重量和保温结构的重量。

地沟与架空敷设的直线管段固定支座（架）最大间距表

附录 6-6

管道公称直径 DN	方型补偿器				套筒补偿器	
	热介质					
	热水		蒸汽		热水	蒸汽
	敷设方式					
(mm)	地沟	架空	地沟	架空	架空或地沟	
≤32	50	50	50	50	—	—
≤50	60	50	60	60	—	—
≤100	80	60	80	70	90	50
125	90	65	90	80	90	50
150	100	75	100	90	90	50
200	120	80	120	100	100	60
250	120	85	120	100	100	60
≤350	140	95	120	100	120	70
≤450	160	100	130	110	140	80
500	180	100	140	120	140	80
≥600	200	120	140	120	140	80

高校建筑环境与能源应用工程学科专业指导委员会规划推荐教材

书　　名	作　者	备　　注
高等学校建筑环境与能源应用工程本科指导性专业规范(2013年版)	本专业指导委员会	2013年3月出版
建筑环境与能源应用工程专业概论	本专业指导委员会	2014年7月出版
工程热力学(第六版)	谭羽非　等	国家级"十二五"规划教材(可免费索取电子素材)
传热学(第六版)	章熙民　等	国家级"十二五"规划教材(可免费索取电子素材)
流体力学(第三版)	龙天渝　等	国家级"十二五"规划教材(附网络下载)
建筑环境学(第四版)	朱颖心　等	国家级"十二五"规划教材(可免费索取电子素材)
流体输配管网(第四版)	付祥钊　等	国家级"十二五"规划教材(可免费索取电子素材)
热质交换原理与设备(第四版)	连之伟　等	国家级"十二五"规划教材(可免费索取电子素材)
建筑环境测试技术(第三版)	方修睦　等	国家级"十二五"规划教材(可免费索取电子素材)
自动控制原理	任庆昌　等	土建学科"十一五"规划教材(可免费索取电子素材)
建筑设备自动化(第二版)	江　亿　等	国家级"十二五"规划教材(附网络下载)
暖通空调系统自动化	安大伟　等	国家级"十二五"规划教材(可免费索取电子素材)
暖通空调(第三版)	陆亚俊　等	国家级"十二五"规划教材(可免费索取电子素材)
建筑冷热源(第二版)	陆亚俊　等	国家级"十二五"规划教材(可免费索取电子素材)
燃气输配(第五版)	段常贵　等	国家级"十二五"规划教材(可免费索取电子素材)
空气调节用制冷技术(第五版)	石文星　等	国家级"十二五"规划教材(可免费索取电子素材)
供热工程(第二版)	李德英　等	国家级"十二五"规划教材(可免费索取电子素材)
人工环境学(第二版)	李先庭　等	国家级"十二五"规划教材(可免费索取电子素材)
暖通空调工程设计方法与系统分析	杨昌智　等	国家级"十二五"规划教材
燃气供应(第二版)	詹淑慧　等	国家级"十二五"规划教材
建筑设备安装工程经济与管理(第二版)	王智伟　等	国家级"十二五"规划教材
建筑设备工程施工技术与管理(第二版)	丁云飞　等	国家级"十二五"规划教材(可免费索取电子素材)
燃气燃烧与应用(第四版)	同济大学　等	土建学科"十一五"规划教材(可免费索取电子素材)
锅炉与锅炉房工艺	同济大学　等	土建学科"十一五"规划教材

欲了解更多信息，请登录中国建筑工业出版社网站：www.cabp.com.cn 查询。

在使用本套教材的过程中，若有何意见或建议以及免费索取备注中提到的电子素材，可发 Email 至：jiangongshe@163.com。